"十二五"国家重点出版规划项目
雷达与探测前沿技术丛书

雷达组网技术

The Technology of Netted Radar System

丁建江　许红波　周芬　著

国防工業出版社
·北京·

内容简介

本书从体系探测的视角，紧扣雷达组网体系探测效能主题，系统回答雷达组网体系探测效能如何产生、如何提升、如何挖掘、如何试验、如何评估等重点和难点问题。首先梳理和规范雷达组网的有关概念；用物理域、信息域、认知域/社会域"多域融一"的思路，解读雷达组网"目标、装备、环境、人员"基本要素与体系探测效能"情报"要素之间的关系；重点阐述获得雷达组网体系探测效能的点迹融合、资源管控、预案工程化、建模仿真、试验评估等核心技术；以预警探测空中目标为例，构建常规雷达组网探测实验系统，设计体系探测效能模型和指标，通过仿真和实验相结合的方法评估并展示雷达组网的体系探测效能。

本书描述的雷达组网核心技术，特别适用于雷达组网系统总体设计、工程研制、试验评估与作战使用的专业人士，分析提出的体系探测效能机理、模型、指标、试验评估方法，探测资源优化管控预案设计方法与工程化实现途径等创新研究成果，可广泛应用于空间目标预警监视、弹道导弹目标探测和识别等方面的研究，也可供预警探测领域工作者参考。

图书在版编目(CIP)数据

雷达组网技术／丁建江，许红波，周芬著. —北京：国防工业出版社，2023.1(重印)
(雷达与探测前沿技术丛书)
ISBN 978－7－118－11417－1

Ⅰ. ①雷… Ⅱ. ①丁… ②许… ③周… Ⅲ. ①雷达－组网技术 Ⅳ. ①TN95

中国版本图书馆 CIP 数据核字(2017)第 288014 号

※

国防工業出版社出版发行
(北京市海淀区紫竹院南路 23 号　邮政编码 100048)
北京虎彩文化传播有限公司印刷
新华书店经售

*

开本 710×1000　1/16　**印张** 28¼　**字数** 488 千字
2023 年 1 月第 1 版第 2 次印刷　**印数** 3001—3500 册　**定价** 109.00 元

国防书店：(010)88540777　　发行邮购：(010)88540776
发行传真：(010)88540755　　发行业务：(010)88540717

“雷达与探测前沿技术丛书”
编审委员会

编辑委员会

总 序

雷达在第二次世界大战中初露头角。战后,美国麻省理工学院辐射实验室集合各方面的专家,总结战争期间的经验,于1950年前后出版了一套雷达丛书,共28个分册,对雷达技术做了全面总结,几乎成为当时雷达设计者的必备读物。我国的雷达研制也从那时开始,经过几十年的发展,到21世纪初,我国雷达技术在很多方面已进入国际先进行列。为总结这一时期的经验,中国电子科技集团公司曾经组织老一代专家撰著了"雷达技术丛书",全面总结他们的工作经验,给雷达领域的工程技术人员留下了宝贵的知识财富。

电子技术的迅猛发展,促使雷达在内涵、技术和形态上快速更新,应用不断扩展。为了探索雷达领域前沿技术,我们又组织编写了本套"雷达与探测前沿技术丛书"。与以往雷达相关丛书显著不同的是,本套丛书并不完全是作者成熟的经验总结,大部分是专家根据国内外技术发展,对雷达前沿技术的探索性研究。内容主要依托雷达与探测一线专业技术人员的最新研究成果、发明专利、学术论文等,对现代雷达与探测技术的国内外进展、相关理论、工程应用等进行了广泛深入研究和总结,展示近十年来我国在雷达前沿技术方面的研制成果。本套丛书的出版力求能促进从事雷达与探测相关领域研究的科研人员及相关产品的使用人员更好地进行学术探索和创新实践。

本套丛书保持了每一个分册的相对独立性和完整性,重点是对前沿技术的介绍,读者可选择感兴趣的分册阅读。丛书共41个分册,内容包括频率扩展、协同探测、新技术体制、合成孔径雷达、新雷达应用、目标与环境、数字技术、微电子技术八个方面。

(一) 雷达频率迅速扩展是近年来表现出的明显趋势,新频段的开发、带宽的剧增使雷达的应用更加广泛。本套丛书遴选的频率扩展内容的著作共4个分册:

(1)《毫米波辐射无源探测技术》分册中没有讨论传统的毫米波雷达技术,而是着重介绍毫米波热辐射效应的无源成像技术。该书特别采用了平方千米阵的技术概念,这一概念在用干涉式阵列基线的测量结果来获得等效大口径阵列效果的孔径综合技术方面具有重要的意义。

(2)《太赫兹雷达》分册是一本较全面介绍太赫兹雷达的著作,主要包括太赫兹雷达系统的基本组成和技术特点、太赫兹雷达目标检测以及微动目标检测技术,同时也讨论了太赫兹雷达成像处理。

(3)《机载远程红外预警雷达系统》分册考虑到红外成像和告警是红外探测的传统应用,但是能否作为全空域远距离的搜索监视雷达,尚有诸多争议。该书主要讨论用监视雷达的概念如何解决红外极窄波束、全空域、远距离和数据率的矛盾,并介绍组成红外监视雷达的工程问题。

(4)《多脉冲激光雷达》分册从实际工程应用角度出发,较详细地阐述了多脉冲激光测距及单光子测距两种体制下的系统组成、工作原理、测距方程、激光目标信号模型、回波信号处理技术及目标探测算法等关键技术,通过对两种远程激光目标探测体制的探讨,力争让读者对基于脉冲测距的激光雷达探测有直观的认识和理解。

(二) 传输带宽的急剧提高,赋予雷达协同探测新的使命。协同探测会导致雷达形态和应用发生巨大的变化,是当前雷达研究的热点。本套丛书遴选出协同探测内容的著作共10个分册:

(1)《雷达组网技术》分册从雷达组网使用的效能出发,重点讨论点迹融合、资源管控、预案设计、闭环控制、参数调整、建模仿真、试验评估等雷达组网新技术的工程化,是把多传感器统一为系统的开始。

(2)《多传感器分布式信号检测理论与方法》分册主要介绍检测级、位置级(点迹和航迹)、属性级、态势评估与威胁估计五个层次中的检测级融合技术,是雷达组网的基础。该书主要给出各类分布式信号检测的最优化理论和算法,介绍考虑到网络和通信质量时的联合分布式信号检测准则和方法,并研究多输入多输出雷达目标检测的若干优化问题。

(3)《分布孔径雷达》分册所描述的雷达实现了多个单元孔径的射频相参合成,获得等效于大孔径天线雷达的探测性能。该书在概述分布孔径雷达基本原理的基础上,分别从系统设计、波形设计与处理、合成参数估计与控制、稀疏孔径布阵与测角、时频相同步等方面做了较为系统和全面的论述。

(4)《MIMO雷达》分册所介绍的雷达相对于相控阵雷达,可以同时获得波形分集和空域分集,有更加灵活的信号形式,单元间距不受$\lambda/2$的限制,间距拉开后,可组成各类分布式雷达。该书比较系统地描述多输入多输出(MIMO)雷达。详细分析了波形设计、积累补偿、目标检测、参数估计等关键技术。

(5)《MIMO 雷达参数估计技术》分册更加侧重讨论各类 MIMO 雷达的算法。从 MIMO 雷达的基本知识出发,介绍均匀线阵,非圆信号,快速估计,相干目标,分布式目标,基于高阶累计量的、基于张量的、基于阵列误差的、特殊阵列结构的 MIMO 雷达目标参数估计的算法。

(6)《机载分布式相参射频探测系统》分册介绍的是 MIMO 技术的一种工程应用。该书针对分布式孔径采用正交信号接收相参的体制,分析和描述系统处理架构及性能、运动目标回波信号建模技术,并更加深入地分析和描述实现分布式相参雷达杂波抑制、能量积累、布阵等关键技术的解决方法。

(7)《机会阵雷达》分册介绍的是分布式雷达体制在移动平台上的典型应用。机会阵雷达强调根据平台的外形,天线单元共形随遇而布。该书详尽地描述系统设计、天线波束形成方法和算法、传输同步与单元定位等关键技术,分析了美国海军提出的用于弹道导弹防御和反隐身的机会阵雷达的工程应用问题。

(8)《无源探测定位技术》分册探讨的技术是基于现代雷达对抗的需求应运而生,并在实战应用需求越来越大的背景下快速拓展。随着知识层面上认知能力的提升以及技术层面上带宽和传输能力的增加,无源侦察已从单一的测向技术逐步转向多维定位。该书通过充分利用时间、空间、频移、相移等多维度信息,寻求无源定位的解,对雷达向无源发展有着重要的参考价值。

(9)《多波束凝视雷达》分册介绍的是通过多波束技术提高雷达发射信号能量利用效率以及在空、时、频域中减小处理损失,提高雷达探测性能;同时,运用相位中心凝视方法改进杂波中目标检测概率。分册还涉及短基线雷达如何利用多阵面提高发射信号能量利用效率的方法;针对长基线,阐述了多站雷达发射信号可形成凝视探测网格,提高雷达发射信号能量的使用效率;而合成孔径雷达(SAR)系统应用多波束凝视可降低发射功率,缓解宽幅成像与高分辨之间的矛盾。

(10)《外辐射源雷达》分册重点讨论以电视和广播信号为辐射源的无源雷达。详细描述调频广播模拟电视和各种数字电视的信号,减弱直达波的对消和滤波的技术;同时介绍了利用 GPS(全球定位系统)卫星信号和 GSM/CDMA(两种手机制式)移动电话作为辐射源的探测方法。各种外辐射源雷达,要得到定位参数和形成所需的空域,必须多站协同。

(三) 以新技术为牵引,产生出新的雷达系统概念,这对雷达的发展具有里程碑的意义。本套丛书遴选了涉及新技术体制雷达内容的6个分册:

(1)《宽带雷达》分册介绍的雷达打破了经典雷达5MHz带宽的极限,同时雷达分辨力的提高带来了高识别率和低杂波的优点。该书详尽地讨论宽带信号的设计、产生和检测方法。特别是对极窄脉冲检测进行有益的探索,为雷达的进一步发展提供了良好的开端。

(2)《数字阵列雷达》分册介绍的雷达是用数字处理的方法来控制空间波束,并能形成同时多波束,比用移相器灵活多变,已得到了广泛应用。该书全面系统地描述数字阵列雷达的系统和各分系统的组成。对总体设计、波束校准和补偿、收/发模块、信号处理等关键技术都进行了详细描述,是一本工程性较强的著作。

(3)《雷达数字波束形成技术》分册更加深入地描述数字阵列雷达中的波束形成技术,给出数字波束形成的理论基础、方法和实现技术。对灵巧干扰抑制、非均匀杂波抑制、波束保形等进行了深入的讨论,是一本理论性较强的专著。

(4)《电磁矢量传感器阵列信号处理》分册讨论在同一空间位置具有三个磁场和三个电场分量的电磁矢量传感器,比传统只用一个分量的标量阵列处理能获得更多的信息,六分量可完备地表征电磁波的极化特性。该书从几何代数、张量等数学基础到阵列分析、综合、参数估计、波束形成、布阵和校正等问题进行详细讨论,为进一步应用奠定了基础。

(5)《认知雷达导论》分册介绍的雷达可根据环境、目标和任务的感知,选择最优化的参数和处理方法。它使得雷达数据处理及反馈从粗犷到精细,彰显了新体制雷达的智能化。

(6)《量子雷达》分册的作者团队搜集了大量的国外资料,经探索和研究,介绍从基本理论到传输、散射、检测、发射、接收的完整内容。量子雷达探测具有极高的灵敏度,更高的信息维度,在反隐身和抗干扰方面优势明显。经典和非经典的量子雷达,很可能走在各种量子技术应用的前列。

(四) 合成孔径雷达(SAR)技术发展较快,已有大量的著作。本套丛书遴选了有一定特点和前景的5个分册:

(1)《数字阵列合成孔径雷达》分册系统阐述数字阵列技术在SAR中的应用,由于数字阵列天线具有灵活性并能在空间产生同时多波束,雷达采集的同一组回波数据,可处理出不同模式的成像结果,比常规SAR具备更多的新能力。该书着重研究基于数字阵列SAR的高分辨力宽测绘带SAR成像、极化层析 SAR 三维成像和前视 SAR 成像技术三种新能力。

(2)《双基合成孔径雷达》分册介绍的雷达配置灵活,具有隐蔽性好、抗干扰能力强、能够实现前视成像等优点,是 SAR 技术的热点之一。该书较为系统地描述了双基 SAR 理论方法、回波模型、成像算法、运动补偿、同步技术、试验验证等诸多方面,形成了实现技术和试验验证的研究成果。

(3)《三维合成孔径雷达》分册描述曲线合成孔径雷达、层析合成孔径雷达和线阵合成孔径雷达等三维成像技术。重点讨论各种三维成像处理算法,包括距离多普勒、变尺度、后向投影成像、线阵成像、自聚焦成像等算法。最后介绍三维 MIMO-SAR 系统。

(4)《雷达图像解译技术》分册介绍的技术是指从大量的 SAR 图像中提取与挖掘有用的目标信息,实现图像的自动解译。该书描述高分辨 SAR 和极化 SAR 的成像机理及相应的相干斑抑制、噪声抑制、地物分割与分类等技术,并介绍舰船、飞机等目标的 SAR 图像检测方法。

(5)《极化合成孔径雷达图像解译技术》分册对极化合成孔径雷达图像统计建模和参数估计方法及其在目标检测中的应用进行了深入研究。该书研究内容为统计建模和参数估计及其国防科技应用三大部分。

(五) 雷达的应用也在扩展和变化,不同的领域对雷达有不同的要求,本套丛书在雷达前沿应用方面遴选了 6 个分册:

(1)《天基预警雷达》分册介绍的雷达不同于星载 SAR,它主要观测陆海空天中的各种运动目标,获取这些目标的位置信息和运动趋势,是难度更大、更为复杂的天基雷达。该书介绍天基预警雷达的星星、星空、MIMO、卫星编队等双/多基地体制。重点描述了轨道覆盖、杂波与目标特性、系统设计、天线设计、接收处理、信号处理技术。

(2)《战略预警雷达信号处理新技术》分册系统地阐述相关信号处理技术的理论和算法,并有仿真和试验数据验证。主要包括反导和飞机目标的分类识别、低截获波形、高速高机动和低速慢机动小目标检测、检测识别一体化、机动目标成像、反投影成像、分布式和多波段雷达的联合检测等新技术。

(3)《空间目标监视和测量雷达技术》分册论述雷达探测空间轨道目标的特色技术。首先涉及空间编目批量目标监视探测技术,包括空间目标监视相控阵雷达技术及空间目标监视伪码连续波雷达信号处理技术。其次涉及空间目标精密测量、增程信号处理和成像技术,包括空间目标雷达精密测量技术、中高轨目标雷达探测技术、空间目标雷达成像技术等。

（4）《平流层预警探测飞艇》分册讲述在海拔约20km的平流层，由于相对风速低、风向稳定，从而适合大型飞艇的长期驻空，定点飞行，并进行空中预警探测，可对半径500km区域内的地面目标进行长时间凝视观察。该书主要介绍预警飞艇的空间环境、总体设计、空气动力、飞行载荷、载荷强度、动力推进、能源与配电以及飞艇雷达等技术，特别介绍了几种飞艇结构载荷一体化的形式。

（5）《现代气象雷达》分册分析了非均匀大气对电磁波的折射、散射、吸收和衰减等气象雷达的基础，重点介绍了常规天气雷达、多普勒天气雷达、双偏振全相参多普勒天气雷达、高空气象探测雷达、风廓线雷达等现代气象雷达，同时还介绍了气象雷达新技术、相控阵天气雷达、双/多基地天气雷达、声波雷达、中频探测雷达、毫米波测云雷达、激光测风雷达。

（6）《空管监视技术》分册阐述了一次雷达、二次雷达、应答机编码分配、S模式、多雷达监视的原理。重点讨论广播式自动相关监视（ADS-B）数据链技术、飞机通信寻址报告系统（ACARS）、多点定位技术（MLAT）、先进场面监视设备（A-SMGCS）、空管多源协同监视技术、低空空域监视技术、空管技术。介绍空管监视技术的发展趋势和民航大国的前瞻性规划。

（六） 目标和环境特性，是雷达设计的基础。该方向的研究对雷达匹配目标和环境的智能设计有重要的参考价值。本套丛书对此专题遴选了4个分册：

（1）《雷达目标散射特性测量与处理新技术》分册全面介绍有关雷达散射截面积（RCS）测量的各个方面，包括RCS的基本概念、测试场地与雷达、低散射目标支架、目标RCS定标、背景提取与抵消、高分辨力RCS诊断成像与图像理解、极化测量与校准、RCS数据的处理等技术，对其他微波测量也具有参考价值。

（2）《雷达地海杂波测量与建模》分册首先介绍国内外地海面环境的分类和特征，给出地海杂波的基本理论，然后介绍测量、定标和建库的方法。该书用较大的篇幅，重点阐述地海杂波特性与建模。杂波是雷达的重要环境，随着地形、地貌、海况、风力等条件而不同。雷达的杂波抑制，正根据实时的变化，从粗犷走向精细的匹配，该书是现代雷达设计师的重要参考文献。

（3）《雷达目标识别理论》分册是一本理论性较强的专著。以特征、规律及知识的识别认知为指引，奠定该书的知识体系。首先介绍雷达目标识别的物理与数学基础，较为详细地阐述雷达目标特征提取与分类识别、知识辅助的雷达目标识别、基于压缩感知的目标识别等技术。

(4)《雷达目标识别原理与实验技术》分册是一本工程性较强的专著。该书主要针对目标特征提取与分类识别的模式,从工程上阐述了目标识别的方法。重点讨论特征提取技术、空中目标识别技术、地面目标识别技术、舰船目标识别及弹道导弹识别技术。

(七) 数字技术的发展,使雷达的设计和评估更加方便,该技术涉及雷达系统设计和使用等。本套丛书遴选了3个分册:

(1)《雷达系统建模与仿真》分册所介绍的是现代雷达设计不可缺少的工具和方法。随着雷达的复杂度增加,用数字仿真的方法来检验设计的效果,可收到事半功倍的效果。该书首先介绍最基本的随机数的产生、统计实验、抽样技术等与雷达仿真有关的基本概念和方法,然后给出雷达目标与杂波模型、雷达系统仿真模型和仿真对系统的性能评价。

(2)《雷达标校技术》分册所介绍的内容是实现雷达精度指标的基础。该书重点介绍常规标校、微光电视角度标校、球载BD/GPS(BD为北斗导航简称)标校、射电星角度标校、基于民航机的雷达精度标校、卫星标校、三角交会标校、雷达自动化标校等技术。

(3)《雷达电子战系统建模与仿真》分册以工程实践为取材背景,介绍雷达电子战系统建模的主要方法、仿真模型设计、仿真系统设计和典型仿真应用实例。该书从雷达电子战系统数学建模和仿真系统设计的实用性出发,着重论述雷达电子战系统基于信号/数据流处理的细粒度建模仿真的核心思想和技术实现途径。

(八) 微电子的发展使得现代雷达的接收、发射和处理都发生了巨大的变化。本套丛书遴选出涉及微电子技术与雷达关联最紧密的3个分册:

(1)《雷达信号处理芯片技术》分册主要讲述一款自主架构的数字信号处理(DSP)器件,详细介绍该款雷达信号处理器的架构、存储器、寄存器、指令系统、I/O资源以及相应的开发工具、硬件设计,给雷达设计师使用该处理器提供有益的参考。

(2)《雷达收发组件芯片技术》分册以雷达收发组件用芯片套片的形式,系统介绍发射芯片、接收芯片、幅相控制芯片、波速控制驱动器芯片、电源管理芯片的设计和测试技术及与之相关的平台技术、实验技术和应用技术。

(3)《宽禁带半导体高频及微波功率器件与电路》分册的背景是,宽禁带材料可使微波毫米波功率器件的功率密度比Si和GaAs等同类产品高10倍,可产生开关频率更高、关断电压更高的新一代电力电子器件,将对雷达产生更新换代的影响。分册首先介绍第三代半导体的应用和基本知识,然后详细介绍两大类各种器件的原理、类别特征、进展和应用：SiC 器件有功率二极管、MOSFET、JFET、BJT、IBJT、GTO 等；GaN 器件有 HEMT、MMIC、E 模 HEMT、N 极化 HEMT、功率开关器件与微功率变换等。最后展望固态太赫兹、金刚石等新兴材料器件。

本套丛书是国内众多相关研究领域的大专院校、科研院所专家集体智慧的结晶。具体参与单位包括中国电子科技集团公司、中国航天科工集团公司、中国电子科学研究院、南京电子技术研究所、华东电子工程研究所、北京无线电测量研究所、电子科技大学、西安电子科技大学、国防科技大学、北京理工大学、北京航空航天大学、哈尔滨工业大学、西北工业大学等近 30 家。在此对参与编写及审校工作的各单位专家和领导的大力支持表示衷心感谢。

王小谟

2017 年 9 月

序

目前，空天非合作目标的多样性、特性的复杂性与作战使用的灵活性，预警探测环境的复杂性、快变性与难以预测性，情报保障需求的实时性、连续性与高精度性，给以单雷达探测为主体的预警探测系统提出了严峻的挑战。通过雷达组网能提高空天目标预警探测能力、电子对抗能力与情报保障能力，已逐步成为大家的共识。另一方面，新型第四代相控阵雷达的多功能性、工作模式和参数设置的灵活性、组网探测的协同性都有较大的提升，通过组网更能发挥新型第四代相控阵雷达的探测能力。但对雷达组网概念的准确理解把握、组网体系结构的优化设计、指标体系的深化论证、探测资源优化管控预案工程化、点迹信息理解与融合、体系探测效能建模仿真、性能测试与试验评估等重点和难点问题的研究，目前还不够系统和深入。从已有的学术研究成果看，理论性和泛化性较为突出，有些概念相互交叉，应用边界较为模糊，到目前为止还缺乏较为系统的关于雷达组网技术与实践的专著。这影响到雷达组网探测系统的论证、研制、试验、使用和保障，影响到体系级预警装备的研制和集成使用，影响到战略预警能力的提高。

丁建江教授团队在深入研究雷达组网理论与技术的基础上，全过程参与了某重要雷达组网探测系统的论证、研制、试验与使用，思考并总结了这些理论与实践问题，结合团队对雷达组网理论的分析与理解，以雷达组网体系探测效能为主线，对雷达组网技术进行了较全面的总结，撰著了《雷达组网技术》一书，详细阐述了体系探测效能、雷达组网关键技术及应用难题的解决方法等，为今后雷达组网探测系统论证、研制、试验、使用和保障等方面奠定了技术基础。这对促进雷达组网技术发展与应用，加快体系级预警装备建设，实现预警部队作战应用模式转变，提高预警情报源头质量都具有极其重要的意义。

本书具有以下三个明显的特点。

第一，本书内容选材合理，物理概念描述清晰，技术机理分析深刻，理论论述深入浅出。本书内容紧扣雷达组网体系探测效能的主题，从网络中心战出发，深刻揭示了雷达组网技术机理，就像研制雷达组网探测系统一样，按需选择并集成了有关的技术内容，而且做到了无缝连接，一气呵成，具有综合性好、针对性强的优点，较好地兼顾了雷达组网的综合性与针对性、新颖性与传承性、技术性与战术性，能满足雷达组网领域不同读者的需求。

第二，本书研究思路清晰、逻辑严密、方法正确。作者采用理论联系实际、组网系统与单雷达量化对比、模拟仿真、综合试验与实装相结合等研究方法，紧紧抓住了体系探测效能的机理分析—产生条件—量化描述—建模仿真—试验评估这一研究主线。一方面，揭示了雷达组网获得体系探测效能的机理，创新提出了提升和挖掘雷达组网体系探测效能的资源优化管控预案工程化方法；另一方面，建立了雷达组网体系探测效能的量化指标与模型，提出了雷达组网体系探测效能仿真与实装试验评估的新方法，为雷达组网探测系统体系探测效能的试验评估提供了技术支撑。

第三，本书技术与应用、技术与战术紧密结合，归纳总结的结论、体会、建议具有较强的实践指导性。作者研究分析问题充分考虑了实际雷达技术体制和状态、实际目标点迹航迹数据特性、实际部署及其误差情况，重点研究了产生体系探测效能的点迹融合技术、提升雷达组网效能的资源管控技术、发挥雷达组网效能的预案设计技术、分析雷达组网效能的建模与仿真技术、检验雷达组网效能的试验与评估技术，归纳了雷达组网“知己知彼、资源管控、闭环控制、匹配探测”的战技融合战法，这对新一代雷达组网探测系统的研发与使用，具有较好的参考价值与实际指导意义。

综上三个特点，本书可供预警探测领域从事教学、科研和使用的工作者参考，也可作为相关学科的研究生教材和参考书。相信本书的出版能积极推动雷达组网机理运用和推广、体系级预警装备的研制与使用。

张光义

2017 年 2 月 22 日

前　言

采用雷达组网技术，构建雷达组网探测系统，可以获得比单雷达更好更多的体系探测效能，能提高空天目标的预警探测能力、抗复杂电子干扰能力与情报保障能力，特别是能提高复杂战场条件下对非合作特种军用目标的连续探测能力，这就是雷达组网探测方式逐步成为预警探测领域先进的体系探测方式的主要推动力，受到了预警探测领域的技术和军事专家、决策机关和预警部队的高度重视，目前已成为预警探测领域典范的体系探测系统或协同探测系统。

雷达组网具有多雷达探测资源协同运用与探测信息融合紧密结合的技术体制特点。多雷达资源如何协同，多雷达探测信息如何融合，雷达组网系统如何获得最大的体系探测效能，这些都需要通过研究雷达组网技术与体系作战运用来解决。所以本书以体系探测效能为主线来研究雷达组网核心技术与作战运用支撑技术。

雷达组网系统是一种预警装备，是一种典型的分布式探测系统，核心功能定位是优质情报源头，通过组网来获得优质探测情报，并非定位在情报综合处理上。雷达组网的特点和难点体现在“组”字上，就是要灵活控制网内的可用探测资源，在复杂环境下实现空天目标的匹配探测，得到多雷达组网的体系探测效能。那么，雷达组网获得这些体系探测效能的理论基础与技术机理是什么呢？如何全面完整量化表达所获得的体系探测效能呢？如何试验评估能获得的体系探测效能呢？发挥和挖掘出这些体系探测效能又需要什么条件呢？目前在雷达技术领域对这些新的理论和实践问题研究，还不够深入、不够系统、不够成熟，影响着人们对雷达组网概念的理解和发展、雷达组网机理的运用和推广、新一代雷达组网探测系统的研制和试验、雷达组网体系探测效能的发挥和挖掘。

据此，作者在深入研究雷达组网理论与技术的基础上，通过地面对空情报雷达组网的实践，归纳了用于空中目标预警探测的雷达组网实验系统的论证、研制、试验与使用体会，思考并总结了这些理论和实践问题，把对雷达组网技术机理的分析理解，聚焦到雷达组网“体系探测效能”主题上，撰著成《雷达组网技术》一书。通过“体系探测效能”主题比较系统地回答了雷达组网的点迹融合、资源管控、预案设计、建模仿真、试验评估等核心技术，尽量满足雷达组网系统总体设计、工程研制、试验评估、作战使用者的技术需求，也可为一般传感器组网系统论证设计、工程研制、试验评估和实际使用提供较好的参考借鉴作用，还能满足预警探测领域不同读者的需求。

本书在内容选材、研究思路和方法上,有以下考虑和设计:

在内容选材上,紧扣获得、产生、提升、发挥、展示、分析、检验雷达组网“体系探测效能”所涉及的核心技术,用“体系探测效能”来裁剪所涉及的内容,并兼顾解决几个难题。一是兼顾雷达组网基础理论的综合性与雷达组网探测系统研制实践的针对性,二是兼顾雷达探测效能的传承性与雷达组网体系探测效能的新颖性,三是兼顾雷达组网体系探测资源优化管控预案设计战术与技术紧密结合的一体性。本书全面论述了雷达组网获取体系探测效能的技术机理与研制雷达组网实验系统的关键技术,重点突出与“体系探测效能”密切相关的点迹融合、资源管控、预案设计、闭环控制、参数调整、建模仿真、试验评估等雷达组网新技术的工程化实现,避开了雷达组网涉及的众多基础理论的一般性描述和繁琐的数学推导,使读者思路清晰,又觉得非常新颖和实用,具有理论描述不枯燥、实例说明恰到好处、内容实践指导性强的优点。

在研究思路上,按照获得、产生、提升、发挥、展示、分析、检验雷达组网“体系探测效能”的逻辑展开。本书首先界定雷达组网有关概念,全面系统地揭示雷达组网产生体系探测效能的机理,分析提升雷达组网体系探测效能所需要的技术与战术条件,提出挖掘雷达组网体系探测效能的资源优化管控方法;然后描述雷达组网体系探测效能的量化指标、建模仿真与试验评估方法等,并从中穿插较多的实装试验结果进行例证,进一步佐证雷达组网技术的有效性与实用性。

在研究方法上,采用理论分析与实验结果、组网探测效能与单雷达探测效能量化对比、模拟仿真与实装试验相结合的研究方法,从物理域、信息域、认知域/社会域“多域融一”的网络中心战理念出发,论述预警体系“情报、目标、装备、环境、人员”五要素内在关系,建立雷达组网体系探测效能“情报”要素与其他要素“目标、装备、环境、人员”的变化对应模型,即:实际空天地目标特性和作战方式;实际雷达部署、技术体制和参数可控性;实际通信网络的接口、格式及其可用性,雷达点/航迹数据的时间、量测、定位和坐标转换等误差;实际融合算法优劣性、条件性和参数可控性;实际战场电子干扰和阵地等环境;实际指战员的素质、理念、思想、能力和决策;实际探测预案、流程和时序的设计。

基于上述考虑,全书章节设计分为如下8章。

第1章绪论。从雷达组网必要性入手,从体系探测的新理念来理解雷达组网、雷达组网系统、体系探测、体系效能等新概念,界定雷达组网系统的定义、功能、定位和作用等内涵和外延,阐述匹配探测、体系探测、体系效能之间的关系及其条件,系统全面地归纳总结雷达组网的点迹特性、资源优化管控特性、预案工程化特性、试验评估特性,为后续各章详细论述提供了总体理论架构,奠定了技术基础。

第2章获得雷达组网体系效能的技术机理。基于网络中心战(NCW)多域融一最优发挥雷达组网体系探测效能的创新理念,全面分析雷达组网系统获得非合作特种军用目标探测能力、抗复杂电子干扰能力、情报保障能力的技术机理,即用“预案、控制、融合”来实现“多域融一”的技术途径;用雷达组网系统与单雷达量化对比的方法,列举非合作目标探测、抗复杂电子干扰、情报保障典型实例,进一步验证了雷达组网产生体系探测效能的技术机理和所需要的条件。

第3章产生雷达组网效能的点迹融合技术。专题研究雷达组网点迹融合技术与体系探测效能产生的关系,在讨论理解组网雷达点迹质量和多种误差的基础上,分析讨论影响点迹质量的因素,提出点迹系统误差估计方法和模型,列举复杂条件下点迹融合产生体系探测效能的实例,进一步说明了点迹融合是产生体系探测效能的必要条件。

第4章提升雷达组网效能的探测资源管控技术。专题研究提升雷达组网体系探测效能的资源管控技术,在分析讨论雷达组网体系资源优化管控必要性、可控性等基本问题的基础上,描述探测资源管控的要素、功能、结构和方式,建立探测资源管控的功能模型与管控流程,列举典型雷达组网系统实时闭环控制实例。进一步说明探测资源优化管控是提升体系探测效能的首要条件。

第5章发挥雷达组网效能的预案工程化技术。专题研究发挥雷达组网体系效能的探测资源优化管控预案工程化技术,即预案设计、优化与推演技术。在分析雷达组网探测资源优化管控预案设计必要性与要考虑多种因素的基础上,一是归纳总结雷达组网体系探测资源优化管控预案设计的理念、原理和方法等;二是创新了预案工程化实现的模型与流程、实用性评估方法,设计出雷达组网探测资源优化管控预案推演系统;三是针对组网雷达是否为相控阵雷达,提出探测资源调度的具体算法。进一步说明了探测资源优化管控预案是发挥和挖掘雷达组网体系效能的前提。

第6章展示雷达组网效能的实验系统。以某雷达组网实验系统为例,在描述该实验系统技术体制选择考虑的基础上,提出一种基于资源闭环控制与点迹融合的雷达组网探测实验系统方案,并介绍实验系统组成、各部分的工作过程,描述了与之对应的体系探测效能指标。

第7章分析雷达组网效能的建模仿真技术。专题研究和分析雷达组网体系探测效能的建模与仿真技术,创新了雷达组网军事概念模型与量化的体系探测效能模型,提出雷达组网体系探测效能仿真分析方法与技术手段,列举了典型雷达组网体系探测效能仿真分析实例。

第8章检验雷达组网效能的试验评估技术。专题研究检验雷达组网体系探测效能的试验与评估技术,提出雷达组网体系探测效能综合试验与评估的方法,设计雷达组网系统检飞试验方案,提出雷达组网试验数据处理方法,实现雷达组网探测能力、情报质量与抗复杂电子干扰能力检飞试验，验证雷达组网探测资源优化管控能力，测试雷达组网信息中心信息处理能力，最后通过典型场景展示了雷达组网体系探测效能。

本书由空军预警学院丁建江、许红波、周芬联合撰写。丁建江教授设计全书的总体架构、编制主体目录、审阅修改全稿、组织了多次讨论、提出修改完善意见。各章撰写分工如下：丁建江撰写内容简介、前言、第1、2章；许红波撰写第3~5章；周芬撰写第6~8章。书中综合参考并吸收了研究团队中杨大志、叶朝谋、周芬、高俊楠、陆捷、向龙、阮崇籍、亓强、段艳红等多期硕士、博士研究生的研究成果，也参考了国内外多名专家学者的早期研究成果。在实验系统研制和现场试验中，得到中国电子科技集团公司第十四所周琳研究员、第三十八所梅晓春研究员等一大批工程技术人员的大力支持，也得到空军机关和预警部队的大力支持。在本书撰写过程中，得到了空军预警学院各级领导关心和专家指导，得到了国防工业出版社的大力支持，在此表示衷心感谢。

由于作者水平与能力所限，对雷达组网机理的理解深度与对雷达组网实践应用的广度还不够，书中难免有不妥之处；同时，雷达组网的技术与需求也在不断发展之中，书中有关内容也会不断发展。热忱欢迎读者提出建议、指导与批评指正。

著者

2017年10月1日

于武汉

目　录

第1章 绪论

理论研究与应用实践已经验证:多雷达通过组网实现协同探测,是一种利用信息技术产生体系探测效能的全新探测技术体制,是一种预警探测新理念与新方法,是雷达兵进行集群探测、体系作战的先进而且有效的新装备与新战法。雷达组网探测系统(以下简称雷达组网系统)是探测非合作特种军用目标的新型体系级的基础性预警装备,是目前预警探测系统中基于体系模式进行对抗的典型装备,是对不同体制、频段、精度、数据率的多个单一雷达进行实时控制和点迹融合处理,将指定区域内多部雷达以组网探测的模式进行资源整合,形成一部具有高精度、高数据率、高抗干扰性能的"可编程大雷达",是新一代预警网的优质情报源。

本章从宏观的视角介绍雷达组网技术的有关概念和架构,为后续各章详细论述奠定总体基础。首先从雷达网、雷达组网等有关概念开始,重点界定雷达组网系统的定义、功能、作用、定位、效能等概念的内涵和外延;其次从空天目标特性发展与现代化战争对预警情报需求两方面来联合论证雷达组网的必要性;第三从体系探测的新理念,简述雷达组网系统的体系探测效能及其所需要的条件;第四简要阐述雷达组网产生体系探测效能的有关特殊性,如点迹信息特性、闭环控制特性、探测资源优化管控预案工程化特性、体系探测效能试验评估特性;第五简述雷达组网技术与雷达组网系统的发展过程和趋势;第六界定本书研究过程中有关概念的范畴。

1.1 雷达组网有关定义与定位

本节从解释有关概念开始,明确雷达网、组网、雷达组网、雷达组网系统、组网雷达等概念的内涵和外延,对理解雷达组网系统的作用、所需要的关键技术、体系效能和功能定位具有重要帮助。

1.1.1 雷达组网的一般概念

为了更好地理解雷达组网的概念,先简要回顾雷达网的起源,再简述组网的一般含义。

（1）雷达网（Radar Networks）的一般概念。“雷达网”一词是雷达预警网络的简称，通常是国家预警系统的主要组成部分。自1938年英国研制第一部实战使用的雷达以来，雷达就以网状形式部署使用。1939年英国在英吉利海峡用20部对空警戒雷达构建了世界上第一个对空情报雷达网，即本土链网络（Chain Home Network），当时只以扩大雷达探测覆盖范围为主要目标，并没有雷达情报综合中心。到1940年夏，随着作战的需要，又进一步发展成为一个由80多个雷达站和1200多个对空目视观察哨相结合的对空侦察预警系统，能在远离英国东南海岸170多千米的空域发现来袭的德国轰炸机群，为英国防空系统赢得长达45min的预警时间。1953年，美国林肯实验室在新英格兰东南实施了第一个防空系统研究项目——科得角（Cape Cod）计划，由3部远程监视雷达、12部低空补网雷达、4部测高雷达构建了雷达预警网实验系统，用电话线把这些雷达探测的航迹情报联连接到中心计算机，构建了世界第一个区域雷达航迹情报综合中心，即防空预警系统，这就是后续著名的赛其（SAGE）防空系统的原型，开创了多雷达航迹情报的综合使用，促进了“雷达网”概念深入人心。

（2）组网（Networking或Netting）的一般概念。“组网”一词是现代信息技术发展的新词，可直观理解为单一物体组成网络的实施过程。其在2010年第6版《辞海》中还没有收录，在2011年版最新《军语》中也没有收录，主要内涵是通过通信网络和计算机把具有独立能力的单一主体进行集成，产生新的集成效能；特别在军事方面，“组网”的含义比较明确，即把多个单装备集成起来，构成新的网络化装备，产生新的体系作战效能。正由于“组网”一词的意义的广泛性与先进性，2016年7月在百度中可搜到近2530万篇与“组网”相关的资料，主要内容集中在通信网络的组网，而且还在不断发展之中，可见“组网”概念已广泛应用于各行各业。在预警监视领域，预警传感器组网应用较为普及，如雷达组网、卫星组网、预警机组网等。

（3）雷达组网（Radar Networking）的一般概念。通信网络把单一雷达进行作战集成，构成满足作战需求的、新的雷达网或探测系统，并产生新的作战集成效能。雷达组网强调按照作战要求把单雷达部署成网状，来完成新的作战任务，构成的系统就是雷达组网探测系统。所以，不同时代赋予雷达组网的使命、任务和功能有较大的差别，其技术体制与实现技术途径也有较大的差别，具有较明显的时代特征。“雷达组网”一词在文献中比较正规地出现于20世纪80年代[1-3]，但文献中并没有对“雷达组网”与“雷达组网系统”进行清晰和明确的定义，当时主要内涵与技术特征是对多部雷达的探测数据进行融合处理，据此来获得多雷达组网的体系效能。

正因为“雷达网”概念的易解性与早知性，“组网”概念的广泛性与先进性，

“雷达组网”概念的后来性与模糊性,随用、混用甚至不恰当使用“组网”一词的情况比较普遍。“雷达网”与“雷达组网”的概念一直比较混淆,难以正确理解“雷达网”与“雷达组网”之间的差异性。有不少人把现役雷达网称为“情报组网”或者“雷达组网”,把以指挥、控制为主体的 C^4I 系统称作“情报组网系统”,把雷达组网探测系统称作“组网雷达”,等等。实际上,“雷达网”、“雷达组网”、“组网雷达”、“情报组网”等概念有较大的差别。所以,规范概念、明确定义、厘清关系显得非常必要,否则会给预警装备组网探测系统的研制和推广使用带来较大的困惑。

1.1.2　雷达组网系统的定义

经过近 30 年的理论发展与实际应用,基于雷达组网基本理念构成的雷达组网系统(Netted Radar Systems)逐步清晰和明确。按照目前组网技术的发展水平,其基本要点是对雷达进行实时控制与点迹融合,已逐步得到预警监视领域多数专家学者的一致认可,21 世纪初几本专著[4-7]对雷达组网系统已有相对权威的定义或解释。

国军标 GJB 4429—2002《军用雷达术语》2. 3. 11. 1 条对雷达组网系统的定义如下:雷达组网系统是对特定监视空域,由多部雷达适当部署成网状,对数据进行融合处理,并对各雷达统一有序控制的雷达系统[4]。

《现代对空情报雷达》对雷达组网系统的定义如下:对应于某个特定监视空域,通过对多部雷达适当布站,各雷达的信息成“网”状收集,进行数据融合处理,并对各雷达统一有序控制的雷达系统称为雷达组网[5]。

《雷达电子战系统数学仿真与评估》对雷达组网系统的解释为:雷达组网系统就是应用两部或两部以上空间位置互相分离而覆盖范围互相重叠雷达的观测或判断来实施搜索、跟踪和识别目标的系统[6]。

从上述三种定义和解释可以看出,雷达组网系统是一种多雷达集群探测系统,是一种对多雷达探测信息进行集中融合处理的集群探测系统,是一种通过对多雷达进行实时控制的集群探测系统,实现对空中目标的最佳探测,或者匹配探测,获得组网区域的最优情报态势,即多雷达协同探测的体系探测效能。显然,雷达组网系统至少包括三个要点:雷达异地部署、探测信息(不仅仅只是航迹)集中融合处理和探测资源实时控制。

基于目前雷达组网技术的发展和对雷达组网的理解,作者研究理解认为,雷达组网系统是对异地部署的,不同体制、功能、频段、精度、数据率的单一雷达进行实时远程控制和点迹集中融合处理,将指定区域雷达群的多部雷达装备以组网探测的模式进行资源整合,形成一部具有高精度、高数据率、高抗干扰性能的“可编程大雷达”,实现探测效能的综合集成。这种组网形式的集群探测系统是国家空中预警网的基础情报源头、底层情报源头、优质情报源头,不仅可为国家预警探测系统提供优质情报,而且可为预警部队实现从单雷达平台到体系探测转变奠定了技术基础,可作为预警部队的数字化、体系化的体系级基本作战单元。

这种以先进的雷达集群探测模式替代传统的单雷达独立探测模式,具有复杂电磁环境的体系对抗能力、非合作目标的集群探测能力以及指挥引导的优质情报保障能力,可有效克服目前各单雷达独自探测所带来的性能局限和资源浪费,实现对空中目标的最佳探测,以提高组网区域的雷达情报质量,即探测源头情报质量。这种组网形式一般是通过一群异地分布部署的雷达实现,所以这种雷达组网系统严格地说要称作多雷达集群组网探测系统。为了叙述方便,本书后续文中都继续简称为"雷达组网系统"。

从技术方面看,雷达组网是一种技术体制,包含了传感器动态接入与优化部署、探测信息集中融合处理、探测资源优化控制与管理、情报按需分发服务等主要功能环节;从作战使用看,雷达组网是实现与发挥雷达网体系效能的作战组织形式。使用与技术紧密融合,组网技术决定组网战术。

1.1.3 组网雷达的概念

综合分析公开的学术论文与有关文献,"组网雷达"这个词没有明确的定义,而且与"雷达组网"概念不加以严格的区分,在一般文献中一直用得比较随意和混乱。从功能拓宽和发展看,早期的单雷达只能完成独立探测与航迹情报输出,相当于"航迹产生器",后来有些骨干大型雷达能接入和综合本地小型补盲雷达的航迹情报,输出本地综合情报到情报综合中心,这样的雷达被大家称作组网雷达(Netting Radar),如图1.1(a)所示。这类组网雷达具有主动意义,它通常主动综合同站几部雷达的航迹情报,实现以航迹情报综合为主的组网探测,如美国的AN/TPS-43雷达战术防空系统、德国西门子低空防御系统具有这种功能。实际上这种主动的组网雷达除了基本的探测功能外,还具有一定的航迹情报综合功能。

本书所指的"组网雷达"是参加"雷达组网系统"组网的雷达,就是接口与信息交互格式满足雷达组网系统所要求的、能进行组网工作的、而且已被接入组网系统的、受组网融合与控制中心(以下简称"组网融控中心")控制的单部雷达。这种组网雷达具有被动意义,如图1.1(b)所示,它是雷达组网系统的组成部分,受控于组网融控中心,给组网融控中心提供探测到的点迹、航迹等组网所需的信息,并报告自己工作的模式和参数等技术状态。受雷达组网技术发展与人们对此认识的限制,早期研制的雷达在接口与信息交互格式上难以满足组网控制的技术要求,通常需要进行必要的技术改造;后续研制的雷达一般能满足组网控制接口与信息交互格式的技术要求,实现雷达组网融控中心与组网雷达之间的互联互通互操作。所以从功能上分，组网雷达可分成主动与被动两种类型。

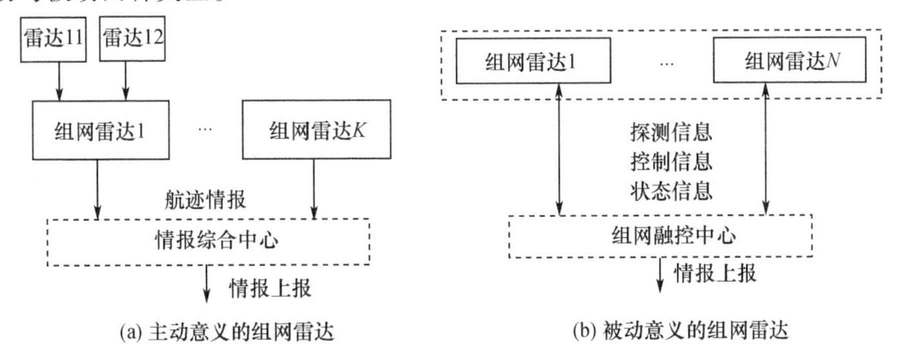

图 1.1　主动意义与被动意义组网雷达的对比

1.1.4　雷达组网系统的功能定位

从后面 1.2 节雷达组网必要性可以看到，对雷达组网系统的主要能力要求是：良好的体系抗复杂电子干扰能力、极强的非合作目标集群探测能力、优质的引导情报保障能力。其核心能力体现在“探测”一词，所以，雷达组网系统的功能定位是：它依据探测任务，优化组合网内不同体制、不同功能和不同频段组网雷达的探测资源，通过实时协同控制充分挖掘各组网雷达的探测信息潜能，得到更多的、有用的目标回波信息，通过信息集中融合提高在复杂环境中对空中目标的探测能力，特别是对具有“低、慢、小、高、快、隐”等特征的非合作特种军用目标的探测能力，提高雷达探测情报的连续性、准确性和时效性，提高组网区域整体抗电子干扰、抗摧毁和重新组网能力，为雷达兵网络化体系探测的战法应用与创新提供技术支撑。

从作战使用的角度，雷达组网有四层意思。第一，雷达组网是有目的地加强和满足特定作战需要的一种动态过程，系统可大可小，随遇接入，是提升预警探测能力的手段和组织形式。第二，雷达组网不只是技术实现的问题，而是预警部队体系作战思想、作战指导原则和力量运用在一定平台上的表现形式，是体系战术运用与集成技术应用的有效结合。第三，雷达组网要运用物理域、信息域、认知域/社会域“多域融一”的体系作战理念，把各级指挥员体系认知思想、多个组网雷达的工作状态、组网融控中心的信息融合紧密地结合起来，才能最大、最有效地发挥雷达组网系统的探测潜能。第四，雷达组网是一个随技术与需求不断发展的过程：在集中式信息融合上，从航迹融合已经发展到点迹融合，还可再发展到信号级融合；在平台形式上，可从固定发展到机动；在工作模式上，单雷达从自发自收，可发展到一发多收，甚至多发多收。

1.1.5 雷达组网系统的使用定位

雷达组网是实现与发挥雷达集群体系探测效能的最新最优作战组织形式，雷达组网系统与所属的组网雷达共同构成一个基本作战单元，可作为数字化雷达作战分队的核心装备，能独立承担指定地区警戒、引导、航管等情报保障作战任务。

世界各国早期普遍使用的空中目标预警探测系统以航迹情报处理中心为核心，综合各单雷达航迹情报，形成分区综合航迹情报，具有各雷达独立探测、分区情报综合处理的单向树状结构特点，如图 1.2 所示。这种传统的空中目标预警探测系统对多雷达的管控是人工的、宏观的、非实时的，也是非时序的，情报处理是单向的航迹综合，其情报保障模式已很难适应以信息化、网络化为特点的现代作战需求。

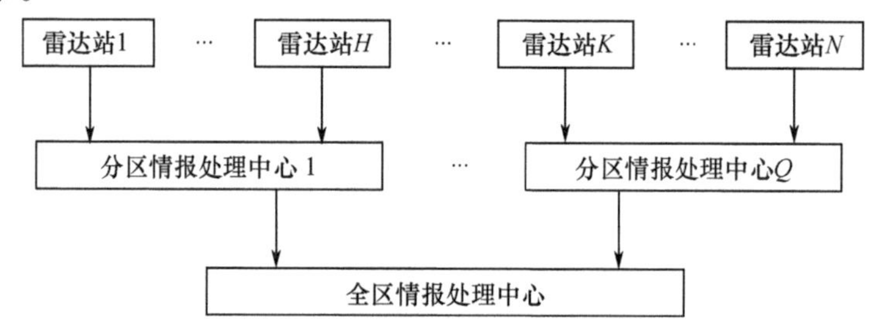

图 1.2　传统空中目标预警探测系统结构示意图

随着通信网络技术的发展，传统的空中目标预警探测系统也进行了必要的技术升级，各雷达航迹情报入网和各用户情报获取，具备随遇入网、按需分发的突出能力，情报扁平化处理能力得到了提升，但情报处理体制仍然是“单雷达航迹到多雷达航迹综合”，中心与各雷达之间仍然是松散的连接与非实时的协同控制，整个预警探测系统对非合作特种军用目标的探测能力仍然停留在单雷达的水平，预警探测系统的“四抗”能力没有显著提高。

与传统空中目标预警探测系统多雷达简单松散连接、多雷达航迹简单综合有着明显的不同，雷达组网系统有一个组网融控中心，在组网融控中心与组网雷达之间存在互联互通互操作所需的“智能神经”，实时传递着探测信息、控制信息、状态信息与综合情报，实现不同功能、不同体制、不同频段的多部组网雷达实时协同探测。在组网融控中心对组网雷达探测点迹信息进行集中融合与探测资源集中控制，通过实时控制和点迹融合，在一定条件下，可以对各单雷达难以探测的目标形成融合航迹，提高非合作军用目标的探测能力，解决优质情报获取问题，它是空中目标预警探测系统的优质探测情报源头，是复杂战场环境下对隐身飞机、巡航导弹、无人机等非合作目标的先进的体系探测手段与发展趋势。

基于这种技术体制雷达组网系统的应用,新一代空中目标预警探测系统可采用图 1.3 所示的“组网探测 + 态势综合”技术结构,雷达组网系统作为新一代预警探测系统的底层基本单元或处理节点,集成控制组网的雷达,起到区域集群探测作用,提供优质情报源;情报综合处理系统(或称 C^4I 系统)对所属雷达组网系统进行任务分配和管理,生成综合态势与宏观决策。这种技术结构分工非常明确,在雷达组网系统解决探测问题,在情报综合处理系统解决态势生成与管理问题。与传统结构预警系统比,具有指挥决策分层分担、探测性能优越、探测资源管控易实现、雷达组网灵活、探测潜能能深挖等战技特点,能提高整个空中目标预警探测系统的能力,是目前军事强国普遍发展的新型预警探测系统。

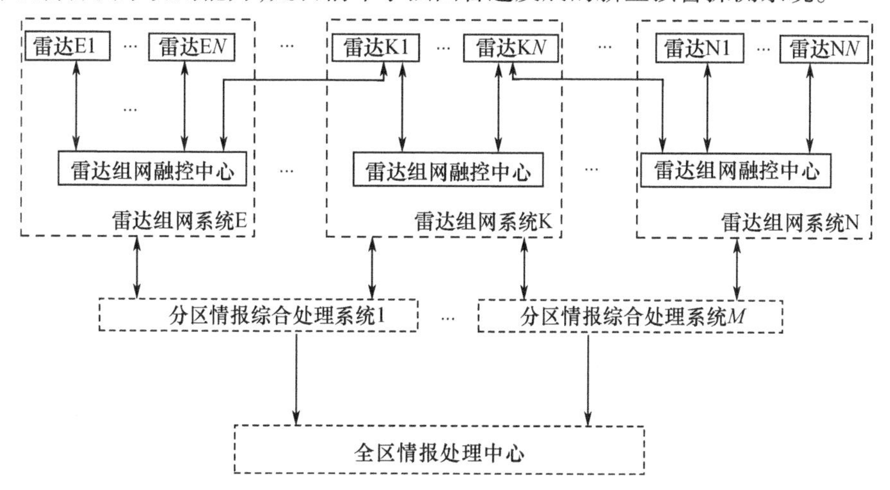

图 1.3　“组网探测 + 态势综合”技术结构示意图

要真正有效发挥雷达组网集群探测系统的“四抗”(抗电子干扰、抗低空突防、抗隐身目标、抗反辐射导弹)体系效能,应在这种技术结构的基础上,再匹配上雷达组网集群的体系战法,包括组网雷达选型和部署,工作模式选择,流程和控制时序设计,融合算法和参数设置等,有关内容将在第 2、5 章陆续讨论。

1.1.6　雷达组网的关键技术

在 1.1.2 节中已描述,对雷达组网的认知,从单一的数据融合,发展到统一的控制系统。综述已有研究成果与自己的实践体会,现水平雷达组网系统最核心技术有两点[7]:一是点迹融合技术,即组网雷达点迹信息集中式融合;二是资源管控技术,即组网系统内预警探测资源的优化管控技术。点迹融合与资源管控是雷达组网系统获取体系探测效能不可分割的两项核心技术,构架了一种典型的雷达组网系统技术体制,主要特点是基于点迹融合的探测资源优化管控闭环,如图 1.4 所示。

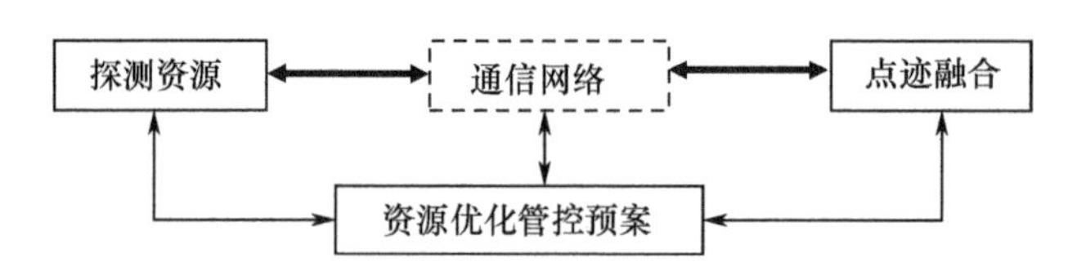

图 1.4　点迹融合与资源管控在雷达组网系统中的作用

点迹融合是一种数据融合新方法或新技术，就是在组网融控中心实现集中融合各组网雷达送来的点迹信息，输出航迹情报，直接获得雷达组网系统的探测效能。资源管控是优化规划、分配、调整探测资源，匹配空中目标和环境变化的作战支撑技术，实际上资源管控就是为点迹融合提供更多的有用点迹，并尽量降低无用点迹，间接产生雷达组网系统的探测效能。也就是说，在探测资源实时控制的基础上，通过点迹融合获得优质情报，资源管控是获取雷达组网体系探测效能的前提条件。

通过体系探测资源优化管控来匹配目标和环境，据此获得更多的有用目标点迹信息，是产生“有用点迹增量”的前提。在产生有用点迹的同时，往往会带来“有害点迹”，融合提取有用点迹而降低有害点迹的影响，这就是点迹融合的基本功能与“增量”所在。点迹融合就是把有用点迹转化为有用航迹，而抑制有害点迹，据此获得雷达组网的“探测情报增量”，展现雷达组网获得优质情报的技术机理。所以，体系探测资源优化管控是提升和挖掘体系探测效能的前提条件，点迹融合是产生体系探测效能的必要条件，两者缺一不可。

所以，要获得雷达组网系统的最大的体系探测效能，按照“料敌从宽，预己从严”的原则，战前必须深化研究空天海目标特性和作战方式，假设多种空中目标与环境的边界条件，设计、仿真、评估和推演探测资源管控预案，在此基础上再进行比较，获得边界条件明确的、可实用的探测预案集合（库），供临战选择与战中调整之用；在战中实时感知环境的变化，分析判断空中目标新动向，动态评估综合情报是否满足任务要求，通过指挥员决策与体系探测资源闭环控制，实时调整体系探测资源使用，使雷达组网系统的体系探测资源匹配于目标和环境的变化，实现匹配探测，获得更好的情报态势。

探测资源优化管控闭环可以从图 1.5 所示的“目标、资源、预案、时间”等多个维度来进一步理解。

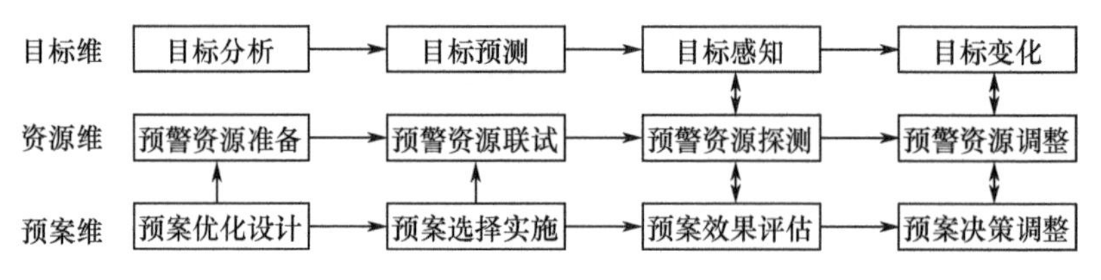

图 1.5　探测资源优化管控闭环的示意图

所以，探测资源管控是一个典型的以军事需求为牵引、智能信息处理技术为基础、军事决策技术为支撑的优化规划问题，其结果就是某种条件下的最优任务执行序列，既是实现组网探测资源优化管理、提高组网探测体系效能的关键技术，也是形成空天目标预警监视能力的关键要素。

除了点迹融合与资源管控核心技术外，还有预案设计、效能描述、建模仿真、试验评估等关键技术。这在后续章节中逐步描述，如表 1.1 所列。

表 1.1　研究雷达组网体系探测效能涉及的关键技术

技术	作　用	备　注
获得体系探测效能机理与条件	理解雷达组网产生体系探测效能的机理与典型实例	第 2 章讨论
点迹融合技术	集中融合多雷达点迹，输出优质航迹情报，产生体系探测效能	体系探测效能产生的必要条件，第 3 章讨论
资源管控技术	实时管控雷达组网体系探测资源，适应目标和环境的动态变化，提升其体系探测效能	体系探测效能提升的首要条件，第 4 章讨论
预案设计技术	设计、仿真、推演、训练雷达组网的体系探测预案，实现预案工程化	预案是发挥体系探测效能的保障，第 5 章讨论
效能描述技术	建立雷达组网体系探测效能指标	定量描述组网体系探测效能的基础，第 6 章讨论
建模仿真技术	建立体系探测效能模型，给定边界条件，仿真其体系探测效能	定量描述组网体系探测效能的方法，第 7 章讨论
试验评估技术	对给定的边界的实际雷达组网系统，试验并评估体系探测效能	定量验证组网体系探测效能的方法，第 8 章讨论

1.1.7　雷达组网技术体制的发展趋势

雷达组网的技术体制分类与信息融合、雷达体制、雷达平台、通信网络节点等因素密切相关，目前没有严格的分类方式，不同的组网方式可以总结出不同的技术体制。按融合的信息分类，有航迹、点迹、检测级与信号级融合组网方式；按信息融合的方式分类，有集中式、分布式与混合式融合组网方式；按组网融控中心与组网雷达的控制关系分类，有实时远程紧密闭环反馈式控制与松散式联网开环控制组网方式；按组网雷达工作方式分类，有单站（N 发 N 收）、多站（1 发 N 收、M 发 N 收）、主动与被动工作组网方式；按组网雷达之间的信号相参性分类，有相参与非相参组网方式；按天线信号处理工作模式分类，有子阵化处理与非子阵化处理组网方式；按组网雷达平台分类，有地面固定与机动（空、天、海）组网方式；按通信网络分类，有有线、无线与有线无线混合组网方式；等等。实际上各种组网方式是互相交叉的,按照实现技术难度可分成如表 1.2 所列的情况 0 至情况 6 共 7 种典型组网方式,对应的技术体制特点、实现技术难度、组网后功能性能、作战使用要求也各不相同。表中颜色逐步加深,表示实现技术难度越来越大,作战使用越来越复杂,组网性能与效能相对较好。

表 1.2　典型的多种组网方式

技术特点＼分类	情况 0	情况 1	情况 2	情况 3	情况 4	情况 5	情况 6
节点位置	固定站	固定站	固定站	固定站	固定站	固定和运动平台组合	运动平台
融合层次	航迹	航迹,点迹	航迹,点迹	检测	检测	原始数据	原始数据
相干性	非相干	非相干	非相干	非相干	相干	相干	相干
工作模式	N 发 N 收 单站模式	N 发 N 收 单站模式	1 发 N 收 多站模式	1 发 N 收 多站模式	M 发 1 收 多站模式	M 发 1 收 多站模式	M 发 N 收 多站模式
天线处理	非子阵化	非子阵化	非子阵化	半子阵化	子阵化	子阵化	子阵化
资源管控	不控或开环	闭环粗控制	闭环粗控制	闭环精控制	闭环精控制	闭环精控制	闭环精控制
时空要求	系统对时 坐标转换	系统对时 坐标转换	时空同步	时空同步	时空同步	时空同步	时空同步
难度评估	最简单 难度 0 级	简单 难度 1 级	有点复杂 难度 2 级	比较复杂 难度 3 级	复杂 难度 4 级	很复杂 难度 5 级	非常复杂 难度 6 级

情况 0 只对各雷达的航迹情报进行综合处理,例如选择主站情报、加权各站情报等,一般不对各雷达的探测资源实施协同的实时控制,实际上是一种传统的航迹情报综合处理系统,并非本书描述的、真正的雷达组网探测系统,放在表 1.2 中便于比较,1.2.4 节会介绍其技术差距。情况 1 是异地分布单雷达组网形式,是目前最易实现的雷达组网系统,各组网雷达异地分布,自发自收,独立工作,通过组网融控中心对探测资源进行闭环控制,再把组网融控中心对探测的点迹或航迹进行集中融合,获得多雷达融合航迹。其技术体制的特点是"探测资源优化管控 + 点迹信息集中融合";实现的技术难度相对最低,在目前组网雷达技术条件下最能实现,对通信容量、时空同步等要求最低;组网后能较好探测目前广泛存在的非合作空中目标,能暂时满足预警部队的作战需求;作战使用难点是探测资源优化管控预案的设计与实现。情况 2 是多站多基地雷达组网形式,收发站异地分布,1 发多收,探测信息集中非相干处理,实现难点仍然是多基地雷达"时空频三同步"。情况 3 是 1 发多收,情况 4 是多发 1 收,可选择相干或非

相干融合处理方式，技术问题较为复杂。情况 5 是多发 1 收，情况 6 是多发多收，可选择原始信号相干集中融合处理，目前技术最难。

从矛盾双方对立统一与互相促进观点看，随着目标特性与作战方式的“矛”不断发展，对单雷达的“四大威胁”持续存在，而且不断加重，单雷达受到的挑战越来越大，雷达组网作为一种有效的“网盾”技术方法和途径，其技术体制也必须随之发展和变化。

1.1.8　雷达组网系统的发展过程

20 世纪 80 年代，美国国防部高级研究计划局（DARPA）提出了雷达组网计划，1980 年 9 月至 1981 年 1 月，在俄克拉荷马州锡尔堡（Fort Sill）地区，DARPA 与陆军联合进行了一项雷达组网功能演示[2]，通过电话线实现了 5 部雷达的联网与航迹数据融合，初步展示了基于航迹融合雷达组网的优点与效能，从此，拉开了雷达组网的研究与应用。30 多年来，雷达组网系统随雷达技术、计算机技术与作战需求的发展，雷达组网系统的技术体制、组成形态、应用领域、探测目标等各方面都有较大的发展。

从应用视角看，雷达组网技术主要应用到国家预警网的建设，目前已广泛应用到空中目标预警探测、弹道导弹预警探测、空间目标侦察监视等系统，从预警普通的空中目标到针对隐身飞机、巡航导弹、弹道导弹等非合作军用特种目标的专用组网系统。

从组网的形态看，从早期的单一预警监视雷达传感器组网到预警监视雷达、火控雷达，红外、声、光等异类传感器的组网，从地面传感器组网到陆、海、空传感器组网，从单一通信方式组网到有线、无线、有线无线混合等多种通信方式组网。文献[8]从抗干扰的视角，按照抗干扰能力与复杂程度把雷达组网系统分成四类：普通雷达网、中级雷达网、高级雷达网、高级复合雷达网。

从技术体制与应用视角看，有以下几种典型的技术体制与系统。一是传统的基于“单雷达 + C^4I”结构的松散预警系统（或者称作弱组网系统），二是基于闭环控制的控制报知中心（CRC）[9-11]紧耦合组网系统，三是基于“CRC + C^4I”结构的新型预警系统，四是基于扁平处理的特种组网系统。以上每一种雷达组网系统都有各自的技术特点、应用条件与对应的体系探测效能。

实例 1　基于“单雷达 + C^4I”结构的松散预警系统。担负防空预警的各种军用和民用雷达，都通过高速网络，以联网形式存在，构成 C^4I 系统，每个单雷达都作为 C^4I 系统的情报源，由 C^4I 系统综合处理这些雷达航迹情报，提供综合的空中情报态势。C^4I 系统综合处理的主要功能是情报态势生成，一般难以产生探测能力的“增长点”，所以 C^4I 系统的体系探测能力等同于单雷达的探测能力，单雷达探测性能越好，C^4I 的探测效能也就越高，单雷达探测性能越差，C^4I 的探测效能也就越差。若要预警探测像隐身飞机、巡航导弹等空中非合作军用特种目标，现役技术体制的单雷达已难以提供连续的航迹情报，特别在强复杂电磁干扰的战场环境下，提供连续航迹更是困难，若能提供目标可能的、断断续续的探测点迹已难能可贵了。这种“单雷达 + C^4I”已经非常不适合再作空中目标预警探测系统的体系结构，来预警探测非合作空中军用特种目标，已被目标隐身、主瓣干扰技术所颠覆。这种停留在几十年前的结构与技术水平，通常都是“保护局部利益”思路的产物，与现代技术发展不相称。实际上，按照雷达预警网“四抗”能力来衡量和理解，这些网中单雷达属于“松散联网”，或者称作“开环联网”“弱组网”，因为 C^4I 系统只注重单雷达的情报收集和综合，而未将这些雷达构成“有机的整体”进行集群探测，也就没对这些雷达实现协同、实时的控制，单雷达还是独立的航迹产生器，没有利用好单雷达探测得到的断断续续的探测点迹信息。美军从 1958 年投入使用的“赛其”系统，日本从 1968 年投入使用的“巴其”系统，都是典型的基于“单雷达 + C^4I”结构的松散预警系统。目前这些系统的自动化程度、作战能力等都有较大的发展，对合作目标的预警监视与空域管理具有较好效能。

实例 2　基于闭环控制的 CRC 紧耦合组网系统。按照“单雷达 + C^4I”体系结构，提高单雷达航迹情报质量，成为了提升整个国家空中目标预警探测系统能力的关键。最直接的方法就是提高单雷达在复杂电磁干扰下对非合作空中特种军用目标的探测能力，但受雷达技术的制约和目标特性的复杂性，短时间内雷达装备性能的提升遇到了瓶颈。于是，人们萌发了基于多雷达紧密组网“源头改造”的思想，通过异地部署的雷达进行集群组网，来解决非合作空中军用特种目标预警探测。例如，美国早期的 AN/TPS－43 雷达战术防空系统、德国西门子低空防御系统、俄罗斯 SA－10B 战术防空系统都具有雷达集群组网的形式和特点。后来的美国空军 CRC 系统发展以力量协调为主要功能，完整的功能包括：提出防御方案、对防御指南提出建议、对武器和探测器进行控制、确定预警和武器状态、报告力量状态、管理协调外层空间、协调交战、管理联合数据网。美国空军首次在波兰将 CRC 用于作战[12]。

实例 3　基于“CRC + C^4I”结构的新型预警系统。Skykeeper 是法国国家/区域级空防系统，包括预警、指挥、火力等分系统。预警分系统在整个 Skykeeper 空防系统的底层，是典型的 CRC + C^4I 结构。首先用固定式和机动式 CRC 来实现多雷达集群组网，输出航迹情报，再在上一级生成整个预警情报态势，提供给防空拦截武器分系统。CRC 最多能对 20 部组网雷达进行实时控制，并对其产生的点迹信息进行融合处理，生成组网区域的航迹情报。特别是机动式 CRC（MCRC）是一个能承担指定区域独立预警监视任务的系统，当与三坐标雷达（例如 TRS2215D）配合使用时，可组成一个完全独立的高机动性防空预警中心。在一个机动防空网内用做探测控制中心，承担地面作战部队的告警和协调中心。

当设立在民用或军用两坐标或三坐标雷达附近时,可使这些雷达加入防空预警网。此外,由于系统模块化设计和编程能力,可在 MCRC 基础上形成更大规模的固定的或机动预警中心,还可形成执行特殊任务的中心,例如协调防空火力组,或者多部雷达的综合。

实例 4　基于扁平处理的特种组网系统。美国海军协同作战能力(CEC)[13]是基于扁平处理雷达组网系统。CEC 系统是一个全分布式体系结构,主要包括 CEC 网络、CEC 平台和 CEC 设备。每个平台节点上安装 CEC 设备,并通过高速数据分发系统连接起来,CEC 设备包括协同作战处理器(CEP)与数据分发系统(DDS)。典型组网探测过程如下:第一,指挥舰对各舰 SPS - 48/49 系列对空情报雷达进行任务规划,各 SPS - 48/49 雷达对空探测,输出点迹信息;第二,是通过高速无线网络,DDS 互传 SPS - 48/49 雷达获得的点迹信息;第三,CEP 实现多雷达点迹融合,生成统一的对空情报态势图,情报精度满足每艘军舰火力打击所需。显然,CEC 的体系探测效能超过任一 SPS - 48/49 雷达的探测效能,在情报精度、数据率和连续性表现尤其明显。

1.2　雷达组网必要性

从矛盾论哲学视角看,探测与反探测是预警监视领域的一对矛盾。空天运动目标特性与作战方式的快速发展,特别是空天目标的多样性、变化性与动态性就是反探测技术的发展,是“矛”;单雷达与由单雷达组成的预警探测系统可以统称为“盾”,也可继续细分为“单盾”和“网盾”。探测与反探测的矛盾运动,反映了预警探测系统内在矛盾运动规律与发展的本质特性。这一矛盾的运动过程,会一直推动着空天运动目标与预警探测技术不断地向前发展。所以,认清空天运动目标特性新变化是正确理解雷达组网必要性的基础之一。

感知空天运动目标规律、描述其运动特性、告之其空间位置和属性的系统,一般统称为空天目标预警探测系统。综合考虑空天范围划分、空天运动目标分类、预警探测系统任务等因素,空天目标预警探测系统可以分成空中目标预警探测系统、空间目标侦察监视系统与弹道导弹目标预警探测系统。这些预警探测系统都有军用和民用之作用:空中目标预警探测系统在承担商用和通用航空管制任务之外,更重要地承担空中非合作军用目标的预警监视的任务,所以军方常称防空预警探测系统;空间目标侦察监视系统主要承担监视空间目标在轨飞行任务,为卫星商业发射与航天试验等空间活动提供情报支持;弹道导弹目标预警探测系统具有非常明显的军用作用,主要承担弹道导弹发射告警、来袭告警、弹头识别、发落点预测等任务,也称作反导预警探测系统,当然也可为本国弹道导弹和卫星发射等航天试验提供情报支持。

不同的预警探测系统需要不同的预警监视雷达与预警监视系统，空天目标对预警监视雷达和预警探测系统提出的挑战也各不相同。下面先主要描述空中运动目标特性及其新变化，再简述空间运动目标与弹道导弹目标特性及其新变化，最后介绍雷达组网的必要性。

1.2.1　空天动目标特性新变化牵引组网装备发展

空天动目标的特性比较多，本节主要描述影响预警装备探测效能的电磁散射特性、辐射特性、整体和局部运动特性、空间特性、光学和红外特性、物理特性、突防特性、电子干扰特性等以及作战使用方式。

1.2.1.1　空天目标分类

按照目前空天运动目标活动范围划分方法，整个空间被分成空中运动目标活动范围（一般20km高度以下，以下简称“空中目标”）、临近空间运动目标活动范围（一般20～100km高度之间，以下简称“临空目标”）、空间运动目标活动范围（一般100～36000km高度之间）与深空运动目标活动范围（一般36000km高度以上），如图1.6所示。从图1.6可以看出：20km高度以下空中范围主要活动是传统的气动目标，主要包括各类飞机与普通巡航导弹；20～100km高度之间临空范围主要活动有两类目标，一是高超声速无人机和巡航导弹等，二是低速无人机和飞艇等；100～36000km高度之间空间范围主要是各类人造卫星和碎片，通常把1000km高度轨道以下的称作低轨目标，1000～2000km高度轨道的称作中轨目标，2000～36000km高度轨道的称作高轨目标。弹道导弹活动范围要穿越空中、临近和空间范围，具备空中、临近和空间范围目标特性。目前比较特殊的是X－37B空天飞机，虽然长时间在400km左右高度活动，但在承担作战任务时，会经常穿越空中、临近空间与空间。所以地面预警监视雷达主要预警探测36000km高度以下的空间范围的各类运动目标，几乎是全空域的目标。

空天目标特性主要指电磁散射特性、辐射特性、整体和局部运动特性、空间特性、突防特性、电子干扰特性、光学和红外特性、物理特性（大小、形状、结构和材料等）等。影响预警监视雷达探测性能的目标特性最新变化主要体现在空间高度、机动速度、雷达截面积（RCS）等方面。目标飞行高度能高得更高，能低得更低，甚至掠海飞行；目标飞行速度能快得更快，能慢得更慢，甚至悬停在空中；过载机动性能在不断提高，有人机机动能力已经高达10g左右，临近空间高超声速无人机、滑翔弹头更大；目标隐身性能方位和频段不断拓展，RCS值越来越小，而且波动越来越大；目标运动空间越来越大，如弹道导弹射程远达14000km，而发落时间只有40min左右；空中目标续航时间越来越长，不进行空中加油全球

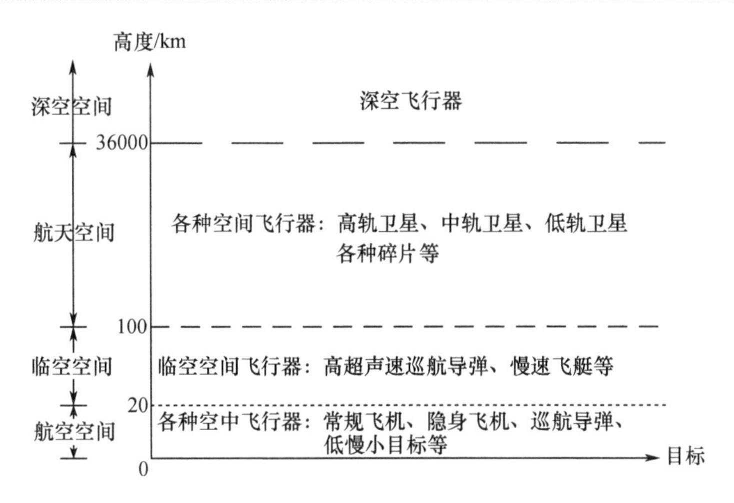

图 1.6　空间范围划分及对应的主要运动目标

鹰无人侦察机可连续飞行 42h，航程远达 26000km 左右，实施全球侦察。实际上，在一种空天目标上已经综合了“远、高、快、隐、机、混”或者“低、慢、小”等多样特性。此外，先进的空天目标还带有有源、无源干扰装置，轻、重诱饵突防设备，反辐射导弹等，来干扰、破坏、打击和迷惑预警监视雷达的正常探测。例如 F－22A 最大巡航高度达到 18km，最大巡航速度达到了 *Ma* 数 1.8，最大机动能力达到了 9*g*，还可携带自卫式干扰机和反辐射导弹。再例如美国潜射弹道导弹 D5，典型射程 7500km，典型射高 1200km 左右，最大速度 6.5km/s，飞行时间 30min 左右，一般携带 8 个子弹头以及多个轻重诱饵与干扰装置。

1.2.1.2　空中目标特性

顾名思义，空中目标预警探测系统主要预警监视空中运动目标，即 100km 高度以下的空中目标。实际上，传统的空中范围一般在 20km 高度以下，在 20km 高度以下的空间，商用民航客机最容易被预警监视，常规非隐身战斗机也比较容易被预警探测，因为地面预警监视雷达总体功能和性能非常匹配于常规飞机的高度、速度、RCS 的特性。所以，航管雷达和航行管制是比较有效、稳定和成熟的。全世界商用客机都采用合作模式，民航情报态势通常比较完整、准确和实时，而且也非常公开。在 20km 高度以下的空间，比较难被预警探测的是隐身飞机（如 F－22、F－35、T－50 等）、常规巡航导弹、隐身巡航导弹、低空高速（反舰）导弹、低空直升机、低慢小无人机等非合作特种军用空中目标。这些非合作特种军用空中目标的运动与电磁等特性简称为“隐、低、慢、小”特性，再加上复杂和灵活多变的作战方式，特别是复杂的电磁干扰，超出了常规预警监视雷达的探测能力，也就是常规预警监视雷达探测能力与空中目标特性不够匹配，这是目标特性与作战方式的发展对常规预警监视雷达探测能力的基本挑战，或者说是挑战的开始。所以，每个国家的空中目标预警探测系统在发展商用航空和通用航空目标预警监视能力的前提下，军用防空预警探测系统以能连续探测和精确识别这些非合作军用目标为己任。

早在20世纪60年代，世界上就出现了在平流层飞行的高动态侦察机，如U－2、SR－71、D－21等高空侦察机，飞行高度大于20km。到本世纪初，临空高超声速无人机和巡航导弹等飞行器快速发展，与传统空中目标相比，具有飞行高度高、飞行速度快（*Ma* 数3～10）、RCS小、机动能力强，简称"高、快、小、机"特性。这些"高、快、小、机"特性对空中目标预警探测系统提出了新的挑战，特别是常规预警监视雷达的波束覆盖高度、扫描数据率、威力等探测能力难以满足临空目标的探测要求。总之，空中范围的拓展、目标特性的发展、作战方式的多变，对常规预警监视雷达总体设计理念和技术、具备的总体功能和性能、使用条件和部署方式都提出了严峻的挑战，对由这些预警监视雷达构成的预警网的体系架构、管控方式和信息融合方法也都提出了挑战。所以，空天目标特性的"矛"一定自然会牵引预警监视雷达与预警网"盾"的发展。

1.2.1.3　空间目标特性

理论上，空间目标侦察监视系统主要预警监视高度大于100km的空间目标，一般包括空间各类卫星和碎片，根据目前空间目标运行轨道，空间目标主要分布在200～36000km空间范围。连续监视空间目标的运行轨道与准确判断空间目标带来的威胁是空间目标侦察监视系统的主要功能：一是要求地面预警监视雷达全球部署，各雷达监视范围相互衔接，实时监视可能出现的轨道变化；二是雷达探测威力足够大，能探测到足够小的碎片和大目标（卫星、空间站、空天飞机等）释放的微卫星、伸出的机械臂等小目标；三是在分析判断空间目标威胁的基础上，能及时分析判断空间目标有意和无意的变轨，并分析可能出现的新威胁；四是处理能力要尽量强，能实时处理日益增加的空间目标，特别是变化较多的碎片。例如要能连续监视X－37B空天飞机的轨道与变化，预测可能带来的威胁。目前虽未见隐身卫星的报道，但空间目标的"多、小、变"特性给地面预警监视雷达提出了新要求。

1.2.1.4　弹道导弹目标特性

弹道导弹预警探测系统主要预警探测穿越空天空间的弹道导弹目标，也能兼顾空间卫星、临空高超声速巡航导弹、空中隐身飞机等重要军用目标的预警探测。以标准弹道飞行的战略和战术弹道导弹，都要穿越目前划分的空中、临空和空间范围。在战争运用中，战略弹道导弹具有高威胁、高价值、高突防等战略作用，战略弹道导弹目标特性设计一般比其他目标更加复杂;已经综合了"射程远、高度高、速度快、飞行时间短、弹头隐身、再入机动、弹载箔条干扰与有源干扰机、轻重诱饵和弹头混合"等目标特性,简称"远、高、快、短、隐、机、干、混"等特性。这些弹道导弹目标特性给反导预警雷达研制和使用提出了更高的要求。

1.2.1.5　空天目标发展牵引雷达组网系统建设

随着航空航天技术与空天经济需求的发展,现代空天目标正朝着目标多样性与特性复杂性等方面发展,作战样式正朝着运用快变性与灵活性等方面发展,战场环境正朝着干扰多样化、复杂化、智能化等方向发展,民航监管精确性与低空开放需求越来越高。例如,以"隐身 + 高速高机动"为主要特征的第五代隐身飞机,以"低空 + 快速 + 隐身"为主要特征的巡航导弹或反舰导弹,以"低空 + 慢速 + RCS 小"为主要特征的高性能低空无人机,以"超声速 + 高机动"为主要特征的临空飞行器,以"弹头隐身 + 再入机动 + 弹载干扰 + 真假混合"等为主要特征的弹道导弹,以"背面变轨 + 释放微卫星 + 伸出机械臂"等为主要特征的空间卫星,非合作特种威胁目标已经快速发展与普及应用;此外,复杂电子干扰条件下的战场环境更加影响对这些非合作军用特种目标的探测。

这些具有"远、高、快、低、慢、小、隐、机、干、混"等特征的非合作军用特种目标,带来了具有重大威胁的新型作战方式,如低空突防、反辐射攻击、精确打击、全球快速打击、发现即摧毁、长航时侦测等,而且雷达散射特性、电磁辐射特性、高空高速高机动运动特性、红外特性等探测特征变化复杂,难以有效利用。这些目标特性与作战方式对承担空天目标预警探测任务的预警探测系统能力提出了新的需求,对目前空天目标预警探测系统中单雷达探测模式、功能、参数等提出了新的挑战。

从"矛"与"盾"对立统一思考,这些非合作军用特种目标的运用与发展,也必将推动和促进空天目标预警探测系统理论和技术、体系结构、装备研制、作战运用、力量建设等方面发展。雷达组网就是为了满足空中非合作特种军用目标探测新需求、弥补单一地面雷达探测能力不足、发挥多雷达体系优势、提升空中目标预警探测的能力、降低新型空天目标威胁的新型预警探测装备和方法;也是一种多雷达资源集成,通过智能化灵活运用,来换取体系探测效能的"变换器"或"倍增器";具有体系探测、资源协同、优化使用、实时控制、点迹融合等战技紧密结合的技术特征。

1.2.2　复杂干扰环境促进组网装备发展

除了空天动目标特性快速发展以外,预警探测系统面临的电磁干扰环境也越来越复杂。与传统干扰类型比,新型干扰的主要类型有:一是专用干扰机功能和运用越来越灵活，专用的空中远距离支援干扰机、随队掩护式干扰机、自卫式干扰机组网运用，再加上地面“狼群”分布式干扰机补充使用；二是网络干扰技术越来越普遍，通用网络干扰技术与专用“舒特”系统相结合；三是社会和战场电子设备越来越多，频谱使用越来越密集，发射功率越来越大，电子净空越来越少；四是工业和城市地杂波越来越强。以上四种类型的干扰一般会同时作用在预警雷达和系统上，也就是说实际预警雷达和系统遇到的总是综合干扰，只是干扰样式、功率和数量有所差别。尽管预警雷达和系统总体设计考虑了多种抗干扰措施来对抗上述四类干扰，但单一的抗干扰措施难以对抗综合的四类干扰，而且抗干扰措施一般都是“双刃剑”，在对干扰抑制的同时，也会对有用目标回波信号有衰减。所以，在这种综合干扰环境中，单雷达要获得非合作特种目标连续、准确、实时的航迹情报，实在是难上加难，由单雷达松散联网的传统预警探测系统也是“无米之炊”，难以提供连续、准确、实时的区域态势情报，可以说无实战能力。按照“矛盾”双方对立统一的哲学思想，新型复杂的干扰环境一定会促进预警探测系统的发展，作为预警探测系统也一定要寻求新的增长点，来对抗新型复杂的干扰环境。这个增长点就是雷达组网系统，与单雷达相比，雷达组网系统能有效对抗上述综合干扰，在综合干扰环境中能获得较好的预警情报，能一定程度满足实战需要。

1.2.2.1　专用干扰机功能和运用越来越灵活

空中专用干扰机的类型主要有远距离支援干扰机、随队掩护式干扰机与自卫式干扰机，对地面对空情报雷达的干扰主要是远距离支援干扰机与随队掩护式干扰机。干扰样式有压制式噪声干扰、航迹欺骗干扰、转发式密集假目标欺骗干扰等。随着雷达相参、脉冲压缩、相控阵、超低副瓣、宽频带等先进技术的应用，单雷达总体设计已整体发展到第三代与第四代技术水平，抗干扰能力已有较大的进步。作为雷达与对抗的矛盾双方，雷达技术的整体进步自然牵引干扰技术、装备、使用等方面的发展，主要发展特点如下：

(1) 从干扰技术看，其干扰技术发展特点如下：一是干扰有效辐射功率已从能满足传统防区外200km，提升到能支持更远距离的功率压制；二是侦察和干扰频谱覆盖范围已实现全雷达频段，能干扰所有传统与非传统的射频威胁；三是干扰信号数量足够多（至少比当前的干扰机所产生的数量多得多），也能干扰像探测资源丰富的、异地分布的、快捷变化的雷达组网系统；四是干扰视场已经接近达到360°，能对任何方位出现的雷达即刻做出干扰响应；五是干扰频谱输出已经足够精确，能避免干扰己方雷达和通信设备等电子设备；六是干扰资源控制和运用已经比较灵活，在频率、空间、能量、数量等方面能管理控制干扰资源，能干扰多种雷达并适应多种其他干扰任务，例如改变干扰波束途径不再是通过机械方式移动天线，而是依靠电子方式引导干扰波束，能实现快速干扰，又例如对频率捷变雷达能实现跟随干扰（FJ）与追踪干扰（TJ），在全频段辐射源侦察识别的基础上，只干扰雷达正在工作的频率，跟随雷达工作频率的变化而改变干扰频率，并追踪所有雷达工作频率点再释放干扰；七是干扰吊舱总体设计功能模块化与结构开放式，在不断升级中能减少硬件改动，能适应多种雷达干扰与多种其他任务能力。

（2）从干扰机装备看，美军发展极其快速，目前在役的 EA - 6B 电子干扰机（ALQ - 99 干扰吊舱）已难以适应战场需要，难以准确、快速、有效干扰已在战场大规模应用的新型雷达、数据链、跳频电台、简易爆炸装置以及移动电话等作战设备，正在逐步被新型的EA - 18“咆哮者”电子战飞机替代。尽管 ALQ - 99 干扰吊舱进行了技术升级，特别是能力 III 的能力升级，但美国海军仍然认为，ALQ - 99 干扰吊舱是非相干的，通常是发射噪声，对新型超低副瓣相控阵雷达的干扰灵活性不够，距离有限，精度也不够高，经常需要维修，而且常常干扰己方部队行动。再继续对 ALQ - 99 干扰吊舱进行技术升级，能力是非常有限的，需要在辐射有效干扰功率、干扰频率覆盖范围、可同时应对的雷达数量、有效防止误伤己方等方面大力发展。所以美国空军、海军、海军陆战队都在研发下一代干扰机（NGJ），确保干扰频谱精度、功率、反应速度、指向、相干等性能的先进性，能在复杂的战场电磁环境中分选出某些需要干扰的频率，实现在保护一个可用通信频率的同时干扰其旁边的那个频率。此外，NGJ 的空间尺寸和重量、互操作、可靠性和维护性都有较大的提高。

（3）从干扰机体系运用看，其发展特点如下：一方面，传统的单干扰机组网运用，干扰资源协同使用，提升体系干扰效能；另一方面，美国 Exelis 公司最新研制了破坏者（SRx）自适应多功能电子战系统，首次采用认知电子战技术，实现传统电子战的转型，具有重要的里程碑意义。SRx 实际上是一种软件可定义系统，能够完成电子攻击、电子防务、电子支援措施、电子情报等多种电子战任务，频率从高频一直拓展到毫米波段，适用于海上、空中和地面平台。不仅能识别威胁库中已知的信号，还能对未记录的波形和工作模式做出快速响应，能对不断变化的任务需求做出及时响应，对新出现的、灵活的雷达信号进行干扰。

（4）从联合作战视角看，干扰机发展特点如下：一是针对雷达传感器、武器与宽带通信综合集成的进攻作战体系，电子战已在全面进攻网络、情报、侦察和监视等系统开始重新认识与协同作战；二是在电子支援、电子进攻、电子防护三种电子战基本作战样式范围内进行联合和灵活运用，在实时动态控制电子环境的情况下，能向敌方综合信息控制系统发送假信息和破坏性干扰手段，而且能保护己方综合信息控制系统免遭干扰等破坏；三是能从干扰装备到干扰指战员的心理，从影响参战人员到影响全体国民，从战术层干扰到政治层和决策层，而且联合电子战已服务于陆、海、空、天与赛博空间。据目前网上报道,美国正在研制一种基于"人工智能"的新型电子战系统,其技术原理是使用"人工智能"来实时了解敌方雷达的动态,然后实时编写出一种新的干扰配置文件。美军认为,整个感知、学习和适应的过程将是连续不断的,如果研制成功的话,将能永远对抗中国和俄罗斯的雷达系统,使 F-22 等战机永远不能被找到。

1.2.2.2 网络干扰技术越来越普遍

从 1997 年美国海军提出网络中心战概念,到 2006 年美军对赛博空间的暂定义,再到 2009 年美军成立网电司令部,至今,美军网络空间战理论进一步完善,技术日趋成熟,装备不断发展,其发动全面网络空间战争的能力也即将形成。据美国 54 号国家安全政策指令:赛博空间是指互相依赖的信息技术基础设施网,包括因特网、电信网、计算机系统以及重要行业嵌入式处理器和控制器。

随着计算机网络技术的快速发展,单一雷达设备与预警探测系统都广泛应用了计算机网络设备、嵌入式处理器和控制器,常规的网络干扰病毒无处不在,病毒种类层出不穷,日益发展,采用物理隔离、防火墙、病毒库等常用方法也难以避免。新型干扰机能利用商业无线通信技术发现敌人的通信网络,在接近敌人几千米范围内进行窃听和攻击。它可精确定位地面目标,然后将错误信息及病毒、"蠕虫"、"特洛伊木马"等计算机攻击工具植入这些网络。它可使敌方无线电通信倒戈叛变,接着作为己方网络管理者来接管这个系统。美国电子战专家运用这项技术可进入可疑目标的手机网络,去识别、渗透和窃取情报,必要时切断敌方手机通信。

"舒特"系统是对雷达和预警探测系统专用的干扰设备,具有神秘和渗透特性。"舒特"是美国空军绝密的进攻性电子战装备,其目标是入侵敌通信网络、雷达网络以及计算机系统,尤其是那些与预警探测有关的系统。它以敌方防空系统的雷达或通信系统的天线为入口,渗透到敌防空体系中实施干扰或欺骗。利用"舒特"系统,可以实时监视敌方雷达的屏幕图像,甚至可以控制敌方雷达天线的转动。据报道,目前美军部分 EC-130"罗盘呼叫"电子战飞机、RC-135"联合铆钉"电子侦察机、F-16CJ 攻击机与部分无人机已经装备"舒特"系统。

实际上,美军网络攻击系统是联合的,其技术、项目主要包括网络中心协同目标定位(NCCT)技术、"舒特"系统、高级侦查员项目、赛博飞行器(Cybercraft)以及国家赛博靶场项目。主要的装备包括 EC-130H 信息战飞机和 RC-135 侦察机。这些项目、系统、装备并非相互独立。如 EC-130H 和 RC-135 就是实现"舒特"系统的主要装备,而高级侦查员、"舒特"系统得以实现也要依赖 NCCT 网络来共享态势信息。

从目前“舒特”系统能力预测，美军网络攻击系统具备对敌预警探测系统降效、制盲、制瘫的能力，使其丧失预警探测能力。其可能的方式包括：在通信数据中植入控制指令或“木马”病毒，不仅破坏敌雷达控制系统，也破坏敌数据处理系统；在敌监视、预警和通信卫星通信数据链中插入大量虚假信息，干扰敌正常监视、预警、通信行为，降低敌卫星监视、预警、通信能力。

1.2.2.3　社会和战场电子设备越来越多

随着电子信息技术的发展，以无线通信技术为基础的民用广播电视、手机、卫星通信、航空通信等广泛使用，城市区域的噪声电平比偏远山区往往高出 20 ~ 30dB。随着武器装备的信息化，战场无线通信、雷达探测、电子干扰无所不在，使用频率越来越密，辐射功率越来越大，干扰也越来越强。对雷达的信号检测能力、抗干扰能力提出新的要求。

1.2.2.4　工业和城市地杂波越来越强

城市里的大面积现代建筑、高层建筑、大型铁塔，跨海跨江的大型桥梁，太阳能发电厂的大面积太阳能感应板，风力发电厂的大面积风车阵，全面发展的高速动车组，这些都是新出现的强地杂波或移动杂波，其反射强度一般都超过有用目标 60dB 以上，这对雷达空中运动目标检测带来新的挑战。

1.2.3　现代信息化战争对组网装备的需求

无论是现代信息化战争还是传统机械化战争，不管空天目标如何变化，对空中目标预警探测系统的基本能力需求，总体要求是不变的，即：在复杂的战场环境下，空中目标预警探测系统对非合作特种复杂目标要“看得见、跟得上，看得远、看得准、辨得清”，告知指战员在什么时间、什么空间存在什么目标，具有多大的威胁性。就是要求预警监视雷达或预警探测系统尽远实时发现、连续跟踪、测量精确、识别准确、预测合理。在新型空天目标特性和作战方式的挑战下，新一代空中目标预警探测系统首先要在突破传统的“四大威胁”（反辐射导弹、复杂电子干扰、隐身突防、低空突防）下功夫，提高新一代空中目标预警探测系统基本的“四抗”能力，并重点提高如下几种能力。

1.2.3.1　急需提高对隐身飞机的探测能力

隐身飞机是以美国为首的西方国家首用的主战飞机。目前美军已经在冲绳、关岛等海外地区部署了 B－2 隐身轰炸机和 F－22 隐身战斗机。日本、印度、韩国以及我国的台湾地区都谋求和逐步部署装备 F－35 隐身战斗机，到 2020 年可在亚太地区部置 100 架 F－35。俄罗斯与印度也正联合开发 T－50 隐身战斗机。

隐身飞机通过优化外形设计，优选特种吸波材料，在大大降低了 RCS 的同时保持了飞机的高速高机动性，F－22 的最大机动能力达到$9g$，最大巡航高度达到 18km，最大巡航速度达到 Ma 数 1.8，已成为现代化战争的现实威胁。由于现有地面预警监视雷达针对常规飞机（RCS 为 $2m^2$）设计，当 RCS 缩小到 $0.01m^2$ 时，现役单雷达的探测威力将下降 70% 以上，探测空域下降更多。从图 1.7 可以看出，由于探测空域的下降，在万米以上的高空存在着隐身飞机的探测盲区，隐身飞机从高空高速突防并长驱直入将可能会成为常态化的作战方式。而且，新型隐身飞机的雷达散射特性、红外特性、电磁辐射特性、机动特性、作战特性等还在不断发展。由此不难看出，迅速发展的隐身技术对传统预警探测系统带来了严峻挑战，已经颠覆了现役雷达网的部置和使用，急需要提高对隐身飞机等隐身目标的探测能力。

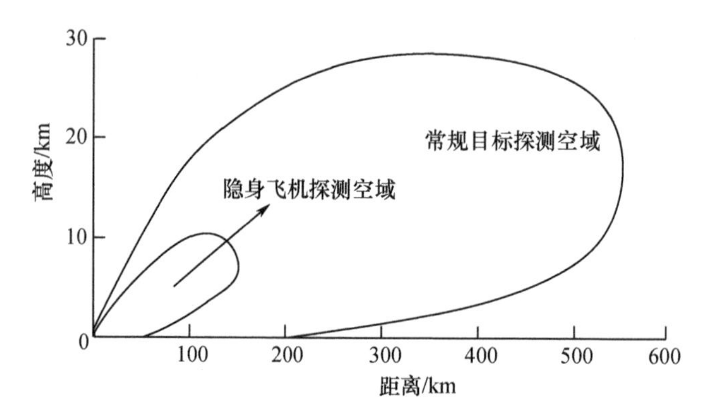

图 1.7　现有雷达对隐身飞机的探测能力示意图

1.2.3.2　急需提高对巡航导弹的探测能力

常规巡航导弹是一种低空/超低空飞行、复合制导、精确性高的攻击性武器，已成为主要军事大国军事打击的首选武器，也是空中目标预警探测系统面临的最常见的威胁。巡航导弹自 1991 年海湾战争首次使用后，又相继在伊拉克、波黑、阿富汗、苏丹、科索沃战争中大量使用，多国部队对利比亚军事打击仍然采用巡航导弹作为空中打击的首选武器。除美国、俄罗斯以外，英国、法国、德国、意大利、印度、伊朗、韩国以及我国台湾地区都在大力发展。据统计现有 19 个国家和地区能生产，80 多个国家和地区拥有，其中以美军装备的巡航导弹数量最大、质量最好、战备水平最高，典型代表是“战斧”系列等巡航导弹。

巡航导弹雷达散射特性小，对 S 波段以上雷达 RCS 在 $0.1m^2$ 量级，巡航高度低到 10～150m，再加上地形遮蔽，以及常规地面预警监视雷达的低仰角波束受到强地杂波干扰,使得对其探测异常困难,让巡航导弹成为了战术突防的幽灵,突防成功率高,作战效费比特别高。受地球曲率制约,架高 100m 的现役地面单雷达,对巡航高度 100m、速度为 *Ma* 数 0.8 的巡航导弹,其最大探测视距只有 83km,预警时间约为 10min。据报道,印度“布拉莫斯”巡航导弹能以 *Ma* 数 2.5 ~2.8 的高速、10m 的高度贴地飞行,速度相当于美国“战斧”巡航导弹的 3 倍,是当今飞得最低最快的巡航导弹,留给对手的反应时间很短。

要及时发现和连续跟踪这种巡航导弹,首先要提升单雷达在强地杂波中动目标的检测能力,其次在使用时架高雷达,目前较通用的做法是把雷达架到高山、放在气球或飞机上,这就出现了气球载雷达与预警机雷达。若把预警监视雷达放在升空 3km 的气球上,对巡航高度 100m 的巡航导弹,其最大探测视距可达 280km 左右。但使用气球与预警机的成本和风险极高。另一方面,巡航导弹的雷达散射特性、飞行高度和地形利用特性、速度特性、电磁辐射特性、作战特性还在不断发展,不断挑战单雷达探测巡航导弹的能力,急需要提高对巡航导弹的探测能力。

1.2.3.3 急需提高对低慢小目标的探测能力

“低慢小”泛指飞行高度低、速度慢、RCS 小、红外特征不明显的空中飞行器。“低慢小”概念虽比较清晰,但其性能受参照物的影响,定界较为模糊,目前也没有明确界定。综合考虑现有地面预警监视雷达的探测能力与目标飞行特性,特别是雷达速度和幅度检测门限的设置规律,通常把飞行高度低于 1000m、速度慢于 55m/s、RCS 小于 $0.1m^2$ 的一类目标定义为“低慢小”空中飞行器。常见的“低慢小”目标可分为“既低又慢又小” 和“低或慢或小”的目标两类。一是“既低又慢又小”的目标,主要包括:无人机、无人直升机、轻型飞机、轻型直升机、旋翼机、滑翔机、动力滑翔机、三角翼、动力三角翼、滑翔伞、动力伞、热气球、自由气球、系留气球、航空模型、小型飞艇、玩具飞机、玩具直升机等十几种飞行器。二是“低或慢或小”的目标,按照不同的组合又可细分为:低慢大目标、低快小目标和低快大目标三类。目前,低慢大目标主要包括武装直升机等;低快小目标主要包括巡航导弹、低空突防的隐身飞机等;低快大目标主要包括低空突防的战斗机等。

正因为“低慢小”目标飞行高度低、速度慢、RCS 小,“低慢小”目标回波易受到地面多径效应、地面与城市杂波的影响,常规地面预警监视雷达难以在地杂波区中检测出具有“低慢小”特性的目标,急需要提升对“低慢小”目标的探测能力。

另一方面,城市低空逐步开放,通用航空飞行器日益增加;民用无人飞行器大力发展,“黑飞”事件经常干扰正常飞行。采用“低慢小”飞行器从空中发动恐怖袭击活动方式已成为新的一个热点。防范处置“低慢小”目标的干扰破坏,是重大安保活动的世界性难题,突出表现为“侦测难、管控难、处置难”。管理好低空飞行,并制止和平时期的恐怖活动,维持社会稳定是空中目标预警探测系统新时期的一项重要任务。

1.2.3.4 急需提高对高超声速目标的探测能力

临空飞行器一般是指在高度20~100km区间活动的飞行器,按作战功能临空飞行器可分为两大类,如图1.8所示。一类是在临空持续飞行,可携带不同任务载荷,执行通信、指挥控制、预警、侦察、监视、干扰、导航定位等任务的低速飞行器,飞行高度一般处于气流平稳、易于部署的临空低层;另一类是借助临空领域,以高超声速实施突防,实现对地(海)、空、天攻击的各类高速飞行器,包括高超声速巡航导弹和高超声速无人飞机。

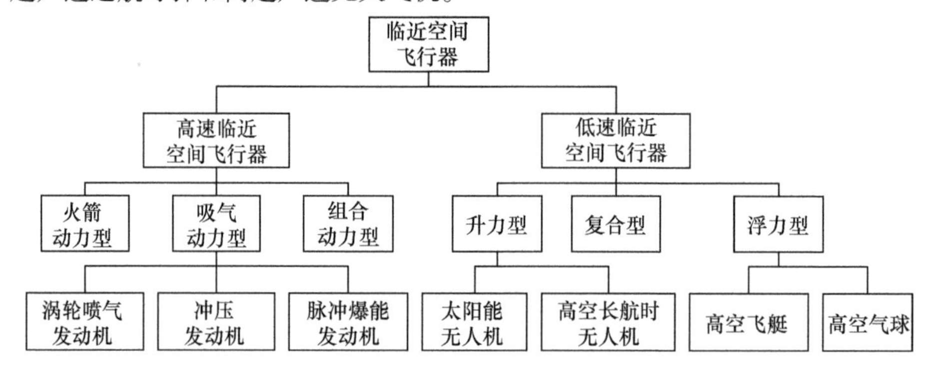

图1.8 临空飞行器的分类

低速临空飞行器具有“高、慢、小”等主要特性。一是高度高。飞行高度一般处于临空的20~50km之间的平流层区域。二是速度慢、滞空时间长。由于临空内空气稀薄,为了增加留空时间,高空长航时无人机一般采用尺寸较大、柔性材料制成的机翼,以获得足够的滞空时间,飞行速度为几十千米每小时,滞空时间通常为4~30天。三是反射特性弱。非金属复合材料在低速临空飞行器上的广泛使用,使其雷达和热反射截面都很小。高空气球这类浮空器的RCS仅有零点几平方米,飞艇的RCS也只有零点几平方米。

高超声速临空飞行器目标具有“高、变、复杂”等主要目标特性。一是高空高速。临空大气稀薄,易于实现高超声速飞行,高度在30~80km。从各国研制情况看:高超声速巡航导弹速度大多Ma数为5~8,射程在1000~1500km,如美国的X-51计划;高超声速无人飞机的速度大多Ma数为5~15,如美国的X-43A,俄罗斯的“冷”计划、“鹰”计划和“针”空天飞机,德国的“桑格尔”空天飞机,典型的“双三、双六”无人机。二是弹道形式多样,突防能力强。高超声速无人飞机和高超声速巡航导弹在巡航飞行过程中,由于高空启动操纵效率低、飞行速度快,机动过载并不高。但从整个飞行过程看,高超声速临空目标轨迹比弹道导弹和巡航导弹更富于变化,具有助推-滑翔弹道、助推-巡航弹道和周期跳跃弹道等多种形式,突防能力更强,弹道如图1.9所示。三是雷达散射特性复杂。高超声速飞行器通常采用升力体、乘波体等复杂外形,雷达散射特性不仅复杂,而且在大部分雷达观测范围内的RCS为0.1~0.5m^2;另外,高超声速飞行产生的等离子体流对RCS也会产生很大影响,使RCS特性不仅小,而且变化复杂。

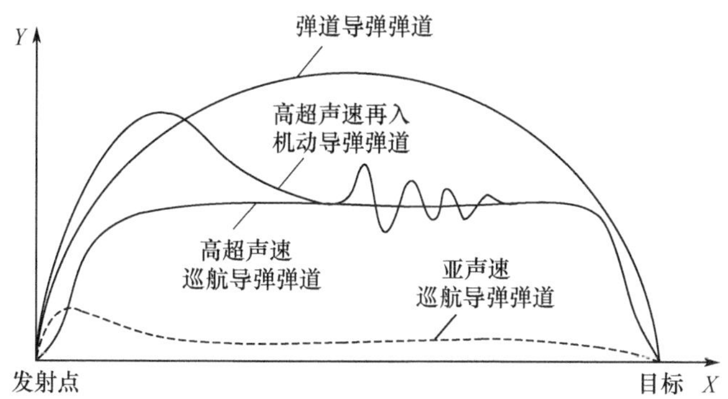

图1.9 高超声速飞行器弹道与传统导弹弹道的区别

基于上述高超声速临空飞行器目标“高、变、复杂”等主要特性,常规地面预警监视雷达探测就存在波束高空覆盖不全、波束扫描速率不够、发射能量偏低等问题。另一方面,临空飞行器的雷达散射特性、电磁辐射特性、作战特性还在不断发展,不断挑战雷达探测临空飞行器的能力,急需要提高对临空飞行器的探测能力。不过,对高超声速飞行的目标,红外辐射特性比较强,气动加热导致高超声速飞行器表面温度可达到2000K左右,而且由于采用超燃冲压发动机,其尾焰温度可达几百到上千度,有利于实现红外光学探测。

1.2.3.5 急需提高抗复杂电子干扰能力

雷达干扰与抗干扰一直是矛盾的双方,它们一直在斗争博弈中互相促进和发展,既没有永远的赢家,也没有永远的输家。通常单干扰机在时间域、空间域、能量域、频率域、极化域、信号波形域等方面的干扰资源会大于单雷达时间域、空间域、能量域、频率域、极化域、信号波形域等方面的抗干扰资源,所以在单干扰机与单雷达对抗中,通常干扰机占优势,单雷达处于劣势。特别像主瓣干扰,目前单雷达没有比较有效的抗干扰方法和手段。

干扰机随队掩护和远距离支援干扰条件下的非合作特种军用目标突防,是现代化空战的常态化模式,雷达要探测本来已很难探测的非合作特种军用目标,可谓是雪上加霜,单雷达基本上没有赢的可能,以单雷达简单联网的传统空中目标预警探测系统也难以获得较好的抗干扰能力。更进一步,美国 DARPA 力推“自适应雷达对抗”项目,对抗雷达及其组网系统的快速捷变能力。另一方面,社会城市化发展带来的复杂干扰(多种形式的广播、电视、无线通信等),再加上铁塔、大轿、高层建筑的对无线电波的反射,新技术带来的网络干扰(病毒、舒特等)。所以,在新一代空中目标预警探测系统建设中,急需提高单雷达与多雷达组网系统的抗复杂电子干扰能力,以应对“四大威胁”运用上的日趋自适应和智能化的发展。

1.2.4 传统预警探测系统存在的技术差距

从探测技术上看,传统空中目标预警探测系统主要由技术体制比较落后的单雷达和雷达情报处理中心组成,面对空中非合作军用特种目标的挑战,传统空中目标预警探测系统存在的主要技术差距来自单雷达和雷达情报处理中心的技术体制、性能指标、运用方式等方面。

1.2.4.1 常规雷达存在的技术差距

早期常规雷达受频域、空域、时域、能量域、信息域的探测资源与性能的限制,截获发现、连续跟踪与准确识别这些非合作军用特种目标的技术困难性主要来自以下几个方面:一是要预警目标作战空间跨度越来越大,高空从原来 20km 提高到 100km,低空从原来的几百米降到 100m 甚至 10m,如印度“布拉姆斯”超声速巡航导弹最低飞行高度为 10m,单雷达波束空间扫描与发射能量难以兼顾;二是要预警目标 RCS 越来越小、且随视角变化越来越灵敏和复杂,单雷达难以尽远发现与高精度连续稳定跟踪;三是要预警目标高速超机动特性越来越好,传统机械转动天线扫描方式的单雷达搜索数据率较低,难以连续稳定跟踪;四是要预警目标伴随的电子干扰频段宽、干扰样式多而变化快捷、干扰密度大,单雷达抗复杂和灵巧电子干扰措施较少,算法性能较差,再加上单雷达信号与数据处理的时间资源有限,会造成单雷达数据处理简单甚至发生丢失、过载、死机等问题;五是新型大面积强地杂波干扰,如大型风力发电厂的风车阵、太阳能发电厂的光电转换阵、大型立交桥和跨海大桥、城市高楼大厦等,都对雷达构成了新的、大面积强地杂波干扰,对雷达的杂波抑制算法和信号处理模式都提出了挑战;六是要预警目标作战方式灵活多样、变化快捷,单雷达工作模式与工作参数等探测资源不够丰富,不够精细,可控内容较少,可控性、灵活性较差,难以自适应匹配空中目标的多样性变化;七是单雷达总体设计理念和技术体制落后,不仅难以兼顾目标预警探测和识别工作模式,而且难以提供有效的目标识别特征,识别性能更难以满足这些非合作军用特种目标的识别需求。

总之,性能、资源、灵活性有限的常规单雷达,不仅难以在复杂强干扰环境下有效探测日益发展的非合作特种军用目标,而且其探测资源也难以被组网系统控制。在雷达组网系统中联合和灵活运用探测资源,单雷达必须面向体系,具备组网接口、执行组网指令、输出组网所需信息等组网能力,快速发展自身的技术体制和作战使用性能。实际上,单雷达总体设计必须从雷达组网的要求出发,并综合考虑探测、跟踪与识别多样化空中目标的需求。这是早期单雷达所不具备的。

1.2.4.2 雷达情报处理中心存在的技术差距

世界上传统型雷达情报处理中心,在设计理念上,以单雷达航迹情报为处理对象,在设计理念上没有与雷达进行紧密铰链,也就是只要"情报",只处理"情报",不管雷达的探测过程、工作模式和参数,难以实时控制协同多雷达的工作,更谈不上指导雷达的总体设计与研制。这种设计理念与系统的特点和差距如下:

(1) 雷达与系统铰链不紧密。传统设计理念只管系统本身,不管雷达设计与使用,把雷达排斥在系统之外,即传统型雷达情报处理中心不包括雷达。这种设计理念的优点是设计简单方便,可把系统做得非常好看和漂亮。这种理念的局限性就是"雷达不好、系统肯定不好;雷达好,系统不一定好",如果单雷达探测效能不好或者多雷达协同不好,都会制约系统的探测能力,特别对非合作特种军用目标的探测。

(2) 只能处理航迹情报。传统型雷达情报处理中心的主要功能是对单雷达上报的航迹情报进行综合处理、显示统一态势、及时分发给所需用户。显然,这种传统型雷达情报处理中心也只能满足常规空中目标日常飞行的预警监视与民航交通管理的需求。面对非合作特种军用目标的作战环境,单雷达已难以提供连续、有效的航迹情报,传统雷达情报处理中心也就难以形成有效统一的空中态势。

(3) 网络灵活性不够。某雷达一般较固定接入一个情报处理中心,或者说只服务于一个情报处理中心,这种组网方式比较"死板",不够灵活,单雷达时空频等探测资源利用率较低。难以分时分频按需服务于多个情报处理中心。

总之,传统雷达情报处理中心的技术体制、情报处理模式、探测任务管理、体系作战运用等方面都已存在较为严重的技术差距,特别在信息融合与探测资源管控方面差距更大。

(1) 多雷达信息融合能力弱,探测得到的信息利用率低。从对单雷达探测信息融合能力看,传统雷达情报处理中心只对单雷达获得的航迹情报进行综合处理。情报处理模式主要有两种:一是选主站雷达情报模式,即同一时刻仅选择使用性能较好的单部雷达航迹情报,其他雷达探测到航迹情报仅作为参考,这种情报处理模式使多雷达获取的情报得不到充分利用,预警网的瞬时发现概率、跟踪精度、数据率等预警探测能力只相当于被选中的主站雷达，预警资源极其浪费，雷达情报处理中心的探测能力与单雷达相当。二是综合加权处理模式，主要对单雷达获得的航迹情报进行加权综合处理，预警网的发现概率、跟踪精度、数据率等预警探测能力较单雷达有一定程度的提高，但还是丢失了单雷达探测得到但没有形成航迹的点迹等信息，多雷达探测信息利用率较低，难以充分发挥多雷达探测信息的互补潜能。

不难看出，对单雷达航迹情报综合处理的传统雷达情报处理中心作用发挥非常有限，"倍增器"作用受限。进一步，面对非合作军用目标，单雷达已难以提供连续有效的航迹，这种以航迹处理模式为主的雷达情报处理中心技术体制需要发展。

(2) 多雷达探测资源实时控制困难，体系探测效能低下。从对单雷达探测资源管控看，传统雷达情报处理中心对多雷达的管理控制是通过人工的，而且是宏观、非实时和统一的，各雷达基本处于相对独立状态实施视情探测。这主要受以下几方面原因的限制：一方面是雷达组网能力较弱，主要表现在雷达可控水平较低以及组网接口和信息标准格式不统一等；第二是预警网体系结构设计理念与作战使用方法比较落后，空中目标预警系统所具有的多频段、多空间、多信号、多处理模式等探测资源得不到优化配合、实时协同、相互补充，限制了复杂电磁环境下探测非合作特种军用目标的体系战法的实现，影响了整体探测潜能的有效发挥。第三是雷达情报处理中心对雷达作战使用与管理以人工决策为主，缺乏有效的智能化的辅助决策支撑技术，对非合作特种军用目标探测，不仅难以优化出多雷达事实协同体系作战方案和时序，特别当目标与环境发生快速变化时，不能及时给指挥员提供快捷全过程的决策帮助，限制了指挥员雷达兵体系战法创新与灵活战法应用能力的发挥，更加影响预警探测系统整体效能的有效发挥。

综上所述，这种只把单雷达当作独立的、简单的航迹情报产生器的做法，不仅丢掉了单雷达探测得到的点迹信息，而且更严重的是制约了单雷达点迹信息的获取，更难以实现多雷达探测资源的互补，已完全不能满足复杂环境和复杂空情下作战的需要，严重制约了预警探测系统整体探测效能的发挥，已成为制约预警探测能力生成的瓶颈。基于这种预警探测系统的现状，靠更换单部雷达或局部改进航迹情报综合处理中心是难以有效解决传统预警探测系统存在的问题，需要寻求新的技术体制、新的信息处理模式和新的体系作战运用方式。

1.2.5 雷达组网是提高探测能力的有效途径

理论研究与应用实践已经验证：多雷达通过组网实现协同探测，是一种利用信息技术产生"倍增器"效应来提高复杂目标探测能力的全新探测技术体制，是多雷达集成探测的方法和途径，是雷达兵先进、有效的体系战法，雷达组网系统已逐步成为探测非合作特种军用目标的新型装备。目前这些研究已在世界上受到了广泛的关注，也是未来预警探测领域主要发展方向之一。雷达组网在复杂电磁环境下提高非合作特种军用目标探测能力有效性的基本机理主要表现在如下几个方面。

（1）不同体制、不同功能、不同频率、不同信号、不同部署的组网雷达，是对同一目标在不同空间获得的不同探测信息，但这种不同的信息在时间、空间、幅相特性、识别特征等方面在一定条件下是相关的，是同一目标在不同雷达的局部表现。点迹融合就是相关这些局部表现，获得整体信息优势。

（2）雷达组网系统通过对组网雷达频带的选择和合理的部署，可以综合利用隐身目标不同频段吸波效果不一，不同入射角 RCS 不一的特点，充分地利用隐身目标的前向、侧向、上、下反射的隐身缺口，能在一定程度上降低目标隐身效能，提高对隐身目标的探测和跟踪的稳定性。在没有更好的探测隐身目标的装备之前，雷达组网可暂时解决这个问题。

（3）雷达组网系统利用部署异地雷达，对杂波与低慢小目标有不同的视角，能形成低慢小目标不同的信杂比与径向速度，可获得低慢小目标互相补充的探测点迹，在一定条件下，可以对各单雷达无法形成航迹的目标形成航迹，不仅充分挖掘了各雷达的探测潜能，而且可克服单雷达探测低慢小目标存在的两方面技术限制：一是信杂比低，雷达杂波区检测性能有限，发现与跟踪低慢小目标困难。二是低空雷达通常设计有 MTI/MTD/PD 功能部件，对相对雷达站低速、盲速、切向飞行的目标，都会产生较大动目标检测缺口损失，造成航迹不连续，对这种航迹不连续情况，人工更换主站雷达的方式难以快速实现航迹补点。

通过雷达组网，可使空中目标预警探测系统的技术结构实现优化转型，不仅能提高对“高快隐”、“低快小”、“低慢小”、“超高快”等非合作军用特种目标的探测能力，而且提高了整个雷达预警网的网络化作战能力、灵活的体系作战运用能力、电子防御能力、情报保障能力，能满足现代信息化作战对预警情报的新需求，雷达组网是提高探测能力的有效途径。例如，雷达组网系统通过调整米波雷达工作参数，发挥米波雷达波瓣上仰与探测距离远的特点，实现米波雷达组网，获得高数据率与空间互补的优势，提高对隐身目标与临空超高声速目标的探测能力。再例如，雷达组网系统根据战术需求，将多部地面低空雷达和升空雷达进行合理的前置部署，针对重要保护地区形成远中近多层情报保障网，支持不同的武器系统对巡航导弹的多层拦截。

所以，通过雷达组网可在一定程度上提高复杂条件下的目标探测能力，特别是单雷达难探测的非合作特种军用目标。通过雷达组网，体系效能非常明显，可降低非合作新型空天目标对预警探测系统的挑战。总之，雷达组网是一种提高探测能力的有效途径,但也要清醒地看到,雷达组网不是万能的,产生体系探测效能是要有条件的,后续会论述这个问题。

1.3 雷达组网体系探测效能

要理解雷达组网系统的体系探测效能,首先要理解体系、预警体系、体系探测、体系效能等概念。在此基础上,再来理解体系探测效能。

1.3.1 对预警体系的理解

体系(System of Systems)是多个相对简单系统的集成,是复杂的大系统,即多个系统集成的复杂系统。通常,预警体系包括五个基本要素,即"目标、装备、环境、人员、情报",简称"五要素",如图 1.10 所示。

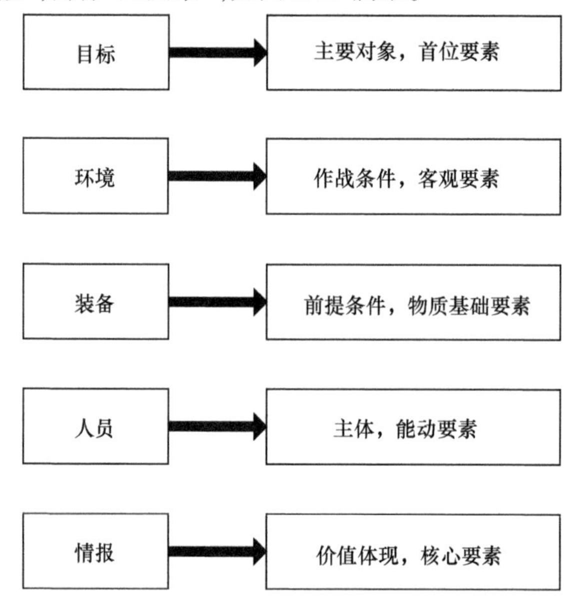

图 1.10 预警体系"五要素"

情报是预警体系探测效能的集中体现,是核心要素。目标是预警探测系统的探测对象,或者是作战对象,是首先要研究透彻的要素,空天海目标特性与作战方式总在牵引预警装备的发展;装备是预警探测系统的前提和物质条件,通常由多个预警装备组成,是预警手段实现的技术平台,是预警体系探测效能产生的物质基础要素;环境是预警探测系统产生体系探测效能的客观条件,也是边界条件,是实际作战中必须考虑的,是影响预警体系探测效能产生的客观要素;人员即指挥员,是预警探测系统的主体,是预警体系探测效能产生的能动要素。

预警体系内涵可以从以下几方面来进一步理解：

从预警体系的对象看，预警目标包括水下、海面、空中、临近空间、空间、深空的所有运动目标，即空天海动目标。

从预警体系的手段看，采用电、磁、光、声、网等多种能谱，包括跨越陆、海、空、天、电、网等多维空间探测手段的预警装备。

从预警体系面临的环境看，既要考虑人为或无意的电磁有源干扰，也要考虑人为或无意的空、地、海各种无源干扰；实际上，只要对预警装备探测有影响的环境都要考虑，包括温度、湿度等气候环境。

从预警情报综合和运用看，需要融合和印证来自不同预警探测系统的预警情报。预警情报来源通常要跨越昼夜和平战界限、军地界限、军兵种界限、不同装备界限，是一种联合预警力量对联合作战力量的联合情报保障。

从预警体系的指战员看，预警体系作战运用更需要战技结合紧密融合的研究型指战员，他们不仅要了解预警体系内的各型装备作战使用性能，更要熟练掌握多装备探测资源协同运用预案设计与实际应用的方法。

所以，要在预警体系中，获得最大的体系探测效能，在战前，必须深化研究空天海目标特性和作战方式，设计和推演科学合理的多装备资源协同运用预案；在战中，实时感知目标和环境的变化，实时调整多装备探测资源的使用，使体系探测资源匹配与目标和环境的变化，实现匹配探测。

1.3.2 对“体系探测”的理解

1.1节已论述清楚，雷达组网系统是对多雷达探测资源的协同运用，实现多雷达的“体系探测”，有时也用“体系对抗”与“体系作战”来描述。体系探测表达了雷达组网系统的核心探测机理与技术体制，即利用组网的多雷达探测资源，实现整体优化探测之目的，与传统预警探测系统单雷达平台独立探测有理念上、本质上的差别。“组网”的优势就是来源于多雷达的协同探测。这从另一个侧面也解释了雷达组网的难点是“组”字。

作为一种空天目标体系探测技术体制，目前还没有人在公开文献中对“体系探测”作严格的定义。作者理解认为，“体系探测”技术体制特点不是多种探测传感器简单地堆积，也不是简单地传感器松散联网，而是预警体系“目标、装备、环境、人员、情报”五要素的有机统一，通过指挥员的探测资源协同运用体系战法的设计，实现探测装备资源与目标和环境相匹配，获得最佳的情报。从网络中心战的理论看，“体系探测”是物理域、信息域、认知域/社会域“多域融一”，即物理域的雷达装备探测资源、信息域的信息优化处理认知域/社会域的指挥员认知能力来实现高度一体化，就是网络中心战思想和理念在预警探测系统中的具体表现和实现。

1.3.3 对“体系探测效能”的理解

对应“体系探测”,就有“体系效能”。“体系效能”也是一个新词,从“效能”发展而来,就是表达复杂系统的整体效能或集成效能,强调的是所集成系统紧密协同下的整体效能,它与这个体系所集成系统的效能既有联系又有差别。既不是所集成装备各自效能的简单相加,通常又与集成装备内部闭环控制有着较为复杂的关系。也就是说,体系效能获得是有条件的,一般会出现 1+1 大于 2,大于 3,甚至更大,但也可能出现 1+1 小于 2 的极端情况。所以,研究体系效能必须考虑与之相关的环境和条件。

在预警探测领域,“体系效能”的范畴缩小到“体系探测效能”,是指由多预警装备集成的预警探测系统中,多预警装备协同探测获得的整体效能。雷达组网系统通过多雷达协同探测,是获得体系探测效能的典范工程。

雷达组网系统的终极目标是获取优质情报,其体系探测效能就是表达获取情报的能力。雷达组网这个复杂系统一般由多雷达探测、多雷达点迹融合、探测资源管控、通信网络四个(分)系统集成(详见第6章),其体系探测效能与组网雷达探测能力、点迹融合能力、资源控制能力、通信网络能力密切相关。从预警体系的“五要素”视角看,体系探测效能与目标对象、组网雷达和通信设备、战场环境、指战员及其所采用的体系战法有关;从网络中心战理论“多域融一”(详看2.2节)的视角看,体系探测效能与物理域装备、目标和环境匹配程度、认知域体系战法的有效程度、信息域的多雷达信息融合程度密切有关。

1.3.4 体系探测效能描述

体系探测效能的描述方法与一般效能基本相同,典型采用定性和定量相结合的方法,只因为体系探测效能产生与多个所集成的预警装备或系统有关,定量描述指标模型较为复杂,边界条件变量比较多,定量计算比较难,从公开发表论文的研究成果中看,往往选择定性方法来描述其体系探测效能。在雷达组网的体系探测效能定量描述中,明确边界条件是前提之一。边界条件主要明确以下几方面:一是要明确探测目标的特性和作战方式,如 RCS、作战空间、空间分布与运动特性等;二是要明确组网雷达的数量、型号、部署、工作方式、可控的探测资源等;三是要明确组网雷达的输出信息质量,如点/航迹的质量信息、误差信息等;四是要明确信息传输链路、速率、时延、误码率等;五是要明确信息处理系统及其信息融合的算法和参数;六是要明确组网雷达面临的探测环境,即电子干扰强度、分布、变化等环境;七是预警体系作战预案,即指战员设计的多雷达探测资源协调的人员素质和水平。

在这些边界条件中,目标和环境是客观的,是不可控的,但在体系战法设计、仿真推演研究中是需要假设的,在实际作战中需要指战员准确预测分析可能的目标和环境条件。组网雷达数量和型号、部署方式、工作模式、性能参数、战法流程、选择策略是主观的,是可选可控的,这也是指战员设计体系战法要涉及的核心要素。研究雷达组网的体系探测效能,就是依据客观变化,由指战员来选择装备、部署、模式、战法、算法,设置参数,控制可用的探测资源,来实现最大的体系探测效能。所以,雷达组网的体系探测效能的描述实际上就是对"目标、装备、环境、人员、情报"五要素的量化、建模、仿真、测试、验证等。

当给定有关边界条件后,雷达组网的基本探测能力就明确了,其体系探测效能就可以用具体的量化值描述,如探测范围、精度、数据更新时间、航迹连续性、时延、处理容量等。当改变有关边界条件后,其体系探测效能就会发生相应的变化,所以,体系探测效能的量化描述可用绝对量与相对量相结合的方法,详见第 6 章的讨论。

1.3.5　提升体系探测效能的关键

在基于体系探测效能的基础上,作者所关注的是如何提升雷达组网的体系探测效能,按照表 1.1 描述的关键技术,点迹融合与体系探测资源优化管控是雷达组网系统不可分割的两项关键,如图 1.11 所示。从产生体系探测效能的视角看,体系探测资源优化管控是提升和挖掘体系探测效能的前提条件,体系探测资源优化管控是"增强性"关键点,是产生"增量"的前提;点迹融合是产生体系探测效能的必要条件,点迹融合是"必要性"关键点,雷达组网的体系探测效能通过点迹融合体现出来,据此获得"增量"。

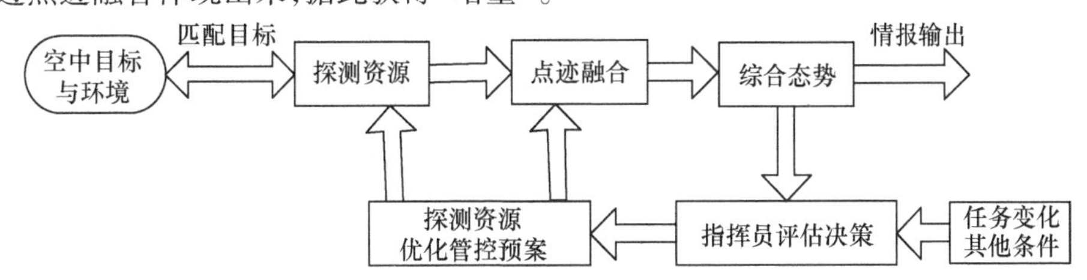

图 1.11　在雷达组网系统中点迹融合与资源管控之间的关系

点迹融合是一种组网融控中心的固有技术,在组网融控中心设计研制时已经实现,与指战员耦合度较小,对指战员的依赖与技术要求较低。实现体系探测资源优化管控,与点迹融合还有较大的差别。体系探测资源优化管控的实现不单单是组网融控中心设计研制的事,而且与指战员耦合度较大,对指战员的依赖与智慧要求较高,要求指战员紧密结合装备技术与作战使用,可以认为体系探测资源优化管控是雷达组网体系作战运用的支撑技术,需要在组网融控中心设计研制的基础上,进行体系作战运用的二次开发。

只因为需要指战员的二次开发，对指战员提出了较高的技术要求与体系作战素养，这也是目前影响和制约雷达组网系统体系探测效能发挥和挖掘的重要原因。因为指战员往往只重视点迹融合的实现，而轻视体系探测资源优化管控的实现及其条件，甚至不理解雷达组网的闭环控制的作用与意义，也难以正确运用体系探测资源优化管控技术，使雷达组网系统闭环控制变成开环，不能依据目标和环境的变化实时调整探测资源，难以实现匹配探测，体系探测效能较低。

所以，要获得、发挥、挖掘、提升雷达组网系统的体系探测效能，必须依据目标和环境的客观变化，由指战员来选择装备、部署装备，设计体系探测资源优化管控预案，设置装备工作模式和参数，控制可用的探测资源，最终获得最大的探测效能。

1.4 雷达组网点迹特性

点迹融合是雷达组网系统的关键技术之一，是产生雷达组网体系探测效能的必要条件，将会在本书的第 3 章进行详细讨论，这里先简述点迹特性，为后续研究奠定基础。

作者通过理论与实验研究，深刻认识到做好点迹融合工程，其技术难点并不在点迹融合算法本身，而是对点迹信息特性的理解。也就是说，实现点迹融合不是单纯的数学问题，而是对组网雷达点迹信息产生过程与特性的理解。这与雷达目标识别过程实现一样，难点并不在识别算法，而是对识别特征的理解与提取。所以，准确理解组网雷达产生的点迹特性与尽可能获得有用的点迹信息，既是实现雷达组网的关键技术，又是实现并做好雷达组网系统点迹融合工程的基础，也是获得、发挥、挖掘、提升雷达组网系统体系探测效能的必要条件。本节从雷达组网内部信息分类与点迹产生过程开始，重点描述和理解点迹的“误差、分裂、不一致性”等特殊性，指出点迹信息与航迹情报的差别，为组网融控中心点迹融合使用和探测资源管控奠定基础。

1.4.1 组网信息分类与描述

按照组网雷达技术水平与组网需求，组网信息可分成探测信息、状态信息、控制信息、辅助信息等几类。

1.4.1.1 组网信息分类

在典型雷达组网系统内部，组网融控中心与组网雷达之间交互的信息主要有组网雷达上报的技术状态信息与探测得到的信息(航迹和点迹)、组网融控中心下达的资源控制信息、勤务信息、辅助信息(正北、扇区)等,如图 1.12 所示。当然,雷达组网系统对外还有上级指控中心下达的探测任务信息与上报的航迹情报信息。

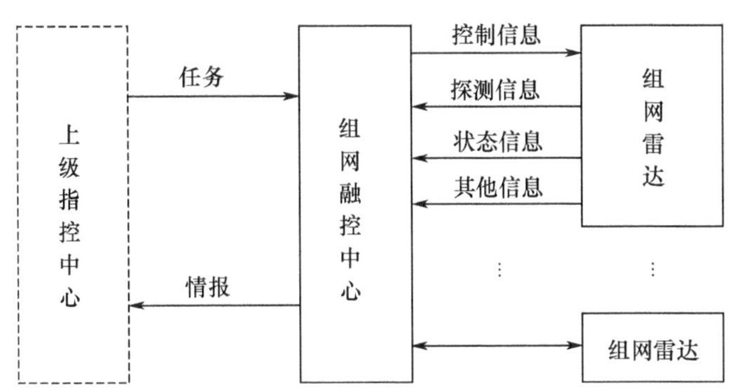

图 1.12　典型雷达组网系统内外信息交互关系

实际上,不同功能组网雷达可获得不同的探测信息,而且有多种表现形式与输出方式,可满足不同的组网融合处理,所以,组网雷达探测得到的信息可有多种分类方法。

按照信息的完备性或者信息的用途,可分成位置信息、误差信息、识别信息与时间信息等。没有时间信息的位置信息是无法直接使用的,没有识别信息的位置信息是不完整的,使用受限。而位置信息又可分成综合航迹情报、综合显示视频情报、未综合的一次或二次航迹情报等;识别信息也可分成表达目标属性的识别特征与初步识别结果;时间信息又可分成绝对时间与相对时间信息。按照配置的设备,可分成一次信息、二次信息、询问信息;按照探测信息的特性,可分成航迹情报、点迹信息、检测后数据、视频信号,所以一次/二次信息继续可分成一次点迹、一次航迹、二次点迹、二次航迹;按照组网雷达探测功能,可分成距离和高度、距离和方位二维信息,距离、方位和高度三维信息。

从数学空间理论来理解,每种探测信息是空天目标特性经组网雷达探测在不同空间的投影或一种表达形式,有它的独立性与相关性,从不同侧面描述了空天目标的特性;从组网雷达探测功能来理解,每种信息表达了探测一定的精确性与渐近性,还有它一定的完备性与缺失性;从信息使用功能来理解,每种信息表达了可用程度与受限程度。这些信息特性给我们雷达组网信息融合总体设计与算法选择带来了机遇与挑战。

从雷达组网系统信息融合需求与组网雷达可能提供信息的角度出发,组网雷达输出的探测与状态信息种类如下:

(1) 表达组网雷达输出的点/航迹与批号信息;

(2) 表达组网雷达装备编号、站址经纬度的探测源属性信息;

(3) 表达目标距离、方位、高度(仰角)的空间位置信息;

(4) 表达雷达探测到目标的 UTC 时间信息;

(5) 表达目标速度、加速度的运动信息;

(6) 表达点/航迹类型、特征、幅度大小、噪声电平、干扰环境等的质量信息;

(7) 表达目标属性的军/民航代码、敌我、类型、型别、数量等识别信息与识别特征;

(8) 表达组网雷达工作参数、模式、稳定性等的技术状态信息;

(9) 用于融合处理所需的正北、扇区等时间标识信息;

(10) 携带了位置、站址、时间等情报要素的测量误差信息;

(11) 携带了高度、速度、属性识别等情报要素的估计误差信息;

(12) 携带了网络传输的误码信息。

1.4.1.2 点迹信息描述及其举例

对比单雷达探测信息与过程,上述所有信息中,大部分信息的作用与单雷达基本类似,不再一一论述。而点迹信息在雷达组网中作用最明显、最重要,理解也比较难,也最需要分析研究,需要专题研究。

点迹信息的要素完整性与点迹质量直接影响组网融合的情报质量。组网融控中心要求点迹信息要素主要包括:探测源位置与编号要素,表达被探测空天目标距离、方位、高度的空间位置要素,雷达照射目标的 UTC 时间要素,表达点迹批号、类型、特征等描述要素,表达点迹幅度大小、噪声电平、干扰环境等的质量要素,描述扇区号、正北标记的相对时间标识要素。下面列举点迹信息的描述方法,主要包括点迹信息结构与点迹质量。

1) 点迹信息描述结构

点迹描述格式可以有多种组合方式,下面以类型和特征分类的方式举例说明。图 1.13 给出了点迹描述的典型结构举例,可采用两个字节描述,分别定义如下:

字节 1								字节 2							
16	15	14	13	12	11	10	9	8	7	6	5	4	3	2	1
点迹标志	点迹特征		点迹类型				FX	0	0	0	IJK	COM	DS	SPI	FX

图 1.13 点迹描述结构举例

(1) 主要部分为第 1 个字节,位 16 定义为点迹标志:0 为与航迹相关的点迹;1 为自由点迹。

(2) 位 15 ~ 14 定义为点迹特征:00 为真实点迹;01 为模拟点迹。

(3) 位 13 ~ 10 定义为点迹类型:

① 0000 为一次雷达点迹；

② 0001 为二次雷达点迹；

③ 0010 为一、二次雷达融合点迹；

④ 0011 为一次雷达和询问机融合点迹；

⑤ 0100 为多站融合点迹。

(4) 位 9 定义为扩展指示位:0 为数据项结束;1 为向第一域扩展。

(5) 第二字节为可扩展部分,位 8 ~ 6 保留,固定设置为 0 或 1。

(6) 位 5 定义为 IJK:0 为飞机没有被劫持;1 为飞机被劫持。

(7) 位 4 定义为 COM:0 为无线电通信正常;1 为无线电通信故障。

(8) 位 3 定义为 DS:0 为无非法干扰;1 为非法干扰。

(9) 位 2 定义为 SPI:1 为特殊识别;0 为非特殊识别。

(10) 位 1 定义为扩展指示位:0 为数据项结束;1 为向下一域扩展。

2) 点迹的信号强度和周围噪声

点迹的信号强度和周围噪声的结构举例如图 1.14 所示,也可采用用两个字节描述,分别定义如下:

字节1								字节2							
16	15	14	13	12	11	10	9	8	7	6	5	4	3	2	1
点迹幅度								噪声电平							

图 1.14　点迹幅度和噪声电平结构举例

(1) 位 16 ~ 9 定义为点迹幅度,若步长为 0.5dB,范围为 0 ~ 127.5dB。

(2) 位 8 ~ 1 定义为噪声电平,若步长为 0.5dB,范围为 0 ~ 127.5dB。

步长和范围可根据实际情况调整。

3) 点迹的质量

点迹的质量的结构举例如图 1.15 所示,可采用两个字节描述,分别定义如下:

(1) 位 16 ~ 15,保留,固定设置为 0 或 1。

(2) 位 14 定义为干扰位:0 为正常点迹;1 为干扰点迹。

(3) 位 13 定义为 TRC:0 为非真实距离计算获得;1 为真实距离计算获得。

(4) 位 12 定义为 STP:0 为非二次外推点;1 为二次外推点。

(5) 位 11 ~ 10 定义为仰角质量:0 为没有有效测量;1 为中等;2 为好。

(6) 位 9 ~ 8 定义为距离质量:0 为不确定;1 为好。

(7) 位 7 ~ 6 定义为方位质量:0 为中等;1 为好;2 为不确定(方位扩展太宽)。

(8) 位 5 定义为 NAI:0 为没有授权自动初始化;1 为授权自动初始化。

(9) 位 4 ~ 1 定义为多普勒特性:0000 为 MTI 滤波点迹;0001 为 MTD 滤波点迹;0010 为非滤波点迹。

字节1								字节2							
16	15	14	13	12	11	10	9	8	7	6	5	4	3	2	1
0	0	干扰位	TRC	STP	仰角质量		距离质量		方位质量		NAI	多普勒特性			

图 1.15　点迹质量结构举例

1.4.2　点迹信息产生与使用

1.4.2.1　点迹与航迹的关系

用传统的视角看,雷达产生航迹情报,俗称航迹产生器,为用户提供该雷达探测区域的航迹情报。点迹也是雷达经探测产生的,是雷达内部的一种探测信息,是一种中间的探测信息。换一种说法,点迹还没有达到可用情报的标准,外部一般不使用,也不输出。图 1.16 给出点迹与航迹的关系。点迹信息是经雷达检测、点迹凝聚后输出的一种探测信息;航迹信息是经雷达数据处理设备录取或人工上报处理后的情报信息。点迹是形成航迹的基础,航迹是点迹帧相关与滤波后的产品。

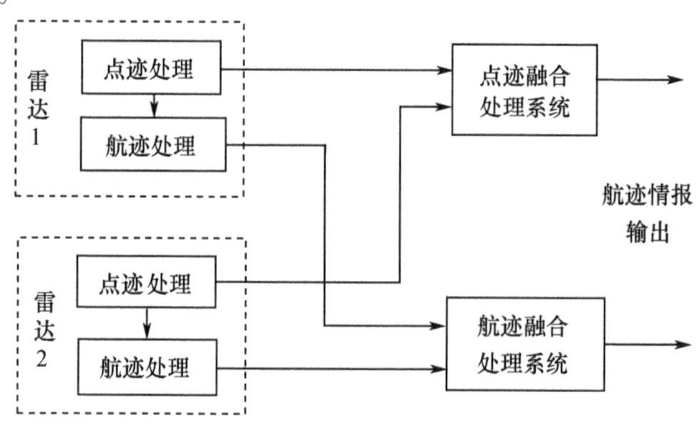

图 1.16　点航迹产生与使用示意图

与航迹相比,点迹比航迹有更多的空中目标的原始信息,更高的发现概率,也有更多的虚假信息,同时也比较正确地反映了目标测量、雷达站址与点迹时间等误差信息,不经帧相关与滤波处理,时延更小,如表 1.3 所列。

表 1.3　雷达点迹、航迹特性比较

特性	点迹	航迹
测量精度或误差	更真实表达	已被滤波修正
时延	小	大。需要帧相关与滤波
数量	可控,可满足实际需要	小
发现概率、虚警概率	大	小。已相关滤波

（续）

特性	点迹	航迹
数据率	大	小，有些不能形成航迹的点迹信息被丢失
点迹过滤抗干扰	好，多雷达集中点迹过滤	差，单雷达点迹过滤
用途	多雷达组网集中式点迹融合	多雷达航迹综合
对传输与处理的要求	高	低

实际上，航迹情报就是对单雷达的点迹进行帧相关和滤波处理而成，而组网融控中心对多雷达点迹信息进行相关和滤波，最终形成航迹情报，从功能上类似，从航迹情报质量看，有较大的差别，特别对非合作特种目标的探测能力与抗复杂电子干扰能力方面。

综上所述，航迹综合与点迹融合相比，航迹综合可能会存在如下问题和局限性：

（1）单雷达航迹处理已把不能形成航迹的有用目标点迹信息丢了，再经多雷达航迹综合就难以提高空中目标探测能力，特别在复杂环境下对低空、弱小目标的探测能力，因为复杂环境下单雷达难以对低空、弱小目标自动形成航迹。

（2）不同雷达配置的录取设备往往各不相同，录取设备数据处理方式、测量模型不同，对雷达测量的误差有了不同的描述，容易引入错误信息，可能把准确的信息掩盖了。即使经多雷达航迹综合，还是难以预测正确的误差信息，综合后精度提高非常有限，更加困难。

（3）传统单雷达采样率较低（一般10s），难以正确跟踪高速高机动（描述）目标，即使经多雷达航迹综合，还是难以提高对机动目标的连续跟踪能力。

（4）对杂波区低空小目标，回波信杂比小，杂波剩余增多，单雷达难以起始航迹，容易断批，容易跟踪到杂波上。即使经多雷达航迹综合，还是难以提高对低空小目标的连续跟踪能力。

（5）对干扰区目标，回波信干比小、干扰剩余增多，单雷达难以起始航迹，容易断批，容易跟踪到干扰剩余上。即使经多雷达航迹融合，还是难以提高在复杂干扰条件下对目标的连续跟踪能力。

所以，无论从技术体制先进性上考虑，还是从作战使用性能上考虑，针对目前单雷达技术特点，选择点迹集中式融合技术是合适的、是高效的；采用航迹综合技术方式是落后的、低效的。

1.4.2.2 点迹信息产生

每个雷达发射脉冲的回波，经雷达检测电路，每个距离检测单元都会产生1和0的检测结果，0表示该检测单元不存在目标，1表示该检测单元可能存在目标，即检测级的点迹（或者称作原始点迹），并标记此刻的时戳与目标的位置值。如果目标的尺寸较大，回波宽度要超出对应的距离检测单元，可在相邻距离单元产生多个检测结果1，如图1.17(a)所示。当雷达天线扫过整个目标时，雷达会发射N个脉冲，获得N个回波，每个脉冲的回波都要经过检测，产生如图1.17(b)检测级点迹分布图（有时也称为检测级点迹群），即在相邻方位和距离上，产生单元目标相关性的0/1分布图。对三坐标雷达来说，如果目标尺寸超出雷达仰角分辨单元时，可在相邻仰角元上产生多个检测结果1，如图1.17(c)所示，从空间看，三坐标雷达回波非常像“橄榄球”。这就是空中目标通过雷达照射，在回波幅度上的映射。

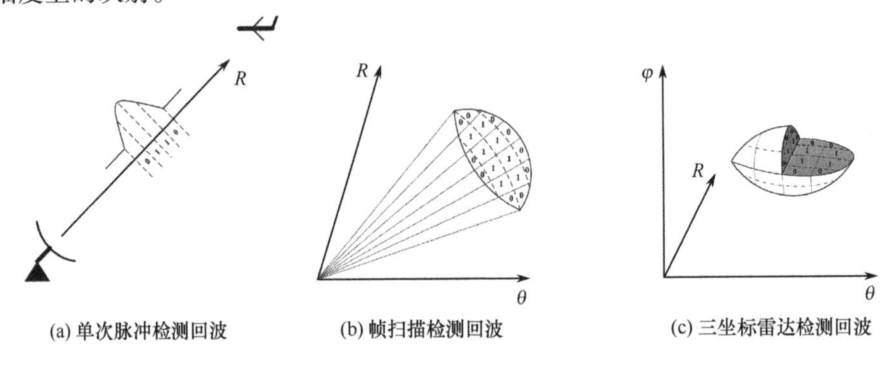

图1.17　雷达回波示意图

在获得的检测级点迹群里，每个检测级点迹都标记了产生的时戳、距离方位、仰角及其参数值，还需要进行点迹凝聚。在点迹凝聚输出上报之前还需要做三件事。一是要把检测级点迹群凝聚成一个点迹；二是要把每个检测级点迹的时戳、距离、方位、仰角等参数整合成一个中心值或者平均值，代表该点迹的上报输出值；三是要综合估计点迹群的总体质量，标记如1.4.1节描述的点迹质量参数。这个过程可统称为点迹凝聚。

点迹凝聚流程一般如图1.18所示，在距离、方位、仰角上分别合成和计算，估算点迹时戳、距离、方位、仰角等参数的中心思想就是利用已标注的值寻找中心值，目前具有较通用的公式[14]。其他点迹质量参数的评估目前还缺少统一的方法，各雷达研制公司设计师往往各显神通，影响组网融控中心点迹融合使用。

图1.18　点迹凝聚通用流程

如果目标RCS较大，对应回波会较宽，信噪比会较高，检测级点迹群在距离、方位、仰角方向体积较大，点迹群中1的密度也会较大，会出现1个点迹群被凝聚成 2 或多个点迹。如果针对机群分批，这种点迹分批是准确的；如果针对一个目标，这种点迹分批是错误的。对高分辨高精度雷达，点迹分裂的可能性会较大；如果对低分辨低精度雷达，点迹分裂的概率就较小。

如果针对弱小目标，对应回波会变窄，信噪比会变低，检测级点迹群在距离、方位、仰角方向体积缩小，点迹群中 1 的密度也会减小，达不到点迹群被凝聚成点迹的条件，这个点迹群就会被抑制，即雷达没有发现该弱小目标。在这种情况下，组网融控中心应该通过探测资源优化管控软件，适当降低该雷达检测门限，增加点迹群中 1 的密度，使其弱小目标点迹群凝聚成点迹，提高本次扫描（帧）探测的检测概率。这是通过探测资源优化管控带来的好处，为点迹融合提高发现概率奠定了基础。当然，带来虚警概率增加的问题也需要通过融合来消除。

从上可以看出，上报的点迹，的确带有更多的原始信息，既有可用性的信息，也有不确定或者错误的信息，而且不同的组网雷达情况可能不一样。针对这样的点迹特性，组网融控中心软件工程师必须深刻理解雷达点迹产生的物理过程与随着带来的特殊性，用其点迹有用的原始信息，克服点迹可能的错误信息。

1.4.3　点迹误差特性

误差是点迹的首要特性。点迹随带的综合误差信息，主要有综合位置误差与时间误差，就是常说的“时空误差”；此外，还有属性识别误差、传输误码等。这些误差的存在会严重影响融合情报的质量，影响雷达组网系统对目标探测能力与情报质量。准确理解这些误差产生的机理，实时分析预测系统误差的大小与随机误差分布特性，这对选择组网信息融合算法，消除系统误差与降低随机误差影响，提高目标发现概率与跟踪精度，具有重要意义。需要说明的是，本节重点研究综合位置误差与时间误差特性，不深入研究属性识别误差与传输误码特性。

1.4.3.1　综合位置误差

综合位置误差主要来自雷达对目标的测量误差、雷达站址定位和定北误差、多雷达数据坐标变换误差。这些误差可分成系统误差与随机误差。系统误差具有相对固定的或变化比较慢的特性，可以通过技术途径实时分析并预测其大小，补偿或消除它，为提高多雷达点迹位置波门相关、航迹起始等奠定技术基础。随机误差具有多种实时变化的分布特性，需要准确分析随机误差的主要因素并预测分布参数，为提高跟踪滤波奠定技术基础。

雷达站址定位和定北误差是一种基础性误差，以系统误差为主体，在雷达架设与机动过程中特别容易产生，产生的主要因素由站址经纬度测量与报知误差、雷达天线调平与正北校正误差。经纬度测量误差由不同精度、不同型号的经纬度测量仪器带来,通过选择精度较高的经纬度测量仪器与多次测量来降低其误差影响;报知误差通常由雷达天线位置与经纬度测量仪器不在同一地点带来(经纬度测量仪器通常在电子设备车上),直接测量天线位置可以避免此误差;雷达天线调平误差主要影响仰角指向,正北校正误差主要影响方位测量,所以日常检查并精确校正雷达天线水平与正北尤为重要。

对常规对空预警监视雷达体制,测量误差可分成距离、方位和高度三个坐标值,影响其测量精度的因素比较多[15]。产生距离测量误差的主要因素有回波信噪比、回波幅度采样误差、回波距离量化误差、晶振稳定度、系统定时误差和大气折射等;产生方位测量误差的主要因素有回波信噪比、目标起伏误差、正北基准误差、天线波束指向校正误差、方位量化误差、方位主脉冲锁存误差、天线转动机械误差、风力作用影响天线指向变动等;产生高度测量误差的主要因素有仰角测量误差、天线仰角波束指向误差、大气折射非"标准"情况与测距误差引起的高度计算误差等。

相对单雷达的各种误差,多雷达数据坐标变换误差是一种比较特殊的误差,由异地部署雷达不同坐标值转换到组网融控中心产生的误差。主要误差原因有三方面:一是两坐标与三坐标雷达在球极平面坐标系变换中因高度值近似带来的误差;二是不同雷达站地理北之间夹角带来的误差;三是选用不同坐标系带来的变换误差。由于坐标转换是非线性过程,这种误差参数除了均值、方差值外,还有协方差值。

综合测量误差、站址定位和定北误差、坐标变换误差,图 1.19 给出了实验中综合位置误差对比。图 1.19(a)中不同颜色的点状线表达了 3 部组网雷达综合位置误差,实线表达了基本消除误差后的融合航迹,两者相比,3 部组网雷达都存在滞后的、明显的定向误差。图 1.19(b)表达了消除系统误差后对比,显然,只存在随机误差。

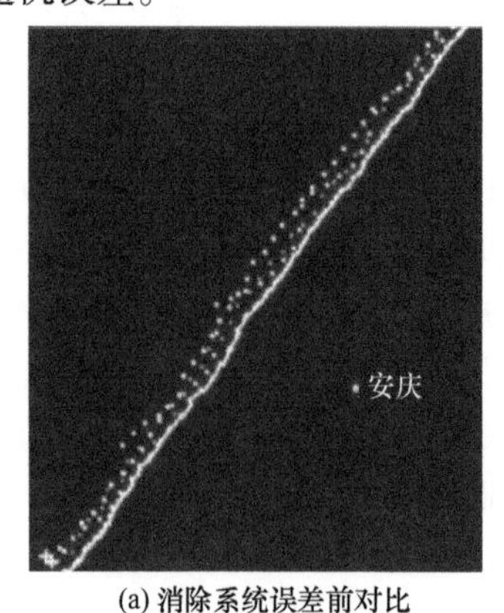

(a) 消除系统误差前对比

安庆

(b) 消除系统误差后对比

图 1.19　综合位置误差举例(见彩图)

1.4.3.2 综合时间误差

综合时间误差主要来自雷达形成点迹时UTC时戳标记误差与点迹处理传输的延时误差。时间误差也可分成时间系统误差与时间随机误差。时间系统误差实际上是时间的累积误差,具有相对固定或慢变化特性,可以通过技术途径实时分析预测其大小,并补偿或消除其影响,可提高多雷达点迹时间波门相关性。时间随机误差具有多种实时变化的分布特性,需要准确分析随机误差的主要因素并预测分布参数,可为提高跟踪滤波精度提供技术条件。

产生UTC时戳标记误差原因主要有三方面:一是点迹时戳的标校时刻与标校方式各不相同,有的雷达在参数录取时刻,检测点迹一形成就加上时戳,再在点迹凝聚时取平均;有的雷达在点迹凝聚时刻加上时戳。二是标准时间源与标校方式不同,标准时间可采用通用设备(北斗、GPS或GLONASS)定时、长波授时、内部原子钟守时等公认精确的时间源,但各雷达标准时间的标校方式不完全相同。三是时间积累误差消除的方式与程度不同,遗留的误差残差也各不相同。

由不同数量组网雷达构成的雷达组网系统,对各组网雷达点迹传输延时要求不同,参加组网的雷达越多,对延时的要求越严格。一般情况下,要求前一部组网雷达的点迹延时最大不能大于紧跟其后的雷达点迹。如果有转速周期为T的N部组网雷达,其平均允许的延时为T/N。所以,对有N部雷达组网的系统来说,N部组网雷达的定时/守时、定向、定位精度要求比较一致,而且比较稳定,这对早期研制的雷达,技术上统一有一定的难度,只能要求其定时/守时、定向、定位精度较低。目前北斗系统定时、定位、定向设备可较好地解决此问题,可以满足雷达组网系统定时、定位、定向的要求。

图1.20给出了2部不同类型组网雷达正北脉冲到达时刻的综合时间误差,显然,2部组网雷达的综合时间误差分布不同,其次是系统误差不同。所以,分析预测组网雷达可能存在的综合时间误差是设置点迹融合时间波门的基础,直接影响到多雷达点迹融合的质量。

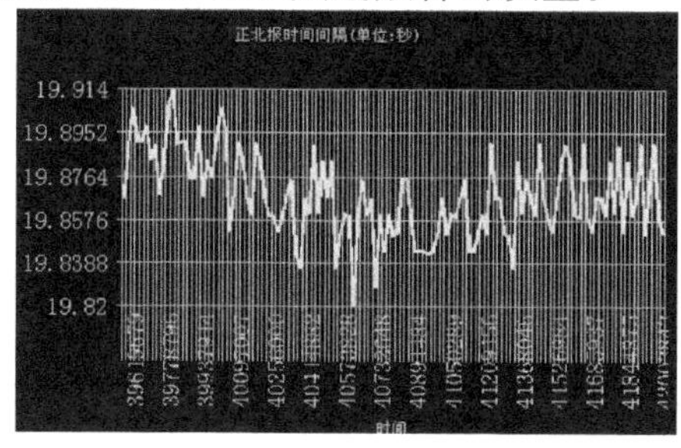

(a) 甲组网雷达综合时间误差

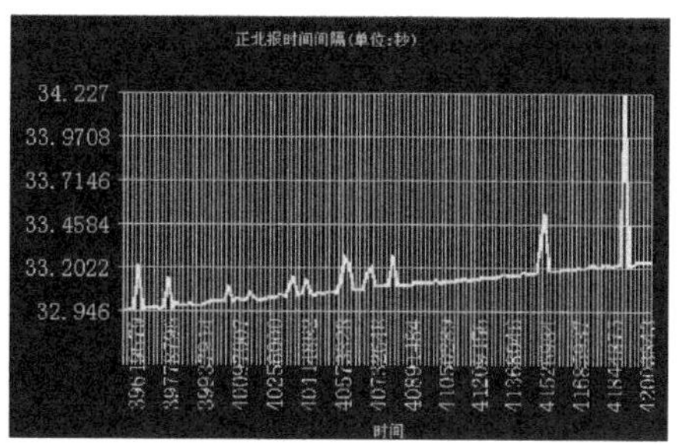

(b) 乙组网雷达综合时间误差

图1.20 不同组网雷达综合时间误差举例(见彩图)

1.4.4 点迹分裂特性

点迹分裂是点迹第二个重要特性，是影响点迹质量特性的重要方面。从雷达组网多雷达点迹融合的最佳需求上看，对应不同体制、不同频段、不同工作参数的雷达探测，一个空天目标最好凝聚成一个点迹，组网雷达一帧也只送出一个点迹数据到组网融控中心；在可分辨的条件下，两架飞机的编队凝聚成两个点迹；依此类推，一个空天目标群，凝聚成一个点迹群。

实际上雷达天线扫过目标时，检测点迹数据为多组，即在距离、方位、仰角上具有多值性，需要进行合适的点迹凝聚处理，输出一个点迹，实现目标数量与点迹数量的一一对应关系。如果雷达点迹凝聚处理过程不十分恰当的话，就会在距离、方位、仰角上出现点迹分裂现象，即一个目标对应两个或多个点迹，这给组网融控中心点迹融合带来困难。

点迹分裂的原因主要有：目标特性与作战方式突然变化，雷达体制、工作参数与信号处理方式选择不当，雷达点迹凝聚处理与数据处理方式不合适等。对窄带体制雷达来说，距离上的点迹多值性主要来自距离单元的量化与脉冲压缩副瓣影响；方位上的点迹多值性主要来自：一是受滑窗检测器或 MTD 检测器影响，二是天线水平副瓣回波影响或存在较深的凹口；仰角上的点迹多值性主要受垂直波瓣分裂或者垂直波束扫描处理不正常的影响。除此以外，目标特性突然变化或作战方式突然改变，如高速高机动、RCS 变大，在距离、方位、仰角上覆盖多个处理单元，出现类似“距离走动”现象，使雷达原来点迹凝聚处理的方式不适应目标特性或作战方式的改变。所以，不同体制组网雷达，在选择不同工作模式与参数探测不同目标时，其产生点迹分裂的情况也不完全相同。

实际上点迹分裂带来了雷达测量的不唯一性与不确定性，增加了雷达的测量误差，给组网融控中心带来的最大危害是跟踪航迹精度下降或者增加虚假航迹。避免点迹分裂或者降低点迹分裂的数量的方法主要在组网雷达端，组网雷达点迹凝聚处理过程可参考文献[14]。在组网雷达体制论证、工作模式与参数选择，特别是信号与数据处理方式的设计时，要充分考虑点迹分裂的原因；在组网雷达作战使用时，要部署到合适的阵地，选择合适的工作模式与工作参数，避免组网雷达产生过多的分裂点迹。

当分裂的点迹数据被送到组网融控中心后，组网融控中心首先要识别、评估分裂的点迹，针对有多种体制组网雷达参加的雷达组网系统，要选择合适的融合滤波算法，来消除或弥补点迹分裂带来的影响。需要特别注意的是，两架以上飞机编队目标群，对应的点迹数量应该是多个，其对应的融合处理方法要区别于点迹分裂的情况。

1.4.5　点迹质量信息意义不一致性特性

1.4.1节统一了点迹质量的标识，给点迹融合使用带来了极大的方便，但在一个雷达组网系统里面，组网雷达通常不是同类型雷达，也难以是同一公司研制的雷达，虽然点迹质量信息有相同的标识，但其表达的意义往往不同，这给融合使用带来了新的困难。这种由点迹质量信息标识相同，而意义不同的特性称作“不一致性”特性，这是多雷达组网、集中式点迹融合带来的特殊问题。举例说明如下。

例1　如图1.14所示，点迹幅度与噪声电平用8位二进制码来表示255级差别，级差0.5dB。实际上，不同雷达用相同的代码，其点迹幅度与噪声电平并不真正相同。

例2　如图1.15所示，分别用2位二进制代码来标识点迹仰角、距离、方位的质量信息，“中等”“好”“不确定”等标识都具有模糊特性，不仅不同雷达研制工程师之间存在认知和设计差别，而且雷达工程师与融合中心工程师的认知也不一定相同，对这样相同标识的点迹质量信息，其融合使用的结果几乎是不同的。

一方面，雷达组网系统需要不同频段、不同体制、不同功能的雷达来组网，实现频域、时域、空域、极化域等探测性能的互补；另一方面，这些雷达点迹质量信息又有较大的差别。这两者之间的矛盾制约了点迹信息融合的效能。解决这一矛盾的方法就是参加组网的雷达有相同信号处理与数据处理的架构、功能化软件处理模块与参数设置等，即需要统一的总体设计与操作使用。解决这一问题的方法表明：雷达组网要从组网雷达的总体设计开始，从信号处理和数据处理着手，也就是说，要做好雷达组网系统的点迹集中式融合工程，必须深刻理解组网雷达产生的点迹质量信息，其技术难点并不一定在点迹融合算法本身，更不是单纯的数学问题，而是对组网雷达点迹信息产生过程与特性的理解。

所以，要真正做好雷达组网系统，要从单雷达总体设计开始，在发挥不同发射信号优势的基础上，要统一各种雷达信号与数理处理的软硬件架构、功能模块、输入输出接口等，这实际上是雷达后端标准化、模块化的要求，这也是雷达组网对单雷达的设计总要求。

1.4.6　点迹特性理解体会

通过研究与实践，作者对点迹特性与做好雷达组网系统的点迹集中式融合工程的体会如下：

（1）组网雷达的点迹质量与目标、探测环境、雷达工作模式和参数、探测资源管控预案等因素密切相关。对点迹质量特性理解得越透彻，点迹融合相关和滤波算法选择越有针对性,融合效果越明显。

(2) 点迹与航迹比,点迹没有经过帧相关和滤波处理,具有"更加原始、更加粗放、更加真实"等特性,这对组网融控中心的集中式点迹融合处理,技术难度更高、工作量更大、设备软硬件更多,但处理得好,得益会更大,体系探测效能会更大。

(3) 要做好雷达组网系统的点迹集中式融合工程,必须深刻理解组网雷达产生的点迹质量信息,其技术难点并不在点迹融合算法本身,也就是说,实现多雷达集中式点迹融合不是单纯的数学问题,而是对组网雷达点迹信息产生过程与特性的理解,需要深化研究组网雷达的探测机理,特别是点迹产生机理,不仅要研究组网雷达的数据融合分系统,还要前伸研究组网雷达的信号处理分系统及其检测门限参数设置等内容。

(4) 要提升雷达组网系统体系探测效能,必须要尽可能获得时空误差小、分裂少、虚警概率低、发现概率高的点迹,需要设计优化的体系探测资源管控预案,匹配空中目标和环境的探测。所以,点迹融合是工具,是必要环节;探测资源优化管控是前提条件。两者不可分割。

(5) 连续监视、分析预测、评估判断组网雷达点迹质量,特别是时空误差、信噪比、受干扰等情况,这对组网融控中心选择融合算法与参数设置具有重要的指导意义。从作战的视角看,要实时监视空中目标、战场环境、装备技术状态,据此调整控制探测资源,实现探测资源与目标和环境匹配。这就是雷达组网"知己知彼、资源管控、闭环控制、匹配探测"的战技融合的战法。

1.5 雷达组网资源管控特性

首先要解释和限定"资源"之意。在本书中"资源"就是雷达组网系统内部所有组网雷达的探测资源之和,主要包括组网雷达在频率、空间、时间、极化等方面的探测资源。

组网体系探测资源优化管控既表明了雷达组网"组"字的深刻含义与技术特征,又体现了雷达组网的灵活性与匹配性,也反映了雷达组网的实现的技术难度与体系效能。从某个侧面说,组网体系探测资源优化管控的特性也就是雷达组网的主要特性,也是雷达组网体系作战运用的核心。也就是说,不论雷达组网系统采用什么形式的数据融合技术,其组网体系探测资源优化管控是必须的。在实际研制与使用雷达组网系统中,体系探测资源优化管控技术是获得、产生、发挥、提升和挖掘雷达组网体系探测效能的必要性前提条件,是雷达组网系统工程实现的核心技术之一,将会在本书的第 4 章详细讨论。在本节中,在简述与界定体系探测资源优化管控的有关概念的基础上,先回答实施体系探测资源优化管控的必要性，再回答在雷达组网中如何实现体系探测资源优化管控，即雷达组网体系探测资源优化管控的模式与方法，最后提出实现体系探测资源优化管控对系统设计的要求，为后续研究奠定基础。

1.5.1 对体系探测资源优化管控的理解

从广义上说，体系探测资源优化管控属于作战管理的范畴，因为作战管理的核心是优化资源，即通过体系资源的优化管控来获得体系的最大作战效能。所以，在本节中首先要分别界定"体系探测资源"、"优化"、"管"、"控"在本书中的含义。

从较为狭义的角度理解，"体系探测资源"通常指雷达组网系统内部所有探测资源之和，是预警传感器时域、频域、空域、信息域、极化域的可控参数之和。具体包括组网雷达的工作模式，发射信号的形式、重频、载频、脉宽、功率、极化形式等，天线转速，检测门限，辐射方向，等等。站在整个雷达组网系统的视角看，"体系探测资源"还包括雷达组网体系内的融合资源与通信资源等，即可用的通信方式、链路、带宽等通信资源；组网融控中心的融合方式和滤波参数等，这与2.2节的"物理域"装备可控参数对应。所以，体系探测资源管控的内容就包括组网雷达的工作模式和参数，融控中心的融合算法和参数，通信网络的链路和参数，还有电站、询问机、告警设备等其他资源。

"优化"主要是指体系资源管控预案逐步优化迭代过程，不仅体现在体系资源管控预案设计、仿真、推演、评估、改进等多个环节，也体现在预案选择使用与实时调整中，贯穿于整个组网探测过程的战前准备、战中实施与战后总结，其目的是实现探测资源与空天目标和环境的匹配，这是一个通过设计、仿真、推演、评估、实施、总结的逐步完善过程。

"管"即"监管"，也即"预警装备工作状态监视与探测资源管理"，是对雷达组网系统技术状态、工作状态、作战环境、目标状态、情报态势状态等多方面进行连续监视、综合评估与辅助决策。体现的含义如下：一是对雷达组网系统整体技术状态进行监视，特别对可用探测资源进行实时监视，获得可用性评估；二是实时感知战场探测环境，对自动获得的感知结果进行辅助决策或自动决策；三是实时分析研判目前空中目标的状态与发展；四是实时评估目前获得的动态情报态势，是否达到任务要求，研判出现差距的主要原因；五是对系统自动给出的探测匹配度排序结果进行分析，为指挥员实施探测资源调整提供辅助决策支持。显然，这种"状态监视与管理"是指挥员决策过程的必要输入，是自动控制或人在回路控制的条件，是人机高度融合的结合点。

"控"即"控制"，包含"资源控制"、"闭环控制"、"实时控制"、"优化控制"、"自动控制"、"预案控制"、"智能控制"等多种意义，体现雷达组网的"组"字深层含义。在雷达组网系统中,“控制”是指挥员通过预案控制组网探测资源,匹配于目标和环境的探测过程,即通过战前资源分配预案与战中实时调整探测资源来实现目标匹配探测,提升组网体系探测效能。控制的输入或依据是空中目标、战场环境、情报态势及其任务和装备的变化;控制的输出是规划指令或者控制时序,即“实时控制”。控制的对象或者说内容是组网体系的所有探测资源,即“资源控制”。控制的监视者是指挥员,是“人在回路”的探测资源闭环控制,或称“自动控制”;控制实施过程涉及战前与战中的多个环节,包括战前指挥员探测资源控制预案的设计、仿真、推演训练等环节,战争开始时的预案选择,战争中间的实时调整,即“优化控制”。所以,雷达组网的控制是围绕“装备、目标、环境、情报、人员”预警体系五要素之间进行,也是指挥员在组网融控中心对组网体系探测资源优化设计、全面监视、实时控制调整的全过程,也是人机高度融合的决策过程,是在“预案”基础上综合指挥员智慧实施的精准控制,即“预案控制”或者“智能控制”。

从上可以看出,在雷达组网系统中要实现对探测资源实时、精准、优化的控制,一方面必须监视和评估目标、环境、任务、装备等变化情况,另一方面必须由指挥员设计、选择、调整预案,才能获得雷达组网系统最大的“体系探测效能”,图1.21展示了雷达组网系统的“控制”机理,既体现了“预案”“探测资源”“控制”“预警体系五要素”的相互关系,又表达了通过“预案”与“控制”来实现资源优化管控的技术途径。

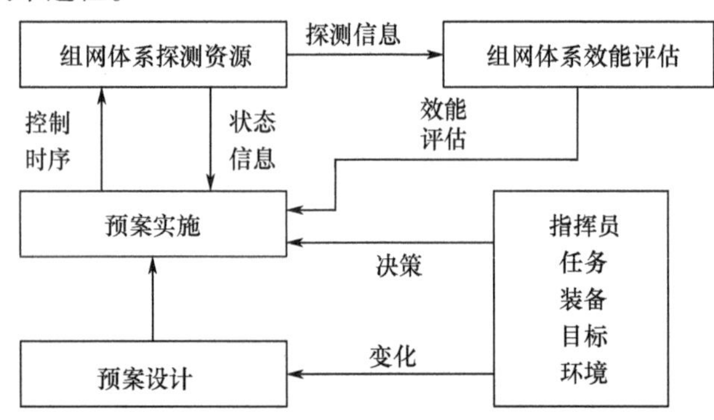

图1.21　雷达组网“控制”机理图示

所以,要获得雷达组网系统的最大的体系探测效能,在战前,必须深入研究空天海目标特性和作战方式,假设多种目标、环境的边界条件,设计和推演科学合理的体系探测资源优化管控预案;在战中,雷达能实时感知环境的变化,指挥员分析判断目标新动向,通过体系探测资源闭环控制,依据任务实时调整体系探测资源使用,使雷达组网系统的体系探测资源匹配与目标和环境的变化,实现匹配探测。反过来也可这样理解,如果雷达组网系统不实现探测资源优化管控,系统也能工作,探测资源消耗可能较大,获得的探测资源可能较小,也就是难以获得组网的优势,更难以挖掘雷达组网的体系探测潜能,这也是目前雷达组网系统作战运用的难点。

1.5.2　体系探测资源优化管控模式

雷达组网体系探测资源优化管控的核心是对探测资源的控制。在雷达组网系统中,通常具有组网融控中心与组网雷达两级,对应探测资源控制层级实施至少也要分成两级,即雷达组网融控中心的中心探测资源控制模块与雷达装备的探测资源控制模块,如图 1.22 所示。中心一级的探测资源控制模块是整个组网系统的控制中心,可以实施两种控制模式。

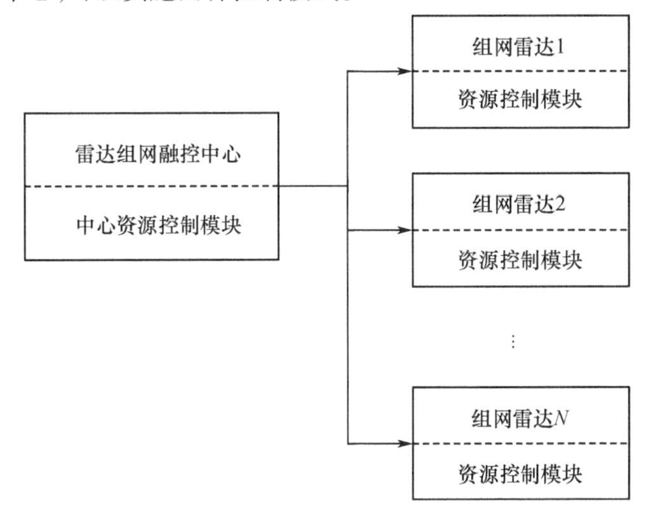

图 1.22　探测资源两级控制方法

第一种是直通控制模式,控制原理与流程:由组网融控中心的资源控制模块直接对融合资源、通信资源与各组网雷达探测资源实施参数级自动控制,一步到位直接控制到组网雷达的工作参数,原理如图 1.23 所示。

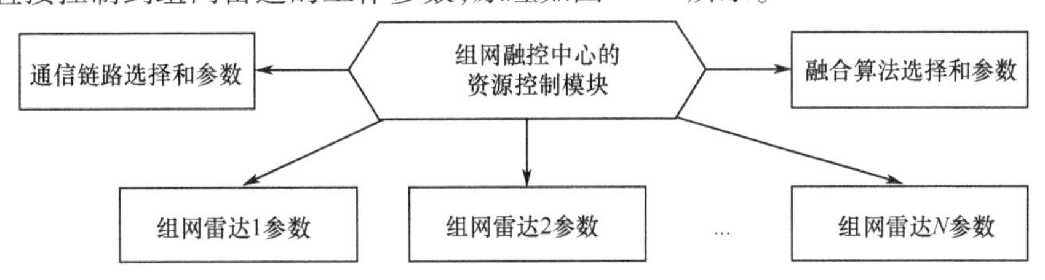

图 1.23　融控中心直通控制各组网雷达的参数

组网融控中心一般通过下达参数指令或时序实现对组网雷达探测资源参数级自动控制,实现这种自动控制方式需要预案集(库)支撑,首先指挥员要在战前依据给定的任务,可能的目标和环境及其变化,全面设计探测资源分配预案,并进行仿真和对比评估、推演训练,生成可用的、全面的预案集合,放在预案库中;当选择某预案实施组网探测时,组网融控中心通过预案“匹配度”“适应度”“可用度”等指标实时动态评估探测效能,给指挥员提示目前组网探测的整体状态,辅助指挥员对探测资源的决策,即是否调整探测资源。所以,这种探测资源自动控制方式实际上就是预案控制方式,采取选择预先设计好的智能化探测资源控制预案和策略进行自动实施,组网融控中心指挥员的智慧就体现在预案设计、优化、选择之中,特别适用于时效性较高的反导预警体系作战运用中,也是反导预警作战运用的必选方法。显然,这种自动控制方式的优点是探测资源控制实时,时效性好,多雷达协同容易,控制效能较高,通常产生的体系探测效能也较高;缺点是预案集合设计工作量较大,对融控中心指挥员要求较高,通常设计的探测资源预案会比较复杂,也“旁路”了装备级指挥员,对组网雷达的自动化程度也提出了较高的要求。

第二种是分级控制模式,控制原理与流程:第一,组网融控中心按照中心系统要完成的任务,细化规划分配各组网雷达的主次任务,并通过任务指令或文电方式下发;在明确任务要求的基础上,按照时空频能多个维度给各组网雷达提出探测资源分配使用建议及其特殊情况处理对策。第二,组网雷达指挥员对此分配的任务与探测资源使用建议进行理解分析,决策生成对各自组网雷达的资源控制预案。第三,通过组网雷达资源控制器,对组网雷达实施参数级控制,如图1.24所示。

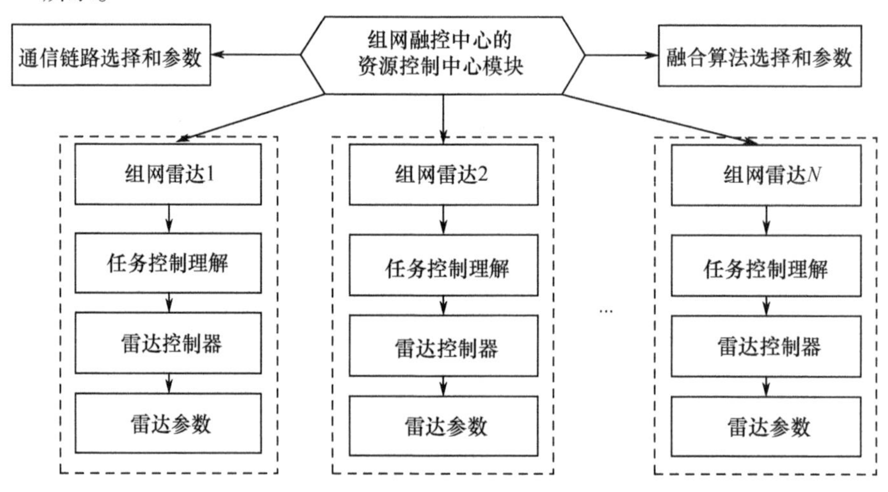

图1.24　融控中心分级控制各组网雷达的参数

相比第一种直通式控制模式,这种控制方式中间增加了雷达级指挥员的理解和决策,优点是发挥了雷达指挥员的智慧,降低了融控中心指挥员对雷达的深入理解和掌握,也降低了对组网雷达参数可控性的要求;缺点是时效性可能会较差,难以实现多雷达时序级协同控制和探测,难以适应像抗复杂电子干扰等协同控制要求的作战场景,体系探测效能也会降低。显然,这种管控模式适用于探测资源控制实时性较低的场合,或者组网雷达可控性较差的系统。

在实际的雷达组网系统中,探测资源优化管控是必须的,但控制的内容、方式、紧松程度等视探测需求、装备实际状态、作战使用等而定。既要避免为控制而实施控制的过分做法,也要避免嫌麻烦不实施控制的错误做法,一定要树立"为满足探测需求而实施合适控制"的理念。例如,中大型多功能相控阵雷达,工作模式和可控参数极其丰富而且灵活,可承担空中目标、临近空间目标、弹道导弹目标与空间目标等多种预警监视任务,相控阵本身就要设计基于多任务、多目标、多空域探测的时间、能量、信号波形等管控预案,来满足搜索、跟踪、识别多功能的需要,探测资源管控预案和策略总体比较复杂。所以,组网融空中心对这类相控阵雷达的管控以下达宏观任务与提出管控建议为主。

1.5.3　体系探测资源优化管控预案工程化

一般性理解,预案工程化概念就是要把设计的预案在装备中自动实现。预先设计的预案通常用文本形式表达,自动实现时需要把纸质形式的预案转变成装备能执行的模型、软件、指令、时序波形等。雷达组网体系探测资源优化管控预案工程化就是要把指战员战前设计的探测资源优化管控预案在雷达组网系统中自动实现,达到匹配探测环境与空中目标的目的,提高雷达组网系统的整体探测效能。详细内容可参看第 2、4、5 章的有关小节。

按照预案来自动实现探测资源优化管控,需要多方面条件,也有严格的流程,首先是预案的工程化。从预案设计的流程与环节看,预案工程化主要包括设计、仿真、评估、推演、训练等步骤;如果从预案设计成果或者预案成熟度看,预案工程化过程中可以得到不同粒度、不同成熟度、不同用度的四种预案。通过设计环节,获得"基本预案";通过仿真、评估、优化等环节,获得"优化预案";通过推演、训练、再优化环节,获得"实施预案";通过实装应用,获得"执行预案"。预案的粒度越来越细,边界条件越来越明,针对性与可操作性越来越强,自动化与智能化的程度越来越高。

一是要制作合理可行的、能完成任务的基本预案或者初级预案,生成基本预案库。基本预案制作具体流程如图 1.25 所示,首先需要分析敌情我情,主要包括作战任务理解、空中目标猜测、战场环境分析、雷达装备部署等环节;再依据假设情况进行组网体系探测预案的制作、效能静态仿真、对比评估、归纳基本预案使用条件等环节;按照"料敌从宽、预己从严"的原则,逐一改变任务、目标、环境、装备等可能出现的情况,依次改变边界条件再进行"制作—评估—归纳

(DES)"的循环,形成分层分类的、较为完备的基本预案库。基本预案通常会有较宽的适应性,是一个集合。基本预案制作要点是流程合理可行、五要素考虑齐全、适应性较宽等。

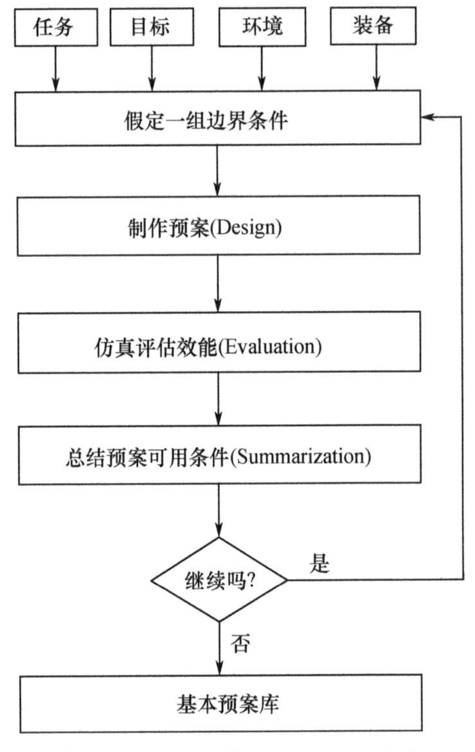

图 1.25 基本预案制作的 DES 流程

二是按照边界条件对基本预案进行优化,或者说针对性细化,获得针对性较强的优化预案,生成优化预案库。优化条件可有多种多样,从性能代价比最好的视角,主要包括任务完成最好、效能最大,探测资源改变最少、实施最简单,探测资源消耗最少、动用作战力量最少等。优化预案有较强的理论与方法指导意义,在实际作战环境中,变化因素太多,所以在优化预案的基础上,转化出一批与优化预案较为接近的次优预案更加有用,作为优化预案的备选,满足指战员在实战中调整选择之用。

三是用模拟器和实装对优化预案进行推演训练,获得实施预案,生成实施预案库。探测资源优化管控预案的控制对象主要是各组网雷达的模式和参数等,所以用模拟器和实装对优化预案进行推演训练显得特别重要,既可检验各组网雷达探测资源的控制的实时性与配合的协同性,也可检验指挥员与各组网雷达的交互性和熟练性。实装预案针对了给定的雷达数量、部署条件、可控资源,而且通过了各级指战员的熟练训练,属于战前预案准备的最后阶段。

四是由指挥员依据临战前对敌情我情的研判决策,从实施预案库中选择一种预案,生成执行预案。在指挥员监督下由雷达装备执行,预案执行可以分成指挥员在回路与指挥员不在回路两种情况。如果在实施过程中,达到了预期的作战效能,则照此预案继续执行,直至任务完成;如果在实施过程中,没有达到预期的作战效能,则再由指挥员对实施预案进行微调(在可能范围内的调整预案),直至满足作战效能为止。

此外,作为预案的管理,采用分类分层分组的方法,逐步细化预案粒度,可按照用途或边界条件,设计成专题预案库、专题预案集合、预案个体等,便于管理、对比与使用。

1.5.4　实现探测资源优化管控对组网设计的要求

对组网体系探测资源进行优化管控的目标非常明确,就是要把有限的组网探测资源用来匹配可能出现的空中目标、战场环境及其变化,高质量完成下达的预警监视任务,提供优质预警情报,而且所开支的探测资源越少越好,体系探测效能与探测资源比越大越好,即“绿色探测”理念。

雷达组网系统的灵活性设计直接影响体系资源优化管控的实现及其效能。一方面,雷达组网系统的灵活性越好,能灵活适应目标与环境的能力越强,实现匹配探测的可能性越大,组网探测作战效能可能越高;另一方面,各组网雷达本身可控的探测资源越多,可组合出的探测预案自由度越大。所以灵活性设计思想不仅应贯穿于雷达组网系统论证和研制的始终,而且贯穿于组网雷达论证和研制的始终,使雷达组网系统在作战使用、组网雷达选择与部署、雷达工作模式和参数设置、通信网络构建和可扩展性方面都具有较好的作战灵活性,支持体系资源优化管控的实现。

1.5.4.1　探测资源管控预案设计灵活性要求

体系探测资源优化管控的实现不单单是组网装备设计研制的事,与指战员耦合度较大,对指战员的依赖与技术要求较高,需求指战员紧密结合装备技术与作战使用,这不仅对指战员提出了较高的战技紧密融合要求与体系作战素养,而且要求雷达组网系统的探测资源优化管控预案设计有较好的灵活性。

首先,利用雷达组网内设的模拟作战环境,进行探测资源优化管控预案与策略的设计、仿真、评估、推演等实验环节,检验预案与策略的缺陷,预测预案与策略效果,进一步明确预案与策略的边界条件,优选可实用的预案与策略,甚至创新体系探测战法。所以雷达组网系统灵活性设计要满足能进行推导式研究探测资源优化管控预案设计的功能。

第二,根据作战任务,能灵活优化使用网内多种资源,为指挥员掌握整个组网区域的情况、确定组网探测方案、快速下达作战命令和分析判断空中情况等方面提供决策支持。战前,通过对雷达的优化部署和探测模式的设计,为发挥系统整体探测效能奠定基础。战中,在对雷达工作状态、通信链路状态、空情监视的基础上,实时评估探测能力,并结合作战任务,实时控制雷达模式和参数、信息融合算法和参数、通信网络的链路和传输速率,实现组网资源使用战法灵活应用与创新,以获得最佳的体系探测效能,为雷达兵网络化、数字化作战提供灵活的战术运用中心,实现雷达兵组网战术和技术的紧密融合。所以雷达组网系统灵活性设计要满足时间探测作战和辅助指挥决策的要求。

1.5.4.2 系统工作方式灵活性要求

(1) 软硬件设计灵活性。组网融控中心通常采用“服务器 + 多终端”的结构,服务器双机集群、网络冗余、多个显控台的互为备份的高可靠性设计。每个显控席位在硬件设备与软件功能上设计成为相同的全功能席位,使用时可按功能和操作人员在作战过程中的职责,启动不同的功能模块来区分席位功能。应用软件模块,特别是作战使用模块和数据库具有方便的扩充接口。整个应用软件可方便地维护、升级和移植。

(2) 多种信息融合方式一体化设计的灵活性。针对不同作战任务、不同雷达的性能,将点迹融合、航迹融合、干扰源定位、点/航迹混合融合和选主站方式等多种融合方式汇集于一体,根据雷达的实际情况和作战任务选择,满足各种雷达信息的接入。

(3) 信息输出格式和方式的灵活性。组网融控中心输入和输出信息格式要以指定的国军标为主体,还能兼顾其他多种传感器传输格式。要采用开放式技术体系结构,具有接入多军兵种、多级别、多类型的传感器的能力,输出情报按需分发。

(4) 人机工效灵活性。雷达组网系统的人机工效设计是作战过程中的人的要素得以充分发挥的重要保证,应做好人 - 装备 - 环境三者的和谐一致,协调统一,使雷达组网系统成为一个有效运转的整体。雷达组网系统人机工效主要包括操作、视觉、听觉、环境等方面。在作战过程中,指战员需要通过频繁的操作来实现对显示界面的干预。由于组网融控中心大多是鼠标、键盘、开关等低力量、小范围操作,其人机交互设计的重点既要考虑操作的可达性、简便性、安全性、容错性与负荷强度,还要考虑自定义的灵活性。

(5) 组网雷达接入的灵活性。无论是整体机动,还是半机动或固定式组网工作方式,对不同功能、不同体制、不同频段的雷达都能组网。只要在处理容量范围内,雷达接入的数量是灵活可变的,接入的可以是机动雷达,也可以是固定站雷达,也可扩展接入气球载、无源等多种体制雷达信息,能较好地适应不同作战需求。

(6) 通信网络结构灵活性。以多种通信手段构建混合通信网络,适应战场不同通信环境。光纤通信是雷达组网的最佳、最常用的通信手段,通常组网融控中心位于光纤网的节点,各雷达站位于光纤的端点,逐步实行栅格式组网方式。无线数据通信通常采用散射、微波、超短波与短波相结合的方式。微波是组网融控中心与光纤接入点的通信手段;散射是机动通信的主要手段;超短波与短波是应急通信手段。可视指定地区的实际情况选配。

(7) 系统配置使用灵活性。雷达组网系统依托自带的通信设备,能整体机动到指定地区实施机动组网。根据部队作战需求,方舱数量依据系统规模可选配。此外,整体机动式可派生出半机动式与固定式组网工作方式。

1.5.4.3 组网雷达监控灵活性要求

从指战员对探测预案设计和实施视角看,组网融控中心对组网雷达的监控越精细越好、越实时越好、越灵活越好。但“精细、实时、灵活”之间存在矛盾,需要折中。要研制技术体制先进、体系探测效能高、作战使用便捷的新一代雷达组网系统:第一,组网融合中心与组网雷达必须一体化总体设计,有较强的灵活性,满足探测资源优化管控的总体需求;第二,组网雷达可控的探测资源必须分类分级,直至最小可控单元,满足雷达组网系统承担不同探测任务对资源分类分级管控的要求,至少满足 1.5.2 节提到的两级管控的要求。

1.6 雷达组网试验评估特性

雷达组网系统的静态效能与工作时动态探测效能都是一种体系效能,所以雷达组网试验评估的最大特性就是体系性,它既不同于单雷达的探测效能,又与参加组网的雷达性能和使用有密切的关系。采用什么样的试验评估技术来描述、建模、仿真、试验、分析、评估雷达组网的体系探测效能,是本书的另一个重点,将在第 6 章聚焦描述体系性能与效能的核心指标,在第 7 章提出分析雷达组网体系探测效能的建模与仿真方法,在第 8 章提出检验雷达组网体系探测效能的试验评估方法与流程。本节对雷达组网体系探测效能特殊性作一个概略描述,为后续奠定基础。

1.6.1 对体系探测性能与效能指标的理解

雷达组网探测系统,展开说它是一个由多雷达通过组网构成的体系级预警探测系统。作为探测系统,与单雷达一样,首要的能力是要看得远、测得准、辨得清、识得明,也就是体系探测能力指标。所以第一大类体系探测效能指标仍然是探测能力，主要包括能探测对象、距离、范围、空域等能力指标。第二大类体系探测效能指标是情报质量，主要包括精度、数据率、分辨力、连续性、时效性、可信度等能力指标。第三大类体系探测效能指标是抗复杂电子干扰能力，主要包括复杂电子干扰条件下的探测能力与情报质量指标。

此外，作为组网系统，它还是一个具有灵活性、智能化、探测资源优化管控等特性的闭环控制系统，也是一个多传感器探测信息集中融合处理系统。需要有表达探测资源优化管控与信息处理能力指标，也就是支持或者提升体系探测的能力指标。支持体系探测的第一大类指标是灵活的组网能力，主要包括组网对象、方式和数量等能力指标；适应不同空中目标、作战环境、完成多种任务的能力指标；作战使用方式的能力指标。支持体系探测的第二大类指标是探测资源优化管控预案工程化能力，主要包括探测资源优化管控预案设计、仿真、评估、推演和训练等能力；探测资源优化管控的内容、方式和灵活性等能力。支持体系探测的第三大类指标是信息处理能力，主要包括信息处理对象、方式和数量等；情报信息接收、分发、存储、重演和显示等能力。

需要特别注意的是描述体系探测效能的指标与单雷达会有不同的定义、条件和模型，也需要不同建模、模拟仿真、实装试验、评估的方法。本书将重点聚焦表达雷达组网体系探测效能指标的描述、建模、仿真、试验与评估，适当兼顾支持体系探测指标的描述、建模、仿真、试验与评估，这些将在第6、7、8章分别论述。

1.6.2 对体系探测效能建模仿真的理解

在1.3节中描述了雷达组网体系探测效能的“五要素”，讨论了体系探测效能——“情报”与其他“四要素（目标、环境、装备、人员）”之间的相互关系。在上一节描述体系探测效能指标特殊性的基础上，体系探测效能模型特殊性体现在以下几方面：

（1）要素模型必须被明确量化。参加雷达组网系统的雷达通常有多种型号，要探测的空中目标会有多种类型，要面临的环境肯定较为复杂，指挥员采用的战法可能多种多样，要准确描述雷达组网的体系探测效能首先必须建立量化的“目标、环境、装备、人员”四要素模型。到目前为止，要准确、全面、简化地描述“目标、环境、装备、人员”四要素仿真模型仍然需要深化研究。但影响雷达组网体系探测效能的主要因素必须理清。

（2）体系探测效能必须细化为具体指标。雷达组网系统的核心功能是从源头获得优质的探测情报。换句话说，情报质量是雷达组网的体系探测效能的综合表现。所以“情报”必须被分类分层分解成能用公式量化表述与试验考核的具体指标，如不同条件下的三维探测精度、数据率、连续性、探测范围等；再把情报的具体指标用量化模型来表达，并明确边界条件，实现体系探测效能的建模。

(3) 支持体系探测的军事概念必须被建模。在雷达组网系统中,最显著、最有用、最新型的军事概念是体系探测资源优化管控,体现雷达组网系统探测资源分配的灵活性、探测资源作用的协同性、探测资源使用的优化性、探测资源调整的多样性、探测资源控制的实时性。建立好组网体系探测资源优化管控模型不同于单传感器,具有特殊性。

(4) 体系探测效能静态与动态仿真。体系探测效能仿真是分析给定目标、环境、装备、预案等条件下的探测情报质量,可分成静态与动态仿真两种形式。静态体系探测效能仿真是以一组组"目标、环境、装备、预案"为静态条件输入,模拟"指挥员不在回路"的作战过程,指挥员不调整探测资源预案,仿真分析预案不变的体系探测效能。静态体系探测效能仿真将会产生大量的仿真结果,有利于多种条件下结果比较,从中粗选出相对有效的探测资源优化管控预案。体系探测效能动态仿真是"目标、环境、装备、人员(预案)"边界条件连续变化,模拟"指挥员在回路"的作战过程,而且指挥员可实时调整资源预案。它是静态体系探测效能仿真的连续动作,实际上是整个探测过程的连续仿真,是对组网体系探测资源优化管控预案的模拟推演训练。这样的仿真推演需要一个针对雷达组网的体系探测效能推演训练系统,主要来模拟检验多种条件下雷达组网体系探测效能,是实装训练的前提。

(5) 体系探测效能动态评估。体系探测效能动态评估是实装试验与实际应用中的一个重要环节,是指挥员预案调整决策重要基础之一。针对实装试验系统给定的目标、环境、装备、预案等应用场景,实际探测效能是否达到给定的情报要求,需要动态评估情报质量。动态情报质量评估也要求快速、准确、全面,但不能要求精益求精。实际上,动态评估可充分利用仿真的模型、思路和部分结果。

(6) 螺旋发展。组网体系探测效能指标描述与模型的复杂性,带来了体系探测效能仿真的复杂性,需要坚持螺旋发展的思路与原则,按照分阶段、分层次、分目标、分环境、分装备等步骤,由简到繁、有单到全逐步进行建模仿真。首先在理论上要厘清体系探测效能仿真的指标、模型、边界条件的对应关系;在仿真平台上要具备"目标、环境、装备、人员(预案)"四要素的变化设置功能;在仿真实施时,由于变化因素太多,要掌握边界条件变化设置的规律性与渐变特性;在仿真结果分析整理方面,要分类分层,做到条理清楚。

1.6.3 对体系探测效能试验评估的理解

前面已经描述了雷达组网体系探测效能指标与模型的特殊性,自然也就带来了试验评估的特殊性。试验特殊性主要体现在体系探测效能与支持体系探测能力指标两方面。

雷达组网体系探测效能试验特殊性主要体现在"提高量"的试验上[16]。雷达组网系统由参加组网的多部雷达“组”成,在一般层面可理解为“多探测资源换体系效能”的探测系统,把单雷达“探测不好”的空中目标通过雷达组网把它“探测好”,由此来提升探测能力。换句话说,就是通过雷达组网来提高发现概率、探测精度、抗复杂电子干扰等能力。评估雷达组网“探测好”的体系探测效能,自然采用“对比法”,对比单雷达与雷达组网两者之间的探测效能的差别,试验就是把雷达组网的“提高量”或者“增长量”表达出来。

支持体系探测能力指标的试验,实际上是检验体系探测资源优化管控预案工程化与软件程度,主要包括组网体系探测资源分配的灵活性、组网体系探测资源作用的协同性、组网体系探测资源使用的优化性、组网体系探测资源调整的多样性、组网体系探测资源控制的实时性。换句话说,要检验组网体系探测资源优化管控预案的完备性、可用性、有效性等。使其雷达组网系统具备资源自调控能力、灵活变化能力、柔软适应能力等。这是早期单雷达设计定型中所没有的。

无论如何,效能试验需要搭建一个雷达组网的实验系统,要部署多部组网雷达、构建网络、设置电子环境、制作体系探测资源优化管控预案、设计目标机飞行航线、记录分析所有组网雷达与组网系统的试验数据。工作量往往是单雷达试验的多倍,试验难度较大。

1.7 有关界定与说明

本书研究重点是雷达组网所需要的若干关键技术,在研究过程中需要对有关概念进行必要的限定与说明。如果没有特别说明,以下文中“目标”是指空中非合作特种军用目标,如作战飞机、巡航导弹、低慢小无人机等,是雷达组网探测系统的预警对象;“雷达”或“组网雷达”是指地面对空情报雷达,参加组网的单雷达;“雷达组网系统”是指地面对空情报雷达集群的组网探测系统,是本书的研究对象;“资源”是指雷达组网系统内部所有组网雷达的探测资源之和;“实验系统”是指雷达组网的实验验证系统,用来验证雷达组网技术体制和性能,试验雷达组网系统的效能;“组网融控中心”是指雷达组网系统的一个分系统,是实现雷达组网探测资源优化管控与点迹集中融合的中心;“探测资源”“组网探测资源”或“体系探测资源”是指雷达组网系统内部所有的探测资源之和,包括每个组网雷达工作模式和工作参数,如频率、功率、信号、极化,等等;“预案”是指雷达组网体系探测资源优化管控预案;“匹配探测”是指雷达组网系统探测资源匹配目标和环境的探测;“闭环控制过程”是指组网融控中心对体系探测资源优化设计、全面监视、实时控制调整的全过程;“体系探测效能”是指雷达组网系统的整体探测效能,是本书研究的出发点,以获得最大体系探测效能为牵引。其他概念的定义及其说明在书中有详细描述。

参考文献

[1] Mirkin M I, SchwarRz C E, Spoerri S. Automated Tracking With Netted Ground Surveillance Radars[C]. Washington, D. C.: IEEE International Radar Conference, April 1980.

[2] Knittel G H, Spoerri S, Morse G B. The Netted Radar Demonstration at Fort Sill. Oklahoma [C]. Washington, D. C.:IEEE 1981 EASCON:79 - 88.

[3] Farina A, Studer F A. Radar data processing (Vol. 1、II)[M]. England:Research Studies Press LTD. 1985.

[4] GJB 4429—2002. 军用雷达术语[M]. 北京:总装备部军标出版发行部出版,2003.

[5] 贾玉贵. 现代对空情报雷达[M]. 北京:国防工业出版社,2004.

[6] 王国玉,等. 雷达电子战系统数学仿真与评估[M]. 北京:国防工业出版社, 2004.

[7] 丁建江,等. 基于点迹融合与实时控制的雷达组网系统总体设计[J]. 军事运筹与系统工程. 2009,23(2):21 - 24.

[8] 陈永光. 组网雷达作战能力分析与评估[M]. 北京:国防工业出版社, 2006.

[9] 552ND Air Control Wing. Control and Reporting Center (CRC). 2016,http://www.552acw.acc.af.mil/Library/.

[10] U. S. Air Force, Operating Procedures: Control and Reporting Center (CRC)[M]. Columbus: BiblioGov, 2012.

[11] Department of the Air Force, Control and Reporting Center(CRC) - Training. 2015,www.e - Publishing. af. mil.

[12] LauraBalch. US Air Force CRC operates for first time in Poland. 2014,http://www.usafe.af. mil/.

[13] Johns Hopkins Applied Physics Laboratory. The Cooperative Engagement Capability[J]. Johns Hopkins APL Technical Digest,1995,16(4):377 - 396.

[14] 吴顺君,梅晓春. 雷达信号处理与数据处理技术[M]. 北京:电子工业出版社,2008.

[15] 郦能敬. 对空情报雷达的测量精度分析[J]. 雷达科学技术,2005,3(1):1 - 9.

[16] 丁建江,等. 雷达组网系统试验考核[J]. 系统工程与电子技术,2009,31(10):2422 - 2425.

第②章 获得雷达组网体系效能的技术机理

本章从网络中心战[1-3](NCW)理论“多域融一”的核心思想出发,揭示雷达组网系统获得最大体系探测效能的技术机理及其所需要的战技条件。在简要介绍 NCW、“域”、“多域融一”等概念、含义、作用、相互关系等内容的基础上,论述在雷达组网系统中通过“预案、控制、融合”闭环工程实现“多域融一”的方法与技术途径;再分别针对组网能提高发现概率、探测精度、抗电子干扰三种典型的基本能力,以“技术机理描述—实例验证—资源管控要求与方法”的思路,揭示雷达组网获得最大体系探测效能的技术机理与所需要的战技条件;最后总结提高雷达组网系统综合探测能力的技术机理。本章论述重点是用“预案”来表达和设计“多域融一”,用“控制”与“融合”来实现“多域融一”。

2.1 NCW 的多域融一

在 NCW 理论中,为了理解信息如何影响履行军事行动的能力,早期把作战体系分成了三个域,即“物理域、信息域、认知域”,后来发展成四个域,即“物理域、信息域、认知域/社会域”。若要使作战体系产生最大的作战效能,必须要求每个域紧密协同,无缝链接。所以本节研究“多域融一”技术途径及其在雷达组网系统的应用。

2.1.1 NCW 的基本概念与发展

NCW 是信息时代产生的新型战争样式,不仅深刻地改变着美军的文化观念、组织结构、作战理论和装备建设,而且也深刻影响着世界军事变革。NCW 的基本概念是指利用由探测器网、交战网和信息传输网组成的一体化、数字化网络,把地理上分散的各作战部队、探测器和武器系统联系在一起,在统一指挥下的联合作战。探测器网把所有情报侦察系统、预警监视系统的各种探测器联系起来,把它们所得到的数据加以融合,实时提供完整的战场空间态势信息;交战网连接各种武器系统。探测网和交战网通过信息传输网联系起来,实现信息共享、实时掌握战场态势,缩短“观察 - 判断 - 决策 - 行动”(OODA)的时间,可提高指挥效率和协同作战能力,以便对敌方实施快速、精确、连续的打击。

NCW 理论和技术的核心思想是“多域融一”,其实质是使各作战力量达到高度灵活性,实现整体协同,提升整体的作战效能。这种在广阔空间实现高度同步的联合作战思想,正是雷达组网融控中心对异地部署雷达实时协同控制的应用,是雷达组网系统产生体系探测效能的理论基础,是获得雷达组网系统最大体系探测效能的技术源泉。

NCW 概念由美国海军首先提出,后来逐渐发展成为美国陆、海、空三军普遍接受的作战理论,其发展过程大致可以分为三个阶段[4]。

一是海军内部研讨阶段。1997 年 4 月,美国海军作战部长杰伊·约翰逊海军上将在美国海军学会年会上发言,正式提出 NCW 理论,并称“网络中心战”是近 200 年来军事领域最重要的变革。1998 年 1 月,美国海军军事学院院长阿瑟·塞布罗斯基海军中将发表题为《网络中心战:起源与未来》的论文,成为网络中心战理论的奠基之作。随后,美国海军内部对该理论进行了广泛和深入的讨论,引起了美国国防部和其他军种的高度重视。

二是全军达成共识阶段。2001 年 7 月,美国国防部向国会提交《网络中心战》报告,强调“NCW 应成为美国国防力量转型战略规划的基石”,标志着国防部正式接受了 NCW 理论。2003 年 11 月,美国陆、海、空三军发布《转型路线图》,从验证军事转型方向和效果等角度,总结了伊拉克战争的经验教训,认为伊拉克战争表明 NCW 具有巨大的潜力。同月,美国国防部部队转型办公室颁发《军事转型战略途径》,首次提出 NCW 是美军新的战争方式,确定美军应以此作为统一美军建设和作战理论发展的指导思想。2004 年 1 月,美国国防部颁布《NCW:创造决定性作战优势》和《NCW 实施纲要》,将发展和建设 NCW 能力作为统揽军事转型的整体框架和中心环节。

三是全面发展阶段。2005 年 5 月,美国国防部发布第 5144.1 号指令,规定由负责网络与信息一体化的助理国防部长兼任国防部首席信息官统管 NCW 建设的指导、监督与管理。2005 年 3 月的《美国国防战略》和 2006 年 2 月出台的《四年一度防务评审》报告都重申了 NCW 的战略地位。2006 年 10 月,美国国防部负责网络与信息一体化的助理部长兼首席信息官格里姆斯签发了《国防部首席信息官战略计划》,标志着美军 NCW 建设进入全面发展阶段。

2.1.2　域的概念

准确理解物理域、信息域、认知域/社会域及其相互关系,是进一步理解雷达组网体系探测效能的基础。

物理域概念。物理域是 NCW 中各种有形资源及作战对象、作战环境等客观存在的事物赖以存在的空间,客观存在的事物不仅包括作战双方的作战体系(信息化部队、武器平台及网格化的信息基础设施、战场感知系统、指挥控制系统和火力打击系统等),而且包括交战双方的作战行动(兵力机动、目标打击、自我防护和战地后勤等),同时还包括 NCW 的战场环境(军事环境、社会环境、自然环境等)。

在预警系统中,物理域是各类预警装备和连接物理平台的各种通信、计算机网络所在的领域,也可延伸到指挥控制系统以及火力打击系统。在物理域中,各预警装备通过网络进行无缝隙、可靠的连接,即把组网的预警装备与各级指战员互联成一个保密、无缝隙的有机整体,充分实现信息共享及互操作。

信息域概念。信息域是信息活动所涉及的领域,涵盖了 NCW 各模块中与信息的产生、传输、处理、共享及防护等过程有关的一切活动,如战场感知网络的战场态势信息、感知任务分配指令,指挥控制网络的作战指挥控制指令,火力打击网络的火力打击指令、打击效果反馈等信息。此外,指战员之间的信息交流、指战员对战场及外部世界的信息均来源于与信息域的相互作用。换言之,信息域是 NCW 中与作战有关的各种信息赖以产生、获取、传递、处理、分发、存储、共享和利用的空间,是促进指战员之间信息交流的领域,是现代军队相互传输指挥控制,传达指挥官作战意图的领域。

信息是客观事物的存在方式和运动状态以及这种方式和状态的直接和间接的表述,NCW 的作战信息包括敌方信息、我方信息和战场环境信息等,从层次上划分包括原始数据、有用信息和相关知识等。在争取信息优势的斗争中,信息域是斗争的焦点,强调通过网络实现信息共享并取得信息优势,网内各作战部队具有信息共享、存取和保护等方面的能力,并通过数据融合和分析等过程取得并进一步增强信息优势。

认知域概念。早期认知域与社会域是一个概念,后来逐步细分成认知域与社会域,两者的差别较小,实际上是从不同视角看问题。认知域是指战员和支援人员的意识领域。认知域存在于指战员头脑中,是一个无形的领域,涉及指挥员的理念、知识、思想、认知等,包括领导能力、指挥意图、部队士气、部队凝聚力、训练水平、作战指挥经验和水平、态势感知以及条令、战术、技术和程序等因素。在认知域内,强调通过网络实现指战员对战场态势的全透明感知能力,理解和共享指挥意图以及对自己的作战行动进行自我调节的能力。在 NCW 的体系结构里,认知域主要涵盖了所有与指战员特别是指挥员的意识、思想有关的活动,它受到指战员的个人世界观、价值观、作战经验、训练能力及综合素质的影响。尽管可以通过训练、交流及各种研讨会的形式统一指战员尤其是指挥人员的认知活动,但个体的差异肯定会存在。所以,认知域属性的测量极其困难,每一个子域(每一个人的思想)都是独特的。

社会域概念。社会域主要描述人与社会的关系。在个人认知的基础上，人与人之间需要交互，信息需要交互、需要共享感知和理解，决策需要协同，这些带有社会属性的认知都属于社会域。认知活动从本质上说是个体行为，是独立进行的，发生在每个指战员的头脑中；而共享决策，即从共享感知到共同理解再到协同决策的过程，可以看成是一个社会认知活动。在此过程中，个体认知活动直接受到社会交流的影响，反之亦然。所以，认知域与社会域相互高度依存，必须放在一起理解。在体系作战中，社会域是认知域发展的必然结果，个人认知是社会认知的基础。

2.1.3　从域的功能看域的相互关系

从 NCW 产生体系探测效能看，物理域是体系探测效能的发生地，是基础设施和信息系统得以存在之领域；信息域是信息生成、受控和共享的领域；认知域是感觉、认识、信念和价值存在的领域，是根据理性认识进行决策的领域；社会域是武装力量实体内部和它们之间进行一系列交互、交流的领域。图 2.1 给出了物理域、信息域、认知域与社会域的相互关系。

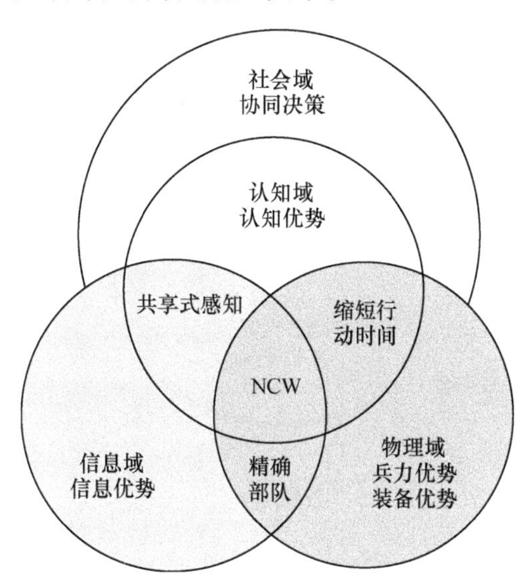

图 2.1　物理域、信息域、认知域与社会域的相互关系

在物理域中，借助信息域和认知域的支持而实施主导机动、精确打击、全维防护和聚焦后勤等作战行动，从而获得交战优势。在信息域中，借助物理域和认知域的支持而获取信息、共享信息和利用信息，进而获得信息优势并为发挥决策优势创造条件。在认知域与社会域中，借助信息与和物理域的支持而进行快速决策、分布式决策和协同决策，进而获得决策优势并适时地将决策优势转化为交

战优势。

各个域的交叠部分产生新的战斗力，共享感知发生在信息域与认知域的重叠部分，促进战术创新；物理域与信息域交叠产生精确部队，对预警探测系统就产生优质情报；物理域与认知域重叠产生时间压缩，促进协同与同步，实现体系作战。需要注意的是，在物理域、信息域、认知域和社会域这四维活动空间中，认知域和社会域是最难以把握的，也是最容易被误解的。认知域和社会域是NCW体系作战中各指挥控制节点的各级各类指挥人员赖以发挥才智、施展能力、进行创新思维和实施高效指挥的空间，指挥人员的思维活动包括信息感知、态势理解、知识利用和指挥决策等，并以整体素质、作战经验、指挥能力等为基础，以高性能信息网络提供的智能化决策支持功能为辅助手段。

雷达组网体系探测是NCW"多域融一"理念和思想的一种工程化应用，应用原理如图2.2所示。要发挥雷达组网系统的体系探测效能，必须实现多域自觉、紧密、无缝地融合。也就是说，获得、发挥和挖掘雷达组网系统具备的体系抗复杂电子干扰能力、非合作目标集群探测能力、优质引导情报保障能力是需要一定条件的。雷达组网系统在物理域为雷达兵作战提供的仅仅是一个技术平台，是一个具备雷达兵体系作战条件的技术框架，需要指战员在认知域运用雷达兵体系作战理念和思想，设计出探测资源优化管控预案，工程化应用到雷达组网系统中，实现体系作战技术与战术紧密融合，才能在信息域获得信息优势。

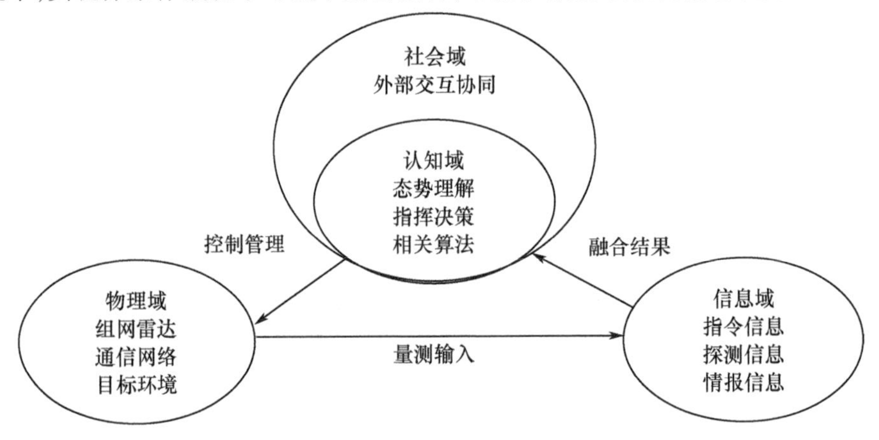

图2.2 "多域融一"在雷达组网系统中应用原理

具体说，就是指战员要根据作战任务、战场环境与多雷达探测资源，要优化控制各雷达的工作模式和参数，才能发挥雷达组网系统的体系探测效能或者挖掘雷达组网系统的体系作战潜能，实现从单雷达到体系探测的转变。

针对雷达组网系统，图2.3清楚表达了物理域、信息域、认知域/社会域"多域融一"与体系探测效能的关系。在认知域和社会域，要求指战员从单雷达探测模式向体系探测转变,充分发挥体系探测的主观能动性,依据作战任务、具备装备和战场环境等,设计制作多种探测资源管控预案,并在战中实时调整好探测资源,使组网体系探测资源与空中目标环境匹配,实现匹配探测。在物理域,首先要准备充足和合适的探测资源,第二要充分发挥具体雷达装备探测资源优势,通过预案对其进行实时控制,实现多雷达协同工作,尽可能获得目标有用的回波信息。在信息域,首先要有合适的融合算法资源,具备尽可能提取目标有用信息的条件,第二要合理选择融合算法与参数设置,完成多雷达点迹融合,输出综合情报,在规定的时间内,发送到所需要的用户。在实际应用中,指战员首先要在认知域和社会域设计探测资源优化管控预案,再在预警装备物理域实现探测资源优化控制,然后在组网融控中心信息域实现点迹融合,多域融合越紧密,挖掘的体系探测潜能越有可能,产生的体系探测效能越大。

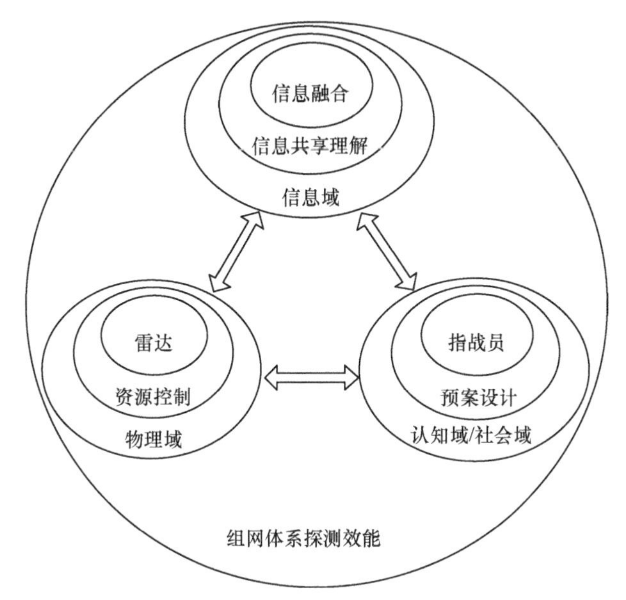

图 2.3 “指战员 - 雷达 - 信息融合”三者与探测效能的关系

所以,在雷达组网系统总体论证与设计时[5],必须为“多域融一”尽可能地创造条件,特别是软件设计要为体系探测预案制定、探测资源控制命令生成、综合情报态势共享理解提供方便的接口界面、操作流程与数据库等。在雷达组网系统作战使用时,必须全面处理好“指战员 - 雷达 - 信息融合”三者的关系,三者之间关系越紧密,越有可能挖掘更大作战潜能,产生的作战效能越大。

2.1.4 从作战关系看域的相互作用

美军在 NCW 实践活动中,从作战关系总结了如图 2.4 所示的不同域相互关系，NCW 作战理论主张以网络为中心来思考和处理作战问题[2]，通过所有作战要素网络化，力求取得物理域、信息域、认知域/社会域的全面优势。

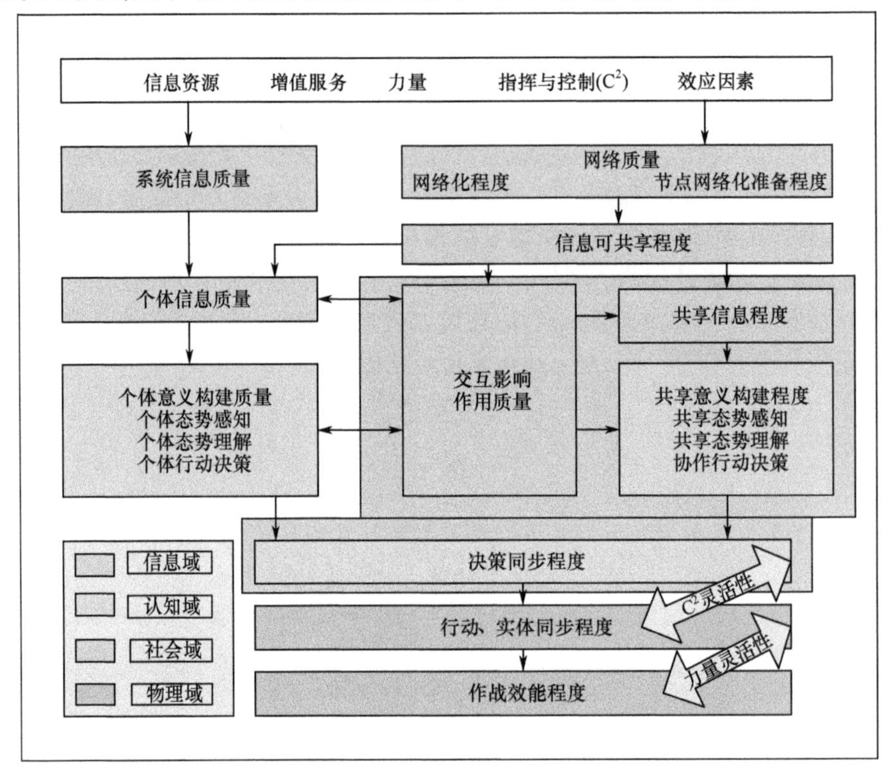

图 2.4　从作战关系看域的相互关系

物理域是作战体系中的各种物理中心、终端和平台以及连接它们的各种网络所存在的陆、海、空、天有形空间，也是多种作战力量实施机动、打击、保护等活动的空间。信息域是创造、收集、处理、传输、共享信息的领域，是争取信息优势的关键领域，也是促进指战员间信息交流的领域。认知域存在于参战人员的思想中，既包括知觉、感知、理解及据此做出的决策，也涉及军事领导才能、部队士气与凝聚力、训练水平与作战经验、态势感知能力等。社会域是人们交流互动、交换信息、相互影响、达成共识的群体活动空间，涉及文化、信仰、价值观等。

在作战体系上，依托全球信息栅格，建成传感器、指挥控制和交战三大网络。传感器网络包括各种侦察卫星、侦察舰/机、陆基侦察阵地，以及具有感知能力的武器平台，把所有战略级、战役级和战术级信息融合在一起，迅速产生作战空间的态势感知能力；指挥控制网络包括“全球指挥控制系统”、“战区作战管理核心系统”、“海上联合指挥信息系统”等，对传感器网络和交战网络起支撑作用，对作战行动进行指挥控制；交战网络包括坦克、陆基导弹、作战飞机、舰艇等打击武器系统，负责对目标迅速实施打击。

在作战流程上，各作战单元以“即插即用”方式接入网络，形成“传感器—指挥中心—射手”无缝链接，缩短 OODA 的周期，提高指挥速度，加快作战节奏，最终实现“发现即摧毁”。

2.2　工程化实现多域融一思想的技术途径

上节已经叙述，NCW 理论的核心思想是“多域融一”，只有每个域资源紧密协同与信息融合，才能使体系作战更加灵活，可以面对更加复杂和变化的作战环境，提升整体的作战效能。本节的研究的重点就是回答在雷达组网系统中，如何工程化实现“多域融一”理念和思想，提升雷达组网体系探测效能。实际上，工程化实现“多域融一”就是体系预案工程化的难点，后续的论述会说明这一点。

2.2.1　多域融一是雷达组网技术体制的精髓

在 1.1.7 节已描述，雷达组网系统的技术体制特点是“探测资源闭环控制 + 点迹信息集中融合”。这个技术体制的来源，或者说精髓就是“多域融一”。工程化实现“多域融一”是设计、研制和使用雷达组网系统的最大技术难点。我们可以从“多域融一”与五要素来进一步理解雷达组网的技术体制特点。

第一，是从 NCW 物理域、信息域、认知域/社会域、“多域融一”的体系探测理念看，图 2.5 给出了“多域融一”体系探测理念在雷达组网系统中应用原理。

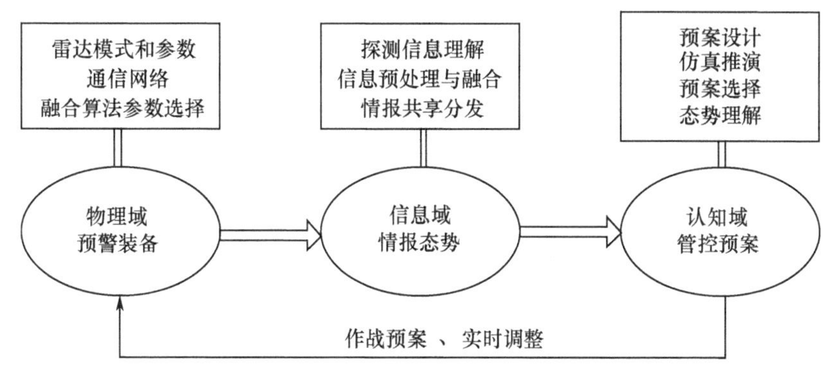

图 2.5　从 NCW“多域融一”看体系探测理念在雷达组网系统中工程化应用

在物理域包括各组网雷达、通信网络、组网融控中心等设备，对应的可控资源包括装备工作模式、参数、技术状态等；在信息域包括信息融合算法和参数等；在认知域包括预案的设计、仿真、推演等。物理域的探测活动、信息域的融合活动、认知域的预案设计活动构成了雷达组网体系探测的核心。在实际雷达组网系统中,资源优化控制以“动态变化中寻优、探测资源匹配目标和环境、获得最大体系探测效能”为核心思想,以“尽可能产生有用点迹、利用好有用点迹”为基础,通过点迹集中融合和探测资源实时控制两个技术途径来实现闭环控制。控制的对象是预警探测资源,控制的反馈是探测得到的综合情报,控制方式是探测资源管控预案设计、选择与实时调整。

第二,是从预警体系“情报、目标、环境、装备、人员”五要素看。图2.6给出了“多域融一”体系探测理念在雷达组网系统中应用原理。

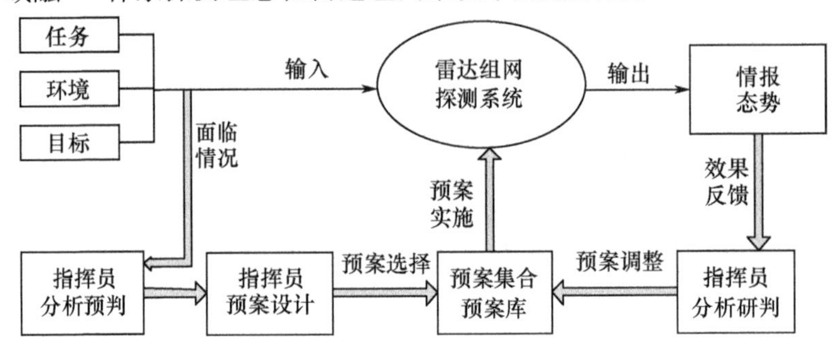

图2.6　从五要素看体系探测理念在雷达组网系统中工程化应用

首先指挥员在战前要依据作战任务、要预警的目标、可能面临的战场环境、可用的预警探测资源、已有的知识和经验,在认知域/社会域设计、仿真、推演、评估、优化预警探测资源管控预案,并在临战前基于最大可能性对所用资源探测预案进行选择决策,选择一种合适的预案进行探测。这个过程也称作战前任务规划,或者称战前筹划。这是认知域/社会域与物理域的第一次交互,指挥员把要可能面临的敌情、我情、环境等,要达到的战斗目的、作战规则、已有经验知识等综合转变成预警装备能实现的探测资源预案、策略与流程,实现指挥员想法到装备能运行的工程化转化。实际上,战前预案设计工作是长期的、复杂的与艰苦的,要把可能来袭的目标特性、作战方式、面临的环境、预警装备能力以及要完成的任务尽可能分析预测全面,这就是“料敌从宽”。针对每一种可能的情况都要设计一种预案,构成完备的、优化的、可用的预案集合,放在预案库里,供指挥员选择决策,这就是“预己从严[6]”。可以说,基于可能的情况设计多雷达协同探测预案是雷达组网系统技术体制特点的第一个表现,是实现“多域融一”理念、思想到体系探测预案工程化应用的关键第一步。

战斗开始后,被选择的探测资源预案通过控制指令控制物理域的各种探测资源(如雷达的工作模式和参数等),实现多雷达组网协同探测,使预警装备的时间、能量、模式等预警探测资源匹配于要探测的目标与面临的环境,尽可能多获得各组网雷达对目标的探测信息,尽可能少获得环境对目标的干扰信息,这一过程可以理解为物理域内部的相互作用,或者物理域获得探测信息的过程,即预警装备用高频信号激励目标和环境，转变成目标和环境的回波信息，进入信息域。在信息域，采用时空对准、误差消除、点迹相关、匹配滤波等信息处理算法对在物理域获得的点迹信息进行处理，获得组网区域的综合预警情报态势，供指挥员来共同理解态势。

这个预警情报态势综合理解过程可以认为是信息域与认知/社会域的交互，在认知域/社会域，指挥员对此探测的预警情报综合态势进行分析、评估、判断与决策。首先要评估预警情报质量，研判是否完成下达的预警任务，如果没有达到任务要求，则首先要分析考虑是否由于预案选择不够匹配，造成预警探测资源分配不够合理，探测信息获取不够全面。如果研判认为是预案不够匹配问题，就要决策调整预案与预警探测资源，反馈到物理域控制调整组网雷达的探测资源，实现匹配探测，获得最优探测效能。实际上，这个对预警情报态势理解是一个复杂的、综合的、短暂的"人在回路"的"研判—决策—调整"过程，体现指挥员的能力和智慧。更可以说，基于获得的预警情报综合态势来"研判—决策—调整"预警探测资源，是雷达组网系统技术体制特点的第二个表现，是实现和检验"多域融一"体系预案工程化的关键第二步。

战后，对整个预警作战过程中预警探测资源预案设计、选择、实施，预警探测效果评估、决策、调整等进行全面细致地讲评，包括各个预警装备的技术状态、探测效能、信息融合算法等多个环节。这是认知域/社会域对物理域与信息域的综合交互，为今后预警探测体系作战奠定基础、提供经验和案例。

这种从认知域/社会域先到物理域，依次到信息域、认知域/社会域，再闭环反馈控制物理域与信息域的动态适应过程，是实现雷达组网体系探测任务逐步最优的过程，是对体系探测感性认识到理性认识的飞跃，是雷达组网体系探测体制的技术体制哲学思想。

与单雷达探测特点相比，雷达组网体系探测的特点是：控制内容多样性与复杂性，控制实施的实时性与时序性，动态调整的针对性与适应性。换句话说，体系探测技术体制就是让体系的多种探测资源实现"优化预案、实时控制、匹配探测、动态调整"之意。按照上述对体系探测技术体制的理解，严格地说，以多部单雷达松散方式联网的传统预警探测系统就并不属于组网体系探测技术体制。

2.2.2 多域融一是挖掘雷达组网探测效能的基本条件

从上面的论述可以看到，既然雷达组网体系探测是 NCW"多域融一"理念和思想的一种工程化应用，要发挥雷达组网系统的体系探测效能，必须实现多域自觉、紧密、无缝地融合。也就是说，获得、发挥、提升和挖掘雷达组网系统具备的体系抗复杂电子干扰能力、非合作目标集群探测能力、优质引导情报保障能力是需要一定条件的。雷达组网系统在物理域为雷达兵作战提供的仅仅是一个技术平台,是一个具备雷达兵体系作战条件的技术框架,需要指战员在认知域运用雷达兵体系作战理念和思想,设计出探测资源优化管控预案,工程化应用到雷达组网系统中,实现体系作战技术与战术紧密融合,才能在信息域获得信息优势。

所以,要获得和挖掘雷达组网系统的体系探测效能,就必须保障和创造如下基本条件。

(1) 战前深入研究敌方空中目标特性与作战方式,并全面预测与准确研判战中可能的变化过程,是雷达组网系统探测资源匹配目标的前提,也是提高雷达组网体系探测效能的第一个基础条件。

(2) 实时感知与分析面临的探测环境及其可能的变化,是雷达组网系统探测资源匹配环境的前提,也是提高雷达组网体系探测效能的第二个基础条件。

(3) 全面理解针对复杂环境与各种目标的探测信息,是雷达组网点迹数据融合算法选择与参数设置调整的基础,也是提高雷达组网体系探测效能的第三个基础条件。

(4) 在理解各种组网雷达探测信息的基础上,实现集中式点迹数据融合,是提高雷达组网体系探测效能的必要技术条件。

(5) 全面监视雷达组网系统可用与可控的各种探测资源,依据探测任务,针对目标特性与探测环境的变化,战前全面准备探测资源优化管控预案,在战中对探测资源实施优化与闭环控制,实现对目标的匹配探测,是雷达组网系统实现体系探测与提高体系探测效能的首要条件,也是雷达组网系统的核心技术。

(6) 多域紧密铰链融合,雷达组网系统实现从多雷达体系探测理念、到体系探测资源管控预案设计、再到体系探测资源管控方案实施、最后到探测信息集中融合等多方面的自觉同步调整,既是体系探测的创新理念,也是体系作战理论[7]在预警探测领域的实现与应用,更是最优发挥与挖掘雷达组网系统体系探测效能的第四个基础条件。

2.2.3 工程化实现多域融一的基本流程

“多域融一”是基于 NCW 的一种典型理念和思想,如何在雷达组网系统中工程化实现,图 2.7 给出了实现“多域融一”的总体流程与主要环节示意图。

在图 2.7 中,虚框最上边一行是时间顺序,中间大行是主要环节与内容,虚框最下边一行是实施流程后的成果形式。总的流程是“统一思想—设计预案—选择预案—执行预案—调整资源”,包括设计、仿真、评估、推演、训练、优化、调整等多个环节,分别在日常预案研究、战前准备、战中实施等环节中完成,直至探测作战任务完成,达到雷达组网体系探测资源灵活匹配空中目标和环境的变化,使其雷达组网体系探测效能最大。

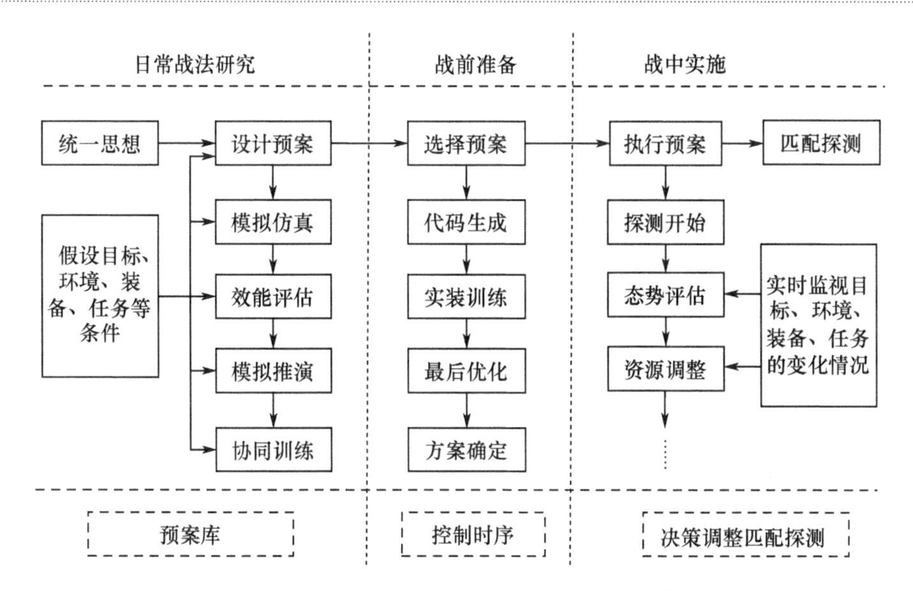

图 2.7 雷达组网工程化实现“多域融一”的基本流程

具体的实现流程分成如下四步：

第一，统一思想。需要指挥员理解和认知“多域融一”是雷达组网体系探测的核心思想，需要指挥员综合认清空中目标、战场环境、装备性能、探测任务每个要素与体系探测效能的关系。

第二，设计预案。简单地说，预案设计就是把上述统一的思想转变成探测资源管控方案。指挥员依据雷达组网系统面临的作战任务、作战目标、战场环境、装备效能等要素设计出探测作战预案集（或者称探测资源管控预案集），并对这些预案进行仿真计算、效能评估、模拟推演、协同训练，得到初步优化的预案集合。使这些预案能基本满足任务、目标、装备、环境可能的变化，具备了齐全、可行、适应、优化等性能特点。通过这些设计、仿真、评估、推演、训练等环节，使指挥员对这些预案的使用条件、适应能力、可能的探测效能等情况，做到“心中有数”。这实际上是指挥员日常体系预案研究的重要内容，也称作战前预案设计或作战筹划，是工程化实现预案的关键一步，也是目前指挥员感觉到难以做好、做全、做优的难题。

第三，选择预案。指挥员依据战前已部署的装备性能与最有可能出现的空中目标和环境，选择一种最为匹配的探测资源管控预案，并把选择的预案转化成装备能自动执行的控制代码、时序或波形。据此开展实装训练，一方面实装检验探测资源管控预案与实时调整的准确性、适应性、实用性，另一方面训练各岗位指战员的协同性。在此基础上，进一步优化探测资源管控预案的匹配性，并生成最终实施的装备执行控制时序。

第四，执行预案。简单地说，执行预案就是在预案化探测的基础上，视情进行探测资源的实时调整，达到匹配探测的目的。探测开始，各组网雷达按照探测作战预案的指令，自动调配探测资源对空中目标进行探测，组网融控中心生成组网区域的综合态势情报，并实时监视空中目标、战场环境、装备性能与作战任务的变化情况。据此，组网融控中心对综合态势进行动态分析评估，输出任务完成率、预案匹配和适应程度、探测资源调整建议，供指挥员决策参考，指挥员据此调整探测资源预案，实现匹配探测。需要特别说明的是，在反导预警雷达组网系统中，受弹道导弹飞行时效性的制约，供预警指挥员调整决策的时间极其有限；在防空预警雷达组网探测系统中，空中目标变化相对较慢，指挥员调整决策的时间相对较长。所以，战中决策调整探测资源，应该是预案式的，即要调整实施的预案已经准备好了。

从图 2.7 还可以看出，指挥员以战前求败的姿态探求战时制胜之道，在日常预案研究中的主要成果是不同用途、不同粒度的预案库。战前准备的主要成果是预案执行时序，战中实施的成果是指挥员决策调整，最终实现空中目标的匹配探测。

2.2.4 闭环控制是工程化实现多域融一的技术核心

从经典控制理论视角看，上述图 2.5 与图 2.6 是典型闭环控制系统，是实现多域融一的一种技术途径。在实际的雷达组网探测资源闭环控制中，预警探测资源闭环控制过程如图 2.8 所示，这是预警体系五要素与组网探测战斗进程相结合的控制过程矩阵图，与图 2.7 相比，图 2.8 更加突出工程化实现“多域融一”的闭环控制过程，描述如下：

第一，基于要完成的探测任务、可能来袭的目标特性和面临的探测环境，指挥员要设计出完备的、可工程化应用的、有针对性的预警探测资源管控预案集，并在给定条件下对每个预案进行效能仿真计算、对比评估、模拟推演、协同训练；在此基础上，进行预案选择决策，优选出针对性较强的、运用效果较好的、操作应用较简单的有关预案，作为探测作战预案。

第二，在雷达组网探测系统中，把优选的预案转化成控制时序，并用该控制时序对各组网雷达的工作模式、运行参数等探测资源进行实时控制，对复杂环境中的实际空中目标进行探测。

第三，各组网雷达照射目标后，获得探测信息，即点迹信息和航迹情报，这些探测信息在组网融控中心形成综合情报态势。这个实际获得的态势情报是否满足任务要求，需要指战员进行在线、动态、综合评估。如果评估结果没有达到下达的任务要求，需要指战员在线、动态、实时调整预警探测资源，适应空中目标和环境。例如，协同改变各组网雷达工作频率、扫描空间、跟踪速率、信号形式等，

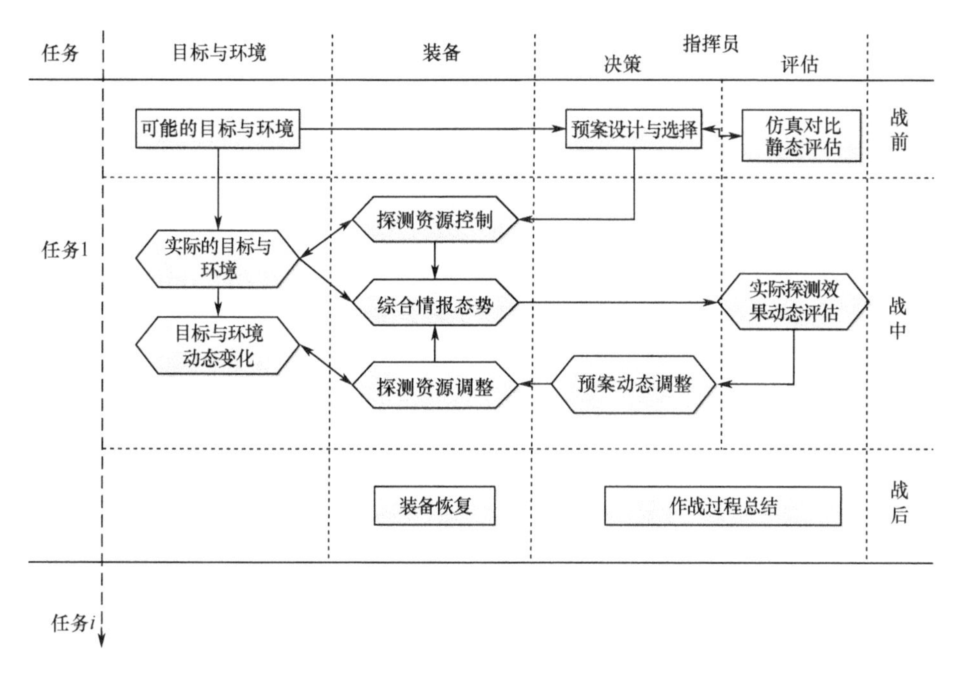

图 2.8　预警体系五要素与战斗进程相结合的控制过程矩阵图

特别在与空中电子干扰机对抗活动中,“雷达参数变—电子干扰变—雷达参数协同变—电子干扰再变—雷达参数再协同变”,一直循环,斗智斗勇。对雷达组网体系而言,要求组网体系内探测资源多(抗干扰措施多)、设计的预案多、组网融控中心指挥员决策快、协同变化快,使其干扰机干扰资源不足、降效、浪费,对雷达组网系统的快速变化显得力不从心,使干扰机的“侦察—决策—实施”的干扰作战过程跟不上雷达组网系统探测资源的变化,发挥不出干扰机应有的干扰作用。这种预案式体系抗干扰,实际上是雷达组网系统主动抗复杂电子干扰的核心思想,实现了从单雷达“被动”抗干扰到雷达组网系统的“主动”抗干扰的转变。

在实际的雷达组网探测资源闭环控制系统的设计中,往往以预警探测资源匹配目标和环境变化为约束条件,以预警综合态势最优与探测资源消耗最小为目的。从下达的任务、可能的目标、面临的环境、可用的装备出发,去适应或者满足动态变化的目标和环境需求。通常既要控制组网雷达的模式和参数,还要控制组网融控中心融合模式和参数,有时还要控制探测信息传输的参数,典型控制过程如图 2.9 所示。

首先是对系统内组网雷达的探测资源进行优化部署、整体使用、实时控制,使各组网雷达协同工作,各种探测资源能快速适应空中目标与电磁环境变化需求,尽可能获得表达目标特性的探测信息,即目标点迹信息。在增加目标探测点

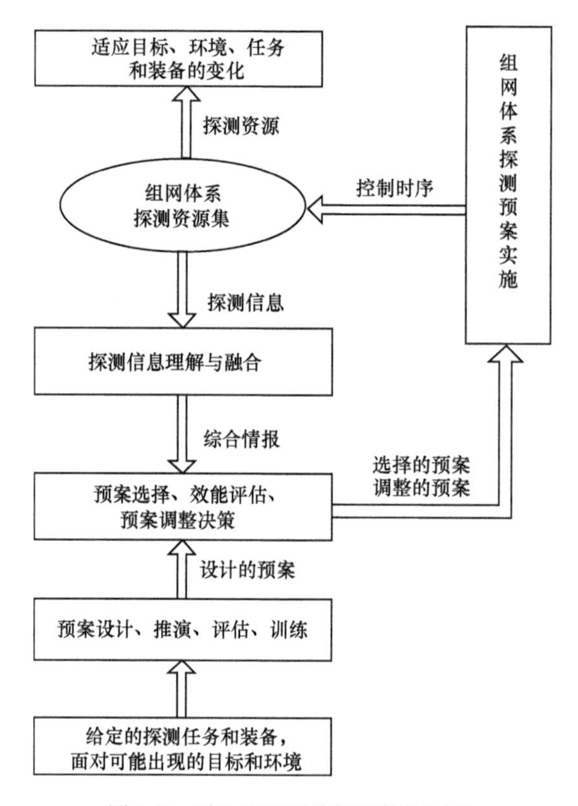

图 2.9　雷达组网系统闭环控制过程

迹的同时，也有可能会增加有害的虚假点迹信息，即虚警的增加。二是控制点迹融合算法和参数，通过雷达组网融控中心集中式点迹融合，从获得的探测信息中把有用的目标点迹信息利用起来，消除虚假点迹，得到航迹连续、位置精确、属性准确、情报要素完备的预警情报，并保持给定的虚警概率。

总之，通过采用“探测资源闭环控制 + 点迹信息集中融合”组网核心技术，在雷达组网系统中可工程化实现“多域融一”思想，也就构成了雷达组网系统的技术体制特点，也成为获得和挖掘雷达组网体系探测效能的基本条件[5]。所以，在论证、设计和研制雷达组网系统时，要为工程化实现“多域融一”创造条件；在使用雷达组网系统时，指战员要设计好探测资源优化管控预案；两者综合作用，才能更好地在雷达组网系统中工程化实现“多域融一”的思想，提升雷达组网系统的体系探测效能，这就是挖掘雷达组网体系探测效能的机理和途径。

2.3　组网提高发现概率的技术机理

这一节重点要回答为什么通过雷达组网的技术和战术能提高空中目标探测

的发现概率。在 1.2 节雷达组网必要性中已经详细回答了单雷达对空中目标探测能力的制约。随着雷达技术的发展,现代常规地面对空情报雷达对普通的商业和军用飞机的探测,因为空中目标的 RCS 较大、飞行高度较高、飞行速度较大,都能较好完成预警监视和作战引导的功能,对有二次雷达帮助的合作目标探测,更是得心应手,几乎不存在难题。只因为空中目标的“隐、机、低、慢、小”等非合作复杂特性,再加上复杂电子干扰,才使得常规雷达对这些非合作空中目标的探测变得异常困难。所以,分析厘清雷达组网系统提高这些非合作目标发现概率的技术机理显得非常重要。

2.3.1　提高发现概率的原理与计算

雷达组网系统提高发现概率主要与单雷达比,探测的空中非合作特种军用目标主要指隐身飞机、巡航导弹、低慢小无人机等。发现概率提高的理解可以从一般性原理与发现概率计算公式进行。

雷达组网提高发现概率原理示意如图 2.10 所示,受空中目标的“隐、机、低、慢、小”等特性的影响,每部雷达在 100s 内只探测到离散的有限个有用点迹(暂不考虑杂波剩余、干扰或噪声等无用有害的点迹),按照单雷达航迹自动起始准则,这些单雷达都不能实现航迹自动起始,即在这三部雷达的部署区域不能发现目标,也就没有航迹输出,而且这些单雷达探测得到的点迹信息被丢失。即使单雷达采用人工或半自动方式录取目标,在杂波、噪声等干扰环境下操作员判断这些目标的起始也非常困难,连续稳定跟踪目标更加困难。自然,连接着这三部雷达的航迹情报处理中心也不可能综合出情报来,这就是所谓的“无米之炊”,产生了极其严重的漏情事件。即使不产生漏情事件,对这种非合作的目标也难以及时发现与连续跟踪。

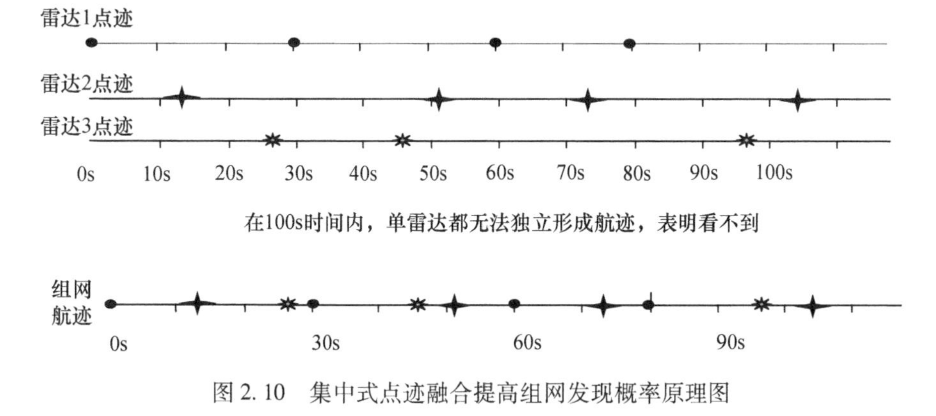

图 2.10　集中式点迹融合提高组网发现概率原理图

如果这三部雷达组网后,采取集中式点迹融合,可理解为三部雷达的点迹信息在组网融控中心进行“相加”。点迹“相加”后满足了航迹自动起始条件,即组网融控中心能自动起始航迹,组网探测系统生成了单雷达看不到的空中目标,避免了漏情事件,这就是雷达组网点迹融合提高发现概率的简要描述,或物理理解。显然,这是航迹融合不可实现的,也是无可比拟的。

在实际的战场环境下,单雷达对空中非合作军用特种目标的探测情况就是如此,像隐身飞机对单雷达极有可能产生断断续续的点迹,难以起始航迹,更形不成连续的航迹情报,自然造成单雷达看不到隐身飞机的结果。如果采用雷达组网系统,从机理上可能探测到隐身飞机,至少发现隐身飞机的概率比单雷达要高得多。所以,雷达组网系统是预警探测隐身飞机的有效途径之一。

集中式多雷达点迹融合发现概率计算公式如下所示:

$$P_{\mathrm{D}} = 1 - \prod_{i=1}^{n}(1 - P_i) \tag{2.1}$$

式中:P_{D} 是雷达组网系统的融合后航迹情报的发现概率;P_i 是各组网雷达的点迹发现概率。式(2.1)的物理意义非常清晰和明确,解释如下。

第一,多雷达点迹融合实际上是增加了对空中同一目标的照射数据率,用多雷达的资源换取了发现概率,这也是雷达组网“资源换能力”的技术机理。

第二,多雷达异地部署,不同雷达照射空间和照射信号不同,激励空中目标的回波也不同,对定向 RCS 较小或者 RCS 变化快速的空中目标起到增强或者平稳作用,体现了“互补”的含义和作用。

第三,异地部署各组网雷达对空中目标回波点迹是具有一定相关特性的,而噪声和杂波剩余点迹是不相关的或者是相对独立分布的,集中式多雷达点迹融合利用空中目标的相关性提高了发现概率,降低了噪声和杂波剩余等点迹的虚警概率。

上述三点物理意义,根据电磁波散射理论解释也非常清楚,空间目标的 RCS 不仅与目标的外形结构和材料特性等有关,还与雷达工作频率、信号极化方式,以及目标相对雷达的空间位置和姿态等有关。雷达组网系统正是基于此点,通过利用信息的冗余性和互补性来克服单部雷达的不足。信息的冗余性是指使用多部雷达在相同条件下探测同一目标。由于与雷达相联系的不确定性趋于不相关,这种冗余性就减少了雷达测量的不确定性。信息的互补性是与雷达的不同物理特性和工作状态密切相关的,是提供探测目标“全信息”的关键所在。它包括空域的、时域的、频域的以及其他变换域的互补特性,例如空间位置的互补性使雷达从不同的观测视角获取目标的信息,事实上,这有助于减少目标起伏、闪烁和地形遮蔽等对雷达探测能力带来的负面影响。

举例说明如下。假如 3 部组网雷达在某区域的点迹发现概率都为 0.42,即 $P_1 = P_2 = P_3 = 0.42$,自然,这三部组网雷达的航迹发现概率也不会大于 0.42,这样的发现概率都没有达到警戒雷达最低发现概率 0.5 的作战使用要求。这 3 部雷达组网后，经公式(2.1)计算，雷达组网系统的融合后航迹发现概率 P_D 超过了 0.8，而虚警率下降到小于 0.2，不仅能满足区域警戒功能的需要，而且能满足区域引导功能的需要。需要特别说明的是使用式(2.1)是有条件的，也就是说发挥和挖掘雷达组网的探测效能是有条件的。

第一，各组网雷达尽量异地部署，而且探测区域相互覆盖，尽量利用好各组网雷达异地部署的空间得益。

第二，选取各组网雷达尽量选择不同频段、不同极化方式、不同发射信号的雷达，尽量获得不同照射信号的回波多样性；但从实践的结果看，雷达频段选择采用"靠拢有差别"法则，融合结果往往较好。例如选择 C 与 S 频段雷达的点迹融合，S 与 L 频段融合，L 与 P 频段融合，P 与 VHF 频段融合其结果都较好。

第三，各组网雷达必须要输出点迹信息，组网融控中心必须采用点迹信息集中式融合，而非航迹情报融合。不少航迹情报综合的研究论文也误用此公式，显然是没有理解此公式的物理意义与使用条件。

第四，点迹信息融合的基本条件是时间、空间、速度相关，只有满足了时间、空间、速度相关波门准则的点迹才能融合。所以，各异地部署组网雷达的时间和空间必须统一，各组网雷达必须进行时空同步与点迹数据坐标转换等预处理。图 2.1 中各组网雷达点迹"相加"实际上是"先相关后相加"，只有"相关"上，才能"相加"上，这是点迹时间、空间、速度相关的技术难题。

需要补充说明的有两点：第一是集中式点迹融合提高了空中目标发现概率，特别适合复杂环境下对低空、弱小、隐身等目标的探测，但是集中式点迹融合对雷达点迹质量、通信传输、点迹融合算法、计算资源等有一定的要求，后续再论述；第二是对常规空中飞机目标，在不受探测视距制约与非电子干扰条件下，当单雷达的发现概率都较高(如 0.9)，雷达组网后发现概率提升作用没有那么显著，这就是出现了"概率饱和"现象，即单雷达看好了的目标，雷达组网系统的发现概率提高作用显得不明显，但对探测精度的提升有重要作用，后续会论述到。

2.3.2　提高发现概率验证实例

以常规飞机与低慢小无人机两种目标为例，来验证雷达组网系统提高发现概率的技术机理。关于雷达组网实验系统的组成、功能、部署等详细情况参考第 6 章。

2.3.2.1　组网探测常规飞机举例

验证雷达组网系统提升常规飞机发现概率性能的实验设置如下：

(1) 目标机选择与飞行航线设置：选择 RCS 标定后的常规非隐身飞机，携带 GPS/北斗定位和定时设备按设计的航线进行实验飞行，记录航迹真值数据。航线设置考虑两点，一是视空域情况设置飞行高度为 x km，二是在 4 部雷达 R1、

R2、R3、R4 的低概率区(试飞飞机距雷达较远的区域)设置“跑道型”来回飞行区间,提高实验飞行效率,如图 2.11(a)所示。图 2.11(b)给出了实际实验真值航线,真值航线附近不同颜色的点就是 4 部组网雷达探测得到的点迹信息,相比高概率区,在低概率区雷达探测得到的点迹数量明显减少。

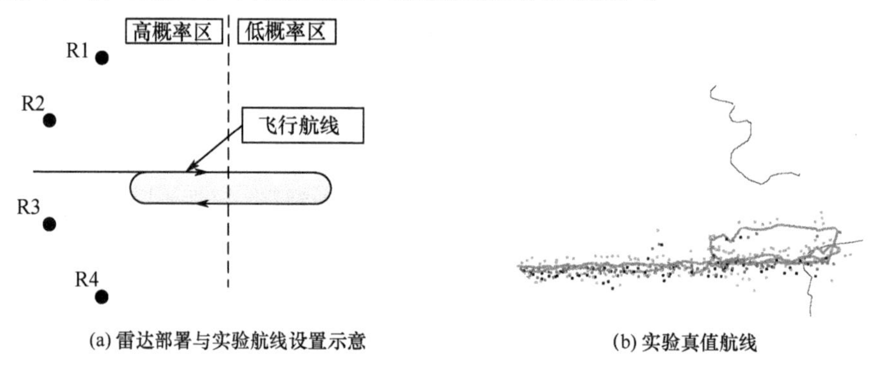

图 2.11　发现概率提升实验中的航线设置

(2) 组网雷达选择与设置:选择 4 部中高空预警监视雷达 R1、R2、R3、R4,异地部署在实验区域;设置常规探测模式,阵地尽量避免遮挡制约。

(3) 组网融控中心部署与设置:组网融控中心部署在光缆的接入点,设置常规融合与控制方式,组网融控中心与 4 部组网雷达采用光缆连接。

(4) 环境选择:选择广播、通信、工业等电子干扰较弱的区域进行实验。

(5) 实验数据处理:收集全程记录实验数据,统计分析 4 部组网雷达与组网融控中心的航迹发现概率(数据统计分析方法详见第 8 章),单架次低概率区点航迹对比如图 2.12 所示,其多架次航迹发现概率统计结果如图 2.13 所示。

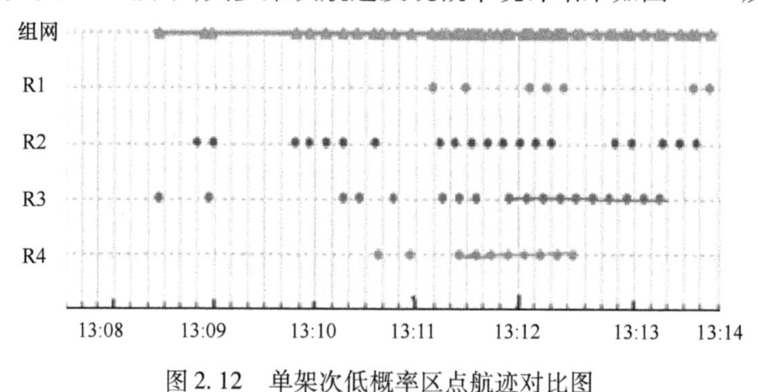

图 2.12　单架次低概率区点航迹对比图

从图 2.12 和 2.13 可以看出,多雷达点迹互相补充、互相验证,雷达组网系统提高了航迹发现概率,缩短了航迹情报起批时间,相当于航迹情报提前起批,也就是增加了发现距离与探测范围,这是点迹融合优点之一;反之,如果不采用点迹融合技术,就难以利用单雷达探测得到的低概率点迹信息,难以提高对弱小

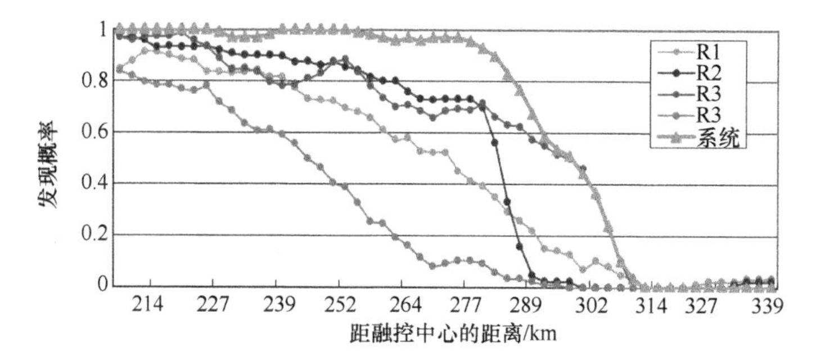

图2.13　单雷达与组网系统多架次航迹发现概率统计结果

目标的探测能力与探测范围。

2.3.2.2　组网探测低慢小无人机举例

验证雷达组网系统提升低慢小无人机发现概率性能的实验设置如下：

（1）目标机选择与设置：选择 RCS 标定后的低空无人机，飞行航线设置考虑有三，一是满足无人机遥控距离，往往以遥控点为圆心设置飞行圆周区域与闭环航线，如图2.14所示；二是飞行高度设置考虑组网雷达视距边界，通常高度为300～3000m，视具体的科目确定；三是无人机携带 GPS/北斗定位和定时设备，并按设置航线飞行，记录航迹真值数据。

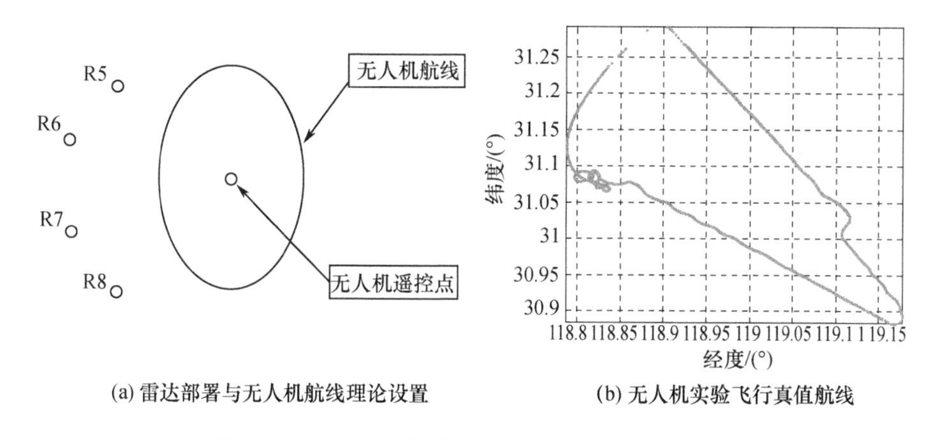

(a) 雷达部署与无人机航线理论设置　　(b) 无人机实验飞行真值航线

图2.14　组网探测低慢小无人机实验中的航线设置

（2）组网雷达选择与设置：选择4部低空雷达R5、R6、R7、R8异地部署在实验区域，视实验区域地形适当架高，避免探测视距制约；设置雷达低空探测模式、发射信号参数、信号检测门限、天线转速、天线或波束俯仰等可控探测资源。

（3）组网融控中心部署与设置：组网融控中心部署在光缆的接入点，设置低空目标探测融合与控制方式，组网融控中心与4部低空组网雷达尽量采用光缆连接。

（4）空域与环境选择：选择地杂波较强、居民较少的山区，选择适合无人机飞行的气象条件，选择满足无人机遥控距离的空域。

（5）数据统计处理：在雷达站站心直角坐标系下，图 2.15 是 4 部低空组网雷达输出的航迹情报与无人机飞行真值对比。从图 2.15 可以看出，任何一部低空雷达都没有探测得到较为连续的航迹，而且误差较大、杂波起批较多。图 2.16 是雷

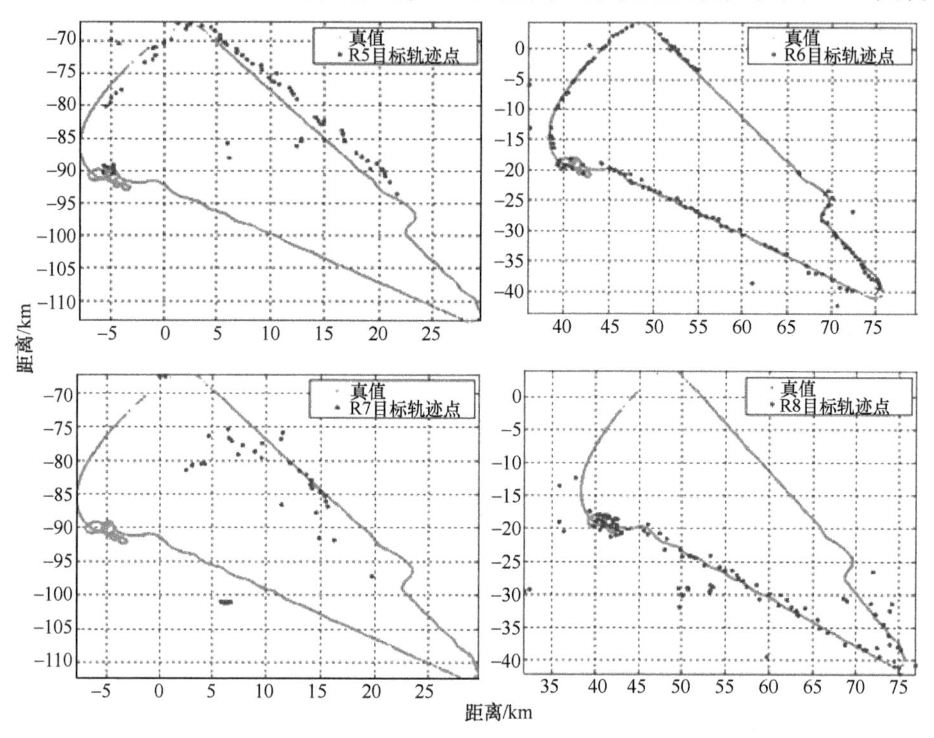

图 2.15　4 部低空组网雷达输出航迹与真值对比（见彩图）

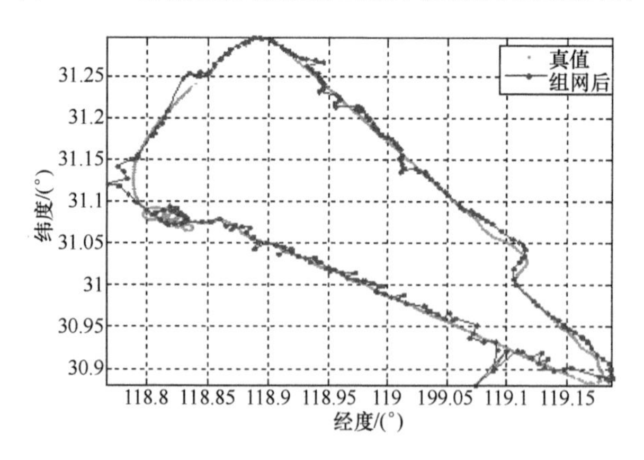

图 2.16　雷达组网系统输出航迹与真值对比（见彩图）

达组网系统航迹输出与无人机飞行真值对比，与任一单部组网雷达相比，雷达组网系统输出航迹更加连续、更加准确、数据率更高。

实验表明，多雷达集群组网后，能明显提高空中目标的探测概率，也就是提高非合作特种军用目标的探测能力。

2.3.3　提高发现概率的资源管控要求

前述两方面已表明，雷达组网提高发现概率有了明晰的技术机理、理论计算公式与实验验证案例，要发挥和挖掘雷达组网探测具有“低、慢、小、高、快、隐”等特性的空中非合作目标能力，首先要管控好探测资源来最大限度提高发现概率。这实际上是在组网技术机理和技术平台的基础上，设计提高发现概率的组网体系探测预案，提出提高雷达组网发现概率的资源管控要求，使战、技两者紧密融合。下面以预警监视低慢小无人机为例进行描述。

2.3.3.1　体系探测预案设计考虑

针对预警监视低慢小无人机作战任务时，雷达组网体系探测资源管控预案设计要重点注意如下几条：

第一，要弄清无人机的目标特性与作战方式，如 RCS、高度、速度等基本参数范围值，特别要注意高速火车的速度与无人机相近，高速公路汽车速度可能比无人机慢一些。

第二，要弄清最大监视区域，低空目标受地球曲率影响，雷达监视低空目标的能力及其有限，在不受干扰条件下，通过仿真分析弄清雷达组网系统能预警监视无人机的最大区域。

第三，要弄清该地区可能出现的强地、海、气象等无源干扰特点，如大城市成片的高楼大厦、大型跨海大桥、大型风力发电螺旋桨阵、大型成片的太阳能转换器、大型成片的高压电网铁塔、高速公路和高速铁路等；再如该区域的气候、海洋海浪等特征，是否经常出现影响雷达探测的气象现象。

第四，要弄清各组网雷达反地杂波工作模式、参数设置以及最大能力，要摸索出各组网雷达在无人机飞行区域的最佳反地杂波模式与参数。

第五，要弄清该区域可能存在的有源干扰，如电视台、电台、工业通信等，以及人为针对性干扰等。在此基础上，指挥员进行预警探测资源管控预案的优化设计，包括初步设计、仿真计算、对比评估、推演训练等环节。

2.3.3.2　“双门限”控制考虑

雷达组网系统针对低慢小无人机目标探测，需要优化调整的门限较多，包括组网雷达的信号“检测门限”，组网融控中心的“速度相关门限”、“时间相关门限”、“空域相关门限”、“属性相关门限”等。但组网雷达的信号“检测门限”与组网融控中心的“速度相关门限”控制调整，会直接影响组网探测系统的航迹发现概率与虚假航迹数，是雷达组网系统探测低慢小目标资源管控的重难点，简称“双门限”调整，如图 2.17 所示。

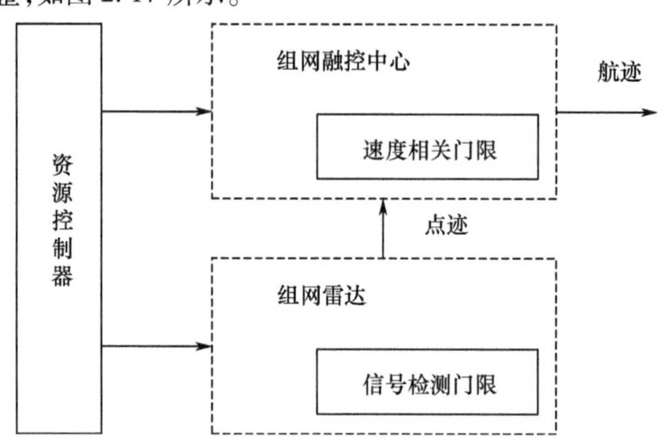

图 2.17 “双门限”控制调整原理

“双门限”调整既体现了点迹融合技术与雷达实时协同控制技术在雷达组网系统的重要性，又显示出优秀指战员准确运用雷达组网技术的智慧和能力。使用“双门限”控制技术，还是“双刃剑”，需要谨慎，这对指战员提出了较高的组网探测技术和战术运用要求。“双门限”战前预案设计与战中调整要点如下：

（1）降低组网雷达的“检测门限”，会增加组网雷达输出的点迹数量，可以提高组网雷达对低慢小目标的点迹发现概率，这是非常有利的一面，也是常用的组网战术；但也增加地海气象等杂波的剩余虚警点数，加大通信链路压力，甚至造成通信丢包后果；也会给组网融控中心带来数据处理容量的压力，甚至造成组网融控中心饱和或死机等严重后果，这是非常不利的一面。综合有利与不利的两个方面，在组网雷达上经常采用分区调整检测门限的资源控制策略，来匹配探测的空中目标和环境。例如，在低慢小无人机探测方向视情降低组网雷达的检测门限；在非低慢小无人机探测方向，仍然采用原来的检测门限。

（2）相反，提高组网雷达的“检测门限”，可以减少组网雷达输出的点迹数，降低通信压力与数据处理压力，减少虚警点迹对组网融控中心饱和和死机的概率，降低虚假航迹数，但自然也会降低对低慢小目标的发现概率。

（3）当数据传输处理与发现概率出现矛盾时，可以根据不同组网雷达的实际探测情况，分组网雷达、分区域、分级选择检测门限，在无人机飞行区域采用较低的检测门限，在其他区域适当调高检测门限，进行较为精细的检测门限控制。

（4）降低或放宽组网融控中心的“速度相关门限”参数，能适应低慢小目标的速度变化特性，增加了目标速度相关的可能性，提高组网系统对低慢小目标的发现概率，但动杂波剩余（如高速火车和高速公路汽车、受风飘动的云雨等）点迹有可能会带来虚假航迹；降低组网融控中心的“速度相关门限”参数，可能会影响对低、慢、小目标的发现概率，但也能降低系统虚假航迹数。

（5）根据探测效果，通过实时控制各组网雷达的信号“检测门限”与组网融控中心的“速度相关门限”，提升雷达组网系统对低慢小目标的发现概率。

以上提出的探测资源管控要求，是认知域理性的总结归纳，首先要在提高发现概率的预案设计中来准确体现，再通过控制技术途径在物理域进行工程化，实现“多域融一”，获得雷达组网的最大发现概率。

2.4　组网提高情报质量的技术机理

雷达情报质量一般用精度、数据率、连续性、可靠性等指标来描述，其中核心指标是精度，包括方位精度、距离精度、高度精度。组网后优质点迹数据相互加强，相当于雷达探测的采样率提高，航迹情报的数据率、连续性、可靠性的提高非常容易理解，原理如图 2.18 所示。本节采用雷达组网系统与单雷达相比较的方法，重点描述方位、距离、高度三维探测精度提高的技术机理。

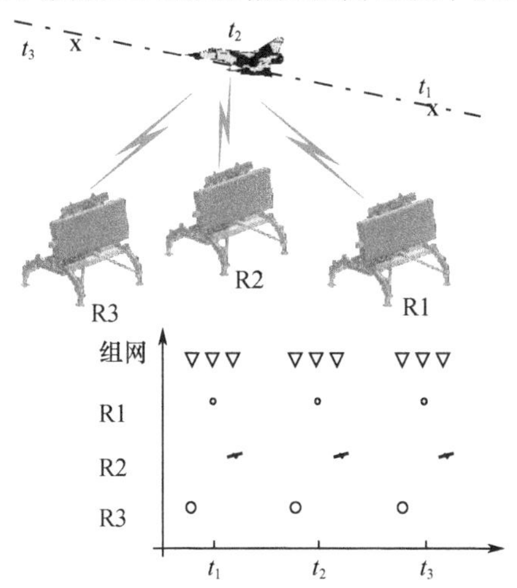

图 2.18　多雷达点迹融合提高数据率原理图

2.4.1　提高情报精度的一般描述

雷达航迹情报精度通常用统计误差来表达，在实际测量统计中，一般用测量值偏离真值的均方根值来表示。影响单雷达测量精度的误差来源已在一般性雷达系统专著中有详细的描述，这里不再重复。本节重点讨论影响组网后航迹情报精度的主要因素，为在研制和使用雷达组网系统中进一步提高精度奠定基础。

2.4.1.1 误差来源

雷达对空中目标测量产生误差的原因较多,通常可以分成系统误差与随机误差两大类。系统误差通常由较为固定的偏差产生,可以被预测与校正。当系统误差被校正后,影响雷达航迹情报精度的主要是各种随机误差叠加。雷达作为航迹情报产生器,从发射电波作用于目标到航迹情报输出,按照雷达信息处理流程,将其误差产生主要环节分解成如图2.19所示各项,这些误差来源影响着雷达测量误差的分布特性。

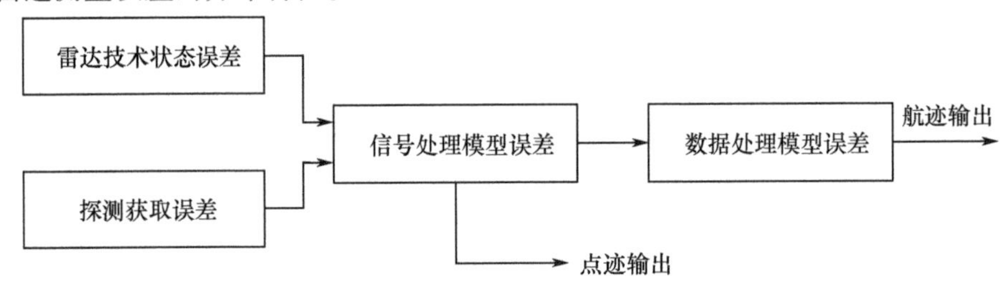

图2.19　雷达测量误差产生环节示意图

雷达技术体制论证与频率参数选择就主要决定了雷达误差的量级,如:水平接收波束宽度主要制约了雷达测方位的精度,就是后续提到的水平圆精度;垂直接收波束宽度主要制约了雷达测仰角的精度,或测高精度,就是后续提到的垂直圆精度;距离处理单元的时间主要制约了雷达测距的精度;回波积累的脉冲数与方式决定了回波的信噪比。信号处理位置参数估计的模型与准则主要影响位置参数估计的随机误差,如点迹起始和终了准则、回波中心判定等。航迹数据处理的相关、滤波、平滑等模型也会带来航迹情报的随机误差。雷达实际使用中,天线平台调平误差、寻北误差、GPS或北斗定位误差等都会产生航迹情报的系统误差。雷达装备技术状态,如通道幅相性能不一致、T/R单元故障都也会带来测高的系统误差。像有意无意电子干扰等环境误差通过影响接收回波的信噪比,再带来测量的随机误差。

结合图2.19,表2.1总结了主要误差源、误差原因与性质。

表2.1　影响雷达情报精度的主要误差来源

误差源	主要原因说明	误差性质说明
探测获取误差	技术体制 接收波束参数	误差量级
雷达技术状态误差	定北、定位不准 平台不平 通道幅相性能不一致 T/R单元故障等	系统误差为主

（续）

误差源	主要原因说明	误差性质说明
信号处理位置参数估计误差	估计模型和准则	随机误差为主
数据处理滤波模型误差	滤波模型与准则	随机误差为主
测量环境误差	影响回波信噪比	随机误差为主
坐标转换误差	各种坐标之间的转换模型	随机误差为主

雷达组网系统通常不能改变雷达获得点迹信息的精度,但点迹信息误差比航迹误差更加原始,或者说更加真实。通过多雷达组网,即点迹融合,在提高精度方面有三个作用:一是可预测并校正组网雷达存在的系统误差;二是可降低组网雷达带来的随机误差;三是可避免原单雷达进行航迹处理带入的人为误差,或者称模型误差。

但在一定条件下,雷达组网系统可以间接提升雷达的点迹精度信息,就是通过控制调整雷达工作模式和参数,来提升点迹质量信息。例如,通过集能工作模式,或者增加目标扫描时间,来改善目标回波的信噪比,再来提升航迹情报的测量精度。

2.4.1.2　精度表示

单雷达独立工作时,其测量误差通常用极坐标的距离、方位和高度来表示,一般称为距离误差、方位误差与高度(仰角)误差,如图 2.20(a)所示。按目前地面对空情报雷达技术与制造水平,距离误差一般较小,一般在百米量级以下;方位误差相对较大,主要与雷达工作频率和天线口径等因素有关;不过两者受距离远近影响较小,稳定性较好。高度误差通常较大,稳定性较差,而且高度误差会随距离增大而变大。总体上看,雷达测量误差随目标空间变化而变化,但变化程度有所不同。

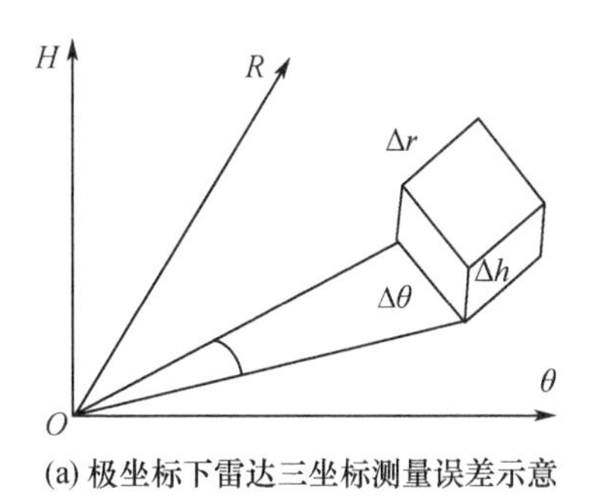

(a) 极坐标下雷达三坐标测量误差示意　　(b) 大地坐标下椭球误差模型

图 2.20　雷达测量误差分布特性

在组网融控中心，通常用大地坐标来表达雷达情报。所有用极坐标表达的雷达情报都要经过坐标转换。变换成大地坐标后，雷达情报误差分布特性类似椭球形状，如图2.20(b)所示。为了分析描述的方便，可用投影分解，用水平(距离和方位)误差椭圆与垂直(距离和高度)误差椭圆来表达，用椭圆的长轴的均方根值来表达多雷达点迹融合后的情报精度。水平误差椭圆就表达了航迹情报的水平圆精度(HDOP)指标，垂直误差椭圆就表达了航迹情报的垂直圆精度(VDOP)指标，椭球误差就表达了航迹情报的整体圆精度(GDOP)指标。需要说明的是，DOP直译为“定位精度几何稀释”，显得不够直观，本书就理解为圆精度。关于HDOP、VDOP、GDOP的分析计算与分布特性可详见3.5节与7.3节。

2.4.1.3 技术机理

以水平圆精度为例，来对比理解单雷达与组网后误差区域的变化。单雷达方位与距离测量误差在极坐标上示意可用图2.21(a)表示，通常方位误差大于距离误差。两部雷达组网后的误差区域叠加，误差区域明显缩小，探测精度明显提高，误差缩小示意由图2.21(b)表示。如果用圆精度来表示误差区域的大小，精度提高量是显而易见的，如图2.21(c)所示。

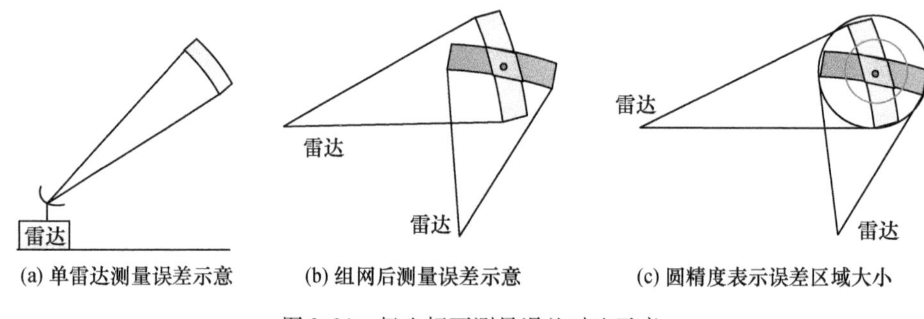

(a) 单雷达测量误差示意　(b) 组网后测量误差示意　(c) 圆精度表示误差区域大小

图2.21　极坐标下测量误差对比示意

组网减少误差区域的物理意义也非常明显，不仅不同性能雷达多次测量，平稳了随机误差，更大的得益是利用了异地部署雷达误差分布的空间特性，叠加后缩小了误差区域。而且通过不同部署空间雷达的点迹数据，能更准确预测各雷达在点迹数据中存在的系统误差，利用这个估计的系统误差值来减小点迹数据中存在的系统误差，这为点迹在空间相关奠定了基础，这在没有像GPS、北斗等精确定位设备时，是较有效的方法。如果按照椭圆误差模型理解，单雷达与组网后误差分布特性如图2.22所示。

需要特别说明的是单雷达误差椭圆与下列因素有关：第一是单雷达本身的测量精度性能，也就是指标性能，这是单雷达固有与潜在能力；第二是单雷达工作条件与技术状态，这是单雷达发挥测量性能的条件；第三是目标位置与雷达的

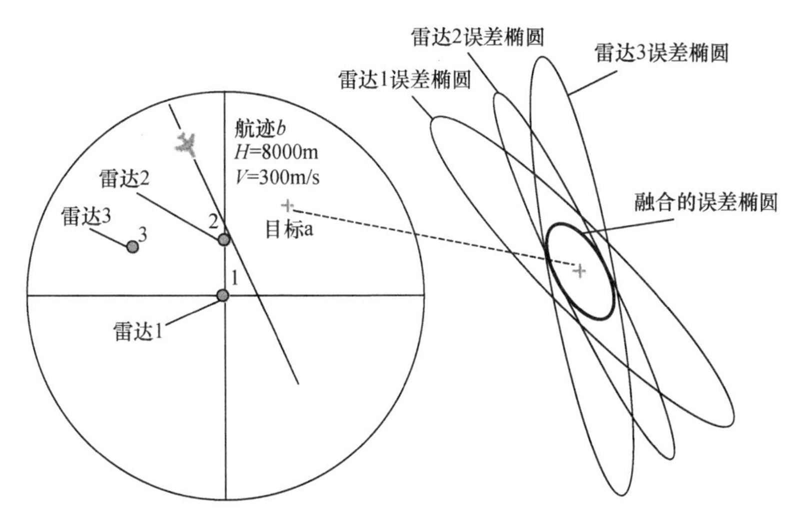

图 2.22　单雷达与组网后误差分布特性对比

位置关系,一般目标离雷达越远,误差椭圆越大。这些因素导出了探测资源与融合资源的管控要求,例如,组网雷达的选择与部署、点迹融合算法与参数设置等,这也是实现融合权值随目标空间位置变化自适应变化的技术机理,后续会详细讨论。

概括地说,多雷达点迹融合就是利用不同空间(视角)的误差特性,用不同方向的误差椭圆互相叠加,使误差椭圆的重叠部分减小,达到提高融合后航迹精度的目的。

2.4.2　提高情报精度验证实例

验证雷达组网系统提高航迹情报精度的实验设置与验证发现概率的实验设置类似。关于实验系统的组成、功能、部署等详细情况参考第 6 章。

(1) 目标机选择与飞行航线设置:选择 RCS 标定后的常规非隐身飞机,携带 GPS/北斗定位和定时设备按设计的航线进行试验飞行,记录目标飞行航迹的真值数据。飞行航线设置考虑三点,一是视空域情况设置飞行高度为 x km,二是设置目标机在 3 部雷达的高概率区,三是长航线飞行。设计航线与 3 部组网雷达的位置关系示意如图 2.23(a)所示,实际实验飞行航线如图 2.23(b)所示。

(2) 组网雷达选择、部署与设置:选择 3 部三坐标引导雷达 R9、R10、R11,异地部署在实验区域;设置常规探测模式,阵地尽量避免遮挡制约。

(3) 组网融控中心部署与设置:组网融控中心部署在光缆的接入点,设置常规融合与控制方式,组网融控中心与 3 部组网雷达采用光缆连接。

(4) 环境选择:选择广播、通信、工业等电子干扰较弱的区域进行实验。

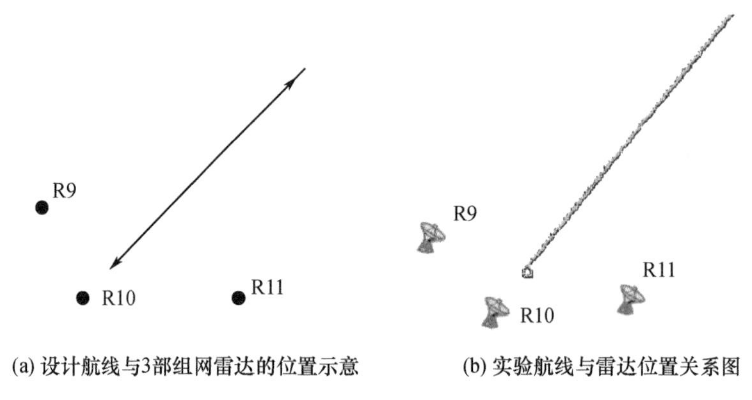

图 2.23　航线与组网雷达的位置关系

（5）实验数据处理：收集全程记录实验数据，统计分析 3 部组网雷达与组网融控中心的航迹精度（数据统计分析方法详见第 8 章），单雷达与组网系统水平圆精度对比如图 2.24 所示、垂直圆精度如图 2.25 所示。

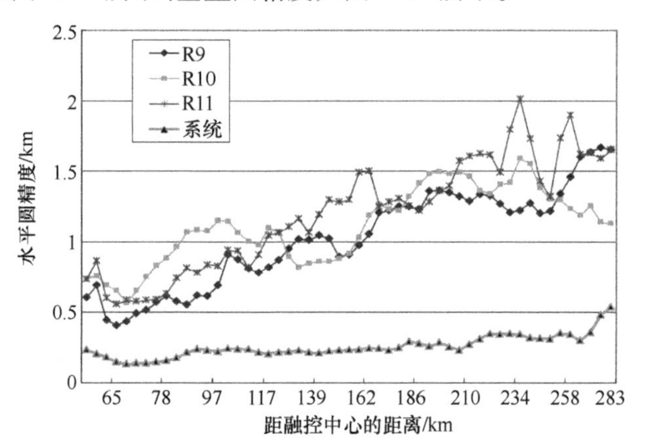

图 2.24　单雷达与组网系统水平圆精度对比（见彩图）

从图 2.24 和图 2.25 可以看出，在高概率区，多雷达点迹互相加强，不仅提高了航迹情报的数据率、连续性、实时性与可靠性，更重要的是提高了 HDOP 与 VDOP。实验结果表明，HDOP 从平均误差 1km 下降到 0.2km 左右，0.5km 保障引导精度的范围大大提高，这是充分利用了组网雷达水平异地部署优势的结果。VDOP 虽有提高，但提高量比较有限，这是受组网雷达部署高度差有限的制约，即水平异地部署的雷达在高度上差别较小。另一方面，无论是 HDOP，还是 VDOP，测量结果误差区域比单雷达更加稳定，这对目标指示与作战引导非常有利，这也是组网点迹融合带来航迹情报质量更加稳定、可靠、实用。实际上，这种对空情报雷达组网后，其航迹情报精度已可满足地空导弹火力控制的要求，具备

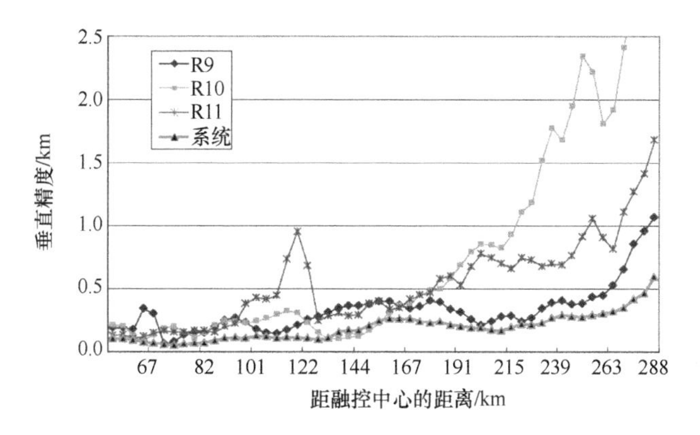

图 2.25　单雷达与组网系统垂直圆精度对比(见彩图)

预警信息与火力打击一体化的条件。

2.4.3　提高情报精度对资源管控的要求

前面已经清楚论述,雷达组网能提高组网区域的情报精度,但提高量受有关条件制约,如何管控好探测资源来最大限度增加提高量,这是本节要回答的问题,即提高雷达组网情报精度的资源管控要求与方法。组网后的情报精度,即误差区域,与组网雷达本身的精度性能、部署空间、目标位置点、融合算法与权值等因素密切相关。本节以多雷达组网为例,给定不同部署、不同精度性能、不同融合权值等边界条件,从技术机理上分析典型雷达组网系统精度的变化预分布(仿真计算与实装实验分别在第 7 章和第 8 章介绍),其结论不仅能指导组网雷达的选择、部署与使用,而且还能指导融合算法选择与融合权值参数的设置。实际上这些内容就是提高雷达组网系统情报精度的探测资源优化管控方法。

(1) 优化选择组网雷达。如果两部组网雷达的本身精度较好,即误差区域较小,组网后其交叠的误差区域更小;反之,如果两部组网雷达的本身精度较差,即误差区域较大,组网后其交叠的误差区域较大,如图 2.26(a)和(b)所示。如果要以达到组网后精度较好为主要目标,则组网体系探测资源优化管控预案必须选择精度较好的组网雷达。

(2) 优化部署组网雷达。如果两部雷达部署在同一地点,组网后交叠的误差区域以精度较好雷达的为主,精度提高量得益最小,如图 2.27(a)所示;只要两部雷达异地部署,交叠的误差区域就开始下降,精度提高量得益比部署在同一地点要大,如图 2.27(b)所示;如果两部组网雷达部署使误差区域近似垂直,交叠误差区域最小,提高精度得益最大,如图 2.27(c)所示。这也就是组网雷达必须实施优化部署的一个重要理由。若雷达组网以精度为优化条件,组网体系探测资源优化管控预案必须优化部署组网雷达。

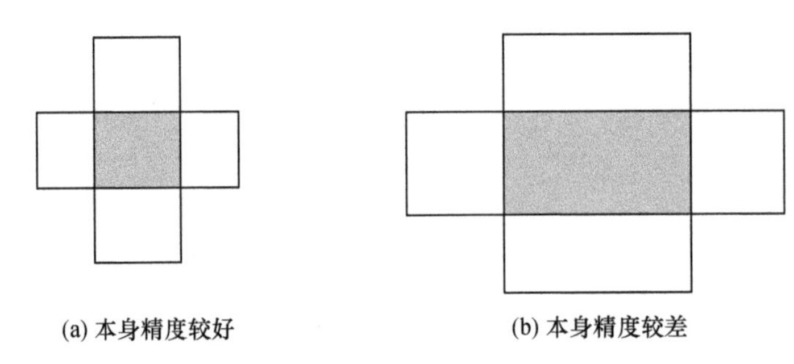

图 2.26　组网雷达本身精度性能差别较大,组网后交叠误差对比示意

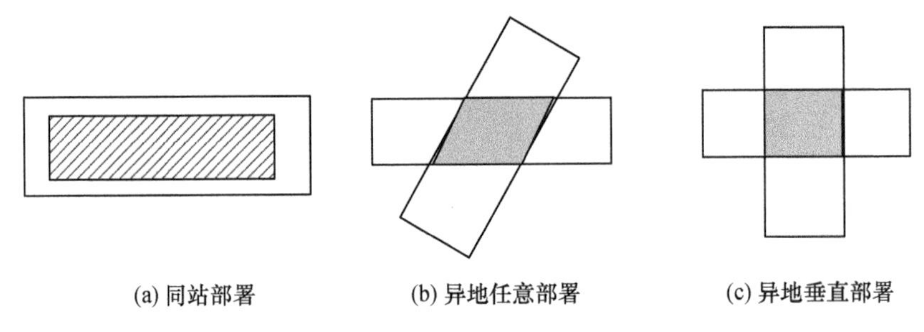

图 2.27　组网后误差区域交叠对比示意

(3) 优化选择融合算法。在不同的战场环境下,雷达组网系统探测不同空中目标时,采用的探测资源管控预案是不同的,对应的点迹融合算法也需要优选,以适应不同场景下的点迹特性。例如,常态化条件下高速高机动目标跟踪、复杂电子干扰条件下目标跟踪、隐身目标预警截获等,优选对应的融合算法,获得更好的体系探测效能。

(4) 优化设置融合权值参数。在雷达探测区域,距离精度几乎不变,方位角与仰角的误差区域随距离增加而增大,也就是雷达探测误差椭球随空间位置变化,椭球体积随雷达距离增加而增大。自然,多雷达组网误差交叠区域的大小也是随空间位置变化的。为了获得最小的误差交叠区域,提高组网精度性能,组网体系探测资源优化管控预案必须设计并选择组网融合算法的权值,即随空间变化。误差椭球较小的空间,选择较大的融合权值;反之,误差椭球较大的空间,选择较小的融合权值,即融合权值可随目标空间位置进行优化设置。例如,融合权值选择依据目标离某雷达距离增加而减少。

(5) 避免"离散"极端。如果一部精度较好与一部精度较差的雷达进行组网,就是两部精度性能差别较大的雷达实施组网,组网后精度提高量得益会出现"离散"现象,好的情况与精度较好雷达近似,看起来精度提高量不大;差的时候与精度差的雷达近似,比组网前精度较好的雷达要差。精度"离散"程度与组网雷达本身精度性能、部署、目标位置点等因素有关。这就是在这种条件下组网使用,指战员感觉到“组网后精度提高量不大、还有降低趋势”的原因。所以要达到组网后有较好精度的目标,一方面不要选择精度性能差别较大的雷达来进行组网,要避免这种极端现象的出现,尽量要选择精度性能较好而且精度性能相近的组网雷达;另一方面,如果出现精度性能差别较大雷达进行组网的特殊情况,点迹融合算法权值分配要向精度较好的雷达倾斜,指战员可以通过探测资源优化管控预案进行预先设置或实时调整。这就是探测资源优化管控预案工程化的典型实例。

(6) 系统误差预测与校正。通常每个组网雷达或多或少都存在系统误差,特别对机动作战的雷达,系统误差通常更大。在没有 GPS/北斗等精确定时定位设备支持的条件下,利用多雷达不同视角,在对较为固定航线多次探测的基础上,分别粗估雷达的系统误差,并给以自动补偿或人工消除。

(7) 融合误差对比综合实例。实验条件与 2.4.2 节描述一致,3 部三坐标雷达在无干扰条件下跟踪常规飞机目标,融控中心采用不同的融合算法和参数,图 2.28 给出了两种融合算法的跟踪误差对比,分别获得不同的融合精度。从图中可以看出,3 部三坐标雷达水平圆精度平均在 1km 左右,组网后,水平圆精度提高到 0.2km 左右;采用不同的融合算法和参数,获得不同的融合结果。实验表明,组网雷达的选择、部署、跟踪模式的选择和参数,组网融控中心融合算法的选择和参数设置,都会影响融合情报质量,这些都是探测资源管控要研究的内容。

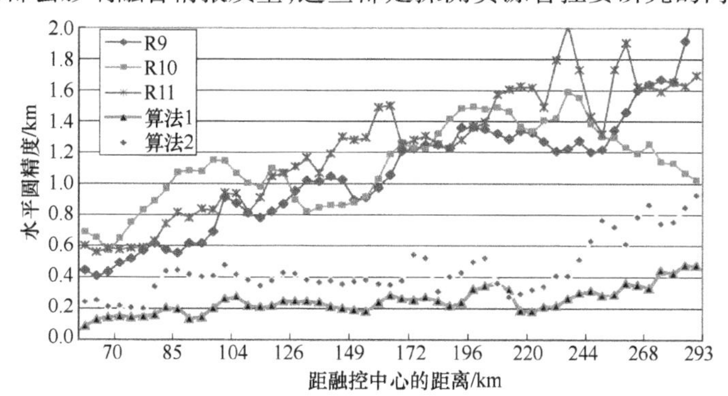

图 2.28 不同融合算法和参数条件下的融合精度对比

以上提出的探测资源管控要求,是认知域理性的总结归纳,首先要在提高雷达组网情报精度的预案设计中来准确体现,再通过控制技术途径在物理域进行工程化,实现“多域融一”,获得雷达组网的最好情报精度。

2.5 组网提高抗复杂电子干扰能力的技术机理

尽管单雷达抗复杂电子干扰的措施已经比较多、技术水平也较高,但单雷达抗复杂电子干扰能力是基于“单一时空频资源”与“被动对抗”理念设计和使用,在单雷达对单远距离支援式干扰机对抗博弈中，单雷达抗干扰能力往往处于弱势。也就是说，单雷达在复杂电子干扰的战场环境下发现概率与情报精度一般会有大幅度的下降，甚至出现看不见目标或者雷达死机的极端现象，这就是典型的"软杀伤"。雷达组网系统是基于"措施多样、协同控制、主动对抗"等体系对抗理念设计和使用，使雷达组网系统具有"灵活"、"智能"、"快捷"等抗复杂电子干扰特点，不仅发现概率与情报精度等性能指标还有可能提高，而且实现了从"单一资源"对抗到"体系探测资源"对抗的转变。本节就来论述雷达组网提高抗复杂电子干扰能力的技术机理。

2.5.1 组网抗复杂电子干扰能力的一般描述

雷达探测与干扰机的对抗一般在时空频等多个领域展开，单雷达或雷达组网系统抗干扰的能力一般由两方面决定，一是抗干扰措施（资源）要多，二是发射信号变化要快。换句话说，不仅在设计研制单雷达或雷达组网系统时抗干扰的技术措施要多，而且指战员运用技术措施的战术要灵活。雷达组网系统比单雷达抗干扰能力强的核心就是三个词，抗干扰"资源多多、变化快捷、使用灵活"，这就要求抗干扰战术与技术紧密结合。

2.5.1.1 组网体系抗干扰与单雷达的差别

随着雷达技术的发展，现代常规雷达大都具有表2.2所列的抗复杂电子干扰技术措施。这些技术措施都是基于传统"单一资源"与"被动对抗"对抗理念设计的，有些技术措施是固有抗干扰能力，不需要选择自然起作用，有些技术措施发挥作用需要通过指挥员选择。

表2.2 常规雷达主要的抗复杂电子干扰技术措施

分类	抗干扰技术措施	措施的主要作用	使用模式
空域	降低雷达发射天线副瓣	降低被侦察概率	设计固有
	低/超低副瓣接收天线	降低从副瓣进入的干扰能量	设计固有
	窄波束、高增益天线	减少从主瓣进入的干扰能量	设计固有
	多波束形成技术	减少主瓣受干扰程度	设计固有
	单脉冲测角	反角度欺骗干扰	设计固有
	扫描波束捷变	增加侦察难度，减少主瓣受干扰程度	设计固有
	自适应波束调零	减少副瓣干扰	使用选择
	副瓣对消	抗噪声压制干扰	使用选择
	副瓣消隐	抗转发式欺骗干扰	使用选择
	设置辅助发射天线与诱饵	降低雷达被精确定位的可能性	使用选择

（续）

分类	抗干扰技术措施	措施的主要作用	使用模式
频域	宽带/超宽带体制	增大干扰信号带宽，降低干扰信号功率谱密度；增加瞬时测频难度，减少数字储频作用	设计固有
	频率捷变		使用选择
	频率分集		使用选择
	瞬时宽带信号		使用选择
时域	波形参数捷变	增加雷达信号侦察难度，降低干扰能量接收	使用选择
	大时宽带宽信号		使用选择
	工作模式分区捷变		使用选择
	射频辐射管理		使用选择
	变极化、多极化技术		使用选择
	信号处理（MTI、MTD、PD 等）	增加相干积累时间，提高检测所需信/干比、信/噪比	设计固有
	数据处理	增加目标的相关性，提高航迹质量	设计固有
	一键选择综合抗干扰	降低操作员研判要求，降低对有用信号的损失	使用选择

这些抗干扰措施可分成两大类：一类是通过空域、频域、时域等来降低干扰能量的接收输入；另一类是在信号和数据处理时尽量抑制干扰回波，提高信干比，降低干扰能量对目标回波检测的影响。这些抗干扰技术措施在选择使用时，通常在抑制干扰的同时会对探测目标信号有损失，所以指战员选择使用这些抗干扰技术措施时是被动的、不愿意的，这就是所谓抗干扰措施使用“双刃剑”，何况选择使用的针对性也带有一定的盲目性。当与具有侦察详细、研判及时、样式多样、频段衔接、功率饱和、转发真实、变化快捷等特性的现代远距离支援式干扰机对抗博弈中，单雷达处于弱势是必然的。

雷达组网系统是基于“措施多样”、“协同控制”、“主动对抗”等体系对抗理念设计和使用。“措施多样”就是抗干扰的技术措施多样，得益于不同频域和时域组网雷达的选择与异地优化部署，是实现雷达组网系统抗干扰的基础条件。“协同控制”就是抗干扰组合的模式多，而且变化灵活和快捷，“空域”、“频域”、“时域”、“信息域”抗干扰措施在组网融控中心协同控制下，联合发挥作用；实现“协同控制”需要“预案”支持，就是要设计雷达组网系统抗复杂电子干扰的战前探测资源优化管控预案。“主动对抗”就是在抗干扰措施多样与协同控制的技术基础上，采取主动快捷变化抗干扰的战术使用模式，使干扰机侦察不清、判断错误、跟踪缓慢、干扰效能低下，这是雷达组网系统抗复杂电子干扰的优势所在。例如，设置专用诱饵雷达佯攻干扰机掩护主战雷达，或者利用诱饵信号掩盖真探测信号,保护主战雷达或真正的探测信号不受或少受干扰。这些战法都是组网体系探测资源优化使用的典型案例。

在表2.2单雷达抗干扰技术措施的基础上,表2.3新增了组网体系抗干扰技术与战术措施。从中读者可以理解到雷达组网系统抗复杂电子干扰战前探测资源优化管控预案设计的核心。

表2.3　组网体系抗复杂电子干扰技术和战术措施

组网联合抗干扰措施	措施的联合作用	要求
组网雷达异地部署	扩展干扰机的干扰区域,可能在空域上侦察不全,覆盖不住	优化部署
组网雷达发射优化管理,实现闪烁发射,而且雷达工作模式、发射信号参数与频率快速变化;必要时发射"诱饵"信号,误导干扰机侦察结果	延长被侦察的时间,增加信号侦察的难度,使其侦察决策错误,不仅降低被准确侦察概率,而且增大干扰的盲目性,浪费干扰资源	预案设计
组网雷达隐蔽开机,佯动开机	吸引和浪费干扰资源,使其干扰效能低下或者不起作用,降低对骨干雷达的干扰力度	预案设计
组网雷达多频段,使用多样,变化快捷	在空域优化部署的基础上,使用上使其干扰机在空域与频域难以同时覆盖压制,平滑RCS性能,降低干扰密度,增加信/干比	优化选择 预案设计
组网雷达多极化,使用多样,变化快捷	降低干扰密度,增加信/干比	预案设计
发射、接收天线分开,单发多收,双/多基地等	降低干扰能量接收,增加目标接收信号能量,提高信/干比	体制
集中式点迹融合	点迹补充、加强、校验,降低干扰影响,提高发现概率、情报精度、数据率等性能	融合算法
检测前跟踪	提前起始航迹	融合算法
干扰源交叉定位	抗主瓣干扰	融合算法
航迹相互印证	抑制对单雷达的航迹欺骗干扰	融合算法

与单雷达抗复杂电子干扰技术措施比,雷达组网系统具有资源多样、模式多种、变化快捷、时空频联合作用的明显优势。雷达组网系统抗复杂电子干扰的体系探测资源,主要体现在各组网的多样化抗干扰措施上。异地优化部署的组网雷达体现多雷达抗复杂电子干扰的空域优势,多频段组网雷达体现频域抗复杂电子干扰优势,组网雷达工作模式多样、多发射信号及参数快速变化体现时域抗

复杂电子干扰优势，组网雷达多极化体现极化域抗复杂电子干扰优势，组网融控中心集中式点迹融合体现信息域抗复杂电子干扰优势。一句话，雷达组网系统具备多体制、多功能、多频段、多空间、多模式、多极化、多信号等体系探测资源或者说抗干扰资源。

此外，多雷达组网还可实现交叉定位来探测干扰机目标。掩护式干扰机对单雷达干扰时，因为信干比的降低，而干扰机又在较远的位置，就是采取抗干扰措施，通常还会在干扰机主辨方向有明显的干扰带，所以，单雷达通常对掩护式干扰机目标是至盲的。若不同空间多雷达能实时输出干扰源指向，则通过交叉定位算法，可以定出干扰机的位置。如果干扰机有多架，而且靠得很近，则一般的交叉定位算法会出现“假点”，需要复杂算法来消除“假点”。所以，通过交叉定位的方法来跟踪干扰机需要一定的条件，而且实际中精度往往较差。

从上可以总结，再次回应了1.1节所描述的内容。雷达组网系统是对不同体制、频段、功能、精度、数据率的单一雷达进行实时远程实时控制和点迹融合处理，将指定区域雷达群的多部雷达装备以组网探测的模式进行资源整合，形成一部具有高精度、高数据率、高抗干扰性能的“可编程大雷达”，使雷达组网系统通过“预案”与“控制”实现“灵活”“智能”“主动”“快捷”等抗复杂电子干扰能力。

2.5.1.2 组网体系抗干扰优势实现的条件

雷达组网系统抗复杂电子干扰的灵活性、主动性与快捷性，主要通过“预案”与“控制”来实现。“预案”是雷达组网系统抗复杂电子干扰的顶层设计，包括组网雷达的优化选择和部署、抗侦察措施协同、抗干扰措施协同、抗反辐射打击、干扰源交叉定位、融合抗饱和等内容与方案；“控制”是“预案”实现的技术途径，通过实时控制各组网雷达的抗干扰技术措施，快速、自适应地改变雷达探测模式和参数，不仅使敌干扰机在短时间内难以侦察清楚我方抗复杂电子干扰所具备的体系资源与运用战法，如空间、频率、信号、极化等资源及其运用战法；而且更重要的是进一步增加了时域信号的跟踪难度，甚至产生错误的侦察决策结果，进一步降低了频域干扰功率密度，进一步扩展了空域干扰的分散性，进一步加大了在时、空、频干扰的不连续性，给雷达组网系统提供了点迹互相“补充、校验、加强”的集中探测机会。雷达组网系统抗复杂电子干扰的“预案”与“控制”主动起到示假我探测资源、迷惑敌干扰机、影响敌干扰机判断决策、减慢敌干扰机对雷达信号的跟踪速度、降低敌干扰机干扰效能等方面的作用。一句话，雷达组网系统通过“措施多样”“协同控制”“主动对抗”等战技措施降低了敌干扰机干扰资源的作战效能。

2.5.1.3 组网体系抗干扰预案的运用

在抗复杂电子干扰资源优化管控预案设计与实施中，指战员的理念、思想、分析、评估判断及其重要，指战员要设计、仿真、推演、实施、调整抗复杂电子干扰预案，不仅“指战员在控制回路”中，而且要实现人机快速高效互动。在组网体系抗干扰预案运用中一般要求指战员做好以下几项工作。

(1) 要设计灵活的反侦察和抗干扰预案。在复杂电子干扰环境中，在组网融控中心的远程实时控制下，能快速改变各组网雷达的工作频率、信号形式等参数，间隙(闪烁)协同发射时间等，进行协同反侦察和抗干扰，确保组网雷达以低截获概率工作，降低雷达组网系统中各组网雷达被侦察、被定位、被识别和被干扰的概率，甚至被反辐射导弹打击的概率。如果条件许可，必要时控制启动诱饵雷达或诱饵信号，干扰或者迷惑干扰机，如果进一步发挥雷达组网系统快速机动、不依赖光纤通信网的独立作战能力，进行组网雷达的战前快速机动，雷达组网系统的抗电子干扰的效能将进一步得到发挥。

(2) 要实时协同各组网雷达抗电子干扰的各种资源，使干扰机在时、空频域的干扰资源不足或难以奏效。组网融控中心协同发挥雷达组网体系多体制、多频率、多空间、多极化的探测优势，一方面迫使干扰机展宽干扰频段，降低干扰功率密度，使雷达信干比下降不多，保障雷达的发现概率，尽可能地得到目标点迹信息，为组网融控中心多雷达点迹融合奠定基础；另一方面干扰机在空间和频段的资源有限性，难以连续、同时干扰优化部署的组网雷达，存在干扰的漏洞或者间隙，这一间隙使组网雷达又有可能获得零散的点迹信息，这些零散的点迹不一定能自动形成航迹或只能形成一小段航迹，但为组网融控中心多雷达点迹融合，提高整个组网区域的发现概率提供了可能。

(3) 按照预案控制各组网雷达实施抗电子干扰，实现体系探测最优。各组网雷达每一种抗干扰措施通常是“双刃剑”，当各组网雷达采取某种抗电子干扰措施时，对目标探测都会带来一定的损失。目前掩护式电子干扰机通常采用综合(一般是压制式噪声加转发假目标)干扰，雷达操作员难以判清干扰样式，采取的抗电子干扰措施通常比较盲目，对目标的探测损失会更大。但是，组网融控中心指战员能比较清楚地了解当前作战任务、空中目标态势和整个区域受电子干扰的情况，可以控制各组网雷达采取恰当的抗电子干扰措施，尽可能降低采取抗干扰措施对目标探测所造成的损失，保障各组网雷达可能的发现概率，为组网融控中心多雷达点迹融合多提供一些有用的点迹。

(4) 按照预案，控制组网融控中心点迹融合算法与参数，提高复杂电子干扰背景中目标的发现概率。正因为采用了上述几条战技机理相结合的抗电子干扰措施，为组网融控中心尽可能提供可融合的点迹信息，通过系统误差消除、点迹相关和滤波等环节处理,实现多站雷达点迹融合,在复杂电子干扰环境中,提取了有用目标信息,输出了高质量的航迹情报。

2.5.2　提高抗复杂电子干扰能力验证实例

验证雷达组网系统抗复杂电子干扰能力的实验设置与验证发现概率和情报精度类似,只是要增加电子干扰环境设置。

(1) 干扰机选择与飞行航线设置:选择多架远距离支援式干扰机,按照“跑道型”经典通用航线在 x km 外提供远距离支援干扰,飞行高度为 x km 左右,按预案要求在雷达组网全频段释放复杂电子干扰,掩护目标机突防。图 2.29(a)给出了干扰机、目标机、组网雷达位置示意,图 2.29(b)给出了实际干扰机与目标机实验航迹(照片)。

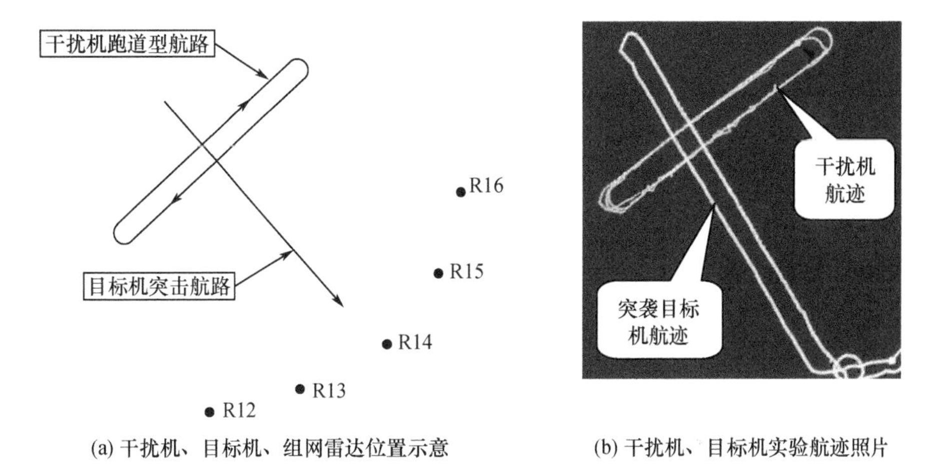

(a) 干扰机、目标机、组网雷达位置示意　　(b) 干扰机、目标机实验航迹照片

图 2.29　抗复杂电子干扰实验场部署示意(见彩图)

(2) 目标机选择与飞行航线设置:选择 RCS 标定后的常规非隐身飞机,向雷达组网系统防区突防飞行,飞行高度为 x km,携带 GPS/北斗定位和定时设备,按预案设计的航线进行实验飞行,记录航迹真值数据。

(3) 组网雷达选择、部署与设置:选择 5 部米波、P、L、S 频段的雷达 R12 ~ R16,其中三坐标雷达 3 部;5 部组网雷达按照空域与频域优化原则异地部署在实验区域,阵地尽量避免遮挡制约,采用有线与无线多种通信网络连接。

(4) 组网融控中心部署与设置:组网融控中心部署在光缆的接入点,设置抗复杂电子干扰融合与控制方式,按照抗复杂电子干扰资源优化管控预案对 5 部组网雷达实施实时控制,适应干扰机多样化干扰的变化。

(5) 抗干扰预案设计:干扰机与雷达组网系统对抗实验是在“双盲”的条件下按照对抗前设计的预案进行。预案设计包括干扰机干扰预案与雷达组网系统抗复杂电子干扰资源优化管控预案设计。干扰机干扰预案设计包括侦察与干扰在时域、空域、频域、能量多个方面的资源分配;雷达组网系统抗复杂电子干扰预案包括抗干扰技术措施与探测资源在时域、空域、频域、能量多个方面的分配。干扰机干扰模式,干扰信号形式、强度、时间对雷达组网系统是未知的,雷达组网系统采取的抗干扰技术措施与在时域、空域、频域、能量多个方面的分配对干扰机也是未知的。

(6) 环境选择:选择实验地区环境,主要考虑降低相互影响,一方面选择广播、电视、通信、工业等对组网雷达影响较弱的区域;另一方面选择干扰机和组网雷达对民航、广播、电视、通信等影响较小的地区进行实验。

(7) 实验数据处理:全程收集和记录实验数据,统计分析 5 部组网雷达与组网融控中心的航迹发现概率、航迹情报精度、航迹数据率(数据统计分析方法详见第 8 章)等。图 2.30 给出了抗干扰能力最强的某组网雷达与雷达组网系统航迹连续性的对比。

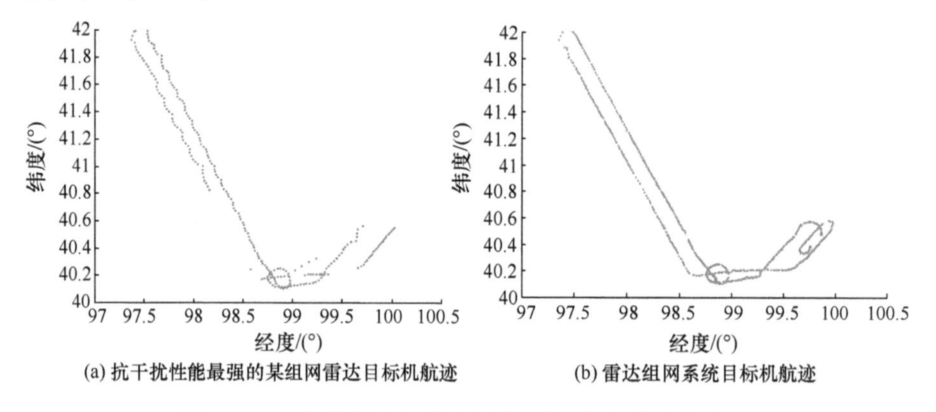

(a) 抗干扰性能最强的某组网雷达目标机航迹

(b) 雷达组网系统目标机航迹

图 2.30 某组网雷达与雷达组网系统目标机航迹的对比

从图 2.30 对比可以看出,即使抗干扰性能最好、抗干扰能力最强的某组网雷达,其目标机航迹情报质量也非常差,首先是不连续,其次是精度和数据率明显下降,航迹像“断续的锯齿”。统计表明,航迹连续性只有 70%,精度比指标性能下降 1 倍多,数据率下降 20%,如果选择抗干扰性能较差的组网雷达,航迹质量性能还要下降更多。

雷达组网系统在复杂电子干扰条件下目标机航迹基本是连续的,航迹情报质量明显提高。统计表明,航迹连续性达到 98%,精度比 5 部组网雷达中最好的提高 200%,数据率比 5 部组网雷达中最好的提高 120%。

实验表明,单干扰机在空域、频域、时域、能量等方面的资源对付单雷达的资源显得非常充足,干扰资源运用非常自如,干扰掉单一雷达显得非常轻松。但对由不同频段、在不同空间优化部署的雷达组网系统,干扰空间、频段、能量显得非常有限，干扰资源往往显得不足，而且还要浪费干扰资源，要干扰掉雷达组网系统是有难度的，需要进一步研究多干扰机组网运用的专题。

2.5.3　提高抗复杂电子干扰能力对资源管控的要求

前面已经清楚论述，雷达组网能提高抗复杂电子干扰能力，但抗干扰的能力程度受有关条件制约，如何管控好探测资源（抗干扰措施）来最大限度提高抗复杂电子干扰能力，这是本节要回答的问题，即抗复杂电子干扰资源管控要求与方法。要全面提高雷达组网系统抗电子干扰能力，涉及战术与技术两个方面，核心要素包括单个组网雷达选择与部署、组网融控中心技术性能、抗复杂电子干扰资源优化管控预案设计及其实施。

（1）组网雷达选择与部署：组网雷达选择与部署是提高雷达组网系统抗复杂电子干扰能力基本要求。第一从“个体”考虑，要选择抗干扰措施多、工作模式和发射参数控制灵活的组网雷达，如相控阵雷达，为组网融控中心优化控制组网雷达的探测资源提供基本条件；第二从“整体”上考虑，多个组网雷达在频段、模式、极化等方面具有多样性与差异性，为预案优化设计提供多样化和差别化的抗干扰资源；第三从部署上考虑，综合预警区域、任务要求、装备能力、敌方可能的干扰资源等因素，从部署空域上增加敌干扰机侦察难度，产生侦察决策的判断错误。

（2）组网融控中心技术性能：主要包括点迹融合模式和参数设置、装备状态监视、效能评估、人机交互、人网交互控制等功能实现的技术能力，即组网技术平台的水平和条件。这些技术性能决定了雷达组网系统能否实现快速准确指挥决策、探测资源实时控制、点迹融合、效能评估、预案调整等闭环控制中的主要环节，是运用和实施抗复杂电子干扰资源优化管控预案的基本技术保障，也是提高雷达组网系统抗复杂电子干扰能力基本要求。

（3）抗复杂电子干扰资源优化管控预案设计：选择了战技性能合适的组网雷达与设计了技术性能优越的雷达组网融控中心，实际上只具备了技术条件或者平台。更重要的是要设计好雷达组网体系抗复杂电子干扰资源优化管控的预案，并在组网技术平台上实施抗复杂电子干扰战术，使战技两者紧密融合。预案设计技术将会在第 5 章详细讨论，但抗复杂电子干扰预案设计有“多样性”、“协同性”、“快捷性”、“主动性”等自己的特殊性，必须要考虑好如下几个典型问题。

第一要突出预案多样性。尽管雷达组网系统集中了多个组网雷达抗干扰的资源，但单个干扰机的战技性能越来越好，多个干扰机组网运用越来越灵活。主要表现在：干扰机侦察、干扰、导航之间工作越来越能兼容，侦察、分析、判断、预测能力越来越智能化，在频域、空域、时域、极化域的干扰资源越来越丰富，干扰信号的形式、频率、极化等参数的转换越来越快捷，接收、存储、转发雷达信号越来越精准,干扰资源规划、干扰效果快速盲评、干扰资源实时调整、人机结合越来越高效。呈现了干扰与抗干扰矛盾双方资源多样性与变化快捷性的特点,这就是俗话所说的"你快他也快、你变他也变"的博弈局面。面对干扰机多样性与变化性的特点,雷达组网系统抗复杂电子干扰的预案对策也必须突出多样性。而且要按照干扰机干扰资源变化规律,分类分层分组设计好多种抗干扰资源分配预案,构成专用预案集与预案库,体现"预已从严"的具体成果,为指挥员战中调整与转化预案提供便利。

第二要突出预案实现的协同性。每种抗干扰措施往往都是"双刃剑",在抑制干扰的同时,一般对有用的目标信号也带来损失。在每种抗干扰预案中,既要考虑到单个组网雷达抗干扰措施对有用信号的损失程度,更要考虑组网体系抗干扰的整体效能,这就要求对每种抗干扰预案进行作战实验,既要在模拟环境下进行数字仿真与对比效能评估,还要在实装条件下进行推演训练与进一步优化,不仅要确保每一个抗干扰预案准确无误,更要使指战员对每种抗干扰预案的应用条件、产生的效能、可能带来的问题做到心中有数。

第三要突出预案实施中人机交互的快捷性。针对典型场景,尽管设计了分类分层分组的多样化抗复杂电子干扰资源优化管控预案集,但仍然是难以穷尽,再加上受对敌干扰机了解的制约,难以预测敌干扰机新的作战方式。指战员必须在预案基础上进行实时调整抗干扰措施,而且要求快捷准确。所以,组网融控中心要为指战员决策与调整提供快速、便捷、直观的人机交互操作和信息,一方面要提供当前情报态势、可用装备能力、信息处理能力等影响决策的因素,另一方面还要快速提供抗干扰调整对策的辅助建议。

第四要突出预案设计中主动性。从现在或将来发展看,干扰机或干扰机组网系统都会呈现干扰资源和作战方式"多、变、快、组"等方面的特性。雷达组网系统在采取"以多对多,以快对快,以变对变,以组对组"等一般性体系探测方式的基础上,更要突出主动性,主动作为。在预案中突出时空频抗干扰资源的联合、主动、快捷地变化,使发射信号起到"以假示真、真假难分、是真难定"的突出作用。例如,在组网区域,设计了按任务、空域、时段、环境快速改变的多种发射信号,图 2. 31 展示了 4 部组网雷达在组网融控中心控制下在时间维的快速变化,在空域、频域、极化、模式、参数等维的变化也可类似画出。

按照图 2. 31 最简单的控制时序对组网雷达实施"闪烁"发射,对敌方将形成"闪烁"状电磁环境,既能满足空中目标探测需要,又起到掩护和欺骗干扰机的作用。这种抗复杂电子干扰预案使干扰机战前侦察资料无作用、临战侦察搞不清、战中侦察来不及,可严重破坏侦察结果,影响干扰决策与方案实施,达到分散干扰功率、浪费干扰资源、降低时空频的干扰密度、抵消干扰机的作战效能的作用,提高雷达组网系统抗干扰能力和减少反辐射武器对雷达的命中概率。

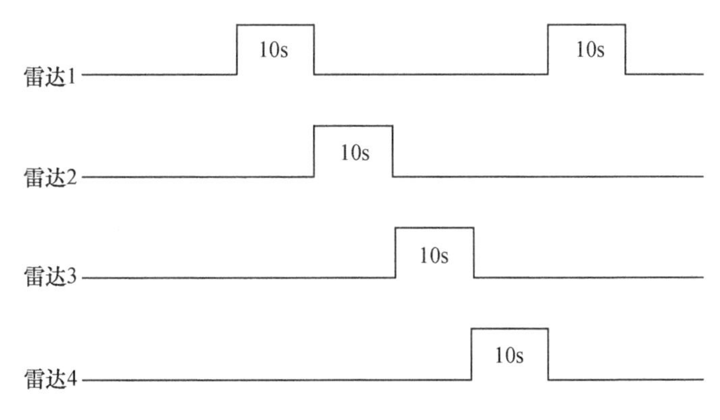

图 2.31　在时间维上"闪烁"控制示意图

以上提出的探测资源管控要求，是认知域理性的总结归纳，可简单归纳为"个体能力、技术条件、体系预案"三个词，即首先是组网雷达个体能力与组网融控中心技术条件要满足要求，再是抗复杂电子干扰资源管控预案要设计到位，通过"预案"与"控制"实现"多域融一"，把雷达组网体系的技术优势发挥到极致，从而获得体系对抗效能，实现从"单一资源对抗"到"体系资源对抗"的巨大转变。

2.6　提高综合探测能力的技术机理总结

从上述各节论述可以看出，雷达组网系统是成功应用 NCW 理论和技术的一种典范工程，通过"预案、控制、融合"战技紧密结合的机理实现了"物理域、信息域、认知域/社会域""多域融一"的体系探测理念，使组网体系探测资源紧密协同，灵活使用，实时控制，达到了提升和挖掘雷达组网体系探测效能的目的，验证了"多域融合越紧密，边界条件越具体，探测资源管控预案越精细，组网体系探测效能越大"的结论。需要注意的是，针对雷达组网不同的体系探测效能要求，"预案、控制、融合"战技紧密结合的机理的特性会有所不同，实施具体方案也有所不同。

2.6.1　"预案"特性总结

预案，指雷达组网体系探测资源优化管控预案，简称"案"。从 NCW 理论看，预案是"物理域、信息域、认知域/社会域""多域融一"的综合表现形式；是把物理域与信息域的探测资源通过指战员的认知，集成在一起，是一种体系探测战法，是指挥员思想的载体与转化形式；是针对物理域"目标、环境、装备"具体条件与变化，指战员采取的一种优化对策，是一种组网体系探测资源协同工作的模型、命令、时序、波形等。所以，预案是提高组网体系探测效能的核心条件、必要条件、前提条件，预案的好坏直接影响体系探测效能。

预案工程化实现，是采用雷达组网体系探测资源管控预案工程化技术，把预案转化成雷达装备能执行的模型、软件、指令、时序等形式，在雷达装备中自动实施(人不在回路)或者在指挥员监督控制下实施(人在回路)，使雷达组网的体系探测资源匹配于空中目标与环境。

不管雷达组网系统要达到的体系效能目的是什么，预案工程化的方法与流程是一致的，其主要环节、实施手段与成果形式如表2.4所列。

表2.4　预案工程化流程

作战进程	主要环节	实施手段	获得成果	预案实施与验证
战前	预案设计	仿真评估	基本预案	数字仿真
	预案优化		优化预案	
	预案推演	模拟推演	训练预案	数字模拟器或半实物模拟器
临战	预案选择	实装训练	实施预案	实装环境
	预案训练			
战中	预案实施	实战应用		
	预案调整		执行预案	
战后	预案归档	归档管理	验证预案	

从作战进程的战前、临战、战中、战后不同阶段看，还是从预案设计、优化、推演、训练、调整、应用等环节看，实现预案工程化一般可分成如下几步：

第一步是战前基本预案(集)设计。依据给定组网区域的雷达性能、地理环境与作战任务，按照大类场景划分设计战前各种目标探测的基本预案(集)，最后生成按场景分类分层的雷达组网体系探测资源基本预案库。

第二步是战前基本预案(集)优化。给定边界条件，继续细化预案(集)使用的边界条件，通过预案仿真计算与对比评估环节，对设计的基本预案(集)进行理论上的优化，寻求体系探测效能最大解，把基本预案(集)转化成优化预案(集)，最后生成分类分层的雷达组网体系探测资源优化预案库。

第三步是基于优化预案(集)进行的模拟推演。通过装备模拟器对优化预案(集)进行全过程模拟推演，在作战实验或训练室模拟检验预案(集)的多种协同程度，主要包括“人人、人机、人网、机机”的协同程度，预案与指挥员的协同程度，组网雷达之间的协同程度，各级指战员之间的协同程度，组网融控中心、组网雷达、通信网络等分系统之间的协同程度，把优化预案(集)转化成训练预案(集)，最后生成雷达组网体系探测资源训练预案库。

第四步是临战预案(集)实装训练。考虑战中可能会出现的目标和环境，首先要选择对应的训练预案(集)，进行实装训练。通过全员、全装集成训练，在实装条件下进一步检验预案(集)的多种协同程度,主要包括"人人、人机、人网、机机"的协同程度,预案与指挥员的协同程度,组网雷达之间的协同程度,各级指战员之间的协同程度,组网融控中心、组网雷达、通信网络等分系统之间的协同程度,把训练预案(集)转化成实施预案(集),最后生成雷达组网体系探测资源实施预案库。

第五步是战中实时调整。首先依据临战前的态势研判,决策选择一种实施预案(集)作为实战之用。按照选择的实施预案(集)在雷达组网系统中实施,指挥员实时监视预案的实施并在线动态评估雷达组网系统探测效能。考虑战场目标、环境与任务的变化,按照预案实时调整网内可用的探测资源,使探测资源匹配空中目标与环境,尽可能获得雷达组网系统最佳探测效果,满足探测任务要求。这个过程,把实施预案(集)转化成执行预案(集),最后生成雷达组网体系探测资源执行预案库。

第六步是战后验证评价。战后对实际使用过的探测资源预案有效性、适应性、边界条件进行用后验证评价,详细注解使用条件与要点,提出修改与下一步使用建议,并进行分类分层归档管理。这种经过实际使用的预案(集)称为验证后预案(集),简称为验证预案(集),最后生成雷达组网体系探测资源验证预案库。

2.6.2 "控制"特性总结

控制,是对雷达组网体系探测资源进行优化实时控制,简称"控"。控制就是采用实时远程协同控制技术,按照雷达组网体系探测资源优化管控预案,通过模型、软件、指令、时序等形式,对雷达组网体系探测资源进行实时协同控制,体现雷达组网系统控制的灵活性、协同性与实时性。通过闭环控制回路,用预案来实现对体系探测资源的实时控制。闭环控制回路既要满足实时、协同控制的要求,更要满足控制目的性要求,即尽量多获得一些空中目标有用的点迹信息,少得到一些影响有用点迹信息提取的有害信息。所以控制是雷达组网系统获得体系最大效能的前提条件与技术途径,是不同于航迹情报处理系统的特点之一。虽然雷达组网在不同探测任务时追求的体系效能有所差别,控制的内容也有所不同,但其体系探测资源控制的方法与技术途径基本相同。所以,控制是实现预案工程化的有效方法与重要技术途径,是预案工程化关键性技术与环节。

针对发现概率最大的组网体系效能要求,既要控制组网雷达的工作模式、发射信号参数、天线转速、信号处理模型和参数等,也要控制组网融控中心的融合算法与参数。例如,为了尽可能提高雷达组网系统在杂波区对低慢小目标的发现概率,图 2.32 给出了"检测门限"、"速度相关门限"与"区域相关门限"协同控制的实例。在保证传输带宽、算法速度与虚假航迹数的前提下,一方面控制雷达

"检测门限",适当降低组网雷达的"检测门限",在"幅度维"尽可能获得高的发现概率,即空中目标有用的点迹数量。另一方面控制组网融控中心的"速度相关门限"与"区域相关门限"。降低"速度相关门限",有利于低慢小目标的点迹相关与航迹起始,在"速度维"提高发现概率;缩小"区域相关门限",有利于抑制由于降低"检测门限"与"速度相关门限"带来的有害点迹,在"区域(空间)维"降低虚假航迹数。实现组网雷达检测局部次优、雷达组网系统探测全局最优的目标。

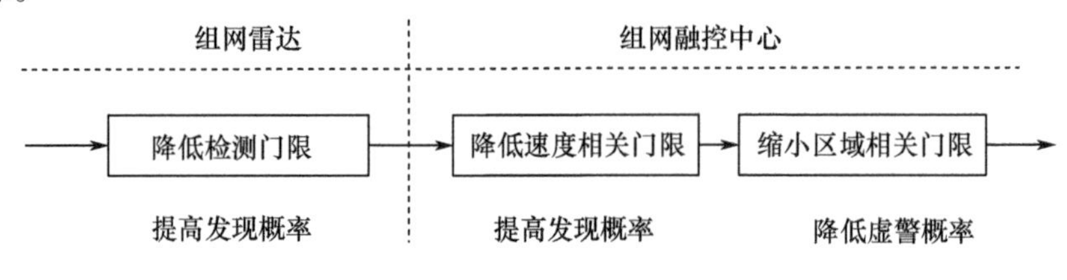

图 2.32 "门限"协同控制举例

提高航迹情报精度是通过优质点迹相互加强获得,针对航迹情报精度最好的组网体系效能要求,在优化选择与部署组网雷达基础上,组网融控中心的融合权值也就明确了,探测资源"控制"的重点是对组网雷达系统误差的分析评估、预测与实时校正。相比之下,获得组网情报精度体系效能的控制比较简单。

针对抗复杂电子干扰能力最强的组网体系效能要求,控制对象首先是各组网雷达本身的抗复杂电子干扰措施,其次是组网融控中心的融合算法与参数,而且必须强调控制的实时性、协调性与准确性,实现组网雷达抗复杂电子干扰局部次强、雷达组网系统抗复杂电子干扰全局最优的目标。

2.6.3 "融合"特性总结

融合,指组网融控中心点迹信息集中融合,简称"融"字。融合也是实现组网体系探测资源优化管控预案工程化的技术途径,也是预案工程化关键性技术与环节,通过集中式点迹融合模式来提取组网雷达探测得到的有用点迹信息。融合的对象是各组网雷达的点迹,融合的方式是集中式,融合的基本功能是把有用目标点迹信息变成航迹情报,融合的要求是尽可能把探测得到目标有用点迹信息都提取出来,而把不需要或者有害的点迹信息都抑制掉,更是不同于航迹情报处理系统的特点。

点迹融合算法及参数与组网雷达点迹产生方式相对应,当组网雷达的工作模式与参数被控制改变时,组网融控中心融合算法及参数也要被控制改变,适应点迹信息特性的变化,这也就是前面提到的"要做好点迹融合工程,必须要懂得组网雷达产生点迹的特性"的重要理由,也就是说,点迹融合不单单是融合算法问题,而是"雷达探测机理 + 数据融合算法"的综合问题。

针对发现概率最大的组网体系效能要求,融合特性主要体现在点迹补充与校验方面。就是通过集中式点迹融合技术,不仅实现不同空间、频率和功能等组网雷达点迹在时间、空间、幅度等多维的相关,进行点迹信息可用度相互校验,降低由杂波、噪声等干扰点迹带来的虚假航迹;而且实现不同组网雷达点迹信息的相互补充,通过融合算法,可以弥补单雷达在强杂波区独自探测低慢小目标带来的如下具体问题。一是可以弥补单雷达动目标处理凹口对慢速或盲速目标检测的损失;二是补偿单雷达在强杂波区对低慢小目标检测的损失;三是提前起批低慢小目标的航迹;四是互补经雷达顶空盲区的目标点/航迹信息。

针对航迹情报精度最好的组网体系效能要求,点迹融合技术在实现不同组网雷达点迹信息多维相关与相互校验的基础上,重点是相互加强。通过加强融合算法,提高雷达组网系统情报的精确性、连续性、数据率、时效性。

针对抗复杂电子干扰能力最强的组网体系效能要求,点迹融合算法选择和参数设置要与组网体系抗干扰预案相对应。点迹融合技术既要实现不同组网雷达点迹信息多维相关与相互校验,又要相互补充与相互加强,还要保证复杂电子干扰情况下融合计算处理不饱和、不死机。首先要以高发现概率为优化条件,发现并连续跟踪空中目标,看得见复杂电子干扰条件下的空中目标;再以高航迹情报精度为优化条件,提高输出航迹情报的精确性、数据率与时效性。实现组网雷达检测局部次优、雷达组网系统探测全局最优的目标。

2.7　体会与结论

通过本章以上各节的论述,可以总结归纳出如图 2.33 所示的“预案、控制、融合”之间的关系。

“预案、控制、融合”三者对雷达组网体系探测效能的贡献度如下所示:“预案”是预警体系“目标、环境、装备、人员、情报”五要素的集中体现,是 NCW“多域融一”的综合表现形式,是雷达组网系统实现体系探测效能最大化的顶层设计与理论指导,是认知域思想的工程化,是实现指挥员思想和战法的软件,是探测战术与技术的紧密结合的产物,是当今预警装备最或缺、最薄弱、最没有做好、最需要加强的内容,预案的好坏直接影响体系探测效能。“控制”是实现“预案”的技术途径,是实现探测资源优化管控的有效方法,是复杂环境中尽可能获得目标有用点迹信息的保障。“融合”是实现点迹信息集中式融合与体现雷达组网体系效能的技术途径,是在所有探测信息中提取使用目标有用点迹信息、抑制有害点迹信息、形成连续稳定可靠高质量航迹情报的保障。

作者研究和实践体会如下:

(1) 雷达组网系统可为预警部队提供体系探测的技术平台,可为体系探测

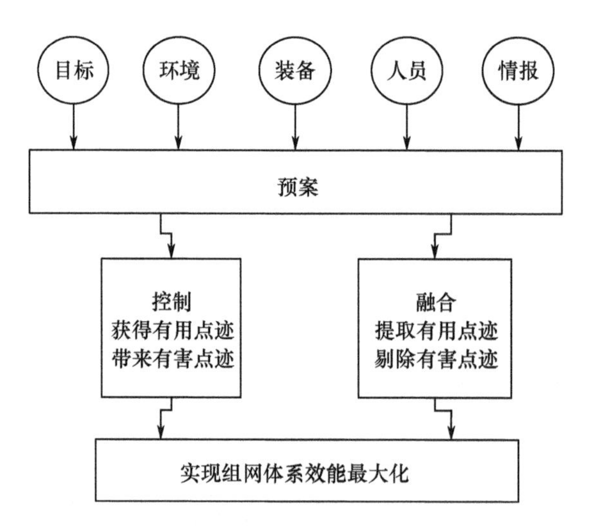

图 2.33 “预案、控制、融合”三者对体系探测效能的贡献

战术运用提供物理装备,但要雷达组网系统产生最大的体系探测效能,必须进行探测资源优化管控预案的设计,这是软件,是核心。

(2) 雷达组网体系探测效能与物理域、信息域、认知域/社会域、有密切的关系;雷达组网要获得最大的体系探测效能,需要运用好 NCW 物理域、信息域、认知域/社会域,“多域融一”的核心思想;指挥员的认知、理念、知识与战术思想,通过预案、流程、时序、软件、模型在物理域的预警装备中得以实现使用,在信息域中发挥作用,产生体系探测效能。

(3) 在雷达组网系统中,空中目标分析越透彻,战场环境感知越及时、越充分,探测资源优化管控预案设计越全面,实现越实时,“人人、人机、人网、机机”等环节协同越密切,探测资源与空中目标之间会越匹配,雷达组网系统的体系探测效能就越大。

(4) “预案”是提高组网体系探测效能的前提与必要条件;“控制”与“融合”是获得优质航迹情报两个不能缺少的基本保障,是必要条件。这三者都是实现雷达组网探测系统的核心技术,也是显著体现雷达组网探测系统技术体制特点的亮点和增长点,是不同于传统航迹情报处理系统的特点所在。

结论:

(1) 从“多域融一”的视角看,要获得雷达组网最大体系探测效能,必须要设计好预案,必须要控制好探测资源,必须融合好点迹,其核心机理可总结为“预案、控制、融合”三个词,简称为“案、控、融”三个字。是“多域融一”原理在雷达组网系统中的具体落实,而且多域融合越紧密,边界条件越具体,探测资优化管控预案越精细,组网体系探测效能越大。

(2) 从战术与技术结合、单平台向体系转型的视角看,雷达组网系统为雷达兵作战提供了一个体系集成平台，是一个具备雷达兵体系作战环境的技术框架，要充分发挥雷达组网的体系探测效能，需要指战员在实际作战中灵活运用雷达兵体系探测思想。也就是说，雷达组网系统是多雷达集群探测的体系作战组织形式，为雷达兵部队实现单雷达平台探测向区域体系探测的转变提供了条件，还需要雷达预警指挥员灵活运用。

参考文献

[1] David Aiberts, John Garstkad,et al. 网络中心行动的基本原理及其度量[M]. 李耐和,等译. 北京:国防工业出版社,2007.

[2] Dave Cammons,et al. 美军网络中心战:案例研究 1:作战行动[M]. 毛翔,等译. 北京:航空工业出版社,2012.

[3] Dave Cammons,et al. 美军网络中心战:案例研究 3:网络中心战透视[M]. 毛翔,等译. 北京:航空工业出版社,2012.

[4] 樊高月. 美军网络中心战理论与实践(上)[J]. 装备参考,2008,(13):1 - 4.

[5] 丁建江,等. 基于点迹融合与实时控制的雷达组网系统总体设计[J]. 军事运筹与系统工程,2009,23(2):21 - 24.

[6] 黄承静,等. 预已从严:兵棋推演及其应用[M]. 北京:航空工业出版社,2015.

[7] 胡晓峰. 战争工程论[M]. 北京:国防大学出版社,2015.

第3章 产生雷达组网效能的点迹融合技术

雷达组网信息融合主要有信号级、检测级、点迹级、航迹级融合等几种融合模式。其中信号级和检测级融合目前处于理论和技术攻关研究的阶段，工程化实现与装备应用难度较大。而点迹融合和航迹融合相对比较成熟，在雷达组网工程上应用广泛，而且组网探测效能显著。第1章已经表明，点迹融合与航迹融合相比，不仅能够更大限度地保留原始信息，而且可充分利用组网雷达探测得到的点迹信息，获得比航迹融合或者单部雷达更优越的跟踪性能，较有效地解决多目标或机动目标跟踪情况下的丢批、误批、快速起批等技术难题，并提升对弱小目标或隐身目标的探测能力。所以，本章首先综述信息融合技术的发展以及在雷达组网中的应用情况；在分析点迹融合数据时空配准、误差特性等预处理的基础上，对点迹融合的流程进行详细分析；最后分析推导点迹融合提高发现概率、提高定位精度的技术机理，并进行仿真验证。

3.1 信息融合技术以及在雷达组网中的应用

雷达组网技术的出现，与信息融合技术的发展紧密相连。正是因为信息融合技术的不断向前发展，随之出现了各种不同体制和功能的雷达组网系统。

3.1.1 信息融合技术研究现状

信息融合技术经过几十年的发展，已成为很重要的一个方向，接下来就从信息融合技术的发展历程、层次划分等方面进行介绍。

3.1.1.1 信息融合技术发展历程

多传感器信息融合技术源于现代战争对多源信息自动融合处理的需求。随着计算机、通信、传感器技术的迅速发展，现代战争的状态已发展成为陆、海、空、天、电磁五维结构的全面对抗。战场复杂性不断增加，作战范围越来越大，防御系统反应时间缩短。在现代 C^4ISR 系统中，依靠单传感器提供的预警情报已无法满足作战需要,必须运用多传感器提供的观测数据实时地发现目标、获取目标状态信息、识别目标属性、分析行为意图,进行战场态势估计、威胁分析,为火力控制、精确制导、电子对抗、作战模式和辅助决策等提供有效情报[1]。

在多传感器系统中,由于信息表现形式多样、信息量大、信息关系复杂,而且信息处理要求高度的实时性,远远超出了人脑的信息综合处理能力。从20世纪70年代起,一个新的交叉学科——多传感器信息融合便迅速地发展起来,并在军事系统及诸多民用领域得到了广泛的应用。到目前为止,美国在C^3I系统中应用的信息融合系统已有近百个。法国和德国在此领域的联合研究也早已进入实用化阶段。信息融合技术是多传感器组网的核心技术之一,决定着信息化武器装备作战能力的提升。国外对信息融合技术的研究起步较早,受到发达国家的广泛重视。在20世纪70年代,美国研究机构通过对多个独立的连续声纳信号进行融合处理,自动检测出敌方潜在的潜艇位置。1985年,美国成立了信息融合专家组,专门组织和指导相关技术的研究,为统一数据融合的定义、建立信息融合的公共参考框架做了大量卓有成效的工作。美国1988年起,把信息融合列为重点研究和开发的20项关键技术之一,且列为最优先发展的A类。在学术研究方面,美国三军数据融合年会、SPIE传感器融合年会、国际机器人和自动化会刊及IEEE的相关会议和会刊每年都有该技术的专门讨论。期间,出现了一些有代表性的著作,如Llinas和Walz的专著《多传感器数据融合》、Hall的专著《多传感器数据融合的数学基础》以及《多传感器数据融合手册》,系统介绍了多传感器信息融合的模型框架,并对研究内容做了全面系统的论述,Bar-Shalom和Fortmann的专著《跟踪与数据关联》《估计与跟踪:原理、技术和软件》《多传感器多目标跟踪:原理与技术》、Varshney的《分布式检测与数据融合》等综合论述了信息融合在目标跟踪领域的新思想、新方法以及新进展。

国内对信息融合技术的研究起步较晚,且发展相对缓慢。20世纪80年代末,国内才出现有关多传感器信息融合技术的研究报道,许多科研院所开始这一领域的研究。出现了一批专著和译著,如康耀红教授著的《数据融合理论与应用》、何友院士等人著的《多传感器信息融合及应用》、刘同明教授著的《数据融合技术及其应用》、杨万海教授编著的《多传感器数据融合及其应用》、刘征教授等译的《多传感器数据融合理论及应用》、韩崇昭教授等著的《多源信息融合》、赵宗贵研究员著的《多传感器、多目标跟踪与数据融合技术》等,大量的学术论文也相继涌现。早期由于缺乏实际的多传感器系统应用的牵引,我国在信息融合领域的研究更具有探索性和预研性。这些工作为我国信息融合的理论研究和工程实现做出了重要贡献。随着对新一代系统的研发,在需求牵引下将进一步推动信息融合技术的研究与应用。

3.1.1.2 信息融合概念及层次划分

信息融合是针对由多个同类或异类传感器所组成的系统开展的一种新的信息处理方法,它又被称作多源关联、多源合成、传感器混合或多传感器融合,但更广泛的说法是多传感器信息融合,即信息融合。关于信息融合的说法比较多,许多学者和研究机构从不同的角度出发给出了各自对信息融合的定义。美国三军实验室理事联席会议对信息融合定义为:信息融合是一个多级、多层面的信息处理过程,主要完成对多个信息源的信息进行自动检测、关联、相关、估计及组合等处理[2-3]。文献[3]给出了典型信息融合的层次划分,如图 3.1 所示,说明了典型信息融合过程及目的,由 4 个不同级别的处理层来实现。

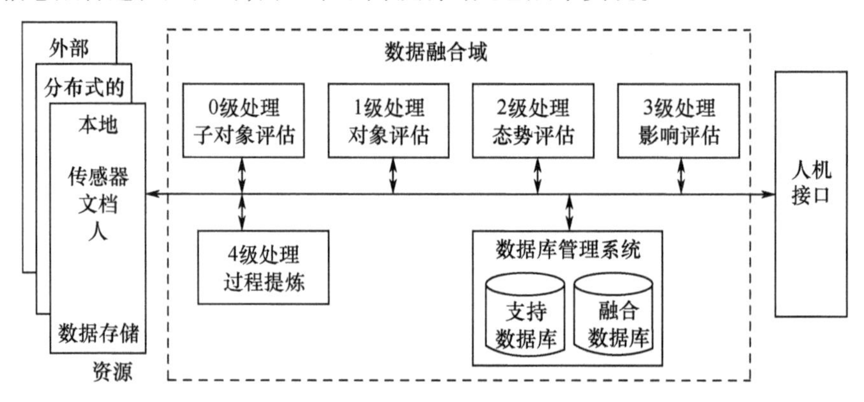

图 3.1 信息融合层次模型

0 级处理层即子对象评估,也称预处理。基本功能是对预先输入数据进行标准化、格式化、次序化、批处理化、压缩等处理,来满足后续的估计及处理器对计算量和计算顺序的要求,在雷达组网系统中通常归到信号预处理功能模块中。

1 级处理层即对象评估,也称位置与身份融合。主要功能是融合多个传感器获得的位置测量信息与识别特征信息,获得更加精确的目标位置与身份类别的估计,完成雷达组网系统对空天目标的综合检测、定位、跟踪与识别。

2 级处理层即态势评估。基本功能是形成战场综合态势图,辅助实现对敌方、我方的态势估计,是对战场上战斗力量分配的评价过程。它通过综合敌我双方及地理、气象环境等因素,将所观测到的战斗力量分布和战场周围环境、敌作战意图及敌机动性能有机地联系起来、分析并确定事件的深层原因,得到关于敌方兵力结构、使用特点的估计,最终形成战场综合态势图。

3 级处理层即影响评估,也称威胁估计与判定。威胁估计的主要功能是综合敌方破坏能力、机动能力、运动模式及行为企图的先验知识,得到敌方兵力的战术内涵,估计出战争事件出现的程度或严重性,并对作战意图作出指示与告警。而在雷达组网系统中威胁判定是通过将敌方的威胁能力,以及敌人的企图进行量化来实现的。

4 级处理层即过程提炼,也称优化迭代。通过对上述估计的不断修正,不断评价是否需要其他信息的补充,以及是否需要修改处理过程本身的算法来获得更加精确可靠的结果。

在不同的处理层,依据任务需求和探测信息特点,融合系统完成不同的融合处理任务。输入数据包括实时的传感器信息、情报机构信息、地图、天气预报、敌方和我方的预测以及来自其他数据库的信息等。这些信息有些需要经过预处理,有些则可以直接输入给相应级别的融合层。高层次的信息融合一般建立在低层次信息融合的基础上。各层融合一般需要相当数量的外部数据库支持。

3.1.2　信息融合技术在雷达组网中的应用

3.1.2.1　融合技术分类

信息融合技术与雷达组网紧密相连,不同层次的信息融合技术,可以构成不同体制的雷达组网系统。

根据预警监视的工作流程,可将信息流程简单地划分为信号处理、数据处理和情报处理。就雷达组网系统探测问题而言,关键在于获取目标的有效信息,主要研究内容集中在信号处理和数据处理两个环节,根据雷达信息的抽象程度和信息处理流程,可基于这两个环节将信息融合分为四种不同的融合技术,如图 3.2 所示。

第一种为信号级融合技术。它是直接利用雷达观测的原始信号进行融合。它在融控中心完成对输入信息的标准化、格式化、次序化、批处理化、压缩等预处理及检测与跟踪等处理。该融合方式信息损失小,检测、跟踪的效果理论上能达到最好,但在工程实现中存在诸多困难。主要表现在:

(1) 组网融控中心的计算量要求高;

(2) 通信网络的带宽要求高;

(3) 实时性要求高;

(4) 多雷达数据同步、时空配准要求高。

信号级融合处理技术与方法尚处于理论研究与工程应用探索阶段。双/多基地雷达、多输入多输出(MIMO)雷达属于其研究的范畴,主要以多发射站、多接收站的形式展开[4-7]。

第二种为分布式检测技术,也就是检测级融合。它是在局部雷达检测判决基础上的融合。通常根据所选择的检测准则形成最优化的局部门限和中心门限。该融合处理技术可有效提高雷达组网系统的检测性能。这种融合处理方法

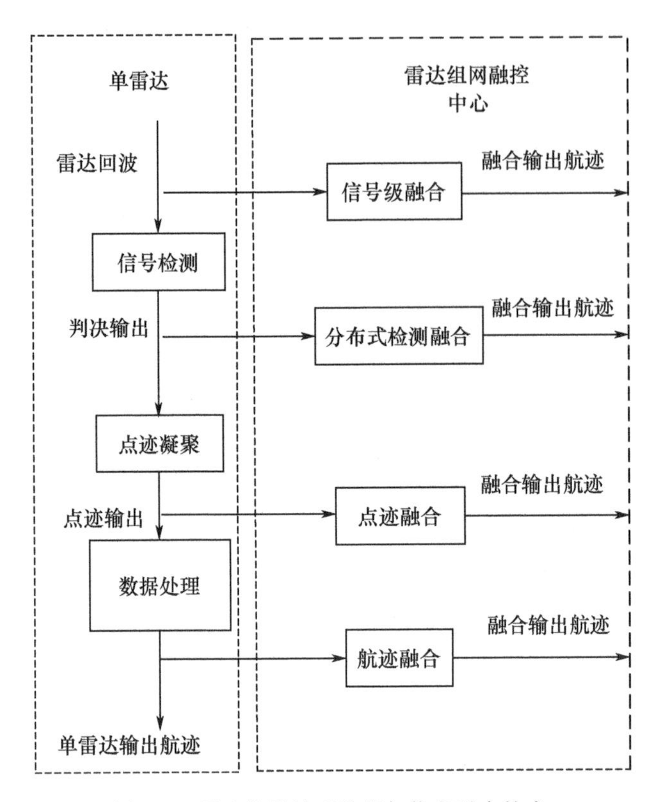

图 3.2　雷达信号处理流程与信息融合技术

也处于理论研究与工程应用阶段。

分布式检测融合在理论上已取得了丰硕的成果,主要集中在三个方面:

(1) 系统的优化设计问题;

(2) 不同拓扑结构下分布检测性能;

(3) 分布式检测问题的求解方法。

分布式检测的开创性工作由 Tenney 和 Sandell 进行[8],后来由 Chair 和 Varshney 将融合规则的设计纳入假设理论框架,为分布式检测理论奠定了基础[9],之后多位学者对分布式检测的优化设计进行了深入的研究,例如局部优化设计,中心优化设计以及全局优化设计,使得分布式检测理论趋于完整[10-12]。在随后的研究中,重点集中于不同环境[13]、不同结构[14]、不同局部判决方式[15]、不同检测算法以及它们的性能分析[16,17],取得了一系列的研究成果。

第三种为点迹融合技术,属于跟踪级的融合,实际上实现多雷达点迹到综合航迹的过程。其处理流程为:在各局部雷达形成有效点迹,在组网融控中心完成对目标的估计、跟踪,由多部雷达的点迹信息融合建立目标的航迹及其数据库。

该处理方式可有效提高对目标跟踪的精度和连续性。这种融合处理方法已在雷达组网工程广泛应用。

对于工程实现条件相对较容易满足的点迹融合,已产生了一些实用的融合系统。点迹融合研究的困难均来源于两种不确定性,一是目标运动方式的不确定性,二是目标量测的不确定性。雷达组网带来新的信息的同时,也引入了随机误差和系统误差。基于这些问题,研究主要集中在:

(1) 误差修正、数据配准(包括时间、空间配准)方法[18];

(2) 目标运动模型设计[19];

(3) 线性和非线性的状态估计方法[20,21];

(4) 基于概率统计、逻辑推理和自适应学习等方法的数据关联方法[22,23]。这些研究有效提高了系统的融合性能。

第四种为航迹融合,它是对各单雷达输出航迹的融合,属于情报级融合,具有融合处理方法相对简单、对组网雷达与通信带宽要求较低、工程上较易实现等方面优点,但对复杂干扰环境条件下发现概率、航迹起始时间、跟踪精度等方面都弱于点迹融合。而在大区域的情报综合,大范围的综合态势生成方面,由于情报数量大,该方法也得到很好的应用。

3.1.2.2 点迹融合典型应用

上节中,对不同的融合技术进行了详细的阐述,而在雷达组网系统中,点迹融合技术是一种非常典型的应用,点迹融合的处理架构如图 3.3 所示。

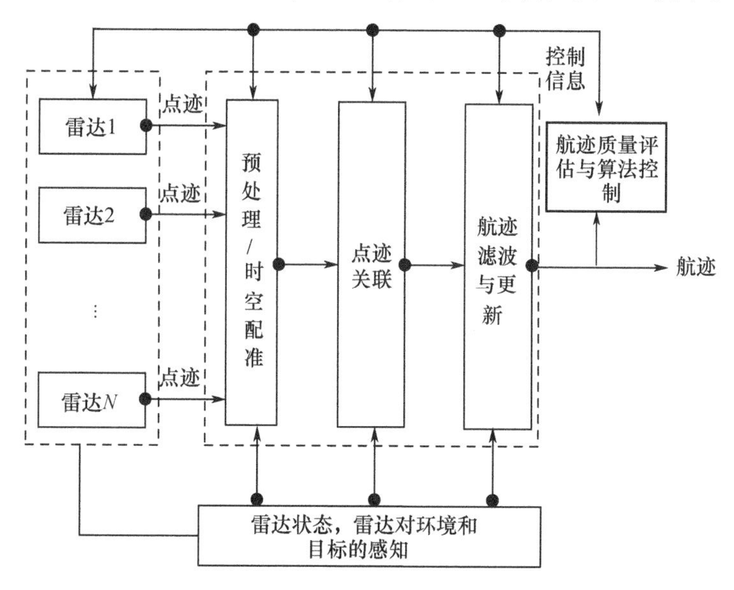

图 3.3　点迹融合处理架构

点迹融合是将组网融控中心基于各部雷达输入的点迹进行融合处理。该架构将雷达检测、凝聚、输出的点迹报告给组网融控中心，在组网融控中心进行预处理、坐标变换、时间统一、误差校正、点迹相关、航迹滤波、预测与综合跟踪，整个处理过程可基于对输出信息的评价进行反馈控制、调整，包括对航迹质量评估与算法控制，以获得高质量的航迹情报。同时，根据雷达的状态，以及雷达对环境和目标的感知，进行精确的抗干扰和目标匹配探测，进一步提升精细化、智能化水平。

点迹融合的核心技术在于点迹关联与航迹滤波，在工程实现中也需要解决时空配准、误差校正等关键问题，将在接下来详细论述。

3.2 点迹数据预处理

点迹数据预处理是实现点迹融合的必要前提，包括点迹质量的分析、空间配准、时间配准、误差校正等内容。

3.2.1 对雷达输出点迹的基本要求

组网雷达输出的点迹信息是雷达组网融控中心融合的源头，对组网雷达输出点迹信息的基本要求是：

(1) 实时性和时间稳定性：要求雷达实时输出点迹信息，保证多雷达点迹融合的时效性；而且时标信息要准确和稳定，避免时间波动。

(2) 完整性：要求点迹信息各要素表达要完整和统一，特别是三坐标雷达高度信息。

(3) 可靠性：要求输出点迹的质量信息分级明确和统一，可靠和可用。

(4) 可控性：要求输出点迹数量可控，通过控制雷达点迹输出的区域、检测门限、过滤方法，输出点迹数量满足传输速率和融合算法的要求，为提高系统发现概率奠定基础。

(5) 唯一性：要求点迹在距离、方位和高度上不分裂，一个目标回波唯一对应一个点迹。

关于点迹的质量特性分析详见 1.4 节。

3.2.2 雷达组网中的时空配准

在雷达组网系统中，在目标点迹数据的获取、传递、输入处理、输出过程中，采用不同的坐标系，所以工程上要实现点迹融合技术，必须进行时空配准。传送到组网融控中心的点迹数据采用的坐标形式通常有：以雷达站为中心的极坐标 (r,β) 或球坐标 (r,β,ε)，其中 r 是目标的斜距；β 是目标的方位角；ε 是目标的仰角。为了对目标数据进行融合处理,须将各雷达提供的各种目标参数实时地转换到某个统一的坐标系中。统一的坐标系一般采用直角坐标系,坐标原点可选在组网融控中心或指定的组网雷达站。除此之外,各组网雷达的本地时间需要调整到一致,并与组网融控中心时间基准对齐。

3.2.2.1　空间配准

这里空间配准主要把多雷达的测量数据进行坐标变换。在地球模型中,地球大致是一个巨大的椭球体,近地飞行目标实际上都是沿着椭球表面运动的。在不同的应用中一般会选取以下三种不同的地球模型:平面模型、圆球模型和椭球模型。

平面模型最简单,但精度最低。地球巨大,每一点的曲率很小,地面弯曲是不易察觉的。当目标运动和观测的范围在较小的区域内进行时,可以认为所有同海拔点都位于一个理想平面内。显然,平面模型用于多传感器数据融合时,各个传感器局部坐标系之间的坐标变换是简单的平移关系。

经测定,大地椭球的扁率$f=\dfrac{a}{b}$很小,即是说地球长短半轴相差不大,很接近于一个圆球体,因此在有些应用中采用圆球模型描述地球,如图3.4所示。圆球模型中,球心与地球质心重合,半径取值在椭球长短半轴之间,依据具体应用地点的纬度不同而不同。在精度方面,圆球模型经度方向是精确的,而纬度方向上误差仍然很大。圆球模型用于多传感器数据融合时,各个传感器局部坐标系之间的坐标变换是旋转加平移的关系。由于忽略了地球的扁率,旋转矩阵的求取相当简单。

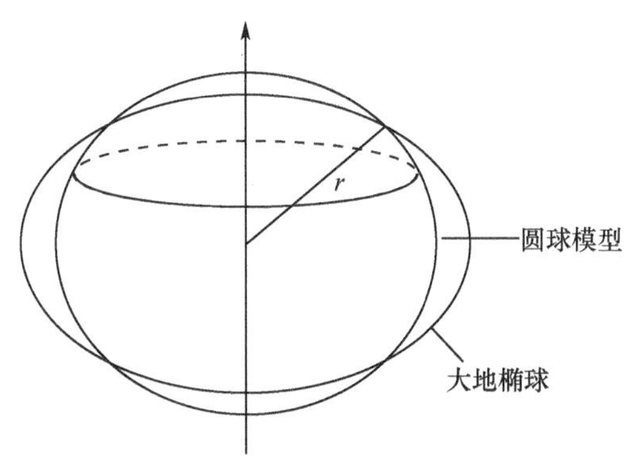

图3.4　圆球模型

椭球模型认为地球可以近似为一个椭球体,分长轴和短轴,所有纬线都为正圆。椭球模型精度很高,然而计算上相对复杂。椭球模型用于多传感器数据融合时,各个传感器局部坐标系之间的坐标变换是旋转加平移的关系,其中旋转矩阵的求得是一个难点。

1）常用坐标系

（1）本地坐标系。本地坐标系是一种局部坐标系，指以某一具体地点为坐标中心，以坐标中心当地的水准面为 XOY 平面的建立直角或球坐标系。X 轴的方向，Y 轴的方向，方位角 β 的起始方位和正方向，俯仰角 ε 的起始方位和正方向以及度量的单位等依据不同的需求而有所不同。本地坐标系只能有效地反映某局部地理范围内的坐标位置，更广范围内的坐标位置需要用经纬度坐标、北京54坐标系等来衡量。

（2）地心直角坐标系。地心直角坐标系如图3.5所示，以大地质心为坐标原点，以自转轴为 Z 轴，正方向指北，X 轴正方向通过赤道面与0°经线的交点，Y 轴正方向通过赤道面与90°经线的交点。地心直角坐标并不直观，无法直接给人以地理位置的信息，但它在进行各种坐标转换的过程中是必要的中间坐标系。

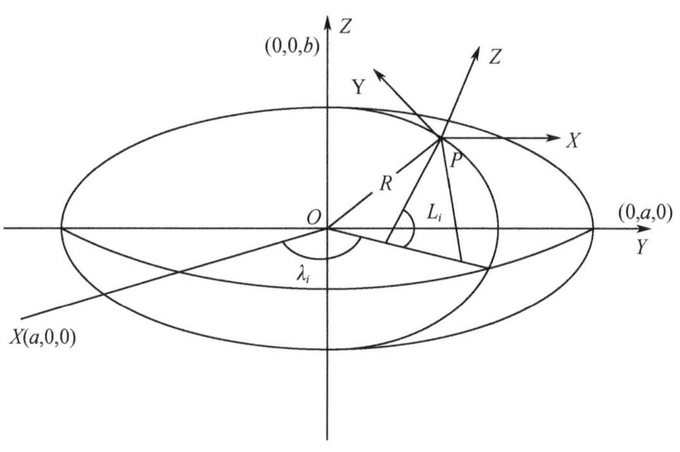

图3.5　地心直角坐标系

（3）大地经纬度坐标系。经纬度坐标系以地球质心为坐标系中心，采用经度、纬度和海拔来标明具体的地理位置。经度的定义是以英国格林尼治天文台为0°，绕地轴自西向东转过的角度数。任意一点的纬度定义为通过该点的椭球面法线与赤道面之间的交角，北半球规定为正，南半球规定为负。某点海拔定义为该点到椭球面的距离，在大地椭球面之上为正，反之为负。

2）坐标转换

目前，坐标转换方法主要有球极投影法、地理坐标变换法及平移变换法等。国外主要采用球极投影法进行坐标变换，但此法存在一定的缺点。首先，这种方法虽然利用高阶近似提高精度，但由于地球是椭球而不是圆球，所以在投影时仍然会给量测引入误差；其次，这种方法会使数据变形，因为球极投影法是保角投影，它只保方位角不变形，而并不保证斜距不变形，这样会导致系统误差不再是常数而与量测有关，从而影响整个系统的性能。地理坐标变换法已经在很多领域得到了成功的应用，被证明是一种高精度的坐标变换方法。该方法是以地心坐标系为统一坐标系进行变换的，即利用地心坐标完成从传感器球坐标到指挥中心直角坐标的转换，使转换一步到位，克服了可能引入的误差。而平移变换其实是地理坐标变换法的一个特例，即在变换误差允许的情况下，认为处于不同位置的传感器有统一的本地直角坐标系，从而在变换时只考虑坐标系的平移而不考虑坐标系的旋转。这样可以简化坐标变换算法，减小计算量，但这是以牺牲变换精度为代价的，只能用于一定的条件下。基于地心坐标系可方便地在雷达组网系统中进行坐标转换，具体步骤如下：

假设：雷达组网系统有一个数据融控中心和 N 个雷达站，融控中心的地理坐标为 (λ_0, L_0, H_0)，各雷达站的地理坐标为 (λ_i, L_i, H_i)，$i=1,2,\cdots,N$。空中 P_T 点处的目标在各雷达的球坐标系中的量测值为 $(r_i, \beta_i, \varepsilon_i)$，$i=1,2,\cdots,N$。

步骤 1：建立地心直角坐标系，确定各雷达站在地心直角坐标系中的坐标。

设地心直角坐标系原点为地球中心，Z 轴与地球自转轴相同，指向北极，$X-Y$ 平面位于赤道面，X 轴穿过格林尼治子午线，则融控中心和各雷达站以及在地心直角坐标系中的位置为

$$\begin{cases} x_i' = (C+H)\cos\lambda_i\cos L_i \\ y_i' = (C+H)\sin\lambda_i\cos L_i \\ z_i' = [C(1-e^2)+H]\sin L_i \end{cases} \tag{3.1a}$$

或

$$X_i' = [x_i', y_i', z_i']^{\mathrm{T}} \tag{3.1b}$$

式中：$C=\dfrac{a}{(1-e^2\sin^2 L_i)^{1/2}}$；$e$ 是地球偏心率，$e^2=\dfrac{a^2-b^2}{a^2}$。选用克拉索夫斯基椭球模型，椭球的参数是，长半轴 $a=6378245\mathrm{m}$，短半轴 $b=6356863\mathrm{m}$，第一偏心率的平方 $e^2=0.00669342$。

步骤 2：将各雷达的量测转换到本地直角坐标系

$$\begin{cases} x_i = r_i\cos\beta_i\cos\varepsilon_i \\ y_i = r_i\sin\beta_i\cos\varepsilon_i \\ z_i = r_i\sin\varepsilon_i \end{cases} \tag{3.2a}$$

或

$$X_i = [x_i \quad y_i \quad z_i]^{\mathrm{T}} \tag{3.2b}$$

需要指出的是，对于 2D 雷达加配测高雷达的雷达站而言，P_{T} 点处的目标的观测为 (r_i, β_i, h_i)，h_i 为测高雷达所测得的目标海拔。因此，在应用式(3.2)时，得先

将 h_i 转换为 ε_i，如图 3.6 所示，转换公式为

$$\varepsilon_i = \arcsin\left[\frac{h_i^2 - h^2 + 2R(h_i - h) - r_i^2}{2r_i(R+h)}\right] \tag{3.3}$$

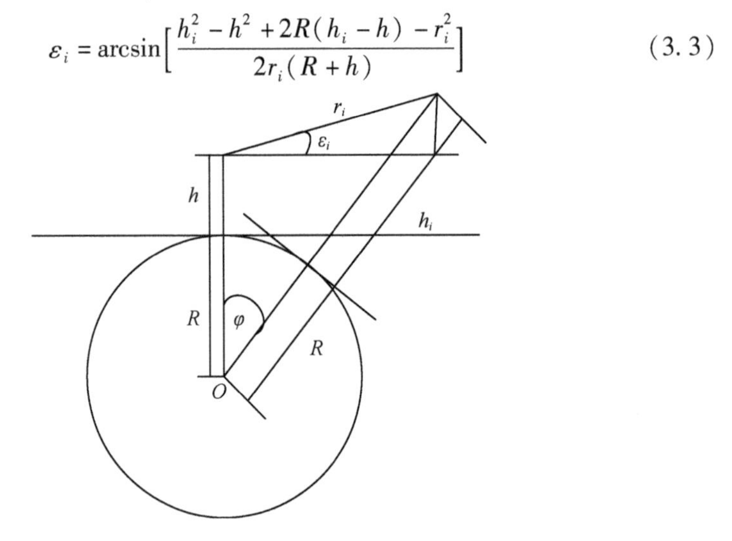

图 3.6 本地仰角与海拔间的几何关系

步骤 3：将各雷达站的量测由本地直角坐标系转换到地心直角坐标系

$$\begin{bmatrix} x_{ei} \\ y_{ei} \\ z_{ei} \end{bmatrix} = \begin{bmatrix} x_i' \\ y_i' \\ z_i' \end{bmatrix} + \boldsymbol{T}_{Ri}\begin{bmatrix} x_i \\ y_i \\ z_i \end{bmatrix} \tag{3.4a}$$

或

$$X_{ei} = X_i' + \boldsymbol{T}_{Ri}X_i \tag{3.4b}$$

式中：$\boldsymbol{T}_{Ri}$ 为单位正交矩阵，

$$\boldsymbol{T}_{Ri} = \begin{bmatrix} -\sin\lambda_i & -\sin L_i\cos\lambda_i & \cos L_i\cos\lambda_i \\ \cos\lambda_i & -\sin L_i\sin\lambda_i & \cos L_i\sin\lambda_i \\ 0 & \cos L_i & \sin L_i \end{bmatrix} \tag{3.5}$$

步骤 4：将各雷达的量测由地心直角坐标系转换到数据处理中心的直角坐标系。

此过程可由一个平移运算和三个旋转运算实现，即由雷达站本地直角坐标中心平移到信息融控中心的直角坐标系中心；再旋转雷达站坐标系的三个轴，使其分别与融控中心对应坐标轴平行。整理合并后的转换公式如下：

$$\begin{bmatrix} x_{ci} \\ y_{ci} \\ z_{ci} \end{bmatrix} = -\boldsymbol{T}_{RC}^{T}\begin{bmatrix} x_0' \\ y_0' \\ z_0' \end{bmatrix} + \boldsymbol{T}_{RC}^{T}\begin{bmatrix} x_{ei} \\ y_{ei} \\ z_{ei} \end{bmatrix}$$

$$= \boldsymbol{T}_{\mathrm{RC}}^{\mathrm{T}} \boldsymbol{T}_{\mathrm{R}i} \begin{bmatrix} x_i \\ y_i \\ z_i \end{bmatrix} + \boldsymbol{T}_{\mathrm{RC}}^{\mathrm{T}} \left(\begin{bmatrix} x_i' \\ y_i' \\ z_i' \end{bmatrix} - \begin{bmatrix} x_0' \\ y_0' \\ z_0' \end{bmatrix} \right) \tag{3.6a}$$

或

$$X_{ci} = \boldsymbol{T}_{\mathrm{RC}}^{\mathrm{T}} \boldsymbol{T}_{\mathrm{R}i} X_i + \boldsymbol{T}_{\mathrm{RC}}^{\mathrm{T}} (X_i' - X_0') \tag{3.6b}$$

式中：$\boldsymbol{T}_{\mathrm{RC}}$是单位正交矩阵，

$$\boldsymbol{T}_{\mathrm{RC}} = \begin{bmatrix} -\sin\lambda_c & -\sin L_c \cos\lambda_c & \cos L_c \cos\lambda_c \\ \cos\lambda_c & -\sin L_c \sin\lambda_c & \cos L_c \sin\lambda_c \\ 0 & \cos L_c & \sin L_c \end{bmatrix} \tag{3.7}$$

由式(3.6)可得

$$X_i = \boldsymbol{T}_{\mathrm{R}i}^{\mathrm{T}} \boldsymbol{T}_{\mathrm{RC}} [X_{ci} - \boldsymbol{T}_{\mathrm{RC}}^{\mathrm{T}} (X_i' - X_0')] = \boldsymbol{T}_{\mathrm{R}i}^{\mathrm{T}} \boldsymbol{T}_{\mathrm{RC}} X_{ci} - \boldsymbol{T}_{\mathrm{R}i}^{\mathrm{T}} (X_i' - X_0') \tag{3.8}$$

3.2.2.2　时间配准

除了空间配准之外，还有时间配准。时间对齐方式有北斗/GPS 对时、系统授时、原子钟等。原子钟成本比较高，北斗/GPS 对时现在用得比较广泛。北斗/GPS 对时精度达到数十纳秒(ns)，完全可以满足点迹融合的要求。

各组网雷达工作时，在时间上是不同步的，首先是时间轴对准，由于一般情况下雷达没有使用统一的时间基准，它们之间没有形成基本固定的时间基准，所以可以将 GPS 与系统授时结合起来使用。首先使用 GPS 时钟作为统一的时间基准，对融控中心进行授时。然后由融控中心对各个雷达站进行广播授时，各雷达站根据收到的对时报文修改本地时间，这样多雷达的时间对准了，融控中心可以得到每个雷达数据的准确输出时间。

另外，实际系统各个雷达站分布在不同的地点，每部雷达的天线是独立旋转的，开机时间不同，各雷达天线通过正北的时间也各不相同；每部雷达有不同的脉冲重复周期和扫描周期，即有不同的采样周期；各雷达的数据传播延迟也不同。所以各个雷达站报来的观测数据的时间是不同的。即使进行了时间轴对准，各个雷达站观测到的时间也不一致。在融控中心进行数据融合，有时要求把各个雷达的数据外推到同一参考时间，即进行时间校准。扫描周期的不匹配，可以较小采样周期的局部节点为参考，对另一局部节点的航迹进行平滑、内插或外推以获得对等的数据间隔。

3.2.3　四种定位误差分析

雷达组网系统综合定位系统误差主要包括四种：空间坐标转换模型误差，即将各雷达的观测数据转换到融合处理中心的公共参考坐标系中去时所用转换模型导致的误差;雷达站址误差,即各雷达站址相对系统信息融控中心坐标原点的位置标定误差;雷达测量误差,即雷达自身的方位测量误差、距离测量误差和仰角测量误差;雷达方位标定误差,即雷达天线正北方位标定误差。

3.2.3.1 坐标转换误差

文献[24]针对所得观测数据中存在一定的系统误差,这一误差又受到坐标变换的影响从而影响其校正处理的问题,结合组网系统设计和应用的需要,分析了地理坐标变换算法的精度及其对组网的系统误差的影响:

(1) 坐标变换对系统误差的影响与观测基本无关,即在观测时间内,坐标变换前后的目标综合定位误差基本保持不变;

(2) 坐标变换对目标综合定位误差的放大或缩小作用与雷达站的相对位置有关,在雷达站的相对位置一定时,影响基本恒定,且与观测无关;

(3) 坐标变换对系统误差的抖动有一定的敏感性,且对方位误差抖动比对距离误差、高度误差的抖动敏感;

(4) 如忽略坐标轴旋转,采用简化的平移变换,则变换精度将受雷达站位置的影响较大。

3.2.3.2 雷达测量误差

雷达的距离测量、方位测量和高度(仰角)测量是相互独立的。传统地基对空情报雷达测量误差的典型值如表3.1所示。目标高度是通过目标距离和仰角计算的,即

$$h = r_t \sin\varepsilon_{0.5} + (r_t^2 + 2r_e) + h_a \tag{3.9}$$

式中:h 是目标高度;h_a 是雷达天线中心的高度;$\varepsilon_{0.5}$是指向目标的仰角;r_e 是考虑大气折射效应后的等效地球半径;r_t 是指目标距离。

由式(3.9)可导出测高误差均方差 σ_h 为

$$\begin{aligned}\sigma_h^2 &= r_t^2\cos^2\varepsilon_{0.5}\sigma_\varepsilon^2 + \left(\sin\varepsilon_{0.5} + \frac{r_t}{r_e}\right)^2\sigma_r^2 \\ &\approx r_t^2\cos^2\varepsilon_{0.5}\sigma_\varepsilon^2 + \sin^2_{\varepsilon_{0.5}}\sigma_r^2 \quad \left(\frac{r_t}{r_e} << 1\right)\end{aligned} \tag{3.10}$$

式中:σ_r 是测距均方差,其概略值为$\dfrac{\tau}{3}$。

通常,地基对空情报雷达仅提供一定斜距处的测高误差,若雷达发射脉宽 τ 为 1 ~2μs,故 $\sin\varepsilon_{0.5}\sigma_r^2 \approx 15 \sim 30\text{m}$,而测高误差一般要求为百米 ~ 千米级,此项可忽略。则相应仰角测量误差可由下式估算:

$$\sigma_\varepsilon = \frac{\sigma_h}{r_t\cos\varepsilon_{0.5}} \tag{3.11}$$

表 3.1　传统地基对空情报雷达测量误差的典型值(均方根值, $r_t=200\text{km}$)

雷达程式 \ 测量误差		σ_r/m	σ_β/(°)	σ_h/m	σ_ε/(°)
远程二坐标雷达	米波	300 ~ 450	0.5 ~ 2		
	分米波	150 ~ 300	0.25 ~ 0.6		
	厘米波	100	0.25		
中近程二坐标雷达	分米波	100 ~ 250	0.5 ~ 1.5		
	厘米波	100	0.5		
远程三坐标雷达	分米波	80 ~ 150	0.25 ~ 0.5	500 ~ 1200	0.15 ~ 0.25
	厘米波	100	0.25	500 ~ 1000	0.12 ~ 0.23
中近程三坐标雷达	厘米波	50 ~ 100	0.3	500 ~ 1000	0.12 ~ 0.3
测高雷达	厘米波	100	0.5	150 ~ 300	0.04 ~ 0.09

3.2.3.3　雷达方位标定误差

地基对空情报雷达的方位标定误差,即指北校正残差 $\sigma_{\beta_n} \leqslant 0.1°$。实际情况表明,雷达的指北校正残差对组网系统的综合定位精度的影响很大,不能忽略。而对于各雷达而言,其方位测量误差 σ_{β_i} 与指北校正残差 σ_{β_n} 可视为相互独立,且线性可加,故各雷达的指北校正残差对组网系统的综合定位精度的影响,可归入雷达自身的方位测量误差中一并考虑,即令

$$\sigma'_{\beta_i} = \sigma_{\beta_i} + \sigma_{\beta_n} \tag{3.12}$$

3.2.3.4　雷达站址定位误差

目前,雷达站址可借助于分布密集的地理基准点,用经纬仪对雷达站址进行定位,也可用 GPS/北斗进行标定。

借助于分布密集的地理基准点,用经纬仪对雷达站址进行定位,其定位精度为 $\sigma_x=\sigma_y=5 \sim 8\text{m}$, $\sigma_h=1\text{m}$。

用 GPS 定位,由于受美国的 SA 政策、星历误差、卫星钟差、电离层效应、对流层效应等因素的影响(表 3.2),标准服务的 GPS 接收机的绝对定位精度为:水平位置精度 100m,垂直高度精度 156m,仅能满足运动目标一般的导航要求。在实际应用中,没有 SA 政策的影响,采用 C/A 码测量可使定位精度达到 10 ~ 40m,因此市场上的 GPS 接收机定位精度的标称值通常为 15m。采用差分定位技术以及信号处理技术,可进一步提高 GPS 的定位精度,即: $\sigma_x=\sigma_y=\sigma_h \leqslant 10\text{m}$。

表 3.2　GPS 测量中的典型误差值

误差类型	SA	电离层	对流层	卫星钟差	接收机噪声	多径效应
大小/m	32.3	5.0	1.5	5.0	1.5	2.5

在亚洲经纬度范围内，一个经度或一个纬度所对应的地表距离约为 100km。若取 $\sigma_x=\sigma_y=5\text{m}$，则对应的 $\sigma_\lambda=\sigma_L\approx0.18''$；若取 $\sigma_x=\sigma_y=10\text{m}$，则对应的 $\sigma_\lambda=\sigma_L\approx0.36''$。显然，雷达站址的经、纬度定位误差约为雷达定北误差的 $1/10^4$，而高度定位误差约为雷达测高误差的 $1/10^2$，均可忽略不计。实际情况表明这种近似处理是可行的。

3.3　点迹关联与滤波

雷达组网点迹融合的数据处理流程包括点迹关联、航迹起始、航迹滤波与更新等，通过多雷达点迹综合处理，能在多个环节，从多个方面提高系统探测跟踪能力。

3.3.1　点迹融合流程描述

雷达组网系统中，点迹融合是组网融控中心基于组网内雷达输入的点迹进行融合处理。首先将单雷达检测输出的点迹，传送给组网融控中心，在组网融控中心对所有点迹进行质量分析判断，然后进行数据对准（包括时空对准）、点迹相关、航迹滤波、预测与综合跟踪，整个处理过程可基于对输出信息的评价进行反馈控制、调整，以获得高质量的航迹信息。这种体系结构可同时处理单雷达的点迹和航迹数据。其中点迹相关模块是重要的环节，负责将多部雷达的观测拣选或相关为一组，其中每一组表示与一个单一可分辨实体有关的数据，确定每组观测属于哪个已知实体的观测或是潜在实体的新观测。该过程中点迹关联和航迹滤波是其中的核心技术模块。

3.3.2　点迹关联

3.3.2.1　点迹关联步骤

点迹关联技术是点迹融合的关键技术之一。在采用点迹融合这种集中式处理结构中，只存在点迹与点迹、点迹与航迹的关联。为了提高并保证多部雷达信息融合的质量，对各个传感器送来的点迹要有比较高的要求，其要求的具体内容与关联算法和状态更新算法有关。

如图 3.7 所示，点迹数据关联过程包括三个部分内容。首先通过设置的门限进行过滤，利用先验统计知识过滤掉那些门限以外的所不希望的点迹，包括其他目标形成的真实点迹和噪声、干扰形成的假点迹,限制那些不可能的点迹 - 点迹或点迹 - 航迹对形成;然后,通过关联门的限制,输出形成可行的或有效的点迹 - 点迹对或点迹 - 航迹对,通过这些可行对形成关联矩阵,用以度量当前点迹与以前各个点迹或航迹之间的接近程度;最后,通过赋值策略考察关联矩阵中各个可行对,将空间上最接近的可行对作为判决结果,将点迹分别赋予给相应的点迹或航迹。需要指出的是,这里的空间不一定是物理上的空间,它是由赋值策略决定的空间,如概率空间。图 3.8 为数据关联的具体步骤,一共包含 6 个处理步骤。

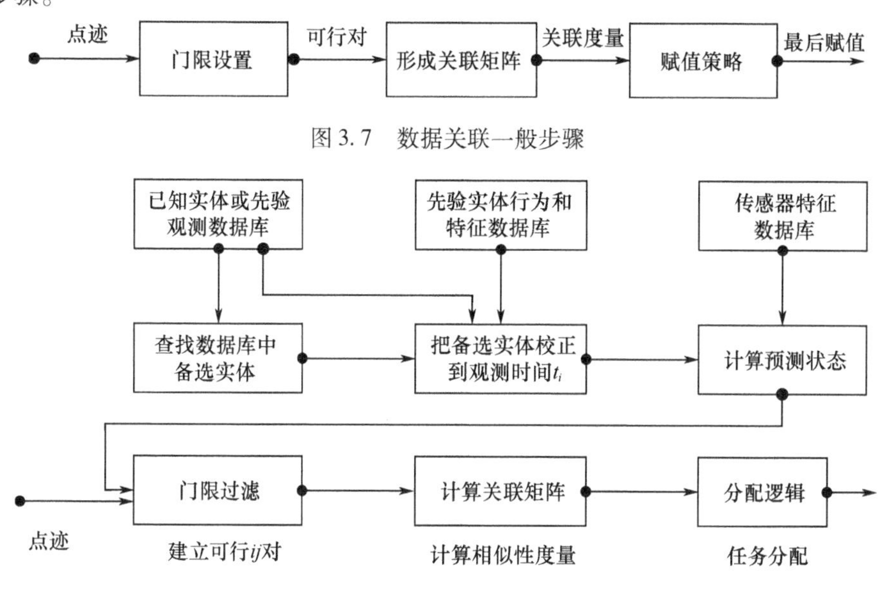

图 3.7　数据关联一般步骤

图 3.8　数据关联具体步骤

3.3.2.2　关联门的选择

在数据关联时,通常采用波门相关的方法实现目标数据的关联,即以前一已处理点迹的预测点为中心,设置一个波门,将属于同一目标的点迹放置到同一波门。在实际应用中,具体采用什么样的波门,与许多因素有关,其中包括所要求的落入概率、关联波门的形状、种类及尺寸或大小等。

1) 关联门的形状

如图 3.9 所示,关联波门的形状主要有椭圆形波门、矩形波门、截尾扇形波门、环形波门等。对自由点迹的初始波门,因为不明确目标的运动方向,一般采用以该点迹为中心的环形波门;在点迹 - 航迹关联时,一般采用截尾扇形波门。

2) 关联门的类型

根据目标所处的运动状态不同,波门可以分为许多种。主要分为以下几种

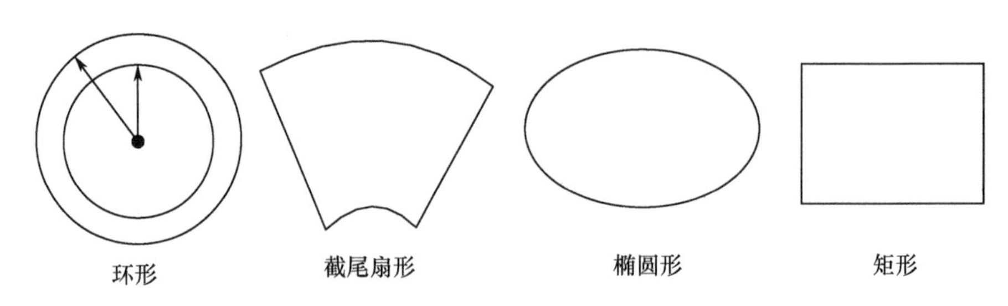

图 3.9　几种二维波门形状

类型：

（1）对自由点迹建立新航迹时，一般设置无方向的环形初始波门；

（2）目标处于匀速直线运动时，设置截尾扇形的小波门；

（3）目标起飞与降落阶段、或处于小机动状态时，设置中波门；

（4）目标转弯大机动或目标丢失以后再捕获时，设置大波门。

值得指出的是，在对目标跟踪的过程中，目标的机动与否，在跟踪方程中能够体现出来。比如，滤波器的残差，在一定程度上就能反映目标机动的程度。根据一定经验和准则，可以采用自适应波门。

3）关联门的尺寸

显然，关联门的尺寸大小会对关联性能产生重大影响。门限小了，目标的点迹可能关联不上；门限大了，不能起到抑制其他目标和干扰的作用，数据量变大，关联速度变慢。通常，以外推坐标数据作为波门中心，使相邻延续点迹以较大的概率落入关联门为原则来设置关联门。

（1）初始波门。初始波门是为那些首次出现还没建立航迹的自由点迹或航迹头设立的，由于不清楚目标的运动方向，所以它应该是一个以航迹头为中心的360°的环形大波门。用 T 表示扫描周期，$v_{\max}$ 和 $v_{\min}$ 分别表示目标径向的最大和最小运动速度，那么在一个周期内，为了能捕获到上述目标，距离环的内径和外径可取

$$\begin{cases} R_1 = v_{\min} T \\ R_2 = v_{\max} T \end{cases} \tag{3.13}$$

（2）大波门。大波门是为大机动目标和目标丢失以后再捕获设置的，它是一个截尾扇形波门，两边是相等的，两个圆弧的长度到观测点的距离 R 和夹角 θ。如果分别用 ΔR 和 $\Delta\theta$ 表示边长和夹角，则有

$$\begin{cases} \Delta R = (v_{\max} - v_{\min}) T \\ \Delta\theta = 1° \sim 3° \end{cases} \tag{3.14}$$

需要注意的是，同样的夹角所对应的弧长对不同的距离可能差别很大，应用夹角大小时要注意离观测点距离的大小，可以按不同的距离设置不同的夹角

$\Delta\theta$。具体波门大小的设置,要考虑目标的最大转弯半径。在实际工作中,当目标机动飞行时,如果对目标的采样频率较高,利用上述公式可以较好地捕获目标。由于雷达组网后数据率提高,采用该波门尺寸容易捕获到目标。

(3) 小波门。小波门主要针对非机动目标或基本处于匀速直线飞行的目标设立的。目标处于匀速直线运动状态时,要保证落入概率大于99.5%,波门的最小尺寸应大于三倍测量误差的均方根值σ,即$\Delta R\geqslant 3\sigma$。小波门通常用于稳定跟踪情况,波门尺寸主要考虑雷达的测量误差。如大型民航机除了起飞和降落阶段的爬升和下降之外,均处于匀速直线飞行的稳定跟踪阶段。

(4) 中波门。中波门主要针对那些具有小机动的目标,如转弯加速度不超过$1g\sim 2g$,可在小波门3σ的基础上进行调整,适当增大波门。

3.3.2.3 雷达组网数据关联的逻辑原则

雷达组网中数据关联的应遵循以下基本逻辑原则:

(1) 在单目标情况下,如果已经建立了航迹,在当前扫描周期,在关联门内只存在一个点迹,则该点迹是航迹唯一的最佳配对点迹。

(2) 在单目标情况下,在关联门内,每部雷达报上来一个点迹,则认为这些点迹属于同一个目标,因为相邻近的可分辨的两个目标,不可能其中一个被某部雷达发现,而另一个被另一部雷达发现。

(3) 在关联门内,每部雷达都报来相同数目的观测点迹,这一数量将被认为是目标的数量,当然,这是在多部雷达有共同覆盖区域的情况下的结果。由于每部雷达距目标的距离有远近之分,也不排除远距离信噪比小的雷达漏检一个点迹,而近距离信噪比大的雷达由于杂波或干扰的影响而多了一个点迹。

(4) 在多部雷达配有二次雷达一起工作时,二次雷达的每个回答数据中都包含有目标的编号信息,则可利用每部雷达的编号信息进行多雷达数据关联,使数据关联问题得到简化。

(5) 只有一个点迹存在,并与几条航迹同时相关,则该点迹应同时属于这几条航迹,这可能是由于航迹交叉等原因造成的。

(6) 一个点迹只能与数据关联邻域的一条航迹进行关联,不管是否关联上,不能再与其他航迹进行关联。

3.3.2.4 关联算法

首先建立关联矩阵。关联矩阵表示实体之间相似性程度的度量。目前,用于衡量两个实体相似的方法有相关系数法、距离度量法、关联系数法、概率相似法和概率度量法等,相似度量的选择取决于具体的应用。

点迹和航迹的真正关联是由赋值策略完成的,在构造了点迹和航迹的关联矩阵之后,就可以开始这项工作了,即设计数据关联算法。数据关联的研究主要解决多目标环境和机动目标跟踪的问题。基于这两个问题,开发了大量的数据关联算法。目前,数据关联算法主要有:最近邻数据关联、概率数据关联、联合概率数据关联、多假设跟踪方法、最大似然数据关联、全局最邻近数据关联、模糊数学及神经网络、粒子滤波、Viterbi 算法、最大期望算法、多扫描分配算法、平均场理论算法、航迹分裂法、0－1 整数规划法、广义相关法、集合论描述法等。这些算法应用了统计概率、神经网络、模糊逻辑等智能处理方法,从不同角度解决了多目标跟踪、机动目标跟踪、系统非线性等问题。但由于假设条件苛刻或计算量的问题,大部分算法尚不能获得工程实用,下面介绍其中具有代表性的几种方法。

1）最近邻数据关联

1971 年 Singer 等人提出了一种具有固定记忆并且能在多回波环境下工作的跟踪滤波器。这种滤波器将在统计意义上与被跟踪目标预测位置(跟踪门中心)最近的有效回波作为候选回波。“最近邻”方法的思想如图 3.10 所示。“最近邻”方法的基本含义是:“唯一性”地选择落在相关跟踪门之内且与被跟踪目标预测位置最近的观测作为目标关联对象,所谓“最近”表示统计距离最小。基本的最近邻方法实质上是一种局部最优的“贪心”算法,并不能在全局意义上保持最优。例如,在目标回波密度较大的情况下,多目标相关波门相关交叉,最近的回波未必由目标所产生。最近邻方法便于实现,计算量小,适应于信噪比高、目标密度小的条件。但最近邻方法的抗干扰能力差,在目标密度较大时容易产生关联错误。

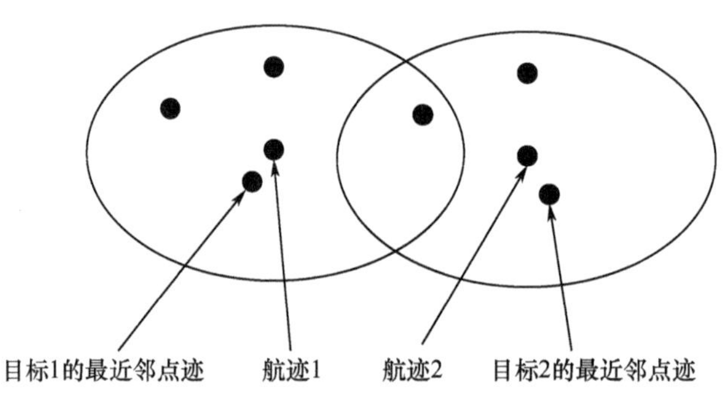

图 3.10　最近邻数据关联方法示意图

2）概率数据关联

概率数据关联的基本原理为:认为只要是有效回波,就都有可能源于目标,只是每个回波源于目标的概率有所不同。这种方法考虑了落入相关波门内的所有候选回波,并根据不同的相关情况计算出各回波来自目标的概率,并用等效回波来对目标的状态进行更新。概率数据互联方法是一种次优的滤波方法,它只对最新的测量进行更新，主要用于解决杂波环境下的单传感器单目标跟踪问题。在单目标环境下，若落入相关波门内的回波多于一个，这些候选回波中只有一个是来自目标，其余均是由噪声或干扰产生。利用概率数据互联算法对杂波环境下的单目标进行跟踪的优点是误跟和丢失目标的概率较小，而且计算量相对较小，概率数据互联算法是现代跟踪技术的发展方向之一。

3）联合概率数据关联

在多目标跟踪问题中，如果被跟踪的多个目标的跟踪门互不相交，或虽然跟踪门相交，但没有量测落入相交的区域，则多目标跟踪问题总可以简化为多目标环境中的单目标跟踪问题。实际的情形是，跟踪门相互交错，并且有许多量测落入这些相交区域中。1974 年，Bar - shalom 在多目标数据关联研究中，推广了他的概率数据互联滤波方法，引入了“聚”的概念，提出了联合概率数据互联算法，以便对多个目标进行处理。这种方法不需要关于目标和杂波的任何先验信息。“聚”定义为彼此相交的跟踪门的最大集合，目标则按不同的聚分为不同的集合。对于每一个这样的集合，总有一个二元聚矩阵与其关联。从聚矩阵中得到有效回波和杂波的全排列和所有的联合事件，进而通过联合似然函数来求解关联概率。联合概率数据关联方法以其优良的相关性能而引起研究者的高度重视。然而，由于在这种方法中，联合事件数是所有候选回波数的指数函数，并随回波密度的增大而迅速增大，致使计算负荷出现组合爆炸现象。

4）多假设跟踪

多假设跟踪方法于 1978 年由 Reid 提出[25]，它是一种最大后验概率估计器。主要过程包括：假设生成、假设估计、假设管理（删除、合并、聚类等）。该方法综合了最近邻方法和联合概率数据关联方法的优点，缺点是过多依赖于目标和杂波的先验知识。

5）全局最邻近数据关联

全局最近邻算法是一种典型的数据关联算法，在某些领域有着广泛的应用。与最近邻数据关联不同的是，它给出了一个唯一的点迹 - 航迹对，而通常的最近领域方法则是将每个点迹与最近的航迹（点迹）进行关联，全局最近邻方法寻求的是航迹和点迹之间的总距离最小，用它来表明两者的靠近程度。

3.3.3 航迹起始

航迹起始是目标跟踪的第一步，它是建立新的目标档案的决策方法，主要包括暂时航迹形成和轨迹确定两个方面。现有的航迹起始算法可分为顺序处理技术和批处理技术两大类。通常，顺序处理技术适用于在相对弱杂波背景中起始目标的航迹，而批数据处理技术对于起始强杂波环境下目标的航迹具有很好的效果。但是使用批数据处理技术的代价是将增加计算负担。在这里将介绍几种常用的航迹起始算法,包括逻辑法、修正的逻辑法等[26]。

1) 逻辑法

逻辑法对整个航迹处理过程均适用,当然也适用于航迹起始。逻辑法和直观法涉及雷达连续扫描期间接收到的顺序观测值的处理,观测值序列代表含有N次雷达扫描的时间窗的输入,当时间窗里的检测数达到指定门限时就生成一条成功的航迹,否则就把时间窗向增加时间的方向移动一次扫描时间。不同之处在于,直观法用速度和加速度两个简单的规则来减少可能起始的航迹,而逻辑法则以多重假设的方式通过预测和相关波门来识别可能存在的航迹。下面对逻辑法进行介绍。

设$z_i^l(k)$是k时刻量测i的第l个分量,这里$l=1,\cdots,p,i=1,\cdots,m_1$。则可将观测值$z_i(k)$与$z_i(k+1)$间的距离矢量$d_{ij}$的第$l$个分量定义为

$$\begin{aligned} d_{ij}^l(t) = &\max[0, z_j^l(k+1) - z_i^l(k) - v_{\max}^l t] + \\ &\max[0, -z_j^l(k+1) + z_i^l(k) + v_{\min}^l t] \end{aligned} \tag{3.15}$$

式中:t为两次扫描间的时间间隔。若假设观测误差是独立、零均值、高斯分布的,协方差为$R_i(k)$,则归一化距离平方为

$$D_{ij}(k) \triangleq d_{ij}'[R_i(k) + R_j(k+1)]^{-1} d_{ij} \tag{3.16}$$

式中:$D_{ij}(k)$服从自由度为p的χ^2概率分布的随机变量。由给定的门限概率查自由度p的χ^2概率分布表可得门限γ,若$D_{ij}(k)\leqslant\gamma$,则可判定$z_i(k)$和$z_j(k+1)$两个量测互联。

搜索程序按以下方式进行:

(1) 用第一次扫描中得到的量测为航迹头建立门限,用速度法建立初始相关波门,对落入初始相关波门的第二次扫描量测均建立可能航迹。

(2) 对每个可能航迹进行外推,以外推点为中心,后续相关波门的大小由航迹外推误差协方差确定;第三次扫描量测落入后续相关波门离外推点最近者给予互联。

(3) 若后续相关波门没有量测,则撤销此可能航迹,或用加速度限制的扩大相关波门考察第三次扫描量测是否落在其中。

(4) 继续上述的步骤,直到形成稳定航迹,航迹起始方算完成。

(5) 在历次扫描中,未落入相关波门参与数据互联判别的那些量测(称为自由量测)均作为新的航迹头,转步骤(1)。

用逻辑法进行了航迹起始,接下来何时能形成稳定航迹,取决于航迹起始复杂性分析和性能的折中。它取决于真假目标性能、密集的程度及分布、搜索传感器分辨力和量测误差等。一般采用的方法是航迹起始滑窗法的m/n逻辑原理。

序列$(z_1,z_2,\cdots,z_i,\cdots,z_n)$表示含$n$次雷达扫描的时间窗的输入，如果在第$i$次扫描时相关波门内含有点迹，则元素$z_i$等于1，反之为0。当时间窗内的检测数达到某一特定值m时，航迹起始便告成功。否则，滑窗右移一次扫描，也就是说增大窗口时间。航迹起始的检测数m和滑窗中的相继事件数n，两者一起构成了航迹起始逻辑。

在军用飞机编队飞行的背景模拟中用3/4逻辑最为合适，取$n=5$时改进的效果不明显。为了性能与计算复杂程度的折中，在多次扫描内，取$1/2<m/n<1$是适合的。因为$m/n>1/2$表示互联量测数过半，若不然，再作为可能航迹不可信赖；若取$m/n=1$，即表示每次扫描均有量测互联，这样也过分相信环境安静。因此，在工程上，通常只取下述两种情况：

(1) 2/3比值，作为快速启动。

(2) 3/4比值，作为正常航迹起始。

2) 修正的逻辑法

在实际应用中逻辑法在虚警概率比较低的情况下可以有效地起始目标的航迹。为了能在虚警概率较高的情况下，快速起始航迹，可使用修正的逻辑航迹起始算法。这种方法计算量与逻辑法处于同一数量级，并能有效地起始目标的航迹，在工程应用中具有很大的实用价值。

这种算法的主要思想是在航迹起始阶段，对落入相关波门中的量测加一个限制条件，剔除在一定程度上与航迹成V字形的测量点迹。该算法的搜索程序按五种方式进行。

(1) 第一次扫描得到的量测集为$Z(1)=\{z_1(1),\cdots,z_{m_1}(1)\}$，第二次扫描得到的量测集为$Z(2)=\{z_1(2),\cdots,z_{m_2}(2)\}$。$\forall z_i(1)\in Z(1),i=1,2,\cdots,m_1$，$\forall z_j(2)\in Z(2),j=1,2,\cdots,m_2$，按式(3.15)求得$d_{ij}$，然后按式(3.16)求得$D_{ij}(1)$，如果$D_{ij}(1)\leqslant\gamma$，则建立可能航迹$o_{s1},s1=1,\cdots,q_1$。

(2) 对每个可能航迹o_{s1}直线外推，并以外推点为中心，建立后续相关波门$\Omega_j(2)$，后续相关波门$\Omega_j(2)$的大小由航迹外推误差协方差确定。对于落入相关波门$\Omega_j(2)$的量测$z_j(3)$是否与该航迹互联，还应满足：假设$z_j(3)$与航迹o_{s1}的第二个点的连线与该航迹的夹角为α，若$\alpha\leqslant\sigma$（σ一般由测量误差决定，为了保证以很高的概率起始目标的航迹，可以选择较大的σ），则认为$z_j(3)$与该航迹互联。

(3) 若在后续相关波门$\Omega_j(2)$中没有量测，则将上述可能航迹$o_{s1},s1=1,\cdots,q_1$继续直线外推，以外推点为中心，建立后续相关波门$\Omega_h(3)$，后续相关波门$\Omega_h(3)$的大小由航迹外推误差协方差确定。对于第四次扫描中落入后续相关波门$\Omega_h(3)$内的量测$z_h(4)$，如果$z_h(4)$与航迹o_{s1}的第一个点的连线与该航迹的夹角β小于σ，那么就认为该量测与航迹互联。

(4) 若在第四次扫描中,没有量测落入后续相关波门 $\Omega_h(3)$ 中,则终止该可能航迹。

(5) 在各个周期中不与任何航迹互联的量测用来开始一条新的可能航迹,转步骤(1)。

当 σ 选为 360°时,修正的逻辑法就简化为逻辑法。一般来说当目标进行直线运动时,σ 可选择较小,有效降低计算量,并能有效起始目标的航迹。当目标机动运动时,σ 应适当放大,使得在航迹起始时,不至于丢失目标。在航迹起始阶段,若不知道目标的运动形式,σ 应取较大的值。

3.3.4 航迹滤波与更新

在雷达组网条件下,在雷达探测的重叠区,在一个扫描周期,会有多部雷达的点迹进入融控中心,由于各部雷达扫描的不同步和存在的误差,在完成点迹-航迹关联后,会出现一条目标航迹关联多个点迹的情况。在这种情况下,一般需对数据进行一定预处理,即进行数据压缩处理,以此来提高系统的实时处理速度。然后对处理后的数据进行滤波和更新、预测等处理,即进行状态估计。

3.3.4.1 点迹融合中数据压缩处理

在雷达组网系统中,点迹数据压缩方式可分为两大类:点迹并行合并处理方法和串行合并处理方法。对雷达站的异步数据,一般采用串行合并方法,对采用共面天线的同步数据,一般采用点迹并行合并方法。在雷达组网中,一般采用先串后并,灵活处理的方式。

1) 串行合并方法

点迹串行处理方法在实际中有着广泛的应用,也比较符合雷达组网系统的实际工作情况。点迹串行处理方法是将多雷达数据组合成类似单雷达的探测点迹,然后进行点迹-航迹关联。点迹数据流串行合并方法如图 3.11 所示。从图 3.11 中可见,点迹串行合并处理方法的一个显著特点是合成后数据流的数据率加大,这有利于数据的关联,尤其对于机动目标,航迹起始速度加快,关联范围缩小,可提高关联的正确性。对于隐身目标,有利于目标的快速起批与连续跟踪。

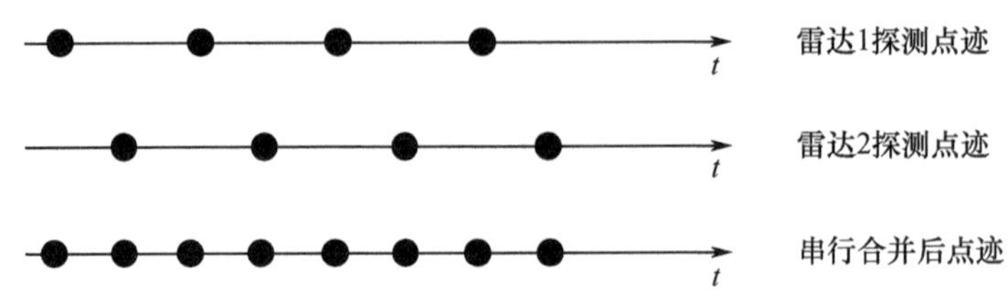

图 3.11 点迹串行合并方法原理图

2）并行合并方法

点迹并行合并方法是指将多部雷达在同一时间对同一目标的点迹合并起来，将多个数据压缩成一个数据，适合于天线同步扫描多雷达系统。对于非同步采样的多雷达系统，则可采用时间校准和目标状态平移的方法，将异步数据变换成同步数据后再进行点迹合并。其工作原理如图 3.12 所示。

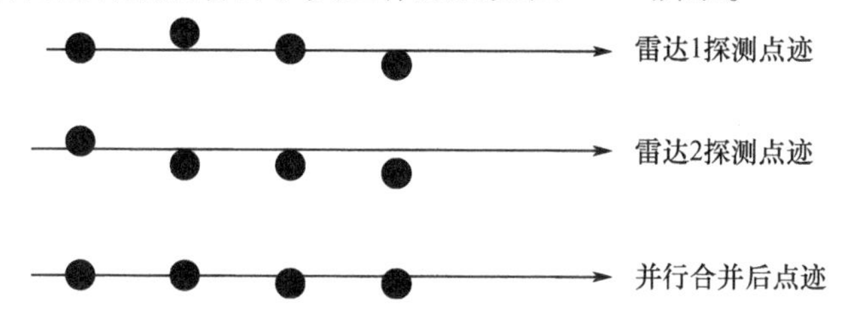

图 3.12　点迹并行合并方法示意图

点迹并行合并方法是在进行互联处理，确定互联点迹后进行的。设(r_1, α_1)、(r_2, α_2)分别为雷达 1 和雷达 2 对目标的距离和方位的测量值，并且已通过关联波门确认为同一点迹，则可采用式(3.17)、式(3.18)对它们进行合并处理：

$$\begin{cases} \hat{r} = \dfrac{1}{\sigma_{r_1}^2 + \sigma_{r_2}^2}(\sigma_{r_1}^2 \cdot r_1 + \sigma_{r_2}^2 \cdot r_2) \\ \operatorname{var}[\hat{r}] = \left[\dfrac{1}{\sigma_{r_1}^2} + \dfrac{1}{\sigma_{r_2}^2}\right]^{-1} \end{cases} \tag{3.17}$$

$$\begin{cases} \hat{\alpha} = \dfrac{1}{\sigma_{\alpha_1}^2 + \sigma_{\alpha_2}^2}(\sigma_{\alpha_1}^2 \cdot \alpha_1 + \sigma_{\alpha_2}^2 \cdot \alpha_2) \\ \operatorname{var}[\hat{\alpha}] = \left[\dfrac{1}{\sigma_{\alpha_1}^2} + \dfrac{1}{\sigma_{\alpha_2}^2}\right]^{-1} \end{cases} \tag{3.18}$$

式中：σ_{r_i}、σ_{α_i}分别为第 i 部雷达的测距和测角均方差；$\operatorname{var}[\hat{r}]$和 $\operatorname{var}[\hat{\alpha}]$分别为合并后点迹距离和角度误差。由于估计的结果是各雷达的测量按精度加权，合并后点迹提高了航迹精度，而且减少了系统的运算量。对于非同步采样的多雷达系统可以采用时间配准方法，将异步数据变成同步数据再进行点迹合并。

在雷达组网系统中，点迹融合处理的方法通常是综合应用点迹并行合并方法和点迹串行处理方法。首先对多雷达点迹数据合成成为点迹数据流，进行点迹－航迹相关；若在同一个处理周期内有多个点迹属于同一目标，可对这些点迹进行合并处理，最后用合并的高精度的点迹数据进行滤波和预测，完成对航迹状态的更新。

3.3.4.2　状态估计

状态估计目的是通过数学方法减少由于观测带来的随机误差，对目标过去的运动状态(位置、速度、加速度等)进行平滑,对目标现在的运动状态进行滤波,以及对目标未来的运动状态进行预测。无论是主动传感器、被动传感器或侦察传感器,其对目标跟踪的状态估计大都经历了确定性参数求解、最小二乘法及其变体、维纳滤波及其推广、卡尔曼滤波及其推广、非线性滤波的应用等几个发展阶段。

(1) 确定性参数求解,是早期目标回波数较少时常采用的一种方法。

(2) 最小二乘法,是在得不到准确的量测及动态系统误差统计特性下的一种数据处理方法。

(3) 维纳滤波,是线性时常系统中常用的一种数据处理方法。

(4) 卡尔曼滤波,推广了维纳滤波的结果,它与维纳滤波都是采用最小均方误差准则,但它与维纳滤波又是两种截然不同的方法。卡尔曼滤波可用于线性时变系统,其统计模型是状态方程和量测方程,卡尔曼滤波方程是一组递推计算公式,计算量较小,实时性强。

(5) 非线性滤波,当目标作高度机动飞行时,其状态方程是非线性的,同时在电子战条件下,存在着电子干扰、隐身、假目标欺骗等,使得目标的量测噪声也不一定符合高斯分布,因此研究非线性、非高斯系统的贝叶斯估计,具有较大的挑战性和较高的价值。对于非线性滤波问题,至今尚未发展出完善的解法,通常的处理方法是利用线性化技巧将非线性滤波问题转化为一个近似的线性滤波问题,借用线性滤波理论得到求解原非线性滤波问题的次优滤波算法。主要包括:卡尔曼滤波、不敏滤波、粒子滤波和基于修正极坐标的非线性滤波方法。

目前,卡尔曼滤波器在雷达领域有着广泛的应用。近代估值理论和控制理论大部分都是由线性无偏递推卡尔曼滤波技术出发来讨论的。下面进行简要介绍。

1) 系统数学模型

对于离散时间系统,目标的运动状态模型为

$$\boldsymbol{X}(k+1)=F(k)\boldsymbol{X}(k)+\boldsymbol{G}(k)u(k)+V(k) \tag{3.19}$$

式中:$\boldsymbol{X}(k)$为状态矢量;$F(k)$为状态转移方程;$G(k)$为输入控制项矩阵;$u(k)$为已知输入或控制信号;$V(k)$为零均值、白色高斯过程噪声,其协方差为$Q(k)$。

离散时间系统的测量方程为

$$z(k+1)=\boldsymbol{H}(k+1)X(k+1)+W(k+1) \tag{3.20}$$

式中:$\boldsymbol{H}_{k+1}$为测量矩阵;$W(k+1)$为具有协方差$R(k+1)$的零均值、白色高斯测量噪声。

卡尔曼滤波算法计算流程如图3.13所示。

2) 卡尔曼滤波及其改进方法

卡尔曼滤波是基于线性最小均方误差估计准则设计的滤波器,在实际环境

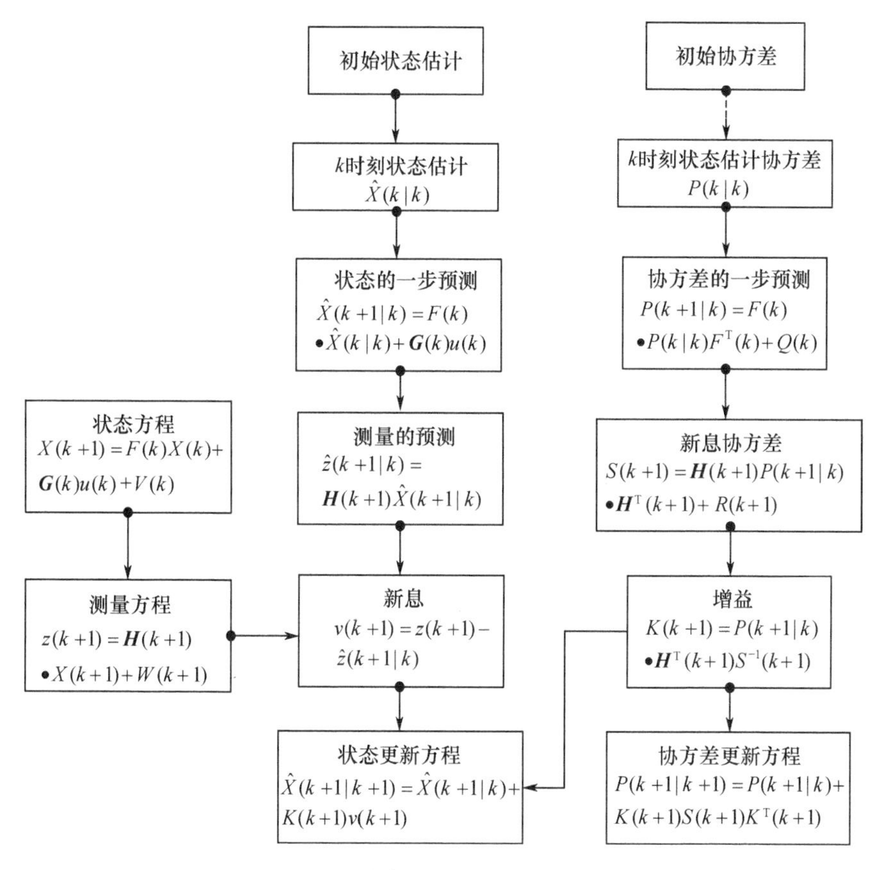

图3.13　卡尔曼滤波算法计算流程

中应用卡尔曼滤波算法时，应进行一定的改进或限制，主要的工作是建立合适的数学模型和寻求适用的自适应滤波算法。

（1）雷达观测的非线性。由于卡尔曼滤波使用的动态方程和观测方程均是线性的。在雷达目标跟踪等很多实际应用中，传感器的观测值以极坐标形式表现，而目标的运动方程在直角坐标系给出。这就导致了在直角坐标系和极坐标系中只能选择在一个坐标系中建立系统动态方程，要么状态方程是线性的，测量方程是非线性的，或者相反。在这种情况下，采用扩展卡尔曼滤波算法能取得较好的性能。它是一种采用混合坐标系进行滤波和信息计算的卡尔曼滤波器。其实质是将非线性问题近似线性化后在进行处理。

（2）滤波发散。滤波发散是指滤波器实际的均方误差比估计值大很多，并且其差值随着时间的增加无限增长。一旦出现发散现象，滤波器就失去了意义。引起滤波发散的主要原因包括以下几种：第一，系统过程噪声和测量噪声参数的选取与实际物理过程不符，特别是过程噪声的影响较大；第二，系统初始状态和初始协方差的假设值偏差过大;第三,不适当的线性化处理或降维处理;第四,计算误差。例如由于计算机字长引起的误差,滤波运算中其他部分的误差积累,也会严重影响滤波精度。克服前三种滤波器发散的方法主要有:限定下界滤波、衰减记忆滤波、限定记忆滤波和自适应滤波等,这些方法都是以牺牲滤波最佳性能为代价而换取滤波收敛性的。而克服滤波器数值不稳定的方法有:协方差平方根滤波与平滑、序列平方根滤波与平滑等。

(3) 机动目标跟踪。机动目标跟踪的基本问题是目标模型的动力学方程与目标的实际运动存在着不匹配。跟踪过程就是估计目标当前时刻(滤波)和未来(预测)任一时刻的状态,包括各种运动参数,如目标的位置、去向、速度和加速度等。通常,状态估计是在两种不确定性情况下进行的,即由于目标的高度机动所产生的目标模型的不确定性,以及由于干扰、噪声所导致的量测的不确定性,这就导致量测时对目标状态不能有效估计。多模型算法在解决机动目标跟踪方面,获得了广泛的应用。多模型算法在给定的时间内使用多个滤波器,采取不同的机动运动模型,将这些滤波器的输出加权后获得目标轨迹。常用的求加权值的方法有贝叶斯和最大后验概率方法。表3.3分析了几种常用跟踪方法的性能。

表3.3　常用的几种目标跟踪滤波方法的比较

滤波方法	优点	缺点
卡尔曼滤波器	当目标的运动符合一定的假定时,采用卡尔曼滤波技术可获得最佳估计	目标作机动飞行时,滤波可能会出现严重的发散
$\alpha-\beta$滤波器和$\alpha-\beta-\gamma$滤波器	简单并且易于工程实现,增益矩阵可以离线计算	都是常增益滤波器,仅适用于稳态且增益矩阵值都较小的情况
单模型法	在跟踪过程中一次仅使用一个目标轨迹运动学模型,计算量较小	精确与否依赖于探测器的精度,在实际中受到了很大的限制
多模型法	多个运动模型并行使用,跟踪精度获得了提高	可能的系统模式序列(假设)随着时间指数增长,只能实现理论最优,很难应用到工程项目中

3.4　点迹融合提升组网发现概率分析

点迹融合能充分利用不同雷达获得的所有点迹,包括一些单雷达不能起批而丢掉的点迹,可获得更高的探测概率。本节主要通过发现概率和探测面积来分析点迹融合带来的探测优势。详细的仿真模型见第7.3节。

3.4.1 组网前后的发现概率

假定空中目标某一点被 n 部雷达探测到的概率分别为 P_{d1}、P_{d2}、…、P_{dn}，则组网前雷达网空间任一点的发现概率 $P_{D-before}$ 取各雷达最大值，即

$$P_{D-before} = \max(P_{d1}, P_{d2}, \cdots, P_{dn}) \tag{3.21}$$

组网后发现概率 P_D 为雷达组网后发现概率，则

$$P_D = 1 - \prod_{i=1}^{n}(1 - P_{di}) \tag{3.22}$$

3.4.2 雷达组网前后探测面积提高率计算

组网前探测面积就是 n 部雷达组网前发现概率大于0.8的探测面积集合的并集，即

$$S_q = \bigcup_{i=1}^{n} S_i \tag{3.23}$$

式中：S_i 为组网前空中发现概率大于0.8对应的探测面积。

组网后探测面积就是组网后 n 部雷达发现概率大于0.8的探测面积集合的并集。则

$$S_h = \bigcup_{i=1}^{n} S_i \tag{3.24}$$

式中：S_i 为组网后空中发现概率大于0.8对应的探测面积。

组网后通过数据融合，提高了发现概率，对应探测面积的提高率为

$$\Delta_s = \frac{S_h - S_q}{S_q} \times 100\% \tag{3.25}$$

式中：S_q、S_h 分别为组网前后的探测面积。

每部雷达的低发现概率区域重叠，通过点迹融合，各雷达的点迹相互补充，使低概率提升成高概率，提高了低慢小目标发现概率。举个典型例子来进一步理解点迹互补提高发现概率：当空中目标相对雷达运动，不同频段的雷达多普勒频率 f_d 不一样，这样当一部雷达出现MTI盲速而不能发现目标时，另一部雷达不存在MTI盲速，因此几部不同频段的雷达相互补充消除了MTI盲速，总能发现目标，从而提高了低慢小目标发现概率。

3.4.3 雷达组网仿真范例

上文理论上分析了雷达组网后的发现概率和探测面积提升率，本节通过仿真实验来进行验证。按照点迹融合雷达组网体制，设计雷达组网探测仿真流程

方案如图 3.14 所示。在图 3.14 中,给出了从目标 RCS 设置,到雷达距离方程,到检测门限设置,最后得到融合概率的过程。

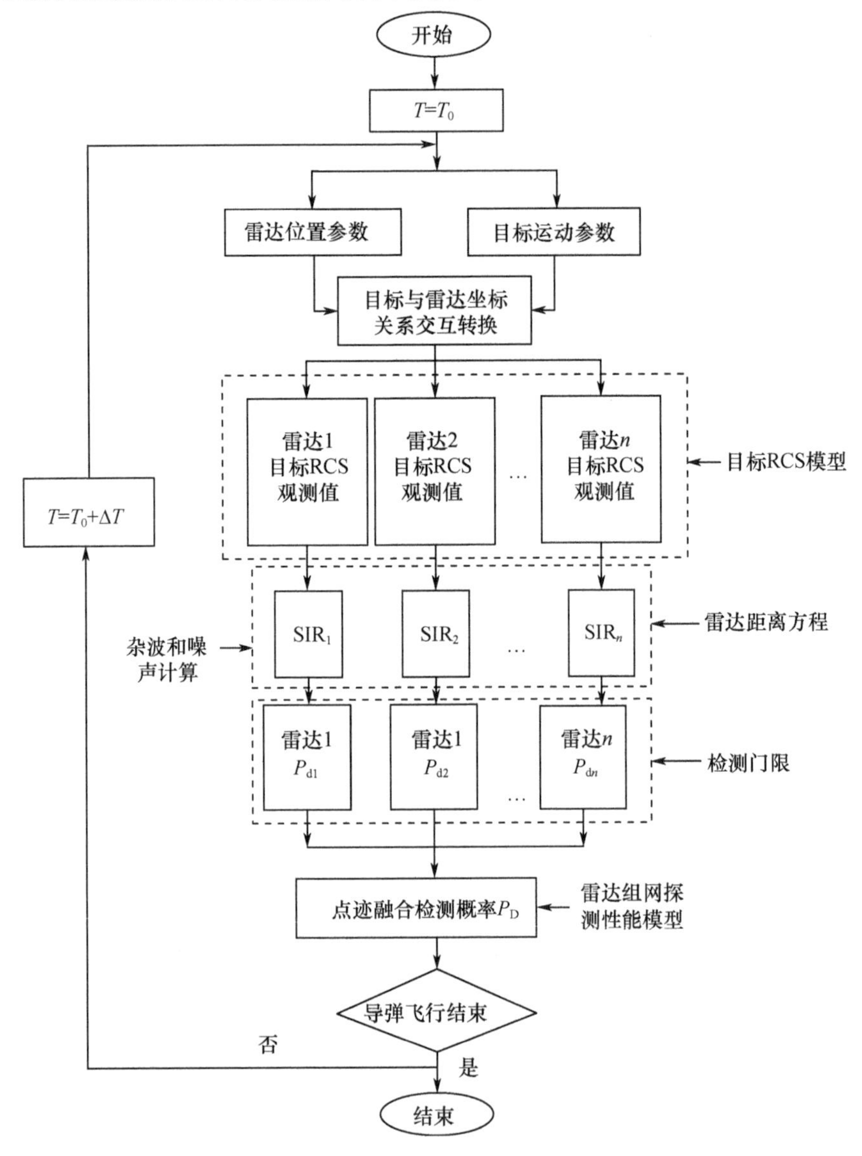

图 3.14 雷达组网发现概率仿真流程

3.4.3.1 发现概率仿真范例

1）仿真条件

假设巡航导弹发射位置坐标为(200km,150km,15m),快速升至一定高度后以速度为 300m/s 匀速飞向坐标原点，组网系统采用典型的三角形部署结构，网内雷达的部署位置为(0,50km,200m)、(0,0,100m)、(50km,0,150m)。利用巡航导弹运动模型，仿真得到如图 3.15 所示的导弹飞行航迹及雷达部署位置，图中 X 轴与 Y 轴表示水平位置，单位为 km，Z 轴表示目标和雷达高度值，单位为 m。

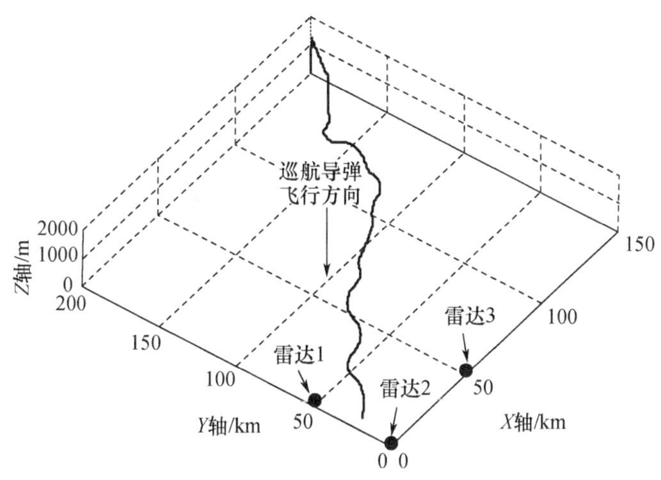

图 3.15　巡航导弹飞行轨迹及雷达部署方位

2）仿真结果及分析

从图 3.16 ~ 图 3.19 可以看出，雷达组网的发现概率有较大提高，并消除了单部雷达的不连续探测区域，使得发现概率曲线更为连续。

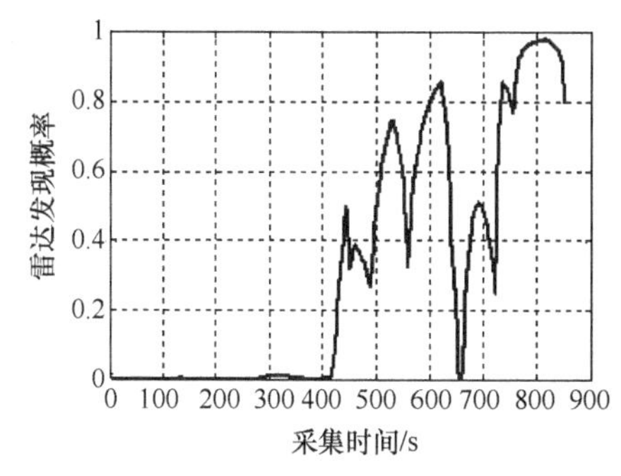

图 3.16　雷达 1 的发现概率曲线

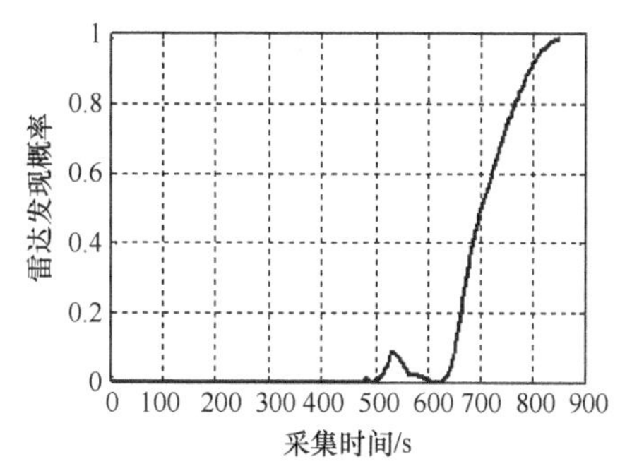

图 3.17　雷达 2 的发现概率曲线

3.4.3.2　探测范围仿真范例

1）仿真条件

假定有两部共址雷达如图 3.20 所示，在某同一高度处的检测概率曲线相同，如图 3.21 所示。假设雷达的各项性能指标和探测模型都已已知，目标 RCS、

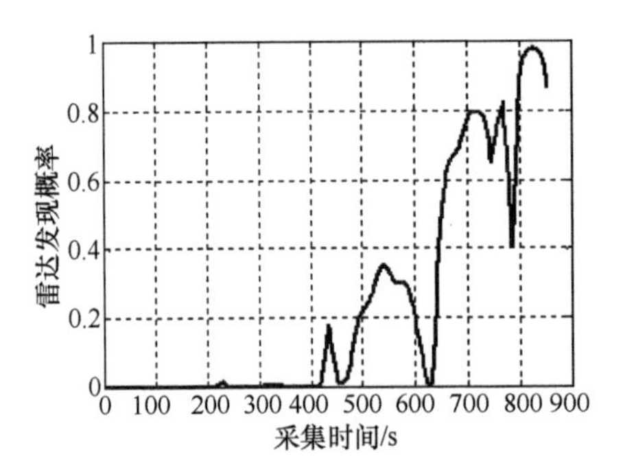

图 3.18　雷达 3 的发现概率曲线

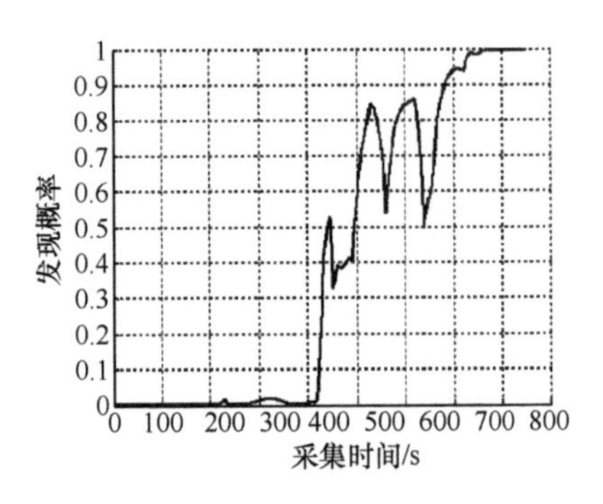

图 3.19　雷达组网发现概率曲线

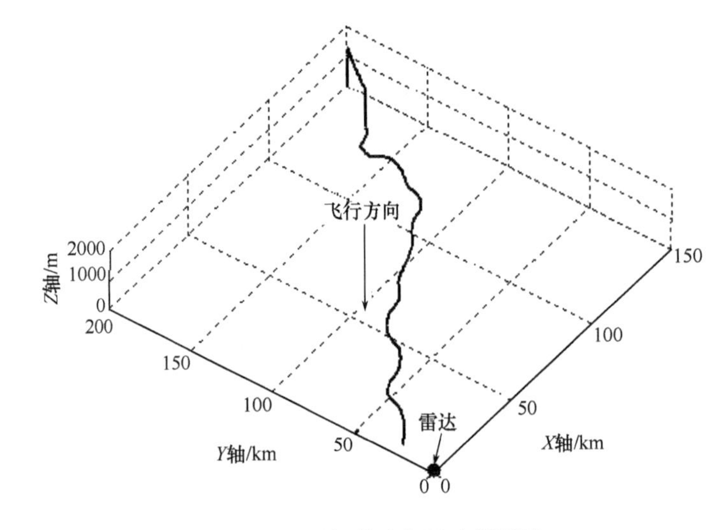

图 3.20　目标轨迹与雷达部署图

运动等参数都已给定。

2）仿真结果及分析

采用雷达组网技术后，两部雷达的组网发现概率仿真结果如图 3.21 所示。从图 3.21 可知，当单部雷达检测概率为 0.8 时的探测距离为 59.5km，当组网雷达发现概率为 0.8 时的探测距离增大到 78.5km，则其探测范围如图 3.22 所示。

由图 3.22 则可以计算得到探测范围提高百分比为

$$\Delta_s = \frac{S_h - S_q}{S_q} \times 100\% = \frac{\pi r_2^2 - \pi r_1^2}{\pi r_1^2} \times 100\%$$

$$= \frac{\pi \times 78.5^2 - \pi \times 59.5^2}{\pi \times 59.5^2} \times 100\% = 74.06\% \tag{3.26}$$

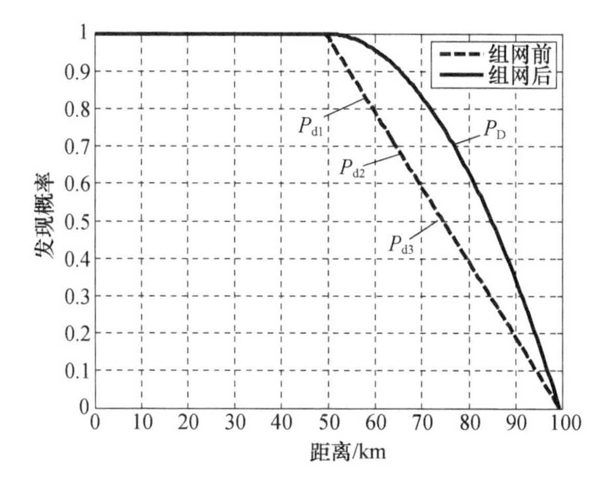

图 3.21　组网前后发现概率曲线对比

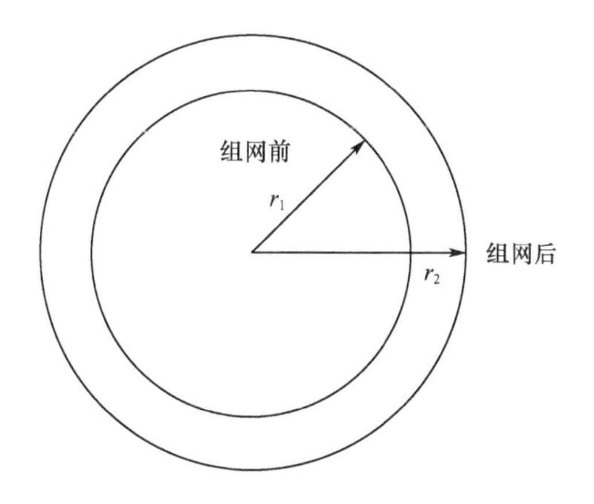

图 3.22　组网前后探测范围对比

在该典型组网方案中，由上述两部雷达的探测能力曲线及雷达组网探测能力曲线，可得出以下结论：

（1）从网内雷达的检测概率图可以看出，雷达在探测时受视距、海杂波、目标起伏等因素的影响，不同程度地出现探测距离近、发现概率低、航迹连续性差等现象。这主要受雷达部署方位与雷达本身性能的影响，使得单雷达无法及时连续地发现与跟踪目标。

（2）雷达组网系统的探测距离、发现概率以及航迹连续性等方面，较网内单雷达有了明显改善。这是由于通过将两部雷达进行组网后，利用点迹信息融合，致使雷达组网系统发现概率的连续性大大提升，弥补了单部雷达检测概率受海杂波、盲速影响较大的缺陷，使得雷达组网系统探测性能明显改善。

（3）要获得发现概率和探测范围改善是有条件的，特别需要进行雷达阵地优化部署，雷达工作模式优化控制，融合算法优化选择。

3.5 点迹融合提升组网定位精度分析

雷达的定位过程是在探测目标并获得有关定位参数的基础上,利用适当的数据处理手段,确定出目标在三维空间中的位置坐标。理论上来说,雷达直接测得的是对目标的观测信息,2D 雷达可利用测量的斜距和方位信息确定目标的二维位置坐标,3D 雷达还可以利用高度或者俯仰信息来确定目标的三维位置坐标。在电子干扰强度较大时,仅靠单部雷达有时还不足以对目标进行定位。在组网系统中,各单站雷达都能够测量目标的斜距、方位角和俯仰角。由定位原理可知,一个测量对应于一个曲面。对于三维空间目标,只需要三个曲面相交于一点就能实现对目标的定位。因此,常规 3D 雷达就能实现对三维目标的定位。采用组网形式对目标定位的目的是:利用每个单站雷达的测量数据冗余,在公共坐标系中对这些数据进行压缩处理,将若干组通过不同单站测量的目标位置坐标合并为一组坐标,并将其作为目标的坐标参数,以获得比仅用单站雷达测量数据更高的定位精度。

3.5.1 点迹融合改善目标定位精度

众所周知,雷达能够直接测得的是对目标的观测信息,包括斜距、方位信息,3D 雷达还包括高度或者俯仰角信息。在理想的条件下,根据这些观测信息结合空间定位算法得到的目标位置就是目标的实际真实位置,但是由于噪声或者人为干扰的影响,雷达测量的信息与真实值相比往往存在着一定的误差,因而根据这些观测信息确定出来的目标位置必然与目标的真实位置之间存在着偏差。

以单部 2D 雷达的定位原理为例,如图 3.23 所示,雷达 1 利用测距和测角的方法对目标定位,其测量误差决定于发射信号的形式以及信号处理器和数据录取设备的特性。一般认为,当距离误差不变时,角度误差会使位置误差增大,而位置误差与距离误差相正交且随距离的增加而增大。假定雷达 1 的角度误差和距离误差如图 3.23 所示,那么,雷达 1 对目标的定位误差区域面积为 $A1$。同理,雷达 2 单独对目标进行定位时,对目标的定位误差区域面积为 $A2$。

如果采用雷达 1 和雷达 2 组网形式,在不考虑数据融合算法的前提下,仅对雷达测量数据进行最简单的处理(利用两部或多部雷达测距结果来推算目标位置:当雷达波束如图所示成直角交叉时,处理起来就特别方便),这时,目标位置误差由分别代表两部雷达误差的面积 $A1$ 和 $A2$ 相交的公共面积来表示,如图 3.23 所示,此时对目标的定位误差区域面积为 $A3$,相比 $A1$ 和 $A2$ 面积大大减小。

依次类推,假设参与组网的单雷达本身精度较高,那么组网后定位精度也越

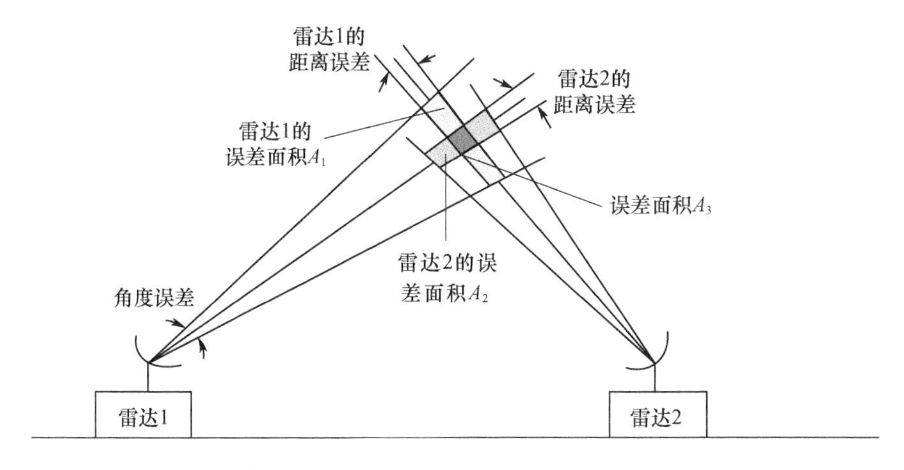

图 3.23　雷达组网改善了对目标的定位精度

高，因此，3D 雷达与 2D 雷达相比，增加了高度或俯仰角的信息，理论上来说，3D 雷达组网的效果应该较之 2D 雷达组网好；同时，组网系统的数据融合算法也是影响组网系统综合定位精度指标的一个重要因素。当然，影响雷达组网系统目标定位精度的因素远不止这些，还包括目标的运动特性、雷达和目标的相对位置以及地球曲率对目标的位置精度影响等等，但是雷达组网系统能够改善目标定位精度这一点却是肯定的。

3.5.2　系统定位精度模型

对目标定位是雷达的一项基本功能，它利用目标观测信息和目标－雷达空间几何位置关系推算出目标的空间位置坐标。由于目标观测信息包含观测误差，因此推算出的目标空间位置坐标也会有误差。任何一种定位系统对不同空间位置的目标，其定位精度是不同的。这就意味着目标位置的定位误差与目标相对于定位站的几何关系是密切相关的。不同几何布局的定位站对同一个定位位置上的目标，其定位误差是不同的，因此需要研究定位误差与定位站几何布局之间的关系。同样，在定位站几何布局已定的条件下，了解这种定位系统对不同空间位置上目标的定位误差分布，对于有效地使用这种定位系统，精确地对目标进行定位和跟踪也是十分必要的。

为了描述定位精度与几何布局的关系，评估雷达系统的定位性能，引入定位精度几何稀释 GDOP 作为评价指标，来表达圆精度，表达式为

$$\mathrm{GDOP} = \sqrt{\sigma_x^2 + \sigma_y^2 + \sigma_z^2} \tag{3.27}$$

式中，σ_x^2、σ_y^2、σ_z^2 为 x、y、z 方向的定位误差方差。它是描述定位误差的三维几何分布的。在二维平面内描述定位误差在平面上的分布，则定义水平误差为水平

圆精度(HDOP),即

$$\mathrm{HDOP}=\sqrt{\sigma_x^2+\sigma_y^2} \tag{3.28}$$

在一维平面内,定义垂直误差为垂直圆精度(VDOP),即

$$\mathrm{VDOP}=\sigma_z \tag{3.29}$$

通过 GDOP 的计算,可以评价雷达组网系统中各雷达站测量精度对雷达组网定位精度的影响程度;可以评价雷达组网系统不同布局对目标定位精度的影响;可以评价雷达组网系统对空中不同位置目标的定位精度,同时还可以利用对抗前后的量值变化来评价电子对抗力量对雷达组网系统的作用效果。

在雷达组网系统中,一般可同时提供多个位置面,设这个出现目标位置为 $\hat{x}=(\hat{x}\quad\hat{y}\quad\hat{z})^{\mathrm{T}}$,,如图 3.24 所示。若目标的真实位置为 $x_T=(x_T\quad y_T\quad z_T)^{\mathrm{T}}$,设测得的第 j 个定位平面与目标真实位置 x_T 差一个 p_j 的值,又设估计位置 $\hat{x}$ 与测得的第 j 个定位平面差一个 ε_j 的值。

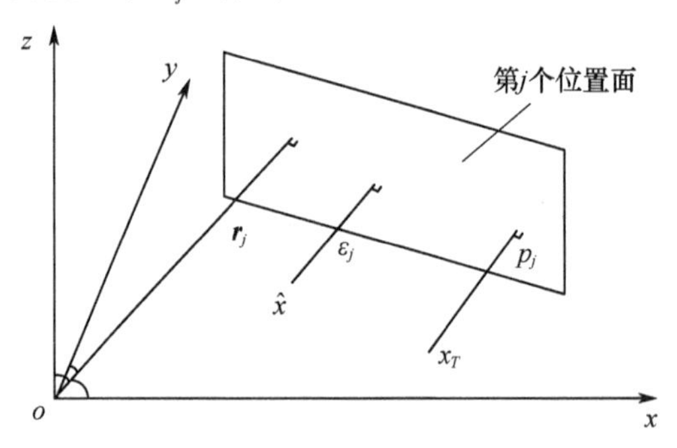

图 3.24 定位平面

则第 j 个定位平面可以用下列平面方程来表达

$$l_jx+m_jy+n_jz=r_j \tag{3.30}$$

式中:l_j、m_j、n_j 是 $\boldsymbol{r}_j$ 矢量的方向余弦,对于不同的平面分别计算如下:

$$\text{斜距面:}\begin{cases}l_j=\cos\varphi\cos\varepsilon\\ m_j=\sin\varphi\cos\varepsilon\\ n_j=\sin\varepsilon\end{cases} \tag{3.31}$$

$$\text{方位面:}\begin{cases}l_j=\sin\varphi\\ m_j=-\cos\varphi\\ n_j=0\end{cases} \tag{3.32}$$

$$\text{俯仰面:}\begin{cases}l_j=\cos\varphi\sin\varepsilon\\ m_j=\sin\varphi\sin\varepsilon\\ n_j=-\cos\varepsilon\end{cases} \tag{3.33}$$

而 r_j 是从原点到 j 平面的距离，r_j 位于该平面的法线方向上。那么同样地，对于测得的方位、俯仰也可用线性平面方程来加以描述如下：

$$l_j x + m_j y + n_j z = 0 \tag{3.34}$$

由于

$$p_j = r_j - l_j x_T - m_j y_T - n_j z_T \tag{3.35}$$

又可得用位置估值$\hat{x}$表达的 ε_j 的关系式为

$$\varepsilon_j = r_j - l_j \hat{x} - m_j \hat{y} - n_j \hat{z} \tag{3.36}$$

由上可得

$$\varepsilon_j = p_j - l_j \Delta x - m_j \Delta y - n_j \Delta z \tag{3.37}$$

上式中位置估值误差定义为

$$\Delta x = \hat{x} - x_T, \quad \Delta y = \hat{y} - y_T, \quad \Delta z = \hat{z} - z_T \tag{3.38}$$

3.5.3　组网定位精度仿真分析

对于雷达组网系统而言，影响系统定位精度的因素很多，如单部雷达性能、观测系统误差、数据处理的模型是否合理、雷达站的分布以及一些有源无源干扰等。在空间定位的几何学原理指导下，专门针对 3D 雷达组网系统，就组网系统中雷达数量多少、雷达间距改变、雷达部署方式改变、雷达性能参数变化以及观测目标高度层改变等五种情况，分别做了详尽仿真分析，比较全面地探讨了系统中以上五种因素变化对系统定位精度的影响情况。

3.5.3.1　雷达数量改变对定位精度的影响

目标探测是以雷达站观测范围重叠为基础的，很显然在同一区域雷达站部署得越多，雷达观测范围重叠区域越大，可对目标进行探测的范围越大，冗余数据越多，则对目标探测就越精确，可以说在雷达阵地上雷达部署得越密集，系统定位精度就会越高；但换个角度考虑就会发现，雷达部署得过多过密，会造成雷达装备的巨大浪费，不但要付出巨大的经济代价，也会造成大量的信息资源浪费，因此，我们力求在固定的区域内使用较少的雷达站，在满足一定发现概率和定位精度的前提下进行系统组网。本节将就组网系统中雷达数量变化对固定区域内定位精度的影响情况进行仿真分析。

为了方便对仿真结果的分析，仿真所用雷达均为同型号的 3D 雷达，图中 Ri 表示雷达站站址，观测目标高度设为 10km，S 表示组网系统 500m 定位精度范围内的有效探测面积，测距标准差为 0.1km，测方位角及测仰角标准差均为 0.005rad(0.2865°)，仿真中不考虑各雷达的站址误差。R1、R2 站址坐标分别设定为 R1(0,0,0)、R2(90,0,0),R3、R4 站址坐标视情况定。改变系统中雷达数量从一部逐渐增加到四部得出以下一组仿真结果。

仿真结果分析:

以上仿真中,图 3. 25、图 3. 26、图 3. 27、图 3. 28 分别为一部、两部、三部、四部 3D 雷达融合定位 GDOP 图,从图中可以看出:

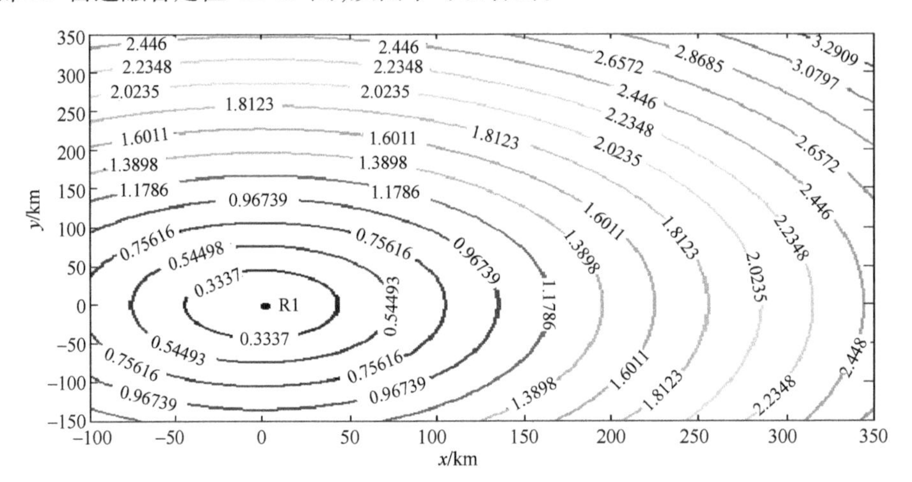

图 3. 25　3D 雷达单站定位 GDOP 图(R1(0,0,0))(见彩图)

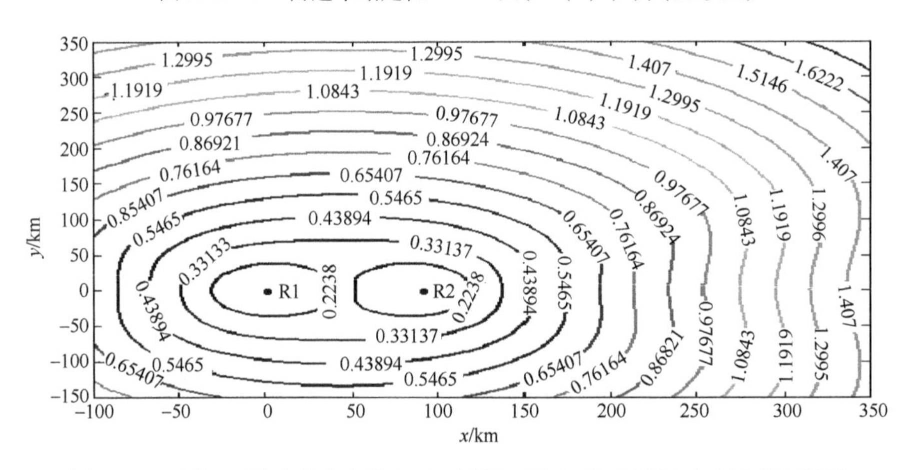

图 3. 26　两部 3D 雷达融合定位 GDOP 图(R1(0,0,0),R2(90,0,0))(见彩图)

(1) 3D 雷达单站定位 GDOP 等值线是一族以单站为圆心的同心圆,组网后的 GDOP 等值线基本上是以雷达几何中心为中心逐渐向外扩散的一组椭圆,且精度缓慢下降,离雷达越近,定位精度越高。

(2) 同一空域,雷达部署的数量越多,定位精度越高。在组网系统中,单站雷达、双站雷达和多站雷达具有不同的定位精度几何分布,其中双站雷达定位精

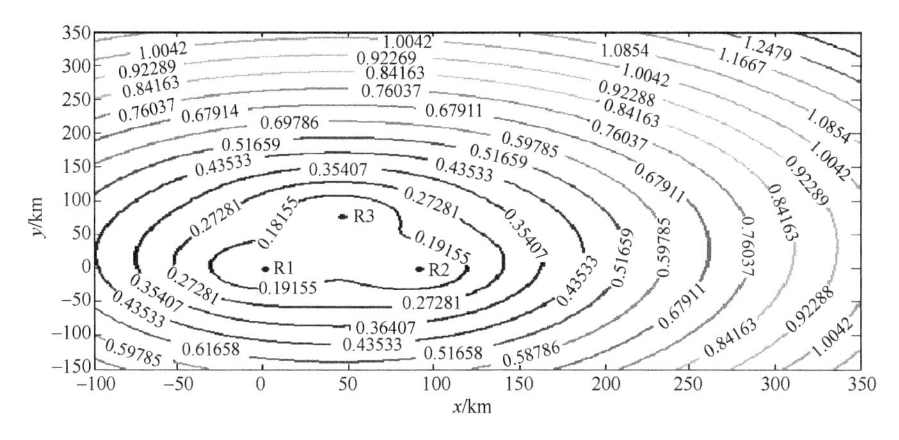

图 3.27　三部 3D 雷达融合定位 GDOP 图

（R1(0,0,0)，R2(90,0,0)，R3(45,77.94,0)）（见彩图）

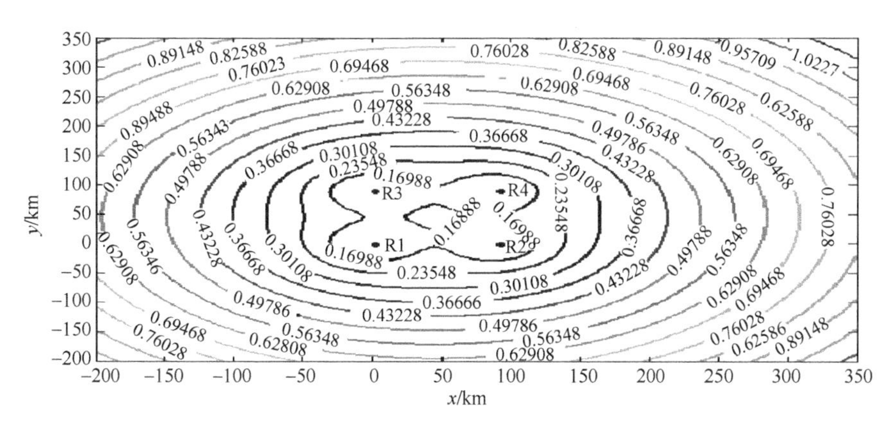

图 3.28　四部 3D 雷达融合定位 GDOP 图

（R1(0,0,0)，R2(90,0,0)，R3(0,90,0)，R4(90,90,0)）（见彩图）

度优于单站，而三站又好于双站。随着雷达数量增多，系统覆盖区域明显增大，且整个受控区域定位精度都有所提高，尤其在靠近新增雷达站站址附近区域，定位精度提高明显。

图 3.29、图 3.30、图 3.31 依次仿真了不同组网情况下 500m 定位精度范围曲线对比情况。从图中明显可见，对于同一定位精度而言，部署的雷达数量越多，保障该定位精度的区域越大。

组网系统由两部雷达增加到三部雷达，系统 500m 定位精度范围几乎提高一倍，而从三部雷达增加到四部雷达时，系统 500m 定位精度范围同样有较大提高，但相对于三部雷达而言，却提高不足一半，因此，从装备使用的效费比方面来讲，在固定空域，可以使用合适数量的雷达，以发挥装备的最大使用效能。

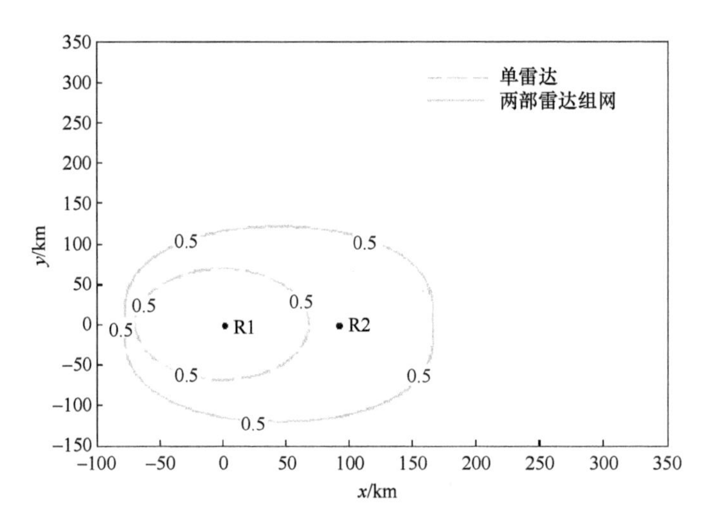

图 3.29　单部雷达定位与两部雷达融合定位精度 GDOP 图

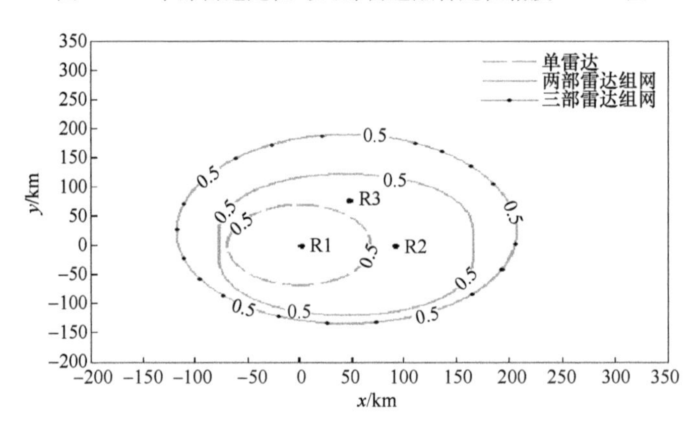

图 3.30　三种组网情况下融合定位图

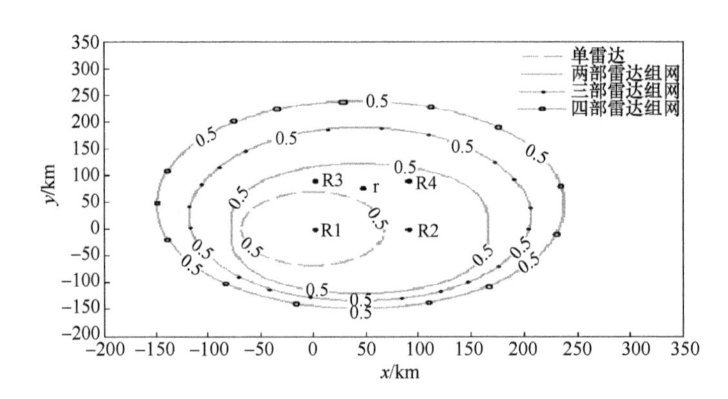

图 3.31　四种组网情况下融合定位精度 GDOP 图

3.5.3.2　雷达间距改变对定位精度的影响

雷达作为一种探测设备,不同型号雷达都有其固有的有效探测距离,在固定的探测区域内,合理部署雷达间距,最大限度地发挥雷达探测性能,是保证组网系统定位精度达到最佳的必要手段。

本节以两部同型号3D雷达为例,以30km为单位,等间隔地改变雷达站间距离,对16种间距情况分别做出仿真GDOP图及每种情况下500m定位精度曲线。图中Ri表示雷达站站址,h表示观测目标高度,设定为10km,S表示500m定位精度范围内的有效探测面积,其测距标准差为0.1km,测方位角及测仰角标准差为0.005rad(0.2865°),仿真中不考虑各雷达的站址误差。R1站址坐标固定为R1(0,0,0),R2站址坐标视情况调整。得出下列一组仿真结果。由于仿真图示过多,下面只给出雷达间距改变后,500m定位精度范围仿真示意图。

以上仿真中,图3.32至图3.35均为两部雷达组网系统在间距发生改变的情况下500m定位精度范围曲线示意图,可以看出:

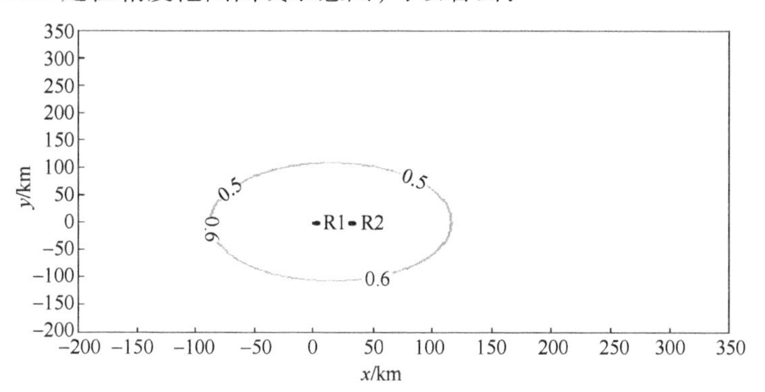

图3.32　两部雷达相距30km融合定位精度GDOP图

(R1(0,0,0),R2(30,0,0),S=3.4632e+004km^2)

(1)同一空域,组网系统雷达间的部署距离对系统定位精度影响很大。雷达组网系统中,在雷达有效探测范围内,随着雷达站址间距的增大,系统覆盖区域范围随之增大,在某一固定站址距离上,系统定位精度与探测范围达到最优。

(2)在图3.34中,两部组网雷达的基线中段出现了定位精度小于0.5的阴影区域,且随着两雷达站间距拉大,阴影部分面积随之增大,这表明,在雷达组网系统中,随着雷达站间距拉大,雷达基线区定位精度逐渐变差,在站址间距增大到一定值后,随着站址距离的增大,系统覆盖区域范围随之逐渐减小,整个受控区域内定位精度随之下降,尤其是基线区内精度下降明显。

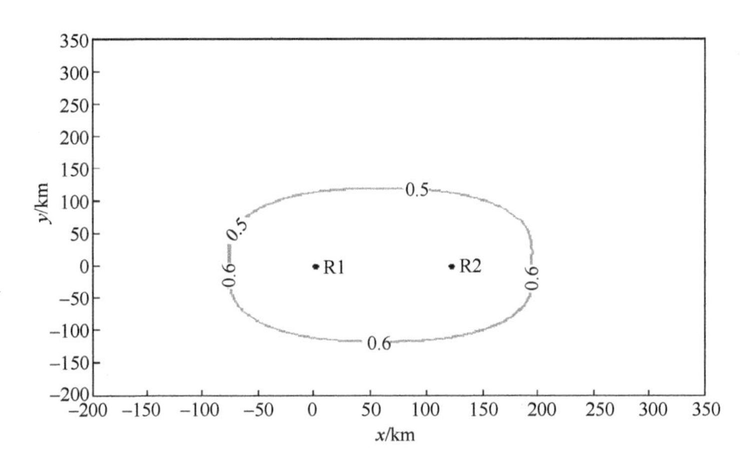

图 3.33　两部雷达相距 120km 融合定位精度 GDOP 图

(R1(0,0,0),R2(120,0,0),$S=5.5218\mathrm{e}+004\mathrm{km}^2$)

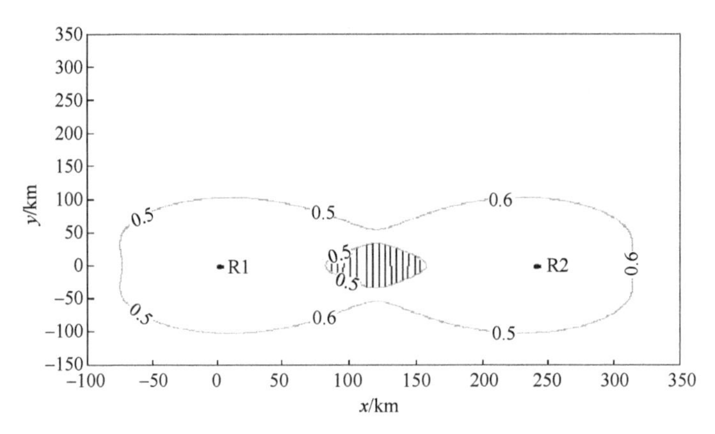

图 3.34　两部雷达相距 240km 融合定位精度 GDOP 图

(R1(0,0,0),R2(240,0,0),$S=6.3057\mathrm{e}+004\mathrm{km}^2$)

(3) 由图 3.35 可知,当雷达间基线距离超过单部雷达的有效探测范围后,雷达将各自独立工作,组网系统失去应有的作用。

3.5.3.3　雷达部署方式对定位精度的影响

对于多部雷达组网系统来说,选择什么样的雷达部署方式,选择多少部雷达进行组网,既能最大限度地发挥装备最佳使用性能,又能保证固定区域防空需要,达到雷达阵地的最佳的战斗部署,是我们不得不考虑的一个重要问题。

这里我们分别针对三部及四部雷达组网系统,选择了“一字形”部署、“等边三角形”部署、“等腰三角形”部署、“直角三角形”部署、“正方形”部署及“矩形”

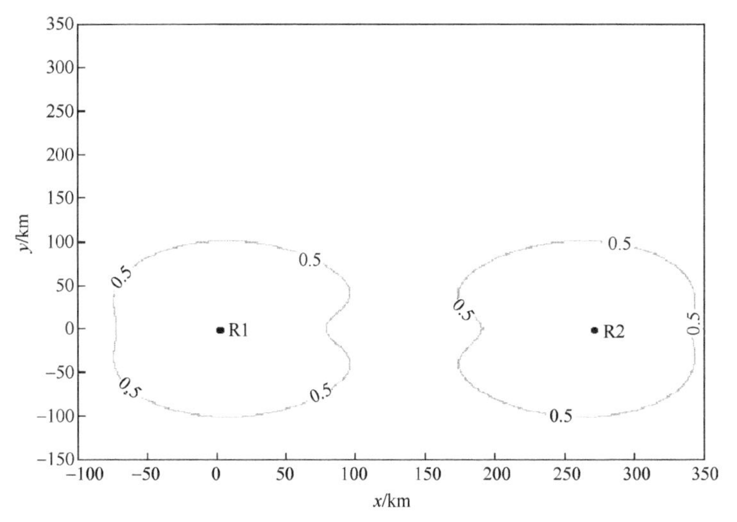

图 3.35　两部雷达相距 270km 融合定位精度 GDOP 图

（R1(0,0,0) R2(700,0,0)，$S = 5.8085\mathrm{e}+004\mathrm{km}^2$）

部署等六种阵地部署情况进行了仿真分析。

仿真选择同型号 3D 雷达，图中 Ri 表示雷达站站址，h 表示目标高度，设定为 10km，测距标准偏差为 0.1km，测方位角及测仰角标准偏差为 0.005rad (0.2865°)，仿真中不考虑各雷达的站址误差。仿真结果如下。

图 3.36 仿真了三部雷达成“一字形”排列的组网部署形式，从图中清晰可见，组网后的系统高精度区集中出现在三部雷达连线上的窄长地带，在其他方向上并未体现出组网的优越性，这是因为“一字形”部署方案的空间重叠度不大，可供融合的冗余数据有限，所以在战斗部署上一般不建议采用这种部署方式。

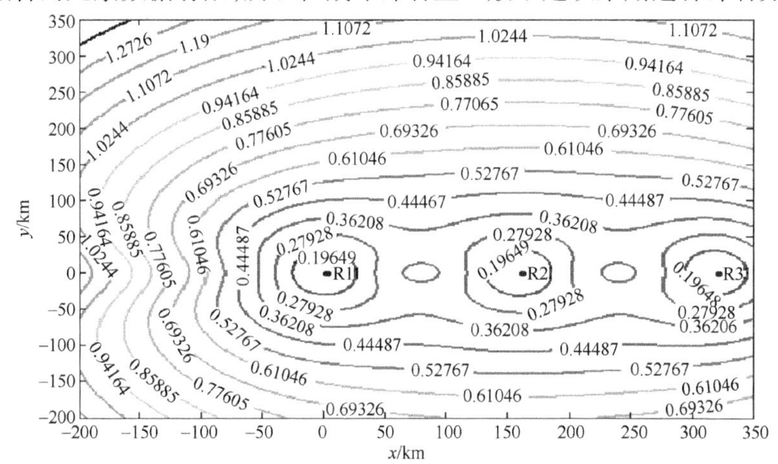

图 3.36　三部雷达成“一字”排列融合定位 GDOP 图(见彩图)

图 3.37、图 3.41 分别仿真的是雷达成“等边三角形”排列的部署方式和雷达成“正方形”部署方式，从图上看，系统定位精度近似各向同性，定位精度曲线以组网系统几何中心均匀向外扩散，对整个防区都有较好的定位精度，适合对重点防区进行此种形式的部署。具体采用哪种部署方式，要视防区面积大小而定。

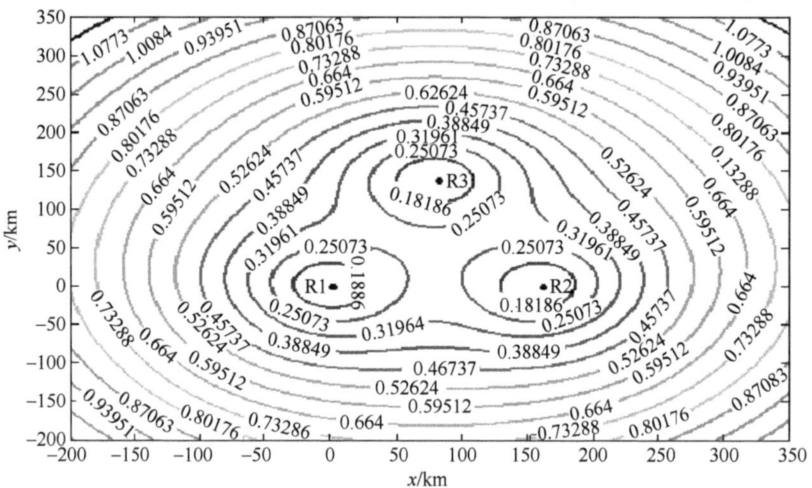

图 3.37　三部雷达成“等边三角形”排列融合定位 GDOP 图（见彩图）

图 3.39 仿真了三部雷达成“等腰三角形”排列的组网形式，图 3.40 仿真的是四部雷达成“矩形”排列的组网形式，组网后的系统高精度区在组网系统几何中心以长线形式展开，这两种部署方式比较适合对特定空中走廊中运动目标的防空进行部署。

图 3.38 仿真的是一般情况下“直角三角形”部署方式，它的探测范围与“等边三角形”部署没有较大差别，但采用这类部署方式一般没有防区重点，所以一般不采用。

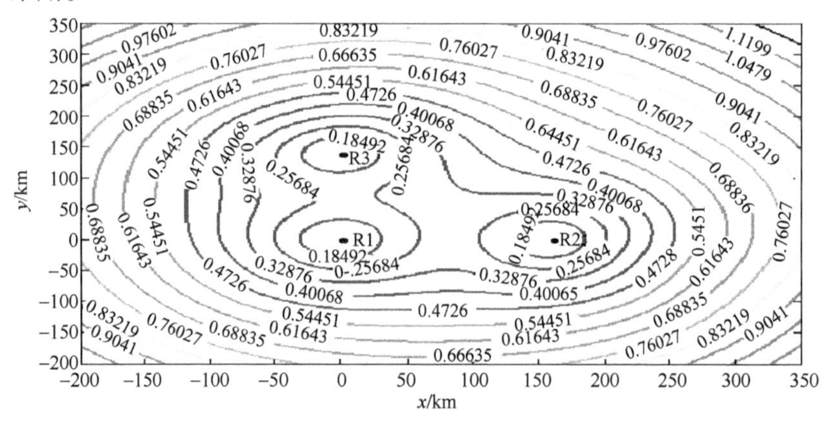

图 3.38　三部雷达成“直角三角形”排列融合定位 GDOP 图（见彩图）

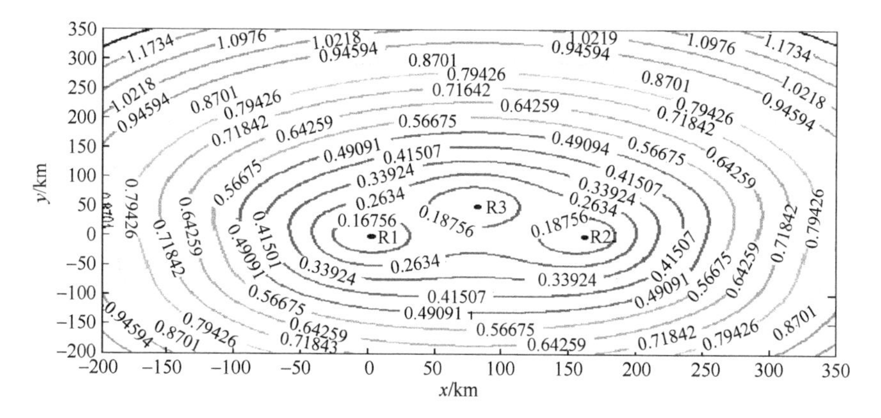

图 3. 39　三部雷达成“等腰三角形”排列融合定位 GDOP 图(见彩图)

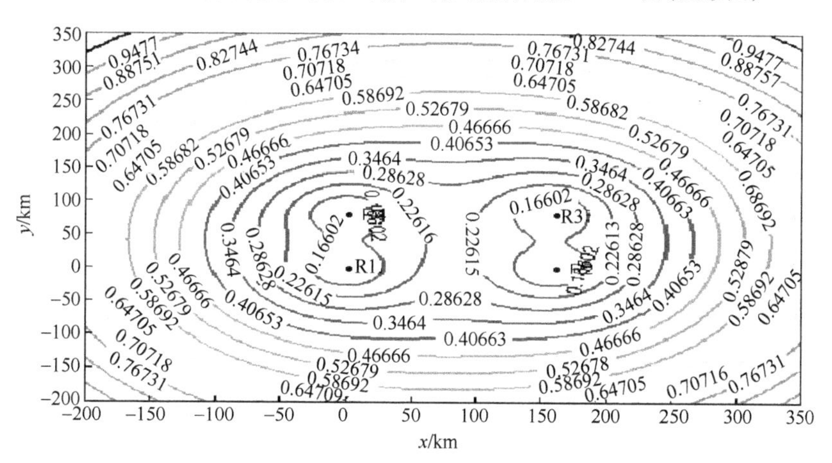

图 3. 40　四部雷达成“矩形”排列融合定位 GDOP 图(见彩图)

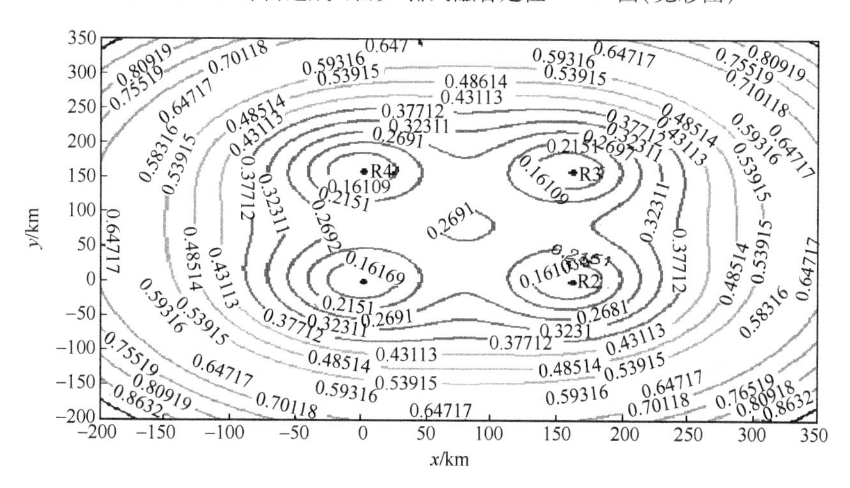

图 3. 41　四部雷达成“正方形”排列融合定位 GDOP 图(见彩图)

3.5.3.4 雷达站址高度改变对定位精度的影响

由式(3.27)可以看出,雷达站址高度坐标对估计精度有一定影响,由于雷达站的 x、y 坐标的改变相当于雷达站间距离的改变,这在前面已经分析过,这里主要研究雷达站址高度改变对系统定位精度的影响情况。

这里仍以三部雷达成"等边三角形"排列的组网形式为例进行仿真分析,Ri 表示雷达站站址,h 表示观测目标高度,设定为 10km,S 表示 500m 定位精度范围内的有效探测面积,其测距标准偏差为 0.1km,测方位角及测仰角标准偏差为 0.005rad(0.2865°),保持 R1(0,0,0)、R3(45,77.94,0)站址坐标不变,R2 坐标为 R2(90,0,Z),Z 代表 R2 雷达海拔,分别取值为 3、0、-3,仿真结果如图 3.42所示。

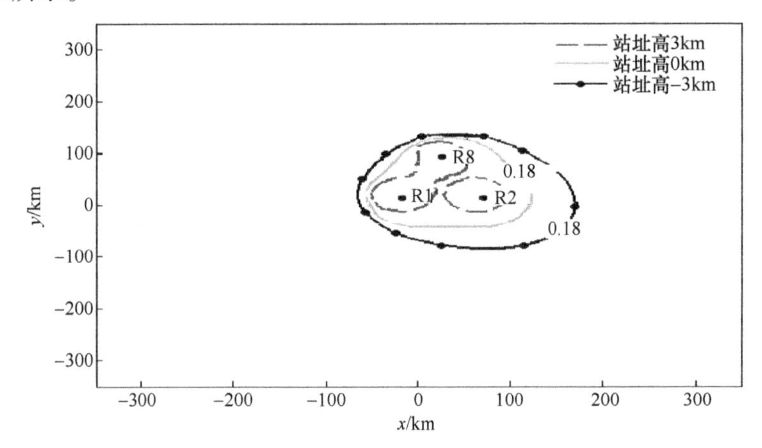

图 3.42 R2 在不同站址高度上组网系统 180m 精度 GDOP 图

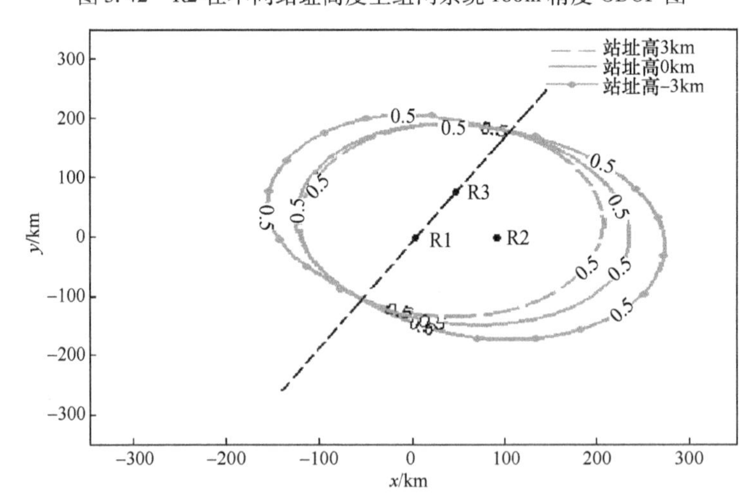

图 3.43 R2 在不同站址高度上组网系统 500m 精度 GDOP 对比图

图3.42、图3.43分别为R2站址高度改变情况下，组网系统180m、500m定位精度范围曲线对比图，从图中可见：

在三部雷达组网系统中，保持其中R1、R3两部雷达高度不变，当另一部雷达R2高度升高时，R2站外侧目标定位精度逐渐下降，在与R1、R3两站基线的垂直方向上定位精度略有下降；当R2高度降低时，整个雷达组网系统的定位精度都有提高，且在R2外侧定位精度提高显著。但就整个雷达组网系统的定位精度而言，无论是升高还是降低，在R1、R3两站基线的延伸线上系统定位精度几乎不变。

通过上述仿真，可知站址高度的变化对目标定位精度的影响不同，如果要想在特定方向提高目标定位精度，可以通过适当降低该方向雷达站站址高度来解决。

3.5.3.5 雷达性能参数改变对定位精度的影响

从上面的分析可知，影响组网系统定位精度的因素很多，各种因素对系统定位精度的影响各不相同，且它们总是可以通过借助改变一些外部因素予以改善，而雷达本身性能则是影响雷达系统定位精度的决定性因素，雷达本身性能的好坏将直接决定雷达组网系统探测能力的优劣。

图3.44、图3.45是针对两部雷达组成的组网系统，保持两部雷达测距标准差和测方位角标准差不变，只改变其测仰角标准差仿真出的结果，图3.46、图3.47是保持两部雷达测距标准差和测仰角标准差不变，只改变测方位角标准差仿真结果。从图3.44、图3.45可以看出，随着测仰角误差增大，组网系统定位精度逐渐减小，且组网系统各个方向上减小速度均等；而图3.46、图3.47中显

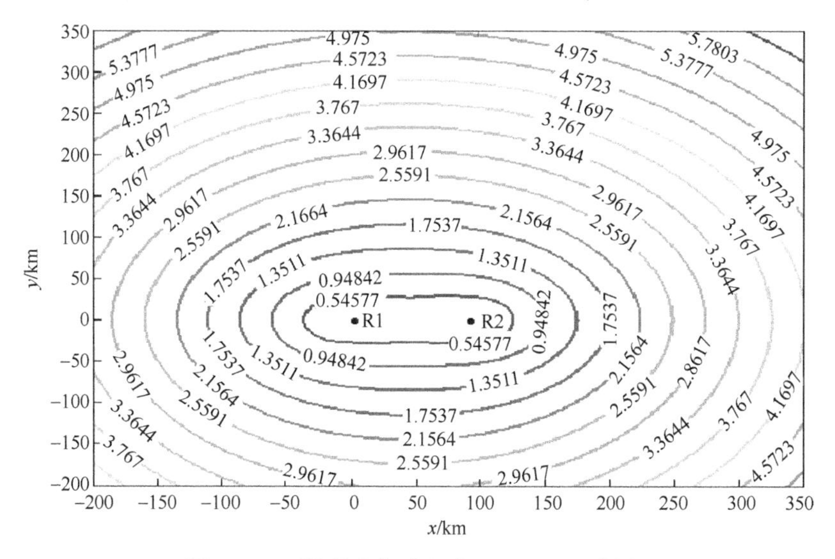

图3.44 系统仰角标准差为0.01rad（见彩图）

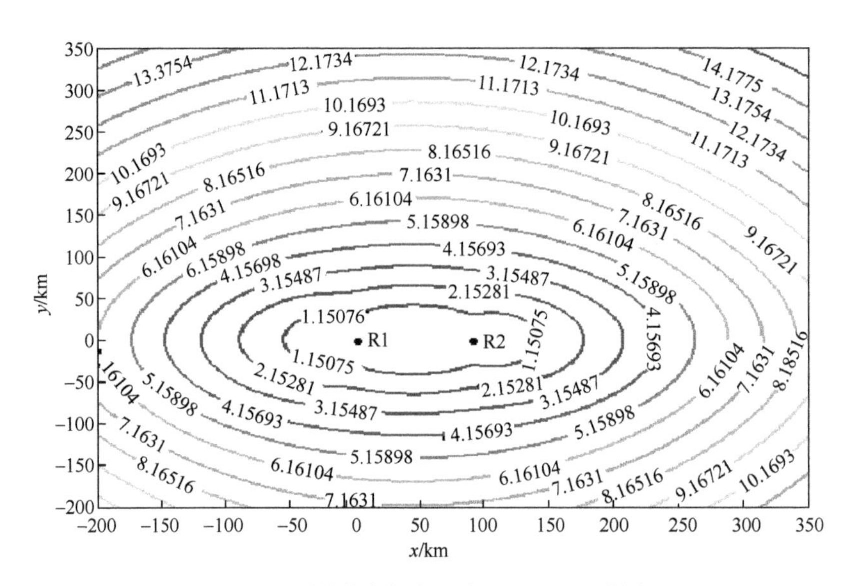

图 3.45　系统仰角标准差为 0.02rad(见彩图)

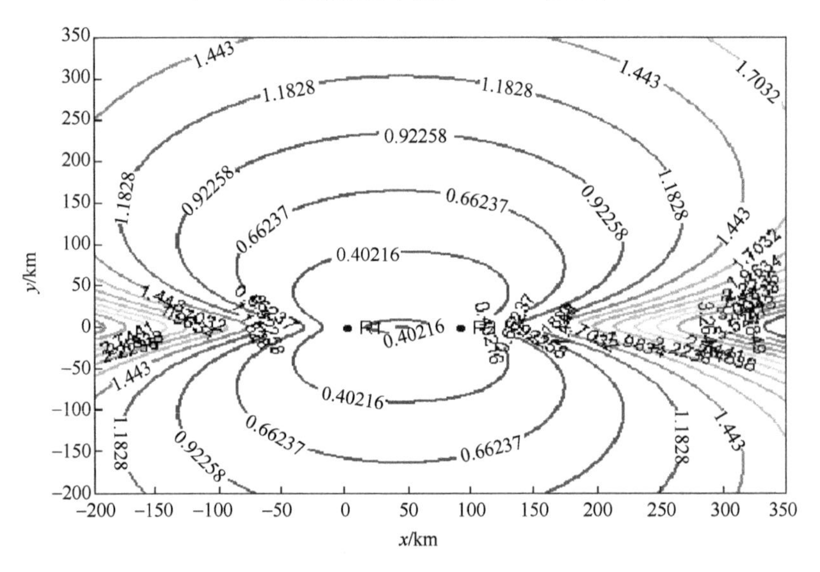

图 3.46　系统方位角标准差为 0.01rad(见彩图)

示,当测方位角标准差增大时,组网系统定位精度在各个方向上同样呈下降趋势,在与两部雷达基线垂直区域系统定位精度下降较缓慢,但在两部雷达连线上,系统定位精度下降十分迅速,这与前面阐述的雷达组网系统提高定位精度原理是相吻合的:当距离误差不变时,角度误差会使定位精度变差,而定位精度与距离误差相正交且随距离的增加而变差;这一影响在两部雷达的连线范围内特别大,随着单部雷达精度的下降,两部雷达基线两端区域定位精度下降迅速;相

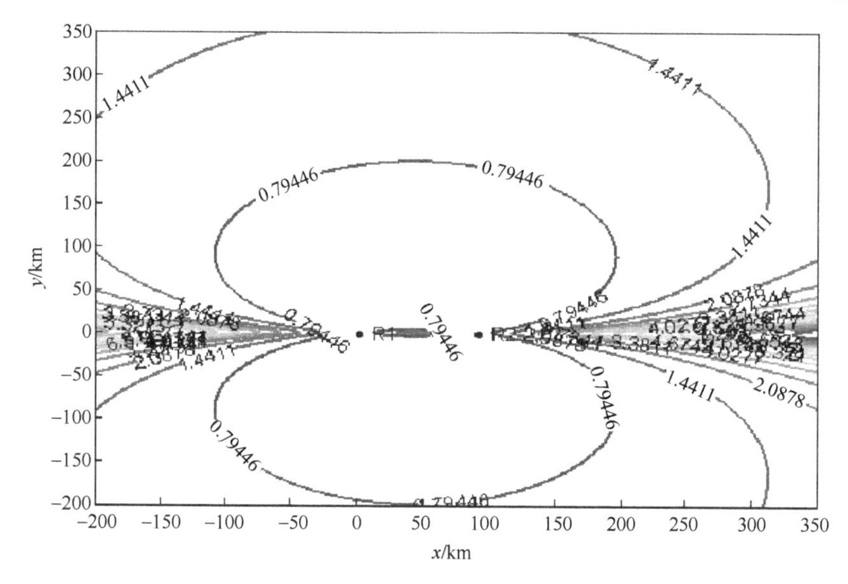

图 3.47　系统方位角标准差为 0.02rad(见彩图)

对而言,两部雷达基线的垂线范围上虽然定位精度也随着雷达精度的下降而下降,但速度趋势较为缓和。

通过对以上五种情况的仿真分析,总结出以下四点雷达组网系统优化布站原则:

(1) 内外原则:尽量使目标位于组网系统雷达站基线所构成的区域内,因为系统区域内的定位精度总体上高于系统区域之外。

(2) 形状原则:雷达站最好是正多边形部署,因为正多边形组网系统定位精度整体高于其他形状部署,而且正多边形布局近似各向同性。

(3) 距离原则:在雷达有效探测范围内,尽量选择使组网系统定位精度达到最佳的部署间距,发挥装备的最大使用效能。

(4) 高度原则:尽量选择站址高度低的位置部署雷达,因为目标相对雷达站的运动高度越大定位精度越高。

3.6　新型雷达组网信息融合技术

在 3.1.2 节中对雷达组网中的融合技术进行了划分,其中,分布式检测技术与信号级融合技术研究比较热门,也是新型雷达组网装备希望突破的关键技术。

3.6.1　分布式检测技术

雷达组网中,检测级融合相比点迹融合更深入一层,保留的原始信息更多,因此能进一步提升检测跟踪性能。分布式检测属于检测级融合,在分布式检测结构中,以并行结构应用最为广泛,最具代表性,本节主要对并行结构展开研究。

3.6.1.1 分布式检测基础

其基本思想是:在多雷达构成的雷达组网系统条件下,局部传感器先对目标进行初次的判决处理,将处理结果传送到融控中心,在组网融控中心完成对目标最终判决,并宣布检测结果。

目前,对于分布式检测,包含七个基本环节,如图 3.48 所示。

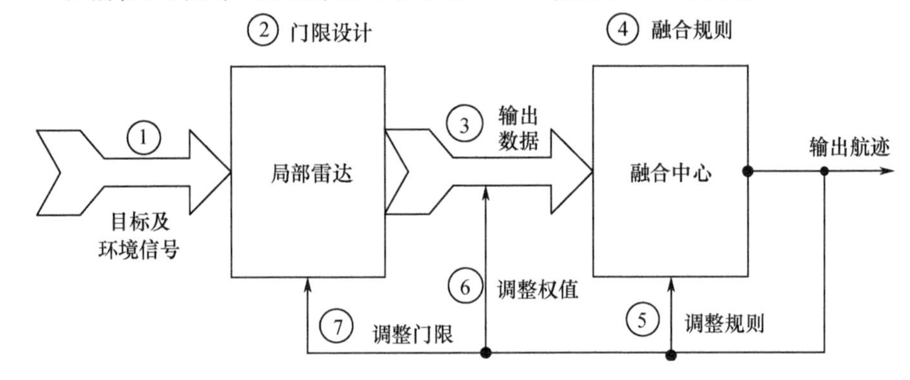

图 3.48 雷达组网分布式检测七个环节

环节①:研究雷达观测环境,即目标及环境对系统设计的影响。主要内容包括:

(a) 在观测相关或不相关观测的情况下系统的设计及算法研究;

(b) 在不同杂波环境下系统的设计及算法研究;

(c) 针对隐身飞机,其 RCS 敏感于雷达波照射方位时,系统的设计与性能分析等。

环节②:研究局部雷达信息处理及门限设计对系统设计的影响。主要内容有:

(a) 信号采用积累检测方式时系统的设计及算法研究;

(b) 局部雷达性能相同或不同时,局部和融控中心的判决规则的设计;

(c) 局部判决门限的设计,例如设计固定门限、CFAR 门限等;

(d) 观测数据的同步问题是工程应用必须关注的问题。

环节③:研究雷达输出数据形式对系统设计的影响。主要内容有:

(a) 局部输出为二元判决(即硬判决)时系统的设计方法及性能;

(b) 局部输出为多元判决时的系统设计方法及性能;

(c) 局部输出为局部统计量时系统的设计方法及性能;

(d) 对局部判决进行加权设计时系统的设计方法及性能。

环节④:研究融控中心的融合规则。主要内容有:

(a) 如何减少融合规则数量;

(b) 如何确定最优的融合规则。

环节⑤:研究反馈的情况下如何调整融控中心的融合规则。

环节⑥:研究反馈情况下如何调整对局部判决的加权值。

环节⑦:研究反馈情况下如何调整局部雷达的检测门限。

根据系统的分析和各环节的研究内容,可以看出雷达组网分布式检测系统的设计是个十分复杂的问题。对该领域进行完整、系统、深入的研究将是个长期的过程。

1) 分布式检测模型描述

分布式检测的并行结构如图3.49所示。以硬判决方式为考察对象,即局部输出判决为 H_0 和 H_1 的二元假设问题。系统工作流程为:先由局部雷达完成对目标信息的初次判决,判决结果送往融控中心,在融控中心形成最后的判决结果。

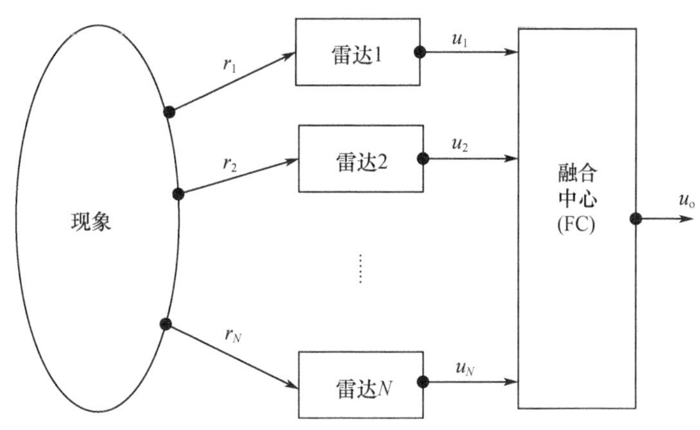

图3.49 分布式检测并行处理结构

局部雷达在接收到回波 $r_k(k=1,2,\cdots,N)$ 后,基于 N-P 准则对目标有无进行判决,设有 N 部雷达,每部雷达都做出一个局部判决 $u_i(i=1,2,\cdots,N)$,其中

$$u_i=\begin{cases}0, & H_0\text{ 为真}\\ 1, & \text{其他}\end{cases} \tag{3.39}$$

局部形成判决后,输入到组网融控中心(FC),则组网融控中心的输入为 u_i $(i=1,2,\cdots,N)$,在组网融控中心,由融合规则

$$u_o=d(U)=d(u_1,u_2,\cdots,u_N) \tag{3.40}$$

对输入的数据进行处理,产生全局判决 u_o。

$$u_o=\begin{cases}0, & \text{FC 判决 } H_0 \text{ 为真}\\ 1, & \text{其他}\end{cases} \tag{3.41}$$

2）数学模型

由于缺乏目标、环境等先验知识，系统一般在 N－P 准则下进行检测，组网融控中心检测的数学模型为

$$\begin{cases}P_{fo}=\alpha_0=\text{常数}\\ \max P_{do}=1-P_{mo}\end{cases} \tag{3.42}$$

即，在控制系统虚警率为 α_0 的情况下，使系统检测概率 P_{do} 为最大（系统漏警概率 P_{mo} 最小）。由此可构造系统的目标函数，见式（3.43），系统期望目标函数 J 越小越好。

$$J=P_{mo}+\lambda(P_{fo}-\alpha_0) \tag{3.43}$$

式中：λ 为 Lagrange 乘子，它可反映虚警对系统的代价；漏警概率与虚警概率分别表示为

$$P_{mo}=P(u_o=0\mid \mathrm{H}_1) \tag{3.44}$$

$$P_{fo}=P(u_o=1\mid \mathrm{H}_0) \tag{3.45}$$

用 U 表示各局部决策的集合 $U=(u_1,u_2,\cdots,u_n)$，容易得到

$$P(u_o\mid \mathrm{H}_j)=\sum_U P(u_o\mid U)P(U\mid \mathrm{H}_j) \tag{3.46}$$

将式（3.44）、式（3.45）、式（3.46）代入式（3.43），经整理可以得到

$$J=\sum_U P(u_o=0\mid U)[P(U\mid \mathrm{H}_1)-\lambda P(U\mid \mathrm{H}_0)]+\lambda(1-\alpha_0) \tag{3.47}$$

使目标函数 J 最小，由式（3.47），可得如下规则：

$$g(U)\triangleq P(u_o=0\mid U)=\begin{cases}0, & P(U\mid H_1)-\lambda P(U\mid H_0)>0 \quad :\mathrm{H}_1 \text{ 成立}\\ 1, & \text{其他} \quad :\mathrm{H}_0 \text{ 成立}\end{cases} \tag{3.48}$$

即当 $P(U\mid \mathrm{H}_1)-\lambda P(U\mid \mathrm{H}_0)>0$ 时判决为目标存在，而其他情况判决为目标不存在。这样可以保证目标函数 J 最小。由式（3.48）可得

$$\Lambda(U)=\frac{P(U\mid \mathrm{H}_1)}{P(U\mid \mathrm{H}_0)}\underset{u_0=0}{\overset{u_0=1}{\gtrless}}\lambda \tag{3.49}$$

上式为在N-P准则下，融控中心的似然比判决形式，$\Lambda(U)$为似然比，λ为判决门限。

考察局部雷达判决情况，第k个传感器可以得到

$$\begin{aligned} P(u_k \mid \mathrm{H}_i) &= \int_{r_k} P(u_k \mid r_k, \mathrm{H}_i) P(r_k \mid \mathrm{H}_i) \mathrm{d}r_k \\ &= \int_{r_k} P(u_k \mid r_k) P(r_k \mid \mathrm{H}_i) \mathrm{d}r_k, i = 0,1 \end{aligned} \tag{3.50}$$

将式(3.50)代入式(3.47)，整理可以得到

$$J = \int_{r_k} P(u_k = 0 \mid r_k) \times [C_1^k P(r_k \mid \mathrm{H}_1) - \lambda C_0^k P(r_k \mid \mathrm{H}_0)] \mathrm{d}r_k + C^k \tag{3.51}$$

式中，

$$C_i^k = \sum_{U_k} [g(0,U_k) - g(1,U_k)] P(U_k \mid H_i) \qquad i = 0,1 \tag{3.52}$$

$$C^k = \sum_{U_k} g(1,U_k) P(U_k \mid H_1) + \lambda \{1 - g(1,U_k)\} P(U_k \mid H_0) - \alpha_0 \lambda \tag{3.53}$$

式中：$g(i,U_k)$表示$g(U)$中的$u_k = i, U_k = (u_1, \cdots, u_{k-1}, u_{k+1}, \cdots u_n)$。

由式(3.51)，使目标函数J最小，可以得到第k个传感器的判决规则

$$P(u_k = 0/r_k) = \begin{cases} 0, & C_1^k P(r_k \mid \mathrm{H}_1) - \lambda C_0^k P(r_k \mid \mathrm{H}_0) > 0 \\ 1, & \text{其他} \end{cases} \tag{3.54}$$

式(3.54)可表示为

$$\frac{P(r_k \mid \mathrm{H}_1)}{P(r_k \mid \mathrm{H}_0)} C_1^k \underset{u_k = 0}{\overset{u_k = 1}{\gtrless}} \lambda C_0^k \tag{3.55}$$

式(3.55)为最优局部判决门限的设计规则，可以看出，其判决形式为似然比判决。

3.6.1.2　分布式CFAR检测

1）问题描述

在采用分布式检测系统探测隐身分目标时，隐身目标必然处于复杂的环境中，例如会伴随电子干扰支援、由杂波或欺骗干扰引起的大量假目标以及天气、地物杂波等影响，且由于其RCS较小，一般要降低门限进行探测，将进一步恶化观测环境。这要求系统能够在保持一定的虚警率的情况下对目标进行有效的探测。CFAR技术能很好地控制虚警率，故结合分布式组网系统，采用分布式

CFAR 技术进行处理是个合适的选择。

基于对探测环境的了解，可以分为三类：一是了解检测环境的分布情况，可以优化出固定的最优检测门限，采用分布式 N－P 检测可获得最佳性能；二是当只了解目标环境的部分情况时，如知晓杂波环境的分布形式，但不清楚参数时，此时适合采用基于 CFAR 处理的分布式检测技术；三是当对杂波环境了解得更少的情况下，此时一般采用基于非参量检测的分布式检测技术。在实际的雷达应用中，更多的时候符合第二种干扰情况，为减少噪声、杂波以及干扰的变化对检测门限的影响，多采用 CFAR 处理技术，即用少量的样本形成统计量来估计杂波功率，从而保持一定的虚警率。本节主要研究均值类分布式 CFAR（分布式 Mean Level－Constant False Alarm Rate）以及有序统计类分布式 CFAR（分布式 Order Statitics－Constant False Alarm Rate）两种处理方式。

2）分布式 CFAR 检测系统设计

（1）单雷达 CFAR 检测模型。雷达的 CFAR 检测原理如图 3.50 所示，其核心思想是利用目标相邻检测单元的统计量来估计杂波环境的参数，从而确定对该目标检测单元的门限值。

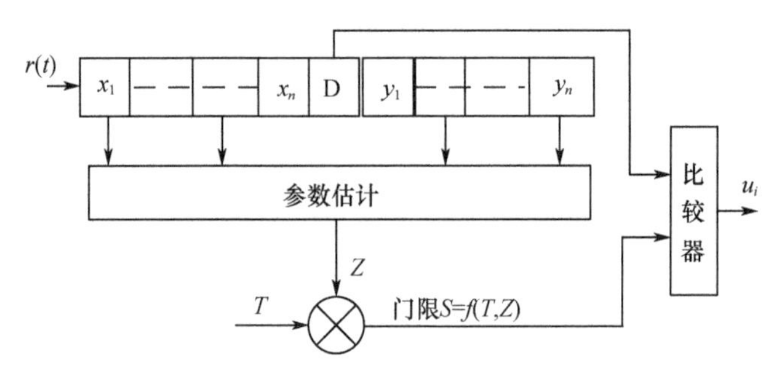

图 3.50　CFAR 检测原理框图

（2）分布式 CFAR 检测系统的优化设计。仍采用图 3.49 所示的并行处理结构，与分布式 N－P 检测的不同之处在于对局部门限的设计方式。同分布式 N－P 检测设计方式，设分布式 CFAR 系统的目标函数为

$$\max J = P_{d0}(d, P_{d1}, P_{d2}, \cdots, P_{dN}) + \lambda[P_{f0}(d, P_{f1}, P_{f2}, \cdots, P_{fN}) - \alpha_0] \quad (3.56)$$

即在保证系统虚警概率 α_0 的情况下，使系统检测概率 P_{do} 达到最大。系统虚警概率和检测概率分别是局部雷达的虚警概率和检测概率的函数。各局部雷达的检测概率 P_{di}、虚警概率 P_{fi} 是估计参数 T、Z 的函数。一般，检测单元噪声功率水平 Z 由相邻单元进行估计，参数在全局系统环境下进行优化。当然，参数 Z 也可在全局系统下进行优化，但会增加系统设计的复杂性。由此，局部进行 CFAR 检测时系统检测的目标函数为

$$\max J = P_{d0}(d, T_1, T_2, \cdots, T_N) + \lambda[P_{f0}(d, T_1, T_2, \cdots, T_N) - \alpha_0] \tag{3.57}$$

系统最优参数的求解过程可转化为非线性方程组的求解过程,如式(3.58)所示

$$\begin{cases} \dfrac{\partial J(d, T_1, T_2, \cdots, T_N)}{\partial T_i} = 0 \\ \dfrac{\partial J(d, T_1, T_2, \cdots, T_N)}{\partial d} = 0 \\ P_{f0}(d, T_1, T_2, \cdots, T_N) \approx \alpha_0 \end{cases} \tag{3.58}$$

由于局部雷达采用二元判决,方程组求解困难,可采用数值方法求解。在给定融合规则或局部判决规则时,则出现两种次优的处理方法和一种全局最优处理方法。优化设计的理论与前文 N - P 检测时的讨论类似,它们之间的不同之处在于对局部门限的确定,因此,本节重点讨论在给定融合规则下,设计最优局部门限的情况。

(3) 局部最优门限设计。在给定融控中心融合规则的情况下,优化设计局部门限时,方程组(3.58)可简化为式(3.59),其求解相对简单。

$$\begin{cases} \dfrac{\partial J(T_1, T_2, \cdots, T_N)}{\partial T_i} = 0, \quad i = 1, 2, \cdots, N \\ P_{f0}(T_1, T_2, \cdots, T_N) \approx \alpha_0 \end{cases} \tag{3.59}$$

由(3.57)式可知,目标函数是局部雷达的检测概率与虚警概率的函数。这里以 Rayleigh 环境和 Swerling II 目标为具体对象展开研究。

均值类 CFAR 以 CA - CFAR 最具代表性,其他的一些均值类 CFAR 主要是针对不同环境的改进型,在分布式条件下,可参考分布式 CA - CFAR 进行设计。CA - CFAR 采用检测单元的邻近单元的功率来估计噪声的参数。在目标为 Swerling II 型时,其估计方式和性能计算表达式见下式:

$$Z_i = \sum_{j=1}^{n} x_i + \sum_{j=1}^{n} y_j \tag{3.60}$$

$$T_i = (P_{fi})^{-1/2n} - 1 \tag{3.61}$$

$$S_i = Z_i T_i \tag{3.62}$$

$$P_{di} = [1 + T_i/(1 + \lambda_i)]^{-2n} \tag{3.63}$$

式中:λ_i 是第 i 部雷达观测目标信号的平均功率与噪声功率比,S_i 为设置的门限值。联合式(3.59)~式(3.63),可以求解出局部雷达的 T_i 值,完成对局部门限的优化设计。当然,如前文分析一样,优化求解的过程比较复杂,但可以采用数

值方法求解。

有序统计类 CFAR 中以 OS－CFAR 最具代表性，OS－CFAR 对参考单元排序后，选取合适的单元作为统计量对参数进行估计。其处理过程为，对参考单元采样值作排序处理：$x_{(1)} \leqslant x_{(2)} \leqslant \cdots \leqslant x_{(2n)}$，然后取第 k 个采样值 $x_{(k)}$ 作为背景杂波功率水平估计，即 $Z_i = x_{(k)}$。在 Swerling II 目标下的检测概率和虚警概率计算表达式为

$$P_{di} = k\binom{R}{k}\frac{\Gamma[R-k+1+T_i/(1+\lambda)]\Gamma(k)}{\Gamma(R+T_i/(1+\lambda)+1)} \tag{3.64}$$

$$P_{fi} = k\binom{R}{k}\frac{\Gamma[R-k+1+T_i]\Gamma(k)}{\Gamma(R+T_i+1)} \tag{3.65}$$

其联合求解的过程同分布式 CA－CFAR 求解的过程。

3）仿真分析

本节针对 Rayleigh 杂波和杂波边缘环境，仿真分析分布式 OS－CFAR、分布式 CA－CFAR 的检测性能，并分析融合方式选择、局部处理算法和参数调整对系统检测性能的影响，为工程应用提供参考。

（1）均匀 Rayleigh 分布环境。以三部雷达组成的分布式检测系统为例。系统虚警率设为 10^{-6}，假设各雷达观测服从 Rayleigh 分布，对 Swerling II 型目标进行观测，各雷达对目标观测的信噪比相同。在“OR”“2/3”和“AND”准则下，已知参数设计条件下固定门限设计和采用分布式 CA－CFAR、OS－CFAR 设计的检测性能曲线见图 3.51。由图可得出如下结论：

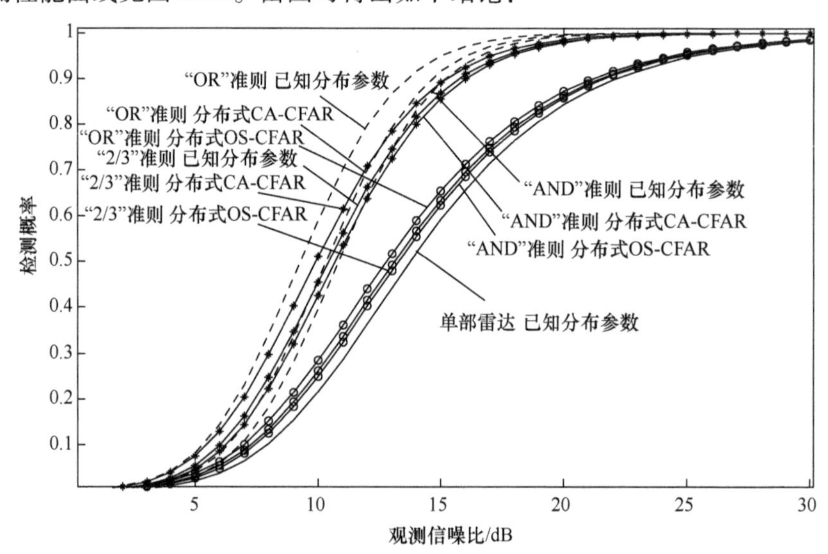

图 3.51　均匀 Rayleigh 环境，分布式检测系统检测性能曲线

① 无论采用哪种局部处理方式和融合方式,优化设计后的分布式检测系统性能要优于单部雷达的检测性能。

② 在均匀环境中,已知分布参数时固定门限的检测性能要优于分布式 CA - CFAR,分布式 CA - CFAR 的检测性能又好于分布式 OS - CFAR,这是由于两种处理方法的恒虚警损失造成的,而 OS 比 CA 有更多恒虚警损失。在反隐身探测中,可优先选择分布式 CA - CFAR 处理方式,并适当加大参考单元,降低系统的恒虚警损失。

③ 在不同的信噪比条件下,不同的融合方式和不同的局部处理方式所表现的检测性能稍有差异。应用中可据实际情况进行调整。

(2) 杂波边缘环境。如图 3.52 所示,考察目标位于强杂波外(情况 1)和强杂波内(情况 2)时,分布式 CFAR 检测系统的性能。设计仿真条件为:噪声和强杂波均为 Rayleigh 分布,目标为 Swerling II 型,杂波瑞利参数为噪声的 4 倍,两部雷达虚警率设为 10^{-5}。由于无法给出观测分布的解析式,仿真采用 Monte Carlo 方法进行。图 3.53 和表 3.4 给出了在杂波边缘时,采用不同处理方法时系统的检测概率曲线和虚警情况,可得出如下结论:

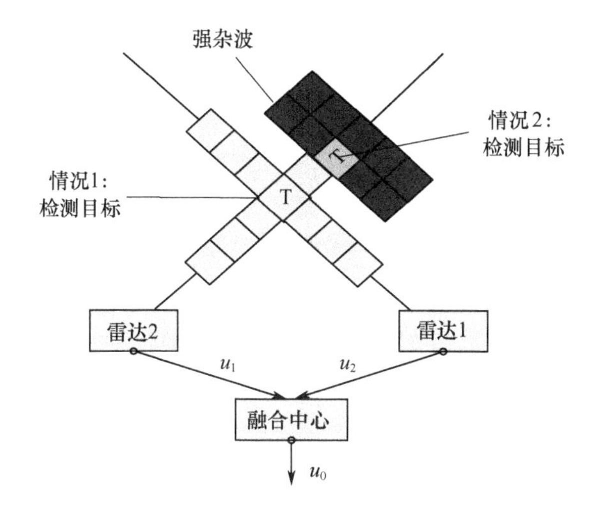

图 3.52　强杂波边缘情况

① 比较图 3.53 中的上图和中图,当目标在杂波区外时,系统检测性能下降不明显。这是由于采用分布式检测后,几部雷达检测器的参考单元可能不会同时处于杂波区,采用“OR”融合准则,可充分利用多部雷达检测的优势。

② 比较图 3.53(a)和(b),当目标在杂波区内时,系统检测性能下降明显。由表 3.4 可见,由于其中一部雷达参考对杂波估计水平偏低,采用“OR”准则,此时系统的虚警率升高,而采用“AND”准则可有效控制虚警率。

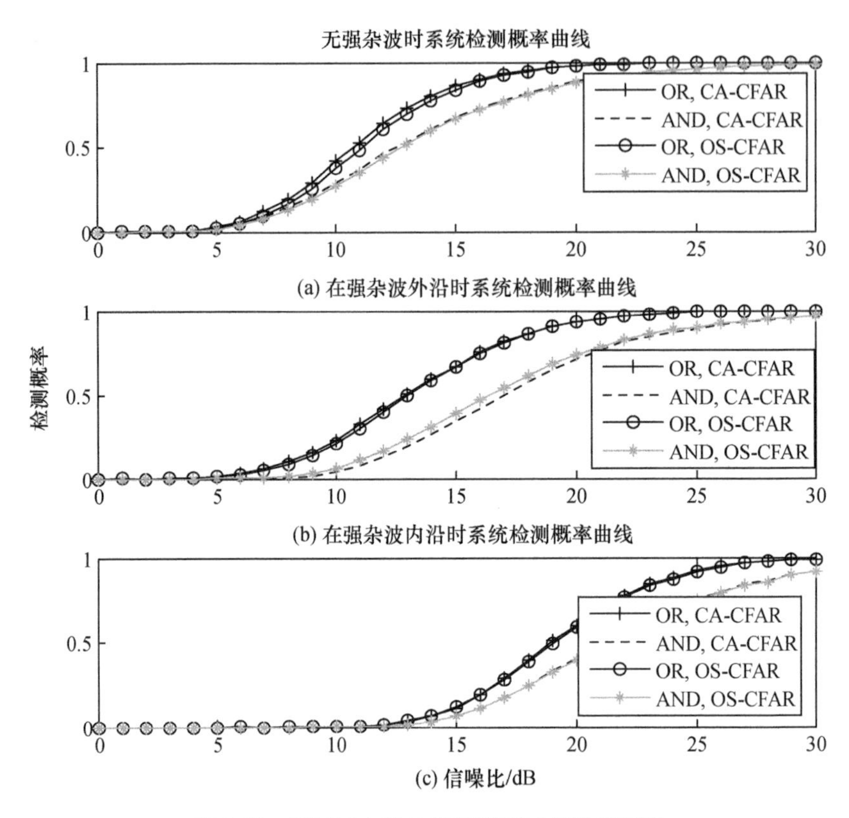

图 3.53　不同强杂波边缘情况下系统检测概率

表 3.4　杂波边缘情况下,仿真次数为 10^4 时的虚警数

融合方式		无强杂波	强杂波外沿	强杂波内沿
“OR”准则	CA－FCAR	0	0	1
	OS－CFAR	1	1	19
“AND”准则	CA－CFAR	0	0	1
	OS－CFAR	0	0	3

3.6.2　信号级融合技术

雷达组网中,信号级融合相比检测级融合更深入一层,直接保留原始信号,因此能更进一步提升检测跟踪性能。目前,信号级融合是研究的热点,其中以检测前跟踪(TBD)和 MIMO 雷达为两大重点方向。本节主要对 MIMO 雷达的信号级融合进行研究。

由于隐身目标、低慢小目标等威胁的出现,提高雷达的探测能力成为迫切的问题。而 MIMO 雷达以多发多收、灵活布站等特点,在提高雷达探测能力方面具有体制上的优势。文献[7]提出统计 MIMO 雷达的概念,比较了相同发射阵元数量和接收阵元数量下,阵元集中放置和分散放置的检测性能,实质上对目标的空间去相关,化慢起伏目标为快起伏,从而非相参积累获得比相参积累还要好的性能。接下来具体针对多目标情况下的信号积累检测问题,设计了一种阵列结构,建立了信号模型,并进行了相干/非相干积累的选择分析,给出了信号级融合积累检测的流程,仿真比较了不同情况下的非相参融合积累检测性能。

1）阵列结构设计

在全向阵元假设中,单个阵元是无法测得方向的,因此除非是有向天线,在全向波束假设下,分布式雷达只能靠时延进行交叉定位,多目标的情况下必然会出现很多虚假目标。在不满足窄带假设时,进行基于位置的信号积累时,同样会出现很多虚假目标。目前来看,在分布式雷达信号积累检测中,要去除虚假目标,就需要加入方向信息,否则很难去除虚假目标,因此,适合采用子阵的方法。因此采用发射全向,接收站利用子阵接收的阵列结构,如图 3.54 所示。

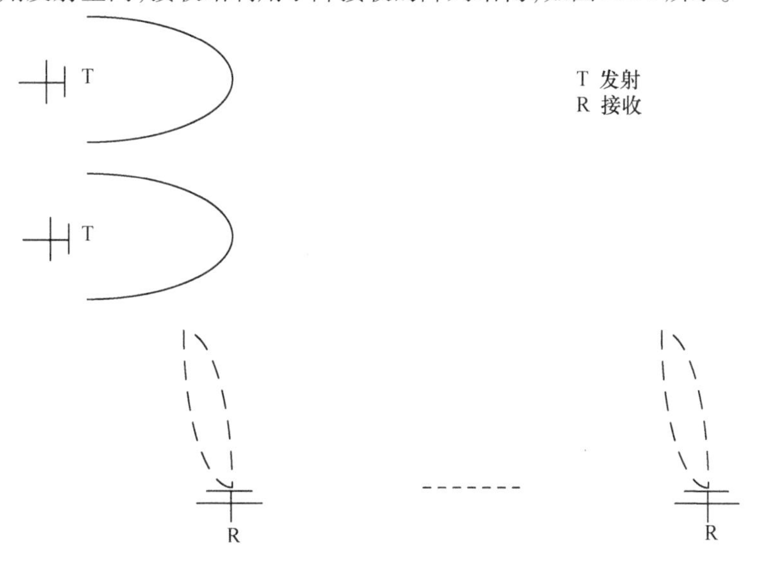

图 3.54　MIMO 雷达布阵结构

2）信号积累方式的选择分析

采用多路正交信号激励多个发射阵元,在接收端通过匹配滤波器组实现信号的分选。发射信号矢量 $s(t)=[s_1(t),\cdots,s_M(t)]$ 要满足以下条件:

$$\begin{cases} S_i(f)=0 & f\notin[f_{\min}\quad f_{\max}] \\ \int s_i(t)\cdot s_j^*(t)\mathrm{d}t=0 & i\neq j,\text{且 } i,j\leqslant M \end{cases} \tag{3.66}$$

也就是发射的是正交信号,波束全向。假设有 M 发 N 收,则每一接收孔径的接收信号模型为

$$\boldsymbol{r}_k(t)=\sqrt{\frac{E}{M}}\boldsymbol{a}(\theta)\boldsymbol{\alpha}_k^{\mathrm{H}}\boldsymbol{s}(t-\tau)+\boldsymbol{n}(t)\qquad k=1,\cdots,N \tag{3.67}$$

式中：$\boldsymbol{\alpha}_k \sim CN(0,\boldsymbol{I}_M)$。则每个接收孔径分选信号后的输出为

$$y_i(t)=\int r_k^{\mathrm{H}}(t)\boldsymbol{a}(\theta)s_i(t-\tau)\mathrm{d}t\qquad i=1,\cdots,M \tag{3.68}$$

表示为矢量形式为

$$\boldsymbol{Y}_k(t)=[y_1(t),y_2(t),\cdots,y_M(t)]^{\mathrm{T}} \tag{3.69}$$

长基线之间如果进行相干处理，从雷达天线的方向图来讲，阵元间隔过大就会有栅瓣，也就是模糊。其次，根据传统雷达相干积累的原理，如果是快起伏目标，则相参积累的效果很差，也就是目标角闪烁效应影响相参积累。而多发多收雷达不同站观察目标的不同角度，不同站之间接收的信号始终起伏很大，因此不同站之间相干积累效果肯定很差。

从一般信号模型中的公式推导也可以知道，矩阵 α_k 的各个元素是独立不相关的随机变量，这对相干积累会产生影响，相干积累很难取得很好的效果。大间隔的阵元之间相干积累，其实就是近场阵列波束形成，在近场波束形成中，α_k 是难以准确估计的。

要相干积累，必须解决上述几个问题。因此在长基线分布式多站中，适合在单站相干积累：单站阵列波束形成。站与站之间，最好是非相干积累，也就是广域非相干，局域相干。在窄带假设下，可以得到最终的统计量为

$$T=\sum_{k=1}^{N}\|Y_k(t)\|^2 \tag{3.70}$$

则检测概率

$$P_{\mathrm{D}}=P_{\mathrm{r}}(T>\delta|\text{目标存在}) \tag{3.71}$$

式中，δ 为检测门限。

信号级融合处理的过程如图 3.55 所示。发射信号经目标散射后，在每个接收站由子阵接收，每个子阵采用波束形成，子阵与子阵之间采用非相干积累，然后与门限比较检测目标，在不满足窄带假设的情况下还需要进行时间同步对齐。

3）仿真试验

仿真采用两个目标、发射全向、多站发射、多站子阵接收的方案，站之间采用非相参积累。仿真结果如图 3.56 所示。

图 3.56 中：分布式 1：1 个发射阵元，1 个 5 元接收子阵；分布式 2：5 个发射阵元，1 个 5 元接收子阵；

分布式 3：1 个发射阵元，2 个 5 元接收子阵；分布式 4：5 个发射阵元，2 个 5 元接收子阵。

在图 3.56 中可以看出，该分布式雷达成功地对两个目标进行了非相参积累

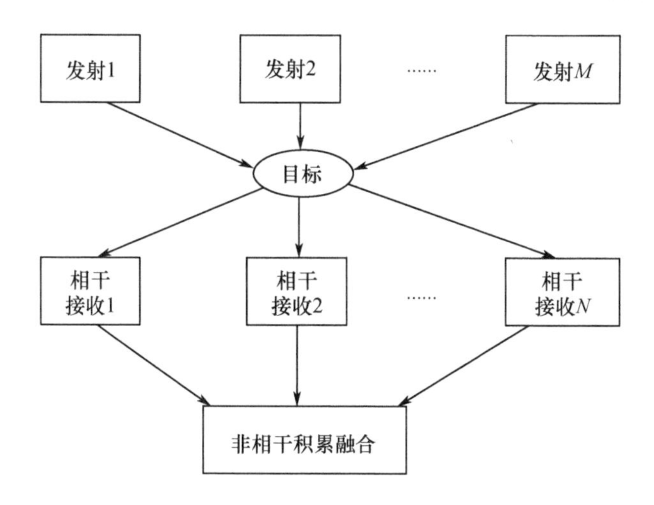

图3.55　一种典型的信号级融合处理示意

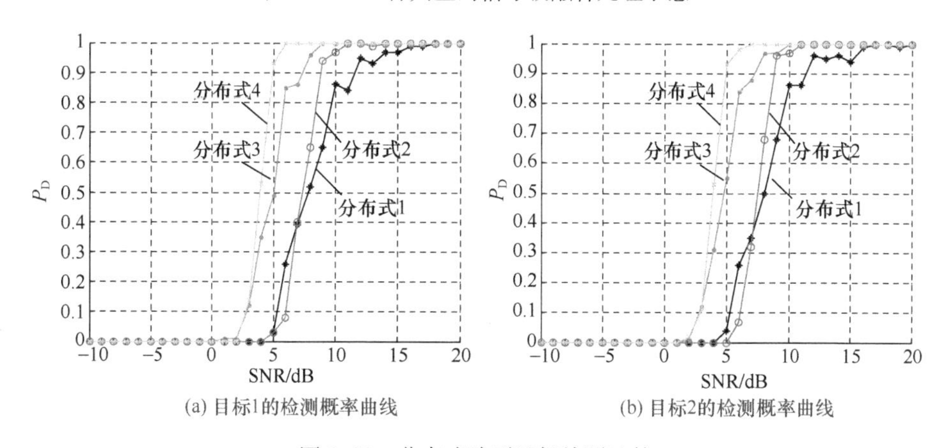

图3.56　分布式阵列目标检测比较

后的检测。从分布式1和分布式2可以看出,在信噪比较高的区域,分布的发射阵元增加时,检测性能变好,在信噪比较低的区域,分布的发射阵元增加时,检测性能变差。

从分布式3和分布式4可以看出,在利用2个子阵接收的情况下,分布的发射阵元增加时,检测性能在低信噪比区域也得到了改善。

从分布式1和分布式3可以可看出,在相同发射阵元数量条件下,增加一个接收子阵,检测性能大大提升。

3.7　体会与结论

雷达组网系统将多部不同体制、不同频段、不同程式(工作模式)、不同极化的雷达组合在一起,不同的雷达提供对目标不同的观测信息,因此可以在组网融控中心充分利用网内各部雷达对目标的点迹信息进行综合处理、融合定位,实现了多雷达之间点迹的加强、互补、校验,即使在电子干扰的情况下,组网融控中心仍然可以综合各组网雷达的不完全观测数据对目标融合处理,从而大大提高雷达组网系统的探测跟踪能力。

与单雷达系统相比,雷达组网系统综合探测的主要优点为:

(1) 与单雷达的覆盖范围相比,具有在更大区域范围内搜索和跟踪目标的能力;

(2) 由于具有更大的数据率,比单部雷达能更精确地估计航迹参数;

(3) 由于站址不同和各种型号雷达的特性不同,提高了抗杂波或抗干扰或二者兼有的能力。

作者研究和实践体会如下:

(1) 工程化点迹融合的关键是点迹质量理解、时空对准、误差消除、相关和滤波等,要保证组网雷达的点迹质量,必须对组网雷达点迹质量进行监视、分析。

(2) 雷达组网是体系的应用,因此多雷达之间的协同非常重要,要进一步发挥雷达组网的体系探测效能,必须要研究雷达组网资源优化管控,实现多雷达协同探测。

结论:点迹融合是雷达组网的核心技术之一,是雷达组网系统产生体系探测效能的必要条件。

参考文献

[1] 张多林, 吕辉. 防空指挥自动化指挥控制系统[M]. 西安: 西北工业大学出版社, 2006.

[2] Hall D L,Llinas J. An Introduction to Multisensor Data Fusion[J]. Proceedings of the IEEE, 1997,85 (1): 6 - 23.

[3] Hall D L,Llinas J. Handbook of Multisensor Data Fusion[M]. Washington DC, NY: CRC Press, 2001.

[4] Fishler Alex Haimovich. Performance of MIMO Radar Systems: Advantages of Angular Diversity[C]. Conference Record of the 38th Asilomar Conference on Signals, Systems and Computers. 2004, (1): 305 - 309.

[5] 何子述, 韩春林, 等. MIMO 雷达概念及其技术特点分析[J]. 电子学报, 2005, 33 (12A): 2441 - 2445.

[6] Ilya Bekkerman, Joseph Tabrikian. Target Detection and Localization Using MIMO Radars and Sonars[J]. IEEE Trans. on Signal processing, 2006, 54(10): 3873 - 3883.

[7] Fishler E, Haimovich A. MIMO radar: An idea whose time has come[C]. IEEE Radar Conf. 2004: 71 - 78.

[8] Tenney R R, Sandell N R. Detection with Distributed Sensor[J]. IEEE Trans. On AES,

1981, 17(1):501 - 510.

[9] Chair Z, Varshney P K. Optimal Data Fusion in Multiple Sensor Detection Systems[J]. IEEE Trans on AES, 1986,22(1): 98 - 101.

[10] Srinivasan R. Distributed radar detection theory[J]. IEE Pro, 1986, 133(1): 55 - 59.

[11] Thomopoulos S C A., Viswanathan R, et al. Optimal distributed decision fusion[J]. IEEE Trans. on AES, 1989, 25(2): 761 - 765.

[12] 梁继民，杨万海，蔡希尧. 分布式检测系统的混合优化设计方法[J]. 西安电子科技大学学报，1998, 25(6): 803 - 806.

[13] Gini F, Lombardini F, Verrazzani L. Decentralized CFAR detection with binary integration Weibull clutter[J]. IEEE Trans. on AES, 1997, 33(2): 396 - 407.

[14] Dimitris A Pados, Karen W Halford. Distributed binary hypothesis testing with feedback[J]. IEEE Transaction on Systems, Man and Cybernetics, 1995, 25(1): 21 - 42.

[15] Guan Jian, He You, Peng Ying ning. New Fusion Rule Based on Multilevel Quantization and Feedback Mechanism in Distributed Detection[C]. International Radar Symposium, Germany, 1998: 777 - 780.

[16] 刘源，崔宁周，谢维信，等. 具有模糊信息和自学习权重的分布式检测算法[J]. 电子学报，1999, 27(3): 9 - 12.

[17] Helstrom C W. Gradient Algorithm for Quantization Levels in Distributed Detection Systems [J]. IEEE Trans. on AES, 1995, 31(1): 390 - 398.

[18] 韩崇昭，朱洪艳，段战胜，等. 多源信息融合[M]. 北京：清华大学出版社，2006.

[19] Li X R, Jilkov V P. Survey of Maneuvering Target Tracking Part I: Dynamic Models[J]. IEEE Trans. on AES. 2003, 39(4): 1333 - 1364.

[20] 何友，彭应宁. 多级式多传感器信息融合中的状态估计[J]. 电子学报，1999, 27(8): 60 - 63.

[21] Alouani A T. Distributed Estimators for Nonlinear Systems[J]. IEEE Trans. on AC, 1990, 35(9): 1078 - 1081.

[22] Bar - shalom Y. Multisensor Tracking: Advanced Application[M]. New York: Artech House, 1990.

[23] Chin L. Application of Neural Networks in Target Tracking Data Fusion[J]. IEEE Trans. on AES, 1994, 30(1): 281 - 287.

[24] 王放，魏玺章，黎湘. 传感器组网坐标变换及其精度分析[J]. 系统工程与电子技术，2005,27(7):1231 - 1233.

[25] Reid D B. An algorithm for tracking multiple targets[J], IEEE Trans. Autom. Control, 1979, 24(6): 843 - 854.

[26] 何友，修建娟，张晶炜，等. 雷达数据处理及应用[M]. 北京：电子工业出版社，2006.

第4章 提升雷达组网效能的探测资源管控技术

探测资源管控是雷达组网系统论证设计、研制和作战使用的核心问题之一。综述目前公开文献,雷达组网效能的探测资源管控技术研究非常有限,特别是探测资源管控的建模、资源管控闭环控制的设计和实现等战技相结合的研究更显不足,已成为制约雷达组网系统体系探测效能提升的重难点问题[1]。本章专题研究提升雷达组网体系探测效能的资源管控问题,在分析讨论雷达组网探测资源优化管控必要性、可控性、相互关系等基本问题的基础上,描述了探测资源管控的要素、功能、结构和方式,依据雷达组网实验系统要求,提出模式化探测资源管控功能模型、典型探测资源管控方法与流程,列举了典型雷达组网实验系统探测资源实时闭环控制实例,进一步说明探测资源优化管控是提升雷达组网探测效能的首要条件。

4.1 探测资源管控需求

随着组网技术、空天目标、战场环境等方面的发展以及新型雷达可控自由度不断提高,雷达组网探测资源管控需求如图4.1所示,主要来自如下八个方面:目标特性变化、战场环境变化、情报需求变化、资源变化、人员能力局限性、时间紧迫性、体系化探测、组网系统本身。每种需求描述如下。

4.1.1 空天目标变化对资源管控的需求

当前,雷达预警探测系统所面临的威胁目标正趋于多样化,在1.2.1节有详细分析,各类空天目标具有不同的雷达探测特性,甚至有些目标的统计特性随时间而产生变化。总体而言,不同空天目标对资源管控的需求主要体现在以下几个方面:

(1) RCS差异对资源管控需求。各类空天目标RCS大小差距可达到几个数量级,相差非常大。此外,空天目标RCS不仅与目标结构形状有关,同时还与雷达频率、极化方式以及目标姿态角等因素有关。有些目标的姿态角对RCS影

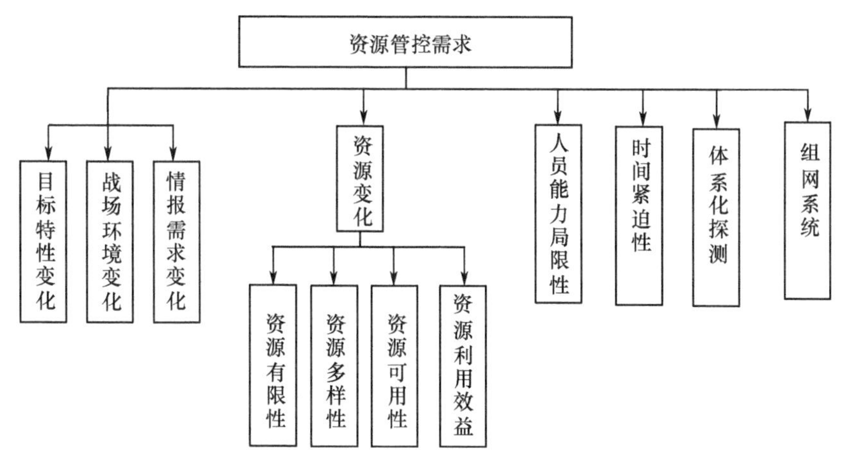

图4.1　探测资源管控需求

响很大，在其他条件相同情况下，如隐身无人侦察机、F－15类战斗机正侧向RCS可增大十几倍甚至几十倍。因此，针对不同空天目标时，需要实施雷达发射功率、频率、极化、部署等调整措施以满足探测距离要求。

（2）运动特性差异对资源管控需求。空天目标运动特性差异主要体现在目标速度与机动性两个方面。各类目标速度差距可达几倍声速，如地面车辆与海面舰船类目标速度一般小于200km/h，飞机类大气层内目标一般小于3倍声速，各种射程弹道导弹目标、临近空间目标等速度在数倍甚至数十倍声速以上。目标速度越高，或者机动性越强，则探测跟踪难度增加，因此数据率要求越高，且需要采取合适的资源策略以适应目标的高速度与机动性；同时目标速度越高，为了保持一定的预警反应时间，要求的雷达探测距离更远。

（3）作战方式差异对资源管控需求。空天目标作战方式差异主要体现为目标空间分布多层次、全方向、大纵深，空天目标组合多种类、群体化、小编队，目标投放大批量、高强度、快节奏。受地球曲率与雷达仰角范围的限制，目标高度的不同，尤其是超低空与超高空两个高度极端，对雷达探测将产生较大的影响。对于超低空目标，常规雷达因地球曲率影响，探测距离受到很大限制，一般适宜采用空基平台雷达进行探测，但会带来地杂波增强与波瓣变形等问题，使低空和超低空探测点迹不连续和杂波虚警点迹增加，难以自动起始航迹，给人工判断起始也增加了困难；对于超高空目标，常规雷达因仰角范围有限而难以探测。要实现对各类复杂目标的有效探测，需要对不同类型空天目标分别采取针对性的措施。

4.1.2　战场环境变化对资源管控的需求

战场环境可分为三个方面：一是探测干扰环境；二是安全环境；三是阵地

环境。

探测干扰环境主要指探测空间的电磁干扰环境对雷达探测能力的影响。按照有源、无源、有意、无意干扰因素划分，干扰可分四大类：第一类是有意有源干扰，主要包括有源噪声调幅、调频、调相等遮盖性干扰，有源转发式密集假目标干扰，有源距离、角度、速度等航迹欺骗性干扰；第二类是有意无源干扰，主要包括无源箔条遮盖性干扰，无源欺骗性干扰，如雷达诱饵、反雷达伪装等；第三类是无意有源干扰，主要包括宇宙干扰、雷电干扰、工业干扰、友邻干扰等；第四类是无意无源干扰，主要包括地物、海浪、气象、鸟群、建筑等。随着雷达干扰技术的不断发展，探测干扰环境正变得日益复杂化，尤其是分布式、智能化干扰技术的发展将使未来雷达探测系统面临更加艰巨的挑战。为了更好地探测跟踪目标，雷达探测系统需要根据干扰环境变化，适时快速采取相应的一系列调整措施：如调整各雷达的发射频率、发射功率、极化方式、信息处理方法、空间发射方位、脉冲发射时间、重复周期、信号波形等。

安全环境主要指雷达在探测过程中所面临的软杀伤与硬杀伤威胁。软杀伤比较常见的如计算机病毒威胁；更为棘手的是，据称美国最新研制的“舒特”电子战设备能以敌方防空系统雷达或通信系统的天线为入口，渗透到敌防空体系中实施干扰或欺骗，实时监视敌方雷达的屏幕图像，甚至可以控制敌方雷达天线的转动。硬杀伤比较常见的有反辐射导弹、反辐射无人机等。

阵地环境主要指地理环境对雷达部署的影响。不同类型雷达对阵地的高度、阵地交通、阵地反射条件等有着不同要求。

4.1.3 情报需求变化对资源管控的需求

战中根据战场综合态势分析、上级指示或友邻要求，指挥员通常会视情调整具体作战任务要求。不同作战任务要求主要包括重点区域、目标威胁等级、情报质量和要素等不同，如重要威胁目标对数据率、精确度等情报要求比一般目标要求更高。因此，根据各阶段作战态势变化，需要调整雷达组网系统探测方案以适应情报需求的改变。

4.1.4 资源变化性对资源管控的需求

(1) 资源有限性。在信息化战争条件下，复杂战场环境下往往呈现出目标分布多层次、全方位，目标组合多种类、群体化，目标投放大批量、高强度等特点，使得相对有限的雷达探测资源越来越难以满足现代战争对预警情报不断提高的要求。因此，面临复杂任务时，为了尽可能满足预警情报要求，必须对资源进行优化管控，充分挖掘探测资源的潜能，以保证更多目标的搜索与跟踪识别任务。

（2）资源多样性。雷达预警探测系统通常包括有多种不同体制雷达，如常规雷达、相控阵雷达、无源雷达、机载雷达等，各类型雷达具有不同的战技术性能与可控性，特别是多功能相控阵雷达使用的复杂性，必须优化组合各雷达，综合利用各技术体制优势，相互补充，才能达到最佳探测效能。

（3）资源可用性变化。在工作过程中，由于受到攻击、自然故障等情况导致部分探测资源不可用或性能下降的情况是不可避免的。为了使探测系统在可用资源减少时整体探测效能不至于下降太多，维持对目标连续跟踪要求，必须快速实时对现有可用资源进行重新配置调整，满足基本探测需求。

（4）提高资源利用效益。除了在探测资源相对有限情况下提高资源利用率最大程度上满足任务要求外，在较简单任务时资源相对充足情况下，通常并不需要调用全部资源即可达到情报需求，因此同样需要进行资源的优化管控，以尽可能少的资源来满足情报要求，减少能耗，提高资源利用效益。

4.1.5　人员能力局限性对资源管控的需求

雷达组网系统与单雷达相比，其系统结构形式、作战模式和信息处理方式等都已发生了彻底的改变，实现了“平台作战”向“体系作战”模式的转变，对指战员提出了更高要求。传统预警探测系统基本上是由指挥员凭借自己的作战经验进行指挥，由于指挥操作人员知识水平有限、能力素质差异等因素影响，因此这种决策缺乏科学性，存在协同性差、反应慢、效率低等问题，尤其是在雷达组网系统作战指挥中，多部雷达之间的协同探测更加复杂，上述问题更加突出。因此，需要通过对任务规划、雷达资源分配、工作模式参数等进行一定程度上的预案自动化控制与决策辅助，降低对指挥操作人员的专业素质要求与工作强度，提高指挥决策科学性。

4.1.6　时间紧迫性对资源管控的需求

隐身技术与超高速飞行等先进技术的不断发展，特别是弹道导弹的使用，使得预警探测系统的预警反应时间大大减少。一般情况下，雷达协同控制基本上由指挥员与操作人员进行人工协同实施，效率很低，费时很长，显然难以满足信息化战争条件下信息火力一体化对情报实时性要求，因此需要进行自动化的预案控制，以缩短系统的资源调整时间。

4.1.7　体系化探测对资源管控的需求

雷达组网系统涉及物理域、信息域、认知域及社会域，是一个“多域融一”紧密联系的复杂系统，目标环境变化－探测资源调整－获取的信息变化－融合算法和参数同时变化，实现从单雷达探测到体系化融合探测处理的同步实时变化只有通过协同控制才能实现。另外,随着系统综合集成技术的不断发展,多传感器综合集成技术将日趋成熟,资源管控还需要解决诸如电磁兼容、通信带宽、天线共用等更高要求的协同管理问题。如在受到反辐射导弹攻击威胁时,雷达组网系统通常采取较复杂的“闪烁”组网工作模式,这种工作模式由人工指挥控制方式几乎是无法实现的,需要采用预案控制管理方式来实现。

4.1.8 组网系统自身对资源管控的需求

组网融控中心对组网雷达进行实时控制的目的,是提高系统的作战灵活性,在复杂战场环境下提高对特种目标的探测能力。一是实时协同反侦察、抗复杂电子干扰;二是实时协同探测低空、小目标和隐身目标;三是协同跟踪高速高机动目标,提高跟踪连续性、精度和数据率。实践证明,组网雷达可控性越灵活,组成的雷达组网探测系统灵活性就越好,系统战场适应能力越强,作战效能越高。所以对雷达资源管控能力的要求是:

(1) 雷达具有较高的数字化水平和较好的自动监控能力,雷达发射、接收、天线、信号处理、录取、天控各分系统的工作参数和状态都能被实时监视和控制;

(2) 使系统在作战使用选择、组网雷达配置、工作模式优化和可扩展性方面都具有较好的灵活性;

(3) 系统能通过对多雷达的优化部署和工作参数的实时控制,实现雷达资源合理调配、优化使用和协同工作,为雷达兵网络化作战提供灵活应用平台,便于雷达兵战术和组网技术结合应用的创新。

4.2 资源管控与信息融合的关系

由上述分析可知,资源管控与信息融合是一个有机结合、不可分割的整体,两者构成一个交互系统,密不可分、相辅相成。

4.2.1 资源管控与信息融合的一体化

文献[2]描述了资源管控与信息融合的一种交互关系,原理如图4.2所示。图中分级融合与3.1节的图3.1对应,实际上不同的信息融合提出了对不同的资源管控的需求。

具体信息融合和资源管控级别的选择,可由雷达组网融合技术体制、融合需求、探测信息特性、所具备的探测资源等多方面共同来决定[3]。在整个雷达组网系统中,探测目标经信息融合进行处理分析,资源管控根据融合信息反馈适时对资源进行动态调整,从而获取更多更准确的目标原始信息输送给信息融合,从

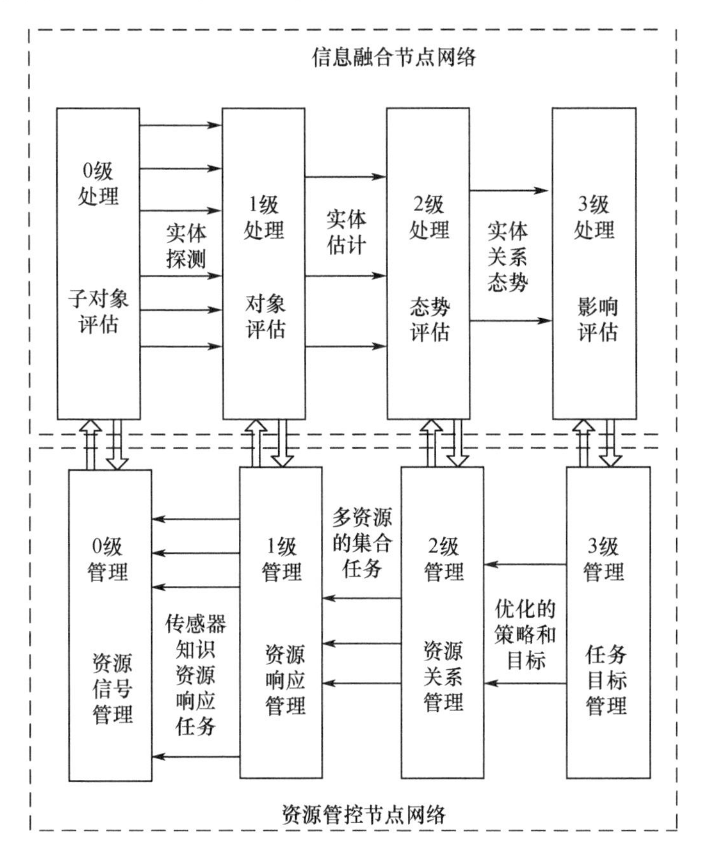

图4.2 资源管控与信息融合的对应关系

而提高信息融合的质量以得到更完善的空情态势。

由此可见,资源管控与信息融合是密切联系不可分割的,只有将资源管控和信息融合联系起来,才能使整个过程更为科学和智能,达到认知化的程度,能够适应各种场景,进一步达到匹配的探测与融合。

4.2.2 资源管控与信息融合的二元性

任何事物都有两面性,既有统一的一面,也有不同的一面。如同评估与控制之间具有二元对偶性,资源管控与信息融合之间也具有二元性[1]。如图4.3所示,资源管控与信息融合的二元性具体表现为相关/规划的二元性和评估/控制的二元性。

资源管控和信息融合既是一个整体,又有各自不同的特点和步骤。信息融合主要是基于一定的融合结构来进行相关和估计。而资源管控主要是基于一定的管控结构来进行规划和控制。信息融合和资源管控在各自不同的领域,相对独立地处理解决各自不同的问题。

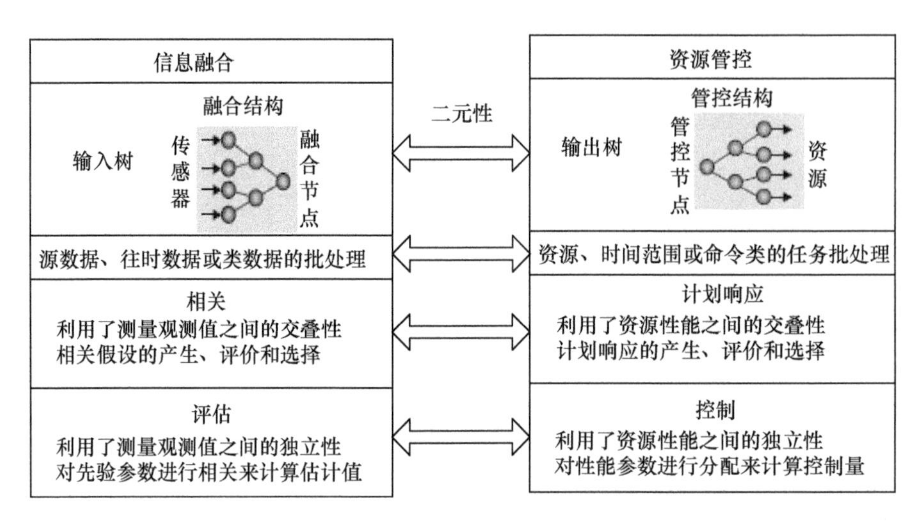

图4.3　资源管控与信息融合的二元性

4.3　探测资源管控的内容与资源可监控性

进行探测资源管控,首先得分析清楚探测资源管控包含哪些内容,哪些资源具有可监控性。

4.3.1　资源管控内容

随着雷达组网技术的发展,资源管控范围也在不断扩展丰富。从各类资源的管控内容上看,一般认为空间、时间与模式/参数[4,5]最为重要,总体上可归纳为以下五个方面:

(1) 空间管控。主要是综合考虑任务需求、雷达性能、通信链路等因素,优化部署各雷达的空间位置;确定雷达空间扫描的方位范围;控制各雷达在不同时刻的发射接收方位以及波束形状,某些情况下还需协同控制各雷达在空间与时间上保持同步。

(2) 时间管控。在多个雷达必须保持某种同步或雷达必须与目标环境同步的情况下,需要对雷达进行定时控制,如针对反辐射武器攻击所采用的“闪烁”发射组网工作模式,要求各雷达的脉冲发射按一定的时序进行;对相控阵雷达,需要合理安排各驻留任务的执行时间,尽量减少不同采样周期任务在时间上的冲突,提高时间利用效率。

(3) 模式/参数控制。主要是选择合适的组网雷达及其工作模式/参数,包括网内各节点雷达配置、搜索/跟踪/识别模式、天线转速、天线俯仰、信号波形、发射频率、发射静默、功率大小和处理方法等。如雷达的工作方式一般有主动式、被动式与低截获概率方式，现代先进相控阵雷达的可选工作模式、工作参数更多达十几种甚至几十种。另外，还包括融合处理算法与参数、通信链路等控制。

（4）状态评估。主要是及时准确地掌握雷达等资源所处的状态，实时高效地评估各雷达原始探测点迹质量与最终融合处理输出情报质量情况等，这对于合理进行资源管控是非常必要的。

（5）任务分析评估。主要包括作战任务优先级确定、任务需求量化、任务完成满意度评估等内容。

根据雷达组网系统用途以及各组网雷达的战技术性能不同，实际应用中资源管控内容由雷达性能、空天目标、情报需求优先级等众多因素决定，且不同管控功能层次上管控内容也是不同的。

4.3.2　资源可监控性分析

在实际应用中，雷达组网系统必须满足一定的可监控条件，使各组成部分以及与外部系统达到互联互通互操作，才能最终实现资源的优化管理与实时控制。总体上，资源管控实现的条件主要包括两个方面：

（1）具有标准的信息接口与交互格式，以便实现互联互通，其基本要求主要包括接口选择灵活并有多规程、多协议、多格式转换功能，接口数量一般可扩展，输入输出信息内容与格式具有统一规范等。

（2）资源具有一定的可监控性。资源可监控性与管控灵活性有着密切联系，是管控策略、管控模式、功能算法设计等必须考虑的重要因素。

按不同划分标准，资源可监控性有多种不同划分方法。如按可监控程度划分，一般可分为以下不同级别：

① 不可监视与不可控，指资源状态不具备可监视或可控能力；

② 可监视，指资源的状态可进行监视但参数不可控制，主要包括资源的设备性能状态（一般可分为正常、性能下降或能耗程度、故障、未知等不同状态）与实时探测效能状态；

③ 可控，指资源状态可进行监视且参数可以控制。

另外，按智能化程度划分，一般可分为手动、半自动与自动不同可控水平；按实时性划分，一般可分为实时可控与非实时可控。资源应达到何种可控程度，应综合考虑系统需求、技术复杂性、可行性与经济性等具体情况而定。

根据规模与技术体制等不同，各类雷达组网系统对资源的可监控性要求一般不同，且同一系统内的不同管控节点对资源的可监控性要求也不一定相同。下面以雷达组网系统为背景，考虑工程技术可行性与经济性等因素，按系统组成划分从一般意义上深入分析各类资源的可监控性。

4.3.2.1 组网融控中心可监控性

(1) 组网融控中心可监视性:

① 设备状态:组网融控中心各分系统或分机设备状态、系统各应用软件运行状态、时间能量消耗状态、信息处理负载状态等;组网雷达各分系统或分机设备状态;通信链路设备状态;二次雷达、敌我识别器、告警、诱饵、电站等设备状态。

② 探测效能状态:输入目标信息数量;输入信息质量状态,主要包括信息完整性、时间误差、站址坐标误差、传输延时误差、随机测量误差、高度误差、探测概率、杂波干扰统计、野值数据统计、扇区报监视、点迹幅度、噪声电平、正北精度、干扰环境、信息精度(距离、方位、高度及多普勒精度)、识别正确率等;系统探测效能,即组网探测系统完成上级、友邻或武器系统情报要求的程度,主要包括系统航迹融合更新率、融合航迹质量(距离、方位、高度及多普勒精度)、综合识别正确率、系统探测概率等;控制命令执行状态。

(2) 组网融控中心可控性

组网融控中心主要完成资源管控与信息融合两大功能,具体可控内容主要包括:

① 优化选择与部署。即组网雷达的选择与部署以及相关优化目标函数的参数设置。

② 组网控制方式。如按一体化紧密程度可划分为紧密控制、松散控制、散播控制等方式,分别对应不同的情报保障任务。

③ 组网工作模式。如按目标类型可分为常规目标模式、低空目标模式、高速高机动目标模式、反侦察模式、反辐射模式、反隐身模式、保障引导模式、巡航导弹探测模式、抗干扰模式等;按信息要求可分为保障引导、跟踪、警戒模式等。

④ 设备工作模式与参数。即一次雷达、通信、二次雷达、敌我识别器、告警、诱饵、电站等设备的开关机、工作模式与参数的设置。

⑤ 探测信息输入。主要包括:信息类型选择,即雷达探测信息类型如点迹、航迹等选择,以及外部情报源选择等;上报区域,即进行雷达探测信息上报区域管理,设置禁报区域;检测门限,即可分区设置组网雷达的最佳检测门限。

⑥ 融合方式与算法。主要包括:融合区域控制,即针对不同目标、环境与输入信息质量等情况,进行融合分区控制,在不同区域分别采用相适应的融合方式、算法及参数;融合方式选择,指检测级融合、点迹级融合、航迹级融合等不同融合方式的选择;融合算法选择,即针对常规目标、强杂波环境、高速高机动目标、低可观测目标等不同目标环境条件选择相适应的融合算法,如二维数据关联、多维数据关联、整体关联、多假设跟踪等关联算法,卡尔曼滤波、交互式多模

型等滤波算法以及综合识别算法等。

⑦ 融合参数。主要包括:融合预处理参数;相关参数,如起始速度、起始夹角、起始高度、起始时间间隔、粗关联远近区参数、粗关联门限、精关联门限、雷达点迹时标误差容许门限、速度门限、距离门限、高度门限等;复合跟踪参数,如重复判断门限、虚假判断参数、隶属度判别参数等;平滑参数,如平滑系数、滤波参数等;系统误差修正,如站址误差、时间误差、时间延迟、测量误差等修正校准。

4.3.2.2 组网雷达可监控性

总体上,资源管控要求组网雷达具有较强的自动监控能力,在很大程度上可对雷达各分系统工作参数与状态进行实时监测与控制,组网雷达配置与工作模式较灵活[5]。不同技术体制雷达可能实现的可监控程度有所差异,如常规雷达、相控阵雷达、双/多基地雷达、无源雷达、空基平台雷达等分别具有不同的可监控性。下面主要以常规雷达与相控阵雷达为背景进行分析。

(1) 组网雷达可监视性

① 设备状态。雷达各分系统状态如天馈、发射、接收、信号处理、终端、监控等设备状态;雷达时间能量消耗状态;雷达信息处理负载状态;雷达通信链路设备状态;敌我识别器、电站等设备状态。

② 探测效能状态。目标信息的数量;目标信息的质量,主要包括杂波干扰统计、野值数据统计、信息幅度、噪声电平、干扰环境、信息精度(距离、方位、高度及多普勒精度)、识别正确率等;雷达探测效能,即雷达完成上级、友邻或武器系统情报要求的程度;控制命令执行状态。

(2) 组网雷达可控性:

① 系统误差。主要包括站址误差、测量系统误差、时间误差。

② 开关机。指开机、待机、关机控制。

③ 工作模式。根据不同标准有多种划分方法,如按是否组网可分为组网工作模式、单独工作模式;按扫描方式可分为引导模式、跟踪模式、搜索模式等;按目标类型可分为隐身目标模式、小目标模式、低空目标模式等。

④ 扇区管控。即将空间划分为多个扇区分别进行管控。如对于常规雷达,可分别设置各扇区的发射与静默状态、信号波形、频率、重复周期、接收与处理方式等工作模式/参数;对于相控阵雷达,可分别设置各扇区的优先级、搜索/跟踪模式、数据率、频率、波形、重复周期、接收与处理方式等工作模式/参数。

⑤ 区域管控。指设置各空间区域内的检测门限以及点/航迹禁报区域等。

⑥ 天线系统。对于常规雷达,主要包括天线转速、转向、天线俯仰以及副瓣对消与副瓣匿影等辅助措施;对于相控阵雷达,主要包括阵面指向、自适应波束、各分区或目标数据率、多波束方式(多波束数目、多波束方式)以及各波束信号

参数等。

⑦ 发射系统。主要包括发射开关控制;极化方式,如全极化、(自适应)极化捷变、自适应极化主瓣对消、主辅天线极化对消、极化鉴别等;变频方式,如频率选择、(自适应)脉间捷变频、(自适应)脉组捷变频、频率分集等;重复频率,如多重复频率、重频抖动、重频参差抖动等;功率管控;信号波形,包括信号波形变化方式如波形捷变,以及不同波形参数(如脉冲宽度、线性/非线性调频与脉内捷变频等调制特性、调频斜率等)的选择。

⑧ 接收系统。主要是对线性中放、对数中放、STC、常规 AGC、噪声 AGC、IAGC、DAGC、杂波图 AGC 以及特殊增益控制方式等的选择。

⑨ 信号处理系统。主要包括处理方式,如正常通道、非相参 MTI、MTI/AMTI、MTD、PD 等;雷达检测门限;CFAR 方式。

⑩ 数据处理系统。雷达点迹数据处理的针对性较强,与雷达工作参数及信号处理方式如波束形状、天线转速、重复频率、相参处理脉冲数、检测器的选择、录取参数等密切相关,需根据不同雷达工作参数设置相应的野值剔除、归并处理算法、凝聚处理算法、门限以及录取方式等。对于航迹处理,主要包括跟踪方式,如正常跟踪、记忆跟踪、前沿跟踪、帧间滤波、检测前跟踪方式等;关联滤波算法,如概率数据关联滤波、最近邻域关联滤波、模糊关联滤波、多因子综合关联滤波等;跟踪波门大小等。

4.3.2.3 通信网络及附属设备可监控性

通信链路可监控内容主要包括:通信方式,如光纤、军/地程控交换、散射、微波、短波等方式;通信链路开关;通信路由;传输速率;传输数据格式。

4.3.2.4 资源可监控性设计原则

实践证明,组网雷达可监控性越灵活,雷达组网系统管控灵活性就越好,组网雷达系统战场适应能力越强,作战效能越高,但同时资源管控设计的技术难度更大。因此,雷达组网系统资源可监控性设计应综合考虑技术可行性、经济性及情报要求等多方面因素。一般而言,可监控性设计应遵循以下几点原则:

(1) 可控操作模式化。雷达组网系统需要根据目标、环境、资源等变化,实时调整融合算法与参数以及各组网雷达模式/参数。若采取逐一设置各模式/参数的方式,对指挥操作人员来讲难度较大且耗时较长。为了简化系统的控制操作,比较可行的方法是进行模式化可控性设计,即事先针对多种想定条件,对融合算法与参数以及各组网雷达模式/参数进行优化设计并封装,相关参数控制命令可预先生成并存储,以便战时实时调用。各组网雷达同样也可进行模式化设计,以便简化单独使用时的操作控制与组网模式的设计与调整。

（2）可控程度层次化。针对指挥操作与专业维修保障技术人员的能力素质不同，可采取层次化可控性设计。一般指挥操作人员，只需选择各组网工作模式与优化调整重要参数即可；而专业维修保障技术人员，则可进一步对组网工作模式的融合算法与参数及组网雷达模式/参数进行更深入细致的优化设置，并将设置封装保存为自定义工作模式供指挥操作人员调用，从而提高系统灵活性，最大限度地发挥系统的整体优势。

（3）系统模块通用化。为了提高战场适应能力以满足机动组网等要求，除了满足组网信息输入/输出接口和格式的通用化基本要求外，系统还要满足入网雷达变动时快速组网要求。因此，组网融控中心与组网雷达可控性设计还应注意模块通用化能力，如设计工作模式可变的雷达通用信号处理机、通用化组网终端等。

（4）可控要求分级化。考虑到现有雷达的适用性以及新研雷达实现不同可控程度的技术可行性与经济性等，可根据实际情况提出适当的可监控性需求。一般可采用定性分级方法，如低级可控性，对于老旧雷达可进行升级改造要求能输出航迹信息即可；高级可控性，对于新研雷达要求可输出点迹与航迹信息，可进行参数的远程遥控操作。

4.4　探测资源管控要素、结构与方式

上一节对探测资源管控的内容和资源可监控性进行了界定和分析，本节主要对探测资源管控的要素、结构与方式进行描述。

4.4.1　资源管控要素

按第 2.1 节的描述，物理域是效能的发生地，是基础设施和信息系统得以存在之领域；信息域是信息生成、受控和共享的领域；认知域是感觉、认识、信念和价值存在的领域，是根据理性认识进行决策的领域；社会域是社会实体内部和它们之间进行一系列交互交流的领域。

资源管控从“多域融一”的角度，需要考虑的因素众多，涉及多个域的变化因素，如物理域中目标特性的变化、探测环境的变化、探测资源的变化、附属资源的变化等；信息域中获取信息的质量变化，情报要求的变化、信息处理能力限制等；认知域中指挥员作战指挥风格的不同、指挥操作人员的认知能力差异、减轻指挥操作难度要求、相关算法与决策模型等；社会域中上级或友邻提供的外部信息变化、武器火力系统对情报要求的变化、系统内各资源之间协同等。

在实际应用中，各具体雷达资源管控需要考虑的因素不尽相同，同一系统中不同管理功能要考虑的因素也有差异，且各因素的重要性也不尽相同，需视具体

情况而定。

4.4.2 资源管控结构

不同类型的雷达和武器平台,可以组成不同结构的雷达组网系统。各类雷达组网系统资源管控结构设计需要考虑的因素很多,如探测任务要求、雷达性能、分布方式、通信需求、期望实现的管控功能等。总体上来讲,资源管控结构可分为四个类别[5-6],如图4.4所示。

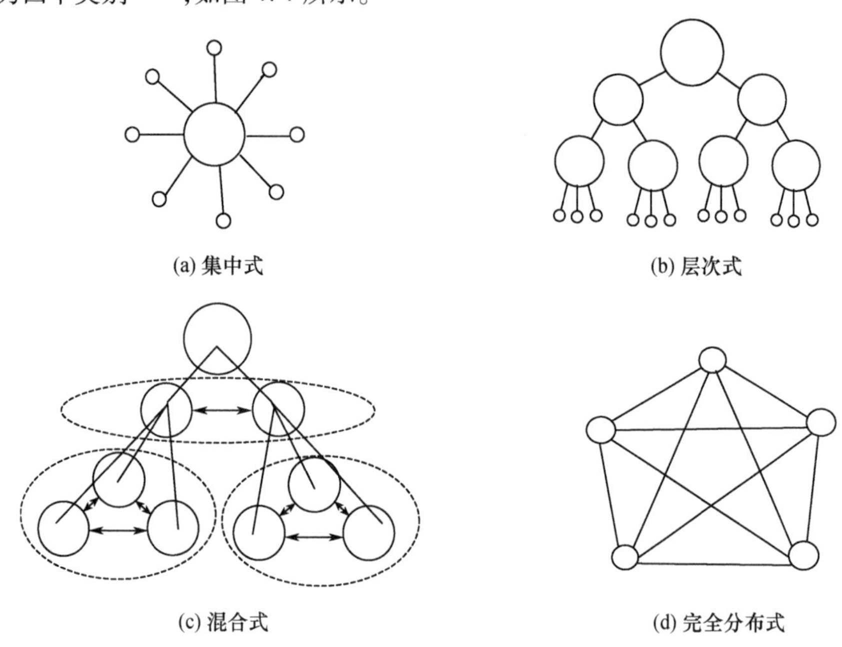

图4.4 资源管控典型结构

1) 集中式结构

集中式结构由管控中心收集处理所有的雷达数据信息,并向网内雷达统一发送需要执行的任务与完成该任务的具体工作模式/参数集。其优点在于管控中心拥有整个系统的全部信息,可以对雷达工作模式/参数等进行精确合理控制;但当雷达数量较大时,管控中心的计算处理量会急剧增大,对通信能力要求也很高。该结构较适用于数量较少的多雷达组网系统。

2) 层次式结构

层次式结构可以认为是集中式与分布式相结合的混合式结构,由一个管控中心与几个分管控中心组成,分管控中心一般管控几部雷达组成的子探测系统。其优点在于指挥管控结构明确,但对各雷达的控制程度有限,如当中间层级发生故障时则此节点内雷达将无法控制。该结构较适用于规模较大的雷达组网系统。

3）混合式结构

层次式结构不够灵活，完全分布式虽然灵活且容错能力好，但不便于协同控制，混合式结构是上述两者的结合，特别适用于大规模系统。

4）完全分布式结构

完全分布式结构将管控功能分布在系统的不同位置节点，各节点靠高效的通信链路实现信息共享，实施协同探测。其优点是可以实现灵活多样的控制，并具有稳键性特点，但其任务协调比较复杂。该结构可用于复杂的组网系统。

上述各种管控结构的优缺点不同，在实际应用中，采用何种管控结构要视系统具体情况而定。

4.4.3　资源管控方式

实际应用中探测方案的具体执行实施，与雷达组网系统管控结构、组网雷达可控性等有着紧密联系。对于不同组网雷达，通常需采用不同的管控方式，一般可分为两种：

（1）基于参数的管控。即管控节点对所属组网雷达的具体工作模式/参数进行直接控制。如由常规雷达组成的集中式雷达组网系统，通常由融控中心直接形成网内各单雷达的发射频率、天线转速、极化方式、检测门限等模式/参数命令，通过通信链路发送到各单雷达直接执行。

（2）基于任务的管控。即管控节点将需要完成的任务分配给所属组网雷达，并对任务执行情况进行监测评估，而各雷达执行该任务应采用的具体雷达工作模式/参数则由雷达内部处理。如对于有源相控阵雷达，由于天线波束可快速捷变，具有同时多任务能力，当其作为组网雷达时，通常对其采用基于任务的管控方式，即管控节点将需要完成的搜索与跟踪任务分配给该雷达，而完成任务所采用的具体波形、采样间隔、波束执行时序等则由雷达自身确定。另外，对于传统的雷达情报组网系统而言，其组网雷达一般不具备远程自动控制功能，通常采用人工方式如军线电话对网内雷达实施任务级指挥控制，此种情形也属于基于任务的管控方式。

4.5　探测资源管控功能模型

探测资源管控功能模型反映了各个功能模块之间的联系，以及各个功能模块之间的控制处理关系，理清楚这些关系，有利于设计出合理的预案。根据组网规模、组网雷达性能、管控结构等不同，不同系统及其各管控层次需要完成的管控功能不同，对于各种不同应用场合的雷达组网系统而言，其管控关系又有所不同。另外,由于目标特性、探测环境、资源等复杂多变,资源管控涉及的内容众多,各作战阶段应采取何种管控策略,有针对性指导组网雷达等工作模式/参数的实时控制调整,实现目标环境的匹配探测,是一项涉及战术背景的复杂技术。

4.5.1 资源管控功能模型设计要求

资源管控功能模型设计需要考虑的因素众多,主要包括系统结构、组网雷达性能、系统操作简便性等,一般设计要求如下,这也是要遵循的原则。

(1) 要求管控结构灵活性。由于传感器数量规模不同,传感器类型多样,管控功能涉及多个层次,因此难以设计一个通用的管控结构来满足所有应用场合。实际应用中应根据具体要求与各类结构优缺点,灵活采用相适应的管控结构。

(2) 要求管控融合一体化。随着系统组网方式日趋复杂,组网雷达可控自由度不断提高,信息融合方式向检测级信号级融合发展,资源管控与信息融合的联系将更加紧密,二者相互影响,而且这种交互作用存在于各级之间。

(3) 要求探测任务管理预案化。信息化战争条件下,战场态势瞬息万变,但一般情况下,根据事先收集的情报信息可大致分析判断下一步的探测作战任务重点,如探测对象、探测方向等,这为提前进行充分的探测准备提供了有利条件。因此,应在战前对可能的探测任务进行分析,并针对各类探测任务特点预先制定多种管控预案以及各种情况下的备选预案,以便战时随时调用,提高指挥效率与反应速度。

(4) 要求控制调整模式化。一般战前管控预案难以完全匹配于动态变化的复杂空情,因此更为重要的是在战中对探测预案进行实时优化调整。与单雷达相比,雷达组网系统需要控制调整的模式/参数更为复杂。对于指挥操作人员来说,深入理解雷达组网系统技术机理,及时灵活控制众多模式/参数,做到手动心明是有相当难度的。为了满足空情快速变化与系统操作简便性要求,可对组网雷达、管控中心等进行组网工作模式设计,避免对各参数逐一进行调整的繁琐,从而大大简化资源管控的决策过程。

(5) 要求管控方式多样化。如法国 Skykeeper 系统根据任务对信息需求的不同,可提供紧密控制、松散控制与散播控制三种控制方式,以适应不同类型的作战任务。根据组网雷达可监控性能不同,对一般常规组网雷达与有源相控阵雷达,可分别采取基于参数的管控方式与基于任务的管控方式。

4.5.2 资源管控一般功能模型

文献[5]给出了一种基于传感器管理功能的一般模型,其优点是包含了在多目标环境中管理多个传感器所需要的基本功能,如图 4.5 所示,缺点是并不适用于所有的场合。该模型给出了传感器管理与各部分之间的交互关系,厘清了逻辑,为后面在雷达组网条件下提出模式化资源管控模型打下了基础。

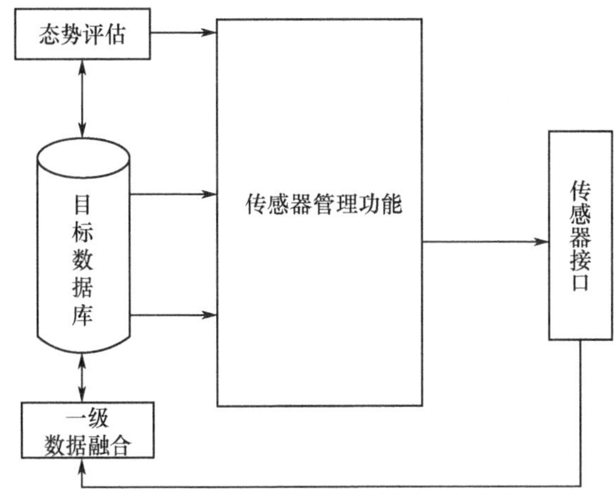

图4.5 资源管控一般功能模型

4.5.3 基于模式化的资源管控功能模型

根据系统作战任务、组网雷达性能、通信条件、地理环境等不同,雷达组网系统需采取与之适应的管控体系结构与资源管控模型,但不论何种体系结构,资源管控模块需要完成的基本功能是一致的,可以形成“模式化”的管控功能模型。

根据资源管控设计原则,综合考虑管控融合一体化、操作简便性等因素,基于通用管控功能模型,图4.6给出一种在组网条件下由探测资源、信息融合、资源管控、通信链路、人机交互、数据库模块组成的闭环控制模型,各模块功能如下。

组网雷达:指模块内雷达,主要功能是获取目标原始探测信息,信息内容根据模块所处层次而定。

通信链路:主要负责模块内资源之间的内部通信,同级子模块、上级子模块、武器系统或友邻部队之间的外部通信,通信内容主要包括原始探测信息、融合情报信息、资源状态信息与控制命令。

信息融合:主要对获取的原始探测信息与外部情报信息进行融合处理,得到更加准确的融合情报信息,并对该模块应该完成的任务情况进行评估。

资源管控:主要负责同级模块或与上级模块之间的任务协调、子模块内任务分配、参数设置等功能。

人机交互:负责显示融合情报、任务与管控状态、资源状态等显示,并接收人工干预命令,实现人机结合的闭环控制。

数据库:主要包括各类目标特性、雷达性能、地理环境信息、管控预案与组网

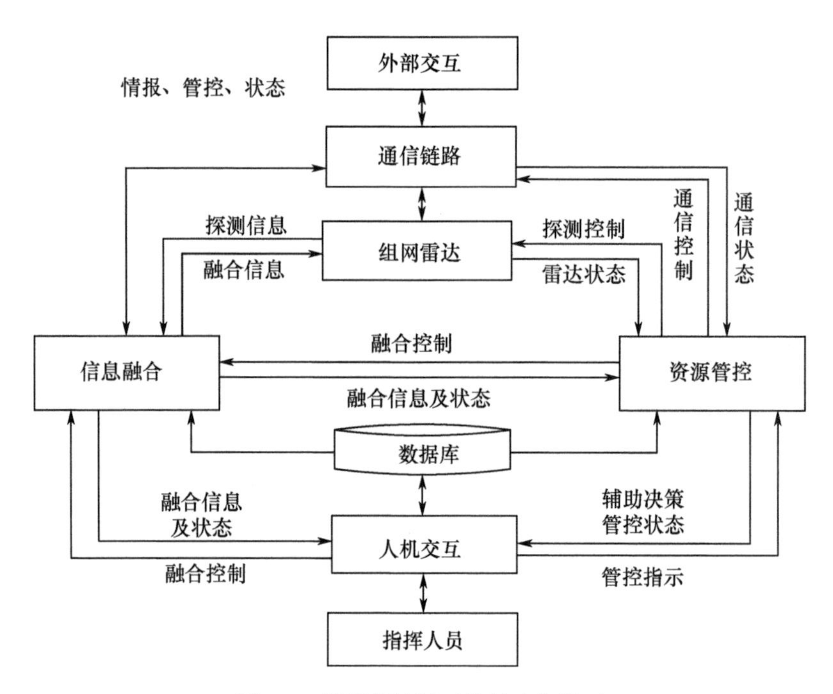

图 4.6　资源管控闭环控制功能模型

模式等，其中管控预案与组网模式是针对本级节点的任务要求而设计，并根据本级节点的任务变化来进行选择与实时调整。

这是典型的闭环反馈实时调整系统，信息融合对雷达等传感器输入的目标信息进行处理分析，形成综合目标态势，结果送给人机交互与资源管控；指挥操作人员可根据综合态势变化、实时动态效能评估以及资源管控辅助决策建议等作出资源调整决策，从而实现人工干预闭环控制；资源管控也可根据目标、环境、资源等变化，适时自动调整探测方案，实现智能自动化管控，并将确定的控制调整方案生成控制时序命令，当确定不需调整时则继续执行原方案；最后传感器根据收到的控制命令调整相应的探测方式/参数，从而获取更多更准确的目标信息供信息融合进行处理。

雷达组网系统需要调整的参数众多，为了满足目标环境快速变化与操作简便性等要求，采取预案化任务管理、模式化控制调整是方便可行的途径，即根据不同任务预先设计相应管控预案，战中合理选择预案并根据目标、环境、探测效能等变化，实时快速调整组网工作方式，使各组网雷达工作参数与目标环境相匹配。基于此，可将图 4.6 进一步细化为基于模式化的雷达组网系统资源管控闭环控制模型，如图 4.7 所示。

其中，效能动态评估主要负责评估该模块的任务完成情况，对于低层模块通常包括目标发现概率、跟踪精度、数据率、各雷达输出信息质量等，对于高层模块

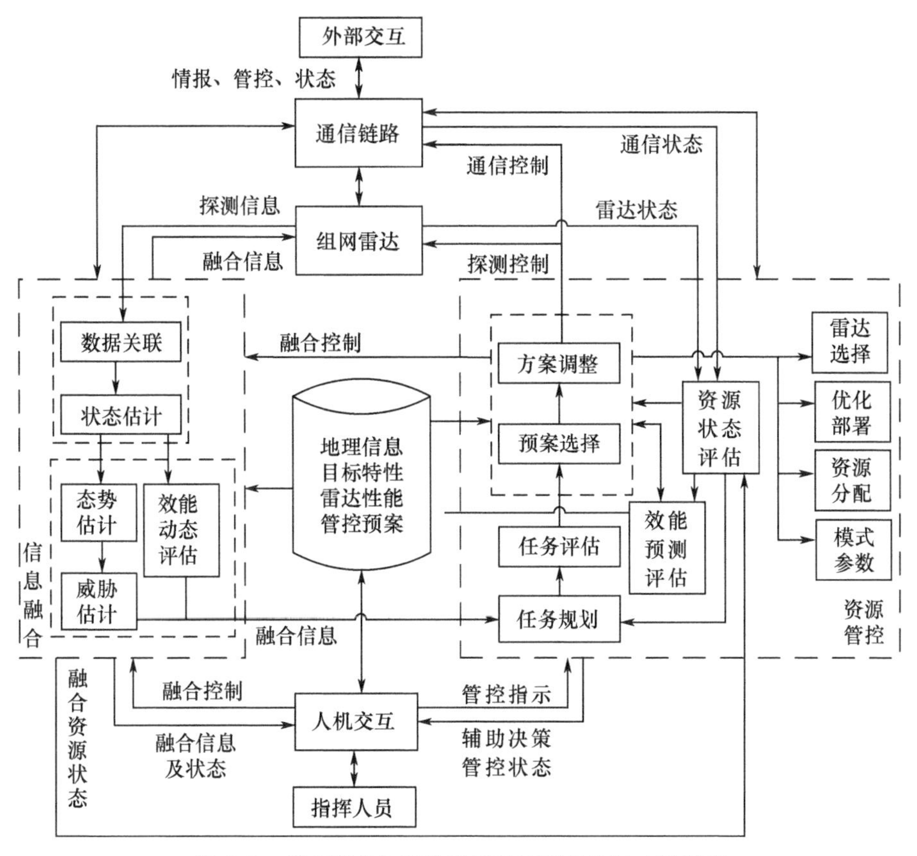

图 4.7 基于模式化雷达组网系统闭环控制功能模型

通常是指区域的任务总体完成情况。效能预测评估主要指根据模块内资源控制状态,包括开机雷达、部署位置、工作模式等对探测能力进行预测,评估探测方案与任务要求的匹配程度。通常,效能预测评估在资源状态或作战任务发生变化时进行。任务评估指将宏观任务分解成细化的具体信息量化需求,以便进行探测效能预测评估、方案选择与调整。任务规划主要负责与上级或同级模块之间的宏观任务协调分配,同时根据任务分配情况对节点内资源进行具体的任务分配。方案调整指当目标环境、作战任务、资源状态等发生变化时,根据探测效能实时动态评估结果,若探测方案不能满足任务要求,则需要对方案进行实时调整,调整以模式化控制为主、单个参数控制为辅的方式进行,以便简化系统操作使用。

4.6 探测资源管控与作战流程的关系

从作战过程来看,资源管控贯穿雷达组网系统作战全过程,各作战阶段需要完成的功能、涉及的要素与内容、策略等均有所不同,是一个非常复杂的过程。

从时间上的作战过程来划分，雷达组网系统整个资源管控流程一般可分为战前预案拟制、战中实时闭环控制、战后修改完善预案库三个阶段，重点在前两个阶段，如图 4.8 所示，详细的描述如下。

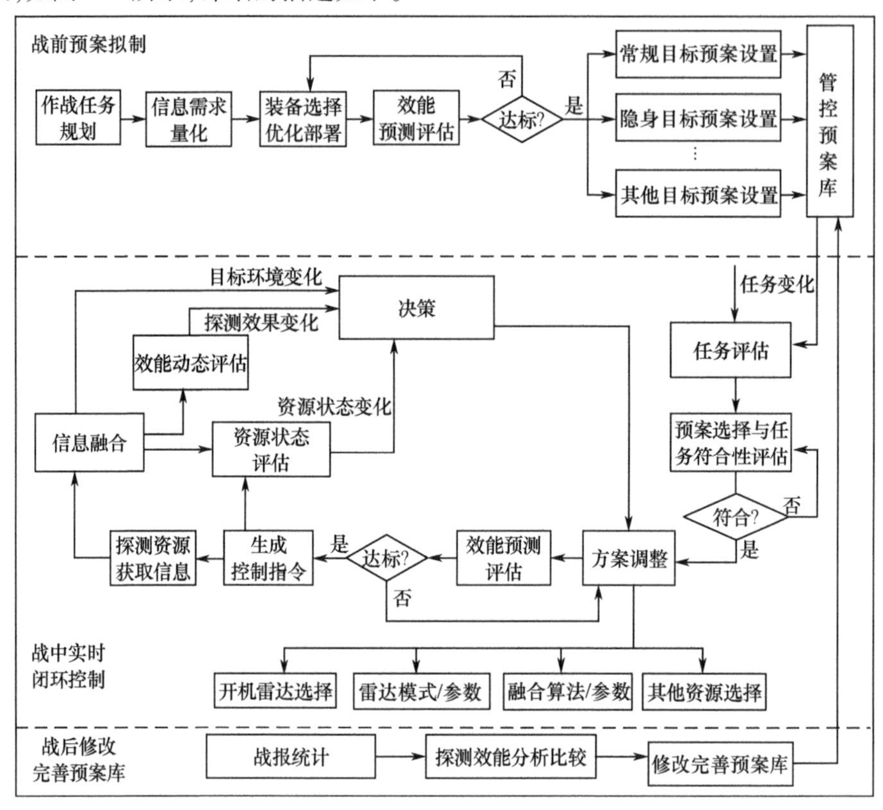

图 4.8　雷达组网系统资源管控基本流程图

4.6.1　战前管控预案拟制

4.6.1.1　战前管控特点

战前管控主要是在战前预测作战态势发展变化趋势，综合分析各种可能的作战任务情况，根据各种可能条件下的任务要求对资源进行预先优化管理与控制，其重点是预案设计。总体上讲，战前管控具有以下三个特点：

（1）预测性。战场态势虽然瞬息万变，但其变化仍有规律可循，因此战前应对当前作战态势进行全面深入的研究，分析预测可能面临的作战任务并进行合理分类，为装备配置、优化部署、方式/参数优化设置提供正确依据。

（2）长期性。由于战场目标与环境变化具有突然性与快速性，留给预警探测系统的反应时间极短，战中进行雷达实时机动部署与补充或更换的可能性很小,因此战前雷达配置与优化部署应更加关注策略长期有效性,需综合分析各种任务需求,区分任务重要程度,保证重点任务探测需求同时兼顾其他需求,寻求延长系统的使用时间,考虑未来系统适用性,如生存能力、可扩展性、任务变化适应性等,而不仅仅是考虑精度与识别性能等要求。

(3) 周密性。战时作战态势复杂多变,非常准确地预测态势发展变化几乎是不可能的,而实时进行态势分析与资源调整的时间极其有限。因此,战前应对作战形势发展变化进行周密分析,针对多种形势变化预先制定多种管控预案以及各种情况下的备选预案,提高预案的可用性。

4.6.1.2　战前管控步骤

战前管控步骤主要包括管控预案设计、战前预案实施与性能检查等。

1) 管控预案设计

战前管控预案设计主要包括组网雷达选择、优化部署、预案模式/参数优化设置三个方面内容。由于具体预案模式/参数优化应是基于给定雷达部署方案进行的,因此可认为雷达选择与优化部署属于管控预案设计的范畴,详见第5章。

(1) 组网雷达选择与优化部署:全面深入地分析负责区域的综合作战任务,在保证重点区域或重要任务探测性能同时兼顾其他探测需求,量化雷达组网系统应达到的主要威力范围与信息质量要求,选定雷达的数量与类型,通过效能仿真评估选出优化部署方案。

(2) 模式/参数优化设置。主要包括开机雷达选择、融合算法与参数设置、组网雷达模式/参数设置等。为了满足环境快速变化与易操作性要求,应采取模式化控制策略,即分别针对不同任务情况,将雷达工作模式/参数以及融合算法等一系列内容封装为组网工作模式,实现模式化调用。组网工作模式设计主要包括以下内容:雷达工作模式/参数设置,即根据已选开机雷达与部署情况,预先确定各雷达工作模式/参数,如天线转速、发射功率、频率、波形、检测门限等;融合算法与参数选择,即根据所选雷达及其工作模式/参数设置,合理选择组网中心融合算法与参数,如信息源选择、相关波门、滤波参数等。

2) 战前预案实施与性能检查

战前预案实施就是按照预案进行部署作业,实施雷达实际部署与通信链路连接。

性能检查是保障雷达组网探测工作正常的重要环节,主要包括:①单雷达性能检查,一是要检查雷达本身的探测性能,确保雷达的各项探测性能良好,因为雷达机动后其作战性能往往会受到影响;二是检查雷达定位误差,不要产生明显的定位系统误差。②单通信链路性能检查,即检查连通性及数据传输的指标等。

③互联互通和互操作性能检查,即战前在组网融控中心通过遥控检查其控制功能与性能,特别是战前预案涉及的控制内容,主要包括多种通信链路的质量是否满足组网信息传输要求,传输的点/航迹、状态信息是否满足融合要求,雷达是否能正确执行控制命令等。

4.6.2 战中实时闭环控制

4.6.2.1 战中管控特点

战前预案设计制作都是以一定战场背景为条件的,而战场态势瞬息万变,因此当战场环境与预案差距较大或变化太快时,则需要对预案进行重新选择或调整。战中实时闭环控制阶段主要是管控预案的应用与调整,即根据作战任务选择合适的管控预案,并针对目标特性、环境、资源与作战任务等变化,对雷达组网系统资源进行一系列控制调整,主要包括雷达发射开关控制、雷达工作模式/参数优化、融合算法与参数优化等,直至完成作战任务。

总体上讲,战中资源实时闭环控制具有以下四个特点:

(1) 实时性。弹道导弹、隐身飞机等目标速度快且 RCS 小,雷达组网系统对其连续探测跟踪的距离有限,时间很短,战机稍纵即逝,因此,必须根据目标环境的变化,对探测方案进行实时快速的调整以保持稳定跟踪。

(2) 离散性。战中目标环境是动态连续变化的,但资源并不需要进行连续控制调整。通常应根据探测效能评估结果,视当前探测方案满足作战任务要求的程度,在特定时机进行非连续性的分级化调整。

(3) 短期性。战中实时控制以探测方案匹配于当前目标环境为目标,一般不需要考虑方案调整后的长期有效性,通常是在原探测方案基础上对部分参数进行调整,寻求优化系统的某一项或少数几项探测跟踪性能,如目标探测概率最大化等。

(4) 小幅性。从实时控制的复杂性与跟踪连续稳定性来看,应优先考虑资源微调方案,如确有必要才谨慎采用大幅度调整方案,因为资源大幅度调整的时间要求较长,对目标稳定跟踪产生的影响较大。

4.6.2.2 战中实时闭环控制原理

战中实时闭环控制主要包括资源状态评估、探测效能动态评估、探测方案模式/参数优化调整等方面内容。整个控制过程是一个闭环反馈的实时调整过程:根据当前空情态势选择相应的管控预案并生成控制指令,资源接受控制指令执行相应探测任务;探测信息经信息融合处理形成综合空情,同时进行资源状态评估与探测效能动态评估;系统根据综合态势、探测效能以及资源状态变化作出资源调整决策或提出控制调整辅助建议供指挥人员参考;最后确定控制方案并生成控制命令,不需调整时则继续执行原方案。

雷达组网系统发挥作战效能是需要一些基本条件的,在实际作战中如果一些组网的基本条件得不到满足,如互相覆盖、点迹输出、通信链路等条件不具备或降低性能都会影响系统作战效能的发挥。

战中实时控制涉及组网融控中心与组网雷达的众多模式/参数,因此合理实施系统闭环控制要求指战员具备组网体系作战理念与能力,掌握雷达组网提高低慢小目标、隐身目标、抗干扰等能力的技术机理以及各雷达性能,明确作战任务,掌控战场环境,根据任务变化适时采取正确的调整策略。

4.6.3 战后修改完善预案库

战后预案管控的主要工作是对使用过的预案进行完善归档,通过对实际作战数据的进一步详细分析总结,进一步优化完善各预案使用的边界条件,构成同类预案集合或者预案库,从而不断扩充、修改、完善预案库与作战指导方针。

4.7 典型雷达组网系统实时闭环控制策略举例

根据上述设计的资源管控一般流程指导,下面以雷达组网实验系统为例,分析讨论雷达组网实验系统实时闭环控制策略。

战中根据目标、环境与资源状态等变化,雷达组网系统需要分别采取针对性的调整措施,如针对低慢小目标,通常优先选择低空雷达,使低空雷达在主要作战方向和主要作战高度有较好的覆盖系数与重叠系数,合理选择各雷达的低慢小目标探测措施,适当降低各雷达的检测门限,组网融控中心选择合适的融合算法及其速度限制参数等。在针对各种不同任务变化需要调整的众多模式参数中,门限的控制调整是最为常用也是极为重要的调整手段,同时门限的调整涉及点迹数的变化,对通信能力、信息处理能力、信息融合效果等均产生重要影响。各组网雷达点迹输出的质量和融合算法直接影响系统探测能力。组网融控中心希望各组网雷达送来更多的有用点迹信息,但一旦各组网雷达输出的点迹过多,对通信线路的传输和融合处理都会造成压力,所以,根据点迹融合的效果和系统总体处理能力,必须对雷达点迹输出数量、点迹传输能力实施闭环优化控制。

4.7.1 基于点迹数制约的实时闭环控制

根据上述分析,战中可考虑以与点迹数直接相关的检测门限控制为主线,同时考虑发射频率、频率方式、极化方式、处理方法、相关门限、融合算法等其他对策措施，采用基于点迹数制约的实时闭环控制策略，原理如图 4.9 所示。

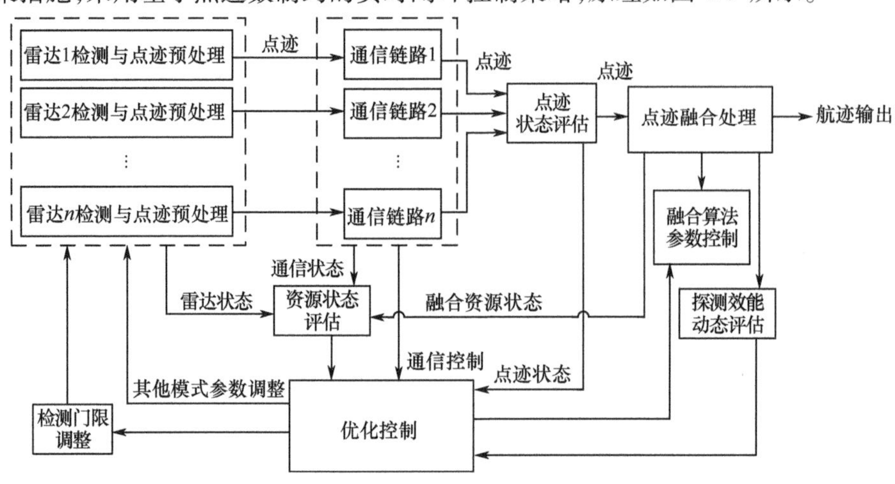

图 4.9　基于点迹数制约的实时闭环控制原理

信息融合中心对各组网雷达送入的点迹信息进行处理，合理选择点迹融合模型与算法及参数，提高点迹融合的质量和速度，并降低虚警；根据点迹融合后的探测效果控制各组网雷达工作模式、参数与点迹检测门限，尽量提供目标有用的点迹信息，同时根据通信能力、信息处理能力状态，控制点迹输出范围与数量，控制无线数据通信的链路、数据率和误码率，最大限度满足点迹传输的要求，防止点迹传输与处理过载，并降低信息传输时延。

上述控制的依据是探测效能动态评估、点迹信息状态统计、通信与处理资源状态评估。由于组网雷达输出点迹的数量主要取决于雷达检测门限的大小，因此重点在于针对隐身目标、小目标等不同目标环境，在融合处理过程中根据目标跟踪质量、目标所处组网环境等动态调整相关雷达门限，检测门限自适应控制处理过程如图 4.10 所示。

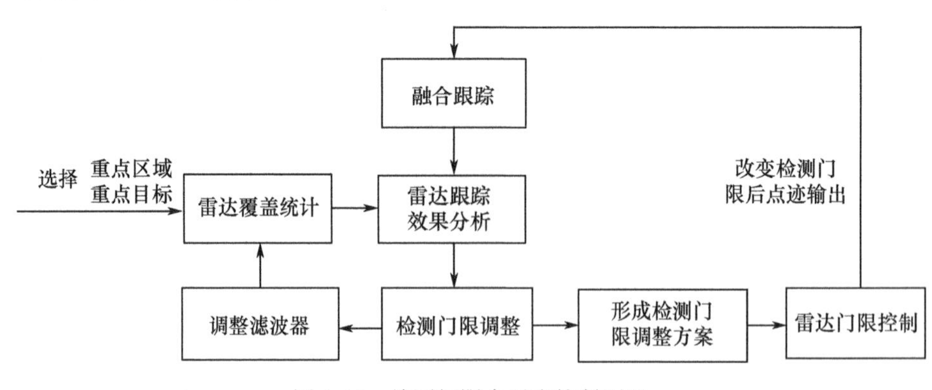

图 4.10　检测门限自适应控制原理

需要注意的是，由于各雷达的噪声系数、恒虚警处理方式不同，一般不宜直接对雷达检测门限值进行调整，而是给定各雷达的虚警概率值，各雷达检测门限值则根据此虚警概率来分别确定。

不同目标其运动特性与 RCS 特性各不相同，在不同的融合算法中，控制的门限也不同。门限参数有检测门限、速度门限、高度门限和距离门限等。这些门限的设置不仅直接影响发现概率与虚警概率，也影响目标航迹的连续性与分合批的判断，体现了点迹融合技术与雷达实时协同控制技术的重要性与有效性。控制门限调整要点如下：

（1）降低雷达的检测门限，会增加点迹数量，可以提高单雷达探测低慢小目标、隐身目标等的发现概率，但也增加了杂波剩余虚警，也会加大通信压力与数据处理容量的压力。提高检测门限，可以减少点迹数，降低通信压力与数据处理压力，减少干扰造成系统死机的概率，降低虚假航迹数，但也会影响对低慢小等目标的探测能力。当数据传输和处理与发现概率出现矛盾时，可以根据实际探测效能，分区选择组网雷达的最佳检测门限，进行较为精细的控制。

（2）降低系统速度门限参数，能提高系统对低慢小目标的发现概率，但有可能影响虚假航迹数；提高系统速度门限参数，可降低动杂波（如气象、汽车、鸟群等）带来的虚假航迹数，但不利于对低慢小目标的发现。根据实时探测效能，通过实时控制系统速度门限，获取系统探测最优。

（3）正确判断多目标分合批，与下列因素有关：一是多目标本身的间距；二是雷达的分辨力；三是雷达输出点迹的分裂程度；四是系统设置的高度门限与距离门限。改变系统高度门限与距离门限参数，会影响对多目标分合批的判断。根据实时探测效能，可实时控制系统的高度门限与距离门限参数，获取系统探测最优。

4.7.2　仿真分析

仿真条件：设某组网区域长度为 300km、宽度为 200km，以区域左下角为坐标系原点；雷达组网系统包含 A、B、C 共 3 部雷达，其威力是：在目标 RCS 为 $2\mathrm{m}^2$、检测概率为 0.8、虚警概率为 10^{-6} 条件下的探测距离依次为 150km、250km、150km；其部署位置坐标分别为(50,75)、(127,150)、(209,71)，坐标单位为 km；天线阵地高度均为 50m，三部雷达扫描方位保持相差 120°，且扫描周期均为 10s。

假设某批小目标水平航线按图 4.11 所示正弦曲线飞行，高度为 1000m，RCS 均值为 $0.1\mathrm{m}^2$；脉冲重复频率为 330Hz，在虚警概率、P_{f1}、P_{f2}、P_{f3}、P_{f4}、分别为 10^{-6}、10^{-5}、10^{-4}、5×10^{-4} 的要求下调整雷达检测门限；点迹处理采用串行合并方式。图 4.12 至图 4.15 依次对应按 P_{f1}、P_{f2}、P_{f3}、P_{f4} 调整雷达检测门限时融合跟踪航迹与责任区内所有雷达某 10s 内扫描一周的点迹情况，雷达位置在图中用星号标出。

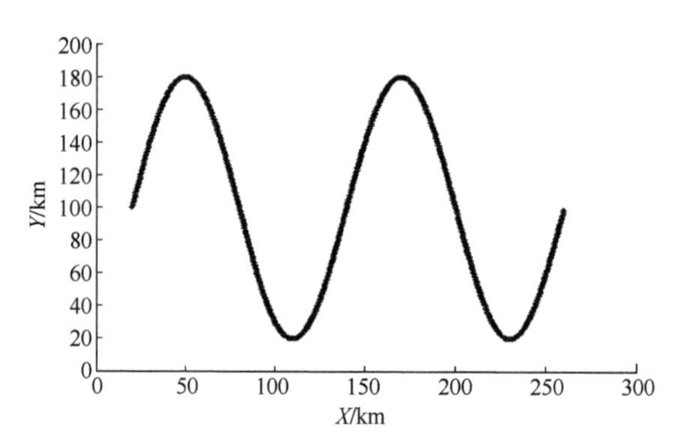

图 4.11　设定的目标水平航线

仿真结果分析：比较图 4.12、图 4.13、图 4.14 可知，随着雷达检测门限降低，雷达发现概率增大，同时虚警概率升高导致虚警点迹也增多，但系统可通过融合处理过滤虚警，从而改善对目标的跟踪质量；由图 4.15 可知，检测门限不能

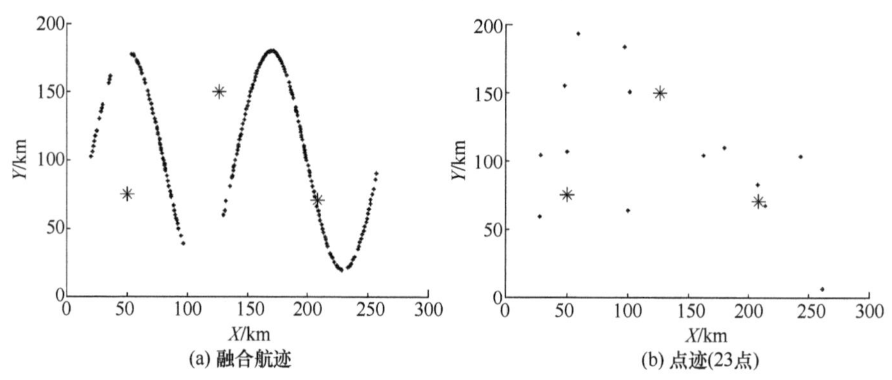

图 4.12　雷达门限对应 P_{f1} 时融合航迹与点迹情况

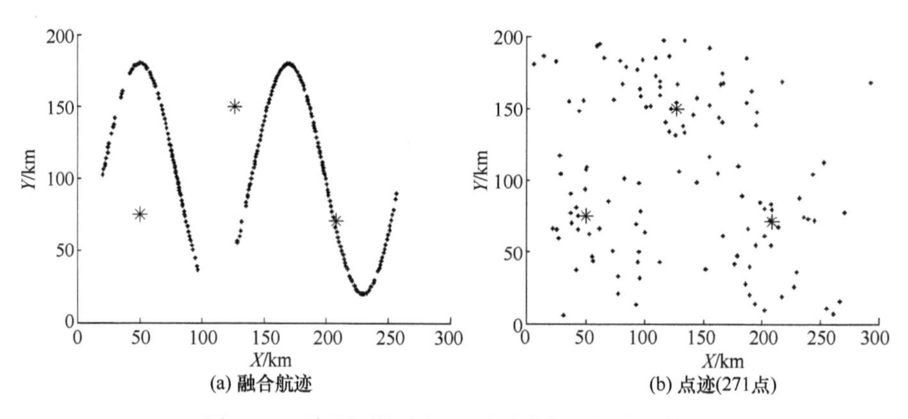

图 4.13　雷达门限对应 P_{f2} 时融合航迹与点迹情况

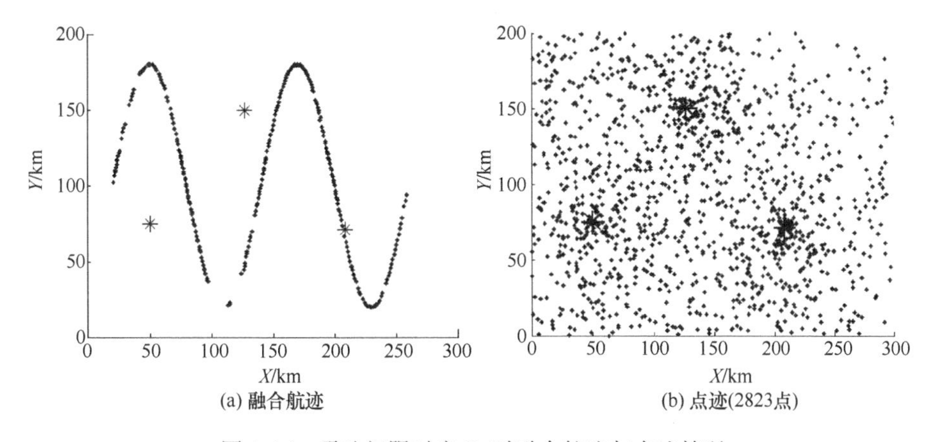

图 4.14　雷达门限对应 P_{f3} 时融合航迹与点迹情况

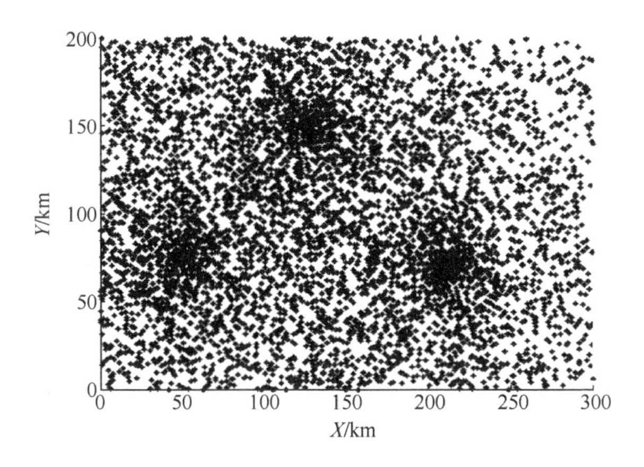

图 4.15　雷达门限对应 P_{f3} 时点迹(14167 点)

过低,否则虚警点迹数过多会导致系统处理或通信传输过载。在实际应用中,检测门限的调整要综合考虑目标、环境、重叠系数、通信能力、融合处理能力与融合算法等因素,通常对于低慢小目标需适当降低检测门限以提高发现概率;对于较强干扰或强杂波条件下目标跟踪,则需适当提高检测门限,防止通信或处理能力过载。

仿真实例表明,组网雷达检测门限等探测资源的管控是极其重要的,直接关系到雷达组网系统的体系探测效能。

4.8　体会与结论

本章在描述雷达组网资源管控需求的基础上,全面分析了雷达组网资源管控的要素、功能、结构、方式、流程等基本内容,将探测资源管控过程融合到战前预案拟制、战中实时闭环控制、战后修改完善预案库三个阶段，分析了各管控阶段的内容与特点，构建起了资源管控的基本研究框架，并以某现役雷达组网系统为背景提出了一种基于点迹数制约的实时闭环控制策略，为雷达组网资源管控软件设计与作战运用提供了技术支持。

作者通过雷达组网资源管控研究和实践，具有多方面的深刻体会。

第一方面的深刻体会是资源管控作用明显。资源管控可最大限度地发挥雷达网的整体作战效能。概括而言，其作用可归纳为以下六个方面。

(1) 能提高情报质量。即根据目标、环境、资源与任务要求等变化，通过采取针对性的优化管控措施，使探测方案与任务更加匹配，从而提高原始探测信息质量。信息质量主要体现在四个方面：一是信息要素完备性，如位置、速度、目标属性、目标类型、数量等；二是信息精度，如目标位置坐标与速度精确度、目标属性与类型准确度等；三是信息连续稳定性，如延迟时间、信息连续不间断等；四是信息应该是指挥人员明确或潜在所需要的，在特定场合可能只需要某些目标或空域相对应的信息，多余目标或空域的信息、多余的信息内容对指挥人员来说是一种信息干扰，同时也会增加信息融合处理的负担，可定义为信息关联度。

(2) 能争取预警时间。即通过雷达优化配置与部署以及参数调整，可增大系统探测距离；通过自动智能控制与辅助决策，可减少系统资源协同控制的时间，从而给防御系统争取更多预警反应时间。

(3) 能提高资源效益。即通过高效合理使用有限资源，提高资源利用效率，从而提高系统负载能力，减少资源损耗。

(4) 能实现控制灵活多样。即通过提供灵活多样的管控预案与控制方式，满足不同作战任务类型的情报需求。

(5) 能简化操作使用。即通过模式化控制等设计方法，降低人员素质能力要求，减轻指挥操作人员工作强度，提高系统使用效率。

(6) 能促进综合一体。即通过提高资源管控的智能自动化程度，实现多雷达、异类传感器以及与武器火力系统之间的统一协同实时控制。

第二方面的深刻体会是资源管控发挥作用至少需要三方面综合，即管控预案－实时控制－点迹融合。

(1) 管控预案。即战前综合分析作战态势，预先判断敌方可能采取的攻击方式、攻击目标、航线、时机等，设计各种针对性探测方案，包括雷达选择、部署、各种参数设置等，以便在战中实时选择调用，提高系统对目标环境变化的反应速度。

(2) 实时控制。即战中根据目标、环境、资源等变化以及实时探测效能评估结果，在合理选择的预案基础上，实时对组网雷达实施远程控制，从而实现目标环境的匹配探测。例如，为了尽可能提高系统在杂波区对低慢小目标的检测概率,在保证传输带宽、算法速度与虚假航迹数的前提下,可适当降低组网雷达的点迹检测门限,实现局部检测次优,系统检测最优。

(3)点迹融合。即通过对各雷达探测点迹的融合处理,提高系统的探测能力。主要体现为以下三点[3]:一是“补”,即通过点迹融合,实现不同空间、频率和发射信号的雷达探测点迹的相互补充,弥补单雷达的不足,从而提高系统发现概率;弥补单雷达在杂波区对低慢小目标检测的损失,提前起批低慢小目标的航迹;互相补充雷达顶空盲区等。二是“校”,即通过点迹融合,实现不同雷达探测点迹的相互校验,如降低由杂波剩余点迹起始的虚假航迹,在杂波区提高对低慢小目标的检测概率。三是“强”,即通过点迹融合,实现不同雷达探测点迹的相互加强,提高航迹情报的数据率、精确性、时效性。

综上所述,要充分发挥雷达组网系统体系探测效能,管控预案、实时控制、点迹融合三者必须综合考虑。

第三方面的深刻体会是研究还需深化。工程化实现雷达组网探测资源管控还是一个比较新的内容,许多内容还需要进一步深入研究。例如,在实时控制策略方面,当前研究考虑的因素还不够全面,需要进一步提高探测资源管控预案与任务的匹配程度;在任务规划方面,需要深入研究资源状态监测与评估、原始探测信息质量评估、探测效能动态评估等。

结论:探测资源管控是雷达组网系统论证设计、研制和作战使用的核心问题之一,优化资源管控可以进一步提升雷达组网的体系探测效能,是提升雷达组网体系探测效能的首要条件。

参考文献

[1] 叶朝谋. 雷达组网系统资源管控研究[D]. 武汉:空军雷达学院, 2014.

[2] 向龙. 雷达组网系统抗干扰能力研究[D]. 武汉:空军雷达学院, 2010.

[3] 丁建江, 周琳, 华中和. 基于点迹融合与实时控制的雷达组网系统总体论证与设计[J]. 军事运筹与系统工程, 2009, 23(2): 21-24.

[4] Ng G W, Ng K H. Sensor Management—What, Why and How[J]. Information Fusion, 2000, 7(1): 67-75.

[5] 刘同明, 夏祖勋, 解洪成. 数据融合技术及其应用[M]. 北京:国防工业出版社, 1998.

[6] Schaefer C G, Hintz K J. Sensor Management in a Sensor Rich Environment[C]. Proceedings of the SPIE International Symposium on Aerospace/Defense Sensing and Control, Orlando, 2000, 4052: 48-57.

第5章 发挥雷达组网效能的预案工程化技术

雷达组网探测资源优化管控预案工程化主要包括设计与推演两个环节。设计是获得多种边界条件下的探测资源管控预案，推演是验证给定边界条件下探测资源管控预案的准确性、合理性、有效性、可操作性等。设计是前提，推演是保证，设计与推演的共同目的是获得优化的、实际雷达组网系统可工程化实施的探测资源管控预案。所以，本章在第4章的基础上，专题研究发挥雷达组网体系效能的探测资源优化管控预案工程化技术，即设计、优化与推演技术。在分析雷达组网探测资源优化管控预案设计必要性与要考虑多种因素的基础上，归纳总结了雷达组网体系探测资源优化管控预案设计的理念、原理和方法等，创新了预案工程化实现的模型与流程、实用性评估方法，设计了雷达组网探测资源优化管控预案推演系统；针对组网雷达是否相控阵雷达，提出了资源调度的具体算法。进一步说明了探测资源优化管控预案是发挥和挖掘雷达组网体系效能的前提。

5.1 探测资源管控预案工程化

首先介绍探测资源管控预案工程化的概念与过程，为探测资源管控预案设计、推演、训练、实施等奠定基础。

5.1.1 预案工程化概念

预案工程化是一个新概念，目前没有明确的定义与界限，在范围、层次、粒度方面可有多种含义，问题是工程化到什么程度目前比较模糊。在雷达组网探测资源管控预案工程化上，其层次和粒度本专著已在1.5.3节作如下解释和限定。预案工程化就是要把设计的预案在组网雷达中自动实现。预先设计的预案通常用文本形式表达，自动实现时需要把纸质形式的预案转变成装备能执行的模型、软件、指令、时序波形等。雷达组网体系探测资源优化管控预案工程化就是要把指战员战前设计的探测资源优化管控预案在雷达组网系统通过组网雷达来自动实现，达到匹配探测环境与空中目标的目的，提高雷达组网系统的整体探测效能。

5.1.2　预案工程化过程

在 2.2.3 节,图 2.7 按照日常研究—战前准备—战中实施的时间主线,给出了预案工程化的总体流程。在 2.2.3 节的基础上,进一步描述如下。

预案工程化的输入是探测目标与情报保障任务,要考虑的边界是预警装备、战场环境,输出是预警装备自动执行的作战模型、流程、时序等工程应用产品。从指战员人机操作交互视角看,预案工程化主要包括了统一思想、设计预案、选择预案、执行预案的四个环节。从预案工程化的技术视角看,包括了想定假设、预案设计、仿真计算、效能评估、优化完善、代码生成、推演训练、实装实施等主要技术环节。需要对预案进行科学设计、量化描述、仿真对比、推演分析、精准训练、自动实现等处理,已不是过去模糊、宏观、装备难以实时实现的传统形式的预案。

从预案设计成果或者预案成熟度看,预案工程化过程中可以得到不同粒度、不同成熟度、不同用度的四种预案。通过设计环节,获得“基本预案”;通过仿真、评估、优化等环节,获得“优化预案”;通过推演、训练、再优化环节,获得“实施预案”;通过实装应用,获得“执行预案”。预案的粒度越来越细,边界条件越来越明,针对性与可操作性越来越强,预案的自动化与智能化的程度越来越高。

从预案的成果形式与作用视角看,首先是要把网络中心战“多域合一”的作战理念与雷达组网体系探测思想结合起来,变成指战员都能理解的体系探测概念、探测模型、作战视图、作战流程等,实现组网探测概念与过程的动态演示,促进指战员共同讨论,统一思想、认识和理解;第二是基于相应的基本作战规程与基本作战流程,要把雷达组网探测任务变成各级预案,即基本预案、优化预案、实施预案、执行预案,变成组网雷达能执行的流程、指令、时序等,实现对组网雷达探测资源的自动控制。

5.2　探测资源管控预案设计的一般描述

雷达组网探测资源优化管控需要通过预案来实现,首先要设计科学、合理、可用的优化预案。综述公开文献,当前预案设计的相关研究主要集中在优化部署方面,对其他方面的研究较少,而且不够系统。探测资源管控预案设计就是基于一定的资源,设计时空频管控预案,以进一步提高系统探测效能。预案既有宏观性,也有微观性,首先我们需要了解预案设计的一般描述,包括预案设计的要求、原则、原理与特点。

5.2.1　预案设计要求

从预警探测作战上看,雷达组网是实现多雷达集群探测的体系作战组织形式。体系探测效能的发挥取决于指挥员、信息融合与雷达控制三者之间的密切协同。战时战场态势瞬息万变,如何根据作战任务要求,实时快速地优化调整各组成部分的众多模式参数,是雷达组网系统探测效能发挥的关键技术之一。预案设计就是依据给定探测区域、雷达性能、地理环境与作战任务等,在战前设计雷达组网系统的整体探测资源使用方案,以便在战中根据探测效能、战场环境与任务情况,实时调用已设置好的探测方案,降低战中资源调整的随意性与复杂性。

预案设计是复杂装备技术与装备运用紧密融合的过程,涉及多个环节。一是要求指挥员了解整个探测区域可能的环境、目标威胁与作战样式;二是要求指战员掌握组网探测体系作战的战术运用能力;三是要求指战员掌握雷达的战术技术性能,特别是对当前目标探测能力;四是要求指战员熟悉各种信息融合的算法及其效能;五是要求指战员了解雷达组网系统内可用的探测资源与用法,包括多种通信链路、可用来掩护的雷达、诱饵与告警设备等。

5.2.2 预案设计原则

雷达组网资源管控预案设计应遵循“强调系统性、重视普适性、针对特殊性、突出实用性”的原则。

(1) 强调系统性。系统性是资源管控预案设计的基本原则。只有对雷达组网进行一体化的作战指挥控制,对网内雷达进行科学的调度,协调网内各雷达的探测资源(包括频率、抗干扰等),实施统一的作战部署,充分利用各雷达的特性,实施体系作战运用,才能表现出组网优势和能力,发挥出雷达组网的最大效能。

(2) 重视普适性。雷达组网资源管控预案设计应具有普遍的指导意义。其内涵应覆盖雷达组网体系作战运用中需要解决的重点、难点问题,把握雷达组网体系作战的关键节点,使雷达部队指战员了解预案的意图。

(3) 针对特殊性。针对特殊场景、特殊目标、特殊任务,不同的雷达组网资源管控预案具有不同的效果。而对所针对问题特点的认识,是能否紧扣主题、解决当前特定雷达组网体系运用问题,是预案价值的核心体现。

(4) 突出实用性。雷达组网资源管控预案设计应以坚实的理论作指导,实用性是基于对作战需求的准确把握,作战需求来源于部队,为此要保证预案的实用性必须与部队紧密结合做好需求分析,使部队能够获得即时可用的预案。

5.2.3 预案设计原理

雷达组网探测资源管控预案设计要遵循是网络中心战理论;设计要考虑全面的是预警体系要素,即“目标、装备、环境、情报”;设计对象是预警装备探测资源,即组网雷达的时空频能等资源;设计成果,即预案,就是探测资源发挥作用的时序图;设计目的就是要用这些时序图来实时控制探测资源,实现探测资源与空中目标环境匹配。因此,雷达组网资源管控预案设计原理要从网络中心战理论和预警体系概念出发,结合雷达组网的具体情况开展设计,涉及的要素如图 5.1 所示。

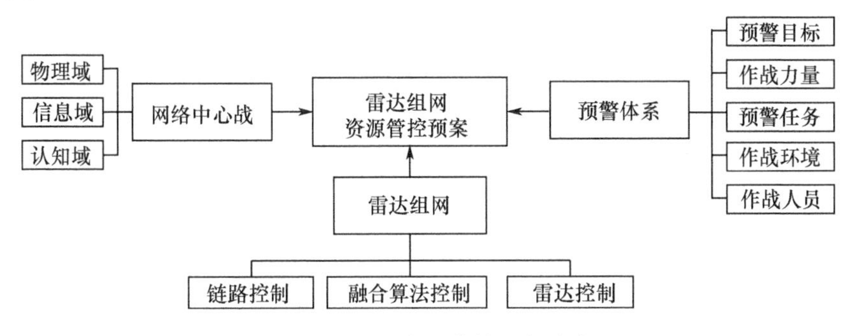

图 5.1　雷达组网资源管控预案设计原理

网络中心战是信息时代提出的一种新的作战理念,相对于平台中心战而言,它是建立在以网络为中心的思维基础上的一种作战行动,强调作战中心由单雷达转向组网融控中心,密切物理域、信息域和社会域/认知域的关系,使得作战人员能够实时共享组网预警态势,提高预警资源的探测效率,挖掘多雷达组网的体系探测效能。

预警体系涉及到五个基本要素:预警目标、预警装备、预警任务、预警环境和指战员。在这五个要素中,预警指战员是作战实施的核心,它根据预警目标、预警任务、作战环境设计探测资源管控预案,对预警资源进行分配和调度,以达到预定的作战目的。对于雷达组网而言,它是一个特定的"预警体系",有其自身的体系特点。雷达组网的目的是对网内不同体制、不同频率、不同精度、不同数据率的单一雷达通过点迹融合和实时控制,将指定区域内的多部雷达以组网探测的模式进行资源整合,形成一部具有高精度、高数据率、高抗干扰性能的"可编程"区域性大雷达。其既具有对低空目标、隐身目标、小目标、高速机动目标有较好的探测能力,又能高质量提供区域指挥引导情报,还具有较强的整体抗电子干扰、抗摧毁能力和自组网能力,在实战条件下,提供更加准确、连续、实时和稳定可靠的空中情报。

5.2.4　预案设计特点

雷达组网探测资源管控预案设计的最大特点是迭代性。按照"料敌从宽、预己从严"的原则,在预案设计时要尽可能全面假设会出现的要素变化,即"任务、目标、环境、装备"可能变化的边界条件,分层分类设计出预案集合(库);在预案推演时,逐一改变任务、目标、环境、装备等可能出现的情况,依次改变边界条件验证预案的有效性与可行性。

5.3 探测资源管控预案设计流程与方法

探测管控预案设计全过程比较复杂,全流程包括建立基础数据库、作战任务分析、组网雷达选择、优化部署、雷达开机方案优化、预案探测效能评估、组网工作模式设计、战后总结优化等主要环节,其基本流程如图5.2所示。下面对图5.2的基本流程进行具体的说明。

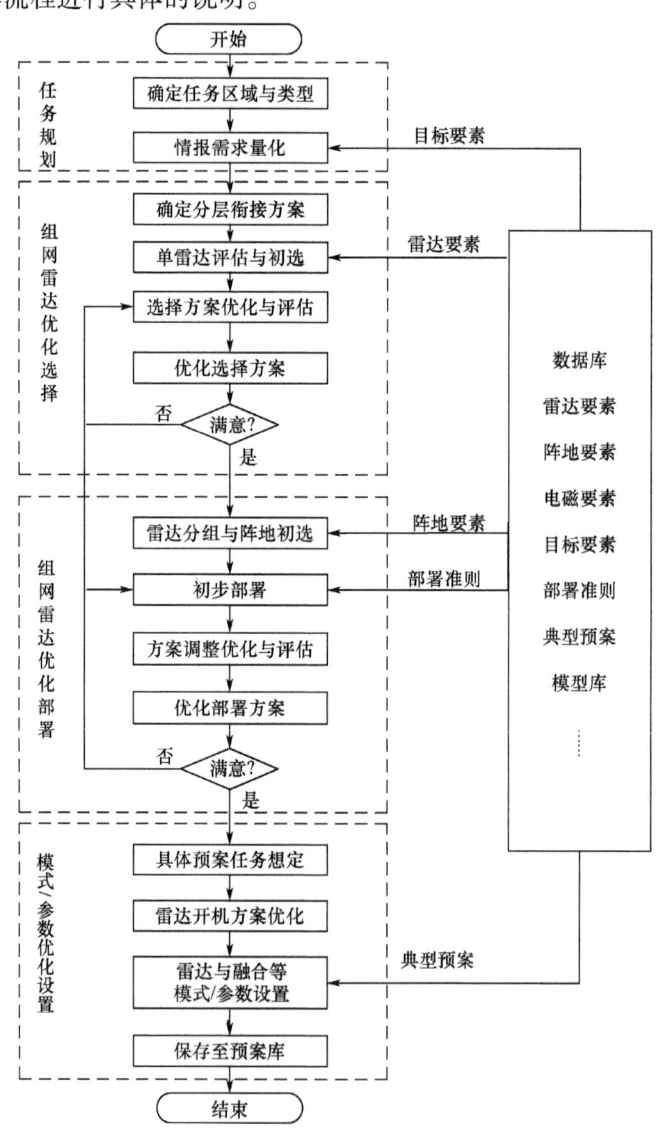

图5.2 雷达组网系统管控预案设计基本流程

5.3.1　要素想定与基础数据库

按照“料敌从宽、预已从严”原则来设计和推演雷达组网探测资源管控预案,首先需要设计好要素想定与基础数据库。

5.3.1.1　要素想定

通俗说,想定基本要素包括敌情、我情与战场环境等。在雷达组网探测资源管控预案设计和推演中,要素想定与数据库主要考虑以下内容:目标特征库、雷达性能参数库、阵地地理信息库、附属设备性能参数库、敌方干扰机与反辐射武器等性能参数库、作战专家知识库,以及综合态势动态数据库(主要包括战场态势的动态变化情况,敌兵力部署,敌战斗机日常飞行训练规律,敌侦察机、干扰机、预警机飞行规律以及民航信息)等。实时掌握战场态势的动态变化情况是最复杂和最重要的,也是最难的,在系统研制与使用中需要不断完善。上述各种基础数据库的建立是管控预案设计的前提基础,各类数据库信息要素的准确性直接影响到管控预案的有效性。

针对不同想定假设,设计探测资源管控预案,对探测过程进行理论推演、推演系统仿真推演,获得空情态势,与空情想定态势进行比较,评估作战方案的合理性,并进行修正,形成该想定下的管控预案备用。按照预警体系的理论构架,想定设置可分为要素级想定和体系级想定。要素级主要可分为目标想定、环境想定、装备状态、人员能力和情报需求想定;体系级想定就是综合上述多要素的复杂想定。这里主要介绍典型想定的设计,读者可演绎其他想定。

(1) 目标想定。根据未来信息化战争特点制作不同空情想定,空情想定可以是单一的特殊的空情,也可以是综合的复杂的空情。例如,低空突防目标空情、伴随干扰突防空情、欺骗干扰空情、压制干扰空情、巡航导弹突袭空情、直升机空情、高机动目标空情、反辐射导弹攻击空情等特定空情;综合不同特定目标,形成复杂空情。通过理论和仿真推演,检验系统探测效能,制定探测资源预案。

(2) 系统技术状态想定。系统技术状态想定是用来模拟战时可能出现的不同情况,导致雷达组网状态改变,如雷达性能减低、通信链路故障、席位计算机故障等,检验雷达组网获取情报能力,指导探测资源管控预案制定。

(3) 战场环境想定。战场环境想定用来模拟不同战场环境,如气象环境、电磁干扰环境、交通状况、安全状况等,评估战场环境对雷达组网获取情报的影响,指导探测资源管控预案制定。

(4) 情报需求想定。结合雷达组网装备战技性能,制定用户情报需求想定,用来评估系统体系探测能力,如情报容量、情报分发等能力。

(5) 人员能力想定。设置使用人员不同素质能力等级,为探测资源管控预案制定提供人员依据,同时为训练提供目标和考核标准。

(6) 体系级想定。综合上述多要素的复杂想定即为体系级想定。

5.3.1.2 目标要素

从特性上看,目标包括形体特性、运动特性(包括微动特性)、雷达特性、红外特性等众多不同方面的特性。由于这里仅限于雷达组网的范畴,所以只关注与雷达测量有关的特性。通常,目标雷达特性可由以下几个主要要素来描述,如表5.1所示。值得注意的是,目标的一些特性与众多因素有关,实际上是实时变化的,难以确切得知,但一般只需知道其特性变化范围对其作统计平均即可。

表5.1 目标主要要素

<table>
<tr><th>特性要素</th><th>影响因素</th><th>详细说明</th></tr>
<tr><td>目标类型</td><td></td><td>雷达目标类别众多,包括各类弹道导弹、临近空间武器、飞机、飞艇、巡航导弹、无人机等,且各类目标又往往包括多种不同型号。对所有目标型号逐一建模过于繁琐,在实际中,一般针对各类目标典型型号建模即可</td></tr>
<tr><td>时间特性</td><td></td><td>有些目标在不同时间阶段所表现出的雷达特性差别很大,此时需要按时间分段进行建模,如弹道导弹目标通常需要按起飞段、中段、再入段分别进行目标特性建模</td></tr>
<tr><td rowspan="6">目标 RCS</td><td>雷达频率</td><td>对于隐身目标,一般需要考虑频率的影响</td></tr>
<tr><td>方向角</td><td rowspan="3">一般来说,在实际过程中难以准确获取目标姿态,可取统计平均值。对于隐身目标,一般可按方向角、俯仰角分段取统计平均值</td></tr>
<tr><td>俯仰角</td></tr>
<tr><td>滚转角</td></tr>
<tr><td>环境条件</td><td>不同目标在不同雨、雪、地形、海面气象等条件下特性不同,如有必要,可针对不同环境条件进行分类分级建模</td></tr>
<tr><td>雷达体制</td><td>同一目标对于单基地雷达与双/多基地雷达的特性也不同,一般需要区别对待</td></tr>
<tr><td>高度范围</td><td></td><td>一般最低与最高高度</td></tr>
<tr><td>速度范围</td><td></td><td>一般最小与最大速度</td></tr>
<tr><td>加速度</td><td></td><td>最大加速度</td></tr>
<tr><td>微动特征</td><td></td><td>一般针对自身具有某种旋转特性的目标,如直升机、弹道导弹等</td></tr>
</table>

5.3.1.3 雷达性能要素

雷达战术与技术性能参数较多,一般应包括以下主要要素,如表5.2所示。

表 5.2　雷达性能要素

要素	详细说明	要素	详细说明
最大探测距离	针对确定的 RCS 与要求的发现概率而言	保障能力	可根据单雷达有关参数计算求得
技术体制	可分为地基、空基机载、空基气球载、地基俯视、无源、双/多基地、超视距等	跟踪精度	方位、距离、高度精度
测量维数	二坐标、三坐标、测高。 包括距离、方位、仰角（高度）、速度、时间等	识别能力	类型、数量、型号等
相控维数	非相控、一维相控、二维相控	目标容量	跟踪目标的数量
最大探测高度	针对确定 RCS 与要求的发现概率而言	极化类别	线极化、圆极化、椭圆极化
方位范围	波束水平方向扫描范围	信号类型	常规、重频参差、重频抖动、频率捷变、频率分集等
仰角范围	波束垂直方向扫描范围	连续工作时间	雷达单次连续开机时间
阵地限高	雷达部署阵地的最大海拔	频率范围	最小与最大发射频率
阵地要求	对阵地周围地面反射条件要求	工作模式	闪烁、同步参数
机动交通要求	机动时对道路交通的等级要求	分辨力	角度、距离分辨力
天线高度	雷达天线自身的高度	发射增益	
天线仰角调整范围	雷达天线阵面的垂直方向机械调整范围	接收增益	
平台高度调整范围	一般指空基平台雷达的平台高度范围	脉宽	
抗干扰能力	可根据单雷达有关参数计算求得	系统噪声	
抗反辐射能力	可根据单雷达有关参数计算求得	检测因子	
抗隐身能力	可根据单雷达有关参数计算求得	系统损耗	
抗低空能力	可根据单雷达有关参数计算求得	功率	

5.3.1.4 电磁干扰要素

雷达组网面临的电磁干扰环境也越来越复杂。与传统干扰类型比，新型干扰的主要类型有：一是专用干扰机功能和运用越来越灵活，专用的空中远距离支援干扰机、随队掩护式干扰机、自卫式干扰机组网运用，再加上地面“狼群”分布式干扰机补充使用；二是网络干扰技术越来越普遍，通用网络干扰技术与专用“舒特”系统相结合；三是社会和战场电子设备越来越多，频谱使用越来越密集，发射功率越来越大，电子净空越来越少；四是工业和城市地杂波越来越强。以上四种类型的干扰一般会同时作用在雷达组网系统上，只是干扰样式、功率和数量有所差别。电磁干扰要素如表5.3所示。

表5.3 电磁干扰要素

要素	详细说明	等级划分
干扰机	种类与数量	远距离支援干扰机、随队掩护式干扰机、自卫式干扰机等
	携带的干扰吊舱的数量与频段	如99F
	干扰机作战方式	空间、频率覆盖，干扰密度
工业干扰	现代化城市、一般城市、农村	1、2、3级
兼容情况	与战场其他电子设备兼容性	1、2、3级
其他干扰	网络干扰、“狼群”式干扰等	1、2、3级

5.3.1.5 阵地要素

雷达对阵地环境要求主要包括两个方面[1]：一是雷达工作环境要求；二是人员生存环境要求。

雷达工作环境主要包括：

(1) 阵地地形条件，特别是米波雷达受地形影响较大。

(2) 阵地周围遮蔽角，通常要求阵地周围反射面较平坦且遮蔽角较低。

(3) 阵地周围电磁环境，主要指变电站、高压架空输电线路、射频设备等，选择阵地时要保证符合防护距离规定值。

(4) 交通条件，主要对雷达机动产生影响。

(5) 各种自然灾害（如暴风、雪崩、泥石流、山洪等）对雷达与阵地安全影响；气象条件（如大风、沙尘暴等）对装备作战使用（如使用寿命、故障率、可靠性等）方面的影响；海拔对装备特殊要求（如在高原缺氧地区，油机发电机均不能满负荷工作，需要高配发电机）。

人员生存环境要求主要包括：生活保障（如供水、供电、交通等条件）便利性、人员健康安全要求(如海拔、气象条件等人员的影响)。

雷达对阵地要求包括众多方面,且不同类型雷达对阵地各方面要求也不完全相同。因此,由于受工作环境与生存环境条件限制,并不是地理上的每一点均可以作为雷达阵地,且有些点对部署雷达类型有限制。为了便于阵地信息的利用,可综合考虑阵地各影响因素对阵地信息进行量化分级。一般,阵地信息如表5.4 所示。

表 5.4　阵地信息要素

阵地要素	主要考虑因素	等级划分
基本信息	工作与生存环境有关的影响因素,如湖泊、沼泽地、山谷、泥石流易发区域、城市繁华地区、海拔过高的区域等,一般不适宜作为阵地	一般可分为二级: 0 表示不符合地基雷达阵地要求; 1 表示适合地基雷达部署
反射条件	阵地周围的平坦度、反射面坡度等	一般可分为三级:0 表示反射很差,1 表示一般,2 表示反射面良好
遮蔽角	阵地周围的较近距离内的高山等遮挡物	一般可按方位分段取均值表示
交通条件	阵地出入的道路情况	一般可分为三级: 0 表示不符合机动要求; 1 表示符合一般车辆机动要求; 2 表示符合大型车辆机动要求
海拔		可由地图数据信息直接给出具体数值

由于各点在地理上是连续的,不便于信息保存,在建立阵地信息库时,可采用网格离散化的矩阵表示方法:即将区域用等间隔的网格进行分割,网格中每一个交叉点表示一个阵地点位置,建立一个与网格交叉点行列数相同的矩阵,矩阵中的每个元素与网格的每个交叉点相对应。

5.3.2　任务规划

任务规划主要依据作战区域、雷达性能、阵地资源、地理环境等综合分析作战态势,预测敌方可能的作战行动,包括攻击规模、样式、战术手段、攻击目标、时机、主要方向和航线等,从而确定雷达组网系统的情报保障任务要求,且尽量做到具体量化。

1）确定任务区域与类型

从长期的角度来看,某作战空域内不同作战方向通常面临低空突防、隐身攻击、综合电子干扰等多种威胁,可根据作战态势综合分析,以不同方向主要作战任务为依据,将整个作战空域划分为在水平方向相互独立不重叠的多个空域,并由人工根据作战态势指定各分空域的权重及主要目标类型。

为叙述简洁,作如下规定:在水平方向上相互独立不重叠的空域称为独立空域;当独立空域在垂直方向上未进一步划分时称为完全独立空域,若在垂直方向上进一步划分为上层与下层空域时称为分层独立空域,如可将某空域分为中高空与低空两部分,中高空主要针对普通目标,低空主要针对低慢小目标;分层独立空域的上层与下层部分称为分空域。因此,一个完全独立空域只包含一个分空域,而一个分层独立空域包含两个分空域。在应用过程中,空域划分应尽量简化,以降低后续雷达优化选择的复杂度,如无必要则不用划分。

2)情报需求量化

任务情报需求量化的要素主要包括:分空域空间范围(方位、距离、高度)、主要目标类型及对应的目标 RCS 大小、探测概率要求、指定的某高度层覆盖系数与重叠系数、衔接高度以及各高度层权重等。另外,如有必要还可附加目标容量、信息要素(方位、高度、距离、速度、加速度)、识别信息(敌我属性、目标类别与型号、数量)、信息质量(精度、数据率、实时性)等其他方面要求。

5.3.3 组网雷达优化选择

组网雷达优化选择是指战前根据任务情报需求,从备选雷达库中选出适当数量、适当类型的雷达,在满足作战任务要求的前提下使组网系统效费比最优,为下一步优化部署得到最终部署方案奠定基础。

5.3.3.1 优化选择原则

(1)保障重点、全面兼顾。通常情况下,系统面临的作战任务是综合性的,各种作战任务对情报要求不同,同时各类目标特性不同,不同雷达对目标探测性能也有所差异。因此,通常应针对重点目标任务,优先增配对该类目标探测性能较好的雷达,同时兼顾其他作战任务需求,选配一定数量的其他类型雷达。如系统抗干扰能力要求较高时,应采用更多抗干扰能力较强的雷达;针对隐身目标,则应增加米波段雷达数量。

(2)分区选择。即当作战空域较大时,可根据任务要求将责任区划分为多个空域,针对不同空域的要求,分别选择相应的雷达并进行优化部署。

(3)多类混合。指系统中雷达配置通常应尽可能覆盖较宽的频率范围,提高雷达网整体抗干扰能力。另外,在经费允许条件下,可以考虑增配空基平台、无源以及双/多基地等特殊体制雷达。

(4)考虑周密。一般情况下,主要根据雷达对不同类型目标的探测性能来选择雷达,但在特殊情况下还需要深入考虑阵地地理条件、气象条件等雷达探测性能的影响。如对于山地地区,需要考虑阵地反射条件、生存条件等多种因素影响,慎重选择雷达类型。

(5) 效费比原则。在满足作战任务情报要求的前提下,通常应优先选取性价比较高的雷达进行组网,尽可能节省经费。

5.3.3.2　雷达初选

雷达初选主要是依据目标类型、阵地条件、地理环境、情报要求等,根据各单雷达评估值预选出适当属性参数的雷达及数量,从而缩减下一步优化选择的寻优空间。通常,雷达初选针对各个独立空域分别进行。不失一般性,下面以某独立空域 A 为例进行说明,设 A 分为上层 $A1$ 与下层 $A2$ 两个分空域,若此独立空域为完全独立空域,则可假设 $A2$ 与 $A1$ 相同即可。

1) 雷达分类

首先指定雷达类型参数,在实际应用中,视具体情况一般主要指定雷达技术体制、探测距离、坐标维数等参数,根据指定参数从备选库中选出相符合的雷达,目的是为了缩小选择范围。

雷达分类依据主要是各雷达针对此独立空域各分空域的最大探测高度与分空域的最大高度的大小关系。设 $A1$ 空域的最小高度与最大高度分别为 $A_{h\min1}$、$A_{h\max1}$,$A2$ 空域的最小高度与最大高度分别为 $A_{h\min2}$、$A_{h\max2}$;某 i 型号雷达对分空域 $A1$ 与 $A2$ 的最大探测高度分别为 H_{A1}、H_{A2},则可将此雷达进行以下分类:

(1) 高探测高度雷达,要求同时满足 $H_{A1} \geqslant A_{h\max1}$ 与 $H_{A2} \geqslant A_{h\max2}$;

(2) 中探测高度雷达,要求同时满足 $H_{A1} > A_{h\min1}$ 与 $H_{A2} > A_{h\min2}$,且不同时满足 $H_{A1} \geqslant A_{h\max1}$ 与 $H_{A2} \geqslant A_{h\max2}$;

(3) 低探测高度雷达,要求满足 $H_{A1} \leqslant A_{h\min1}$ 或 $H_{A2} \leqslant A_{h\min2}$,显然这类雷达不适合此空域要求。

2) 确定分层衔接方案

由于不同程式雷达全寿命费用与最大作用距离间存在一定的比例关系,且不同程式雷达对同一高度层的覆盖面积不同,在满足相同空域覆盖与重叠系数要求时,组网总费用与所选用的雷达有很大关系。确定分层衔接方案即针对作战空域要求,采用合适类型与数量的雷达来满足空域的连续覆盖要求,从而优化系统效费比。主要包括两个方面:一是确定是否分层衔接;二是确定分层衔接高度。

(1) 确定是否分层衔接。在雷达分类时,如果仅有高探测高度雷达,则只能采用不分层衔接方案;如果同时存在高探测高度与中探测高度雷达,则可以采用不分层或分层衔接方案。

在实际应用中,是否采用分层衔接一般可根据经验来判断[2]:如仅针对高空空域,宜采用少量远程雷达覆盖整个责任区,采用不分层衔接方案;如仅针对低空空域,宜采用多部近程雷达来覆盖责任区;如针对中低空与高空空域,宜采用中程雷达来覆盖责任区;如针对从低空到高空的全空域,则宜采用由中/远程雷达覆盖中高空空域，由近程低空补盲雷达覆盖中/远程雷达之间的中低空空域的分层衔接方案，如果有空基平台雷达，则可考虑用其覆盖低空空域。

当指挥操作人员不能直接判断是否应采用分层衔接时，则需要在满足情报要求的前提下，针对此空域分别评估不分层与分层衔接两种方案的经济性。

（2）确定分层衔接高度。当确定采用分层衔接时，则还需要进一步确定分层衔接高度，以便于后续雷达排序与选择。若独立空域为分层独立空域，由于 *A*1 与 *A*2 分空域的目标类型与发现概率要求不同，将 *A*1 与 *A*2 的空域要求归一化到统一的目标类型与发现概率要求时，*A*2 的归一化最大高度可能大于的最小高度，因此 *A*1 与 *A*2 分空域的分层衔接高度可分开独立确定。首先，计算中探测高度雷达对此独立空域的评估值，选出评估值较高且最大探测高度较为接近的雷达，以所选出雷达的最大探测高度的最小值为参考标准即可。需要注意，确定分层衔接高度时，计算给定高度的归一化探测面积时，以该雷达所能达到最大探测高度以下高度层的最小归一化探测面积为准。

3）雷达初选时单雷达评估

从雷达选择的角度考虑，单雷达评估的影响因素主要包括探测效能等。雷达探测效能一般包括探测能力、抗干扰能力、抗反辐射能力、抗隐身能力、抗低空突防能力、机动能力、识别能力、定位精度等方面。具体评估可采用的方法很多，如层次分析法[3,4]等。

根据上述影响因素分析，可建立雷达初选时单雷达评估层次模型，如图 5.3 所示：单雷达评估值为结果层，抗干扰能力、抗反辐射能力、抗隐身能力、抗低空突防能力、机动能力、识别能力、定位能力等为能力层。上述各评价指标值量纲不同，通常还需要进行无量纲归一化处理，可采用最优指标法等方法进行处理，各评价指标权重可采用层次分析法确定，具体方法步聚这里不再赘述。

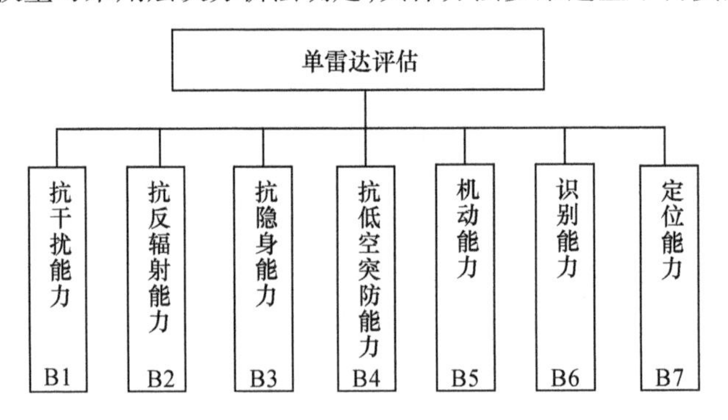

图 5.3　雷达初选时单雷达评估层次模型

4）初步确定雷达范围

在确定分层衔接方案并计算得出各雷达评估值后，即可针对独立空域初选较优的雷达型号作为进一步优化选择的范围。各独立空域初选雷达的型号数与各型号雷达的最大限制数量要适当,以免后续优化选择时计算量过大,具体可根据作战任务要求与单雷达评估值确定。如果评估值较优的雷达型号较多,则应减少同型号雷达最大数量而增加雷达型号数,从而提高系统的抗干扰等能力。需要注意的是,在选择具体雷达型号时,不能完全以评估值为标准,同时还需要考虑作战任务与阵地环境的一些特殊要求。

选择方案优化即从初选雷达中优选出部分雷达作为最终组网雷达,在满足作战任务探测要求的前提下尽量节省费用,这是一个整数规划问题。

在雷达优化选择时,主要考虑作战任务要求,例如进行机动组网作战,首选机动性能较好的雷达;对抗复杂电子干扰,则要选择多频段的雷达,且要求抗电子干扰性能好;兼顾复杂地/海物杂波环境下低空/超低空目标探测任务,则还要选择低空性能较好的雷达。在实际应用中,可选的雷达型号与数量是有限的,而不同作战任务对雷达类型的需求可能产生矛盾,需要综合考虑。另外,选择方案优化还可利用一些边界约束条件来降低计算量,如入网雷达数量限制等。

5.3.4　组网雷达优化部署

雷达组网优化部署的影响因素众多,主要包括组网雷达性能、阵地资源条件、通信条件、作战任务要求(空域范围、目标类型、目标空间分布、作战航线、时间、数量等)、情报精度、发现概率、生存能力、“四抗”能力等。

5.3.4.1　优化部署基本原则

1）长期策略为主

总体上讲,优化部署策略根据系统是否需要考虑未来较长一段时间内的任务适应性,可分为短期策略与长期策略两类。

短期策略主要基于当前作战态势,以系统当前任务的探测跟踪性能为优化目标,基本上不需考虑以后的作战任务需求,通常以探测概率、目标跟踪误差、探测范围等单一指标作为优化目标函数。从本质上来说,此类问题属于传感器与目标的实时匹配问题,主要适用于可快速移动进行自适应组网的网络级传感器系统。

长期策略寻求延长系统的使用时间,因此要求考虑系统未来不同作战任务的适应性,不仅需要考虑跟踪精度、探测概率、抗干扰能力等问题,而且还需考虑系统生存能力、可扩展性、任务变化适应性等问题。通常情况下,雷达组网系统构建后基本处于稳定状态,除了高机动雷达可进行快速机动部署外,由于时间的紧迫性,其他雷达进行实时机动的可能性很小。因此,雷达优化部署应以长期策略为主。

2）保障重点、全面兼顾

通常情况下，面临的作战任务是综合性的且各任务要求之间可能可产生相互矛盾，而雷达资源有限难以同时满足所有任务要求。因此，优化部署需全面衡量，重点任务应优先配置更多雷达资源，但同时兼顾其他作战任务需求。

3）效费比原则

雷达网由大量雷达装备构成，费用主要包括雷达费用、阵地建设费用、人员费用、维护费用等，其综合造价惊人，因此在满足作战任务要求的前提下，应尽量节省经费。在实际应用中，应适当控制雷达站数量，因为雷达站数量增多将要求增加人员编制、阵地及配套设施建设经费等。因此，可视情将全部或部分站配置2部或3部雷达，但同一站雷达数量不宜过多，否则同一空间的重叠系统太大是对雷达资源的浪费。

4）异类组合原则

一般应尽可能利用不同探测距离雷达实现高、中、低全空域覆盖，提高空域覆盖连续性；利用不同频段雷达实现多频段覆盖，扩展频带宽度，提高抗干扰能力，同时要注意电磁兼容问题，频率重叠的雷达，彼此距离不宜太近，避免同频干扰。

5）安全性原则

雷达网的生存能力主要取决于网内单部雷达的生存能力，同时与组网方式、通信方式、作战指挥手段、机动能力等因素也有关。例如，通常对于边境沿海地区，尽量部署机动性较强雷达或者配备有安全防护措施的雷达、无源雷达、双基地雷达等。同时，要加强机动雷达、隐蔽雷达、诱饵告警设备的优化部署和预备阵地等配套建设，提高雷达网稳定性与可塑性。

5.3.4.2 优化部署流程

基于体系探测理念的雷达组网优化部署流程如图5.4所示。

雷达组网主要作战任务是担负某一责任区的预警探测，要求及时、准确、连续地获取空中情报，形成区域空情态势，主要指标是时域、空域、频域的覆盖，强调的是雷达组网体系作战能力中的信息能力、指控能力，主要因素是雷达程式、数量、通信保障能力等。在雷达组网配属雷达和通信装备确定的情况下，结合敌方作战能力、空情想定，评估雷达组网体系作战效能，重点评估是否能胜任作战任务要求，以便及时补充或更换装备。

根据地理环境、通信条件、交通状况等具体确定雷达组网部署方案，并根据作战进程变化情况，制定调整预案。

雷达组网优化部署需要雷达数据库、地理信息数据库、目标数据库支持；需

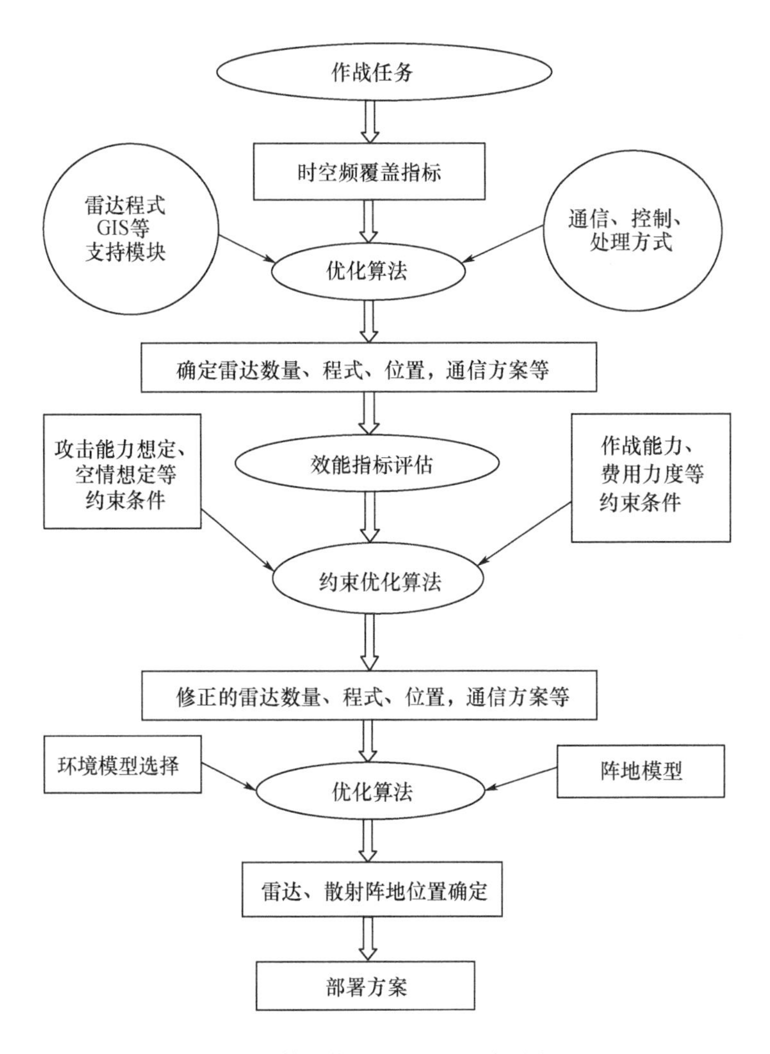

图 5.4　基于体系作战的雷达组网优化部署流程

要建立空情想定、攻击想定、干扰想定；需要制定通信预案、控制预案；需要建立效能评估指标体系，确定效能评估方法。

雷达组网具有有线、无线多种通信方式，有线通信网络节点分布是有一定区域限制的，可供雷达组网使用的节点更是有限的；无线通信手段中，微波有视距限制，短波易受干扰，稳定性差，散射是具有相对的优势，是目前无线通信的主要手段。然而，散射通信能力与地理环境、气象环境有密切关系；为防患于未然，必须做好散射阵地规划和建设。

对通信条件差，如机动部署、战损替补部署时，可采用如图 5.5 所示的“有线 + 散射”接力中继方式，特别适用于“有线不通、无线距离太远”的雷达入网。

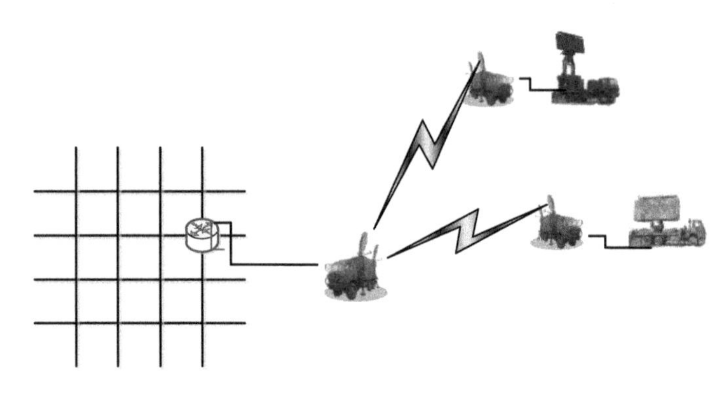

图 5.5 “有线 + 散射”接力中继通信方式示意图

5.3.4.3 部署方案优化

从理论上讲,要获得雷达优化部署的最优解应该采用所有解空间的搜索方法,但是由于组网雷达与可选阵地组合的解空间极大致使运算量巨大,计算要求太高,几乎很难实现。为了提高优化部署求解效率,通常采用简化的近似方法求取次优满意解即可,一般可分为初步部署与方案调整优化两步进行

1)初步部署

初步部署即确定组网雷达可能达到的最优部署的大致位置,以此作为进一步方案优化的基础。初步部署一般可根据作战任务、可选阵地、限制条件等由人工完成;也可采用大间隔对作战区域进行网格划分得到布站网格或事先选出有限的初始部署位置点,再用遗传算法等寻优算法求解。通常,还可根据仿真或试验等方法分析归纳雷达组网系统的跟踪精度、发现概率、抗干扰能力、反隐身能力等与雷达部署变化的关系,用于指导初步部署从而得到更好的初始方案。对于点域部署情形一般不需要进行初步部署,指出各独立空域雷达的候选阵地离散点范围即可。

2)初始方案调整优化

初始方案调整优化即在初步部署方案的基础上,对各雷达部署位置在一定的范围内进行调整,直至得出最终满意部署方案。

对于平原地区优化部署,全部或部分雷达可在其初始部署点附近范围内任一点连续调整,此时可在初步部署方案基础上,采用合适的寻优算法使雷达在初始部署地点附近小范围内调整,根据调整过程中的效能评估选出最终的局部最优部署方案。

对于山地地区优化部署,受地理环境限制,雷达只能在有限的少数候选阵地点范围内调整,此时可采用合适的寻优算法对雷达在各自候选阵地点范围内进行排列组合,根据调整过程中的效能评估选出最终的局部最优部署方案。

若方案优化后得到的最终方案仍达不到满意程度,则需要返回初步部署重新进行,甚至必要时还需调整所选雷达数量与型号,然后重新进行初步部署与方案优化,直至得到满意的部署方案为止,整个优化部署过程是一个不断反复的多次迭代过程。

(1) 优化部署模型。由于作战区域是一个连续的空间,雷达探测范围的计算与部署方案的描述比较麻烦,为了问题的简化便于处理,一种比较可行的方法是采用网格对作战区域进行离散化处理[5]:即在作战区域水平面上用等间隔的网格进行分割,网格中每一个交叉点作为一个候选的雷达部署位置,从而可以用矩阵表示候选阵地,一个交叉点即对应相应矩阵的元素,可称之为布站网格矩阵,间隔大小视实际需要而定。同样,在探测范围计算时,各高度层探测范围也可采用网格离散化方法处理。

设作战区域对应的布站矩阵 $\boldsymbol{X}$ 有 m 行 n 列,x_{ij} 表示布站矩阵 i 行 j 列的元素即部署的雷达,$f(x_{ij})$ 表示元素 x_{ij} 到部署方案评估目标函数的映射,$\boldsymbol{C}$ 表示布站约束条件,E 为探测效能要求,则优化部署数学模型可表示为

$$\begin{cases} \max f(\boldsymbol{X}) = \sum_{i=1}^{m} \sum_{j=1}^{n} f(x_{ij}) \\ f(\boldsymbol{X}) \geqslant E \\ \boldsymbol{X} - \boldsymbol{C} = 0 \end{cases} \tag{5.1}$$

(2) 模型求解方法。在优化部署实际应用中,根据阵地条件不同,一般可将优化部署分成以下两种情形:

面域部署,即在可选阵地范围内,几乎任一连续点均可以作为雷达阵地,此时阵地可选范围可认为是一个连续的区域。这种情形在平原地区较为常见。

点域部署,即在可选阵地范围内,仅有少数位置点可以作为雷达阵地,此时阵地可选范围是离散的点集合。这种情形在山地地区较为常见。

针对上述两种情形,应分别采取不同的求解方法,文献[6]等对有关具体方法进行了研究,在此不作重点研究。

另外,为了提高优化部署计算效率,在优化部署过程中一般尽可能充分利用边界限制条件来减小寻优空间。边界条件有些是直接给出的,而有些则可以通过已知条件分析计算得出。

3) 雷达部署方案评估

与雷达选择方案评估类似,雷达部署方案评估通常也可采用层次分析法进行计算,且可采用与选择方案评估基本相同的评价指标及对应权重。但与选择方案评估不同的是,在给定的组网雷达选择方案条件下,优化部署过程中只是网内雷达部署位置发生变化,网内雷达型号与数量保持不变,因此仅与部署位置有关的评价指标值发生变化,如空域覆盖系数、重叠系数、定位能力等,而系统抗干

扰、抗反辐射、机动性等固有静态能力是一个确定值,可事先计算好作为目标函数的一个固定常数部分保存即可,不必在优化计算过程中每次进行计算。雷达部署方案评估指标层次模型如图5.6所示。

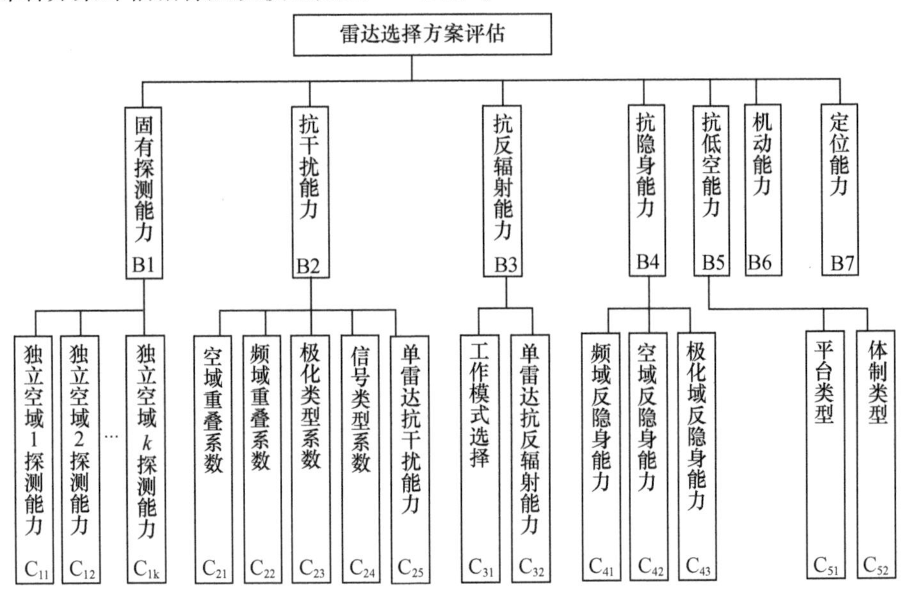

图5.6　雷达部署方案评价指标层次模型

5.3.4.4　雷达分组与阵地初选

1）雷达分组

雷达分组,即将所有雷达编配为一定数量的分组,每个分组所包含的雷达在部署过程中将部署于同一阵地,即对应通常意义上的一个雷达站。分组数量主要根据雷达数量、作战任务要求、系统雷达站数量限制、通信能力等确定,各分组内雷达主要根据雷达频段、体制等由人工进行分配,一般遵循同一分组内雷达体制、频段等异类组合的原则。当雷达数量不是很大,认为没有必要时当然也可以不分组,此时可认为是最简单的分组,即每个分组只包含一部雷达。

2）阵地初选

阵地初选指从作战区域范围内选出有限的阵地点作为候选阵地,即根据雷达体制类型(如空基雷达、地基雷达)、可选阵地资源、部署原则、边界限制条件等,确定各独立空域或各雷达的大致阵地可选范围,一般由人工进行。

对于阵地可选范围为有限的离散点集情况,如山地地区通常采用点域部署方法,为了缩小寻优计算的解空间,当阵地离散点较多时,一般需要从中选出适当数量与位置的阵地点作为寻优计算的候选阵地。

对于阵地可选范围为连续面域情况，如平原地区，一般不需要进行阵地初选，对于边境部署等特殊情况，指定候选阵地大致范围即可。

5.3.5　参数优化设置

一般较长时间内面临的作战任务是多样化的，而雷达组网系统在完成优化部署后，除了机动雷达外，战中根据任务变化实时进行雷达部署调整的可能性很小，因此为了满足战中多样化的任务要求，还需要在优化部署的基础上，针对不同具体作战任务分别设计相应的协同探测方案，包括选择适当的开机雷达，优化设计指控中心、组网雷达、通信链路等资源的众多模式/参数并封装保存，以便于战时根据作战任务要求针对性地调用与实时调整，实现预案化任务管理，提高系统使用效率。

5.3.5.1　预案任务想定

预案任务想定即针对某种可能作战任务类型，对作战目标的主要方向或航线、作战时机、作战规模、作战样式、攻击目标等进行深入分析，并提出明确的作战任务情报保障量化需求。

根据预案任务想定的目标特性、探测环境、任务要求等不同，可对管控预案进行分类，常用分类方法如下：

(1) 仅需考虑目标特性时，典型管控预案有：

① 常规目标警戒管控预案；

② 常规目标保障引导管控预案；

③ 常规低空/超低空目标管控预案；

④ 低慢小目标管控预案；

⑤ 隐身目标管控预案；

⑥ 巡航导弹目标管控预案等。

(2) 考虑战场环境，如在复杂电子干扰条件下，针对各种目标的典型管控预案有：

① 复杂电子干扰条件下常规目标警戒管控预案；

② 复杂电子干扰条件下常规目标保障引导管控预案；

③ 复杂电子干扰条件下常规目标低空/超低空目标管控预案；

④ 复杂电子干扰条件下低慢小目标管控预案；

⑤ 复杂电子干扰条件下隐身目标管控预案；

⑥ 复杂电子干扰条件下巡航导弹目标跟踪管控预案；

⑦ 抗 ARM 管控预案；

⑧ 反侦察管控预案等。

(3) 同时考虑目标特性与战场环境情况下,典型的管控预案有:

① 复杂地物杂波环境下的常规目标低空/超低空目标管控预案;

② 复杂地物杂波环境下巡航导弹目标管控预案;

③ 复杂城市杂波环境下低慢小目标管控预案;

④ 海杂波条件下低空巡航导弹目标管控预案;

⑤ 复杂气象条件下常规目标管控预案;

⑥ 密集空情条件下常规目标保障引导管控预案等。

(4) 复合条件下典型管控预案有:

① 复杂电子干扰下密集目标警戒和引导 + 复杂地物杂波环境下低空/超低空目标的管控预案;

② 复杂地物杂波 + 气象 + 海杂波环境下,常规目标与巡航导弹目标低空/超低空突防管控预案;

③ 高、中、低空目标警戒 + 隐身目标警戒管控预案;

④ 复杂地物杂波 + 城市杂波环境下,低慢小目标管控预案;

⑤ 抗 ARM + 目标警戒和引导的管控预案;

⑥ 反侦察 + 目标警戒和引导的管控预案等。

5.3.5.2 雷达开机方案优化

从节省资源、提高系统隐蔽性等角度出发,某些作战任务并不需要开启网内全部雷达。因此,根据作战任务具体探测要求,系统需要合理选择开机雷达,并分配各开机雷达的任务,通常雷达开机方案优化可分为两个步聚进行。

1) 初步确定开机雷达可选范围与数量范围

目的主要是为了缩小下一步雷达开机方案寻优的解空间,提高求解效率。如果雷达总数量不是很大,也可以省略此步骤。

(1) 初步确定开机雷达可选范围。开机雷达可选范围主要根据作战责任区域与雷达部署位置进行确定,即将对作战区域有探测能力的雷达作为备选雷达,而明显对作战区域无探测能力的雷达被排除在外;必要时还可以根据作战任务的特殊要求,进一步选择相适应的雷达类型。

(2) 计算可选范围内各单雷达的探测能力。在确定开机雷达可选范围后,根据整个作战区域的划分,计算可选范围内各单雷达在当前部署位置上对各个分空域的探测能力。

(3) 初步确定开机雷达数量范围。根据各分空域的大小、覆盖系数,重叠系数、雷达探测威力等,估计各分空域雷达数量范围,最后求出整个空域所需雷达总数量范围。

2）开机方案优化

开机方案优化即在现有部署方案基础上，根据初定雷达可选范围与数量范围对不同雷达开机组合方案进行效能仿真评估，得到最优开机方案。

（1）雷达开机方案优化数学模型。设有 N 部雷达作为可选范围，$X_{n\times 1}=\{x_i, i=1,2,\cdots,N\}$ 表示雷达开机向量，x_i 采用 0 与 1 分别表示第 i 部雷达是否开机，$f(x_i)$ 表示元素 x_i 到开机方案评估目标函数的映射，(M_1, M_2) 表示估计的开机雷达数量范围，E 为探测效能要求，则雷达开机方案优化数学模型可表示为

$$\begin{cases}\max f(X) = \sum_{i=1}^{N} f(x_i) \\ f(X) \geqslant E \\ M_1 \leqslant X \leqslant M_2\end{cases} \tag{5.2}$$

（2）雷达开机方案评估。根据作战任务不同，雷达开机方案优化目标函数可视情而定，一般可采用与优化部署过程中相同的评价指标，各指标权重则需要根据不同作战任务而确定。

（3）模型求解。实际上，开机方案优化是一个排列组合的 0－1 整数规划问题，假设可选雷达有 N 部，雷达数量范围为 (M_1, M_2)，则全部组合数为 $N_{\text{all}} = C_N^{M_1} + C_N^{M_1+1} + \cdots + C_N^{M_2}$，其中 $C_N^i = N!/(i!\cdot(N-i)!)$。通常情况下，$N_{\text{all}}$ 值不会很大，计算要求不高，因此一般可直接采用全局搜索法进行求解，当解空间较大时也可采用其他次优求解方法。

完成开机方案优化后，需要评估最优开机方案探测效能是否满意，如果不满意，则需要重新确定开机雷达可选范围与数量并进行方案优化，直至得到满意方案为止。

5.3.5.3　模式/参数优化设置

模式/参数优化设置工作除了优化雷达开机方案外，更为重要的是优化设置组网指控中心、各组网雷达以及其他设备的众多工作模式/参数，使系统达到最佳探测效果。

对于常规组网雷达，对其管控相对比较简单，一般采用基于参数的管控方式，预案模式/参数优化设置可直接对具体各类工作模式/参数进行设置。对于二维相控阵组网雷达，由于具有多功能多任务能力，模式/参数的可控自由度比较高，通常采用基于任务的管控方式，而完成所分配任务应采用的模式/参数及执行时序等由组网雷达自身确定，故在模式/参数优化设置时不需过多考虑。

通常情况下，目标与环境等复杂多变，而管控预案数量有限且有一定的适用条件，因此战中在合理选择管控预案的基础上，实时调整探测方案显得尤为重

要。然而,系统各组成部分模式/参数不同,需要调整的模式/参数众多,如果对所有模式/参数逐一进行调整需要耗费较长时间,而且对指挥操作人员的专业技术要求非常高。为了提高系统的灵活适应性与协同控制操作简便性,一个可行的方法是针对不同目标与环境特性,按系统设备组成对组网指控中心、组网雷达等设备,优化设计模式/参数并封装成为各类组网探测工作模式,以便战时有针对性地进行调用与实时调整,提高系统控制实时性与操作简便性。

组网探测工作模式主要根据目标特性与探测环境进行分类设置,一般不需要考虑作战方向、目标航线等具体任务要求,且各型号雷达的参数设置也不相同。总体而言,组网探测工作模式设计的模式/参数主要包括以下三个方面。

1）融控中心组网探测工作模式设计内容

(1) 信息融合方式:点迹融合、航迹融合等。

(2) 信息融合预处理相关算法与参数:系统误差估计与修正算法(如实时精度控制法、最小二乘法)、点迹凝聚处理算法(如质心凝聚法、回波最宽法);误差容许门限等。

(3) 关联算法与参数:点迹/点航迹相关算法、起始速度、起始夹角、起始高度、起始时间间隔、粗关联远近区参数、粗关联门限、精关联门限、误差容许门限、速度门限、距离门限、高度门限等。

(4) 航迹起始方式。

(5) 跟踪处理参数:重复判断门限、虚假判断参数、隶属度判别参数等。

(6) 滤波算法与参数:卡尔曼滤波、交互式多模型等滤波算法、平滑系数、滤波参数等。

2）组网雷达组网探测工作模式设计内容

(1) 控制方式。

(2) 扫描方式。

(3) 天线系统:天线转速、相控阵雷达的多波束方式等。

(4) 发射系统:主要包括极化方式、变频方式、重复频率、功率、信号波形、开机时序等。

(5) 接收系统:主要是线性中放、对数中放、STC、常规 AGC、噪声 AGC、IAGC、DAGC、杂波图 AGC 以及特殊增益控制方式等。

(6) 信号处理系统:主要包括处理方式,如正常通道、非相参 MTI、MTI/AMTI、MTD、PD 等;雷达检测门限;CFAR 方式等。

(7) 数据处理系统:野值剔除、归并与凝聚处理、关联滤波、目标跟踪等算法与相关参数。

3）其他设备组网探测工作模式设计内容

其他设备主要包括通信链路、敌我识别器、告警设备、诱饵设备等,具体模式/参数在此不逐一分析。

由于各型号雷达的具体战技术性能不同,因此组网工作模式的各种模式/参数的具体值需要根据各型号而优化设计。

通常作战行动结束后,可根据作战数据统计,全面分析各种管控预案应用情况,对预案进行修改完善,达到丰富完善预案库的目的。

5.3.5.4　雷达天线调整策略

对于单雷达而言,雷达对某一空域的探测能力,不仅与雷达最大探测距离、天线仰角扫描范围、阵地反射条件、遮蔽角、地杂波强度等因素有关,而且还与雷达平台高度、天线仰角调整情况等因素有关。因此,在部署方案评估的空域探测能力计算时,有必要考虑天线高度与仰角的调整,从而得到更接近最优解的部署方案。

为了提高系统对空域探测能力,在优化部署过程中,雷达天线仰角调整需要考虑的因素主要包括:天线自由空间垂直方向因数、针对具体空域要求的自由空间最大探测距离、阵地高度、天线高度、空域高度范围等。

由于雷达天线仰角范围有限,在调整天线仰角过程中,空域某仰角范围内探测能力增强通常伴随着另一仰角范围内探测能力减弱,但是由于相对高空空域层来说,低空空域层达到连续覆盖的难度更大,且在雷达组网系统优化部署过程中,空域的高空层盲区一般可以通过相邻雷达来相互补盲,因此天线仰角调整时一般应优先满足低空层,同时兼顾高空层的覆盖。

5.4　探测资源管控预案设计举例

依据上节的探测资源管控预案基本流程,以雷达组网系统为背景,在给定边界约束条件下进行探测资源管控预案设计举例。

5.4.1　情报需求与目标量化

假设任务需求与预警目标如下:

(1) 组网探测区域:长度为 400km、宽度为 300km;

(2) 主要探测目标 1:常规飞机,高度范围为 2 ~ 12km,RCS 均值为 $1m^2$,速度 800km/h;

(3) 主要探测目标 2:低慢小目标,高度范围为 2km 以下,RCS 均值为 $0.3m^2$,速度 200km/h;

(4) 不同空域、不同目标的覆盖要求量化如表 5.5 所示。

表 5.5　空域覆盖要求量化

空域要求	分空域 1		分空域 2	
最小高度/km	2		0.1	
最大高度/km	12		2	
发现概率	0.8		0.8	
目标 RCS/m^2	1		0.3	
高度层要求	高度/km	重叠系数要求	高度/km	重叠系数要求
	2	1	0.5	1
	5	1.6	1	1.5
	9	1.6	1.5	1.5

5.4.2　组网雷达优选

给定雷达备选库中各雷达部分参数如表 5.6 所示,其中探测距离与探测高度是在目标 RCS 均值为 2m^2、发现概率为 0.8 条件下的值。单雷达评估与组网雷达选择方案评估指标及各指标权重分别如表 5.7 与表 5.8 所示。

表 5.6　雷达参数

编号	探测距离/km	探测高度/km	频率/MHz	"四抗"能力归一化值			
				抗干扰	抗反辐射	抗隐身	抗低空
1	400	25	225 ~ 255	0.9	0.7	0.8	0.6
2	400	25	260 ~ 280	0.9	0.7	0.8	0.6
3	280	20	200 ~ 220	0.9	0.7	0.8	0.7
4	280	20	175 ~ 195	0.9	0.7	0.8	0.7
5	150	9	150 ~ 170	0.9	0.7	0.8	0.8
6	150	9	130 ~ 150	0.9	0.7	0.8	0.8
7	400	25	1250 ~ 1400	0.9	0.6	0.7	0.6
8	400	25	1400 ~ 1550	0.9	0.6	0.7	0.6
9	250	19	1550 ~ 1700	0.9	0.6	0.7	0.7
10	250	19	1700 ~ 1900	0.9	0.6	0.7	0.7
11	120	8	1900 ~ 2100	0.9	0.6	0.7	0.8
12	120	8	2100 ~ 2300	0.9	0.6	0.7	0.8
13	400	25	3300 ~ 3600	0.9	0.6	0.7	0.6
14	400	25	3600 ~ 3900	0.9	0.6	0.7	0.6
15	250	19	3900 ~ 4200	0.9	0.6	0.7	0.7
16	250	19	4200 ~ 4500	0.9	0.6	0.7	0.7
17	150	9	4500 ~ 4800	0.9	0.6	0.7	0.8
18	150	9	3100 ~ 3400	0.9	0.6	0.7	0.8

表 5.7　单雷达评估指标及权重

指标	权重
抗干扰能力	0.1117
抗反辐射能力	0.0412
抗隐身能力	0.0765
抗低空突防能力	0.1353

表 5.8　组网雷达选择方案评估指标及权重

准则层		子准则层	
指标	权重	子指标	权重
固有探测能力	0.2353	分空域 1	0.5
		分空域 2	0.5
抗干扰能力	0.1117	空域重叠系数	0.149
		频域重叠系数	0.2651
		极化类型系数	0.0454
		信号类型系数	0.0814
		单雷达抗干扰能力	0.4592
抗反辐射能力	0.0412	工作模式选择	0.2664
		单雷达抗反辐射能力	0.7366
抗隐身能力	0.0765	频域反隐身能力	0.3333
		空域反隐身能力	0.3333
		极化域反隐身能力	0.3333
抗低空突防能力	0.1353	平台类型	0.7504
		体制类型	0.2496

当采用不分层衔接时，各单雷达评估值如表 5.9 所示，其中编号 5、6、11、12、17、18 的雷达因为探测高度达不到空域要求，故不可选用。以初选雷达作为优化选择的范围，最终优选组网雷达编号为 3、4、9、10、15、16，数量均为 1 部。

表 5.9　采用不分层衔接方案时单雷达评估值

初选雷达	雷达编号	15	16	9	10	3	4	1	2	7	8	13	14
	评估值	0.738	0.738	0.732	0.732	0.638	0.638	0.437	0.437	0.426	0.426	0.426	0.426
落选雷达	雷达编号	5	6	11	12	17	18						
	评估值	0	0	0	0	0	0						

当采用分层衔接时，求得分层衔接高度为 5.38km，各单雷达评估值如表 5.10 所示。以上层与下层空域的初选雷达作为优化选择的范围，最终优选组网雷达编号为 9、10、5、6、11、12、17、18，数量均为 1 部。

比较表5.9与表5.10仿真结果可知，采用分层衔接方案更优。

表5.10　采用分层衔接方案时单雷达评估值

空域	类别	项目								
上层空域	初选雷达	雷达编号	3	4	1	2	7	8	9	10
		评估值	0.869	0.869	0.833	0.833	0.808	0.808	0.813	0.813
	落选雷达	雷达编号	13	14	15	16				
		评估值	0.805	0.805	0.804	0.804				
下层空域	初选雷达	雷达编号	5	6	17	18	11	12		
		评估值	0.75	0.75	0.65	0.65	0.62	0.62		
	落选雷达									

5.4.3　组网雷达优化部署

采用网格离散化方法，以区域左下角为原点，取步长为1km，根据优化选择阶段求取的各雷达归一化探测距离，在图上进行人工初步部署，得到各雷达网格坐标如表5.11所示。

表5.11　雷达初步部署

雷达编号	5	6	9	10	11	12	17	18
归一化距离/km	73.9	73.9	148.5	148.5	53.7	53.7	66.9	66.9
横坐标	200	200	100	300	50	350	50	350
纵坐标	225	75	150	150	225	75	75	225
评估结果			不调整天线仰角时			调整天线仰角时		
	分空域1	覆盖系数	1			1		
		重叠系数	1.7943			1.7480		
	分空域2	覆盖系数	0.7717			0.8804		
		重叠系数	1.3249			1.4237		

设探测区域为平原地区，随机产生少量高度为100m的阵地点，其余阵地点高度为0；分空域1与分空域2分别计算表5.5中的三个高度层，为了提高计算速度，各高度层随机产生该层总点数5%的采样点数作为统计数据；采用遗传算法对初始部署方案进行调整优化，各雷达的扰动范围为60km的正方形区域，取种群数量为40，遗传代数为50。得到最终的优化部署方案如表5.12所示，表中位置坐标为像素坐标。

从表5.12所示的优化部署仿真结果可以看出：

(1) 优化选择的组网雷达比较合适，达到了作战任务探测能力要求，验证了优化选择方法的有效性；

(2) 在部署过程中,采用合适的天线仰角调整策略,虽然对高层空域探测能力有一定的损失,但对低层空域的探测能力有较好的改善,总体性能更优。

表5.12 优化部署结果

			优化部署结果			
			不调整天线时		调整天线时	
评估结果	分空域1	覆盖系数	1		0.9998	
		重叠系数	1.8303		1.7599	
	分空域2	覆盖系数	0.8737		0.9420	
		重叠系数	1.4090		1.5133	
优化部署方案坐标	雷达编号		横坐标	纵坐标	横坐标	纵坐标
	5		172	245	201	222
	6		209	71	209	71
	9		126	120	127	150
	10		299	169	300	155
	11		51	243	52	225
	12		359	61	349	54
	17		67	93	50	75
	18		342	203	337	196

5.4.4 组网雷达模式/参数优化设置

在表5.12中调整天线时得到的最终优化部署方案基础上,继续假设组网探测区域范围为长度300km、宽度200km的矩形区域,主要探测对象为低慢小目标(高度范围为2km以下,RCS均值为0.3m^2)。对预案任务需求进行量化,得到具体要求如表5.5分空域2所示。

(1) 优化开机预案及评估结果如表5.13所示。

表5.13 优化开机预案

开机方案	雷达编号	5	6	9	10	11	12	17	18
	是否开机	否	是	是	是	否	否	是	否
评估结果	覆盖系数	0.9773							
	重叠系数	1.3929							
	计算时间/s	0.6408							

(2) 雷达等模式/参数设置。在确定此预案雷达开机方案后,还需对组网雷达、融合处理等各种模式/参数进行优化设置。针对低慢小目标飞行高度低、速

度慢、RCS 小的特点，优化设置要点如下：

天线仰角与转速：针对低慢小目标飞行高度低的特点，应适当下调天线仰角，确保低空空域较高的空域覆盖系数；采用较高天线转速保持高数据率。

检测门限：由于低慢小目标在低空飞行时，回波信噪比较小，适当降低组网雷达检测门限极为重要，门限降低幅度要综合考虑到通信传输能力、信息处理能力等限制条件。

工作模式：低慢小目标低空飞行时，地杂波比较大，组网雷达宜采用反强地杂波工作模式，MTI/MTD/PD。

相关门限：点迹相关波门要适当减小，否则系统会产生较多的虚假航迹或者跟踪错误；速度门限要适当减小。

航迹起始与跟踪算法：低慢小目标跟踪时，探测概率低使得点迹不连续，难以建立并维持稳定跟踪，且适当降低检测门限后虚假点迹增多，信息融合宜采用适应虚假点迹较多且能快速航迹起始的算法。

综上所述，预案设计内容包括任务规划、组网雷达优化选择、优化部署、参数优化设置、体系效能预估等。而准备好完备的管控预案库，是一项长期的、艰巨的、复杂的任务，是取得较大组网体系探测效能的第一保障。需要注意的是，战场态势瞬息万变，管控预案只是准备的一方面，而且准备的管控预案是有条件的。更为重要的是，指战员根据战场环境和任务的实时变化，合理选择管控预案，并在此基础上适时调整探测方案，这是指挥员和作战团队的最高水平。

5.5 探测资源管控预案实施流程

对于雷达组网系统而言，设计的探测资源预案最终需要各组网雷达来具体实施，组网雷达依据探测资源管控预案所下达的指令来执行，不同的组网雷达其预案实施不同，实施的效果与流程也有差别。

对于非相控阵的常规组网雷达，一般采用基于参数的探测资源管控方式，组网融控中心直接将探测资源管控的工作模式/参数发送到组网雷达，组网雷达根据参数指令直接执行即可，探测预案的执行相对比较简单。

对于相控阵组网雷达，一般采取基于任务的管控方式，组网融控中心将需要执行的任务集而不是具体模式/参数分配给组网雷达。因此，除了同常规组网雷达一样需要考虑雷达模式/参数问题外，相控阵组网雷达还需要解决基于任务的资源调度等问题。由于资源调度算法性能好坏直接影响组网雷达完成所分配任务的能力，从而进一步影响整个雷达组网系统的作战效能，因此对资源进行合理调度安排极其重要。

5.5.1　基于参数的资源管控预案实施流程

对于非相控阵常规组网雷达，由于收发波束不具备快速捷变能力，只能采用边搜索边跟踪工作方式，不具备同时多任务能力。因此，组网融控中心一般对其采用基于参数的管控方式，直接将最终探测方案所确定的工作模式/参数控制命令发送到组网雷达，组网雷达直接执行参数控制命令即可。非相控阵常规组网雷达实施探测资源管控预案的流程如图5.7所示。

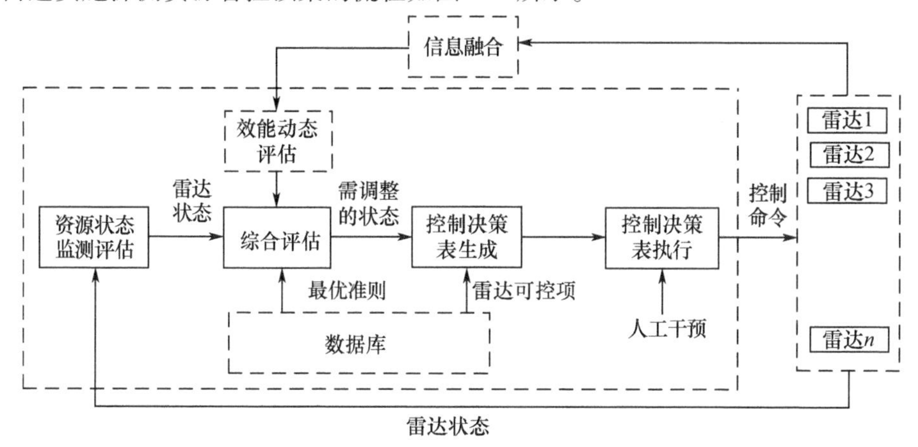

图5.7　非相控阵常规组网雷达管控预案实施流程

组网融控中心自动监视雷达的状态，并实时接收来自信息融合输出的目标跟踪等情况，根据雷达工作最优准则，在线对雷达状态进行评估；在评估后列出雷达需要调整的控制项，并和数据库中雷达已存在的可控项进行比对后生成雷达控制决策表；生成控制命令后，根据系统提示，指挥员可人工干预决定控制决策表的执行，是否下发控制命令或进行调整。控制决策表生成是根据当前的系统监视和效能评估结果，选择预案，并调整相关雷达的工作参数，生成控制决策表。决策表要素包括编号、控制对象、控制内容、控制参数、执行时间。控制参数内容为发射开关、发射扇区、发射功率、工作频率、工作模式、天线转速和检测门限等。

控制决策表执行是根据控制决策表，自动打包生成雷达控制命令，并按时间顺序依次下发。各组网雷达接收到控制命令后，则直接按命令执行即可。

5.5.2　基于任务的资源管控预案实施流程

相控阵雷达由于扫描波束可在微秒量级上快速捷变，具有多功能、多目标跟踪、抗干扰能力强等优点，已逐渐成为防空的主要探测装备，通常也是雷达组网系统需要优先考虑的组网雷达。对于相控阵组网雷达，由于收发波束可快速捷变，具有同时多任务工作能力，不仅需要对各任务的波形、采样周期、发射频率等众多模式/参数分别进行控制，而且还必须对各任务的工作时序进行合理调度安排。组网融控中心一般应对其采用基于任务的管控方式，而不是直接对各雷达的模式/参数以及时序进行优化设置。相控阵组网雷达实施探测资源管控预案的流程如图 5.8 所示。

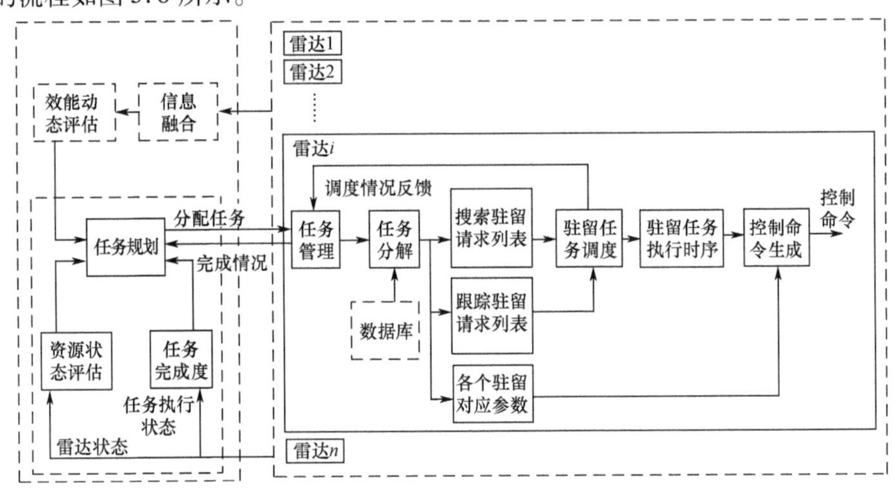

图 5.8　相控阵组网雷达管控预案的实施流程

组网融控中心自动监视雷达的状态以及所分配任务的完成状态，并实时接收来自信息融合输出的目标跟踪等情况；任务规划根据目标跟踪情况、各雷达分配任务的完成情况以及雷达状态，动态分配搜索、跟踪等任务至各雷达，各雷达接收组网融控中心分配的任务后，首先进行任务分解，生成各任务的驻留请求列表以及各个驻留任务对应的发射方位、频率、波形等参数，然后任务调度对所有驻留请求进行统一调度安排生成各驻留的执行时间序列，最后被成功调度的驻留任务则按照时间序列以对应的参数生成控制命令并依次执行。

在雷达控制命令生成过程中，主要需要解决两个问题：一是优化各任务的采样周期、发射波形、发射频率等参数；二是驻留资源调度，这是最为关键的核心技术，因为调度算法的性能在很大程度上决定了雷达完成所分配任务的能力，任务完成情况则直接影响组网融控中心的下一步任务分配，从而对雷达组网系统的体系探测效能产生重大影响。下面将重点对此问题进行深入研究。

5.6　基于任务的相控阵组网雷达资源调度算法

本节在分析相控阵组网雷达任务特点的基础上，提出了一种基于周期分区的资源调度算法，分析给出了算法流程与过载处理策略，该算法调度负载能力优于一般传统调度算法，且具有可按任务优先级进行过载处理的优点。针对交叉方式下现有资源调度算法时间窗要求难以满足的问题，提出了一种基于周期分区的资源交叉调度算法，分析给出了算法流程、交叉流程及过载处理策略，该算法对时间窗适应性好，可大幅提高调度负载能力，且具有可按任务优先级进行过载处理的优点，可应用于相控阵组网雷达调度器设计，提高雷达资源调度负载能力，从而提高雷达组网系统的整体探测效能，且对其他实时资源调度系统也有一定的参考价值。

5.6.1　相控阵探测资源调度问题描述

1）相控阵组网雷达任务及特点

除了最主要的搜索与跟踪任务外，相控阵组网雷达还有少量随机出现的跟踪确认、失跟处理等特殊任务。跟踪确认是指在搜索状态下发现目标之后，在转入跟踪之前都必须有一个检验确认的过程，可视为一种特殊的跟踪工作方式。失跟处理是指在目标跟踪过程中，一旦发生跟踪丢失，需要在原来跟踪预测位置附近的一个小的搜索区域内进行搜索，以便重新发现该目标，继续维持对该目标的跟踪，可视为一种特殊的搜索任务。上述各类任务具有如下特点：

（1）动态特性。任务是随着目标与探测环境等动态变化的，主要表现在三个方面：一是任务数量变化，如当目标数量变化时，宏观上观测任务个数发生变化，微观上跟踪驻留请求数量也会相应增减；二是任务优先级变化，如目标跟踪过程中，根据目标距离远近等变化，任务优先级或在所有任务中的相对优先级会变化；三是任务参数变化，如当某目标距离由远到近从粗跟踪转为精跟踪时，通常任务数据率、发射参数也要作相应调整。

（2）实时特性。各类任务在执行时间上具有实时约束性。如某区域的搜索帧周期则受到目标速度、波束宽度与区域大小的限制，一次完整搜索必须在规定的搜索帧周期内完成，否则可能发生漏警；对于跟踪任务，实时特性更加明显，雷达波束必须在某一较小的时间范围内对预测波位进行照射，照射过早或过晚则有可能捕获不到目标。

（3）非抢占特性。受自身硬件设备的约束，相控阵雷达波束在某一个方向上发射或接收脉冲时，在这一段时间内雷达不能被其他事件所中断，否则正在执行的任务将失效。

2）资源调度方式

资源调度即确定一个具体的雷达资源执行时间列表，以确定雷达在各时刻应该分配何种资源去完成何任务。从任务层次上划分，基于任务的相控阵组网雷达资源调度应是微观上的驻留资源调度，即在给定雷达驻留资源请求集合的条件下，雷达调度器依据某种准则来安排资源请求的执行序列，尽量避免各驻留资源在时间上产生冲突,以期在满足系统约束的同时达到某种意义上的最优调度效果。如图 5.9 所示,任务 1 与任务 2 采样周期不同,从而使 $j14$ 与 $j23$ 产生时间上的冲突,因此将导致部分任务难以完成。

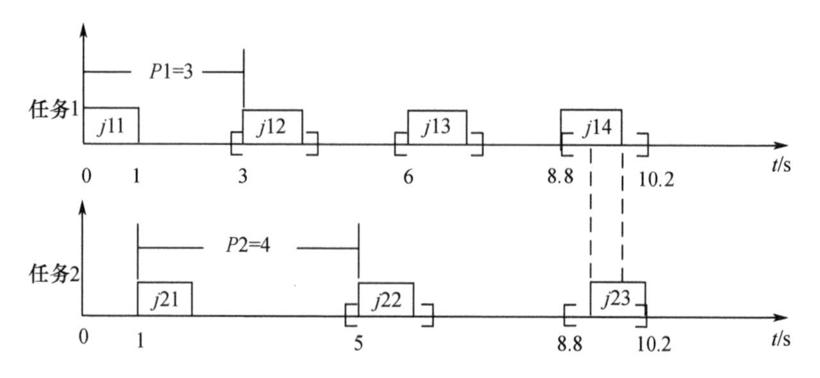

图 5.9　驻留资源冲突示意图

根据单个驻留请求的空闲等待时间可否利用,驻留资源调度可分为两种方式,如图 5.10 所示:一是传统的非交叉方式,此时认为单个驻留请求是不可分割的整体,因此发射与接收之间的空闲等待时间无法得到有效利用;二是交叉方式,即认为单个驻留请求可分成发射、空闲等待与接收三个部分,其中空闲等待的时间范围内可以执行其他任务,因此该调度方式具有更高的调度潜力,但技术难度更高。

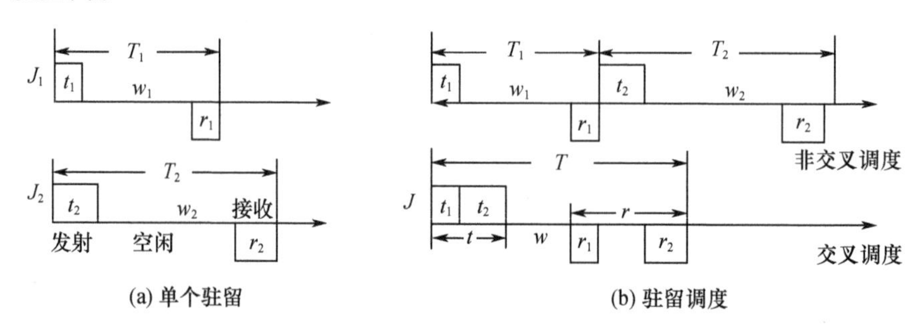

图 5.10　两种驻留调度方式示意图

5.6.2　优先任务的相控阵探测资源调度算法

从实时系统资源调度的角度来看,相控阵雷达资源调度属于单处理器多任务的实时调度范畴,因此相关研究可参考借鉴实时调度系统中一些模型及算法。比较经典的实时资源调度算法有最早时限优先算法(EDF)、单调速率算法(RM)等,其中 EDF 算法已被证明在正常负载情况下性能最优[7]。根据任务是否可抢占特性,EDF 调度可分为抢占式和非抢占式两种调度模型,其中非抢占式调度要求一个任务在执行过程中间不可被中断[8,9]。由于相控阵雷达资源具有动态、实时、非抢占特性，因此适宜采用非抢占式动态优先级 EDF 算法。

EDF 调度模型本质上属于基于优先级的调度策略，在调度过程中截止期越小则优先级越高，但该调度模型忽略了任务本身的优先级属性，在调度过程中截止期越小的任务并不一定是工作方式优先级高的任务，因此存在低优先级任务先于高优先级任务执行的问题。针对此问题，综合考虑任务的多种属性来得到任务最终优先级是一种可行途径。考虑任务的多个属性参数，在综合线性加权法与优先级表设计法[10,11]设计思想的基础上，文献[7]设计了一种混合优先级设计方法，并提出一种基于修正 EDF 模型的自适应调度算法（HPEDF 算法），并仿真验证了该方法的良好调度性能。

在经典调度方法中，RM 算法重点关注任务工作方式优先级，属于一种静态调度方法，过于呆板；EDF 重点关注任务的截止期时间限制特性，属于动态任务优先级算法，效果稍好；HPEDF 综合了 RM 与 EDF 的设计思想，调度性能得到较大提高，但仍存在高优先级任务调度失败的现象。上述算法主要是考虑驻留任务的截止期、工作方式优先级等属性中的一个或多个属性来确定任务的最终优先级，而相控阵组网雷达资源产生冲突的原因主要在于采样周期不同。接下来以任务的周期特性为切入点，建立任务模型，分析一种基于周期分区的资源调度算法，简称 PD 算法。

1）任务模型

（1）单个驻留任务的描述。通常情况下，单个驻留任务可由以下一组要素来表示：(M,t_a,t_d,t_e,I,P)。其中：M 表示驻留模式；t_a 为任务到达时间；t_d 为任务截止期；t_e 为任务实际执行时间；I 为任务重要性优先级；P 为驻留任务采样间隔时间即采样周期。驻留模式 M 包含三个要素：(t,w,r)。其中：t 为发射持续时间，w 为空闲时间，r 为接收持续时间。由于接收功率相对发射功率来说很小，通常可不考虑其影响。另外，由于波束转换时间相对发射脉冲宽度也很小，一般也不需考虑。

（2）搜索任务模型。设整个监视区域共分为 L 个分区域，其中第 i 搜索区域编排为 B^{si} 个波位，搜索帧周期为 P^{si}，该搜索区域任务重要性系数值为 I^{si}，驻留发射模式为 M^{si}，驻留时间长度即重复周期为 T^{si}，将整个区域一次完整搜索视为一个搜索任务，则可得到此区域搜索任务模型为

$$\begin{cases} D^{si} = \{ D_j^{si} \mid j = 1,2,\cdots,B^{si} \} \\ D_j^{si} = \{ M^{si}, t_{aj}^{si}, t_{dj}^{si}, t_{ej}^{si}, I^{si}, P^{si} \} \end{cases} \tag{5.3}$$

式中：D_j^{si} 为第 i 号搜索区域的第 j 号搜索驻留请求；t_{aj}^{si}、t_{dj}^{si}、t_{sj}^{si} 分别为该搜索驻留

请求的到达时刻、截止期和调度执行时刻。这里设定同一搜索分区域一次完整搜索的所有搜索驻留请求都具有相同的驻留时间长度和优先级。

在每个搜索任务开始执行前，所有驻留请求发射参数在波位编排时已被确定，但各驻留请求的开始执行时间没有确定，一般可以认为所有驻留请求在该区域搜索的开始时刻依顺序到达，则各驻留请求到达时间关系可表示为

$$\begin{cases} t_{a1}^{si} = t_0 \\ t_{aj}^{si} = t_{a(j-1)}^{si} + T^{si} \quad (j = 2, \cdots, B^{si}) \end{cases} \tag{5.4}$$

各驻留请求截止期关系可表示为

$$t_{dj}^{si} = t_0 + P^{si} = (B^{si} - j + 1) T^{si} \quad (j = 1, \cdots, B^{si}) \tag{5.5}$$

(3) 跟踪任务模型。设相控阵雷达跟踪目标按采样周期可分为 N 类，其中第 k 类目标数为 M_k，则该类跟踪目标中第 i 号目标跟踪任务模型可表示为

$$\begin{cases} D^{ti} = \{ D_j^{ti} | j = 1, 2, \cdots, B^{ti} \} \\ D_j^{ti} = \{ M_j^{ti}, t_{aj}^{ti}, t_{dj}^{ti}, t_{ej}^{ti}, I^{ti}, P^{ti} \} \end{cases} \quad (i = 1, 2, \cdots, M_k) \tag{5.6}$$

式中：B^{ti} 为对该目标的跟踪照射次数，通常由于目标捕获与消失时间难以确定而为未知数。

假设目标捕获后随即发射一个验证波束，确认目标后进行跟踪，且设紧接确认波束后的跟踪波束间隔时间可为不大于跟踪间隔时间的任意值，则此目标各驻留请求到达时间与截止期关系有

$$\begin{cases} t_{a1}^{ti} = t_{cap}^{ti}, t_{a2}^{ti} = t_{e1}^{ti} + \Delta P^{ti} \\ t_{aj}^{ti} = t_{e(j-1)}^{ti} + P^{ti} - \Delta t^{ti}/2, j = 3, \cdots, B^{ti} \\ t_{d1}^{ti} = t_{a1}^{ti} + \Delta t_1^{ti}; t_{dj}^{ti} = t_{aj}^{ti} + \Delta t^{ti}, j = 2, \cdots, B^{ti} \end{cases} \tag{5.7}$$

式中：P^{ti} 为此类目标跟踪间隔时间；ΔP^{ti} 为确认后的首次跟踪驻留请求间隔时间，要求不大于 P^{ti}；Δt_1^{ti} 为目标验证确认驻留请求的时间窗宽度；Δt^{ti} 为目标跟踪驻留请求的时间窗宽度。

除了搜索与跟踪任务之外，通常还包括目标失跟处理、目标识别、自动校准等其他特殊任务，这类任务一般是随机出现的，且数量较少，需要分别建立相应的任务模型，在此不逐一分析。

2) 算法基本思想

设跟踪任务采样周期的集合为 $\{P_1, P_2, P_3, \cdots, P_n\}$，其最大公约数为 P_{gcd}，以 P_{gcd} 作为一个标准调度区间长度，设为 $Plot = P_{gcd}$。

将任一采样周期 P_k 按 P_{gcd} 均分为 N_k 个标准调度区间长度，即有

$$N_k = P_k / P_{gcd}, k = 1, 2, \cdots n \tag{5.8}$$

将采样周期为 P_k 的跟踪任务平均分配为 N_k 等份，每等份即为一个任务子集合设为 t_k^j，t_k^j 任务集占用时间长度设为 L_k^j。在调度过程中，t_k^j 分别在每个 P_k 周期的 N_k 个标准调度区间中调度执行，则可知某第 i 号标准调度区间 $Plot_i$ 所包含的跟踪任务为

$$Task_i = \sum_{k=1}^{n} T_k^j \quad (k = 1, \cdots, n; j = \mathrm{mod}(i, N_k)) \tag{5.9}$$

且在任一标准调度区间内，各类周期跟踪任务分别集中分配到一个相对固定的范围内执行。设各类周期跟踪任务相对本区间起始点的执行起始时间为 S_k，在各区间中的最大占用时间长度为 L_k，相对本区间起始点的结束时间点为 E_k。注意各 E_k 后须保留一定的空闲时间 R_k 作为备用，且将跟踪任务占用之外的剩余时间尽量平均分配到各类周期跟踪任务结束时间点 E_k 之前。调度过程中，搜索任务则按优先级顺序依次在各类周期跟踪任务完毕之后的空闲时段内完成。图5.11所示为包含三个不同采样周期跟踪任务的调度分配关系：其中 P_1、P_2、P_3 分别为1s，2s，3s，可知 P_1、P_2、P_3 的最大公约数为1s，即有标准调度区间长度 $Plot$ 为1s，则有第1个标准区间 $Plot_1$ 包含跟踪任务子集 t_1^0、t_2^1、t_3^1，第2个标准区间 $Plot_2$ 包含跟踪任务子集 t_1^0、t_2^0、t_3^2，第3个标准区间 $Plot_3$ 包含跟踪任务子集 t_1^0、t_2^1、t_3^0。

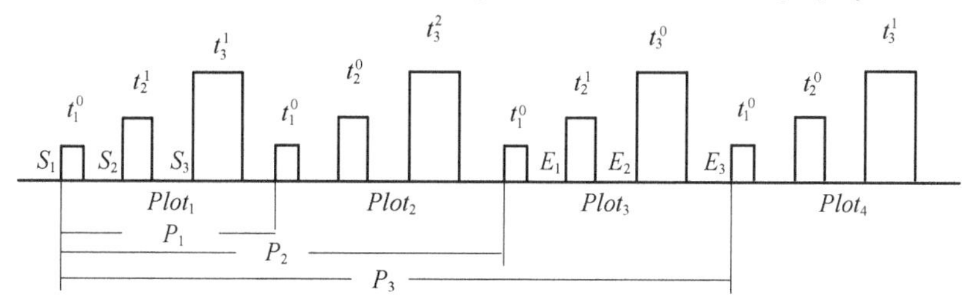

图5.11 基于周期分区的资源调度分配时序图

3）算法实现流程

调度过程中各类任务按照标准调度区间进行调度，在标准调度区间内部则按照调度间隔进行任务调度。在各调度间隔内，执行跟踪任务时按照到达时间先后进行调度即可，执行搜索任务时则按任务优先级进行调度。对任一标准调度区间 $[t_0, t_0 + Plot]$，跟踪任务根据采样周期类别不同在所划定的起始与结束点范围 $[S_k, E_k]$ 内分别执行，且本类周期跟踪任务执行完毕后，如果在 E_k 时间点之前还有空闲时间，则执行搜索任务；当时间指针到达 E_k 时则执行下一类周期跟踪任务，时间指针跳转至下一类周期起始点 S_{k+1}。设调度间隔为 SS，优先任务调度算法的如图5.12所示，具体实现步骤如下：

Step1 $i = i + 1$（i 初始值为0），执行下一标准调度区间，初始化 $k = 0$；

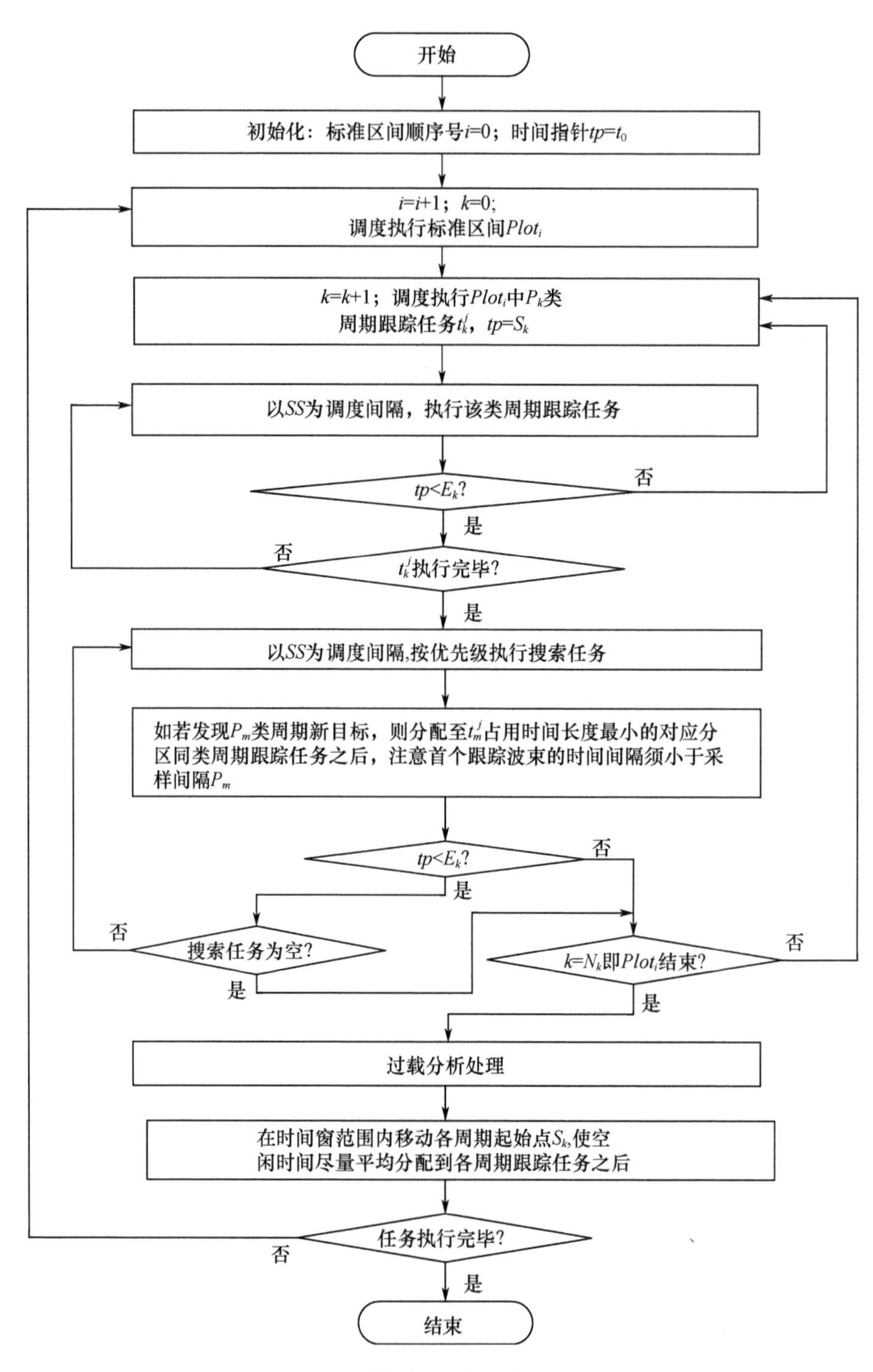

图 5.12　基于周期分区的优先任务调度流程图

Step2 $k = k + 1$,按照调度间隔执行 P_k 周期类跟踪任务 t_k^j,tp 跳转至 S_k;

Step3 若 $tp < E_k$ 且 t_k^j 未执行完毕,则继续执行该类周期跟踪任务;若 t_k^j 未执行完且 tp 已到达 E_k,则转而执行下一类周期跟踪任务,跳转至 Step2;若 t_k^j 执行完毕且 $tp < E_k$,则转而执行搜索任务;

Step4 按照调度间隔,以任务优先级顺序执行搜索任务,注意在执行搜索任务过程中,如果发现采样周期为 P_m 类新目标,则将其置于本类周期最小 L_m^j($j = \mathrm{mod}(i, N_m)$)的对应区间跟踪任务之后,并保证首次跟踪采样周期不大于 P_m;

Step5 若 tp 未到达 E_k 且搜索任务未执行完,则继续执行搜索任务;若 tp 到达 E_k 或 tp 未到达 E_k 但搜索任务执行完,则判断该调度区间是否执行完毕;

Step6 若该调度区间未执行完毕,则转而执行下一类周期跟踪任务,跳转至 Step2;若该调度区间执行完毕,则进行负载分析与过载处理,调整各类周期起始点 S_k,使各类周期跟踪任务之后尽量平均分配空闲时间;

Step7 判断所有任务是否执行完毕,若任务不为空,则转到下一标准调度区间,跳转至 Step1;若任务执行完毕,则结束。

4）调度负载分析

由于系统时间能量资源主要是被搜索与跟踪任务占用,其他任务占用资源很少,在进行负载评估时可以忽略不计。

定义任务负载率为任务集内各任务驻留时间与采样周期之比值的总和;任务时间占用率为任务集调度过程中占用时间与采样周期之比值。

根据前面建立的任务模型,可得采样周期为 P_k 的跟踪任务负载率为

$$\eta_k^t = M_k \cdot T^k / P_k \tag{5.10}$$

式中:M_k 为采样周期为 P_k 的跟踪任务个数。

采样周期为 P_k 的跟踪任务时间占用率为

$$\eta_k^{t'} = \sum_{j=1}^{N_k} L_k^j / P_k \tag{5.11}$$

某 i 区搜索任务负载率与时间占用率相等

$$\eta_i^s = \eta_i^{s'} = B^{si} \cdot T^{si} / P^{si} \tag{5.12}$$

任务总负载率为

$$\eta = \eta^t + \eta^s = \sum_{k=1}^{K} \eta_k^t + \sum_{i=1}^{N} \eta_i^s \tag{5.13}$$

任务总时间占用率为

$$\eta' = \eta^{t'} + \eta^{s'} = \sum_{k=1}^{K} \eta_k^{t'} + \sum_{i=1}^{N} \eta_i^{s'} \geqslant \eta \tag{5.14}$$

当 $\eta' \leqslant 1 - \frac{1}{p_{gcd}} \cdot \sum_{k=1}^{K} R_k$ 时，表示系统负载正常；否则表示过载，此时需要采取必要的降低任务负载调整措施。通常降低任务负载措施可采取以下方法：

(1) 降低跟踪目标数据率或增大搜索帧周期；

(2) 删除部分跟踪或搜索任务。

具体采用何种方式可根据实际情况需要进行选择。

5) 仿真分析

仿真条件：假定雷达探测目标分为三类，各类目标分别对应各自搜索、跟踪与验证工作方式，资源需求参数如表 5.14 所示。设仿真时间为 150s，调度间隔选取为 25ms，各类目标发现时间随机产生且直到仿真结束才消失。任一标准调度区间的各类周期目标结束点后保留 15ms 作为备用时间。图 5.13 ~ 图 5.15 为 PD、HPEDF、EDF 算法仿真结果，其中大时间窗时各类跟踪任务时间窗限制分别为 25ms、50ms、75ms，小时间窗时各类跟踪任务时间窗限制均为 25ms。

表 5.14　资源需求参数表

目标类型	工作方式	优先级	驻留时间/ms	时间窗/ms	波位数	周期/s
目标 1	搜索 1	3	12		18	2
目标 2	搜索 2	2	8.1		24	2
目标 3	搜索 3	1	4		64	3
目标 1	跟踪 1	6	10	25		1
目标 2	跟踪 2	5	6	25 ~ 50		2
目标 3	跟踪 3	4	3.5	25 ~ 75		3
目标 1	验证 1	9	12	25		
目标 2	验证 2	8	8.1	25		
目标 3	验证 3	7	4	25		

仿真结果分析：

(1) 图 5.13、图 5.14 可知，当时间窗较大时，三种算法的最大调度负载能力相近，当时间窗较小时，PD 算法的最大调度负载能力高于另两种算法；从各类目标数量的变化来看，在系统负载饱和后，PD 算法可按任务优先级来进行过载处理，避免了另两种算法存在高优先级任务先于低优先级任务被删除的不足。

(2) 由图 5.15 可知，在时间窗较小条件下，PD 算法调度性能没有明显下降，调度负载能力与大时间窗时基本相当，表明该算法具有良好的时间窗适应性。

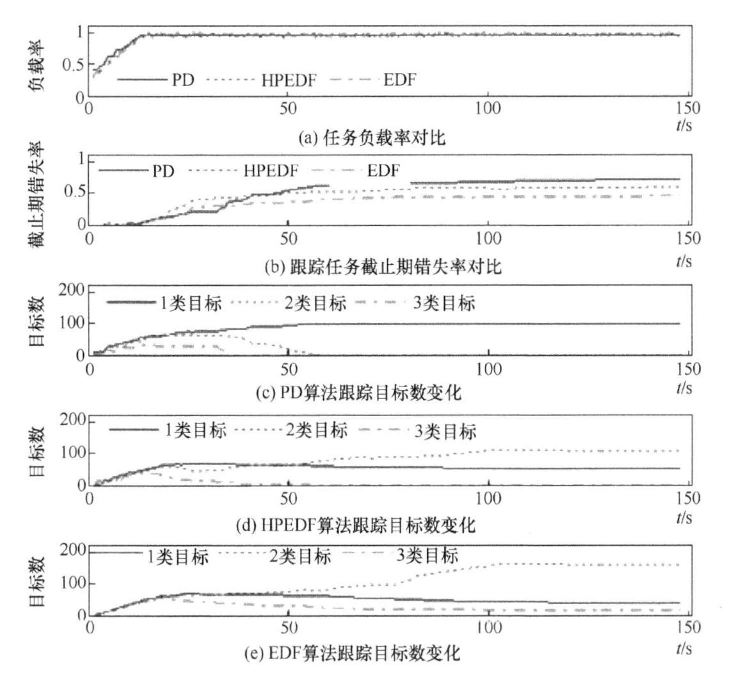

图 5.13　大时间窗时性能对比

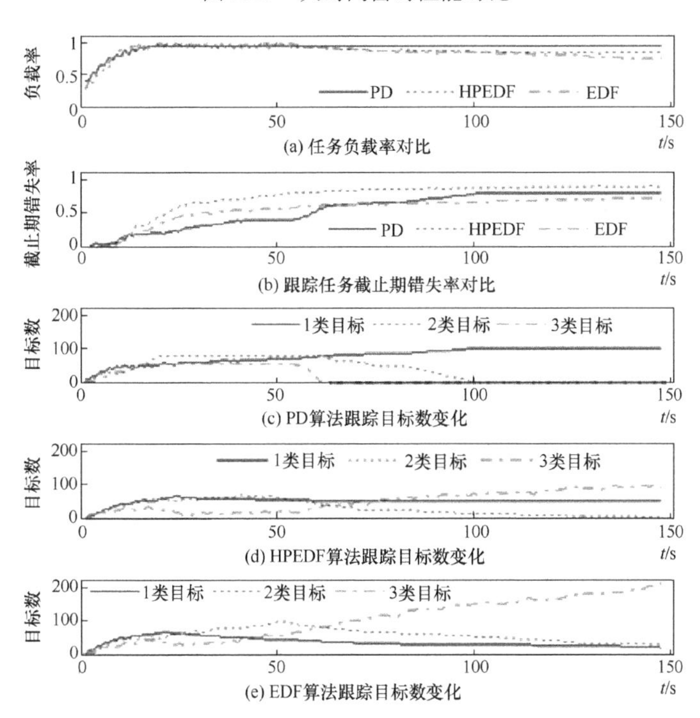

图 5.14　小时间窗时性能对比

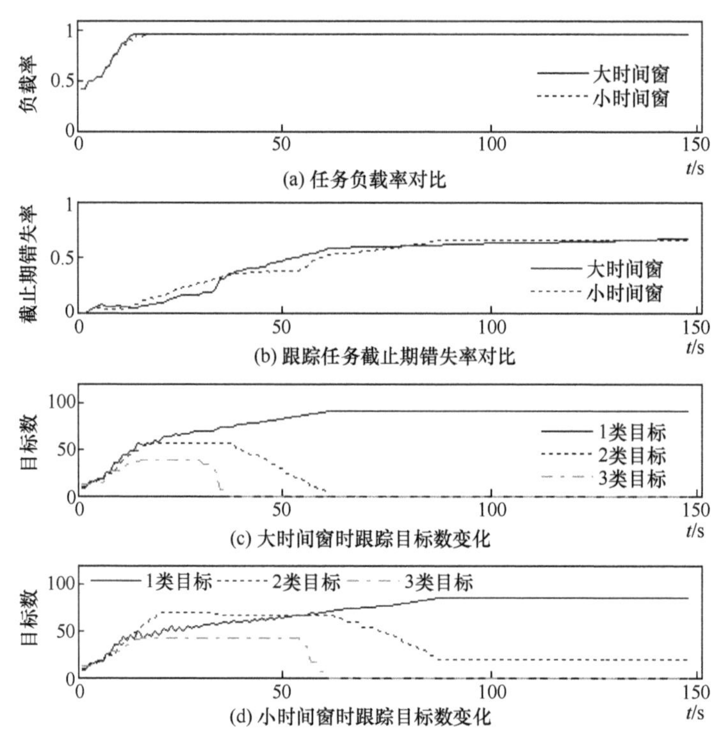

图 5.15　PD 算法大小时间窗时调度性能对比

5.6.3　交叉任务的相控阵探测资源调度算法

在传统非交叉调度方式下,驻留任务发射与接收之间的空闲等待时间未得到有效利用,因此系统最大调度负载能力受到限制。为了最大化利用时间资源,文献[10]提出的交叉调度思想可有效利用空闲等待时间,但该资源调度方式下的算法设计更为复杂。当前,交叉调度方式下的相控阵雷达资源调度算法相关研究较少,现有的一些算法大多条件较苛刻,实际应用中难以满足。由于在交叉调度方式下,资源冲突的根本原因与传统调度方式一样,接下来仍然从雷达采样周期入手,建立交叉调度方式下的任务模型,并分析一种基于周期分区的资源交叉调度算法,简称 PDI 算法。

1）任务模型

(1) 交叉调度驻留任务描述。交叉调度时任务描述除了包含单驻留任务各要素外,还需要考虑各单驻留任务的区分以及能量限制等条件的影响。一般情况下,交叉调度时驻留任务可由下列要素表示:(M,t_a,t_d,t_e,I,P,TI,O)。其中:M 表示交叉驻留模式,包含五个要素(t,w,r,tt,E),t 为发射起始不可抢占持续时间,w 为空闲时间,r 为接收起始不可抢占持续时间,tt 为实际发射持续时间($t \geqslant tt$),E 为驻留任务能量消耗;t_a 为任务到达时间;t_d 为任务截止期;t_e 为任务实际执行时间;I 为任务优先级;P 为交叉驻留采样周期;TI 为交叉驻留所包含的各单驻留与首个单驻留的发射时间间隔数组;O 为各单驻留的系统编号数组。

(2) 搜索任务模型。设搜索区域 i 分为 B^{si} 个搜索波位,可得到该区域搜索任务模型为

$$\begin{cases} D^{si} = \{ D_j^{si} \mid j = 1, 2, \cdots, B^{si} \} \\ D_j^{si} = \{ M^{si}, t_{aj}^{si}, t_{dj}^{si}, t_{ej}^{si}, I^{si}, P^{si}, TI_j^{si}, O_j^{si} \} \end{cases} \tag{5.15}$$

式中:D_j^{si} 为搜索区域 i 的第 j 波位驻留请求。

各驻留请求到达时间与截止期关系分别为

$$t_{a1}^{si} = t_0, t_{aj}^{si} = t_{a(j-1)}^{si} + T^{si}, j = 2, \cdots, B^{si} \tag{5.16}$$

$$t_{dj}^{si} = t_0 + P^{si} - (B^{si} - j + 1) \cdot T^{si}, j = 1, \cdots, B^{si} \tag{5.17}$$

(3) 跟踪任务模型。跟踪任务 i 模型可表示为

$$\begin{cases} D^{ti} = \{ D_j^{ti} \mid j = 1, 2, \cdots, B^{ti} \} \\ D_j^{ti} = \{ M_j^{ti}, t_{aj}^{ti}, t_{dj}^{ti}, t_{ej}^{ti}, I^{ti}, P^{ti}, TI_j^{ti}, O_j^{ti} \} \end{cases} \tag{5.18}$$

式中,B^{ti}为对目标 i 的跟踪采样次数。

设发现目标后立即发射一个验证驻留,且验证后首个跟踪驻留请求间隔时间可取小于该类目标跟踪采样周期的任意值,则该目标各驻留请求到达时间与截止期关系有

$$\begin{cases} \{ t_{a1}^{ti} = t_{cap}^{ti}, t_{a2}^{ti} = t_{e1}^{ti} + \Delta P^{ti} \\ t_{aj}^{ti} = t_{e(j-1)}^{ti} + P^{ti} - \Delta t^{ti}/2, j = 3, \cdots, B^{ti} \\ t_{d1}^{ti} = t_{a1}^{ti} + \Delta t_1^{ti}; t_{dj}^{ti} = t_{aj}^{ti} + \Delta t^{ti}, j = 2, \cdots, B^{ti} \end{cases} \tag{5.19}$$

式中:P^{ti}为该目标跟踪采样周期;ΔP^{ti}为验证驻留后首个跟踪驻留的采样间隔;Δt_1^{ti} 表示验证驻留的时间窗;Δt^{ti}表示目标 i 各驻留的时间窗。

2) 驻留任务交叉规则

(1) 一般任务交叉规则。设有两个驻留请求 $D_1(M_1, t_{a1}, t_{d1}, t_{e1}, I_1, P_1, TI_1, O_1)$与 $D_2(M_2, t_{a2}, t_{d2}, t_{e2}, I_2, P_2, TI_2, O_2)$,且不失一般性设等待时间 $w_1 \geqslant w_2$,交叉后得到交叉驻留模块 $D(M, t_a, t_d, t_e, I, P, TI, O)$。

第一,若 $w_1 < T_2$,此时驻留不存在包含关系,可采用图 5.16 所示交叉规则。

分析图 5.16 中四种非包含交叉规则的第二个条件可知,当其取等号时,非包含交叉规则 1 与 4,2 与 3 相同;不取等号时,非包含交叉规则 1 与 4、2 与 3 不可能同时成立,但 1 与 2,1 与 3,2 与 4,3 与 4 可能同时成立,因此可知两个非包

含关系驻留请求只可能同时符合上述交叉规则中的两种。当两个驻留同时符合两种交叉规则时,可将交叉后空闲时间较大作为交叉规则的选择准则。

交叉时,w 取较大的空闲等待时间值,以图 5-16(a)为例,交叉后所得驻留模块参数如下:

$w=\max\{w_2+r_2-w_1-t_1, w_1-r_2\}=w_2+r_2-w_1-t_1$(设 $w_2+r_2-w_1-t_1$ 较大);

$t=t_2$;

$r=t_1+w_1+r_1$;

若 $t_{a1} \geqslant t_{a2}+T_2-w_1-t_1$,则 $t_a=t_{a1}-(T_2-w_1-t_1)$,否则取 $t_a=t_{a2}$;

若 $t_{d1} \geqslant t_{d2}+T_2-w_1-t_1$,则 $t_d=t_{d2}$,否则取 $t_d=t_{d1}-(T_2-w_1-t_1)$。

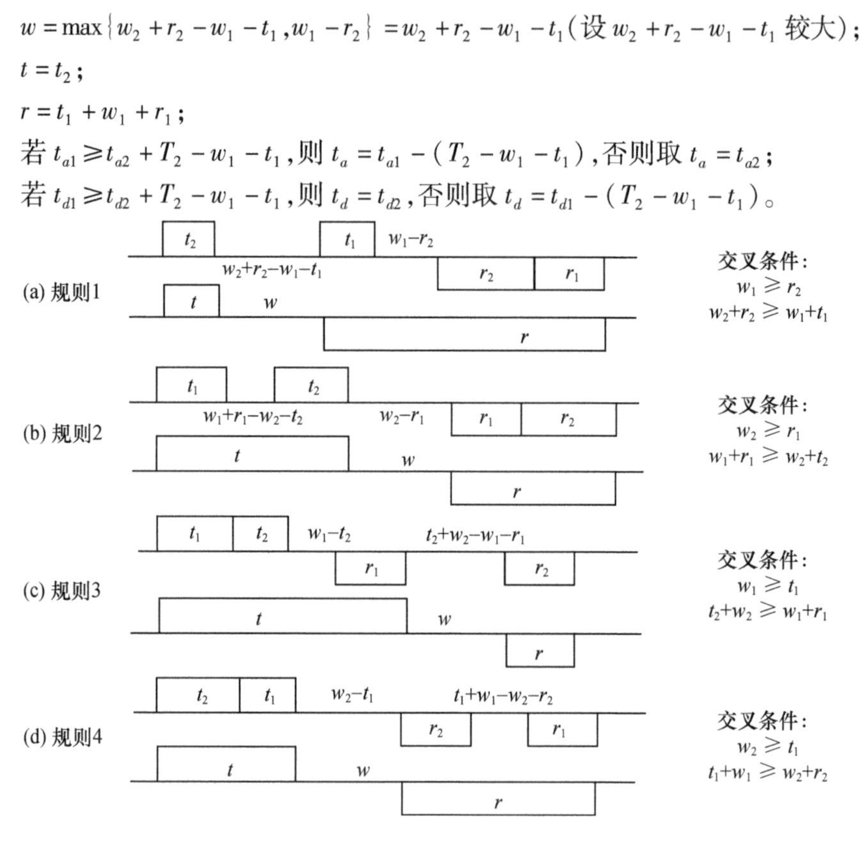

图 5.16 非包含关系时交叉时序图

第二,若 $w_1 \geqslant T_2$,此时驻留存在包含关系,可采用图 5.17 所示交叉规则。

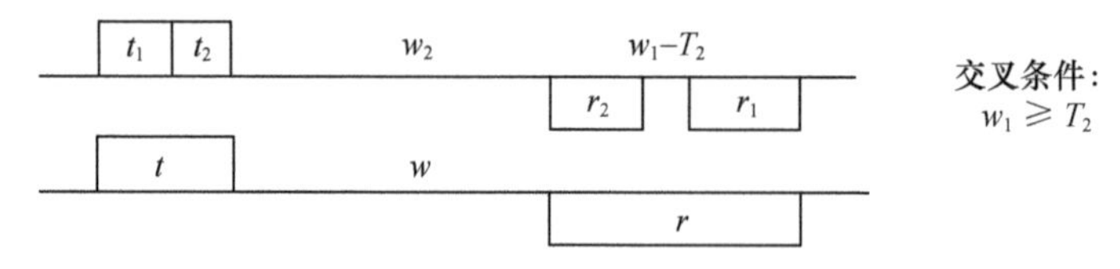

图 5.17 包含关系交叉规则时序图

(2)驻留模式相同任务交叉规则。任务驻留模式相同是指驻留模式中的 t、w、r 三项参数均相同的任务,如针对某一搜索区域,当搜索距离确定为某个距离段范围内时,其不同波位上搜索驻留请求即为可交叉的相同驻留模式请求。针对相同驻留模式任务交叉时的特殊关系,可采用图5.18所示简单快速交叉方法。

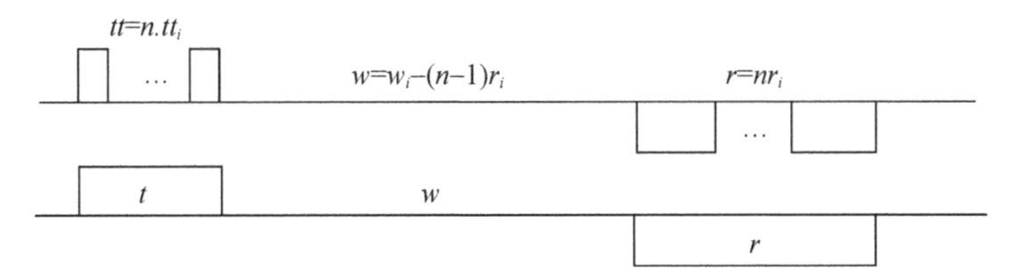

图5.18 同驻留模式搜索交叉任务时序图

设某区域搜索驻留模式 $M^{si}=\{t^{si},w^{si},r^{si},tt^{si},E^{si}\}$ 与交叉后搜索驻留模式 $M^{Isi}=\{t^{Isi},w^{Isi},r^{Isi},tt^{Isi},E^{Isi}\}$,可知最大可交叉驻留数为 $n=\lfloor w^{si}/r^{si}\rfloor$,交叉后参数为 $t^{Isi}=t^{si}+(n-1)r^{si}, w^{Isi}=w^{si}-(n-1)r^{si}, r^{Isi}=n.\ r^{si}$。

到达时间与截止时间关系为

$$\begin{cases}t_{a1}^{Isi}=t_0, t_{ak}^{Isi}=t_{a(k-1)}^{Isi}+T^{Isi}, j=2,\cdots,B^{si}/n \\ t_{dk}^{Isi}=t_0+P^{si}-(B^{si}/n-k+1)\cdot T^{Isi}, k=1,\cdots,B^{si}/n\end{cases} \tag{5.20}$$

3)算法基本思想

设各类跟踪任务不同采样周期组成的集合为 $\{P_1,P_2,\cdots,P_k,\cdots,P_n\}$,所有采样周期的最大公约数为 P_{gcd}。

将各类周期 P_k 平分为 N_k 个长度为 P_{gcd} 标准区间

$$N_k=P_k/P_{\mathrm{gcd}}, k=1,2,\cdots,n \tag{5.21}$$

再对标准区间进一步平分为 N_s 个标准调度分区间(记为 $Plot$),则有 $Plot=P_{gcd}/N_s$,

$$N_s=\begin{cases}1, P_{\mathrm{gcd}}<\min\{P_1,P_2,\cdots,P_n\} \\ 2, P_{\mathrm{gcd}}=\min\{P_1,P_2,\cdots,P_n\}\end{cases} \tag{5.22}$$

将某采样周期 P_k 跟踪任务集分为 $N_k\cdot N_s$ 个子任务集(表示为 t_k^{js}),t_k^{js} 占用时间长度设为 L_k^{js},调度时,t_k^{js} 将分别在 P_k 的 $N_k\cdot N_s$ 个标准调度分区间中循环调度执行。于是某第 i 号标准调度分区间 $Plot_i$ 所包含的跟踪任务可表示为

$$Task_i=\sum_{k=1}^{n} t_k^{js}, k=1,2,\cdots,n \tag{5.23}$$

式中,$j=\mathrm{mod}(\lceil i/N_s\rceil, N_k)$;$s=\mathrm{mod}(i,N_s)$。

设各类周期跟踪任务相对本分区间起始点的执行起始时间为 S_k^s,在各分区间中的最大占用时间长度为 L_k^s。在调度过程中需要保持 P_k 类各子任务集 t_k^{js} 基本相等;在 $Plot_i$ 内,各采样周期的任务子集分别集中在一个相对固定的时段内

执行;且将跟踪任务占用时间之外的剩余时间尽量平均分配到各类跟踪任务子集结束时间点 E_k^s 之后。注意各 E_k^s 后须保留一定的空闲时间 R_k^s 作为目标失跟等任务备用时间。图 5.19 所示为包含二类跟踪任务的调度分配关系,采样周期 P_1 为 1s,P_2 为 2s。

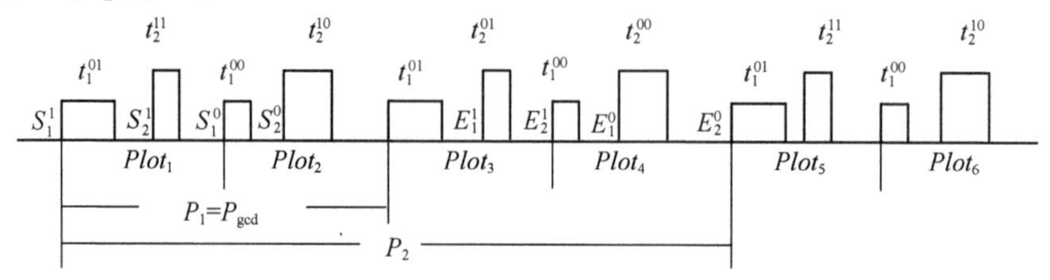

图 5.19　基于周期分区的交叉任务调度时序图

4）算法实现流程

各类任务将按标准调度分区间进行调度,具体算法实现流程如图 5.20 所示:

Step1 $i=i+1$(i 初始值为 0),执行下一标准调度分区间,初始化 $k=0$;

Step2 $k=k+1$,tp 跳转至 S_k^s,执行 P_k 周期类跟踪任务 t_k^{js};

Step3 若 tp 未到达 E_k^s 且 t_k^{js} 未执行完毕,则继续执行该类周期跟踪任务;若 t_k^{js} 未执行完且 tp 已到达 E_k^s,则转而执行下一类周期跟踪任务,跳转至 Step2;若 t_k^{js} 执行完毕且 $tp<E_k^s$,则转而执行搜索任务;

Step4 按照调度间隔,以任务优先级顺序执行搜索任务,注意,搜索发现新目标,则将其置于本类跟踪任务子集最小 L_k^{js} 的对应跟踪任务子集列表之后,并确保首次采样周期不大于该类采样周期。

Step5 若 tp 未到达 E_k^s 且搜索任务未执行完,则继续执行搜索任务;若 tp 到达 E_k^s 或 tp 未到达 E_k^s 但搜索任务执行完,则判断该调度区间是否执行完毕;

Step6 若该调度分区间未执行完毕,则转而执行下一类周期跟踪任务,跳转至 Step2;若该调度分区间执行完毕,对有新任务加入的任务子集进行交叉,计算交叉后占用时间长度;

Step7 进行负载分析与过载处理,调整各类任务起始时刻 S_k^s,使各类跟踪任务子集之后尽量平均分配空闲时间;

Step8 判断所有任务是否执行完毕,若任务不为空,则转到下一标准调度区间,跳转至 Step1;若任务执行完毕,则结束。

5）交叉任务流程

设落入某交叉间隔内的 n 个驻留请求按到达时间排序组成任务申请链表 $D=\{D_1,D_2,D_3,\cdots,D_n\}$,具体交叉实现流程如图 5.21 所示。这里交叉间隔是指起始时间与本调度间隔相等,长度不小于调度间隔的一个时间范围,如可取为

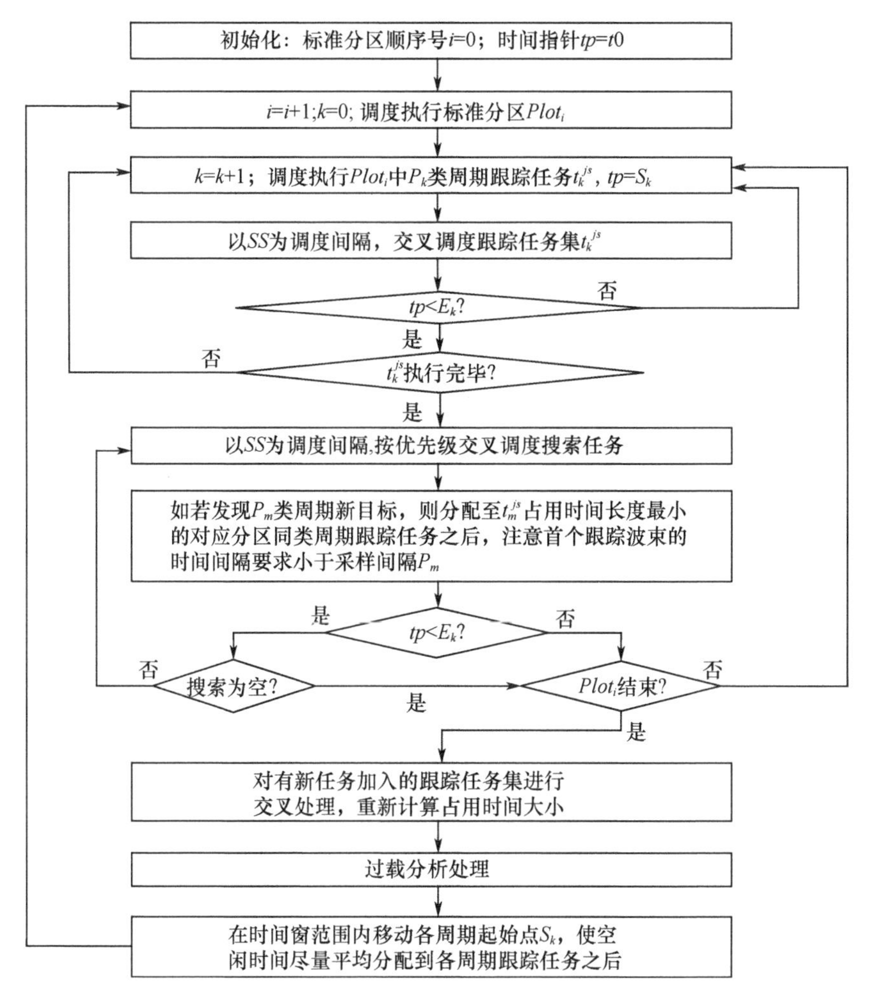

图 5.20　基于周期分区的交叉任务调度流程图

最大时间窗。

在交叉调度方式下，由于单位时间内调度任务增多，通常还需考虑系统的时间与能量限制条件要求，可分别近似表示为[12]

$$\left(1-\frac{t+w+r}{A}\right)(TDC_{th}+tt)\leqslant TDC_{th} \tag{5.24}$$

$$\left(1-\frac{t+w+r}{A}\right)(E_{th}+E)\leqslant E_{th} \tag{5.25}$$

从图 5.21 来看，某 $Plot_i$ 的计算负载主要在于该分区间的任务交叉计算。设调度间隔为 SS，交叉间隔为 IS，每个 IS 内约有 N 个单驻留任务，则每个 IS 最多需要进行 $N!$ 次任务交叉计算，$Plot_i$ 内任务交叉计算的复杂度约为 $O(Plot/SS\cdot N!)$，且

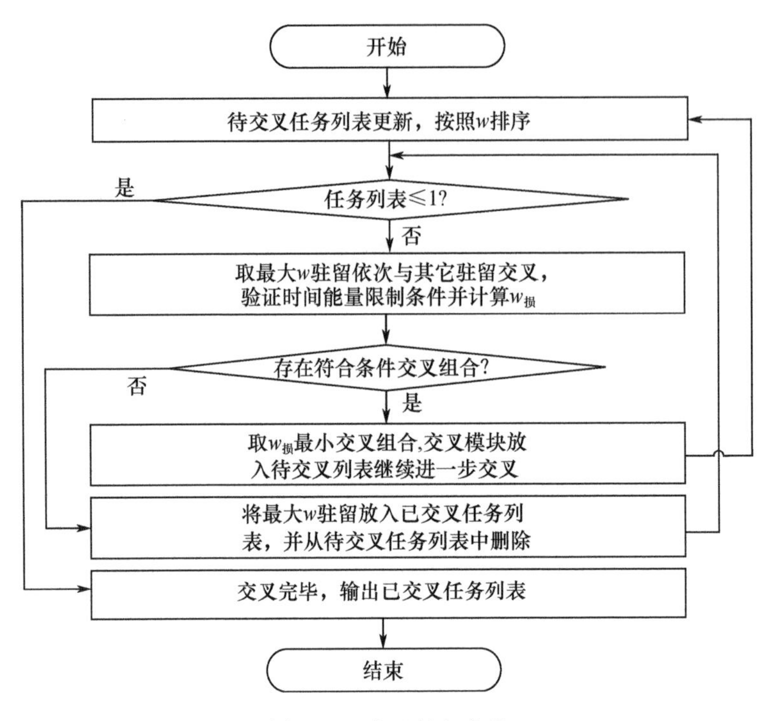

图 5.21　交叉任务流程

实际中 *Plot/SS* 与 *N* 值都不会很大。另外,由于各类跟踪任务被均分到 $N_k \cdot N_s \geqslant 2$ 个标准调度分区间,因此任一标准调度分区间有 $(N_k \cdot N_s - 1) \cdot Plot$ 的计算时间,因此系统对计算处理要求不高。

6）调度负载分析

根据传统调度方式下的任务负载率与时间占用率的定义以及前面建立的任务模型及算法,可得:

采样周期 P_k 类的跟踪任务时间占用率为

$$\eta_k^{t'} = \sum_{j=1}^{N_k} L_k^j / P_k \tag{5.26}$$

某 i 区搜索任务的时间占用率为

$$\eta_i^{s'} = B^{si} \cdot T^{si} / P^{si} \tag{5.27}$$

任务总时间占用率为

$$\eta' = \eta^{t'} + \eta^{s'} = \sum_{k=1}^{K} \eta_k^{t'} + \sum_{i=1}^{N} \eta_i^{s'} \geqslant \eta \tag{5.28}$$

当 $\eta' \leqslant 1 - \dfrac{1}{p_{\text{gcd}}} \cdot \sum_{k=1}^{K} R_k$ 时,表示系统负载正常,否则表示过载,此时可根据实际情况采取适当调整措施降低任务负载。

7）仿真分析

仿真条件：设有三类目标探测对资源需求的参数如表 5.15 所示，表中为初始值且其值根据目标所处距离范围分段计算；仿真时间为 150s，调度间隔为最小时间窗，各类目标随机产生，各目标直到仿真结束才消失；任意 1s 内的平均发射时间要求小于 400ms，能量消耗要求小于 200kJ；在图 5.22 中，PDI 算法中各类跟踪任务取小时间窗时分别为 30ms、50ms、60ms，取大时间窗时分别为 50ms、100ms、150ms；在图 5.26、图 5.27 中 PDI 算法采用小时间窗；HPI[13] 算法的时间窗为采样周期。

表 5.15　交叉任务资源调度需求表

目标类型	工作方式	优先级	发射功率/kW	驻留参数			时间窗/ms	波位数	速度/(km/s)	采样周期/s
				t/ms	w/ms	r/ms				
目标 3	搜索 3	1	300	0.7	0	3.3		64		3
目标 2	搜索 2	2	400	1.5	3.8	2.8		24		2
目标 1	搜索 1	3	500	2	7	3		18		2
目标 3	跟踪 3	4	300	0.5		1	60 – 150		2	3
目标 2	跟踪 2	5	400	1.2		1.7	50 – 100		1.5	2
目标 1	跟踪 1	6	500	1.5		2	30 – 50		0.5	1
目标 3	验证 3	7	300	0.7	0	3.3	30 – 50			
目标 2	验证 2	8	400	1.5	3.8		30 – 50			
目标 1	验证 1	9	500	2	7	3	30 – 50			

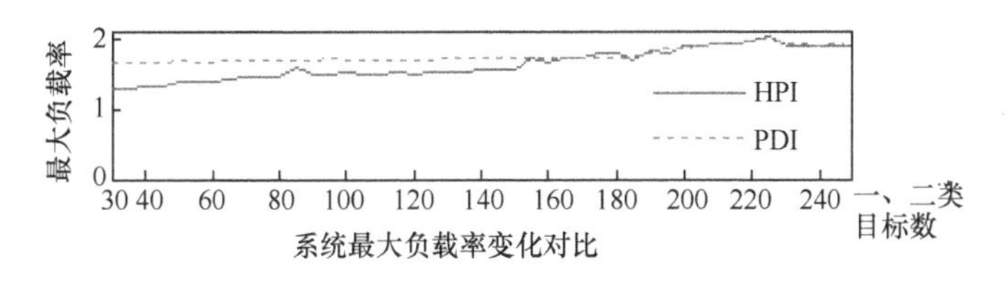

图 5.22　一、二类目标数固定时最大负载率对比

仿真结果分析：

（1）由图 5.22 可知，当满足采样周期整数倍关系的一、二类目标数越小时，PDI 算法最大负载率越高于 HPI 算法；两个算法的最大负载率明显高于非交叉算法的理论最大负载能力 100%。

（2）由图 5.23 可知，在小时间窗条件下，HPI 算法未发生调度失败，但时间窗要求为采样周期，实际中难以满足；PDI 算法可能发生新任务调度失败现象，但能满足较严格的时间窗要求，且系统最大负载率总体上大于 HPI 算法。

（3）由图 5.24 可知，在时间窗较小条件下，PDI 算法调度性能无明显下降，

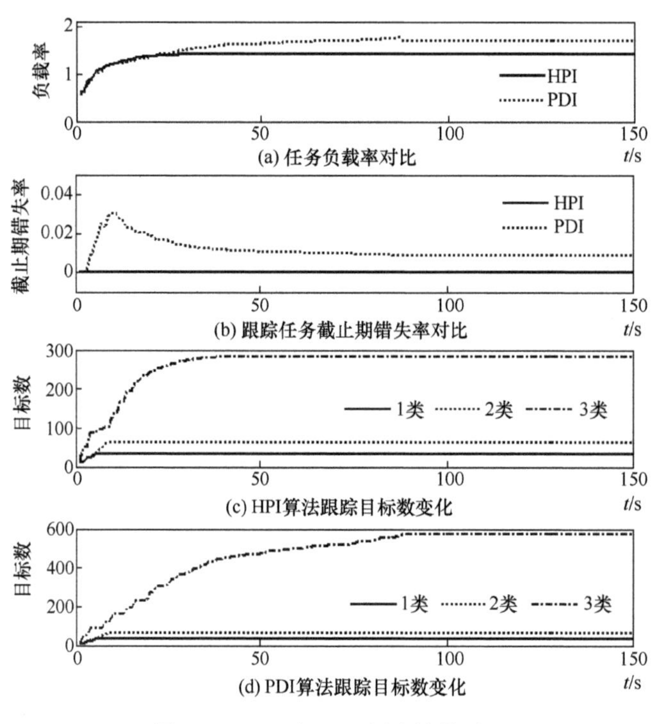

(a) 任务负载率对比

(b) 跟踪任务截止期错失率对比

(c) HPI算法跟踪目标数变化

(d) PDI算法跟踪目标数变化

图 5.23　PDI 与 HPI 调度性能对比

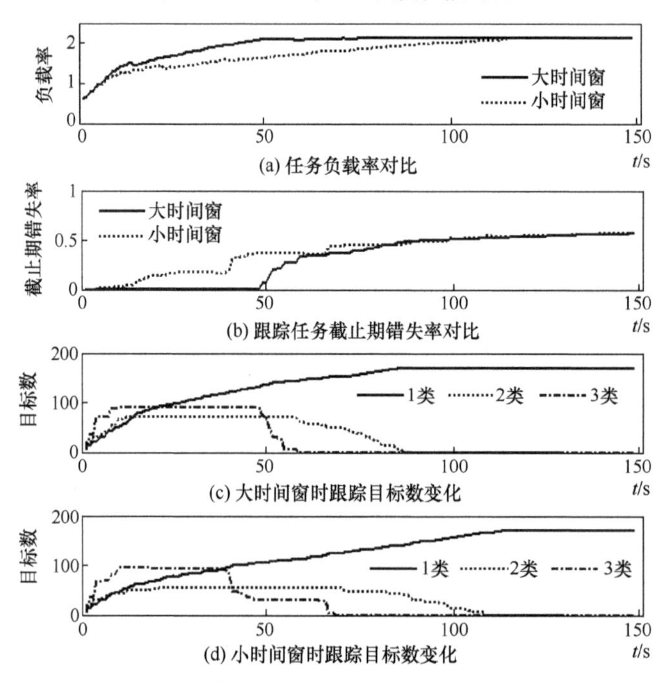

(a) 任务负载率对比

(b) 跟踪任务截止期错失率对比

(c) 大时间窗时跟踪目标数变化

(d) 小时间窗时跟踪目标数变化

图 5.24　PDI 不同时间窗时调度性能

表明该算法具有良好的时间窗适应性,且负载饱和时系统可按优先级进行任务过载处理。

5.7 探测资源预案推演系统设计

预案推演是预案工程化第二个重要环节,推演系统是完成预案推演分析的有效工具。通过预案推演分析,既可验证和优化预案,又可训练指战员,还能避免控制风险的出现。

5.7.1 推演需求

雷达组网探测资源管控预案工程化难点,主要表现在可用的探测资源管控预案少和使用条件不够明确,不仅影响指战员的使用,更是影响组网体系探测效能的发挥和挖掘。在探测资源管控预案设计的基础上,对设计的预案进行推演,既可验证和优化预案,又可训练指战员,还能避免控制风险,满足预案工程化使用的需求。雷达组网资源管控预案推演系统对于缓解或解决雷达组网当前在体系作战运用方面存在的理论、方法和手段缺失等主要现实问题,发挥雷达组网装备的体系探测效能,挖掘雷达组网装备的体系探测潜能,提升雷达组网部队的体系探测能力,还可为制定雷达组网体系探测规则等提供技术支持。将"能打仗"的装备转化为"打胜仗"的能力,对发挥雷达组网的体系探测效能,提高预警部队在复杂条件下体系对抗能力具有重要意义。

另一方面,雷达组网资源管控预案实施是一个闭环控制过程,涉及雷达探测资源管控、点迹融合、效能评估等环节,实施探测资源控制实时调整和控制,存在一定的技术风险。为了避免控制风险的出现,对设计的探测资源管控预案必须进行仿真计算、对比分析、推演训练,进行合理性、科学性、适应性、效能性等多方面检验。所以,雷达组网资源优化管控预案推演系统是工程化的关键一环,是预案工程化的核心。

5.7.2 推演评估原理

雷达组网资源管控预案推演评估是重要的一环,通过推演评估,可以对体系探测预案进行全方位的检讨,发现问题、修正和优化预案,最终形成可用的预案或作战规程。雷达组网探测资源管控预案推演评估采用仿真计算与推演对比相结合的方法,推演原理如图5.25所示,每一部分的原理说明如下。

(1)各类模型库包括目标模型、装备模型、阵地环境、电磁环境等,可供选择。

(2)按照预警体系的理论构架,想定设置可分为要素级想定和体系级想定。

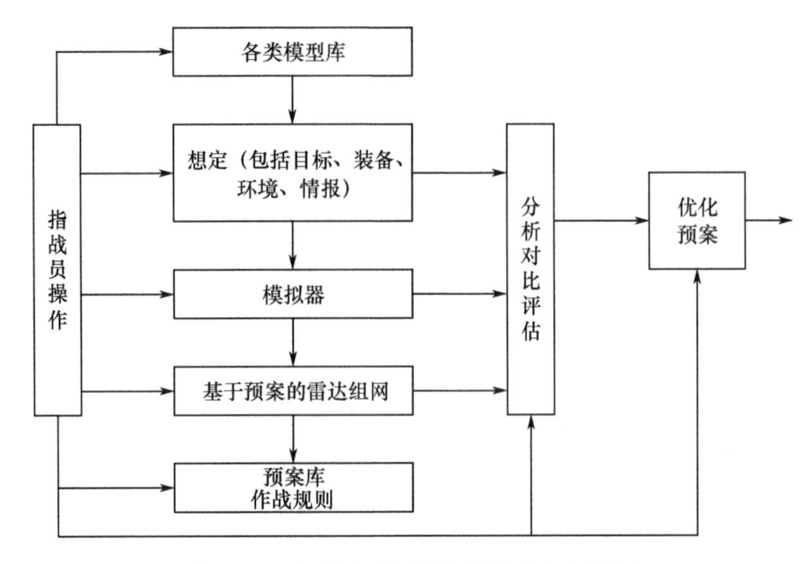

图 5.25　雷达组网资源管控预案推演原理图

要素级想定主要可分为目标想定、环境想定、装备状态、人员能力和情报需求想定；体系级想定就是综合上述多要素的复杂想定。这里主要介绍典型想定的设计，读者可演绎其他想定。

① 目标想定。根据未来信息化战争特点制作不同空情想定，空情想定可以是单一的特殊的空情，也可以是综合的复杂的空情。例如，低空突防目标空情、伴随干扰突防空情、欺骗干扰空情、压制干扰空情、巡航导弹突袭空情、直升机空情、高机动目标空情、反辐射导弹攻击空情等特定空情；综合不同特定目标，形成复杂空情。通过理论和仿真推演，检验系统探测效能，制定探测资源预案。

② 系统技术状态想定。系统技术状态想定是用来模拟战时可能出现的不同情况，导致雷达组网状态改变，如雷达性能减低、通信链路故障、席位计算机故障等，检验雷达组网获取情报能力，指导探测资源管控预案制定。

③ 战场环境想定。战场环境想定用来模拟不同战场环境，如气象环境、电磁环境、交通状况、安全状况等，评估战场环境对雷达组网获取情报的影响，指导探测资源管控预案制定。

④ 情报需求想定。结合雷达组网装备战技性能，制定用户情报需求想定，用来评估系统体系探测能力，如情报容量、情报分发等能力。

⑤ 人员能力想定。设置使用人员不同素质能力等级，为探测资源管控预案制定提供人员依据，同时为训练提供目标和考核标准。

⑥ 体系级想定。综合上述多要素的复杂想定即为体系级想定。

(3) 雷达模拟器主要是根据想定预设的任务和要求，模拟产生雷达探测信息,并送至雷达组网融控中心。组网融控中心在一定的预案的指导下,对雷达模拟器进行优化控制,并进行探测信息的融合,得到系统态势情报。

(4) 分析评估将系统态势情报、雷达本地情报与实际或想定空情比较,可以发现二者的差异。比较结果指标主要是目标的位置信息,如点迹或航迹位置、漏检率、虚警率、航迹分裂程度(同一目标在不同雷达中的航迹偏离)、跟踪误差、航迹的连续性等。

(5) 人机交互要求指战员的操作贯穿全程,每一推演步骤都需要结合指战员的认知和智慧。

(6) 优化预案输出,对上述比较结果进行机理分析,找出产生差异原因,如误差大小、各种参数的不同设置、算法选择、干扰影响、地形遮蔽、水面反射、目标类型等,科学解释比较结果的现象,检讨预案的合理性。在上述基础上,可以进一步进行推演验证,与理论分析相结合,确定现象与原因之间的对应关系。

综合以上研究,修正探测资源管控预案或作战规程,不断提高雷达组网体系探测能力。

5.7.3 推演系统主要功能与组成

推演系统主要功能有:一是对选择的雷达组网资源管控预案进行推演分析,二是对基于预案的组网结果进行仿真计算与综合比较;三是基于预案流程进行一体化训练。推演系统由三大部分组成:一是模拟各组网雷达与通信链路实际装备的模拟器;二是实际的组网融控中心;三是支持雷达组网探测资源管控预案推演的功能软件和数据库,功能软件模块包括系列想定制作、预案选择、效能评估等,数据库包括各类模型库、想定库、预案库等。组成如图5.26所示。

推演系统物理组成结构如图5.27所示,计算机通过网络连接成模拟的雷达组网系统;各计算机席位即为相应的软件功能模块,席位数量视情设置。

在图5.27中,雷达模块模拟各组网雷达,通过设置不同的参数即可模拟部署在不同位置的不同型号的雷达,且其参数可以控制,以模拟雷达的时空频域的参数控制;通信模块为有线或无线链路链接,且可以控制相应的通信参数,如通断、速率、误码率等,该模块可以并入雷达端或融合端,而不设置相应的具体席位;融合和态势情报分别对应组网融控中心的融合席位和情报综合席位;指挥模块用于研究想定和管控预案;控制模块用于模拟组网控制席位。

5.7.4 推演系统运行流程

推演系统运行流程如图5.28所示。图中,通过想定制作软件模块制作目标、环境、装备和情报任务等想定,选择已经初步设计好的雷达组网探测资源管控预案。探测预案数据库主要为雷达组网优化部署预案、雷达控制预案、链路控

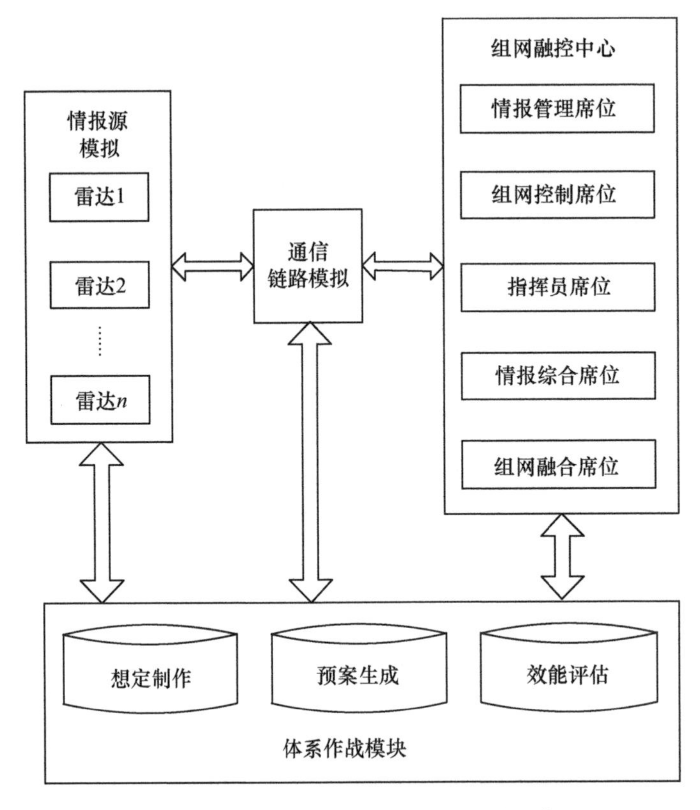

图5.26　雷达组网资源管控预案推演系统组成示意图

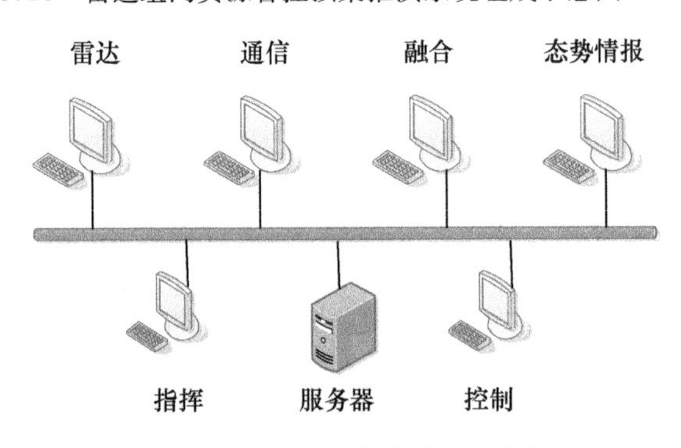

图5.27　推演系统结构示意图

制预案等,形成工程化的控制指令、时序等,网内各雷达按既定预案(控制指令、时序)实施探测,各自形成本地雷达探测信息,按给定的通信链路上传到组网融控中心,组网融控中心选择处理算法和参数,形成统一的系统综合态势情报,将态势情报与原来的环境目标想定数据进行比较,评估体系探测效能,依据评估结果修改体系探测预案,形成不同探测条件下的预案,指导组网探测。

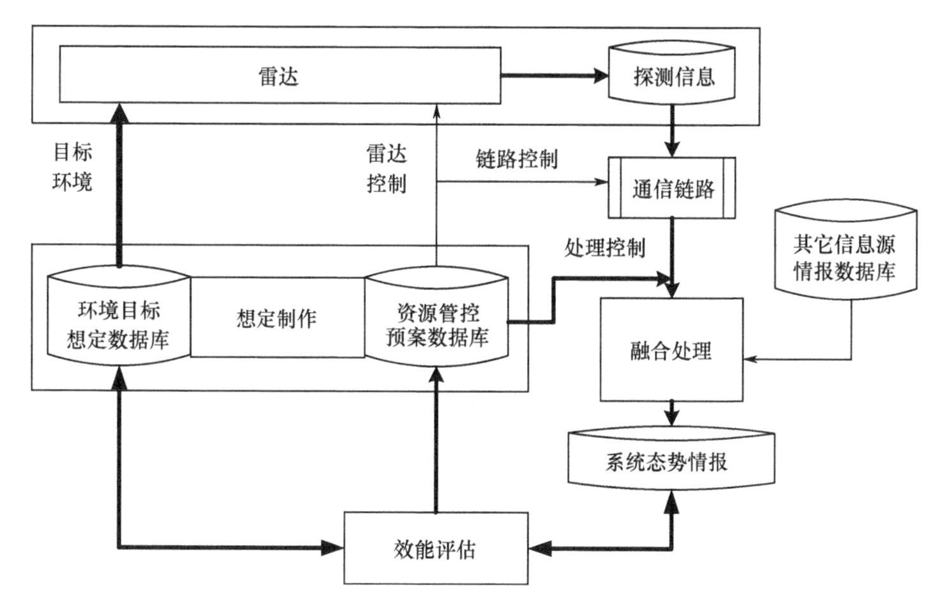

图 5.28　推演系统运行流程图

需要特别说明的是,想定数据库,尤其是目标数据库,可以用导入实际数据的方式生成,或以实际数据为基础,生成实际推演更为复杂的目标环境想定;同时,预案可以用实际装备或类似实战条件的演习进行实践检验。

5.8　体会与结论

针对当前雷达组网探测管控预案工程化缺乏科学规范的技术指导难题,对探测资源管控预案设计、优化和推演各个环节进行了全面深入的研究,研究的有关模型、流程、算法等成果可降低雷达组网探测资源优化管控预案工程化的复杂性,不仅为预案工程化应用提供科学规范的统一指导,而且为指战员作战运用提供参考。

作者研究和实践体会如下:

(1) 雷达组网探测资源管控预案工程化是一项战术与技术紧密结合的综合性复杂技术,涉及要素较多,需要考虑的边界条件较为复杂,不仅预案设计、优化和推演技术需要不断完善,想定库与预案库的建设需要长期的积累,模型库的模型种类需要进一步丰富和粒度需要进一步细化。

(2) 在资源分配方面,大多数研究是针对一般传感器而言,而相控阵雷达具有灵活的波束快速捷变能力,可控自由度更高,将成为未来雷达组网的主要装备,需要进行针对性的深入研究,特别在目标交接方面,相关研究涉及内容还需进一步深入。

（3）在预案模式/参数优化设置方面，由于涉及信息融合与组网雷达的众多模式/参数，各个模式/参数之间的优化设计存在一定的关联性，且各型号雷达的具体参数一般不同，优化设置极其复杂。当前，相关研究需要建立相应模型，开发仿真软件进行验证，并在实践中不断总结经验修改完善。

结论：要在雷达组网系统有效实现探测资源预案化管控，必须要经过预案设计制作、效能仿真对比、推演训练、实装试用等工程化环节。

参考文献

[1] 郦能敬，王被德，沈齐，等．对空情报雷达总体论证——理论与实践[M]．北京：国防工业出版社，2008.

[2] 郦能敬．监视雷达网效能与效能费用比评价研究[J]．现代雷达，2000，22(1)：1－9.

[3] 张杰，唐宏，苏凯，等．效能评估方法研究[M]．北京：国防工业出版社，2009.

[4] 张培珍，杨根源，张杨，等．雷达组网效能量化评估模型[J]．现代防御技术，2010，38(5)：5－10.

[5] 张娟，白玉，窦丽华，等．基于离散化模型的雷达优化配置与部署方法[J]．火力与指挥控制，2007，32(1)：22－25.

[6] 刘巍，崔莉．基于蚁群算法的传感器网络节点部署设计[J]．通信学报，2009，30(10)：24－33.

[7] 卢建斌，胡卫东，郁文贤．多功能相控阵雷达实时任务调度研究[J]．电子学报，2006，34(4)：732－736.

[8] Liu C L, Layland J W. Seheduling Algorithms for Multiprogramming in a Hard Real Time Environment[J]. Journal of the ACM, 1973, 20(1): 44－61.

[9] Jeffay K, Stanat D F, Martel C U. On Non－Preemptive Scheduling of Periodic and Sporadic Tasks[C]. Proceedings of the 12th IEEE Symposium on Real－Time Systems, 1991.

[10] 金宏，王宏安，王强，等．一种任务优先级的综合设计方法[J]．软件学报，2003，14(3)：376－382.

[11] 王永炎，王强，王宏安，等．基于优先级表的实时调度算法及其实现[J]．软件学报，2004，15(3)：360－370.

[12] Lee C G, Kang P S, Shih C S, et al. Radar Dwell Scheduling Considering Physical Characteristics of Phased Array Antenna[C]. IEEE Real－Time Systems Symposium, Cancun, Mexico, 2003: 14－24.

[13] Hasan S M, John D W. Task Scheduling Algorithm for an Air and Missile Defense Radar[C]. IEEE Radar Conference, Rome, 2008: 1－6.

第6章 展示雷达组网效能的实验系统

在前面的论述中,我们已经明确了体系效能的概念、定义,剖析了获得体系效能的机理,并从点迹融合、闭环控制和管控预案三个角度深入阐述了产生和提升雷达组网体系效能的关键技术,那么最后落脚到如何衡量和评估雷达组网体系效能这个问题上来,而体系效能评估的首要前提是明确研究对象,其次要确定评估指标,这是在效能评估实施前的必要准备。

本章首先针对雷达组网体系效能的特点,对体系效能评估的内涵、外延、条件及步骤等一般性问题进行界定;然后从组网体系结构、组网雷达、数据融合结构、数据融合算法、通信网络、闭环控制方案等多个角度论证了雷达组网系统技术体制的选择考虑,在此基础上构建了典型雷达组网实验验证系统来验证和展示雷达组网的体系效能;接着深入分析了该实验系统的设备与软件组成、系统工作与数据流程、系统内外部接口以及主要分系统组成与功能;最后针对雷达组网体系效能的特殊之处,建立了雷达组网体系效能评估指标,为后两章雷达组网体系效能建模仿真和试验评估提供了依据。

6.1 雷达组网体系效能评估一般问题

在构建雷达组网实验系统之前,首先必须明确体系探测效能评估的内涵与外延、体系效能评估与传统效能评估的区别、体系效能评估的要求以及它与体系需求论证和体系试验的关系。只有界定好概念,划分好边界,捋清楚关系,才能更好地构建一个符合体系效能评估的实验系统。

6.1.1 体系效能的特点

分析体系效能,首先要清楚体系的概念。《苏联百科辞典》中对体系是这样定义的:体系是互相联系、互相关联着而构成一个整体的诸元素的集,分为物质体系和抽象体系。《现代汉语词典》则将体系解释为:体系是若干有关事物或某些意识互相联系而构成的一个整体。也有很多文献对体系这样定义:由两个或两个以上已存在的相关系统组成或集成的具有整体功能的系统集合。本书所指的体系是指雷达组网体系,这样的一个体系是一个作战体系,更具体地说是一个预警探测体系,它是按照一定的预警探测目的将人员、预警探测装备通过组网融控中心有机联结起来的一个整体系统。从这个意义上来说,雷达组网体系的作用主要包括两部分:一是通过通信、组织和体制把各个预警探测装备以及融控中心系统联结为一个整体,起到一个总体集成的作用;二是按照作战任务和作战对象对整体的组成部分进行统一管理和协调组织,控制各个部分功能的发挥,使各个组成部分协调一致地完成作战任务,此时起到一个总体调度的作用。

雷达组网体系探测效能,是雷达组网在具体的作战过程,即预警探测过程中的效能体现。由于雷达组网体系的复杂性,其体系效能也呈现出不同于一般简单系统的综合性、动态性、涌现性、对抗性等特点。

(1) 综合性。雷达组网体系是由多个雷达、组网融控中心以及通信网络构成的。整个体系中,单个组网雷达在纵向上与组网融控中心存在着下级情报源与上级情报处理中心的层次关系;由于组网融控中心的作用,单个组网雷达与组网雷达之间在横向上又相互联系、相互影响、相互作用,同时又相互独立的平等部分。整个体系呈现出一定的复合性。这种复合性意味着体系效能不是各个组网雷达或者组网雷达与组网融控中心能力的简单相加。特别是雷达组网体系的总体调度作用更是在其自身性能的基础上结合一系列的战术动作后的最终效果。因此雷达组网体系效能是雷达组网系统性能和战术运用效果的综合体现,呈现出综合性的特点。

(2) 动态性。这一特性包含了两个方面:一是不确定性;二是时变性。不确定性也是由两个方面决定的。首先,一般而言复杂体系的效能指标本身就具有随机性与模糊性,很难用某一个度量衡、评估手段或方法来精确地表述其值;其次,体系实际效能只能在具体的环境下才能体现,不同的环境下体系效能可能不一样,应综合考虑各种典型外部环境等诸多不确定性因素。不同的作战任务、不同的作战对象、不同的战场环境、不同的组网体系构成、甚至不同的操作人员都会直接影响到雷达组网体系效能的最终值。时变性则体现在对雷达组网体系效能评估的时机上。一般意义上的效能评估更多地用事后评估来衡量,然而雷达组网体系效能的发挥在整个体系生命周期过程中是随着使命任务、技术条件以及外界环境的变化而不断变化的,这种评估应该是实时评估与事后评估的综合。特别是实时评估,对于五要素中任何一个要素发生变化时,实时评估则成为指挥员协同控制、调整决策的重要依据。因此,雷达组网体系效能评估应该考虑整个作战过程中时间轴上而不是某一个时间点或者时间轴末端的需求。

(3) 涌现性。系统论中的涌现性原理,即由元素构成的系统具有单个元素不具备的功能,也就是说整体大于部分之和。雷达组网体系正是这样一种基于

“集中—合作—同步”的典型的能力放大功能模式。在物理域中,通过各个部分的互联互通互操作实现了物理意义上的集中。在信息域中,单个雷达将点迹信息传输到组网融控中心进行信息融合,实现了信息的集中;在认知域/社会域中,从单个雷达的空情态势到融控中心的综合态势,实现了各级操作员对态势认知的集中。利用组网融控中心实现体系内各个组成部分的数据与状态的共享,实现时间的同步,实现控制的协同,形成“1 +1 大于 2”的整体效能。整个过程体现出了体系效能的涌现性特点。

(4) 对抗性。雷达组网体系效能是基于对抗双方而存在的。一般意义上来说,如果将一部雷达终端与一批目标理解为一个对抗点,那么雷达组网作战态势可以理解为多个雷达与多个目标对抗点的集合。在干扰条件下,这种对抗就变得更为明显而具体,雷达在发现目标的同时还要尽量减小干扰机或干扰源对其的影响,表现为雷达组网体系与干扰源的对抗;在这一过程中还有许多具有智慧和主动性的人在参与决策,在实时调整和控制体系中的组成部分,对抗条件下的体系效能就显得更为复杂。

6.1.2 体系效能评估的内涵

基于雷达组网体系效能异于一般系统效能的综合性、动态性、涌现性和对抗性特点,相对应地,雷达组网体系效能评估的内涵也有别于传统系统效能评估,必须在传统系统效能评估基础上进行全面拓展。

首先,明确雷达组网体系效能评估的评估对象。传统系统是以平台为中心,以技术为核心的,因此效能评估是以平台数量和技术程度来描述的,指挥控制过程也是以流程、计划、逻辑等来描述,也就是说传统系统效能评估是以装备或者装备平台为对象。雷达组网体系的核心是体系对抗,不仅包括了单个雷达以及组网融控中心,还包括了反映信息综合利用动态特征的信息流以及五要素中的关键要素之一作战人员。

第二,清晰雷达组网体系效能的评估边界。传统系统效能评估是以物理域为评估边界;而雷达组网体系从预警体系“情报、目标、环境、装备、人员”五要素来看,多域融一体系探测理念是雷达组网体系的基本原理,是雷达组网体系效能得以产生和提升的条件,因此雷达组网体系效能评估是以物理域、信息域和认知域/社会域“多域融一”为评估边界条件的。

第三,把握雷达组网体系效能评估的目标。雷达组网体系效能评估必须从整体的观点和联系的观点出发,把单个雷达、组网融控中心、通信链接、作战人员等作为一个整体,整个整体中既有有形的物质,又有无形的智慧,因此该体系的评估目标不能简单停留在系统性能的衡量上,更重要的是体现体系与个体在效能的差异,突出体系相对于个体在效能上的提升。

第四，确定雷达组网体系效能评估的指标体系。指标体系是雷达组网体系效能的直接和具体表述。雷达组网体系效能所体现出来的综合性和动态性决定了指标体系的多维性和变化性。同时，雷达组网体系效能，从技术上得益于多体制、多频段、多类型雷达的互相补充、互相验证和互相加强，从战术上得益于灵活的组网配置以及机动的预案实施。不同数量、不同体制、不同功能和不同频段雷达的灵活组合使用，并将其探测信息融合处理，使得主要作战性能具有动态特征，瞬时作战效能与雷达的数量、部署和数据融合方法等因素有关。因此，雷达组网体系效能评估指标不同于传统系统的静态指标体系，而是静态动态结合的、战术技术结合的、多维的指标体系。具体指标体系的论证在6.5节中会详细分析和阐述。

第五，合理选择雷达组网体系效能评估方法。雷达组网体系效能评估的评估标准和方法是多样的，可以从多个不同的角度来衡量，例如系统优势、信息优势、决策优势、体系优势等，这也有别于传统系统效能评估以系统优势为主要工作。在雷达组网探测过程中，组网融控中心以数据和信息为主导，在整个体系结构中不仅产生了物质流、通信流，还包括了决策流、状态流。特别是决策流能够根据五要素的变化及时做出反应，并反馈控制命令到单雷达端，最终将决策优势、信息优势和系统优势综合构成体系优势。因此，从这个意义上来说，雷达组网体系效能评估标准和方法应该是多角度、多侧面的。

6.1.3 体系效能评估的外延

体系效能评估的外延描述了体系效能评估与体系研究其他方面的关系。一般来说，武器装备体系研究的主要内容包括体系需求论证、体系结构分析与优化、体系综合评估、体系试验等。作为武器装备发展的重要环节，需求论证与试验评估关系紧密。如图6.1所示，体系需求论证为体系试验提供基本输入，而体系试验为需求论证结果的评估提供科学有效手段，评估结果又反过来验证体系需求论证的有效性和针对性。因此，体系效能评估是体系研究中的重要组成部分。

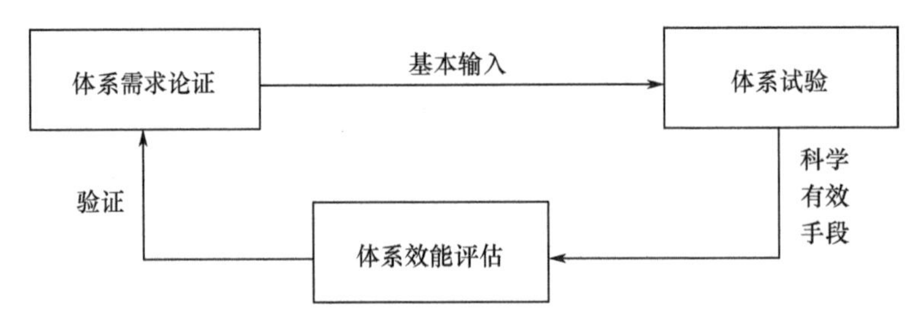

图6.1 体系效能评估与需求论证及试验的关系

总结雷达组网体系效能评估的作用如下：

(1) 是雷达组网体系发展和建设需求论证的先决条件，也是需求论证的验证手段。

(2) 是雷达组网体系试验的后续环节。

(3) 为雷达组网体系配套的人才培养和训练演习提供了重要依据。

(4) 是制定组网部署和战法运用最佳方案的可靠保证。

面对未来战场作战对象的复杂性、战场环境的复杂性，雷达部队指挥机关和指挥员要正确分析敌我情况，准确把握影响作战效果的关键因素，论证试验战法的有效合理性，合理部署组网雷达和制定最佳工作模式及参数方案，都需要借助体系效能评估结果来论证。反之，缺乏对作战态势的实时把握，缺乏对作战结果的有效评估，必将会使得预案及措施具有很大的盲目性，影响到整个体系效能的有效发挥。

6.1.4 体系效能评估的前提条件

基于复杂网络的观点，雷达组网体系以通信网络形成的物理关系网为基础，以指挥协同控制信息流为核心，以不同体系的多部传感器为要素，形成了一个“网络的网络”。体系建立的过程，就是将系统内的诸如指控、传感器、通信等系统平台“节点”联合起来，构成一个动态、开放、一体的复杂网络系统的过程。从外部来看，雷达组网体系是一个多部件组成的特殊集合。在体系内部，虽然表面上呈现为相对独立的各个雷达装备、中心融控系统，但是相互之间却存在着特定的结构关系，特别是在体系对抗中表现为一个整体。从这个角度来说，体系中任何一个构成单元的性能和状态、构成单元之间的层次和关系等这些因素都直接影响了体系整体效能的发挥。

从预警体系的“五要素”视角看，目标、装备(组网雷达装备、通信设备、中心融控系统)、战场环境、指挥员与操作员、情报信息相互铰链，目标和环境的匹配程度、指挥员对综合态势的判断和采取战法的有效程度、操作员对装备操作的熟练程度等因素都直接影响到了体系探测效能。

在本书 1.3 节的论述中也提到，对雷达组网体系效能进行描述和分析，必须首先明确边界条件。只有给定有关边界条件时，雷达组网的基本探测能力才能明确，其体系探测效能就可以用具体的量化值描述，如探测范围、探测精度、数据更新时间、航迹连续性、处理时延、处理容量等。反之，当改变有关边界条件后，其体系探测效能就会发生相应的变化。

因此，研究雷达组网体系效能的前提是明确研究对象，对其体系结构、基本组成、主要功能以及内部数据流程等进行分析，为采用解析法与仿真法相结合来评估其效能奠定基础。

6.1.5 体系效能评估的步骤过程

对雷达组网体系效能进行全面分析，不仅要定性和定量评价相结合，还要系统技术战术单一指标和多项指标相结合。体系效能的验证评估过程必须相当细致和周密[1]，归纳起来，主要包括三个大的环节（体系效能评估准备，体系效能评估过程与实施，体系效能评估结果分析）及一系列具体分析步骤，总体流程如图6.2所示。

（1）明确雷达组网系统任务需求。从雷达组网系统体系作战任务出发，分析体系作战需求，明确对系统的战术要求。特别是对预警探测五要素进行详细分析，明确作战任务，掌握目标特性，弄清战场环境，了解我方雷达和系统情况，同时对我方指挥人员和操作人员情况做到心中有数。

（2）构建/定义雷达组网实验系统。重点是明确验证体系效能的实验系统结构、功能、工作流程以及性能等。要求是尽量与真实雷达组网体系保持一致性，贴近实战。

（3）定性与定量指标相结合，战术与技术指标相结合，确立组网系统体系效能指标体系。要求既要符合系统技术特点，又能够确切体现战术任务要求；既符合一般复杂系统指标体系构建原则，又能够突出组网系统指标体系的特殊性。

（4）确定效能评估方法。根据不同层次指标或不同属性指标，选择适当的评估方法，为后期具体评估过程的实施提供依据，比如统计分析法、建模分析法等。

（5）在评估方法确定的基础上，将不同方法应用到指标求解过程中，对于建模分析法建立起相应的军事模型、数学模型，对于仿真分析法构建起仿真系统，对于实战分析法根据具体检飞科目设计相应的检飞试验方案等。整个过程之间互相有交叉，互相有联系，都是根据不同指标的特点采取适宜的分析方法。

（6）准备数据。数据的准备过程实际上也是得到数据的过程，根据评估方法的不同，例如现场检查法、检飞试验法、仿真分析法开展相应的试验，并采集试验过程中的数据。在数据准备过程中，要特别注意数据来源不同带来的差异性，例如数据的特点、属性、规律以及有效性、可信度等问题。

（7）体系效能计算具体实施。根据体系效能各指标分析方法的不同，在数据准备充分的基础上开展具体的体系效能计算，这一过程包括程序设计、数据处理、数据管理等。

（8）对上一步评估结果进行汇总和综合，得到雷达组网体系效能评估结果，并输出。

（9）由于雷达组网体系效能的动态性，当体系效能评估的边界条件发生变化时，体系效能也随之发生变化，重复上述步骤中的（3）~（8），根据预警探测五要素的变化重新构建体系效能指标，完成体系效能验证评估过程。

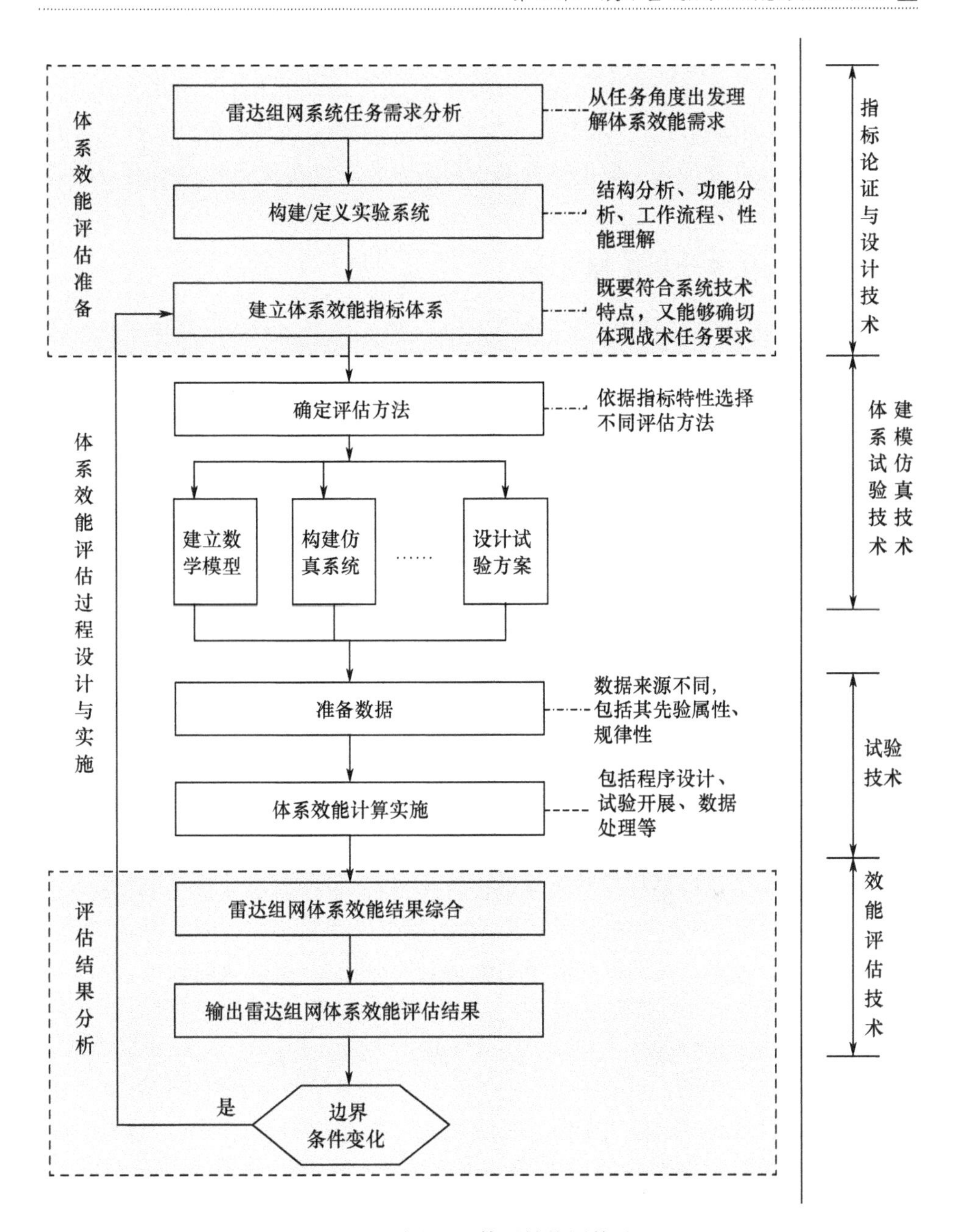

图 6.2　雷达组网体系效能评估过程

6.2　组网实验系统技术体制选择考虑

构建雷达组网实验系统首先要解决的问题就是实验系统采用什么样的技术

体制,包括实验系统体系结构如何选择、组网雷达有什么样的要求、采用什么样的数据融合结构、需要包含哪些数据融合算法、怎样在系统中体现闭环控制理念以及通信网络如何构成等。本节就上述雷达组网实验系统技术体制选择的主要因素展开分析,在此基础上提出一种基于点迹融合与资源优化管控的系统解决方案。

6.2.1 组网体系结构选择考虑

体系结构是体系的重要表征。雷达组网实验系统的体系结构是指实验系统的组成情况,及各组成部分之间交互、关系结构的描述。雷达组网实验系统按照体系结构进行运作,强调各组成部分的协同与配合,发挥体系的整体效能。研究雷达组网实验系统的体系结构,可以认清其内部组成间的复杂结构关系,有利于认识体系对抗过程中的规律,有助于评估雷达组网实验系统的体系效能。

雷达组网的技术体制分类与雷达体制、数据融合结构和算法、通信网络节点、协同控制方案等诸多因素有关,不同的技术体制对应不同的组网方式。对应地,雷达组网实验系统体系结构的选择也必须综合考虑目前组网雷达体制、数据融合处理结构和算法、通信网络、协同控制等技术因素,例如融合的信息、融合的方式、组网融控中心与组网雷达的控制关系、组网雷达之间的信号相参性、通信方式等不同,组网体系结构也需要随之发生变化。

融合的信息和融合的方式是决定雷达组网实验系统体系结构的重要因素。首先来看选择什么样的融合信息最为合适。从目前现役或未来将装备的雷达和通信设备现状、对雷达进行改造能达到的技术水平以及现有的信息融合技术水平综合来看,若采用信号级和检测级融合方式,目前雷达通信系统难以支持,融合算法工程应用也不甚成熟,技术风险较大;若仅采用航迹综合融合方式,虽对通信要求较低,但多雷达的探测潜能不能得到充分挖掘,组网效能较低;若选择多雷达 N 发 N 收的非相参点迹融合方式,组网效能较高、技术难度可以克服,是目前比较有效和可实现的。

确定了融合信息为“点迹+航迹”之后,还需要确定融合的结构和方式。从第3章的分析可以知道,应用于雷达组网系统的融合结构包括集中式、分布式和混合式三种,而对于 N 发 N 收的非相参点迹融合方式而言,采用集中式的融合结构最为理想。

因此,构建雷达组网实验系统应以防空情报雷达为主体,技术体制特点是雷达工作参数远程实时监控、集中式多站雷达点迹融合与组网信息多信道传输。

无论采取何种体系结构,都需要将灵活性摆在首位[2,3]。系统体系结构的灵活性越好,系统适应战场的能力就越强,体系作战效能就越高。这种灵活性设计思想主要体现在以下三个方面:

1）作战使用方式

（1）系统配置使用灵活性。从外部组成结构而言，雷达组网实验系统应该能够同时满足固定式和机动式的要求，能够依托通信设备，根据完成任务的不同，对系统规模进行选配，包括入网雷达的数量、融控中心的配置以及通信设备的种类等。依据具体任务，从整体机动式衍生出半机动式与固定式等不同的实验系统配置。

（2）组网雷达接入的灵活性。从实验系统内部接口而言，无论系统最终配置规模如何，要能够保证不同功能、不同体制、不同频段的雷达都能组网。首先，组网雷达接入的数量是灵活可变的，接入的可以是机动雷达，也可以是固定站雷达，也可扩展接入气球载、无源等各种体制雷达信息，能较好地适应不同作战需求。其次，在满足通信条件的前提下，对组网雷达的部署没有特殊的要求，能够实现即插即用，即时入网。

（3）资源优化使用和闭环控制的灵活性。组网实验系统要根据模拟作战任务，能灵活优化使用网内多种资源，为指挥员掌握整个组网区域的情况、确定组网探测方案、快速下达作战命令和分析判断空中情况等方面提供决策支持。战前，通过对雷达的优化部署和探测模式的设计，为发挥系统整体探测效能提供基础。战中，在对组网雷达工作状态、通信链路状态、空情监视的基础上，实时对系统的探测能力进行评估，并结合作战任务，实时控制组网雷达的参数、通信网络的链路和传输速率、信息处理融合算法的参数等，实现组网雷达网络化使用与管理战法灵活应用与创新，以获得最佳的整体探测效能，为雷达兵网络化作战提供灵活的战术运用平台，实现雷达兵战术和组网技术的紧密结合。

2）系统工作方式

（1）软硬件设计灵活性。由于雷达组网实验系统的融合信息主要是点迹，因此数据量比较大，对通信的要求也比较高，因此系统在软硬件设计上首先要具有高可靠性。每个终端承担相对独立的功能，能够满足不同操作人员在组网探测过程中的职责要求。应用软件模块，特别是数据库和预案设计模块等具有即插即用的接口，同时能够方便地对应用软件进行维护、升级和移植。

（2）多种信息融合方式一体化设计的灵活性。针对不同想定、不同雷达的性能，实验系统设计需要将点迹融合、航迹融合、干扰源定位、点/航迹混合融合和选主站方式等多种融合方式汇集于一体，根据组网雷达的实际情况和模拟作战任务的特殊需求进行不同的选择，满足点迹、航迹、状态信息、勤务信息等各种雷达探测信息的接入。

（3）信息输出格式和方式的灵活性。系统输入和输出信息格式能以多种信息格式兼容，采用开放式技术体系结构，具备与其他指挥自动化系统兼容的能力。

3）通信网络结构

要求通信网络能在不同的战场环境中，以多种通信手段构建混合通信网络。一般情况下，光纤通信是实验系统最佳的通信手段，组网融控中心位于光纤网的节点，各雷达站位于光纤的端点，能逐步实行栅格式组网方式。在有线通信实现困难的情况下，可以酌情考虑无线数据通信，例如散射、微波、短波等，这些方式和手段的使用作为应急手段，视组网实验系统部署地区的实际情况选配。

6.2.2 雷达选择考虑

雷达是组网体系中的重要节点，选择哪种体制、具有哪些功能、工作在哪个频段的雷达，雷达与雷达之间以哪种方式进行部署，这些都直接影响了雷达资源的利用率，直接影响了雷达组网体系的效费比，直接影响了雷达组网体系效能的发挥。因此，为实现组网实验系统体系效能最优化的目的，在选择雷达时需要考虑以下几点[4]：

（1）对网内雷达总体性能的要求。雷达是雷达组网实验系统获取点迹信息的源头，系统要求有不同体制、不同功能、不同频段和不同数据率的雷达优化部署，尽可能获取目标在不同频域、不同空域、不同时域的点迹信息，为点迹融合创造条件。多部雷达接入实验系统形成了一个雷达组网，对网内雷达性能的总体要求是：

① 由多体制、多功能和多频段的雷达组成，便于优势互补。

② 每个雷达具有较好的总体性能，如采用较先进的技术体制，有较好的测量精度、反地杂波能力和抗综合电子干扰能力，有快速开关机与闪烁工作方式，能自动输出干扰源指向等。

③ 雷达能实时输出点迹、航迹和其他雷达组网实验系统融控中心所需的组网信息。

④ 雷达具有较高的数字化水平和较好的自动监控能力，便于实时控制。

⑤ 雷达具有较好的接口能力和信息格式标准，便于互联互通。

⑥ 雷达具有较好的基点定位精度与工作时间统一性，便于融合算法实施。实践结果证明，从现役雷达的技术体制和性能看，一维机相（频）扫体制三坐标雷达具有较好的组网优势，是首选的组网雷达。

（2）对雷达组网能力的要求。具体体现在对雷达信息接口和格式的要求上，包括：

① 输入输出信息内容：既能按要求输出点迹、航迹信息、干扰源指向和雷达工作状态信息，又能接收并实现组网融控中心对雷达的控制命令，还能显示组网融控中心融合后的区域综合情报和其他指挥信息。

② 信息格式：满足一定标准的格式要求[5]，并兼容常用的信息格式。

③ 接口形式和数量:网络和串口两种接口形式,接口数量可扩展。

(3) 对组网雷达输出点迹的要求。多雷达输出的点迹信息是雷达组网实验系统融控中心进行数据融合的首要条件,对雷达输出点迹信息的要求包括:

① 实时性和时间稳定性:要求雷达实时输出点迹信息,保证多雷达点迹融合的时效性;而且时标信息要准确和稳定,避免时间波动。

② 完整性:要求点迹信息各要素表达要完整和统一,特别是三坐标雷达高度信息。

③ 可靠性:要求输出点迹的质量信息分级明确和统一,可靠和可用。

④ 可控性:要求输出点迹数量可控,通过控制雷达点迹输出的区域、检测门限、过滤方法,输出点迹数量满足传输速率和融合算法的要求,为提高系统发现概率奠定基础。

⑤ 唯一性:要求点迹在距离、方位和高度上不分裂,一个目标回波唯一对应一个点迹。

(4) 对组网雷达可控能力的要求。组网实验系统融控中心对组网雷达进行实时控制的目的,是提高系统的作战灵活性,在复杂战场环境下提高对特种目标的探测能力。具体体现在:实时协同反侦察、抗复杂电子干扰;实时协同探测低空、小目标和隐身目标;协同跟踪高速高机动目标,提高跟踪连续性、精度和数据率。实践证明,组网雷达可控性越灵活,组成的雷达组网实验系统灵活性就越好,系统战场适应能力越强,作战效能越高。所以对雷达可控能力的要求是:

① 雷达具有较高的数字化水平和较好的自动监控能力,雷达发射机、接收机、天线、信号处理、录取、天控等分系统的工作参数和状态都能被实时监视和控制;

② 使系统在作战使用选择、组网雷达配置、工作模式优化和可扩展性方面都具有较好的灵活性;

③ 系统能通过对多雷达的优化部署和工作参数的实时控制,实现网内雷达资源合理调配、优化使用和协同工作,为雷达兵网络化作战提供灵活运用平台,便于雷达兵战术和组网技术结合应用的创新。

只有充分考虑到以上因素,并对组网雷达进行有针对性的接口改造,才能够为数据融合算法的实现提供前提保证,才能够实现组网实验系统融控中心对雷达工作的实时监视,才能够为组网雷达网络化使用与管理战法灵活应用与创新奠定基础。

6.2.3　数据融合结构和算法选择考虑

从雷达组网系统的发展趋势来看,随着探测装备组网的规模越来越大,对组网装备的控制会越来越灵活;随着数据融合方式的越来越深入和复杂,系统的整体性能会越来越优越。

前文 3.1 节中对信息融合技术在雷达组网中的应用进行了详细分析，在图 3.2 中，根据雷达信息的抽象程度和信息处理流程，基于信号处理和数据处理两个环节将信息融合划分为四个不同的层次，包括信号级融合、分布式检测融合、点迹融合和航迹融合。集中式融合是在雷达组网系统中的组网融控中心进行处理的，这里将四种融合方式与雷达的输出信息和组网融控中心的输出信息对应起来看，每一种融合方式所需要的组网雷达的输入信息都不同，相应地融合处理方式也不同(图 6.3)。

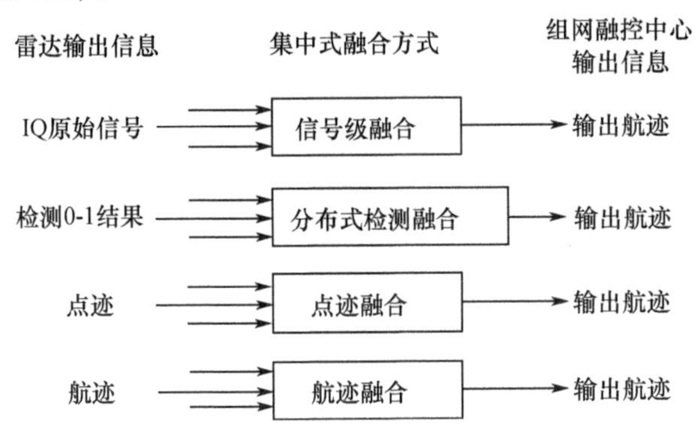

图 6.3　组网雷达输出信息与集中式融合的对应关系

信号级融合要求组网雷达输入雷达观测的 IQ 原始信号，在组网融控中心完成对原始信号的标准化、格式化、次序化、批处理化、压缩等预处理及检测与跟踪等处理，最终输出融合后的系统航迹。分布式检测融合要求组网雷达输入检测判决结果，也就是检测后的"0 - 1"结果，在组网融控中心根据所选择的检测准则形成最优化的局部门限和中心门限，并进行融合，最终输出融合后的系统航迹。点迹融合，属于跟踪级的融合，对应的组网雷达输入信息是雷达点迹，在组网融控中心完成对目标的估计、跟踪，由多部雷达的点迹信息融合建立目标的航迹及其数据库。航迹融合则要求组网雷达输入航迹信息，在各局部雷达输出航迹的基础上进行融合，对目标的探测精度、起始、跟踪的实时性、准确性等方面都弱于点迹融合。

从前文 1.1.7 节中的分析可以看到，现有的信息融合技术水平还达不到信号级融合的要求，目前现有的雷达装备水平也难以输出信号级信息。如果采用信号级和分布式检测级融合方式，通信设备难以支持系统的运转，融合算法的工程实现也比较困难。因此，采用信号级或分布式检测级融合方式是不现实的。对于点迹融合方式而言，其技术水平和工程实现难度都相对适当，也能够在航迹融合方式的基础上发掘多雷达的探测潜能，在现有条件下采用点迹融合方式是比较有效的。

数据融合算法的选择要充分考虑组网雷达在时域、频域和空域能够得到的信息、不同目标的 RCS 特性、运动形式与杂波环境，充分利用这些先验信息，使得算法模型能够适应相应的战场背景条件。举例说明，要提高系统在复杂实战环境中对隐身目标、小目标或低空目标的探测能力，提高情报的连续性、准确性、实时性和态势的分析能力，可以采用雷达点迹自动融合模式为主，兼顾航迹融合、点航迹融合和选主站方式，要求融合算法模型能自动适应不同目标的 RCS 特性、运动形式与杂波环境。

也就是说，对于组网实验系统而言，要充分地体现和展示雷达组网效能，那么在数据融合结构和算法的选择上，在确定了采用点迹融合方式的前提下，仍然还要考虑具体的融合算法和融合参数的设置问题。因此点迹融合算法实际上是一个集合，对应于不同的目标，如高速高机动目标、隐身目标、低慢小目标，对应于不同的战场环境，如压制式干扰、欺骗式干扰、气象杂波等，需要进一步确定具体的融合算法，并对融合参数进行详细设计，这也是资源管控的重要内容。

6.2.4　通信网络选择考虑

通信网络形成的物理关系网是雷达组网体系的基础，是实现多部雷达组网的前提。通信网络的选择，坚持有线通信与无线通信相结合的原则，要在充分利用已有通信线路与设备的基础上，适当增加无线数据通信设备与通信管理设备。这样既能兼容现有多种通信接口，又能满足机动作战的需求，使系统具有多种备份与应急的通信手段，能够有效提高通信网络的生存能力。有线通信主要通过光纤的方式，保证一定的数据传输率和数据误码率；无线通信主要通过散射、微波和短波的方式，保证通信距离、数据传输率和数据误码率。

此外，根据雷达组网体系组网能力的要求，在选择通信网络时，还要考虑到以下几点：

(1) 通信链路上的传输内容。一般包括雷达点/航迹信息、融合后情报、雷达工作状态和控制命令、网络管理维护和话音信息等。

(2) 输出情报格式标准。输出情报格式统一是情报数据能够在组网融控中心进行数据融合的前提。

(3) 网络传输标准。网络传输标准统一保证了情报数据的可联通可传输，是雷达进行组网的基础。

(4) 情报接口数量。雷达组网要求能输入多部雷达情报信息，输出多路情报，并具备可扩展功能，以此保证情报源的多样性。

(5) 从雷达组网体系的安全性角度，还要考虑通信网络的抗干扰能力以及安全防护能力。

6.2.5 闭环控制方案选择考虑

随着组网方式与信息融合方式的发展以及组网雷达可控自由度的提高,对组网内部资源管控的需求不断提升,资源管控的范围也在不断扩展,已成为提升雷达组网系统作战效能的一条重要途径。从战前资源管控预案的设计,到战中实时资源管控算法和策略的选择和实施,再到战后资源管控的评估与反馈,整个过程构成了一个闭环。具体来说,资源管控主要体现在组网雷达优化部署,组网探测预案生成,探测任务分配管理,组网雷达工作控制方案,目标性质综合识别,目标威胁判断,探测效能综合评估,组网探测方案实时调整等方面。

在任务分析的基础上如何进行控制方案预先设计,如何在作战全过程中的适当时机采取适当的控制策略,如何有针对性指导装备选择、优化部署、工作模式与融合算法选择等优化管理与实时控制措施,实现目标匹配探测,这是一项战术与技术结合的复杂技术,其中涉及的内容很多,要考虑的因素也很多,主要包括以下几个方面:

(1) 闭环控制的内容。例如空间管理、时间管理、模式参数控制、附属资源管控、状态评估、任务分析评估等。根据雷达组网实验系统用途以及各组网雷达的战技术性能不同,实际应用中资源管控的内容由雷达性能、信息需求、目标、事件的优先级等众多因素决定,且不同管理功能层次上管理内容也是不同的。

(2) 可供控制的要素。包括目标、环境、雷达、信息处理资源、通信网络以及其他附属资源等;各种指令信息、外部信息、雷达探测信息以及融合情报信息等;还包括不同层次人员对各类信息数据的认知理解、对综合态势的分析决策等。理论上可供控制的要素越齐全越丰富,闭环控制的效果更显著;然而,在实际过程中,要素的可控性受各种原因的限制。例如对雷达的可控内容目前不可能覆盖到发射系统、天线系统、接收系统、信号处理系统等方方面面的参数,仅能对部分参数进行控制;还有对通信网络及辐射设备的可控性也是有限的。此外,目前可控要素的可控程度也存在着不小的差异。

(3) 闭环控制的结构。不同的控制结构呈现出不同的优缺点。根据探测任务要求、组网雷达体制和性能、组网雷达分布方式、网内通信需求和资源、预期达到的管控目的的不同,视情选择集中式控制、层次式控制、组合式控制和分布式控制等不同结构。

(4) 闭环控制的方式。控制方案的形成到具体执行实施,与雷达组网系统管控结构、组网雷达可控性等有着紧密联系。对于不同的组网雷达,可采用基于参数的控制和基于任务的控制等不同的管控方式。

采用优化技术,优化组网雷达作战使用与管理的设计,体现组网大雷达的灵活性，可为指挥员了解整个组网区域的情况、制定组网探测方案、快速下达探测命令和分析判断空中情况等方面提供全过程的帮助。提高雷达兵网络化作战指挥的及时性、准确性和灵活性，实现组网区域多雷达协同探测。

6.2.6　一种基于点迹融合与资源优化管控的实验系统方案

依据雷达组网实验系统的任务和对象的要求，参考国内外雷达组网的现状与发展，针对联合空情预警系统中探测低空小目标、机动目标、隐身目标、巡航导弹等特种目标以及探测情报质量有待提升的难题，在立足于现有雷达、通信装备和现有信息融合技术水平基础上，构建一个典型雷达组网实验验证系统，采用了一种新的技术体制，即基于点迹融合与资源优化管控的方案。

该方案设计抓住了闭环控制的核心，即“点迹融合与资源优化管控”两个重点：利用点迹融合技术实现组网雷达信息融合产生组网实验系统体系效能；利用资源优化管控实现物理域、信息域和认知域/社会域的合一，实现组网实验系统体系效能的提升。通过上述两个手段满足点迹产生、传输、融合和探测效能评估各环节的闭环控制的要求，实现“灵活可编程大雷达”可扩展和可选择的思想。

从功能角度出发，按照体系探测技术体制“多域融一”的理念，雷达组网实验系统划分为雷达探测、通信网络、信息融合、探测资源优化管控四个部分，如图6.4所示。

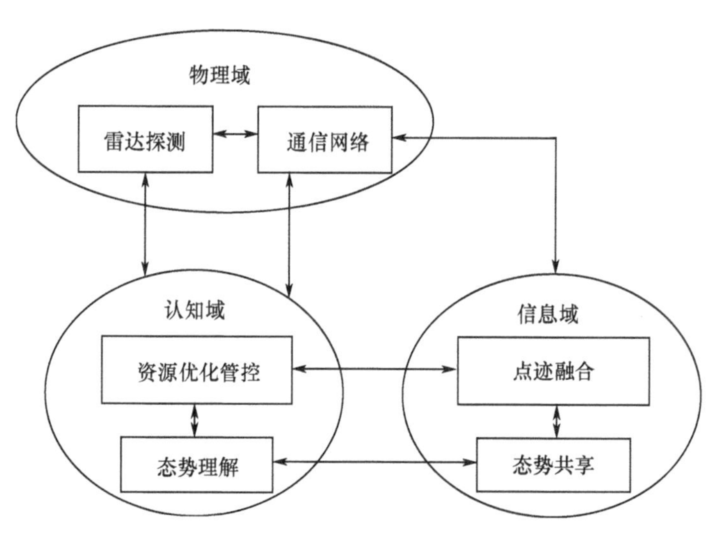

图6.4　实验系统功能框图

雷达探测与通信传输装备属于物理域，在物理域上实现了组网单雷达的探测过程，获得了目标探测信息；并通过通信网络实现网内信息的交互。在物理域中流动的物质过程包括雷达发射脉冲波到接收目标回波信号再到雷达探测信息点/航迹的生成，是有实实在在的物质能量在变化的。

点迹融合与态势共享属于信息域，在信息域中通过点迹融合算法实现了组网雷达的探测信息融合过程，并将空情态势共享到网内的各个终端。在信息域中流动的是信息，更确切地说是探测信息和空情态势，其中态势共享是雷达组网实现协同探测的一个重要条件，点迹融合是雷达组网效能较之单雷达有提升的关键。

探测资源优化管控与态势理解属于认知域/社会域。如果雷达组网只是停留在信息融合方式的引入上，那么这样的雷达组网是没有灵魂的组网，是不鲜活的组网。在第2章中也反复强调，雷达组网效能的进一步提升更多地体现在预案上、控制上；也就是说，认知域/社会域上实现了人与机器的交互，将人对当前共享的态势的理解与人的经验信息结合起来，生成战前的预案、生成战中的资源优化管控决策，并实施到具体的预警装备上，这一过程解决了单纯依靠计算机、单纯依靠算法的僵化性，使得雷达组网变得更加灵活，能够适应五要素所体现出来的多种变化情况，更能够满足预警探测的需求。

总而言之，基于点迹融合与实时控制的方案以雷达探测为输入，在通信网络的基础上，把点迹融合和资源优化管控结合起来，实现了物理域、信息域和认知域/社会域的“多域融一”。

根据本节前述内容对雷达组网实验系统的技术体制进行具体明确：采用了集中式融合结构，通信网络依托有线光纤网，数据融合方式采用点迹融合，具备资源优化管控功能，允许满足接口条件的雷达入网。

从实现过程来看，组网融控中心作为雷达组网实验系统的控制中心，对探测目标信息进行点迹融合处理分析，对系统工作环境和系统资源状态进行实时监视与分析；根据融合前后情报质量的对比分析对系统进行体系效能综合评估；依据评估反馈适时对各类资源（主要是探测资源）进行动态调整，从而获取更多更准确的目标信息输送给信息融合，提高信息融合的质量以得到更完善的空情态势。评估反馈同样也是指挥员产生最优决策的有效辅助，是协同整个系统统一工作的依据。该过程流程图如图6.5所示。在整个流程中，点迹融合与资源优化管控相互交叉联系、相辅相成，构成了一个不可分割的整体。

举几个比较典型的例子：通过控制雷达工作模式、点迹检测门限与点迹输出范围，控制点迹输出的数量和质量；通过控制散射数据通信的链路和数据率，最大限度满足点迹传输的要求；通过选择点迹融合的模型与算法，提高点迹融合的效果和速度，解决雷达群组网探测系统优质情报源的问题。通过这样不同层次的交互方式，将点迹融合与资源优化控制有机结合起来，将战术与技术有机结合起来，共同形成了一个闭环控制系统。

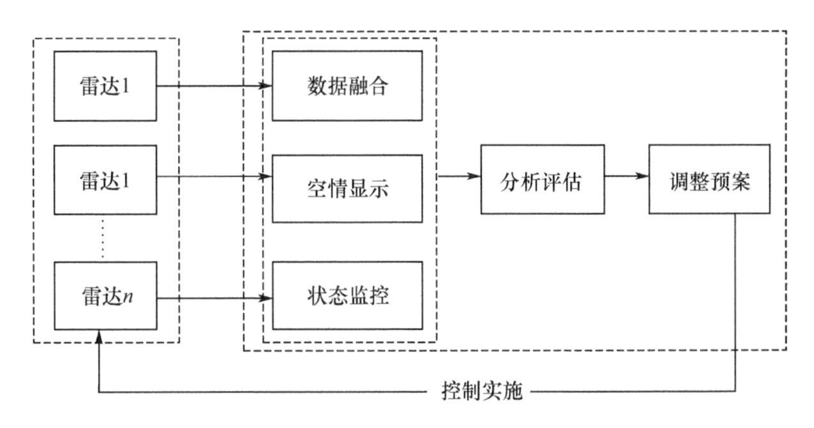

图 6.5　数据融合与系统资源优化结合使用流程图

6.3　雷达组网实验系统基本组成与流程

上一节已经明确了雷达组网实验系统的技术体制和结构，本节重点从实验系统内部设备组成、软件组成、内外部接口、系统工作流程和系统数据流程等角度建立起雷达组网实验系统的系统视图。

6.3.1　设备组成

雷达组网实验验证系统基本组成如图 6.6 所示。主要设备包括通信设备、信息处理设备、网络管理设备、组网雷达等。多部雷达通过有线网络与组网融控中心连接起来，通过有线网络实现组网融控中心与多部雷达的数据共享和态势共享。

信息处理设备和网络管理设备共同构成了组网融控中心。信息处理设备主要实现组网雷达的统一指挥、资源的优化管理、点迹/航迹信息融合与输出、空情态势的显示、预案的设计与调整等功能。该设备通过有线网络与组网雷达进行信息交互。该设备不是一个单独的部件，根据不同的实验目的、使用对象和功能，配置有情报处理、组网监控、态势显示、预案设计、效能评估等多个通用终端，如图 6.7 所示。每个通用终端的硬件结构保持一致，能够实现软件功能的随时切换。每个席位都具备特殊的功能。情报处理终端负责数据融合、处理以及情报的分发等功能；组网监控终端负责对组网雷达的状态进行监控以及组网雷达控制指令的下发；态势显示终端提供区域空情态势显示；预案设计终端可以进行预案的设计、调整和实施；效能评估终端能够对组网实验系统的效能指标进行运算和分析。这些终端功能的实现都依赖于数据处理服务器的支持，通过数据处理服务器后台实现数据融合算法的大计算量需求以及数据库系统的大容量要求。

网络管理设备是信息的传输接口，主要对通信、接入和网络等进行综合集

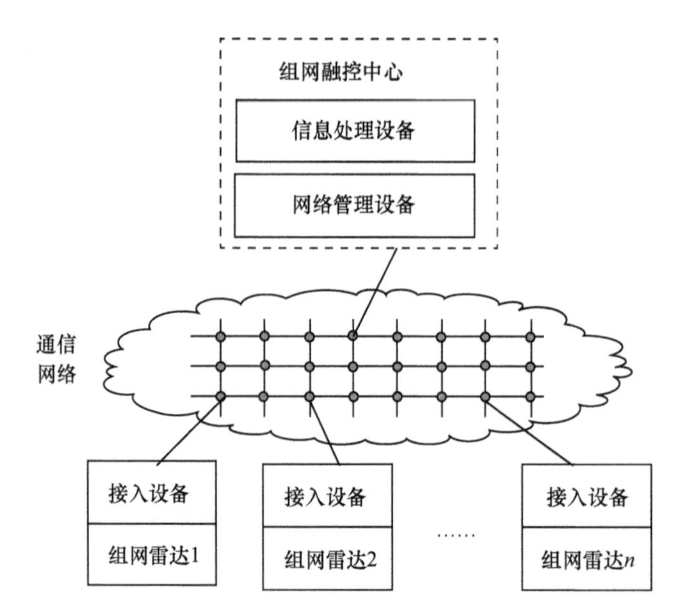

图 6.6　雷达组网实验系统的基本构成

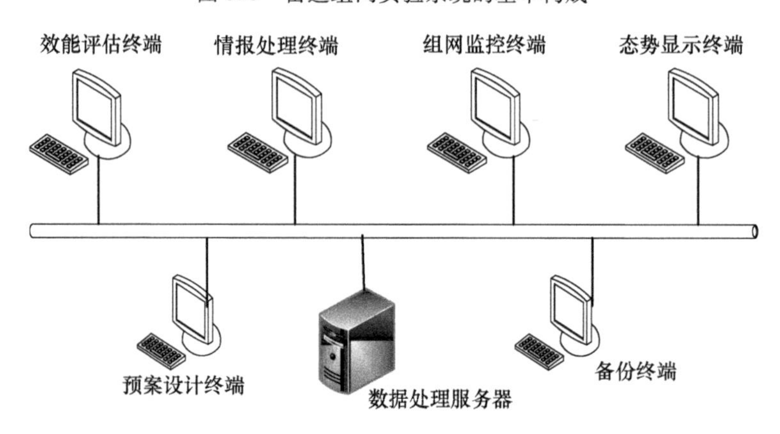

图 6.7　信息处理设备终端示意图

成，完成系统网络管理、信息接收和情报输出等功能。

每个组网雷达通过接入设备实现与组网融控中心的信息联通，完成情报的对上传输和指控命令的接收。同时，每个组网雷达也设置有相应的终端，实现雷达的控制与状态掌握。

在组网融控中心最大接入量范围内，满足入网条件的雷达均可以接入雷达组网实验系统。

6.3.2　软件组成

从软件设计角度来看，雷达组网实验系统应当具有一定的可扩展性，便于组网规模的调整;应当具有开放性,能够实现组网雷达的即时入网;应当采用模块化思想,能够灵活实现各种功能的组合再应用。因此,雷达组网实验系统在软件体系结构设计过程中,采用了分布式客户/服务器体系架构,将软件从结构上分为四个层次,即基础层、支持层、应用层和表示层,如图6.8所示。所有的软件架构建立在硬件层基础之上,硬件层提供必要的主机/服务器、客户机、存储设备以及网络通信设备。这种体系结构能够加强系统的灵活性、适应性和可扩展性,增强系统软件的可维护性,满足雷达组网实验系统的不同实验需求。

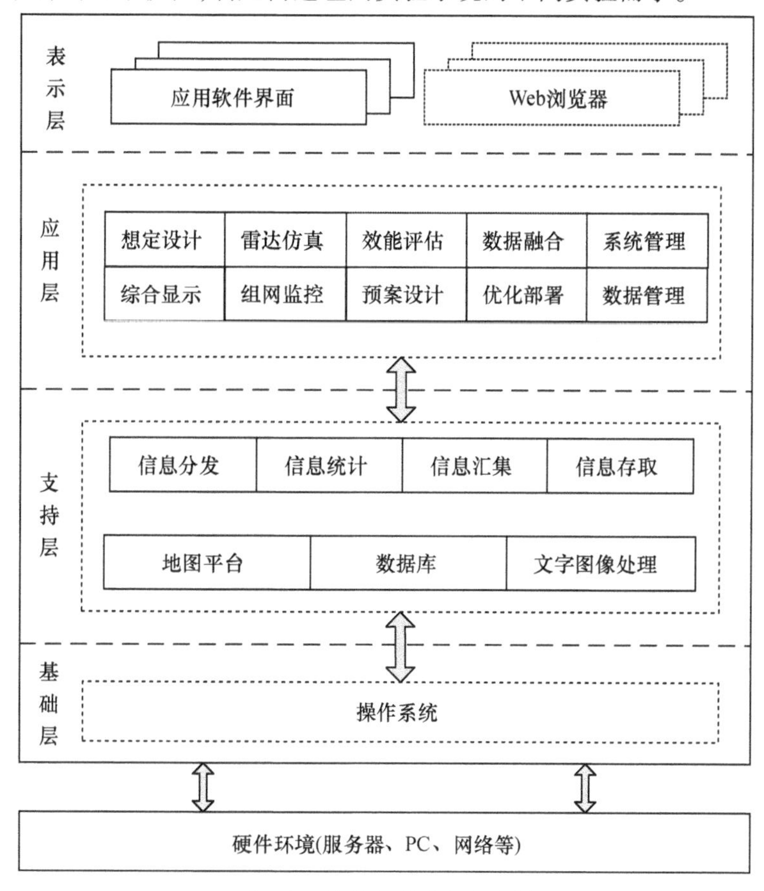

图6.8　软件体系结构示意图

基础层主要是指实验系统赖以运行的操作系统基础。

支持层由两部分组成,一部分主要包括数字地图平台、数据库设计和文字图像处理开发工具等通用环境软件,另一部分是雷达组网实验系统运行过程中多个终端的公共软件,包括信息分发、信息汇集、信息存取等。

应用层建立在通信网络、操作系统服务和数据库服务等基础之上,主要是指满足特定功能的应用软件,包括想定设计、雷达仿真、组网监控、综合显示、预案设计、系统管理等多个应用软件。这些应用软件用来实现各个终端的作战应用功能和逻辑支撑,有利于软件系统的维护、软件复用和软件升级,因此通常都配备有终端界面,能够方便地实现在各个硬件终端上的软件功能切换。

表示层主要通过各个终端应用软件界面和各终端 Web 浏览器来为操作员提供良好的人机交互界面,进行快速准确的操作。其中虚框表示的 Web 浏览器,用于终端根据雷达组网融控中心系统授予的不同数据访问权限通过 Web 服务来访问组网系统内资源,从而实现终端的即插即用和组网系统资源的共享,提高系统的可扩展性。

从功能的角度,表 6.1 列出了雷达组网系统主要应用软件。表 6.2 列出了雷达组网系统主要支持层软件。

表 6.1　应用层主要软件及功能

软件名称	主要功能
想定设计	半实物仿真时进行想定设计,模拟目标及战场环境
雷达仿真	半实物仿真时模拟雷达情报源
预案设计	重点是组网探测预案的设计和实施,包括任务分析、预案设计、预案调整、预案生成以及指令生成等环节
组网监控	监视组网雷达工作状态,对组网雷达进行控制
数据融合	实现点迹融合,包括一系列处理动作,例如数据有效性检验、坐标系的统一、系统误差的估计与修正、坐标转换、点迹相关、航迹滤波、航迹起始、航迹融合目标统一编批、两坐标雷达估高、干扰源定位等
效能评估	实现组网探测效果的静态和动态评估,反馈给预案设计模块,是调整组网探测预案的依据
系统管理	组网信息中心系统管理与维护等任务,关键部件寿命管理,状态显示等
综合显示	空情态势在数字地图上的显示
优化部署	根据任务优化部署组网雷达
数据库管理	管理各种数据库

表 6.2　支持层主要软件及功能

软件名称	主要功能
信息分发	将信息融合处理的结果,根据系统设置的分发方式、优先级以及各自需求,向各节点发布
信息统计	信息的分类及统计
信息汇集	信息的获取与接收

（续）

软件名称	主要功能
信息存取	信息在数据库中的输入输出等
地图平台	提供综合态势显示的地图背景以及相关放大、缩小、归心、漫游、地图标绘等操作
数据库	数据的存储
文字图像处理	系统工作过程中的文字文档以及图像处理

整个系统通过上述硬件和软件相互配合，能够实现以下功能：

（1）对空目标协同探测。雷达组网实验系统作为一部“灵活的可编程大雷达”，对各类空中目标具有协同探测能力，能够实现对常规目标、隐身飞机、无人机等不同空中目标探测能力的试验和评估。

（2）对空中目标协同跟踪。雷达组网实验系统具有对各类空中目标形成连续的系统航迹的能力，能够实现对常规目标跟踪精度和对低空目标、隐身目标、小目标、高速高机动目标跟踪连续性的试验和评估

（3）统一空情按需分发。雷达组网实验系统根据不同的实验需求和通信链路的情况，能够实现各类探测信息的接收以及空情态势和控制指令的下发。

（4）系统资源优化管理。雷达组网实验系统战前通过对作战任务的分析和系统资源的规划与优化，辅助指挥员生成满足作战任务、适合多种作战需求、系统综合效能优化的部署方案。通过实验系统的反复推演，对不同作战场景和作战目标，设计多种不同的应对预案。战时通过对系统资源状态、空情、作战任务的实时监视，系统探测效能适时分析与评估，通过系统资源在空间、时间、频率、信息四个方面的管理，有效利用成熟预案资源，视情调整预案策略，以人机结合的方式决策执行控制指令，形成对系统资源的合理使用，在满足作战任务同时，达到系统资源的优化使用。

（5）对多种情报的汇集与处理。将所有接入点的情报，包括雷达点迹、航迹、状态信息等都接入汇集到组网融控中心，根据不同的空中态势采取不同的数据融合算法进行多数据的融合处理。

（6）对组网雷达的状态监控。雷达组网实验系统融控中心能够对组网雷达的状态进行实时掌握；能够在五要素发生变化时，远程控制组网雷达或者对组网雷达下达控制指令。

（7）对系统效能的评估。雷达组网实验系统能够实现组网探测效果的静态和动态评估，也能够实现组网探测过程中的实时评估和事后评估。评估结果反馈给预案设计模块，是调整组网探测预案的依据，也是调整组网雷达部署的依据。

6.3.3 系统工作流程

根据不同的应用需求,雷达组网实验系统具备不同的工作模式:实验模式、空情重演模式和模拟仿真模式。不同的工作模式适用的场合不同,其中实验模式的任务需求是满足雷达组网体系效能试验要求。

在系统工作前,必须首先进行准备工作,流程如图 6.9 所示,主要包括以下几个步骤:

(1) 根据任务,预案设计终端进行优化部署,包括雷达的数量、雷达的选择以及雷达的优化部署。

(2) 对优化部署方案进行效能评估。

(3) 优化部署结果满足任务需求时,开始雷达的部署与标校以及通信网络的架设;优化部署结果不满足任务需求时,重复(1),直到得到优化后的雷达部署方案。

(4) 对通信链路状况进行检查,如果不满足试验开展需要,则进行相应调整。

(5) 确认通信链路正常后进行预案库检查及准备。

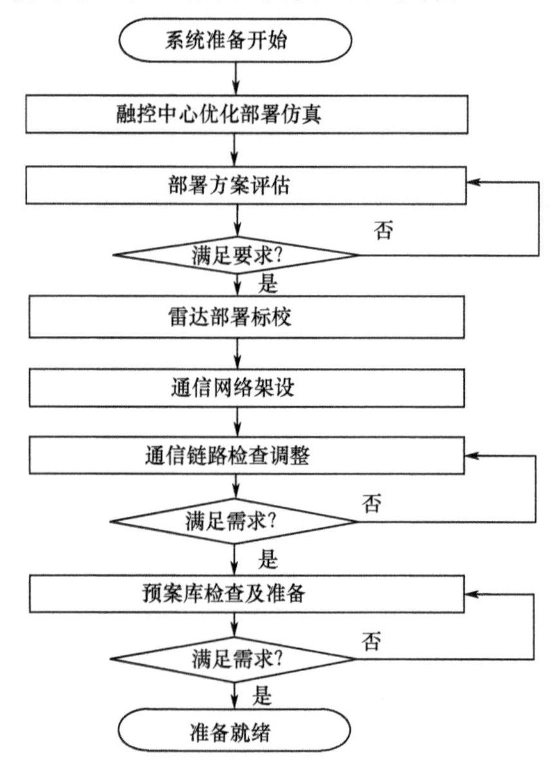

图 6.9 实验系统工作前准备流程

（6）准备工作结束。

所有准备工作就绪之后，系统工作流程如下所述：

（1）接受任务，实验系统初始化。融控中心各显控台和服务器正常启动。

（2）登录融控中心客户端，并对系统参数进行配置。

（3）预案设计终端根据系统任务，进行预案的前期准备工作，预案库中的预案是否满足实际任务需求。如果能够满足，则选择该预案，并通知组网雷达开机。如果预案库中的现有预案不能满足实际任务需求，则利用预案设计终端进行预案的初始设计和调整，直到预案满足需求为止。

（4）雷达开机工作，对工作模式及参数进行设置，按照要求正常工作。

（5）系统管理终端在确认各终端初始化结束后，检查通信链路状态，确认情报通道畅通。

（6）融控中心通过网络管理设备与入网雷达建立连接。

（7）雷达及雷达配套设备上报雷达点迹报、航迹报、雷达控制与状态报、雷达勤务报等给通信设备，并转发这些报文给融控中心。

（8）情报汇集与分发软件经过报文格式转换后，分发雷达情报给数据融合服务器处理，同时将雷达点迹、单站雷达航迹发送给各个终端的空情管理软件。

（9）数据融合服务器将融合后系统航迹和航迹统计信息发送给各个显示终端。

（10）情报汇集与分发软件持续不断地接收雷达和雷达配套设备上报雷达点迹报、航迹报、雷达控制与状态报、雷达勤务报等，经过相应的报文格式转换，然后转发给数据融合软件进行情报融合，数据融合软件融合后将系统航迹转发给各终端显示，发送给系统管理终端进行威胁告警和威胁评估，将威胁告警信息发送给空情管理软件进行显示。

（11）与（7）同时，情报汇集与分发软件持续不断地接收雷达和雷达配套设备上报的雷达干扰、雷达控制与状态报和雷达勤务报等，经过相应的报文格式转换，转发给雷达监控终端。

（12）效能评估终端对当前雷达网探测效能进行实时评估。

（13）在系统工作的过程中，雷达监控终端对雷达、目标、情报和通信链路的状态变化信息进行监控，一旦其中的某一个因素发生变化时，对预案进行调整，并通过效能评估分析调整后的预案。当调整后的预案能够满足当前探测要求时，下发该预案中包含的资源控制命令，控制网内相关雷达的工作方式和工作状态；当调整后的预案不能满足当前探测要求时，继续调整，直至形成满足要求的预案为止。

（14）在上述过程中，持续不断地完成系统状态的更新和空情态势的更新，以供指挥员决策。情报和态势的交互以及网内资源的监视调整是并行的。

(15) 当整个任务完成以后,系统关机。

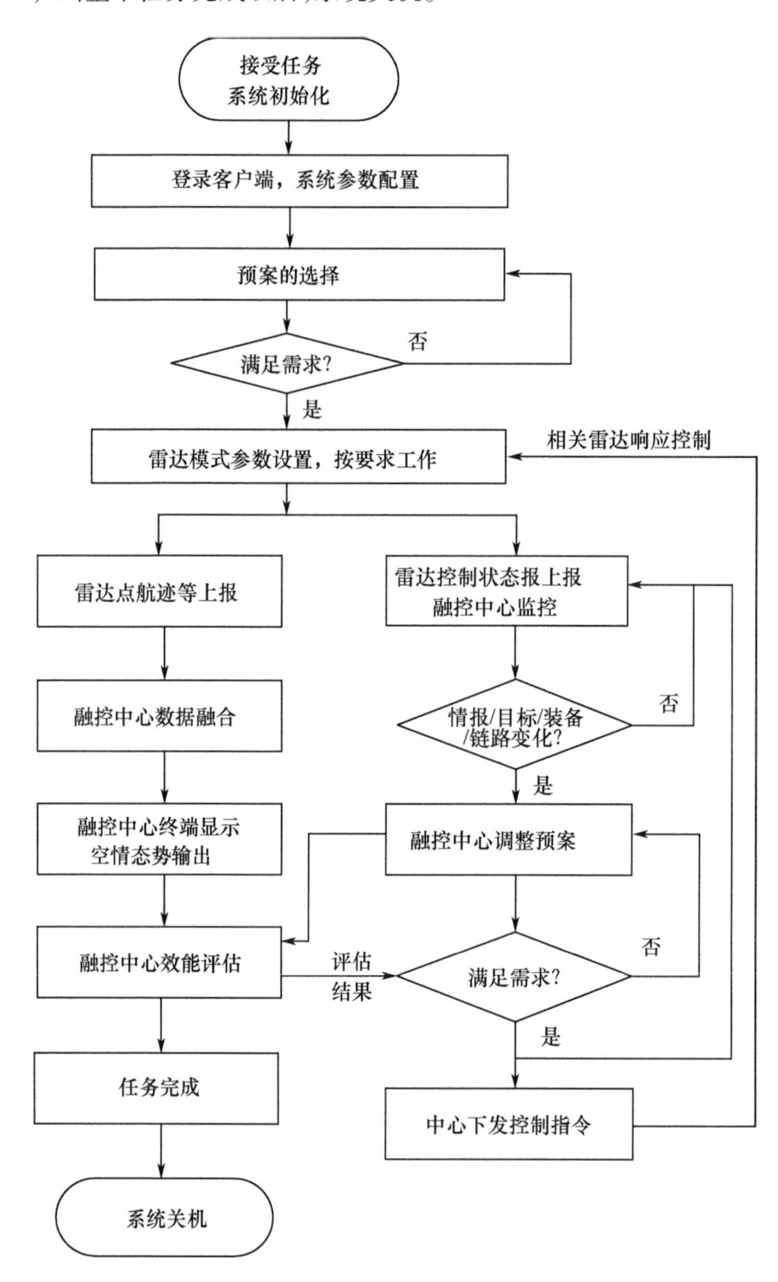

图 6.10　实验系统工作流程图

在系统的工作过程中会产生大量的数据,针对数据的管理采取了三级模式,即"记录仪—本地—服务器"三个层次来记录过程中产生的数据。记录仪连接到单部组网雷达上,记录该部雷达所产生的相关数据;本地终端即图 6.7 中的各终端可以记录一段时间的融控中心以及组网雷达上报的相关数据,但是存储量是有限的,需要定期清理;服务器上利用磁盘阵列等方式进行所有数据的海量存储,相对而言,数据存储量大,保存时间长。

6.3.4　系统数据流程

根据实验系统设备组成和软件功能设计,实验系统内部数据流程如图 6.11 所示。

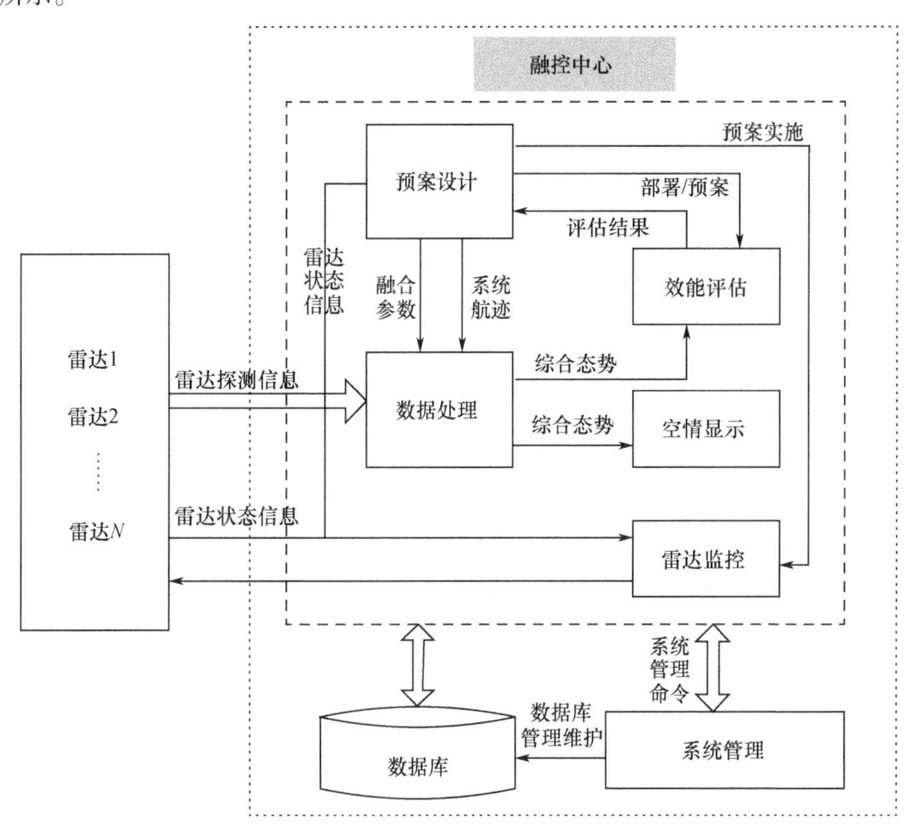

图 6.11　实验系统数据流程图

在整个系统工作过程中,数据库与每个功能模块都有密切的数据交互,系统管理模块与其他功能模块也是紧密铰链在一起的,因此这两个模块是数据交互的基础与保障。

数据流程图中显示在系统内部各个模块之间的数据交互是较多的,数据量也比较大,需要采取相应的措施解决数据量大、计算负荷过重的问题。对于数据交互相对较少的、计算量较小的部分一般在本地终端上实现,如远程控制指令;

对于数据交互比较多、计算量大的部分通常在服务器完成，如点迹相关、航迹起始、航迹更新等。通过这样的方式，提高计算效率，保证系统的实时性要求。

6.3.5 系统内外部接口

实验系统内外部接口如图 6.12 所示。系统内部接口关系主要为区域内组网雷达与组网实验系统融控中心的数据上行和下行关系。上行数据为入网雷达至组网融控中心的雷达点迹、航迹数据和雷达状态信息；下行数据为组网融控中心输出至入网雷达的雷达控制指令和空情态势信息。系统外部接口主要是指输出融合后的系统航迹。

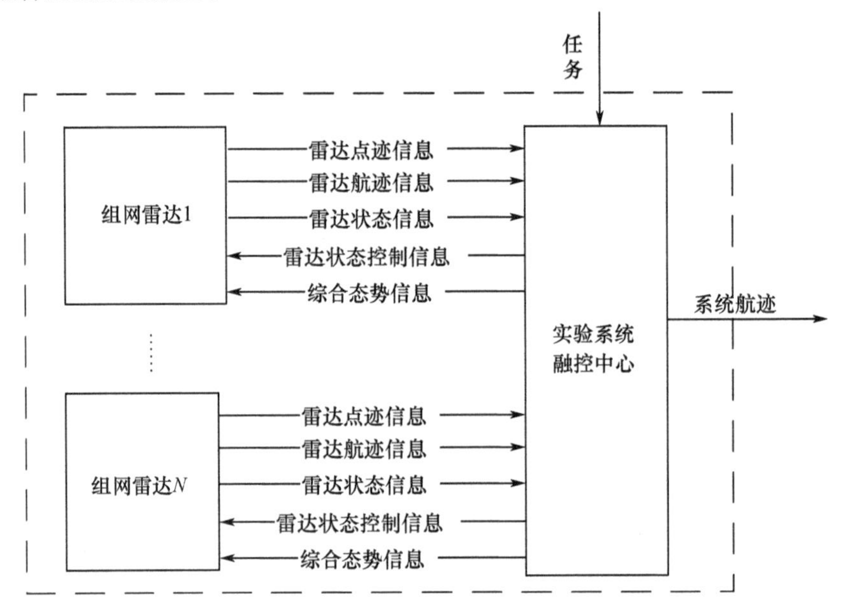

图 6.12 实验系统内外部接口关系

6.4 主要分系统组成与功能

按上述实验系统构成，从功能层面分，雷达组网实验系统主要由以下四个分系统构成，如图 6.13 所示：多雷达探测分系统，探测资源管控分系统，多雷达点迹融合分系统，通信网络分系统。各分系统之间的关系是：探测是重点、融合是核心、控制是灵魂、通信是基础。集中式多雷达点迹融合、雷达工作参数实时监控、探测效能闭环控制方案是实验系统的技术体制特点，也是前文 1.1.6 节图 1.4 中描述的点迹融合与资源管控在雷达组网系统中的作用示意图在工程化实现中的具体体现。

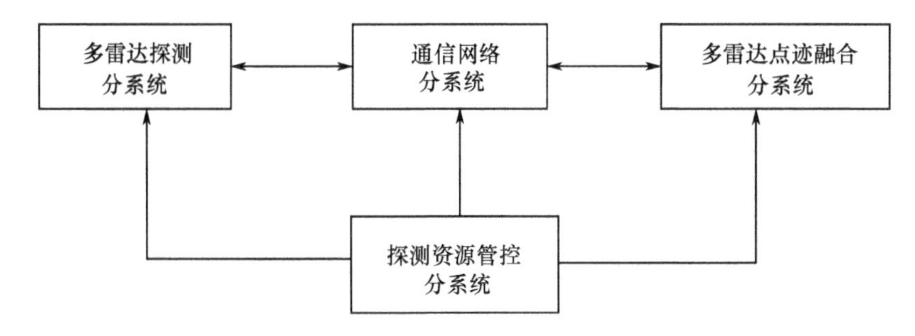

图6.13 雷达组网实验系统分系统组成框图

在上述四个分系统之外,数据是系统的有力支撑,数据的交互一直贯穿着系统的整个工作流程。因此,数据库管理功能也是实验系统的重要功能之一,主要包含两部分内容:数据库和数据管理。数据库是雷达组网实验系统的数据存储中心,是整个系统软件的支撑。它与系统中各个分系统进行各种数据交互,从而达到对系统数据的集中管理。数据管理用于四个分系统基础数据的管理维护,为用户提供方便的录入、修改、删除、查询、统计等功能。包括雷达型号参数维护,雷达及配套设备配置信息维护,阵地信息维护,目标特征数据维护,空域信息维护,要地、机场、保护点信息维护,敌方阵地信息维护,飞机电磁特性信息维护等有关基础信息的管理维护,也包括系统运行过程中产生的组网雷达点迹/航迹、融合后点迹/航迹、雷达勤务报、指挥控制报、干扰报以及综合空情等各类数据的管理维护,还包括系统效能评估结果数据的管理维护。

下面对四个分系统的具体功能进行详细阐述。

6.4.1 多雷达探测分系统及其功能

多雷达探测分系统的主要功能是在组网实验系统融控中心的协调控制下,获取不同频域、空域和时域的探测信息,经信号检测、录取、点迹过滤和相关等处理,向多雷达点迹融合分系统输出点迹、航迹和状态信息。多雷达探测分系统将所辖具有组网能力的雷达传感器组成一个集合,为组网系统按任务优化组合雷达传感器奠定基础;综合收集而来的组网雷达点迹/航迹信息,为情报融合创造了条件。因此,多雷达探测分系统首先是雷达组网实验系统的重要情报源头,提供点迹、航迹、干扰源方位、状态等信息。没有探测分系统,再先进的数据融合技术和资源管控技术都是空谈。同时,多雷达探测分系统又不仅仅是多雷达的简单聚拢,可以通过合理选择和部署构成雷达网,实现协同探测和跟踪,达到体系效能优于单部雷达的效果。

多雷达探测分系统的组成与系统要实现的探测功能是直接相关的。组成多雷达探测分系统的探测装备可以是不同体制的雷达,包括地面防空预警雷达、预警机、气球载雷达、无源雷达、双/多基地雷达等。雷达组网实验系统的主要探测功能包括：常规目标探测、保障引导、低空目标探测、小目标探测、隐身目标探测、高速高机动目标探测、反侦察以及抗电子干扰等。对6.2.2节中实验系统雷达选择考虑进一步细化明确，试验系统的多雷达探测分系统组成要考虑到以下方面：

(1) 选择适当比例的中远程警戒雷达、引导雷达及中低空补盲雷达，频带范围尽量宽；

(2) 引导雷达重点选择探测威力大、测量精度高、抗干扰能力强的三坐标雷达；

(3) 警戒雷达选择探测威力大的雷达以及米波雷达，并尽量提高米波雷达比例；

(4) 低空补盲雷达选择反地杂波性能好、机动性强的雷达；

(5) 尽量选择组网基础较好、数据率高的雷达。

因此多雷达探测分系统的组成一般是由若干部三坐标引导雷达、若干部两坐标远程警戒兼引导雷达、若干部两坐标米波中远程警戒雷达以及若干部两坐标补盲雷达构成，能够覆盖米波、L波段、S波段、P波段，尽量选择采用全相参、脉冲压缩、频率捷变、MTI/MTD信号处理的性能先进的雷达，具备“状态可监视、参数可控制、接口可互通、格式可兼容”的组网能力。图6.11中描述了试验系统内外部接口关系，其中图左侧N部组网雷达其实就是多雷达探测分系统的具体组成，而多雷达探测分系统与多雷达点迹融合分系统的数据交互就是虚线框中间的数据，包括多雷达探测分系统向多雷达点迹融合分系统上报的点迹信息、航迹信息和状态信息，以及多雷达点迹融合分系统向多雷达探测分系统下发的雷达状态控制信息以及综合态势信息。通过通信网络分系统将上述两个分系统联系起来，实现数据交互。

多雷达探测分系统在雷达的选择时要尽量考虑到多部雷达在体制、功能和频段上的互补性，同时分系统中组网雷达的部署也是非常重要的，必须根据任务要求通过雷达优化布站和优化选择，使实验系统探测区域内目标的空间、频率、能量和信号分集更为合理；同时在保证探测网覆盖的连续性、严密性、重叠性的情况下，不浪费雷达资源，从整体上达到最佳的效费比。根据作战任务要求、可能的威胁目标环境，在统一布局的情况下，加强对重点区域部署，择优确定组网区域内已组网的雷达类型。根据任务要求和目标环境，探测分系统中的组网雷达部署要遵循“五个一体化”原则。

(1) 雷达空间部署必须高、中、低空与远、中、近探测空间一体化，并满足信息融合多覆盖的要求。通常要严密低空探测网、完善中高空探测网，并选择有利于发现低空目标的良好阵地。

（2）雷达频段部署必须频率与空间一体化。既要满足抗综合电子干扰的要求，又要满足探测隐身目标的要求，提高雷达组网区域整体抗干扰和反隐身能力。

（3）雷达类型部署必须警戒与保障引导一体化、预警与目标指示一体化。即以区域作战任务，选择适当数量的警戒雷达、引导雷达，并组合空中交通管制雷达和目标指示雷达，实现区域警戒、引导、空管和目标指示功能一体化，满足区域作战的要求。

（4）机动、隐蔽与防护一体化。区域组网系统内机动雷达、隐蔽雷达、诱饵、告警设备部署一体化，并搞好预备阵地、光纤通信接口等配套建设，提高组网区域的稳定性与可塑性。

在具体的优化部署时，结合责任区、重点区域以及分系统内组网雷达的阵地情况，突出“要区重叠、前后衔接”的原则，在组网区域的重点保障方向及高度层重叠系数大于2，通过第5章中构建的雷达组网预案推演系统优化部署功能模块仿真实际部署方案下的各高度层探测区域覆盖范围以及频率覆盖范围等性能指标，充分论证和选择探测分系统中的组网雷达部署方案。

此外，多雷达探测分系统是可扩展的，对外接口数量较多，能够满足接入其他种类的雷达的需求。

6.4.2　多雷达点迹融合分系统及其功能

从信息获取到点迹融合，再到信息显示和信息分发，这就是雷达组网实验系统融控中心从信息输入到信息输出的完整信息处理过程。在这个过程中，点迹融合是信息处理的核心，是提高雷达组网实验系统情报质量、实现“1 + 1 > 2”系统效能的重要方法和手段。

多雷达点迹融合分系统将多雷达探测分系统与通信网络分系统获取到的雷达探测信息充分利用，实现对雷达上报的点迹、航迹及特种雷达情报的融合处理，实现对空中目标的精确感知，为用户提供更加准确、连续、实时和稳定可靠的区域综合态势。多雷达点迹融合分系统完成这一过程，需要对收集到的情报信息进行一系列动作，包括报文解析、误差配准、坐标转换、数据管理、目标跟踪等。对于点迹融合来说，系统误差自校准与实时修正、不同运动特性目标的自适应跟踪与滤波、杂波环境下的航迹起始和跟踪显得尤为重要。

雷达组网实验系统是以点迹融合为主要技术特征的，也就是说以雷达点迹自动融合模式为主，兼顾航迹融合、点航迹融合、选主站等多种方式，来提高系统在复杂战场环境中对隐身目标、小目标、低空目标和高速机动目标的探测能力，来提高情报的连续性、准确性、实时性和态势的分析能力。其中，雷达点迹检测门限、点迹输出区域、点迹传送链路和融合算法选择由探测资源管控分系统控制,形成闭环控制结构。通过控制雷达工作模式、点迹检测门限与点迹输出范围,控制点迹输出的数量和质量;通过控制数据通信的链路和数据率,最大限度满足点迹传递的通信要求;通过选择点迹融合的模型与算法,提高点迹融合的质量和效率。分系统中提供的融合算法模型要能自动适应不同目标的 RCS 特性、运动形式与杂波环境。

因此,多雷达点迹融合分系统中的首要功能是实现点迹融合,包括:

(1) 数据有效性检验及坐标系的统一;

(2) 系统误差的估计与修正;

(3) 点迹融合;

(4) 航迹融合,包括对目标的统一编批;

(5) 情报综合处理;

(6) 两坐标雷达估高、干扰源定位。

其中,数据有效性检验及坐标系的统一、系统误差估计与修正是进行融合处理的基础和前提,点迹融合算法及参数、航迹融合算法参数是融合处理的核心部分。具体的实现过程以及相关算法在第 3 章中有详细描述,此处不再展开。

数据的汇集与分发是多雷达点迹融合分系统的第二大功能。数据的汇集与分发是通过通信网络分系统,实现与多雷达探测分系统、多雷达点迹融合分系统之间的协议转换与信息交互。具体来说,包含了以下几个方面:

(1) 情报获取。在组网实验系统融控中心的指挥下,获取和接收多部组网雷达的情报信息。

(2) 格式转换。实现多种情报格式之间的相互转换。

(3) 情报分类与内部转发。接收的情报信息按情报处理要求分类并转发到相关终端进行点迹融合处理。

(4) 情报分发。组网实验系统融控中心将多雷达点迹融合分系统的处理结果,根据系统设置的分发方式、优先级以及各自需求,向各节点发布综合态势。情报分发是整个信息处理过程中的重要一环,应该遵循“五个恰当”的原则,即将恰当的信息,在恰当的时间、恰当的地点,用恰当的方式,送给恰当的用户。在雷达组网实验系统中,情报分发的用户比较单一,一是将融控中心生成的系统航迹输出分发给上级单位或友邻单位,二是将所有空情数据分发到各个显示终端,实现空情态势的实时显示,三是融控中心对组网雷达的控制指令的分发。

综合显示是多雷达点迹融合分系统的第三大功能。图 6.7 中的态势显示终端可分区显示雷达组网实验系统监视区内的整个空情。综合显示使用高比例尺的数字地图,包括机场、战略目标、城市名称、省界、河流、铁路等相关信息。综合显示除具有对显示画面进行放大、缩小和漫游的功能外,还可采用图形和表格形式,实时显示空中目标动态的信息,并具有空间分析功能以及标注标绘功能。

6.4.3　探测资源管控分系统及其功能

探测资源管控分系统根据作战任务,优化使用实验系统内多种资源,选择雷达工作模式、通信网络和融合算法等,以获得最佳的组网探测效能。探测资源管控分系统为指挥员了解整个组网区域的情况、确定组网探测方案、快速下达作战命令和分析判断空中情况等方面提供决策支持。

以雷达控制、点迹融合和效能评估为特征的闭环控制结构原理如图 1.7 所示。结合该原理图,探测资源管控分系统的功能包括以下几点:

(1) 优化部署功能。雷达组网实验系统在基础数据库的支持下,根据作战任务,综合考虑雷达资源、阵地环境等因素,对各种要素进行重新组合和部署,辅助指挥员生成满足作战任务的雷达部署方案,为多雷达数据融合源点迹的获取提供保障,为探测资源的优化使用奠定基础。优化部署以雷达数据库、阵地数据、RCS 数据库,单雷达探测模型和组网探测模型为基础。系统优化部署的流程包括:根据作战任务、战场环境和战场资源确定部署结构和参数;依据评估指标和评估方法确定优化目标;在适当的部署准则前提下生成部署方案,最后通过效能仿真评估对方案进行优化和选择,从而确定最终部署方案。优化部署的最终成果是生成满足作战任务的探测资源布局最合理、体系探测效能最优的部署方案。

(2) 实时监视功能。通过对空情、雷达情报、雷达状态、电磁环境和通信链路的实时监视,掌握作战任务、战场环境、系统内资源工作状态和工作参数,并进行实时的评估与分析,为指挥员产生最优决策提供依据和基础。

(3) 优化管理功能。通过分析现有雷达网状态的探测能力和威胁评估等,结合组网雷达工作状态监视,优化管理和控制组网雷达、通信网络的链路和传输速率、信息处理的融合算法和模型,实现组网雷达网络化使用与管理战法灵活应用与创新,以获得最佳的整体探测效能。

(4) 辅助决策功能。主要是指将战术与技术紧密结合,在五要素发生变化时,根据探测效能的评估,通过组网探测预案设计、探测任务分配和管理、组网探测方案实时调整等方式,为决策者提供作战决策的预案和指挥过程中的支持,提高系统作战指挥的及时性、灵活性和准确性。

6.4.4　通信网络分系统

通信网络分系统通过接入有线光纤网和无线手段构成的自主通信网,实现多雷达探测分系统、多雷达点迹融合分系统及情报用户之间的信息传输,并通过通信网络管理,实现各节点间信息的稳定传输。主要功能包括以下三个方面:

(1) 信息传输功能是指依托通信设备和通信网络,保障各种组网信息的实时传送。不同的通信条件下采取不同的组网方式。组网实验系统主要依托光纤通信设备,可以构成栅格式组网方式;若以光纤与散射通信设备相结合,可以构成混合组网方式。在通信网络上传输的信息内容丰富多样,主要包括数据信息与语音信息两种。

(2) 接入功能是指能够接入现有光纤通信网或电话交换网,实现各节点之间的数、话通信。

(3) 网络监测功能。实时监测网络的数据状态、通信设备的工作状态和链路的通信质量,能够实现路由切换和流量控制,提供通信网络的配置监控图和状态监控图。

6.5 雷达组网体系探测效能评估指标

根据图 6.2 中雷达组网体系效能分析步骤,在构建了雷达组网实验验证系统、明确了实验系统的基本组成与流程、了解了实验系统主要分系统与功能之后,需要对组网实验系统体系探测效能建立起评估指标体系。

体系效能评估指标是进行系统设计和实施的基本依据,也是对系统进行定性评估、定量测试或试验的凭据。评估指标确定的好坏,不仅直接关系到系统建设质量,而且直接影响系统的使用效能和效益。建立雷达组网体系探测效能评估指标,必须明确体系探测效能指标构建的一般原则,清楚雷达组网体系探测效能指标构建的特殊要求,有针对性地构建满足体系效能评估和实验要求的指标体系。

6.5.1 体系探测效能指标构建的一般原则

雷达组网实验系统首先是一个战略预警系统,因此在评估模型构建和评估方法上,要遵循系统性、定性定量相结合、规范性原则,在评估指标选取上,要遵循完备性、可用性、针对性、独立性、敏感性和可测性等原则。具体来讲体系效能指标体系构建的一般原则包括:

(1) 系统性原则。必须从体系作战任务和需求的角度出发,结合雷达组网实验系统的整体功能及其组成分系统在指挥层次中的地位和作用,对构成系统的各项指标进行多方面考虑,以便能全面反映整个系统的体系探测效能。

(2) 定性与定量相结合原则。体系级复杂系统在效能评估过程中涉及众多的不确定性因素,有些评价指标能进行定量,而有些甚至大部分则无法进行直接定量;如果勉强进行量化,也可能导致不合理的结果。因此,必须注意定性与定量相结合,找到合理的量化方法。

(3) 规范性原则。应建立规范化的评估制度和评估方法,使评估观点一致、标准统一、方法一定，评估结果可重复验证，从而保证评估工作的权威和可信。

（4）可用性原则。评估可用性是指评估结果的可利用性和可评估度。评估结果的可利用性主要体现在评估与实际问题的相关度和可辨异性两个方面。可评估度是指在一定有效性基础上的评估效率，而有效性是指在一定可利用性基础上的评估结果的正确程度。

（5）针对性原则。评估指标必须反映相应军事任务的真实目的，反映雷达组网实验系统的主要功能，对体系作战进程的影响是明显的。

（6）独立性原则。各层指标应能够独立反映雷达组网实验系统某一方面的特点或对实验系统的影响，彼此尽可能不相关。即使存在相关也应该作必要的"去相关"处理。

（7）敏感性原则。评估指标对雷达组网实验系统自身的性能参数和外加作战方案的要点有一定程度的灵敏反映，能真正反映实验系统或不同作战行动能力的关系和差异。

（8）可测性原则。评估体系应具有相对的稳定性，指标应在反映系统效能的各个方面选取，一个重要的前提就是能够进行计算或估算，例如能赋予数值、量级，对其进行定量处理，或者可以建立模型定量求解，或者可以用试验方法测量，或可用实兵演习、仿真模拟等方法进行评估。

6.5.2　组网体系探测效能指标构建的特殊性

除了把握体系探测效能指标构建的一般原则以外，还必须认识到雷达组网实验系统与其他工程系统的区别。

一方面，雷达组网实验系统与一般工程系统的核心差异是前者以不确定性为处理对象，系统实际上是一类复杂的人机系统，其工作过程不能像一般自动化系统那样全程自动化。整个系统不是各分系统的简单组合和集成，而是组织机构（指挥员、参谋人员和作战部（分）队）在信息系统（含技术分系统、接口、系统软件和应用软件等）支持下实施工作程序（信息获取、信息处理、信息传输、信息存储与管理、决策和控制）的有机体系。系统对事件不确定性的获取能力、处理能力、识别能力和对不确定性时间的正确实时响应能力，是决定实验系统技术性能水平和战术运用能力的关键因素。

另一方面，雷达组网实验系统包含的主要技术分系统和设备等分属于不同的技术学科范畴，可共享的性能指标极少，但它们的性能指标又在不同的方面和不同的层次上决定或影响着系统总体战术技术指标。因此，实验系统战术技术指标不是各分系统性能指标的简单组合和罗列，各分系统的战术技术指标也不是系统战术技术指标的简单重复和分解。

由此可见，雷达组网实验系统的指标体系既不同于单部雷达，也不同于传统的雷达情报处理系统,目前国内外也没有直接可以借鉴的同类系统。雷达组网体系效能,从技术上得益于多雷达的互相覆盖、优化控制和点迹融合,从战术上得益于灵活的组网战法。不同数量、不同体制、不同功能和不同频段雷达的灵活组合使用,并将其探测信息融合处理,使得主要作战性能具有动态特征,瞬时作战效能与雷达的数量、部署和数据融合方法等因素有关。所以系统的指标体系论证选择要采用战术和技术相结合、实体与仿真相结合的系统论证方法,并把握雷达组网体系探测效能指标体系体现出来的以下特殊性:

(1) 把握指标体系完整性和代表性的统一。雷达组网实验系统属于典型军事电子信息系统,指标体系包含信息获取、传输、处理、显示和分发功能,指标体系要满足完整性要求。在此基础上,指标体系内部指标与指标之间是具有差异性的,有的指标是体系效能的主要体现指标,而有的指标是一般性指标。要遵循指标的代表性,突出选取最能反映体系效能本质特征的指标,例如重点围绕各类目标(小目标、低空目标、高机动目标、隐身目标、常规目标等)探测能力、引导情报质量、电子防御能力等重要作战效能指标展开,满足主要作战性能要求。

(2) 把握主要指标相对性和绝对性的统一。雷达组网实验系统主要作战效能与雷达性能、部署和控制方式以及目标的 RCS、运动特性和高度都密切相关,难以完全用"绝对量"来描述探测能力。所以定量指标采用了"绝对量"与"相对量"相结合的方法,用"区域探测范围提高量"来定量描述探测能力,用"精度相对提高量"来定量描述引导情报保障精度,用"数据更新时间"来描述引导情报的连续性和时效性。

(3) 把握定量指标"量"的合理性和可考核性。采用贴近实战环境的仿真方法,在全面仿真探测效能的此基础上,提出合理的量化指标,确保每项定量指标的可实现性和可考核性,避免指标的二义性。具体指标量值仿真边界条件尽可能贴近实战环境,在给定实装雷达数量和阵地部署的情况下,假设并改变目标的高度、RCS 值、运动特性、干扰环境、战法等参数,对目标探测能力、情报质量和电子防御能力等主要作战性能进行全面仿真。

(4) 把握指标体系整体多维性与局部平面性的统一。在信息化作战条件下,体系效能的构成要素既高度复杂,又高度综合,因此评估指标体系整体呈现出一种立体式结构,反映出体系效能构成要素之间的层次、地位和条理,有利于理清评估的主次和轻重。这种立体性呈现出多维的特征,反映了组网实验系统体系效能的综合性、对抗性、涌现性和动态性的特点。而对于多维立体指标体系内部而言,任何一维都具有平面性,使得不仅仅能够从整体上评价体系效能,也能够从某一个侧面或维度来刻画体系效能。

(5) 把握指标体系静态性与动态性的统一。从事后分析评估的角度而言,雷达组网实验系统体系效能应该是一个静态值;而从各个作战阶段、各种作战环境、各个组网配置部署等而言,体系效能是一个随时间和空间变化的值。也就是说,指标体系的动态性反映了各种不同情况下实验系统体系效能寻求最优值的目的;反映出实验体系效能是一个变量,需要处理好“期望值”与“实际值”的关系,在恰当的时机对具体任务与环境下的体系效能评估进行修正。

6.5.3 雷达组网体系效能指标集

在雷达组网体系效能指标体系特殊性的基础上,综合考虑雷达组网实验系统的体系结构、功能组成、信息流程等因素,建立起如图 6.14 所示的雷达组网体系效能指标集。充分考虑了预警体系五要素与体系效能之间的关系,将体系效能指标集划分为外部因素圆、内部因素圆与效能圆三个层次。从体系效能指标集整体来看,呈现出立体多层、高度综合、相对完整的特点;从各个指标层次来看,又体现出局部平面性和代表性共存、聚焦圆心向外辐射的特点。

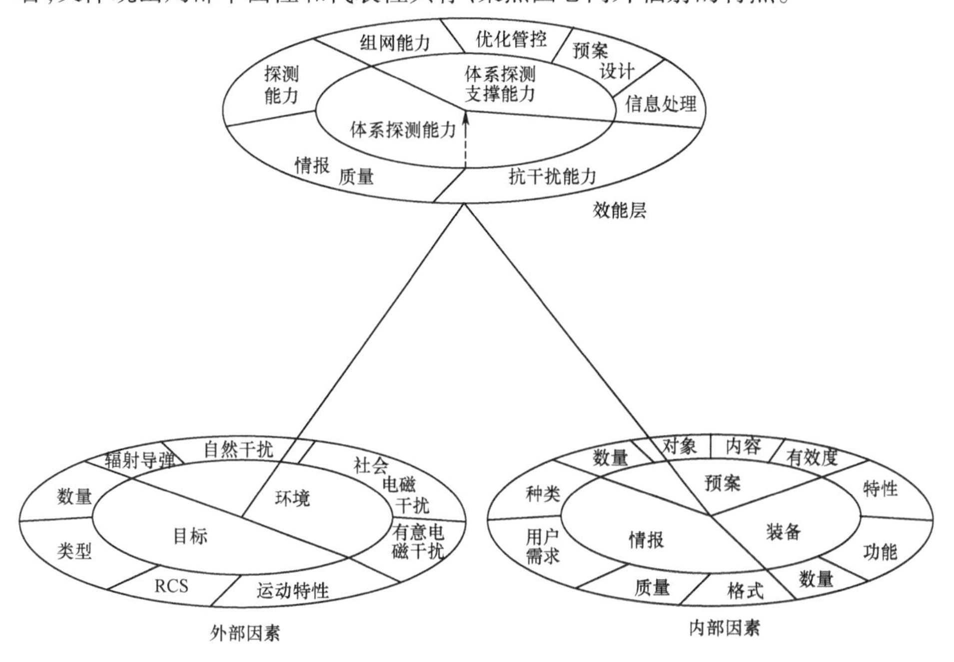

图 6.14 雷达组网体系效能指标集

外部因素圆主要描述了雷达组网实验系统体系效能赖以发挥的最基础前提,也就是预警体系五要素中的目标与环境指标,它们是体系效能发挥过程中的不可控因素。目标与环境是战略预警五要素中的边界条件要素,也是体系效能的边界条件指标;不同的边界条件下,系统呈现出来的体系效能是有差别的。其中,目标指标包括目标的数量、类型、RCS 以及目标的运动特性等;环境指标主要包括自然条件干扰、社会电磁干扰、有意的电磁干扰以及辐射导弹等四个方面。

内部因素圆主要描述了雷达组网实验系统体系效能赖以发挥的支持要素指标,也就是预警体系五要素中的人员(预案)、装备和情报指标,也是体系效能发挥过程中的可控因素。这三个要素与体系效能之间的关系在第1章中有详细描述,这里重点解决指标内容问题。其中,预案指标包括预案的数量、对象、内容和有效度等;装备指标包括雷达数量、功能、特性、部署等;情报指标包括情报种类、情报质量、情报格式和用户需求等。其中,情报指标中有些指标是不可控的因素,例如用户需求、情报格式;但是其他指标包括情报种类、情报质量等是可控因素,这些因素中可控部分对于体系效能的影响更大一些,因此仍然将情报指标列入内部因素圆中。

最顶层效能圆是反映系统效能的最核心指标,是指系统自身能够达到规定目标程度的能力的定性或定量表示。1.6.1节中指出,雷达组网体系效能包括两大类指标:一是体系探测能力指标,另一类是体系探测支撑能力指标,也就是探测资源优化管控与信息处理能力指标。这两类指标组合起来,反映了组网探测过程、组网融合过程和组网协同控制过程中的核心环节,突出体现了组网体系的综合效能。

雷达组网体系效能指标集同时又是静态系统性能指标在作战过程中的动态体现。组网系统的性能指标主要描述了雷达组网实验系统各个分系统的功能及要求参数,是评价系统效能指标和体系作战效能指标的基础。主要包括多雷达探测分系统性能、资源管控分系统性能、通信分系统性能、点迹融合分系统性能、数据库管理分系统性能以及单部组网雷达性能。与其他系统性能指标最大的不同就是还包括了单部组网雷达性能,因为组网雷达性能的好坏直接决定了体系效能的优劣,因此单部组网雷达性能是系统性能指标中的一个重要因素。每一个分系统性能都对应了体系效能立体指标集中的一个或多个指标,例如资源管控分系统性能对应了优化管控能力,单部组网雷达性能对应了装备指标;或者多个分系统组合起来对应了体系效能立体指标集中的某个指标,例如多雷达探测分系统性能与点迹融合分系统性能组合起来对应了体系效能立体指标集中的体系探测能力指标。而支持圆与条件圆就是从装备的静态功能和性能向动态作战效能转化的边界条件指标。

基于以上分析,效能圆中具体指标的评估是雷达组网体系效能评估的关键,需要对其进行进一步的分析和细化。

参考系统工程的层次结构展开自圆心向外环的指标细化分解。采用由内自外的方法,把雷达组网系统效能圆指标由大到小、由内环至外环按递阶层次逐步细化,每一层都是问题的完全划分,逐步细划到得出满意指标为止。这样构成的层次化的指标体系结构如图6.15所示,可分为“系统效能指标—能力指标—尺度参数指标”三个层次,构成了从内向外辐射的五层同心圆。为了方便显示,将

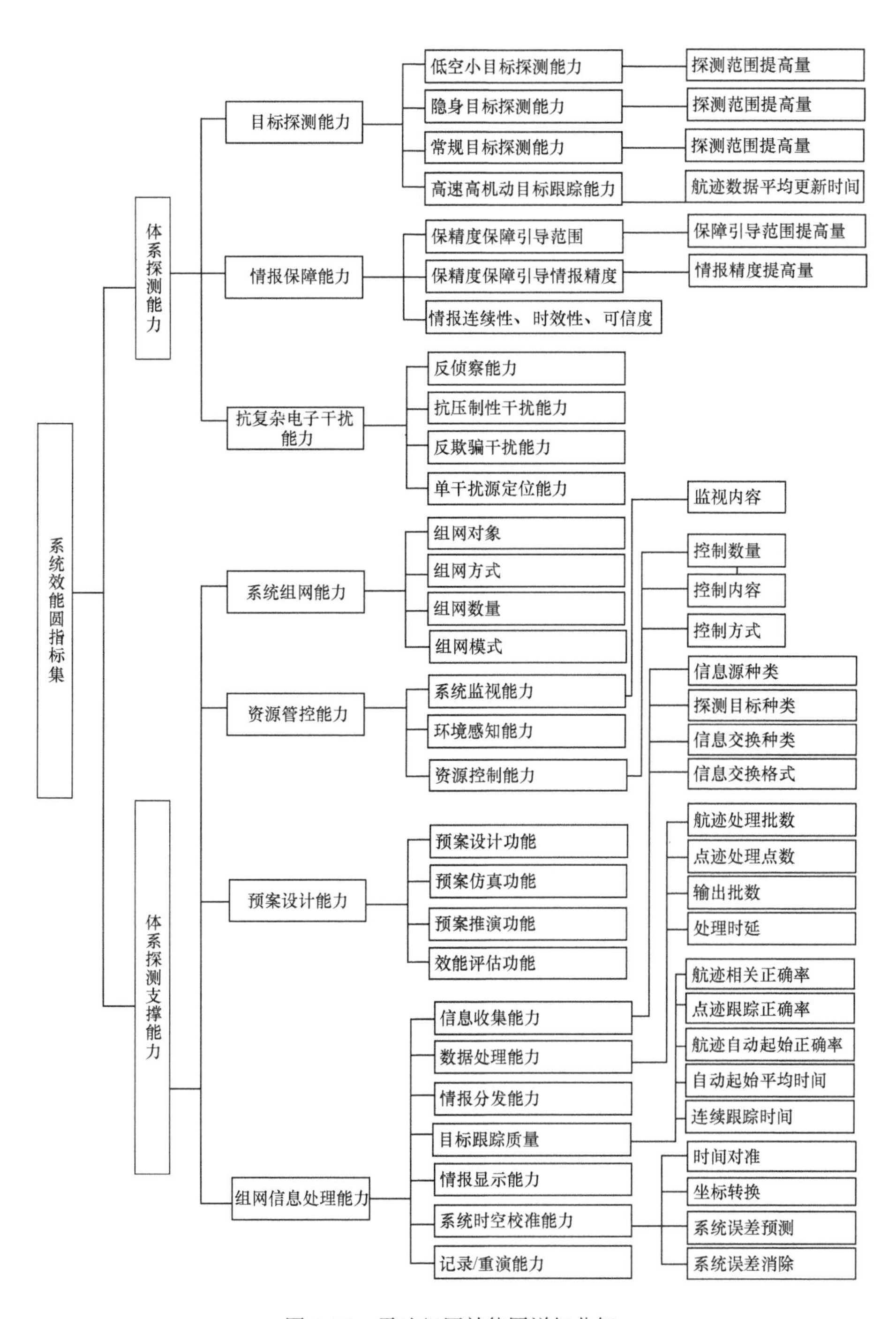

图 6.15　雷达组网效能圆详细分解

圆展开为五层的树结构。其中,系统效能圆指标主要由体系探测能力指标和支持体系探测能力指标(探测资源管控与信息处理能力)两大类指标组成;体系探测能力指标又分为目标探测能力指标、情报保障能力指标和抗复杂电子干扰能力指标三方面;支持体系探测能力指标也可以用系统组网能力、信息处理能力、优化管控能力、预案设计能力等四个指标来衡量。下面主要针对顶层指标结合中间层指标进行分析。

6.5.3.1 目标探测能力

目标探测能力是指雷达组网系统在不同环境下对不同目标的感知能力,是雷达组网系统完成作战任务的首要保障。

目标探测能力一般包括探测对象、探测距离、探测范围以及探测空域等指标。其中,探测对象又主要包含低空小目标、隐身目标、常规目标和高速高机动目标等。因此,这里按照探测对象将探测能力进一步细分为四个指标:低空小目标探测能力、隐身目标探测能力、常规目标探测能力和高速高机动目标跟踪能力。低空小目标探测能力、隐身目标探测能力、常规目标探测能力主要用组网前后探测范围的提高量来描述。7.3 节中将结合效能建模与仿真对探测范围提高量的具体含义、数学模型和仿真举例进行详细阐述。高速高机动目标跟踪能力主要用航迹数据平均更新时间来描述。

6.5.3.2 情报保障能力

情报保障能力主要体现在保障引导范围、保障引导情报精度和情报的时效性、连续性和可信度等指标上,这里仅给出各自定义,具体数学模型及仿真举例在 7.3 节中详细阐述。

(1) 保障引导范围:用保障引导范围相对提高量来描述,即对常规目标,在同精度(例如 $VDOP=500\text{m}$ 或 $HDOP=500\text{m}$)条件下,在组网雷达重叠区,组网前后引导范围差值与组网前引导范围的比值。

(2) 保障引导精度:用保障引导精度相对提高量来描述,即对常规目标,在组网雷达重叠区,组网前后 $VDOP=500\text{m}$ 或 $HDOP=500\text{m}$ 的范围差值与组网前同精度范围的比值。

(3) 保障引导情报数据更新时间:即保障引导检飞条件下,在有效时间段内,时间与发现目标点数的比值。通常用来描述情报的连续性。

6.5.3.3 抗复杂电子干扰能力

抗复杂电子干扰能力体现了雷达组网系统在电子干扰环境下的综合作战能力,是衡量组网系统防护网内设备免遭敌方电子毁伤和破坏能力的指标,主要体现在反侦察能力、抗压制性干扰能力和反欺骗干扰能力和单干扰源定位能力等指标上，具体描述如下：

（1）反侦察能力：具有协同控制网内各组网雷达工作模式的能力，能降低被侦察的概率。

（2）抗压制性干扰能力：用在电子战飞机或干扰设备进行压制式电子干扰条件下，组网前后探测范围相对提高量来描述。

（3）反欺骗干扰能力：能识别和剔除对雷达的欺骗干扰。

（4）单干扰源定位能力：具有对单干扰机交叉定位能力，干扰源定位精度和定位时间满足一定的指标要求。

6.5.3.4　系统组网能力

系统组网能力是衡量雷达组网系统体系能力的指标，主要通过雷达组网的组网对象、组网方式、组网数量、组网模式、组网工作能力来描述。

（1）组网对象：具备组网条件的雷达，组网融控中心。

（2）组网方式：分布式雷达组网，集中式雷达组网，混合式雷达组网。

（3）组网数量：参与组网的雷达数量。

（4）组网模式：点迹融合模式，航迹融合模式，点－航迹融合模式。

（5）组网工作能力：组网根据作战任务要求和战场环境，优化组合、协同控制组网雷达工作，具有以下多种组网探测功能：常规目标组网探测功能、保障引导组网探测功能、低空目标组网探测功能、小目标组网探测功能、隐身目标组网探测功能、高速高机动目标组网跟踪功能、反侦察组网探测功能、抗电子干扰组网探测功能。在实际工作中组网探测功能可复合使用。

6.5.3.5　资源管控能力

装备作战能力的有效发挥取决于作战运用的好坏，雷达组网作为一种战场感知系统，作战运用的好坏主要体现在对组网雷达的优化使用与管控的发挥程度上，也就是网内资源管控能力。雷达组网系统应该是一个具备高度协同互操作和高度智能的系统，资源管控能力使得整个系统的作战应用更为灵活，使系统具备实时的闭环管理和控制能力。

资源管控能力主要体现在系统监视能力、环境感知能力和资源控制能力，具体描述如下：

（1）系统监视能力。主要是指监视内容，包括雷达工作模式及参数、雷达分系统工作状态、网内系统配套（诱饵、告警、通信等）设备工作状态以及网内资源开支情况等。

（2）环境感知能力。主要是指雷达组网系统对外界环境的感知程度，包括电子干扰、阵地条件以及气象情况等。

(3) 资源控制能力。主要是指控制内容、控制方式和控制数量。主要控制内容包括雷达发射开关以及扇区发射管理、雷达工作模式、频率管理、天线转速及俯仰、检测门限等,以及网内通信链路和路由选择、诱饵和告警设备发射开关、询问机发射开关等。控制方式包括自动控制、人工控制、混合式控制;通常都采用以自动控制为主、人工控制为辅的混合方式。控制数量是指能够实现协同控制的组网雷达数量。

6.5.3.6 预案设计能力

预案设计能力反映了雷达组网系统战前作战筹划、战中实时调整和战后预案总结的细化程度,是人与装备有机结合的最直接体现。预案设计能力一方面是指从任务分析到基本预案产生、再到优化预案寻则、最后到实施预案和执行预案的最终决策这样一个完整生命周期的功能,同时还包含了对探测效能的综合评估功能,为预案的实时调整和优化选择提供依据。因此,预案设计能力包括预案设计功能、预案仿真功能、预案推演功能和预案评估功能四个方面。

6.5.3.7 组网信息处理能力

组网信息处理能力是体现雷达组网系统信息收集、信息处理、信息输出、信息显示以及信息融合能力的综合指标。具体描述如下:

(1) 信息获取能力,是衡量组网系统对目标搜索、发现、跟踪、测量并提供目标位置能力的指标,主要包括信息源种类、探测目标种类、信息交换种类和信息交换格式等。

(2) 数据处理能力,主要包括航迹处理批数、点迹处理点数、输出批数和处理时延等指标。航迹处理批数是指单位时间内组网融控中心能够处理的雷达航迹的批数。点迹处理点数是指单位时间内组网融控中心处理雷达点迹的数量。处理时延是指在对应的融合方式和满容量条件下,从雷达点迹/航迹输入系统到系统输出情报的最大时延。

(3) 情报分发能力,是指能向不同层次和不同用途的用户以及组网雷达提供综合空情态势的能力。

(4) 目标跟踪质量,是衡量数据融合结果有效性和可用度的指标,用航迹正确相关概率、航迹自动起始正确概率、航迹自动起始平均时间、连续跟踪时间等主要指标来描述。

(5) 情报显示能力,指能够根据需求向不同层次用户提供综合空情的终端显示。

(6) 系统时空校准能力,是指为融控中心数据融合服务的数据预处理能力,包括时间对准、空间坐标转化、系统误差预测和系统误差消除。

(7) 记录/重演能力是指能够实时记录系统运行过程中产生的各类数据,能够通过重演的方式再现历史场景。

上述具体指标的数学模型及仿真举例都将在 8.3 节中结合雷达组网系统的试验详细阐述。

6.6　体会与结论

通过本章以上各节的论述,可以总结归纳出如图 6.16 所示体系效能、实验系统、指标体系之间的关系。

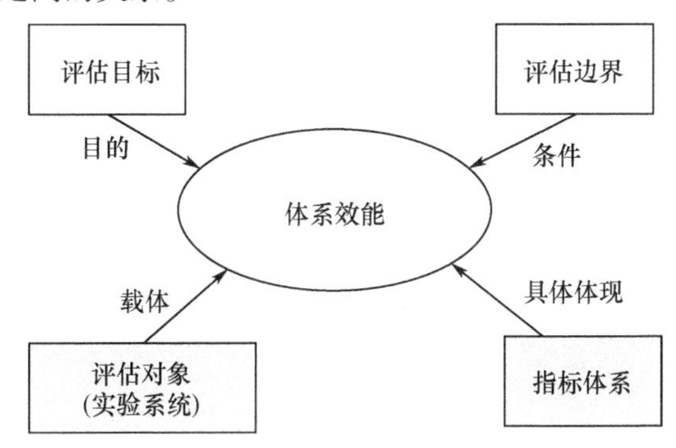

图 6.16　体系效能与实验系统、指标体系的关系

围绕雷达组网体系效能展开评估就必须首先在深刻理解雷达组网体系效能内涵的基础上,明确评估目标、划清评估边界、分析评估对象、构建指标体系,这也是图 6.2 雷达组网体系效能评估过程中的准备阶段内容。在这四个部分中,评估目标为雷达组网体系效能评估提出了具体的需求,评估边界确定了体系效能评估的条件,它们都为构建具体的评估对象,也就是雷达组网实验系统提供了依据。在评估目标和评估边界的约束下,来分析和确定雷达组网实验系统的技术体制、基本组成、主要功能、工作流程等;这样形成的一个实验系统才是有血有肉的系统,才能够作为雷达组网体系效能的载体展开工作。与此同时,光有实验系统也是不够的,体系效能指标集才是实验系统发挥体系效能的具体外在表现。因此,只有将构建实验系统并确定指标体系结合起来,才能够在实验系统的试验评估过程中体现出雷达组网体系效能的综合性、动态性、涌现性和对抗性等特点,才能够向更好地展示雷达组网体系效能的目的迈出稳固的第一步。

作者研究和实践体会如下:

(1) 构建展示雷达组网体系探测效能的实验系统,最重要的是深刻理解雷达组网体系效能的内涵,特别是雷达组网提高非合作目标的发现概率、提高情报质量、提高抗复杂电子干扰能力的技术机理以及雷达组网协同探测对资源管控的需求和实现。这需要从认知/社会域的角度去加深对体系的认识。如果对协同探测、资源管控、预案设计等理解不到位,构建出来的实验系统很有可能只是一个具备物理架构的“躯壳”,却失去了雷达组网的核心“灵魂”。

(2) 雷达组网体系探测效能评估指标与过去衡量一个情报处理自动化系统的指标是不同的。雷达组网从整体上来看,呈现出“网”的外形,组网融控中心具有网络中“头脑中枢”的地位;但是从另外一个角度来看,雷达组网更像一部雷达,一部“灵活的可编程大雷达”,发挥的是情报源头的作用,提供的是优质源头情报。因此,雷达组网既有一般信息系统的特质,又有传统单部雷达的功能。所以,在指标体系的构建中,要更多地反映体系探测效能的增量,更多地突出它作为一部“灵活的可编程大雷达”的探测效能,而信息的综合、发送、共享这些功能相对而言则不是重点。

当然在体系探测效能的评估中还包含着一个重要的内容,就是评估方法。评估方法不是一概而论的,而是与指标体系中的某个具体指标相联系的,根据该指标的特点来选择采用合适的方法,在后续两个章节中会进一步详细介绍。

结论:要能够更加真实地反映雷达组网体系探测效能,必须构建起合理的、贴近实际的雷达组网实验系统,必须建立起相对完备的、可量化的、能够反映体系探测效能增量的指标体系。

参考文献

[1] 王国玉,等. 雷达电子战系统数学仿真与评估[M]. 北京:国防工业出版社. 2004.
[2] Farina A, Studer F A. Radar data processing (Vol. 1、II) [M]. Research Studies Press LTD. 1985.
[3] Johns Hopkins. The Cooperative Engagement Capability [J]. Johns Hopkins APL Technical Digest. 1995,16(4):377 - 396.
[4] 丁建江,周琳. 雷达群组网对雷达的需求分析[J]. 空军雷达学院学报.
[5] 国军标 GJB5779. 预警探测网信息交换内容与格式[M]. 北京:中国人民解放军总装备部. 2007.

第7章 分析雷达组网效能的建模仿真技术

模型是现实世界中事物的一种抽象表示。抽象的含义是从事物的表象中抽取出事物的本质特性,而忽略事物的其他次要特性。模型是理解、分析、开发或改造事物原型的一种常用手段,可以较为精确地描述系统。通过建模过程对复杂系统进行简化和抽象,从另一个角度模拟和描述系统的作战过程、信息流程、组成要素以及体系概念等,可以帮助加深对于系统的认知,在建模与仿真(M&S)的过程中抓住系统的本质。

另一方面,上一章中分析了雷达组网系统体系效能的综合性、动态性、涌现性、对抗性等特点,提出了一种典型雷达组网实验验证系统方案,并构建了动态多维的评估指标体系。其中涉及的量化指标需要建立起数学度量模型,为后期体系效能评估提供支撑。同时,要对实验系统体系效能进行全方位的评估仅仅依靠外场试验是不够的,还需要仿真建模手段的辅助。因此,对雷达组网体系进行建模仿真也显得十分必要。

本章重点研究雷达组网体系效能的建模与仿真技术,主要创新了雷达组网军事概念模型与量化的体系效能模型,提出了雷达组网体系效能仿真分析方法与技术手段,展示了雷达组网体系效能仿真分析实例。

7.1 体系探测效能建模一般问题

7.1.1 体系效能建模的目的

建模的最终效果与多种因素有关[1-2],主要影响因素包括建模对象、系统、环境以及建模目的等。其中体系效能的建模目的是设计建模方案、确定建模流程、实施建模过程的前提。

雷达组网体系效能建模的目的是对雷达组网体系探测效能进行评估,在这一评估过程中,涉及雷达组网实验系统方方面面的特征,直接影响了体系效能评估的结果。然而人的认知水平是有限的,不可能对其进行全方面的建模,必须基于期待解决的问题,明确建模具体目的,实施建模。围绕建模目的,可以确定建模内容、建模原则,选用建模方法,设计合适的建模流程,根据需要来科学建模。

雷达组网体系效能建模的目的归纳有三:

(1) 从体系作战的角度理解雷达组网体系效能产生机理和效能提升途径;

(2) 从实体对象的角度认识雷达组网体系运作流程和内部设计;

(3) 以雷达组网实验系统为对象,求解体系效能具体指标,验证实验系统的体系效能。

7.1.2 体系效能建模的特殊要求

对雷达组网这样的复杂系统而言,体系效能建模不同于单部入网雷达,所建模型需要体现系统更多的属性,即要从体系的角度去建立模型,也就是"体系建模"。体系建模在建模视角、体系模型特性、建模结果等方面有其特殊要求。

(1) 体系建模的视角要求"多域融一"。本书2.2节中讲到,雷达组网系统与环境之间通过物质、能量、信息交换而相互作用,系统的构建、运行都有"人"的因素,因此,必须从物理域、信息域和认知域/社会域"多域融一"的角度进行体系建模,以更准确地反应实际系统。在分析雷达组网实验系统探测机理的基础上,抽象出系统各个层面的功能模型,用模型刻画和描述系统的工作过程,在模型的构建过程中体现信息、雷达与系统、操作人员之间的铰链关系。

(2) 体系模型要求具备系统原型的三大特性。体系建模区别于单项功能或简单系统建模,体系建模必须反映其对象的系统特性,特别是系统的功能涌现性、过程时变性和边界多样性。能够近似还原系统原型特性的体系模型才是有血有肉的模型。

(3) 体系建模的结果要求"不确定性"。雷达组网体系中不乏指挥员介入的决策、指挥、控制等行为,这些行为体现在战前优化部署、预案设计,战中预案调整、效能评估,战后预案总结等多个阶段和环节中,因此引入了很多不确定成分。同时,原型系统本身的结构、状态参数、边界条件等都具有不确定性,因此,体系建模的结果也必须反映出这种不确定性。

描述这种不确定性的方法包括:

① 对不同的条件建模;

② 区分确定性与不确定性;

③ 所给结论有置信水平或精度的说明。

7.1.3 雷达组网体系效能建模的流程

实际上,复杂系统的建模难以用单一方法实施,通常需要综合多种建模方法才能完成。选用何种方法,由系统的特点和建模的目的决定。

在军事仿真领域，由真实作战空间向仿真作战空间转换的过程中，一般要经历三个基本的建模阶段[3]，“概念模型—数学模型—系统模型”。概念模型是对系统的简化和抽象，核心内容是对系统功能、作战过程和现象的描述；数学模型解决从概念模型到系统构架实现的中间问题；系统模型则从构建性能仿真系统的角度进行建模，包括性能仿真系统的体系结构、模块划分、功能组成、接口设计等方面。

雷达组网体系效能分析过程中的建模方案如图 7.1 所示，分为三个主要环节：

1）军事概念模型

对需要设计或考察的系统，首先要明确系统的期望任务，根据先验知识，围绕系统的主要目标，明确搭建系统所需的主要实体，理清其主要属性和系统的活动过程，建立系统效能的概念模型。

对雷达组网体系而言，其主要任务是提供防空预警情报，即空中目标的位置和类型等信息，因此，需要探测其位置和身份的传感器。根据空中目标的活动特点，地面情报雷达是雷达组网系统的实体；组网融控中心通过情报汇集、分发、融合、处理兼指挥控制来实现空中态势的获取，也是雷达组网系统的一个重要实体。于是，不同类型的实体构成了一个大系统，实现防空预警情报保障的目标。因此，军事概念模型建模过程中需要包含实体要素级模型，具体包括目标、雷达、环境、人员和情报五要素。

此外，军事概念建模过程中还需要对系统的核心活动进行建模。在雷达组网系统运行过程中，协同探测、资源管控、优化部署、协同抗复杂干扰、信息融合、预案设计等是关键活动，是产生、提升和发挥组网系统体系效能的重要环节，对

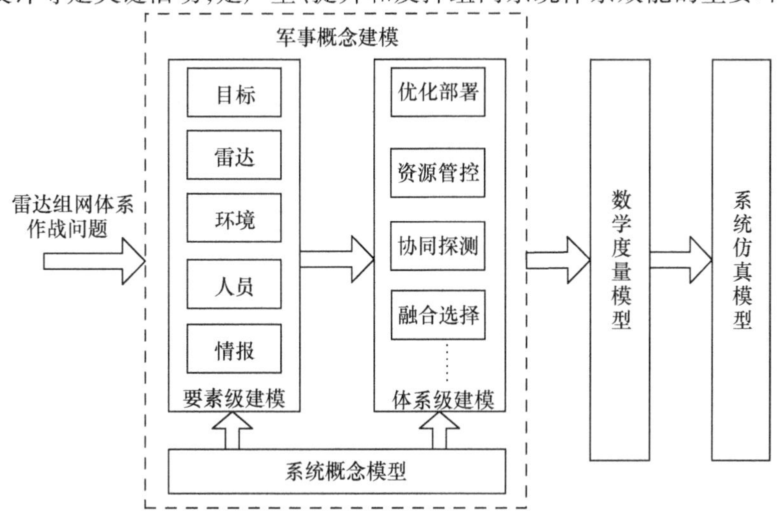

图 7.1　雷达组网体系效能建模方案

其内部过程和原理进行剖析和建模有助于加深对于雷达组网体系效能的理解。

要素级建模与体系级建模都是建立在系统概念模型的基础上。系统概念模型旨在通过对雷达组网体系作战任务的需求分析，建立起雷达组网体系作战过程的描述模型和雷达组网系统内部的功能模型。系统概念模型的建立也为后期系统仿真模型的设计奠定了基础。

系统概念模型、要素级模型和体系级模型构成了军事概念模型的整体，从功能及作战过程、实体要素和影响体系效能的核心活动三个层面展开建模工程。

2）数学度量模型

数学建模的方法更加适合于能够定量描述的体系效能评估指标，能够更细致地、可以量化地来描述体系效能。一方面，对系统进行分解，选用合适的数学建模方法，对系统的组分进行建模；另一方面，对各组分的效能从不同的层次和角度进行综合，得到体系效能。雷达组网体系效能中的数学度量模型重点是6.5节中提出的定量指标模型，包括发现概率提高量模型、探测范围提高量模型、情报精度提高量模型、干扰条件下探测范围提高量模型、干扰源交叉定位精度模型以及抗反辐射导弹生存能力提高量模型等。

3）系统仿真模型

系统仿真模型通过建立雷达组网性能仿真系统来模拟实际雷达组网实验系统，通过这样的仿真平台来达到下述三个目的：(1)更加深入认识实验系统的各部分组成、分系统功能以及运作过程；(2)满足综合试验的半实物仿真需求；(3)全功能全过程模拟，有利于预案设计与预案推演，是实际雷达组网实验系统的有益补充。

军事概念建模、数学建模和系统仿真建模不是各自孤立的方法，它们互相印证、互相修正、互相补充、综合运用三种方法，才是体系效能建模的有效方法。

7.2 体系探测效能军事概念模型

军事概念模型强调的是一种技术性的、是概念性的，是对组网探测过程与功能进行的抽象化描述。组网探测过程与功能的描述实际上是对组网体系探测过程的描述。因此，组网体系效能军事概念建模应该首先从组网体系作战过程的分析入手，构建系统概念模型。在理解组网体系探测过程的基础上，如图7.1所示，针对预警探测五要素，即任务（情报）、目标、雷达、环境、人员，进行要素级建模。最后，结合要素之间的相互关系和影响进行进一步总结和归纳，形成包括雷达优化部署过程模型、资源优化管控交互模型、信息融合模式决策模型、预案设计过程模型、协同探测模型、协同抗复杂干扰模型在内的多个复杂的体系级模型。

7.2.1　基于图形语言的组网系统概念模型

首先,结合雷达组网实验系统对雷达组网体系探测过程进行分析。

基于图形语言的概念建模是指将现实世界军事行动通过图形描述成建模技术人员易懂、易用、详尽、够用的完整信息,主要解决军事知识的规范表示问题;最大的优势在于外在表现形式简洁、直观,将复杂问题形象化,易于建模技术人员的理解。目前,基于图形语言的概念建模方法中使用较多的有 IDEF 方法、UML 方法和 Petri 网络方法。IDEF 方法包括一系列方法,其中 IDEF0 方法将系统的功能、信息和对象间的相关性表达出来,让使用者通过图形便可清楚系统的运作方式以及功能所需的各项资源,适用于描述系统功能。UML 方法使用面向对象的概念来分析、描述系统并构造系统模型,适用于对复杂系统的具体组成部分进行进一步分析。Petri 网适用于描述并行和异步发生的事件,对系统的动态行为、系统各个部分之间及其与环境之间的交互作用等动态特性描述更为方便。

将系统概念建模分为静态建模和动态建模两个阶段,利用 IDEF0、UML 和 Petri 网相结合,建模方法如图 7.2 所示。首先通过 IDFE0 图对雷达组网实验系统的功能进行划分,在此基础上建立雷达组网实验系统的 UML 模型,明确系统的核心对象,主要从用例图、状态图和协作图三方面分析;然后将 UML 模型映射成为 Petri 网模型,用以描述整个体系的动态作战过程。在这一过程中,利用 Petri 网的映射分析工具对 UML 静态模型进行动态分析和验证,将验证结果再反馈给 UML 模型,进行修改,如此形成一个闭环,进一步完善系统概念建模。这种混合建模方法,充分利用了不同建模技术的优点,对单个方法的缺陷互有弥补、相互补充和验证,为雷达组网实验系统概念模型的建立提供了一条有益的思路。

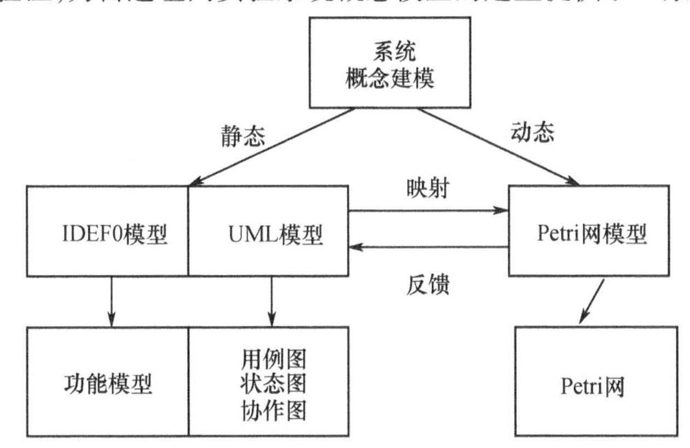

图 7.2　混合概念建模思路

1）基于 IDEF0 的雷达组网实验系统功能建模

IDEF0 模型经常作为系统开发的第一项任务。在 6.3 节中对雷达组网实验系统的类型、任务、功能和结构已经进行了描述，基于 IDEF0 图对雷达组网实验系统的功能进行建模，可以从顶层全面地反映这个系统，自顶向下的逐层分解方式以及明确的输入、输出、控制、机制使得对系统的描述一目了然。基于 IDEF0 建模方法，所建立的雷达组网实验系统的顶层功能模型如图 7.3 所示。

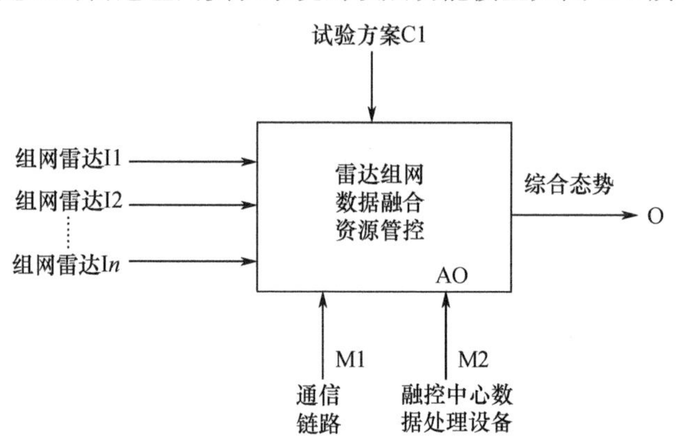

图 7.3　雷达组网实验系统顶层功能模型

通过系统顶层功能模型 AO 可以看出：系统输入主要有各组网雷达目标探测数据（I1，I2，I3，…，In），试验任务（C1），作用对象（机制）为组网融控中心的数据处理设备（M1）和通信链路（M2），最终输出为经过点迹融合处理的目标信息（O）。对系统功能进行分解和细化，建立系统的功能模型，如图 7.4 所示。

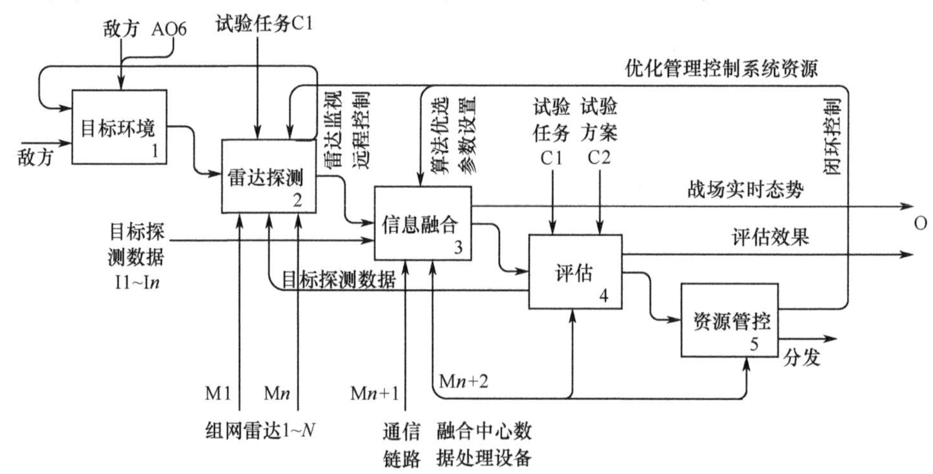

图 7.4　雷达组网实验系统功能模型

从图 7.4 可以看到雷达组网实验系统核心功能包括雷达探测、信息融合、效能评估和资源管控。目标环境通过雷达探测后形成雷达点/航迹信息，在雷达组网实验系统融控中心进行点迹融合，形成统一空情态势下发。在这一过程中，资源管控模块根据实时态势的变化情况以及效能评估的结果进行预案的调整和决策,并指导对组网雷达的控制操作。整个过程形成了一个闭环。

2)利用 UML 建立用例模型

在系统分析的基础上,将系统分解为若干个独立的实体对象,所分解出的每个实体对象必须能够清晰地描述其运动规律和状态变化规律,否则应将该实体对象继续分解。实体对象分析要根据仿真分析的目的进行,当实体对象能够适应于仿真研究的需要时就不必再继续分解。通过对问题的分析可知,整个系统可划分为 2 个子系统和 3 个实体对象。雷达组网子系统主要描述各站雷达、组网融控中心之间的相互关系;该子系统可划分为雷达站、信息融控中心。目标子系统包括飞机子系统、反辐射导弹子系统和电子干扰子系统。2 个子系统包含了 3 个实体对象,分别是目标对象、组网雷达对象和融控中心对象。图 7.5 利用 UML 用例图对雷达组网实验系统进行分析,为构建 UML 状态图和协作图提供了基础。

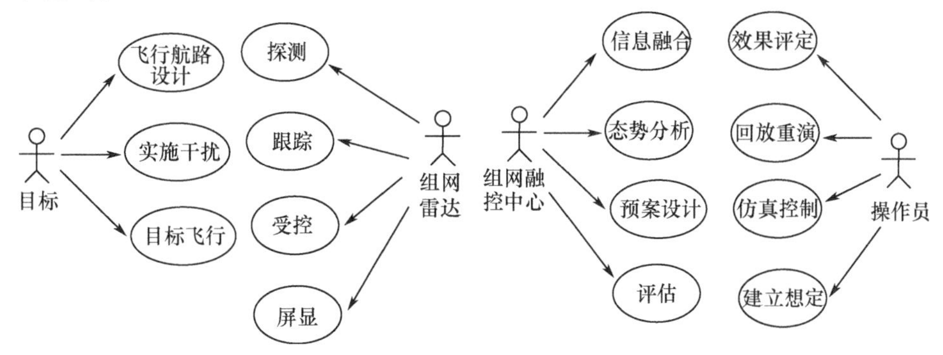

图 7.5　雷达组网实验系统用例图

3)利用 UML 建立状态图和协作图

状态图用来描述一个特定对象的所有可能状态及其引起状态转移的时间。大多数面向对象技术都用状态图表示单个对象在其生命周期中的行为。一个状态图包括一系列的状态以及状态之间的转移。协作图用于描述相互合作的对象间的交互关系和链接关系。虽然状态图和协作图都用来描述对象间的交互关系,但侧重点不一样。状态图中着重体现交互的时间顺序,协作图则着重体现交互对象间的静态链接关系。雷达组网实验系统中组网雷达和组网融控中心的仿真是重点,因此以组网雷达和融控中心为研究对象,利用 UML 协作图对其业务流程进行分析建模。

雷达组网实验系统的业务流程为:组网雷达通过接收目标回波,并对回波进行分析解算,对目标进行探测和跟踪获取目标信息,然后将目标信息封装为标准格式情报发送给组网融控中心;组网融控中心接收到目标情报后,通过信息融合处理动作获得目标态势信息,并输出。融控中心与组网雷达之间存在指挥与被指挥的关系。具体来说,组网融控中心具有对组网雷达的优化管控功能,通过对接收到的各类报文(包括点迹报、航迹报、勤务报、状态报等)进行分析,对雷达状态进行实时监视,并评估探测效果;通过发送远程遥控指令对组网雷达进行控制;组网雷达对遥控指令进行分析和响应,并将执行结果反馈到融控中心。基于此分析,在给出组网雷达对象类状态图和组网融控中心对象类状态图(图 7.6、图 7.7)的基础上,给出了雷达组网实验系统的协作图,如图 7.8 所示。从状态图分析中可以看到,组网融控中心不仅仅是数据融合中心,更重要的是对组网雷达具有优化管控功能。

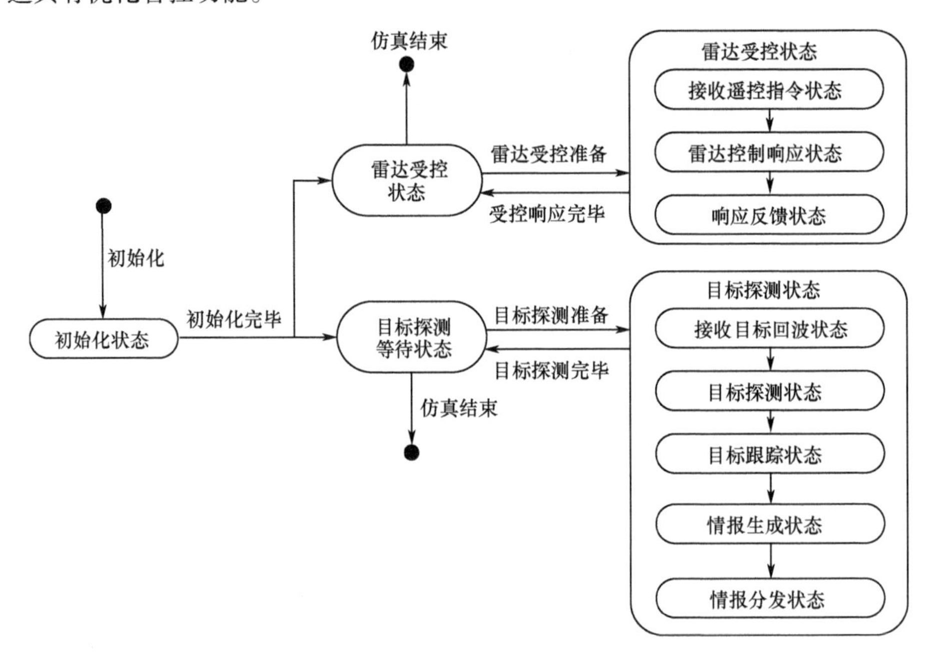

图 7.6　组网雷达的状态图

4）将 UML 状态图和协作图映射为 Petri 网模型

对整体结构建模分析的实质就是描述整个仿真体系在目标探测和信息融合业务过程中各个实体单元之间的相互关系。Petri 网尤其适合模拟带有并发性、异步性、分布式、非确定性、并行性等特征的系统,因此非常适合用于仿真系统的动态建模。将 UML 状态图转化为 Petri 网模型,得到图 7.9 所示雷达组网实验系统的 Petri 网模型,描述了雷达组网实验系统体系作战、协同探测以及资源管控的动态过程。其中,状态图与 Petri 网的映射关系是:UML 的状态对应 Petri 网的库所;UML 的状态之间的转移对应 Petri 网的“弧—变迁—弧”。UML 协作图与 Petri 网的映射关系是:UML 的处理过程对应 Petri 网的变迁;UML 的不同处

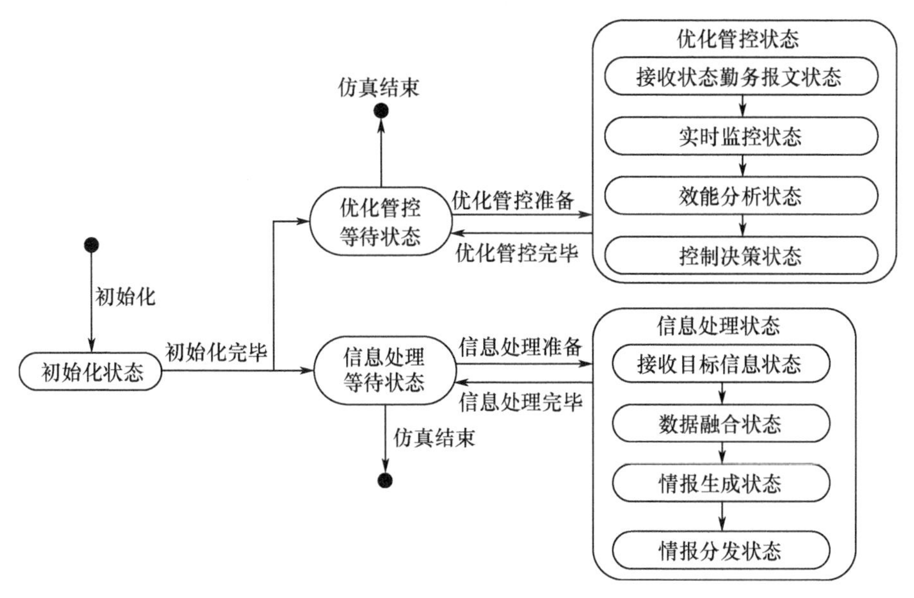

图 7.7　组网融控中心的状态图

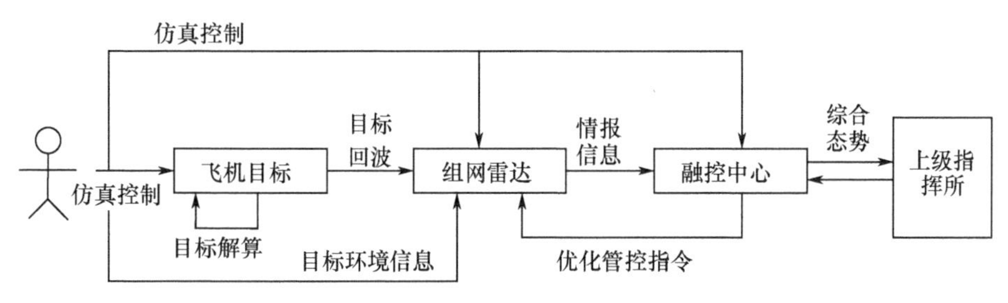

图 7.8　雷达组网实验系统协作图

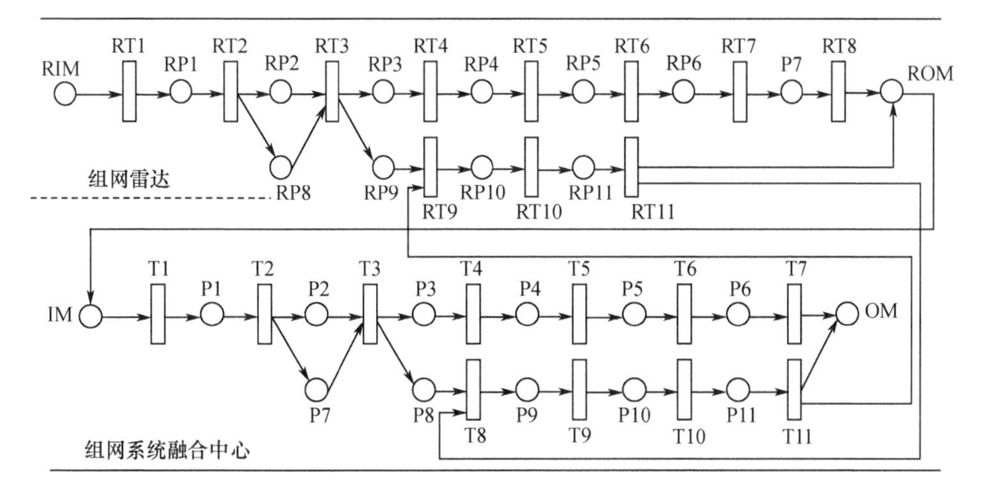

图 7.9　雷达组网实验系统 Petri 网模型

理过程之间的消息对应 Petri 网的“变迁 1—库所—变迁 2”,UML 的同一处理过程之间的消息对应 Petri 网的“变迁—库所—变迁”。具体库所和变迁说明见表 7.1。

表 7.1 库所及变迁说明

库所	状态	变迁	事件
P1	融控中心初始化状态库所	T1	接到融控中心初始化事件
P2	融控中心信息处理等待状态库所	T2	融控中心初始化完毕
P3	融控中心接收目标信息状态库所	T3	融控中心开始工作
P4	融控中心数据融合状态库所	T4	目标信息接收完毕
P5	融控中心情报生成状态库所	T5	数据融合完毕
P6	融控中心情报分发状态库所	T6	情报生成完毕
P7	融控中心资源管控等待状态库所	T7	发送情报输出事件
P8	融控中心接收状态勤务报文状态库所	T8	状态勤务报文接收完毕
P9	融控中心实时监控状态库所	T9	实时监控事件
P10	融控中心效能分析状态库所	T10	效能分析完毕事件
P11	融控中心控制决策状态库所	T11	发送控制决策指令事件
IM	融控中心输入事件库所	T12	接收到仿真控制指令事件
OM	融控中心输出库所		
RP1	组网雷达初始化状态库所	RT1	接到组网雷达初始化事件
RP2	组网雷达目标探测等待状态库所	RT2	组网雷达初始化完毕
RP3	组网雷达接收目标回波状态库所	RT3	组网雷达开始工作
RP4	组网雷达目标探测状态库所	RT4	目标回波接收完毕
RP5	组网雷达目标跟踪状态库所	RT5	目标探测完毕
RP6	组网雷达情报生成状态库所	RT6	目标跟踪完毕
RP7	组网雷达情报分发状态库所	RT7	情报生成完毕
RP8	组网雷达受控等待状态库所	RT8	发送情报输出事件
RP9	组网雷达接收遥控指令状态库所	RT9	遥控指令接收完毕
RP10	组网雷达控制响应状态库所	RT10	控制响应事件
RP11	组网雷达响应反馈状态库所	RT11	发送响应反馈事件
RIM	组网雷达输入事件库所		
ROM	组网雷达输出库所		

7.2.2 要素级模型

在系统概念模型建模过程中对雷达组网实验系统的作战过程有了一个全局

的把握,接下来对实验系统的实体要素进行建模。实体要素包括五个方面:目标、雷达、环境、人员、情报(任务)。人员作为雷达组网实验系统运行过程中的参与者,一直处在回路中,这里不展开建模。而情报的建模就是模拟雷达组网实验系统内部的情报信息内容,也不需要展开描述。那么,需要进行要素级建模的重点是目标运动模型、雷达探测功能模型和环境模型。

7.2.2.1　目标运动模型

雷达探测的空中目标种类繁多,其中飞机目标是最主要的,而且飞机目标的运动很具有代表性。因此,在雷达组网实验系统中,以飞机目标为例研究目标运动模型,弄清飞机的运动规律,描述飞机作战中的进攻方式以及航路性质非常重要。

对飞机目标建模主要采用数学模型。比较常用的目标运动模型是,将执行作战任务的单架飞机任意一条典型的飞行单航路归结为以下几种航路段的组合:匀速直线段、加速直线段、拐弯、圆弧段、爬高抛物段,对各个分航路段进行建模,最后组合成为一条飞行航路。

在预警雷达中,空中目标被看作质点目标,所以空中目标可以用三维模型来表示。因为有的雷达是三坐标雷达,有的是二坐标雷达,所以将三维模型分解成水平二维和高度维以适应不同的需求。无论是在二维水平面上还是在高度维上,典型的空中目标航路都可以按照上面提出的分航路段组合法,将一条飞行航路划分为直线段与弧段的不同组合。而这些组合中,匀速直线段、加速直线段、拐弯、圆弧段、爬高抛物段都可以由相应的数学模型来描述。因此,在几何关系的约束下,设置一定的参数就能模拟空中目标的运动轨迹。

首先,对上述几种典型航路段进行分析。

(1) 匀速直航段。目标最基本的运动方式是匀速直线运动,目标运动方程满足

$$\begin{cases} X = X_0 + V_{X_0}(t - t_0) \\ Y = Y_0 + V_{Y_0}(t - t_0) \\ h = h_0 + V_{h_0}(t - t_0) \end{cases} \tag{7.1}$$

式中:初始参数(X_0, Y_0, h_0)及初始速度$(V_{X_0}, V_{Y_0}, V_{h_0})$、初始时刻$t_0$;经过飞行时间$T$后的位置参数为$(X_T, Y_T, h_T)$,且$X_T = X_0 + V_{X_0}(T - t_0)$,$Y_T = Y_0 + V_{Y_0}(T - t_0)$,$h_T = h_0 + V_{h_0}(T - t_0)$。

(2) 加速直航段。只讨论匀加速直线运动,目标运动方程满足

$$\begin{cases} X = X_0 + V_{X_0}(T - t_0) + a_{X_0}(t - t_0)^2/2 \\ Y = Y_0 + V_{Y_0}(T - t_0) + a_{Y_0}(t - t_0)^2/2 \\ h = h_0 + V_{h_0}(T - t_0) + a_{h_0}(t - t_0)^2/2 \end{cases} \tag{7.2}$$

在一定时间 T 内，当前速度值 $V_0(V_{X_0},V_{Y_0},V_{h_0})$ 增大或者减小到某一期望值 $V_L(V_{X_L},V_{Y_L},V_{h_L})$，则加速度的运动方程为（$a_{X_0}$、$a_{Y_0}$、$a_{h_0}$ 是 $\overrightarrow{a}$ 的三个坐标分量）

$$\overrightarrow{a}=\frac{|\overrightarrow{V_1}|-|\overrightarrow{V_0}|}{T}\cdot\frac{\overrightarrow{V_0}}{|\overrightarrow{V_0}|} \tag{7.3}$$

(3) 拐弯段。只讨论飞机在水平面中改变方向的情况，近似地假定飞机拐弯是通过匀速圆周运动来完成的。设飞机预定改变方向从 θ_0 到 θ_1，拐弯半径为 R，初始点 $(X_0,Y_0,h_0)\overrightarrow{V_0}$，圆心坐标为 $C(X_C,Y_C,h_C)$，如图 7.10 所示。则目标运动方程满足

$$\begin{cases}X=R\cos(\omega(t-t_0)+\beta_0)+X_c\\ Y=R\sin(\omega(t-t_0)+\beta_0)+Y_c\\ h=h_0\end{cases} \tag{7.4}$$

式中：β_0 为初始方位角；ω 为角速度拐弯时间 $T=R|\theta_1-\theta_0|/|\overrightarrow{V_0}|$。将 T 代入可求终端坐标。

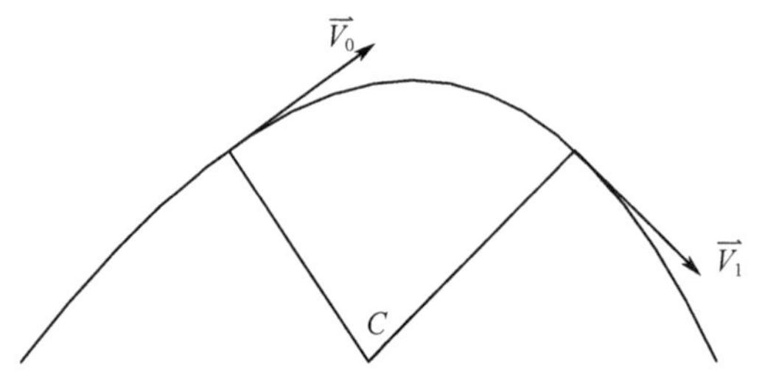

图 7.10 飞机拐弯示意图

(4) 爬高段。假设在时刻 T 内，将飞机高度从 h_0 调整到 h。飞机在这一过程中水平方向上运动规律不变（匀速直线运动），在垂直方向上前半程作加速运动，加速度为 a，速度从 0 变到 $a\times(T/2)$，后半程作加速度为 $-a$ 之匀减速运动，速度从 $a\times(T/2)$ 变到 0，这样可以保证在爬高过程完毕后，飞机的速度不变。目标运动方程满足：

$$\begin{cases}X=X_0+V_{X_0}(t-t_0)\\ Y=Y_0+V_{Y_0}(t-t_0)\\ h=h_0+a(t-t_0)^2/2\end{cases}\quad 0\leqslant t\leqslant T/2 \tag{7.5}$$

$$\begin{cases}X=X_0+V_{X_0}(t-t_0)\\ Y=Y_0+V_{Y_0}(t-t_0)\\ h=h_0+(h_1-h_0)/2+a(t-t_0-T/2)^2/2\end{cases}\quad T/2\leqslant t\leqslant T \tag{7.6}$$

式中：$a=4(h_1-h_0)/T$。

因此,任何一个单航路的生成,都是将整个航路划分为几段,每段子航段都是上述四种情况中的一种。一个子航段运动类型确定了,就能够确定其运动方程,根据初始状态和过程参数,可以得到该子航段的终点状态,也就是下一个子航段的初始状态。依此类推,整个航路的运动方程不难获得。

7.2.2.2 雷达探测功能仿真模型

组网雷达的模拟是一项复杂而系统的工作,有两种基本的模拟方法——视频信号模拟和功能模拟。其中,视频信号模拟逼真地复现了既包含振幅又包含相位的相干视频信号,具有很高的逼真度和模拟精度,但是不适合应用在含有大批次目标的雷达信息源仿真过程中。功能模拟方法不要求模拟雷达内部对信号的处理过程,不涉及信号的幅度、相位信息,而是模拟雷达对目标检测的统计过程,同时也可以在模拟过程中加入动态干扰。这种方法实时性强,而且比较接近实际情况。雷达组网性能仿真系统中对雷达探测的模拟仿真重在功能仿真实现上。

1)功能仿真原理

建立雷达发现概率模型的关键是发现概率的工程计算方法,目前文献中使用较多的方法[4]有:

(1)经验公式法[5],该方法根据探测范围图得到0.5概率在该高度层上的最远发现距离R,并认为在同一高度上对于距离为R'的目标,发现概率符合经验公式

$$P_d=\begin{cases}0.5, & 0.9375R<R'\leqslant R\\ 0.6, & 0.875R<R'\leqslant 0.9375R\\ 0.7, & 0.8125\quad R<R'\leqslant 0.875R\\ 0.8, & 0.75R<R'\leqslant 0.8125R\\ 0.9, & R'\leqslant 0.75R\end{cases}\tag{7.7}$$

这种方法虽然使用方便,但是没有考虑实际的波瓣情况,在波瓣分裂严重时会导致对盲区的计算错误。

(2)理论公式法。把探测空间划分为边长相等的网格,采用理论公式计算每个网格的发现概率,这种方法计算复杂而且与实际数据相差较大。

(3)查表法。在雷达阵地资料已知和雷达经过飞行检验测试的条件下,对探测空间进行网格分割,计算各网格中心与同仰角方向波瓣曲线上点的信噪比增量,并通过查表获得所求点的发现概率,由于所需要查找的发现概率与信噪比增量关系表格是通过图上作业的方法产生的,因此精度有限。

(4)波瓣图相对概念计算法[6]。依据Swerling目标起伏模型下雷达波瓣内相同仰角方向上不同距离处发现概率的相对关系,基于相对计算求解雷达发现

概率。这种方法虽然计算简单,但是对雷达波瓣图的数据要求比较高。

无论采用哪种方法进行发现概率的计算,雷达探测目标功能仿真的过程原理都是一样的,如图 7.11 所示。首先计算雷达与当前目标的距离,判断目标是否在雷达视距以内;然后计算发现概率,即可得出在给定的虚警概率下,本次探测雷达所能发现目标的发现概率 P_d,利用蒙特卡罗法判断本次检测是否发现目标(具体方法为,产生一个[0,1]均匀分布的随机数 μ,当 $\mu \leqslant P_d$ 时,认为本次探测发现了目标;否则,认为本次探测没有发现目标)。

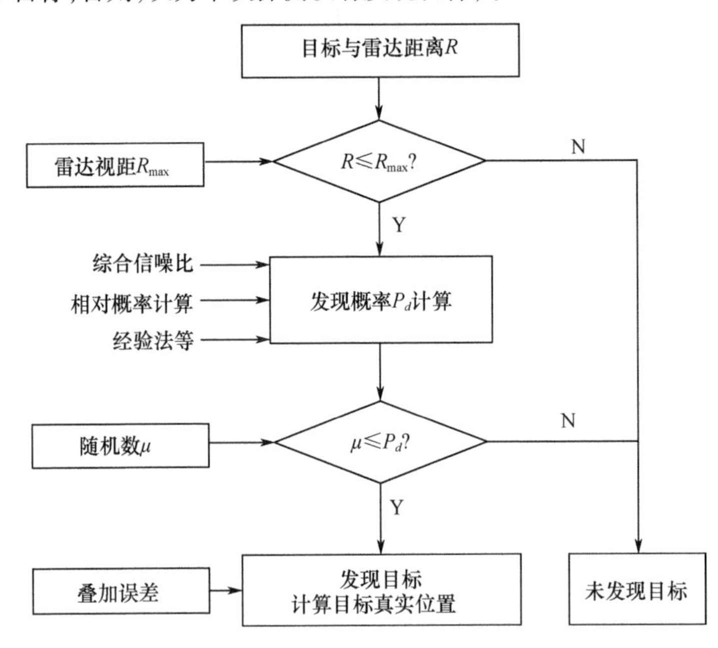

图 7.11　雷达探测功能仿真原理图

2) 发现概率模型

采用传统的方式,根据雷达方程、目标类型、系统损耗和干扰功率等计算信噪比,由信噪比计算发现概率,能够充分利用雷达的参数信息,考虑到了雷达目标回波功率、接收机噪声功率、杂波功率、多路径效应以及干扰功率等因素(杂波和多路径效应计算数学模型比较繁杂[7-10]),对雷达在有无干扰两种情况都能进行仿真,其中涉及的数学模型包括信噪比计算模型、最大探测范围模型、目标有效反射面积 RCS 模型、各类干扰模型、发现概率模型、随机误差模型等。

(1) 无干扰情况下

① 信噪比计算模型

$$S_N = \frac{P_t G_t^2 \sigma \lambda^2}{(4\pi)^3 R_t L K F_n B_r} \tag{7.8}$$

式中：P_t 为雷达发射的平均功率；G_t 为雷达发射和接收天线增益；σ 为目标的雷达反射截面积；λ 为雷达工作波长；R_t 为雷达与目标之间的斜距；K 为波而兹曼常数；T 为热力学温度；F_n 为接收机噪声系数；B_r 为接收机等效噪声带宽；L 为损耗因子。

② 最大探测范围

$$R_{\max} = \left[\frac{P_t G_t^2 \sigma \lambda^2}{(4\pi)^3 LKTF_n B_r (S_N)_{\min}} \right]^{1/4} \tag{7.9}$$

此时，雷达探测范围是一个圆的内部，圆心是雷达的位置，半径为 $R_{\max}$。式中 $(S_N)_{\min}$ 为最小检测信噪比。

③ 目标有效反射面积 RCS 模型

Swerling 模型是有关目标 RCS 起伏的统计分布和相关特性的标准统计模型，已经被证明适用于广泛的雷达目标幅度变化的情况。Swerling 起伏模型共分为四种。

目标在运动过程中，其位置和自身姿态相对于雷达来说随时都在变化，瞬时 RCS 的变化表述为其平均值的随机变化。在复杂目标（如飞机）仿真试验中，对应于第1、2类 Swerling 类型，雷达目标瞬时 RCS 服从负指数分布，仿真数学模型为

$$\sigma = -\sigma_0 \ln x \tag{7.10}$$

对应于第3、4类 Swerling 类型，雷达目标瞬时 RCS 仿真数学模型为

$$2\sigma/\sigma_0 - \ln x - \ln(1 + 2\sigma/\sigma_0) = 0 \tag{7.11}$$

式中：x 为服从[0,1]均匀分布的随机数；σ 为目标瞬时 RCS；σ_0 为目标平均 RCS。

（2）有源干扰条件下

① 支援干扰

支援干扰机（随队干扰和远距离干扰）一般都与目标处于不同的位置，不在同一波束内，因此掩护式干扰都是从旁瓣进入雷达接收机，所以它进入接收机的增益由天线旁瓣增益 G_i 决定。干扰机发射的到达雷达天线的功率为

$$P_j = \frac{P_{Jt} G_J G_1 \lambda^2 L_J}{(4\pi)^2 R_J^2} \tag{7.12}$$

式中：R_J 为干扰机与雷达间的距离；P_{Jt} 为干扰机发射功率；G_J 为干扰机发射天线在雷达方向的增益；λ 为雷达工作波长；L_J 为损耗因子。

② 自卫干扰

由于自卫干扰机是装在目标上的，因此它的干扰由主瓣进入接收机，接收机的增益为主瓣增益 G_t，干扰机与雷达间的距离 R_J 等于目标与雷达间的距离 R，所以到达雷达天线的干扰功率为

$$P_j = \frac{P_{Jt} G_J G_t \lambda^2 L_J}{(4\pi)^2 R^2} \tag{7.13}$$

③ 综合信噪比

雷达在干扰环境下，检测端的综合输出信噪比 S 可表示为

$$S = \frac{P_s}{P_n + \sum P_j} \tag{7.14}$$

式中：P_s 为回波信号功率；P_n 为噪声信号功率；P_j 为干扰信号功率。

雷达烧穿距离是指在给定的目标和特定干扰环境下雷达刚好发现目标时刻的距离。

(3) 发现概率

计算发现概率是在确定一定的虚警概率的基础上，虚警概率与雷达恒虚警处理技术有关，单元平均恒虚警(CA－CFAR)处理技术是常用的恒虚警处理技术。假设目标服从 Swerling I 波动模型，虚警概率为 $P_{fa} = (1+t)^{-N}$，则

$$t = P_{fa}^{1/N} - 1 \tag{7.15}$$

式中：N 为 CA－CFAR 单元平均恒虚警处理器的参照单元个数；t 为探测门限因子。

计算出探测门限 t 后，将信噪比 S 和探测门限 t 代入下式可得到 Swerling I 型目标的发现概率

$$P_{dI} = P(n-1,t) + \left(1 + \frac{1}{nS}\right)^{n-1} e^{-\frac{t}{1+nS}} \left[1 + P\left(n-1, \frac{t}{1+nS}\right)\right] \tag{7.16}$$

其中：n 为脉冲积累数；$n = \theta_{\beta 0.5} F_r / 6\omega_m$；$F_r$ 为脉冲重复频率；$\theta_{\beta 0.5}$ 为水平波束半功率点宽度；ω_m 为天线转速。

采用相对计算的雷达发现概率算法，能够依据 Swerling 目标起伏模型下雷达波瓣内相同仰角方向上不同距离处发现概率的相对关系得到雷达发现概率。此方法的依据是雷达波瓣图。如果有某型雷达在不同季节和气象条件下的探测资料，在只考虑大气衰减并且探测范围内大气衰减是均匀的情况下，还可以对雷达探测波瓣图进行修正，计算的雷达发现概率更符合实际。该方法的优点是计算简单方便，运算量小。

由于雷达天线具有方向性，波瓣内各个仰角方向上能量的集中程度不同，所以即使目标雷达截面积为常数且与雷达的直线距离相同，在不同仰角方向上所得到的信噪比也是不同的。但是，同一目标在同一仰角方向上不同距离处的信噪比却存在相对关系。由雷达方程可知，背景条件相同时，同一仰角方向上不同探测距离 R_1、R_2 与所需要的平均信噪比 SNR_1、SNR_2 之间的关系为

$$\frac{SNR_1}{SNR_2} = \left(\frac{R_2}{R_1}\right)^4 \tag{7.17}$$

定义平均信噪比为1时所对应的距离 R_0，由雷达方程可知，在相同背景情况下 R_0 为常数。那么，雷达探测范围内任意一点信噪比与距离的关系为

$$SNR = \left(\frac{R_0}{R}\right)^4 \tag{7.18}$$

两边取对数可知，在虚警概率不变的情况下，不同信噪比 SNR_1、SNR_2 与所对应的发现概率 P_{d1}、P_{d2} 的关系为

$$P_{d1} = P_{d2}^{\frac{SNR_2+1}{SNR_1+1}} \tag{7.19}$$

目标的发现概率与距离相对关系为

$$P_{d1} = P_{d2}^{\alpha(R_1/R_2)^4} \tag{7.20}$$

式中 $\alpha = \dfrac{R_0^4 + R_2^4}{R_0^4 + R_1^4}$，工程计算中 α 的取值为1。

综上所述，在一定虚警概率条件下，如果已知目标在空间某一点与雷达的相对距离和发现概率，那么利用此相对关系可以推算出同一仰角方向上任意距离处的发现概率。

3）随机误差模型

为了真实地仿真雷达测量信息，必须考虑随机误差对测量精度的影响。雷达每次扫描所测量得到的方位、距离参数总是分布于目标实际方位、距离一定范围之内，所以雷达测量误差近似满足正态分布。利用计算机按一定规律生成伪随机数来模拟雷达测量的随机误差。如果计算方法选择适当，计算机生成的伪随机数近似地满足相互独立和均匀分布，通过对均匀分布的随机数进行适当的变换可以得到正态分布的随机数。

乘同余法产生(0,1)上均匀分布的随机数递推公式为

$$x_{i+1} = \lambda \cdot x_i - \left[\frac{\lambda \cdot x_i}{M}\right] \times M \tag{7.21}$$

其中：λ 是乘因子；M 是模数；[·]表示取整。

当给定一个初始值 x_0 后，就可以计算出序列 $x_1, x_2, \cdots, x_k$，再取 $r_i = x_i \cdot M$，则 r_i 就是第 i 个均匀分布的随机数。可以按以下规则选取 M 和 λ：

（1）$M = 2^j$，j 是整数，一般 M 选择机器有效范围内的整数，同时还要考虑计算得到的伪随机数序列的周期为 $M/4$，它应大于试验的持续期；

（2）λ 一般取与 $\lambda \approx 2^{\frac{p}{2}}$ 最接近而又满足 $\lambda = 8k \pm 3$ 的那个数，其中，k 为任意整数，p 为机器字长。

求出了均匀分布的随机数序列，可以通过以下步骤计算出任意分布参数的正态分布随机数。当 a_1、a_2 是两个独立的在(0,1)上均匀分布的随机数，作变换

$$\begin{cases} x_1 = (-2\ln a_1)^{\frac{1}{2}} \cdot \cos(2\pi \cdot a_1) \\ x_2 = (-2\ln a_2)^{\frac{1}{2}} \cdot \cos(2\pi \cdot a_2) \end{cases} \tag{7.22}$$

x_1、x_2 是两个相互独立的服从 $N(0,1)$ 的正态分布随机数，根据定理，若随机变量 $X \sim N(0,1)$，则令 $Y=\sigma X+\mu$，有 $Y \sim N(\sigma,\mu^2)$。

这样，通过一系列的变换就可以得到任意分布参数的正态分布的随机数。

7.2.2.3 环境模型

在正常工作条件下，目标环境反映到组网雷达的点迹上表现为固定杂波和虚警点。因此环境模型的建立包括杂波点建模和虚警点建模。

固定杂波是由地物反射雷达发射波而形成的回波，与组网雷达的位置相比相对固定。由于存在雷达测量误差的原因，在每个天线扫描周期中都略有偏移。固定杂波可以通过采集雷达点迹，从中提取出固定杂波的方法获得。在仿真试验中，在每个天线扫描周期中将提取的固定杂波加上一定的随机误差作为当前的固定杂波点迹输出。

虚警点的建模比较困难。虚警点的产生与接收机内噪声有关。机内噪声经过信号处理分系统之后，其统计特性不明确，因此给建模带来了较大困难。一般将虚警点的位置分布简化成服从正态分布。在每个天线扫描周期内，按正态分布产生位置随机的模拟量测点作为虚警点，并传输到参试设备和记录/分析设备。相关文献较多，在此不展开讨论。

7.2.3 体系级模型

建立体系级军事概念模型，就是要从体系的视角抽象出雷达组网系统中最核心的、最显著的、最有用的军事概念，能够体现出雷达组网系统在探测资源部署、探测资源使用、探测资源调整和探测资源控制过程中的特性。这些关键的体系级军事概念模型构成了雷达组网系统模型的灵魂。主要包括：优化部署过程模型、资源管控交互模型、协同探测模型、协同抗复杂干扰模型、信息融合模式决策模型和预案设计过程模型。建立好这些体系级军事概念模型，对于理解雷达组网系统内部机理具有深刻的意义，也为后期构建雷达组网系统仿真模型奠定了基础。

7.2.3.1 优化部署过程模型

优化部署通常是对作战任务分析完毕后的首要环节。基于目标在空域、频域及极化域等方面均呈现出显著的差异特点，有针对性地进行组网雷达优化选配及优化部署，是有效发挥雷达组网潜能的可行措施之一。通过组网雷达部署结构的优化,即在原有组网雷达部署的基础上,通过各种要素的重新组合,进行合理的调整,改善和提高系统的效能,以最小的代价取得最大的体系效能。

在5.2.4节中,作为管控预案设计流程的一部分,已经对优化部署进行了介绍,涉及了优化部署的基本原则、雷达分组与阵地初选、部署方案的优化与评估等内容,建立起了优化部署数学模型,并结合具体的管控预案举例对优化部署的数学模型进行了模型求解。在这一部分内容中,重点关注的是优化部署的数学模型,也就是如何将雷达的部署问题转化为多约束条件下的目标函数并进行求解的问题;在本小节中,侧重于从整体的角度,抽象出优化部署的过程模型,是预案设计过程中优化部署的具体实现流程。

根据前面的内容,组网雷达优化部署应以防空作战的要求和任务为依据,遵循以下几个方面的原则,包括适应性原则、整体性原则、可靠性原则、效益性原则。组网雷达优化部署还需要综合考虑作战任务、组网雷达资源、战场环境、阵地位置、通信网络等多方面因素。雷达组网优化部署设计的基本思路为:对作战任务进行分析,掌握作战目标、来袭方向、战场环境等情况,明确雷达网的总体作战意图;在相对确定雷达阵地、雷达类型、雷达数量等资源的条件下,按照一定的部署原则和要求,确定优化目标,并生成多个初步的部署方案;对初步部署方案进行效能评估,在优化算法的指导下进行必要的优化,生成优化后的部署方案;对比分析各部署方案的探测效能评估结果,选择最优的部署方案作为雷达网优化部署方案。优化部署的实现过程如图7.12所示。

整个过程中,优化部署模块与雷达数据库、阵地数据、RCS数据库发生数据交互,并且会用到单雷达探测模型、组网探测模型以及优化算法、效能指标等资源。优化部署的最终成果是生成满足作战任务的探测资源布局最合理的部署方案。

明确资源条件及参数,包含以下内容:确定雷达阵地条件(位置和数量)、地形条件(高度、遮挡)、地貌条件(电磁反射特性)、雷达类型、雷达数量、雷达网总体作战任务、主攻方向、通信条件等,作为优化部署的输入条件。部署结合地理信息系统进行,与地形、地貌相结合形成的雷达威力图,与实际探测更加接近。

雷达组网部署性能指标主要包括:常规目标探测能力、隐身目标探测能力、低空目标探测能力、小目标探测能力、高速高机动目标探测能力、抗干扰能力、探测精度等多项指标,可以按照要求增加或减少评价指标。工程上常用的方法是多属性综合加权方案,根据雷达网当前的作战任务,通过调整各评价指标的权值系数,并对各评估指标值进行归一化处理,对部署方案进行综合评估。

7.2.3.2 资源管控交互模型

雷达组网系统资源的优化使用与实时控制对体系效能的发挥起着支撑作

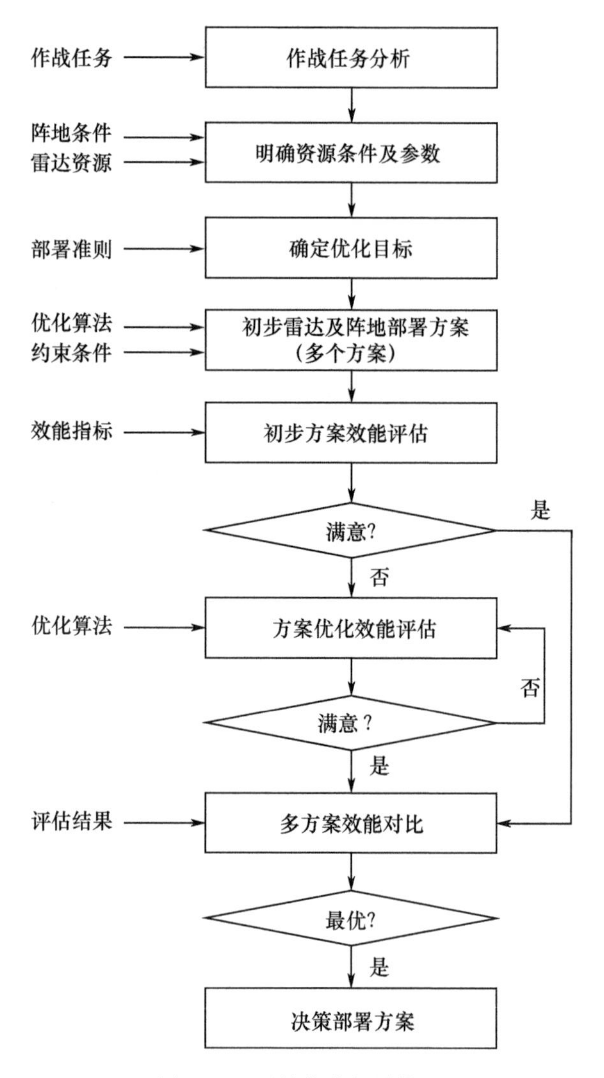

图 7.12　系统优化部署模型

用。雷达组网系统是一个具备高度“互操作”和高度“智能”的系统，这种技术能力使得作战应用变得更加灵活，使系统具备实时的闭环管理和控制能力。

在第 4 章中，对雷达组网资源管控的需求、内容、结构、方式、模型、流程等进行了详细的分析。无论是图 4.5 所表示的通用资源管控功能模型，还是图 4.6 所表示的资源管控闭环控制功能模型，或者是图 4.7 表示的基于模式化的雷达组网资源管控功能模型，都是从资源管控的功能组成、功能之间的关系以及资源管控的流程等角度出发来进行设计的，其中涉及的功能以及要素都比较多，更为复杂。这里重点从雷达组网体系中的两个重要组成部分（组网雷达和组网融控中心)在资源管控过程中产生的交互情况、发生交互的时间阶段以及资源管控最终的表现形式或表现载体入手,对资源管控进行建模。

雷达组网资源管理与实时控制就是利用有限的传感器资源,满足对空中目标和扫描空间探测的需求,以获得各个具体特性的最优值(如检测概率、截获概率、传感器自身的发射能力、航迹精度或丢失概率等),并以这个最优准则对传感器资源进行合理科学的分配和调整,从而实现对作战资源的闭环使用与控制。在作战中,其核心问题就是依据一定的准则,选择传感器,调整其工作方式和参数,以闭环方式对资源进行协同与控制,从而获取对探测目标的最优探测性能。管理与控制的范围包括空间管理、模式管理和时间管理。功能包括目标排列、事件预测、传感器预测、传感器对目标的分配、空间和时间范围控制以及配置和控制策略等。

对于雷达组网系统而言,资源管控的主体对象是组网雷达和组网融控中心。资源管控的功能主要体现在战前和战中两个阶段,雷达组网资源管控交互模型如图 7.13 所示。

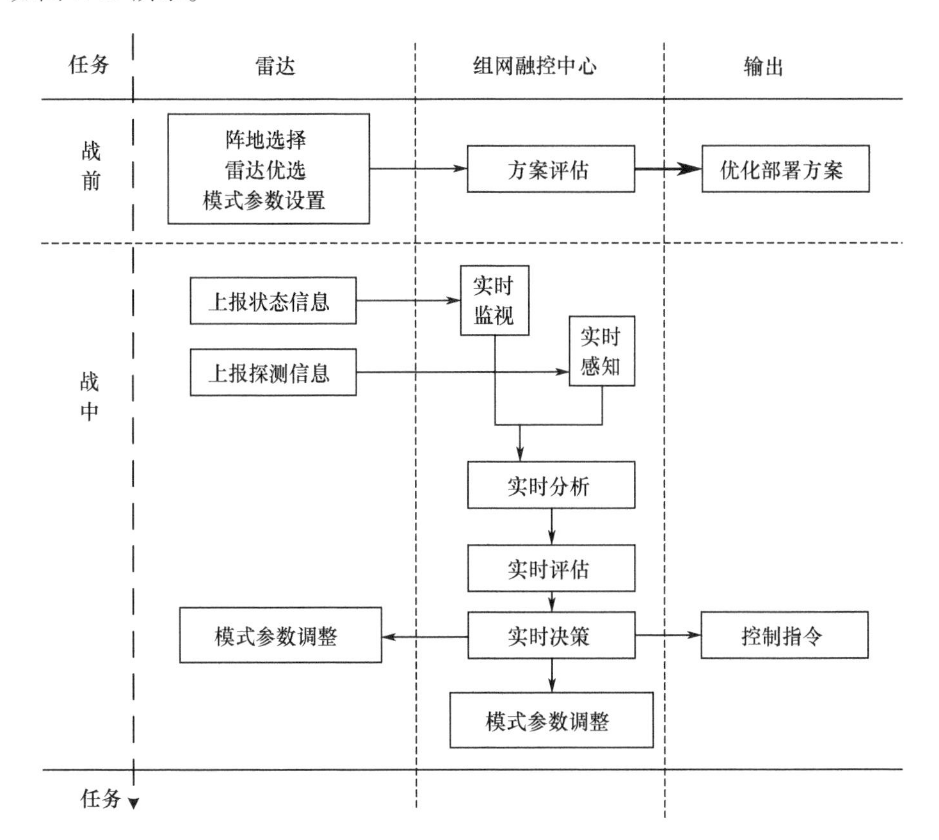

图 7.13　雷达组网资源管控交互模型

战前资源管控的重点是组网雷达,管控内容包括阵地选择、雷达数量选择、雷达类型选择、雷达部署选择以及雷达工作模式及参数设置。战前资源管控的输出是优化部署方案。

战中是资源管控的主要时段,包含三个阶段:

(1) 实时监视与实时感知。主要通过接收组网雷达上报的点迹、航迹信息对空情态势实时掌握,通过组网雷达上报的状态信息对雷达工作状态保持关注,还包括对作战任务、目标和战场环境的实时监视与感知。

(2) 实时分析与实时评估。若作战任务和态势发生变化,则交由分析与评估模块对作战能力和需求重新进行评估。首先根据作战任务进行探测能力需求分析,然后根据资源状态进行实际探测能力计算,最后综合评估需求与能力是否匹配。若综合效能满足需求,则继续沿用当前工作模式及参数;若综合效能不满足需求,则向预案设计模块发出信号,由该模块对当前工作模式及参数进行调整。

(3) 实时决策与实时控制。在对战场情况和探测资源分析的条件下,当任务需求与探测能力不匹配时,要进行实时的决策与控制。通过预案设计功能模块辅助指挥员生成实时决策,根据决策生成由控制命令组成的控制指令集或控制时序,然后下发给相应的对象并执行。

战中资源管控对象既包括组网雷达,又包括组网融控中心。管控内容包括组网雷达的开关机、波束扫描仰角/方位角范围、跟踪数据率、波束驻留时间、扫描方式、扫描周期、变频方式、变频区域、检测门限、信号处理方式等具体参数,还包括组网融控中心的工作模式、融合算法等参数。战前资源管控的输出是控制指令或控制指令集或控制时序。

7.2.3.3 信息融合模式决策模型

融合处理是组网融控中心的关键。对多部雷达探测信息的融合,接入的信息可以是航迹数据,也可以是点迹数据;主要的融合方法[12]包括以下三种:

(1) 点迹融合。对多部雷达送入的点迹数据,进行坐标变换、时间对齐、误差校正等处理。预处理后的点迹数据经数据压缩算法处理以后,形成序列化点迹。融控中心的数据融合模块利用多雷达送来的所有点迹和合并处理后的序列化点迹,依据相应的数据关联算法、航迹起始算法、航迹滤波算法进行航迹的起始和更新。从点迹融合的机理分析中得到:单部雷达在低概率区的零散点迹,因为无法形成航迹被丢弃,而点迹融合有效利用了这些点迹,显著提高了对于非合作特种目标的探测能力。因此,点迹融合方式特别适用于对于非合作特种目标的探测,包括低慢小目标、高速高机动目标、巡航导弹、隐身飞机、高快小目标以及复杂干扰环境下的目标。

（2）航迹融合。对多部雷达送入的航迹数据，进行坐标变换、时间对齐、误差校正等处理。对处理后的航迹数据进行粗相关归类，形成串行航迹数据流，然后按照相应的数据关联算法、航迹起始算法、航迹滤波算法进行航迹的起始和更新。航迹融合的核心机理虽然也是资源换能力，重点是多部雷达之间的互补，但是由于航迹融合中心的输入数据是单雷达的航迹，如果单部雷达无法形成航迹时，航迹融合是没有任何意义的。因此，航迹融合更多地应用于区域情报的综合、空域管制以及探测合作目标的场景下。

（3）点迹－航迹融合。多雷达的点迹、航迹首先经过误差校正、时空统一等预处理，形成序列化的数据流；再通过点迹－航迹相关、航迹－航迹相关等处理将点/航迹归类，将属于同一目标的点/航迹分选出来；最后使用合并算法进行求精处理，得到置信水平更高的数据，进而进行跟踪滤波预测。点迹－航迹融合模式通常应用在网内雷达差异比较大的时候。由于网内雷达差异比较大，全部采用所有雷达的点迹进行融合或者全部采用所有雷达的航迹进行融合都无法统一数据精度、数据率等方面的差异性，因此采用折中模式采用点迹－航迹融合模式。

雷达组网系统工作时，组网融控中心收到组网雷达输出的点迹数据或航迹数据，为使系统的融合方式与输入数据类型相适应，在设计上按照不同雷达数据之间的点迹与点迹、航迹与航迹、点迹与航迹三种融合方式进行，分别对应于集中式、分布式和多级式。这部分内容在第3章有具体介绍，此处不再展开。

具体采取什么样的信息融合方式要有选择。信息融合方式不仅仅受到目标运动情况、战场环境状况、入网雷达配置情况等多个方面的影响，而且跟所采取的融合算法也休戚相关。信息融合模式决策模型如图7.14所示，重点描述了信息融合选择的内容和影响因素。信息融合选择的内容包括融合方法和融合算

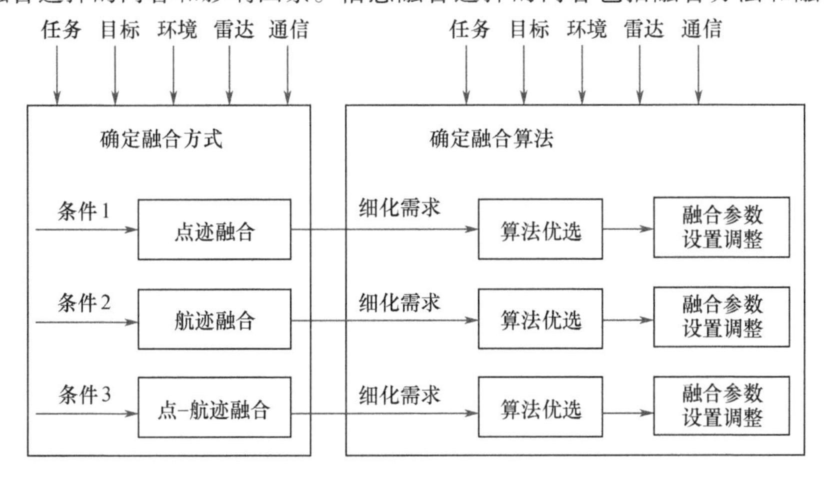

图7.14　信息融合模式决策模型

法,影响因素是指预警体系五要素。

同样,信息融合模式决策模型与第3章中介绍的信息融合模式、点迹融合流程等有着很大的关系,但是又不同于点迹融合流程。在信息融合模式决策模型中关注点不在具体的点迹融合是如何实现的过程上,而是体现了从组网实验系统的用户角度出发根据五要素的变化对融合方式、融合算法、融合参数等进行调整的过程。

7.2.3.4 预案设计过程模型

预案设计过程模型描述了从任务输入到预案生成的全过程,如图7.15所示。整个过程分为四个大的阶段:场景分析,优化部署,方案生成和协同控制。在这四个阶段中,每个阶段都有相应的产品输出,包括:任务分析视图,部署图,管控预案以及控制指令或时序。

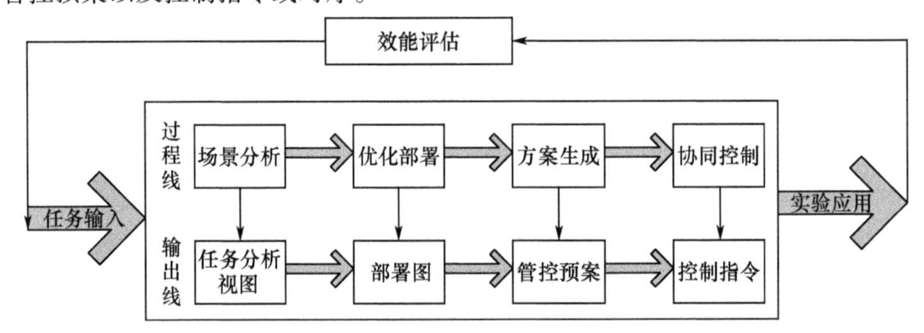

图7.15 雷达组网系统预案设计过程模型

按照这样四个步骤生成的预案首先是一个基本预案,能够满足比较粗略的组网区域的雷达性能、地理环境与作战任务等需求;通过任务输入中边界条件的进一步具体化和明确化,以及对基本预案的进一步优化,可以转化为优化预案。优化的过程实质上就是决策模型寻求最优解的过程,包括建立信息关联、选择决策模型、问题模型求解和静态综合评估等步骤。

优化预案只是在理论上对问题模型进行了寻优求解和静态仿真评估,还需要通过不断的训练和推演才能形成可信度较高的训练预案。这一过程中需要对训练和推演的过程和结果进行效能评估,并反馈到预案设计模型,再次启动方案优化程序进行进一步修正。

在此基础上形成的训练预案可以到实装上进行应用,并形成可信度更高的实施预案集。实施预案集是雷达组网系统作战过程中应对状态变化进行科学决策的来源和依据。

图7.15是在4.6节内容上的一个总结和抽象,将图4.8中描述的战前预案拟制、战中实时闭环控制和战后修改完善预案库三个环节中的具体实现细节进

行了凝练,总结出了图7.15所示的四个主要过程;不同于图4.8,它在每个过程阶段都有相应的产品输出。

7.2.3.5　协同探测模型

雷达组网协同探测是指通过对不同空间、不同功能、不同频段的雷达进行多层次、多方面的数据融合处理,对多个组网雷达的探测信息进行检测、合并、相关、估计和组合以达到精确的状态估计、身份估计、属性估计,以及完整、及时的态势评估和威胁评估。在协同探测的过程中,充分利用空间的互补性、频段的互补性、功能的互补性、体制的互补性,组网雷达的探测信息相互加强、相互验证,有效地减小了测量误差,提高了系统的空间分辨力,从而在虚警一定的情况下,提高了系统的发现概率。因此,可以说协同探测模型改善了对目标的观测过程[11]。

从这样的角度来说,协同探测模型不同于前面所构建的优化部署模型、资源管控模型、信息融合模式决策模型以及预案设计模型,这四种模型都是雷达组网工作流程中的过程模型,而协同探测模型是多个模型的综合。首先,协同探测不是单一的实体可以做到的,它涉及了两个实体,一是组网雷达,二是组网系统融控中心。组网雷达是协同探测的情报源,组网系统融合中心是协同探测的发生器。它们之间通过点/航迹信息进行交互。其次,协同探测这个事件的发生不是某一个瞬间或者某一个局部阶段,而是从系统工作的准备阶段就开始了,贯穿系统工作的全过程,只有这样才能完成探测过程中的协同,缺一不可。因此,协同探测模型用来描述协同探测生命周期中的主要活动。

协同探测模型主要包括两个环节:协同探测模式生成环节和协同探测实施环节,如图7.16所示。

协同探测模式生成主要是在接收任务以后、执行任务以前。生成原则是根据总体作战意图,在满足系统作战要求的前提下,一方面确定雷达选择并使其数量最少,提高雷达使用效率,提高系统生存能力、抗干扰能力;另一方面确定组网融控中心的融合方式。其中,确定组网雷达方案的方法和步骤包括:

(1) 接受和分析任务。

(2) 根据任务分析结果,明确探测需求,进行优化部署设计。

(3) 对部署后的方案进行效能评估,并判断部署方案是否能够达到探测效能指标要求;如果能够满足则将此时的组网方案作为最优的组网雷达方案,如果不能满足则继续对方案进行优化直至满足需求为止。

(4) 组网雷达根据最优方案进行部署实施。

(5) 确定系统内组网雷达、融控中心的参数设置,特别是数据融合方式、初选融合算法及相关参数。

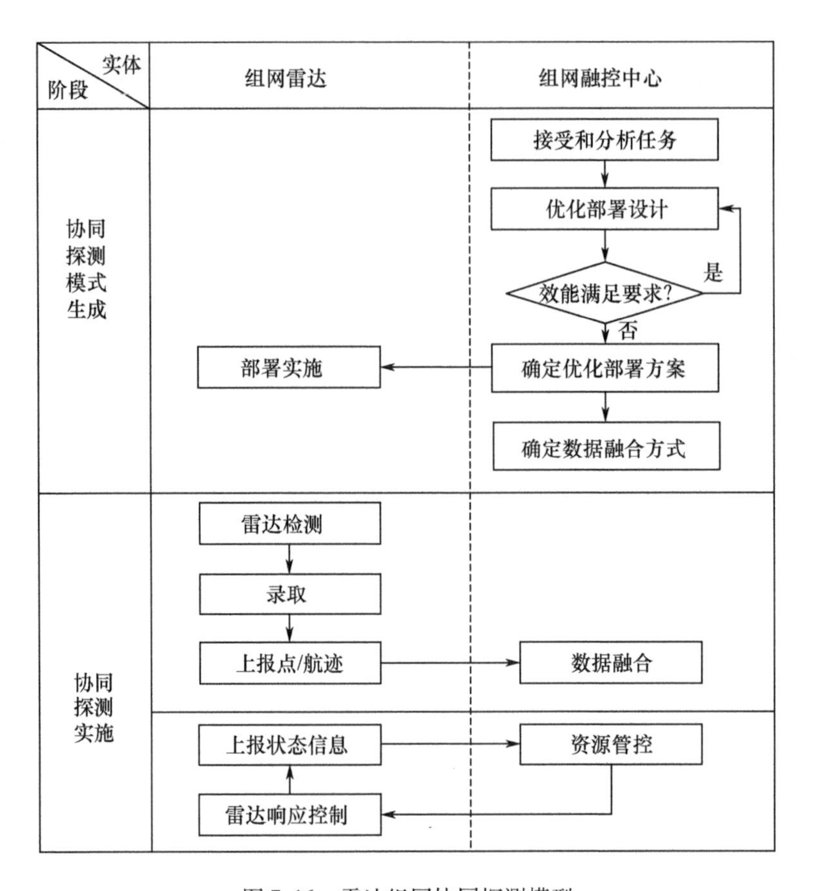

图 7.16 雷达组网协同探测模型

协同探测实施主要是执行任务过程中。组网雷达将经过雷达监测和录取后形成的点迹、航迹信息上报到组网融控中心,由组网融控中心进行数据融合,实现多部雷达协同探测。同时在这个过程中,各组网雷达将状态信息上报至融控中心,一旦目标/环境/情报/装备/通信链路等要素发生变化时,融控中心选择或者调整预案对组网雷达进行资源管控,组网雷达根据融控中心下发的管控指令进行相应的响应。

从整个过程中来看,协同探测模型两个阶段中,协同探测模式生成阶段包含了优化部署模型以及信息融合模式决策模型,甚至还包括了在任务执行前的预案设计过程,也就是预案设计模型;协同探测实施阶段主要包含了数据融合过程和资源管控模型;再一次印证了协同探测模型是一个融合多个模型的复合模型。

7.2.3.6 协同抗复杂干扰模型

协同抗复杂干扰模型是体现组网系统通过多种手段达到协同抗干扰目的能

力的概念描述。主要适用于压制性、阻塞性、欺骗性的干扰探测环境。在协同抗复杂干扰过程中，要求组网雷达分散部署，使得干扰波束难以形成有效压制，并对干扰机进行准确定位；要求组网雷达工作频段分散，使得压制干扰难以发挥作用；利用多雷达信息融合技术、模式识别技术来识别欺骗性干扰。雷达部署时选择具有干扰分析和发射频率选择功能进行自适应变频或伪随机捷变频、低副瓣天线、副瓣匿隐、扇区静默、恒虚警处理等性能的雷达，进行分布式、多视角部署，避开在主攻方向被同时压制和阻塞；通过部署诱饵和告警设备、闪烁开关机等方法提高抗 ARM 能力。当发现有源干扰、无源干扰和 ARM 时，可灵活选用以上多种方式来达到协同抗干扰的目的。其特点为：利用雷达分散部署和工作频段分散等特点，控制各雷达的抗干扰功能，实现对干扰避开、滤除和定位。协同抗复杂干扰的主要控制内容见表 7.2 所示。

表 7.2　协同抗复杂干扰的主要控制内容

控制项目	控 制 方 法
工作雷达选择	选择具有自适应变频、低副瓣天线等抗干扰性能好的雷达
部署特点	雷达分散部署、雷达工作频段分散
雷达频率控制	所有频率
雷达功率控制	大功率，必要时烧穿工作
雷达天线俯仰	俯仰角正常
信号检测门限	门限可调整
信号处理方式	MTI、MTD、快慢图
高分辨通道	必要时使用
抗干扰措施	副瓣对消、副瓣匿隐、发射频率选择、伪随机变频等
诱饵控制	必要时开机
目标特征提取	三维信息、二次信息、敌我识别等
融合方式	点迹融合
组网性能要求	抗干扰能力强
通信速率	按实际通信速率控制数据
组网控制终端	控制输出点迹

也就是说，雷达组网抗复杂电子干扰，主要从以下五个方面来实现：

(1) 从空间角度抗干扰。多部组网雷达的分布式空间部署，使得全方位的干扰难以实现，有利于对干扰源进行快速定位。

(2) 从频率角度抗干扰。多部不同频段的雷达同时工作，使得干扰机难以形成宽频带干扰。

(3) 从信息域角度抗干扰。组网信息处理中心融合不同情报源信息，形成及时、准确的情报并实现有效探测。

(4) 从时域角度抗干扰。组网雷达发射优化管理,实现闪烁发射,或者组网雷达隐蔽开机等方式。

(5) 综合应用不同组网雷达的抗干扰功能,或者组合各种不同的抗干扰措施。

雷达组网协同抗复杂干扰模型如图 7.17 所示。利用上述五个方式来进行协同抗复杂干扰,其实施的手段主要体现在优化部署环节和协同控制环节中;同时,协同抗复杂干扰的载体是预案,在预案中对具体抗干扰措施的实施时机、背景、时序,甚至细化到控制指令都有具体描述。

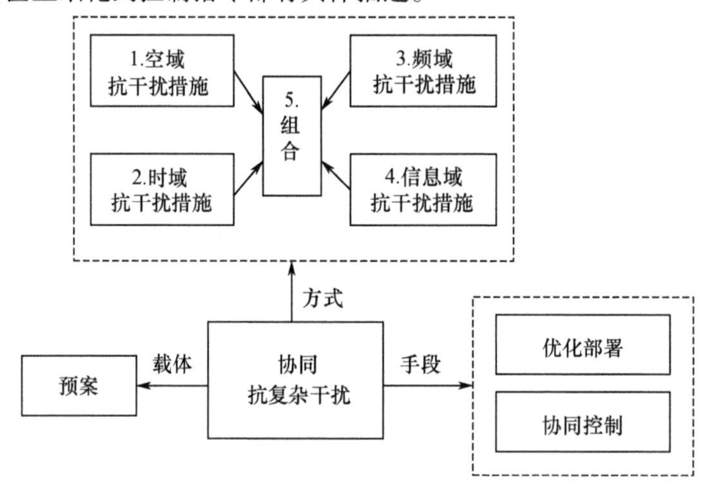

图 7.17　雷达组网协同抗复杂干扰模型

雷达组网协同抗复杂干扰时序图模型如图 7.18 所示。图 7.18(a)是雷达组网协同抗复杂干扰时序图的一般模型,横轴代表时间,纵轴代表目标机、干扰机、组网雷达和融控中心。该一般模型描述了在整个任务时间过程中以下几个方面的内容:

(1) 目标机的阶段性飞行状态,包括目标机从出现到消失的时间节点。

(2) 干扰机或干扰源的工作状态,包括干扰机/干扰源的干扰时间节点、干扰方式、干扰状态。

(3) 组网雷达和融控中心的工作状态,重点包括组网雷达和融控中心的工作模式、组网雷达的控制方式(本地控制/中心控制)、组网雷达和融控中心的反干扰措施。

图 7.18(b)是图 7.18(a)的一个具体实例。从图中可以看到共有两架目标机和两架干扰机。干扰机在第一架目标机飞行期间(11:53 至 12:44 之间)实施了综合干扰,11:53 至 12:19 之间各组网雷达本地控制采取相应的反干扰措施,

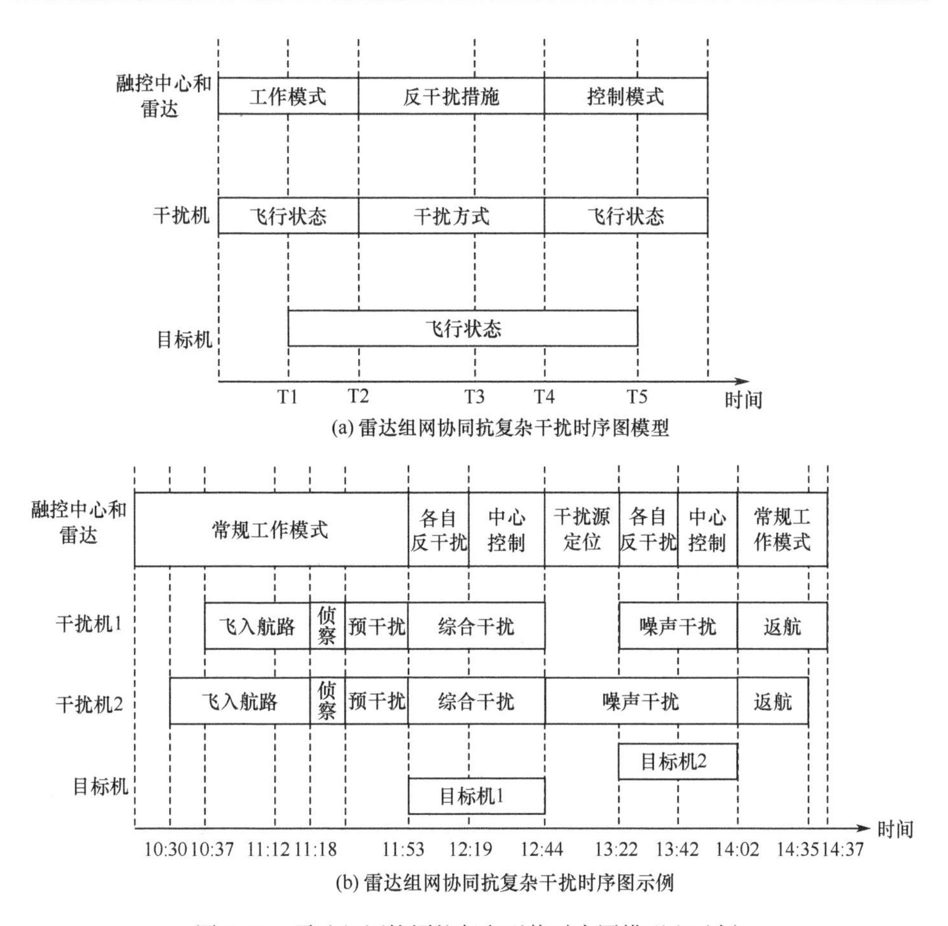

图 7.18　雷达组网协同抗复杂干扰时序图模型和示例

12:19 至 12:44 之间指挥权集中到融控中心，由中心协同控制各组网雷达互相配合进行组合抗干扰。而对于第二架目标机(13:22 到 14:02 之间)，干扰机改变了干扰样式，采用噪声干扰方式实施干扰，此时融控中心和组网雷达也相应了改变了各自的抗干扰措施。通过这样一个以时间为基准的任务时序图，清晰地描述了组网系统融控中心以及组网雷达针对目标机和干扰源的变化采取的相应协同抗复杂干扰的阶段性响应。

7.3　体系探测效能数学度量模型

雷达组网体系探测效能数学度量模型具有以下特点：

(1) 单部入网雷达的监测能力影响了体系效能，对体系效能较为客观准确的评估，必须首先对单部雷达要素模型进行修正和探测能力验证。

（2）利用区域相对量突出与单雷达效能不同的增量模型。雷达组网系统主要作战效能与雷达性能、部署和控制方式以及目标的 RCS、运动特性和高度都密切相关，难以完全用“绝对量”来描述探测能力。所以定量指标采用了“绝对量”与“相对量”相结合的方法，用“区域探测范围提高量”来定量描述探测能力，用“精度相对提高量”来定量描述引导情报保障精度，用“数据更新时间”来描述引导情报的连续性和时效性。

（3）把握整体，突出重点。雷达组网系统体系效能指标体系要满足完整性要求，然而却不是所有的指标都能够量化描述。因此，体系效能数学度量模型必须在把握体系效能整体的基础上，重点围绕各类目标（小目标、低空目标、高机动目标、隐身目标、常规目标等）探测能力、引导情报质量、电子防御能力等重要体系效能指标和可量化体系效能指标展开，满足主要作战性能要求。

7.3.1 发现概率提高量模型

发现概率描述了雷达/雷达网对目标的发现能力，它是雷达/雷达网最重要的指标之一。目标的发现概率取决于目标反射面积大小、目标的飞行高度和距离、干扰种类、干扰强度以及雷达的技术特性。发现概率提高量则量化描述了通过组网对目标发现能力的提高程度。

1）单雷达发现概率计算模型

雷达对目标的发现概率既与雷达本身的性能参数有关，同时又与目标的特征也有关，目标 RCS 越大，距离雷达越近（在雷达探测威力范围内），则雷达对目标的发现概率越大。在无干扰条件下，单雷达对目标的发现概率可以计算如下：

$$P_d = \left(\frac{nS_N + 1}{nS_N}\right)^{n-1} \mathrm{e}^{\left(\frac{-Y_0}{nS_N + 1}\right)} \tag{7.23}$$

式中：n 为雷达的实际脉冲积累数；Y_0 为恒虚警时的检测门限，当虚警概率 $P_F = 10^{-6}$时，有

$$Y_0 = n_0 + 4.75\sqrt{n_0} \tag{7.24}$$

其中，n_0 为雷达一次扫描时的脉冲积累数

$$n_0 = \frac{\Delta\theta_\alpha f_r}{\Omega} \tag{7.25}$$

其中：$\Delta\theta_\alpha$ 为雷达水平波束宽度；Ω 为雷达天线扫描角速度；f_r 为雷达脉冲重复频率。

其中，S_N 为检测信噪比

$$S_N = \left(\frac{R_0}{R}\right)^4 \tag{7.26}$$

其中：R 为目标到雷达的距离；R_0 为信噪比为 1 时雷达的作用距离，可以由雷达

方程计算得到。

2）组网后发现概率计算模型

组网后对目标的发现概率是构成组网的各雷达发现概率的并集，可以计算为

$$P_D = \bigcup_{i=1}^{n} P_{di} \tag{7.27}$$

即

$$P_D = 1 - \prod_{i=1}^{n}(1 - P_{di}) \tag{7.28}$$

式中：P_D 是雷达组网系统的融合后航迹情报的发现概率；P_{di} 是各组网雷达的点迹发现概率。

3）发现概率提高量计算模型

假定空间目标某一点被 N 部雷达探测到的概率分别为 P_{d1}、P_{d2}、…、P_{dn}，则组网前雷达网空间任一点的发现概率 $P_{D-before}$ 取各雷达最大值，即

$$P_{D-before} = \max(P_{d1}, P_{d2}, \cdots, P_{dn}) \tag{7.29}$$

组网后相对与组网前该点的发现概率提高量 ΔP_D 即

$$\Delta P_D = P_D - P_{D-before} \tag{7.30}$$

通过绘制发现概率随距离变化的曲线，可以更加直观地反映组网前后对空间目标同一点的发现概率提高程度。

7.3.2　探测范围提高量模型

通过计算组网前后的探测区域面积，使用组网后探测区域面积相对于组网前探测区域面积增加的百分比作为评价探测威力性能的指标。

把组网区域分成多个探测概率计算单元，依据网内各雷达实际探测概率模型，逐个计算每个单元的探测概率，探测范围面积就是空间所有探测概率大于指定值 P_D^z（例如 0.5 或 0.8）的单元的集合。

1）单雷达探测威力模型

在无干扰条件下，单个警戒雷达在某个高度层上对目标的探测威力是以雷达为圆心、以雷达对目标的实际作用距离为半径的一个圆形区域，雷达实际作用距离按下式计算：

$$R = \min(R_{max}, R_s) \tag{7.31}$$

式中：R_{max} 为雷达对目标的最大作用距离，由雷达方程计算（或查雷达波瓣图）：

$$R_{max} = \left[\frac{P_t G_t^2 \lambda^2 \sigma}{(4\pi)^3 K T_0 \Delta f_r F_n L (S_N)_{min}}\right]^{\frac{1}{4}} \tag{7.32}$$

式中：P_t 为雷达发射功率(W)；G_t 为雷达天线增益(倍)；λ 为雷达工作波长(m)；σ 为目标雷达截面积；K 为波耳兹曼常数；T_0 为以热力学温度表示的接收机噪声温度，取为290K；Δf_r 为雷达接收机带宽；F_n 为噪声系数；L 为雷达功率损耗因子；$(S_N)_{\min}$为雷达的最小检测信噪比。

R_S 是雷达直视距离，在考虑大气层引起的电波折射的条件下，地球曲率半径取6370km，温度随高度变化梯度为0.0065℃/m，大气折射梯度为0.039×10^{-6}/m，地球等效半径为8490km，则雷达的直视距离为

$$R_s = 4.12(\sqrt{h_t} + \sqrt{h_r}) \tag{7.33}$$

式中：h_r 为雷达架设高度(m)；h_t 为目标高度(m)；R_s 是雷达直视距离(km)。

2) 组网前雷达网探测范围

假定空间目标某一点被 n 部雷达探测到的概率分别为 P_{d1}、P_{d2}、…、P_{dn}，则组网前雷达网空间任一点的发现概率 $P_{D-before}$ 取各雷达最大值，如式(7.29)所示。

组网前探测面积就是空间探测概率不小于 P_D^z 的单元的集合，即

$$S_q = \sum_{i=1}^{m} S_i \tag{7.34}$$

式中：S_i 为组网前空间探测概率不小于 P_D^z 的单元对应的面积；m 为空间探测概率不小于 P_D^z 的单元数。

3) 组网后雷达网探测范围

假设空间目标在一点被 N 个雷达探测到的概率分别为 P_{d1}、P_{d2}、…、P_{dN}，则雷达组网探测系统在该点的探测概率 P_D 如式(7.28)所示。

组网后探测面积就是所有空间探测概率大于 P_D^z 的单元的集合。则

$$S_h = \sum_{i=1}^{k} S_i \tag{7.35}$$

式中：S_i 为组网后空间探测概率不小于 P_D^z 的单元对应的面积；k 为空间探测概率不小于 P_D^z 的单元数。

4) 雷达组网前后探测范围提高量计算模型

$$\Delta_S = \frac{S_h - S_q}{S_q} \times 100\% \tag{7.36}$$

式中：S_q，S_h 分别为组网前后指定探测概率的探测范围面积。

7.3.3 情报精度提高量模型

如前文3.4节所述，雷达利用测距和测角的方法对目标定位，其各自的测量误差决定于发射信号的形式以及信号处理器和数据录取设备的特性。据认为，当距离误差不变时，角度误差会使位置误差增大，而位置误差与距离误差相正交

且随距离的增加而增大。利用两部或多部雷达测距结果来推算目标位置:当雷达波束成直角交叉时,处理起来就特别方便。这时,目标位置误差由分别代表两部雷达误差的面积 A1 和 A2 相交的公共面积来表示,也就是水平圆精度和垂直圆精度的概念。

1)水平圆精度与垂直圆精度

水平圆精度和垂直圆精度在本书 3.5 节中已定义。假定目标在以组网融控中心为坐标原点的坐标系中的坐标为 $T(x,y,z)$,此目标到中心站的距离为 ρ,方位为 α,经雷达探测后得到目标的坐标 $T_i'(x_i,y_i,z_i)$(取误差最大时的值)。单雷达对该目标的水平圆精度 *HDOP* 和垂直圆精度 *VDOP* 由公式(7.37)计算:

$$HDOP = \sqrt{(x-x_i)^2+(y-y_i)^2},VDOP = \sqrt{(z-z_i)^2} \tag{7.37}$$

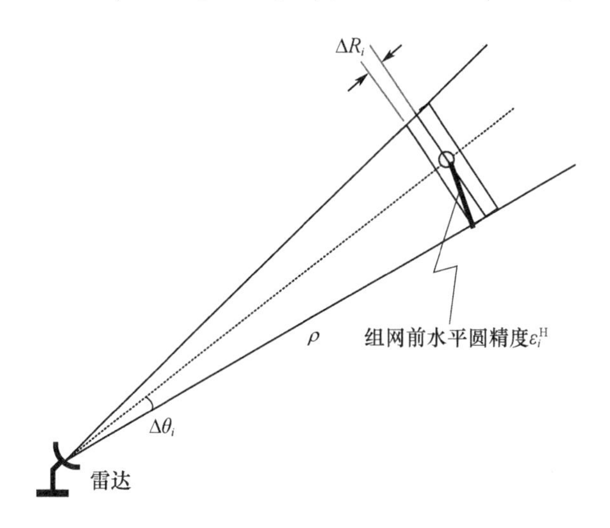

图 7.19　水平圆精度原理示意图

2)情报精度提高量模型

假设 n 部雷达进行组网,定义组网前在某一点处的水平圆精度为所有单雷达水平圆精度中的最高者,垂直圆精度为所有雷达垂直圆精度中的最高者。用数学公式来表达:整个雷达组网系统前的水平圆精度为 D_{hp},垂直圆精度为 D_{vp}。其中

$$\begin{cases} D_{hp} = \min(D_{hp1},D_{hp2},\cdots,D_{hpn}) \\ D_{vp} = \min(D_{vp1},D_{vp2},\cdots,D_{vpn}) \end{cases} \tag{7.38}$$

多雷达组网后,经不同视角数据融合的水平圆精度用 D_{hop}(*HDOP*)表示,垂直圆精度用 D_{vop}(*VDOP*)表示。

对重叠区第 i 区间,水平与垂直圆精度的提高量 Δ_{hDi}、Δ_{vDi}分别为

$$\begin{cases} \Delta_{hDi} = D_{hp} - D_{hop} \\ \Delta_{vDi} = D_{vp} - D_{vop} \end{cases} \tag{7.39}$$

在重叠区，依据可信度选择 M 个区间或者多条航线，平均水平与垂直的精度提高量分别为

$$\begin{cases} \overline{\Delta_{hD}} = \dfrac{1}{M}\sum\limits_{i=1}^{M}\Delta_{hDi} \\ \overline{\Delta_{vD}} = \dfrac{1}{M}\sum\limits_{i=1}^{M}\Delta_{vDi} \end{cases} \tag{7.40}$$

选择战术中最感兴趣的评价指标——*GDOP* 图[13,14]直观反映雷达组网系统探测精度情况。*GDOP* 图即是在指定作战区域内将若干探测精度相同的点连成一条线而形成的若干不同探测精度值的等值分布图，其表现形式就是若干条等值线。

7.3.4 保精度条件下引导范围提高量模型

根据 7.3.3 节中对情报精度提高量模型的描述，给定保障引导精度 D_q 要求，保障引导范围就是探测精度小于 D_q 的点的集合。组网前保障引导范围就是公式(7.38)精度(D_{hp}、D_{vp})条件下的计算单元的集合。组网后保障引导范围就是组网后精度(D_{vop}、D_{hop})条件下的计算单元的集合。

组网前保障引导范围面积 S_{bq} 用组网前的探测精度，组网后保障引导范围面积 S_{bh} 用组网后的探测精度，计算水平与垂直引导面积时，分别用对应的精度值。则组网后保障引导范围提高量模型可以描述为

$$\Delta_{bs} = \frac{S_{bh} - S_{bq}}{S_{bh}} \times 100\% \tag{7.41}$$

7.3.5 复杂电子干扰条件下探测范围提高量模型

只分析远距离压制性宽带支援干扰的情况，干扰从雷达的副瓣进入。计算思路同 7.3.1 节，只是探测干扰条件下探测概率发生了变化。考虑干扰条件下雷达探测模型中信噪比的变化。

1）干扰条件下雷达模型

设信号能量为 E，噪声能量为 N，干扰信号能量为 J，则信噪比 $S_N = E/N$，信干比 S_J 为

$$S_J = \frac{E}{N+J} = \frac{(E/N)}{1+(J/N)} \tag{7.42}$$

这表明信干比亦等于信噪比对 1 加干扰信号与噪声之比的比，即

$$S_J = S_N/(1+J_N) \tag{7.43}$$

式中：$J_N = J/N$。

2）干扰条件下发现概率模型

干扰条件下，空间某一点，在不考虑脉冲累计的条件下单雷达对 RCS =

$2m^2$,Swerling I 目标的发现概率为

$$P_d = \exp\left(-\frac{y}{S_J + 1} \right) \tag{7.44}$$

式中:y 为雷达的门限值。当给定虚警门限 $P_f = 10^{-6}$时,求得门限 $y = 14$,得到单雷达发现概率 P_d。

组网后,按式(7.28)计算发现概率,再由式(7.35)计算探测面积,最后按式(7.36)计算得到复杂电子干扰条件下组网前后探测范围的提高量。

7.3.6　干扰源交叉定位精度模型

1）双站几何法

设 A、B 两个站距离为 L,B 站到 A 站连线的方位角为 φ_{base},A、B 两个站报出的干扰源的方位分别为 φ_a、φ_b。如图 7.20 所示,计算干扰源位置算法如下:

$$\frac{L}{\sin(\varphi_a - \varphi_b)} = \frac{R_a}{\sin(\varphi_b - \varphi_{base})} \tag{7.45}$$

得干扰源到站 A 的距离为 R_a

$$R_a = \frac{L\sin(\varphi_b - \varphi_{base})}{\sin(\varphi_a - \varphi_b)} \tag{7.46}$$

误差为

$$\sigma^2 = \left(\frac{\partial f}{\partial \varphi_a}\right)^2 \sigma_{\varphi_a}^2 + \left[\frac{\partial f}{\partial \varphi_b}\right]^2 \sigma_{\varphi_b}^2 \tag{7.47}$$

其中

$$\begin{cases} \dfrac{\partial f}{\partial \varphi_a} = -\dfrac{L\sin(\varphi_b - \varphi)}{\sin^2(\varphi_a - \varphi_b)}\cos(\varphi_a - \varphi_b) \\ \dfrac{\partial f}{\partial \varphi_b} = \dfrac{L\sin(\varphi_b - \varphi)}{\sin(\varphi_a - \varphi_b)}\cos(\varphi_b - \varphi) \end{cases} \tag{7.48}$$

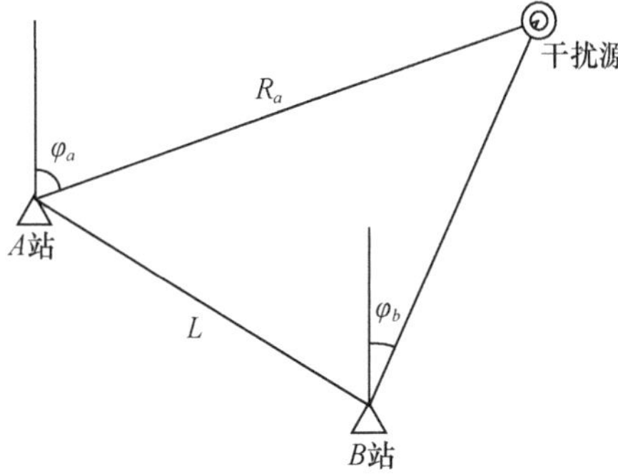

图 7.20　几何法双站干扰定位原理示意图

2）双站交叉定位法

设雷达站 A、B 对同一个干扰源 J，报出的干扰源方位分别为 φ_a 和 φ_b，如图7.21所示，计算干扰源位置算法如下：

$$\begin{cases} x = \dfrac{\cos(\varphi_a)}{\sin(\varphi_a)}(x - x_a) + y_a \\ y = \dfrac{\cos(\varphi_b)}{\sin(\varphi_b)}(x - x_b) + y_b \end{cases} \tag{7.49}$$

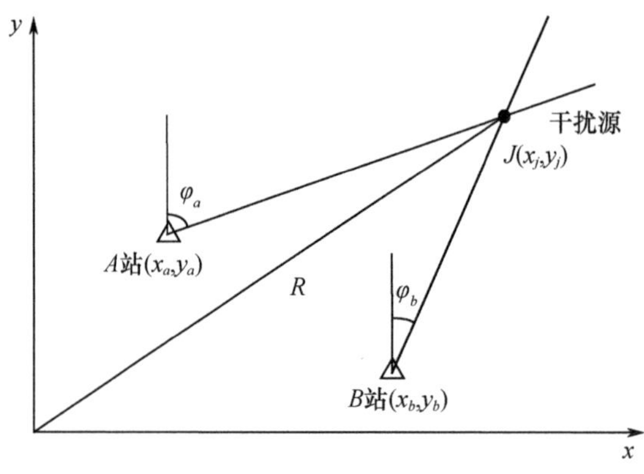

图 7.21　两站交叉定位原理示意图

得到

$$\begin{cases} x_j = \dfrac{B - A}{k_a - k_b} \\ y_j = \dfrac{k_a B - A k_b}{k_a - k_b} \end{cases} \tag{7.50}$$

其中：$A = y_a - k_a x_a$，$B = y_b - k_b x_b$，$k_a = \text{ctg}\varphi_a$，$k_b = \text{ctg}\varphi_b$。

则干扰机离组网中心距离为

$$R = \sqrt{x_j^2 + y_j^2} \tag{7.51}$$

由此估算的距离误差方差为

$$\sigma_r = \sqrt{\left[\frac{\partial f}{\partial \varphi_a}\right]^2 \sigma_{\varphi_a}^2 + \left[\frac{\partial f}{\partial \varphi_b}\right]^2 \sigma_{\varphi_b}^2} \tag{7.52}$$

σ_{φ_a}、σ_{φ_b} 分别为雷达 A 和 B 的方位测量精度（方位误差方差），而且

$$\begin{cases} \dfrac{\partial f}{\partial \varphi_a} = \dfrac{x_j(1 - k_a^2)(x_a k_b - x_a k_a - B + A) + y_j(1 - k_a^2)(B k_a + x_a k_a k_b - x_a k_b^2 - A k_b)}{R(k_a - k_b)^2} \\ \dfrac{\partial f}{\partial \varphi_b} = \dfrac{x_j(1 - k_b^2)(x_b k_b - x b_a k_a + B - A) + y_j(1 - k_b^2)(B k_a + x_b k_a k_b - x_b k_a^2 - A k_a)}{R(k_a - k_b)^2} \end{cases} \tag{7.53}$$

3）三站叉定位

设雷达站 A、B、C，对同一个干扰源 J，报出的干扰源方位分别为 φ_a、φ_b 和 φ_c，如图 7.22 所示，计算干扰源位置算法如下。

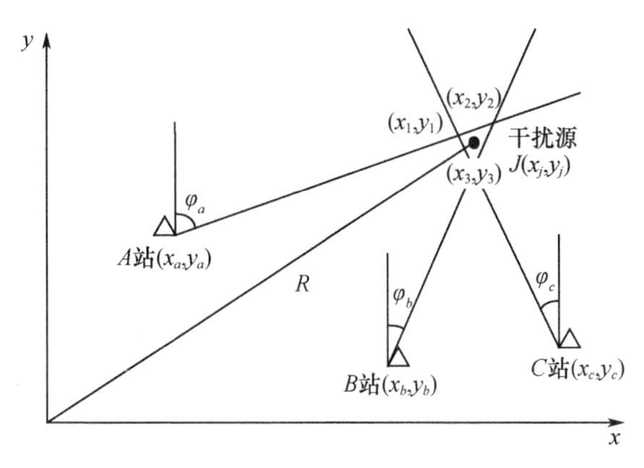

图 7.22　三站交叉定位原理示意图

先由下列方程组两两组合，求解得到三个交点坐标 (x_1,y_1)、(x_2,y_2)、(x_3,y_3)

$$\begin{cases} y = \dfrac{\cos(\varphi_a)}{\sin(\varphi_a)}(x - x_a) + y_a \\ y = \dfrac{\cos(\varphi_b)}{\sin(\varphi_b)}(x - x_b) + y_b \\ y = \dfrac{\cos(\varphi_c)}{\sin(\varphi_c)}(x - x_c) + y_c \end{cases} \tag{7.54}$$

得

$$\begin{cases} x_1 = \dfrac{B - A}{k_a - k_b} \\ y_1 = \dfrac{k_a B - A k_b}{k_a - k_b} \end{cases} \tag{7.55}$$

$$\begin{cases} x_2 = \dfrac{C - B}{k_b - k_c} \\ y_2 = \dfrac{k_b C - B k_c}{k_b - k_c} \end{cases} \tag{7.56}$$

$$\begin{cases} x_3 = \dfrac{C - A}{k_a - k_c} \\ y_3 = \dfrac{k_a C - A k_c}{k_a - k_c} \end{cases} \tag{7.57}$$

其中：$A = y_a - k_a x_a$，$B = y_b - k_b x_b$，$C = y_c - k_c x_c$，$k_a = \mathrm{ctg}\varphi_a$，$k_b = \mathrm{ctg}\varphi_b$，$k_c = \mathrm{ctg}\varphi_c$。

求出干扰源位置 $J(x_j,y_j)$ 为三角形中心点

$$\begin{cases} x_j = \dfrac{1}{3}(x_1 + x_2 + x_3) \\ y_j = \dfrac{1}{3}(y_1 + y_2 + y_3) \end{cases} \tag{7.58}$$

干扰机离组网中心距离为

$$R = \sqrt{x_j^2 + y_j^2} \tag{7.59}$$

估算的距离的误差方差为

$$\sigma_r = \sqrt{\left[\frac{\partial f}{\partial \varphi_a}\right]^2 \sigma_{\varphi_a}^2 + \left[\frac{\partial f}{\partial \varphi_b}\right]^2 \sigma_{\varphi_b}^2 + \left[\frac{\partial f}{\partial \varphi_c}\right]^2 \sigma_{\varphi_c}^2} \tag{7.60}$$

其中 σ_{φ_a}、σ_{φ_b}、σ_{φ_c} 分别为雷达 A、B 和 C 的方位测量精度(方位误差方差)。

对于多于 3 部雷达的测量定位,要通过求广义逆矩阵得到,运算较为复杂。

7.3.7 抗反辐射导弹生存能力提高量模型

当各雷达同频同时工作时,雷达网的功率质心为

$$P_x = \frac{1}{N}\sum_{i=1}^{N} p_i \cdot x_i,\quad P_y = \frac{1}{N}\sum_{i=1}^{N} p_i \cdot y_i,\quad P_z = \frac{1}{N}\sum_{i=1}^{N} p_i \cdot z_i \tag{7.61}$$

式中:x_i,y_i,z_i 为雷达 i 的坐标;p_i 为雷达 i 的功率。对无记忆的百舌鸟反辐射导弹攻击雷达网,则反辐射导弹将攻击雷达网功率质心。

单发反辐射导弹对雷达一次攻击的毁伤概率

$$P_h = 1 - 0.5^{\frac{R}{CEP}} \tag{7.62}$$

式中:R 为反辐射导弹的有效杀伤半径;CEP 为反辐射导弹攻击目标时的瞄准轴产生的距离偏差。

7.4 体系探测效能系统仿真模型

构建系统仿真模型的过程就是设计和搭建雷达组网性能仿真系统的过程。根据概念建模过程对系统建设的需求和功能构成分析,雷达组网性能仿真系统的主要任务是模拟仿真雷达探测到组网融合的全过程,为雷达组网系统的性能层指标评估提供仿真测试环境。因此,雷达组网性能仿真系统既是一个面向试验评估的测试系统,也是一个兼具教学与训练的仿真平台。粗略地可以将整个系统划分为三部分:目标想定、雷达模拟和组网融控中心;从功能需求、体系结构、模块划分、信息流设计等多个角度进一步详细设计。

7.4.1 仿真系统功能需求

根据雷达组网性能仿真系统的建设任务,该系统主要具有以下功能:

（1）系统管理与控制。仿真测试过程需要综合控制和任务管理，主要包括仿真测试的初始化、开始、结束、暂停、恢复、加速等任务，控制整个仿真系统中各个模块的时间同步、想定推演和仿真步长改变，同时对输入/输出数据进行记录，供重演使用和事后分析。

（2）剧情仿真。雷达组网性能仿真系统的剧情仿真对象主要是飞行目标，包括常规飞机、隐身飞机、干扰机以及巡航导弹等。剧情仿真的几项任务主要包括：目标航线设计，目标位置计算，目标显示与发送。

（3）情报源仿真。雷达组网性能仿真系统中的情报源即对空情报雷达，通过从数据库中加载典型雷达的性能参数使得通用雷达转换为具体某型号的雷达。情报源仿真主要完成以下几项任务：模拟雷达性能及探测目标的过程，目标数据处理，信息显示。

（4）信息融合处理仿真。组网融控中心是性能仿真系统的核心，信息融合处理的主要任务就是模拟融控中心的数据融合过程，主要包括：多雷达探测数据的预处理、时空统一、误差校正、相关、点迹融合处理、航迹融合处理、跟踪滤波预测及航迹管理等一系列环节。

（5）网内雷达优化控制。对雷达的实时优化控制是组网系统的一大特点。因此，对组网雷达的控制功能包括两方面内容：一是本地控制；二是远程控制。组网雷达端对雷达状态进行实时监视，上报信息中心；接收和解析远程控制指令，对雷达状态进行实时控制。状态信息的上报和控制指令的反馈及响应形成闭环。

（6）各种交互报文仿真。雷达组网性能仿真系统是以信息流为主线并面向雷达组网实验系统测试需求的，信息必须以规定格式进行传递和交互，因此根据仿真系统与被测系统的需求对其中传递的报文进行仿真，包括点迹报文、航迹报文、指挥控制报文、雷达勤务报文。

（7）数据库管理功能。

（8）信息采集和连接。结合具体应用需求，采用数据库技术和网络通信技术，实现仿真系统中的数据采集和信息互联。

（9）记录回放和重演。仿真产生的各部雷达的情报以及组网融控中心处理以后的综合雷达情报可以保存在数据库（文件）中，为以后的研究提供数据分析，并可以根据时间节点和批次进行重演。

（10）测试评估功能。组网融控中心建立效能仿真模型，可以对雷达组网系统的多项性能进行仿真测试和效能评估。

7.4.2　仿真系统体系结构

根据系统功能要求，将雷达组网性能仿真系统划分为三大部分：想定管理子系统、雷达模拟子系统和融控中心子系统，系统体系结构如图 7.23 所示。从图中可见：三个子系统相对独立，通过通信网络进行数据互联；想定管理子系统的仿真目标信息可以同时发送给一个或多个雷达模拟子系统，实现不同位置、不同型号雷达组网；所有的雷达探测信息最终通过网络传输到融控中心子系统进行信息融合处理，输出空情态势。每个子系统的功能实现都由具体的子功能模块来支撑。图7.23中雷达组网性能仿真系统体系结构采用了分布式交互仿真（DIS）技术的总体结构，体现了以下几个特点：

（1）实时性：采用分布式结构可以解决集中式结构中的实时性传输问题。由于想定管理子系统负责向所有入网雷达模拟子系统发送同样的综合态势信

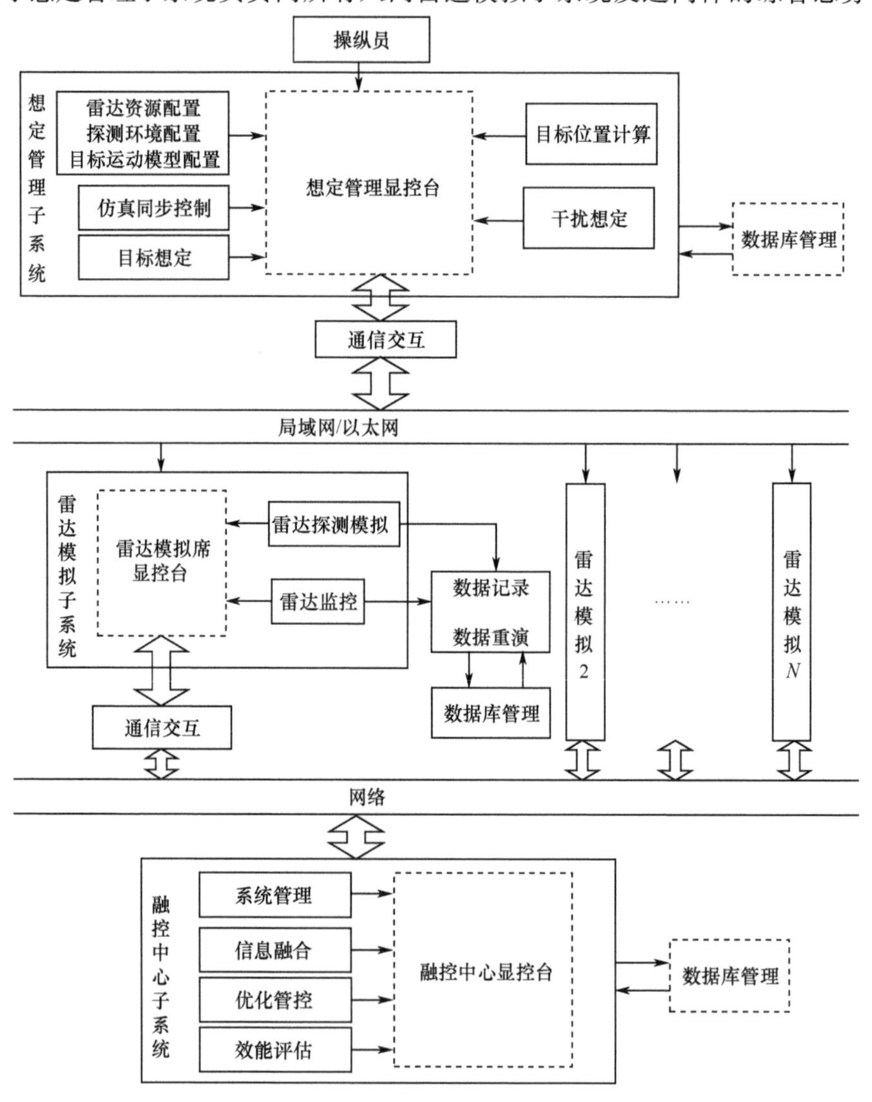

图7.23　雷达组网性能仿真系统体系结构图

息，各雷达模拟子系统独立处理整个探测和数据处理过程，最后通过网络传送到上一级指挥中心，大大减少了公共服务器的处理负担，提高了处理效率，能满足实时性的要求。

(2) 灵活性：将想定管理、雷达模拟作为两个独立的模块，可以达到系统的“通用性”要求，能够将不同类型的目标或不同体制的雷达分配到不同的计算机上，也能够根据实际应用需求灵活采用“1”(即1个想定管理子系统)或“1+1”(即1个想定管理子系统+1个雷达模拟子系统)或“1+N”的模式，从而构成一个分布式的雷达情报模拟环境，为组网实验系统的测试奠定了基础。此外，将融控中心子系统与其他两个子系统独立开来，使得仿真系统的工作模式更为多样化，子系统独立运行与多系统协同运行并存：当需要对组网实验系统进行测试时，可以通过网络接口仅仅接入想定子系统和雷达模拟子系统，构建半实物仿真测试环境；当需要对任何一个子系统包含的算法(如点迹相关、雷达探测等)性能进行检验时，可以将此子系统独立出来。

(3) 可拓展性：DIS技术在国内外军用仿真领域已有广泛的应用，采用DIS技术构建的分布式系统因为具有统一的网络标准，可以根据实际情况或者后期发展，增加新的仿真节点，以较小的代价和较短的时间实现系统功能的拓展。

(4) 通用性：

① 雷达模拟子系统在开发过程中忽略雷达具体型号，建立通用雷达模型。在实际应用时，采用从数据库中加载典型雷达参数的方式，将通用雷达模型转换为具体型号雷达；

② 情报接口处理上采用了标准化的规范情报格式，为其他情报源的入网和连接上级指挥控制系统提供了通用接口；

③ 通信接口上兼容了广泛采用的用户数据报协议(UDP)，满足了用户网络连接需求。

7.4.3　仿真系统接口设计

仿真系统内外部接口如图7.24所示。

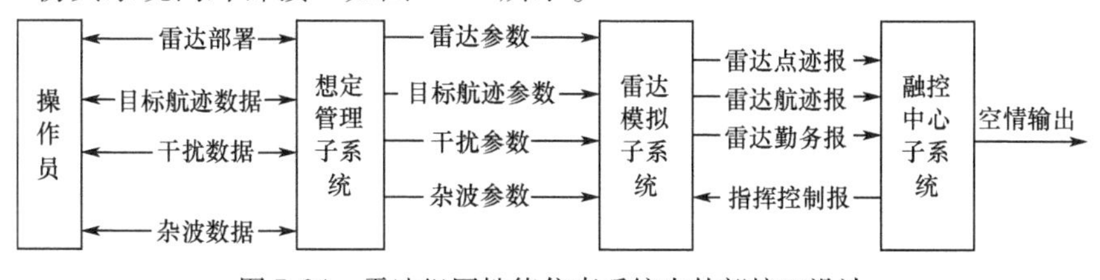

图7.24　雷达组网性能仿真系统内外部接口设计

从图7.24中可以看到，想定管理子系统要求输入雷达部署、干扰数据、杂波数据和目标航迹数据，这些数据的来源是数据库；在上述数据的支撑下生成想定,并根据想定具体内容向雷达模拟子系统输出雷达参数、目标航迹参数、干扰参数、杂波参数,由雷达模拟子系统模拟雷达的探测过程,生成雷达点迹、航迹信息和勤务信息;融控中心子系统在接收到单部雷达送来的上述信息基础上进行数据融合处理,生成统一空情态势,并发送给不同需求的用户。与此同时,融控中心子系统还向单部模拟雷达发送指挥控制信息,控制单部雷达的相应参数。

7.4.4 仿真系统软件模块

从软件功能角度又将系统分为七个功能模块,想定管理模块、雷达模拟模块、组网融控中心模块、综合显示模块、仿真控制模块、通信模块和数据库模块。

1) 想定管理模块设计

想定管理模块运行在想定管理子系统上,负责按照作战任务和测试需求,实现战场环境的模拟和目标的运动模拟,生成想定文件,通过网络通信把实时战场环境参数发送给雷达模拟模块;同时负责想定生成过程中相关数据的管理和屏幕显示控制。想定种类包括一般目标想定和干扰想定。当仿真预案为干扰想定时,推演过程中想定管理模块向雷达模拟系统输出目标、干扰和杂波参数,干扰工作模式和参数可以进行监控。具体功能包括:

(1) 雷达资源配置;

(2) 地图背景控制;

(3) 目标模拟;

(4) 目标航线制作;

(5) 想定数据生成;

(6) 仿真同步控制;

(7) 数据记录;

(8) 干扰想定监控。

2) 雷达模拟模块设计

雷达模拟模块运行在雷达模拟子系统上,完成雷达探测过程的模拟,对雷达参数和状态信息进行监视和控制,同时负责雷达工作模拟过程中相关数据的管理和屏幕显示控制。雷达模拟模块又划分为雷达探测模拟和雷达监控两部分。

雷达探测模拟完成功能:

(1) 坐标转换;

(2) 发现概率计算;

(3) 点迹处理;

(4) 航迹处理;

(5) 报文解析。

雷达监控通过对雷达模拟子系统终端界面一系列功能选择和参数设置完成

以及接收外部的受控信息,改变雷达探测模型中雷达的参数,并对雷达点/航迹信息有选择性地录取显示及生成指定格式的雷达情报,具体功能包括:雷达功能操作、控制信息接收以及数据重演。

过去雷达模拟器的实现多采用硬件或软硬件相结合的方式,这种实现方式导致开发成本较高的同时会降低雷达模拟器的通用性,功能扩展能力有限,难以满足多雷达同时输入的要求;其次,雷达模拟器侧重于雷达情报的模拟,没有点迹产生、没有剧情产生等组网的功能,无法生成满足组网系统效能评估需求的测试用例。在雷达组网性能仿真系统的开发中,采用纯软件的方式实现雷达模拟,对雷达输出情报的种类进行了扩充,并增加了对远程组网融控中心遥控指令的响应和反馈。

3）组网融控中心模块设计

融控中心模块重要功能之一是融合处理。融合处理子模块是组网融控中心完成多雷达点航迹数据融合处理的关键。实现对多部组网雷达送来的点(航)迹数据进行预处理、数据对准、数据关联、滤波、预测等处理,输出准确、连续、可靠、及时的目标航迹。数据预处理主要包括数据来源验证、去野值处理等;数据对准主要包括时空统一和误差校正(时空统一是将多雷达探测数据统一到一个时间基准和空间基准下,误差校正完成多雷达探测数据的正北误差校正、站址误差校正、探测误差校正等);数据关联包括点迹-点迹相关、点迹-航迹相关、数据求精等处理;目标状态估计、跟踪及预测。融合处理子模块还负责系统航迹批号管理、航迹起始、航迹维持、航迹删除等航迹管理任务。

组网融控中心还包含优化管控子模块。该模块完成组网雷达优化部署、雷达网作战效能评估、雷达网预案设计、雷达工作参数和工作状态控制、系统融合方式选择、雷达状态监视等任务。

4）数据库模块设计

雷达组网性能仿真系统数据库记录了想定目标数据、仿真生成的雷达情报和勤务信息以及经过融合处理的综合情报数据;同时,它还可以单独作为记录仪使用,具备记录组网系统输出数据和重演的功能,为系统评估提供数据资源。

数据库由雷达数据库、目标数据库、想定数据库、阵地数据库、杂波数据库、干扰数据库以及情报数据库组成,采用真实数据与仿真数据相结合的方式。如:情报数据库除了实时存储在仿真系统运行过程中产生的所有情报信息外,还备有实际数据,可以在仿真过程中选择加载。即飞行试验过程中采集到的雷达情报数据可以通过直接加载发送给组网控制中心,重现检飞过程。数据库设计采用关系型E-R(实体-关系)模型,建立多个子数据库,按照一定的备份/恢复策略对数据库中相关数据进行管理,使用Oracle开发。

真实数据与仿真数据相结合的方式能够充分发挥两种数据的特长。真实数据真实但不灵活,受许多实际条件约束;而仿真数据恰好相反。两种数据结合使用大大提高了仿真测试的逼真度。

5）其他模块设计

通信模块是通信前端处理单元的底层应用软件,同时兼顾外部网络通信设备的数据处理,在系统中主要负责信息的收集和分发。在雷达组网性能仿真系统的实际开发中,通信模块的主体兼顾了基于 Windows 平台的军队内部传输协议和 UDP 传输协议。综合显控模块和仿真控制模块与其他情报仿真系统的设计无异,故不详细描述。

仿真系统主要软件模块组成见表 7.3。

表 7.3 雷达组网性能仿真系统主要软件模块组成

<table>
<tr><th>软件模块名称</th><th>子模块组成</th><th colspan="2">软件模块名称</th><th>子模块组成</th></tr>
<tr><td rowspan="5">想定管理模块</td><td>想定方案生成模块</td><td rowspan="10">组网融控中心模块</td><td rowspan="5">优化管控子模块</td><td>雷达优化部署模块</td></tr>
<tr><td>目标航线制作模块</td><td>性能评估模块</td></tr>
<tr><td>干扰监控模块</td><td>预案设计模块</td></tr>
<tr><td></td><td>雷达状态监视模块</td></tr>
<tr><td></td><td>雷达控制模块</td></tr>
<tr><td rowspan="5">雷达模拟模块</td><td>雷达属性加载模块</td><td rowspan="5">融合处理子模块</td><td>数据预处理模块</td></tr>
<tr><td>雷达探测模拟模块</td><td>误差校正模块</td></tr>
<tr><td>目标跟踪模块</td><td>时空统一模块</td></tr>
<tr><td>雷达功能操作模块</td><td>相关处理模块</td></tr>
<tr><td>情报生成模块</td><td>航迹管理模块</td></tr>
</table>

7.5 体系探测效能仿真分析实例

体系探测效能仿真内容比较多,边界条件也较多,无法穷举所有的仿真分析实例。因此,选择体系探测效能数学度量模型代表的主要指标以及典型仿真背景进行探测效能仿真。

7.5.1 目标探测能力仿真

仿真条件一:

(1) 目标机选择:选择 RCS 标定后的常规非隐身飞机,设置飞行高度为 8 ~ 10km。

(2) 组网雷达选择与设置:共 14 部雷达入网,异地部署,其中 A 地 2 部雷达,B、C、D、F 地各 3 部雷达;设置常规探测模式,假设阵地无遮挡制约。

（3）组网融控中心设置：设置常规融合与控制方式。

仿真结果：通过仿真计算，如 7.25 所示，内圈包络内为组网前发现概率大于 0.8 的探测区域，面积为 38.29 万 km^2，外圈包络内为组网后发现概率大于 0.8 的探测区域，面积为 44.71 万 km^2，组网前后面积增加约 16.77%。

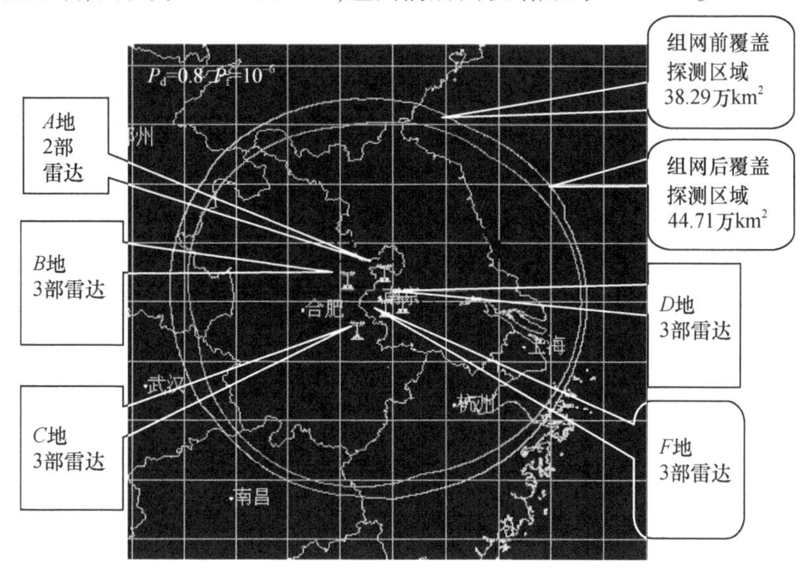

图 7.25　目标探测能力仿真结果一（见彩图）

仿真条件二：

（1）目标机选择：选择 RCS 标定后的直升机目标，设置飞行高度为低空 500m。

（2）组网雷达选择与设置：共 14 部雷达入网，异地部署，其中 *A* 地 2 部雷达，*B*、*C*、*D*、*F* 地各 3 部雷达；设置常规探测模式，假设阵地无遮挡制约。

（3）组网融控中心设置：设置低慢小融合与控制方式。

仿真结果：通过仿真计算，如图 7.26 所示，内圈包络内为组网前发现概率大于 0.8 的探测区域，面积为 49.3 万 km^2，外圈包络内为组网后探测区域，面积为 58.2 万 km^2，组网前后面积增加了 17.68%。

仿真条件三：

（1）目标机选择：选择 RCS 标定后的隐身目标，设置飞行高度为低空 9km，航路设置如图 7.27 所示。

（2）组网雷达选择与设置：共 3 部米波雷达入网，异地部署，分别部署在三个阵地；设置隐身探测模式。

（3）组网融控中心设置：设置点迹融合与控制方式。

反隐身航迹的发现概率根据隐身飞机的 RCS 起伏计算。

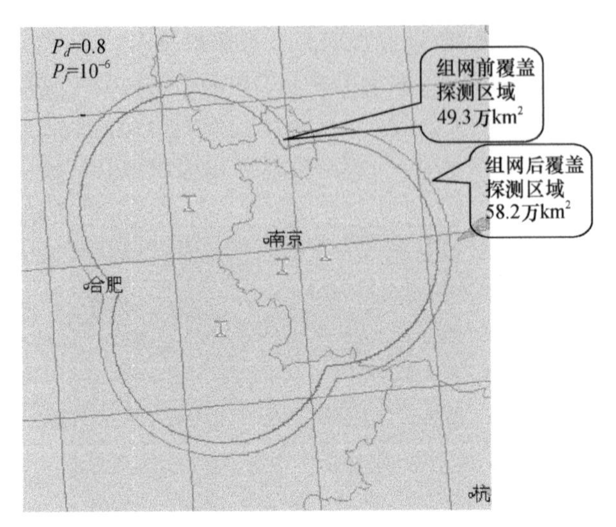

图 7.26　目标探测能力仿真结果二(见彩图)

仿真结果:仿真系统的米波探测网对隐身目标航迹的探测能力如 7.27 所示。对于如图 7.27 所示航迹,由于隐身目标的 RCS 起伏很大,使得单雷达的探测概率变化很大,三部米波单雷达均不能连续探测到目标,而三部米波雷达组成网后,各个雷达相互补充,雷达网可以连续探测到目标,形成连续航迹。稳定探测时间相对单雷达平均增加 82.7% 。(P_d =0.8)

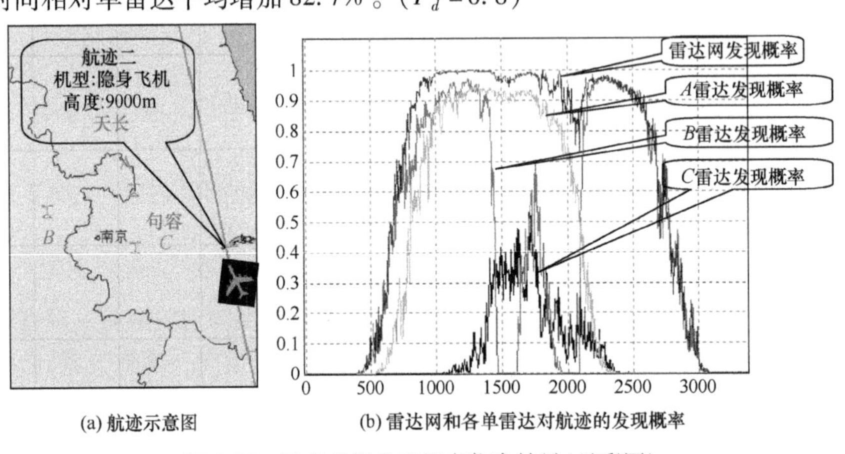

图 7.27　隐身目标发现概率仿真结果(见彩图)

7.5.2　情报精度提高量仿真

仿真条件一:

(1) 目标机选择:选择 RCS 标定后的常规非隐身飞机,设置飞行高度为 8 ~ 10km。

(2) 组网雷达选择与设置:2部三坐标雷达入网,异地部署;设置常规探测模式,假设阵地无遮挡制约。

(3) 组网融控中心设置:设置常规融合与控制方式。

仿真结果:计算引导网在8000m高度层探测水平圆精度(*HDOP*)、垂直圆精度(*VDOP*)。通过仿真计算,对于该常规目标,组网前 *HDOP* 分别优于300m、500m、800m和1000m(以下表示为300-500-800-1000m)的圆精度图如图7.28(a)所示,组网后 *HDOP* 优于300-500-800-1000m的圆精度图如图7.28(b)所示,组网前 *VDOP* 优于300-500-800-1000m的圆精度图如图7.29(a)所示,组网后 *VDOP* 优于300-500-800-1000m的圆精度图如7.29(b)所示。明显可以看到,组网后同精度圆的范围较之组网前增大了。

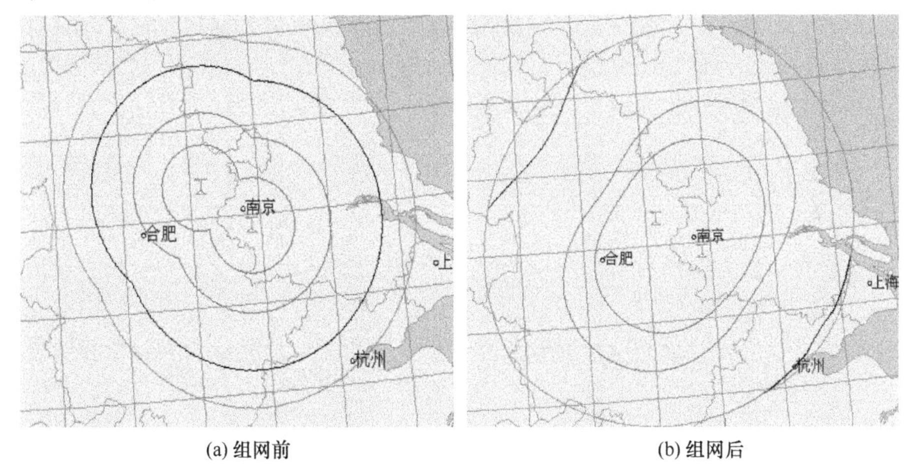

(a) 组网前　　(b) 组网后

图7.28　两部三坐标 *HDOP* 优于300-500-800-1000m的引导范围(见彩图)

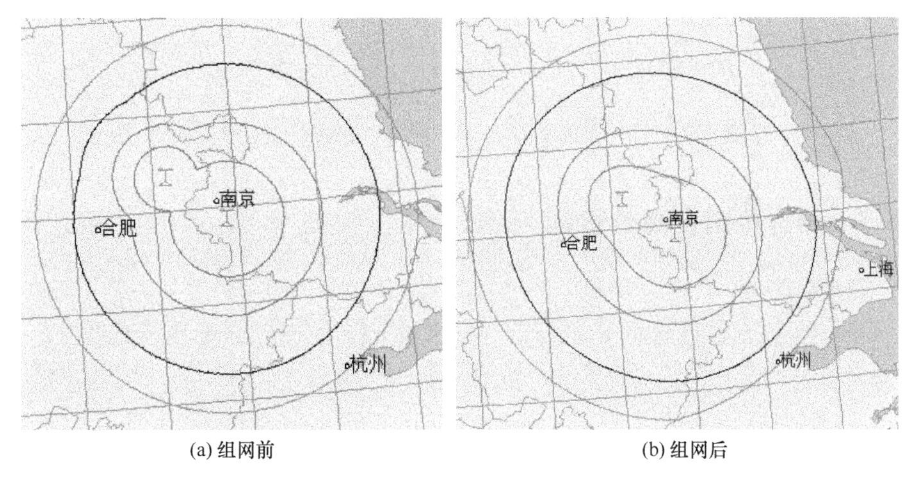

(a) 组网前　　(b) 组网后

图7.29　两部三坐标 *VDOP* 优于300-500-800-1000m的引导范围(见彩图)

仿真条件二：

（1）目标机选择：选择 RCS 标定后的常规非隐身飞机，设置飞行高度为 8～10km。

（2）组网雷达选择与设置：3 部三坐标雷达入网，异地部署；设置常规探测模式，假设阵地无遮挡制约。

（3）组网融控中心设置：设置常规融合与控制方式。

仿真结果：计算引导网在 8000m 高度层探测水平圆精度（*HDOP*）、垂直圆精度（*VDOP*）。通过仿真计算，对于该常规目标，组网前 *HDOP* 分别优于 300m、500m、800m 和 1000m（以下表示为 300－500－800－1000m）的圆精度图如图 7.30（a）所示，组网后 *DHOP* 优于 300－500－800－1000m 的圆精度图如图 7.30（b）所示，组网前 *VDOP* 优于 300－500－800－1000m 的圆精度图如图 7.31（a）所示，组网后 *VDOP* 优于 300－500－800－1000m 的圆精度图如 7.31（b）所示。明显可以看到，组网后同精度圆的范围较之组网前增大了。

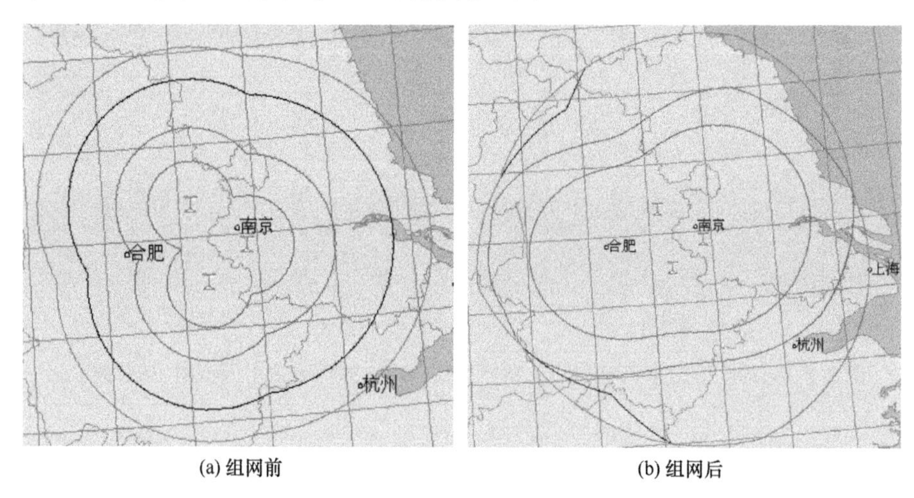

图 7.30　三部三坐标 *HDOP* 优于 300－500－800－1000m 的引导范围（见彩图）

7.5.3　引导范围提高量仿真

仿真条件一：

（1）目标机选择：选择 RCS 标定后的常规非隐身飞机，设置飞行高度为 8～10km。

（2）组网雷达选择与设置：2 部三坐标雷达入网，异地部署；设置常规探测模式。

（3）组网融控中心设置：设置常规融合与控制方式。

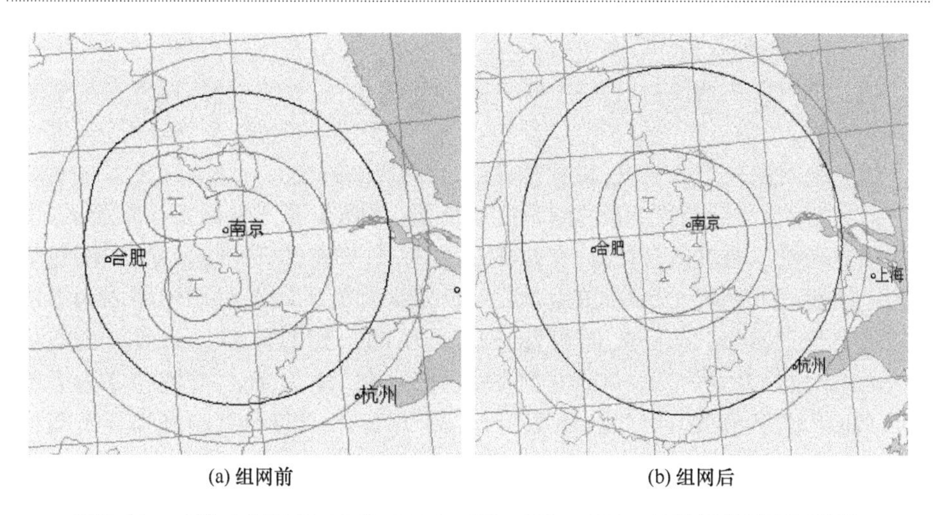

(a) 组网前　　(b) 组网后

图7.31　三部三坐标 *VDOP* 优于300－500－800－1000m的引导范围(见彩图)

仿真结果:在圆精度500m同精度条件下,计算2部三坐标雷达重叠区,引导范围提高量。通过仿真计算,如图7.32(a)所示,内圈包络内的区域为组网前水平圆精度优于500m,面积为49.18万km^2;外圈包络内的区域为组网后水平圆精度优于800m,面积为96.48万km^2。如图7.32(b)所示,内圈包络的区域为组网前垂直圆精度优于500m,面积为42.08万km^2;外圈包络区域为组网后垂直圆精度优于800m,面积为54.98万km^2。组网后,精确引导范围平均提高率约65.92%。

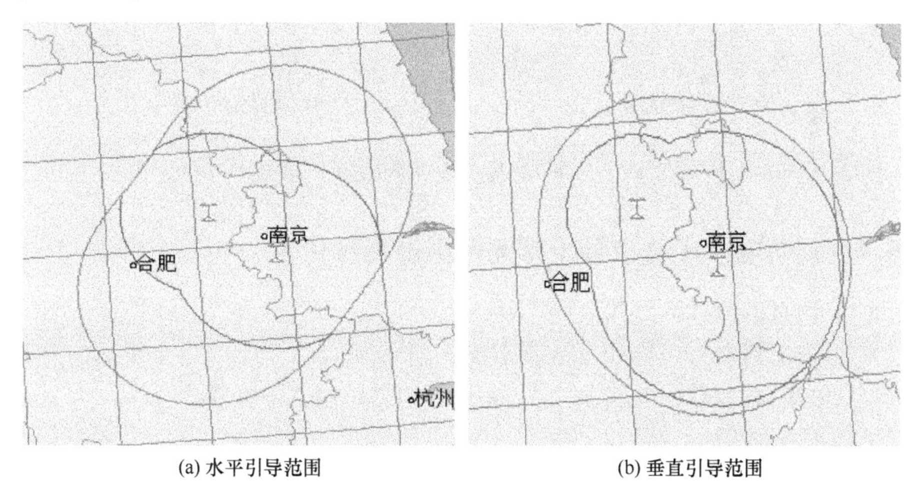

(a) 水平引导范围　　(b) 垂直引导范围

图7.32　两部三坐标雷达引导范围(见彩图)

仿真条件二:

(1) 目标机选择:选择RCS标定后的常规非隐身飞机,设置飞行高度为8～

10km。

（2）组网雷达选择与设置:3 部三坐标雷达入网,异地部署;设置常规探测模式。

（3）组网融控中心设置:设置常规融合与控制方式。

仿真结果:在圆精度 500m 同精度条件下,计算 3 部三坐标雷达重叠区,引导范围提高量。通过仿真计算,在 8000m 高度层,如图 7.33(a)所示,内圈包络内为组网前 *HDOP* 优于 500m 的区域,面积为 56.50 万 km^2,外圈包络内为组网后 *HDOP* 优于 800m 的区域,面积为 191.34 万 km^2;如图 7.33(b)所示,内圈包络内为组网前 *VDOP* 优于 500m 的区域,面积为 43.41 万 km^2,外圈包络内为组网后 *VDOP* 优于 800m 的区域,面积为 69.33 万 km^2。组网后,精确引导范围提高 80.82%。

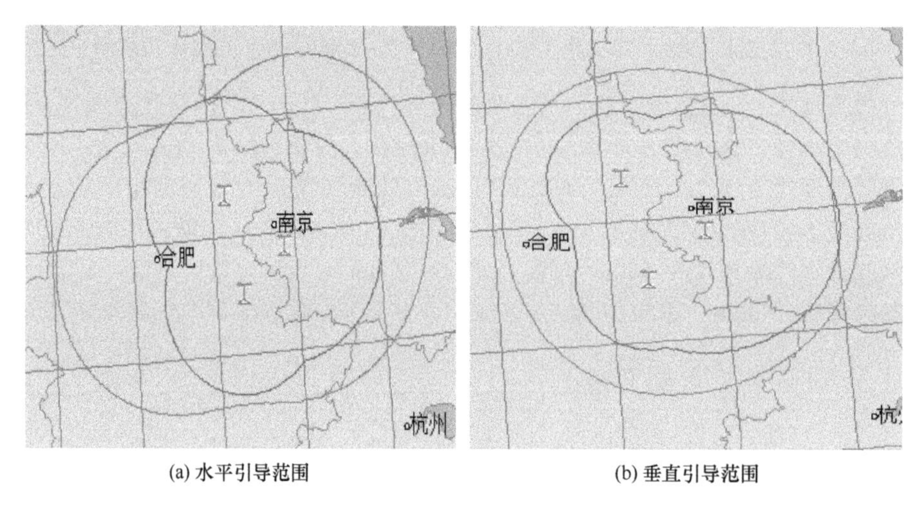

(a) 水平引导范围　　(b) 垂直引导范围

图 7.33　三部三坐标雷达引导范围(见彩图)

7.5.4　复杂电子干扰条件下探测范围提高量仿真

（1）仿真条件:

模拟干扰频率为 0 ~4GHz 的某干扰机,干扰宽度为 30°,对每个雷达的发射功率为 50kW,在 8000m 高度层飞行,采取远距离压制式干扰模式。

（2）仿真结果:

抗干扰的仿真结果如图 7.34 所示。组网前发现概率大于 0.8 的探测区域面积为 203639km^2,组网后发现概率大于 0.8 的区域的面积为 309405km^2。组网前后探测范围提高了 34.18%,比未受干扰时探测面积减少 221857km^2,降低了 41.76%。

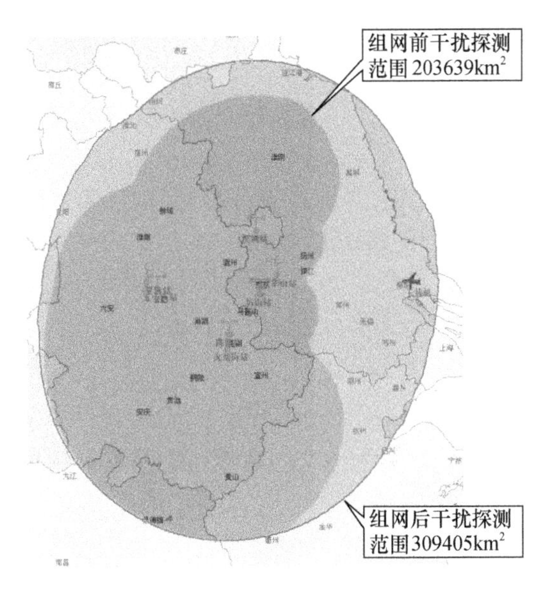

图7.34　远距离压制干扰条件下雷达网探测性能(见彩图)

7.5.5　干扰源交叉定位精度仿真

(1) 仿真条件:

雷达数量:3部

雷达方位测量精度:0.25°

天线转速:6r/min

雷达扫描状态:各雷达均匀扫描干扰源

雷达组网工作模式:抗复杂电子干扰模式

(2) 仿真结果:

经仿真计算,干扰定位精度如表7.4所示。

表7.4　3部雷达交叉定位性能

干扰源距离/km	定位时间/s	定位精度/km
50	20	0.98
100	20	1.62
150	20	3.24

7.5.6　抗反辐射导弹生存能力提高量仿真

(1) 仿真条件:

导弹类型:无记忆的百舌鸟反辐射导弹

导弹有效杀伤半径:20m

导弹 CEP:0.5m

雷达组网系统工作模式:抗反辐射导弹模式,控制各组网雷达闪烁工作。

(2) 仿真结果:

根据7.3.7节列出的公式和计算步骤,可得到雷达毁伤概率为0.087,单枚无记忆反辐射导弹对雷达网的毁伤能力极低。

7.6 体会与结论

依据图6.2所示雷达组网体系效能评估步骤,本章进入了体系效能评估的过程设计阶段,重点讨论了评估方法中的建模仿真技术。建模仿真技术在雷达组网体系效能评估中体现在三个方面,分别是概念模型建立、数学模型建立和雷达组网性能仿真系统设计。这三个方面与真实雷达组网系统之间的关系如图7.35所示。

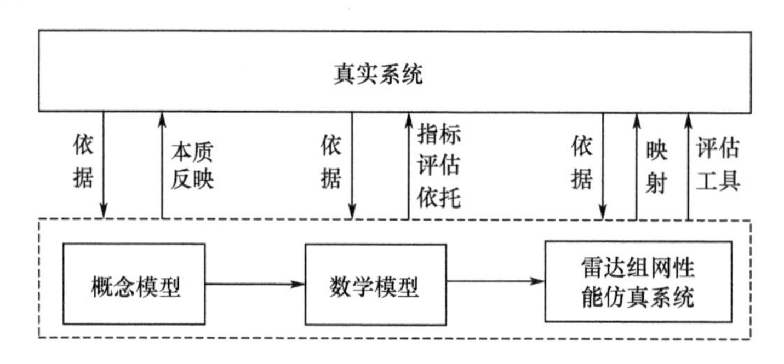

图7.35 建模仿真技术在雷达组网效能评估中的体现

建模本身就是对所要模拟的真实系统特征进行抽象和提取的过程,也就是说模型是对原型系统的抽象化体现。无论是概念模型还是数学模型,真实原型系统都是模型建立的依据;雷达组网体系探测效能概念模型的建立过程中从组网系统概念模型入手,从体系探测的角度揭示雷达组网体系效能产生过程和机理;然后抓住体系中的要素和体系中反映组网系统核心本质的优化部署、资源管控、协同探测、信息融合模式决策、协同抗干扰等问题建立起要素级模型和体系级模型。通过这样一个从客观世界中提取形式化模型表示的过程,帮助试验人员和系统使用人员认识和理解真实的组网系统。数学模型则紧扣组网实验系统的评估问题,建立起第6章指标体系集中重点指标的数学度量模型,是指标评估的具体依托。雷达组网性能仿真系统的设计,一方面是对真实系统的映射,同时又为实验系统的体系效能评估提供了工具。

作者研究和实践体会如下：

（1）建模与仿真可以实现实装难以实施的试验评估，为实装试验评估提供了一个有效的补充方法，与此同时建模仿真的校核、验证与确认又成为一个新的问题。也就是说建模仿真的粒度有多大、可信度有多高、逼真度有多好，直接关系到了效能评估的有效性。模型建立得越完备、越具体、越灵活，仿真条件考虑得越周详、环境越接近真实情况，评估得到的体系效能结果越可信。特别是对于雷达组网系统这样的复杂系统而言，不是简单地将已有的功能进行模拟或者简单地将已有的工具进行组合，其中还有大量看不见的交互和反馈，特别是"人在回路"的控制作用，这些也要体现在模型和仿真中。这些隐形的体系探测效能影响因素在模型中的体现重点是在体系级模型上，在仿真中的体现则重点是"人在回路"的实现。要达到这个要求，就需要通过实践不断地加深对系统的理解，更新已有的观念，用体系的视角去看问题。

（2）在体系探测效能仿真分析实例中，仅仅列举了六种情况的仿真，有些仿真事实上不仅仅是在试验评估阶段可以进行的，甚至是在装备的论证阶段就需要开展的，例如目标探测能力仿真、情报精度提高量仿真、引导范围提高量仿真，等等。也就是说建模仿真技术事实上已经贯穿了装备的整个生命周期。此外，由于仿真的灵活性和可重复性特点，可以通过大量仿真，尽可能地变化不同的边界条件，特别是在最可能的情况、最好的情况、最坏的情况等条件下，来模拟组网的探测过程，评估对应的体系效能，这同时也为预案的设计和评估提供了途径。

（3）建模仿真已经成为信息化装备试验评估的一个重要手段，但是建模仿真并不是万能的，不可能解决雷达组网实验系统试验评估的所有问题。因此还需要综合其他评估手段，这也就涉及到试验方案的设计问题，下一章会详细讨论。

结论：模型的建立是对雷达组网系统的再认识和新抽象，性能仿真系统是对上述模型的具体工程实现，它们直接关系到了效能评估的可信度，仍然要站在体系的角度去认识和理解系统和体系探测效能，用工程的方法去实现评估。

参考文献

[1] 倪忠仁．武器装备体系对抗的建模与仿真[J]．军事运筹与系统工程，2004(1)：2－6.

[2] 张国春，胡晓峰．体系对抗仿真中体系效能分析初探[J]．系统仿真学报，2003(12)：1698－1701.

[3] 毕义明，刘良，刘伟．军事建模与仿真[M]．北京：国防工业出版社，2009.

[4] David A Shnidman. Radar Detection Probability and Their Calculation[J]. IEEE Trans on AES, 1995, 31(3): 929－950.

[5] 刘曙阳，程万祥．C^3I 系统开发技术[M]．北京：国防工业出版社，1997.

[6] 郑龙生,田康生. 基于相对计算的雷达探测概率建模方法[J]. 空军雷达学院学报, 2005, 19(4): 23-26.
[7] 丁鹭飞. 雷达原理[M]. 西安: 西安电子科技大学出版社, 1997.
[8] 斯科尔尼克 M I. 雷达手册(合订本)[M]. 谢卓,译. 北京:国防工业出版社, 1978.
[9] 王国玉. 电子系统建模仿真与评估[M]. 长沙:国防科技大学出版社, 1999.
[10] 王国玉,汪连栋. 雷达对抗试验替代等效推算原理与方法[M]. 北京:国防工业出版社, 2002.
[11] 李建政. 战略预警体系中的多平台多传感器协同探测[R]. 武汉:空军战略预警研究中心,空军雷达学院,2010.
[12] Hall D L. Mathematical Techniques in Multisensor Data Fusion[M]. NorWood, MA: Artech House, 1992.
[13] 李昌锦,陈永光,解凯. 组网雷达定位误差分析的可视化[J]. 雷达与对抗, 2004, 3: 6-8.
[14] 陈永光,李修和,沈阳. 组网雷达作战能力分析与评估[M]. 北京: 国防工业出版社, 2006.

第8章 检验雷达组网效能的试验评估技术

在第6章和第7章的内容中，搭建了展示雷达组网效能的实验系统，构建了效能指标体系，对指标体系中的具体指标进行了数学建模，并设计了雷达组网性能仿真系统；根据图6.2雷达组网效能评估过程，进入到雷达组网效能试验评估设计与实施阶段。在前面两章的分析中强调了雷达组网体系探测效能指标与模型的特殊性，自然也就说明了雷达组网效能的试验评估也是有别于过去的单雷达试验评估的。在试验方案的设计、试验方法的选择、试验数据的处理、评估结果的分析上必须充分考虑这些特殊性，采取行之有效的有针对性的方法或算法。

针对信息化装备传统试验评估方法论的局限性，本章从雷达组网体系效能试验评估的现实要求与难题入手，基于体系试验理论提出了雷达组网体系效能综合试验评估方法，设计了雷达组网实验系统综合试验方案，创新了组网试验数据处理方法，最后用实例展示了雷达组网体系效能试验评估结果。雷达组网系统综合试验与评估问题的研究，一方面旨在通过有针对性的研究，指导雷达组网系统试验的具体开展，帮助从系统性能和作战应用等方面发现其存在的问题与不足，从而为雷达组网系统性能和效能的发挥提出切实有效并可行的建议。另一方面，通过以雷达组网系统试验为背景的研究，提供一种体现试验综合性、超前性、规范性和可持续发展性的预警信息装备试验评估思路。

8.1 体系试验评估的概念

8.1.1 试验与评估的界定

“试验与评估”是在装备全寿命过程中必须进行的重要工作，是两个相互关联又有所区别的环节。我国《军事大辞海》对“试验”[1]的定义是：为考察某种事物的性能或效果而从事的活动。在科学试验活动中为了检验某物或某事的性能或结果，一般是以一定的试验条件和试验方法进行试验，经过试验后获得的结果与原状态进行比较，以评定某物或某事的质量与结果。从“试验”的基本概念出发,试验是某物或某事的活动过程,其过程是动态变化的。试验目的是通过试验观察其结果和性能,用以评定某物或某事是否达到满意的性能和结果,从而确定科学试验是否需要继续进行。

评估是对试验所获取的数据进行处理、逻辑组合和综合分析,将其结果与装备研制总要求中规定的战术技术指标和作战使用要求进行分析比较,对实现装备研制目标的情况进行评价,对装备(包括系统、分系统及其部件等)的战术技术性能和作战使用性能或作战效能进行评定的过程。

试验是获取有价值数据资料的过程;评估是通过试验获取的信息进行分析、判断、归纳出结论的活动过程。试验和评估两词是密切相关、不可分割的活动过程,试验是评估的前提和基础,评估是试验的延伸和升华。没有通过试验获取足够有价值的信息,就不可能进行正确的评估;如果没有评估,就不可能充分利用试验所获得的信息,得出科学的试验结论,从而也就不可能达到试验的目的。

装备试验是按照科学、规范的试验程序和批准的战术技术指标要求,对被试验装备性能进行全面系统的考核。其根本任务是:对被试验装备的部件、分系统或者系统的技术战术性能以及使用性能等进行评估,从而验证装备的部件、分系统和全系统设计思想和检验生产工艺是否满足设计要求,为装备定型、部队使用、研制单位验证设计思想、方案和检验生产工艺提供科学依据。在装备试验与评估中,试验是被试品依据规定的试验条件、试验方法,通过一定的步骤活动而获取试验信息。

随着装备研制阶段的不同,试验要求和试验目的也有所异同,最常用的分类方法是按装备研制阶段、装备性能和试验任务性质分类:

(1) 按装备研制阶段试验分类包括:方案论证阶段试验,方案确定阶段试验,工程研制阶段试验,设计定型阶段试验,生产定型阶段试验。

(2) 按装备性能试验分类:装备作战能力主要体现为装备的基本质量特性,通常称之基本性能,一般分为特征性能和根本性能。装备性能是装备试验中重点考核对象,因此,按照常规电子信息装备基本性能试验分类包括:战术技术性能试验、结构性试验、环境适应性试验、安全性试验、测试性试验、可靠性试验、勤务性能试验、保障性试验、电磁兼容性试验、维修性试验、寿命试验等。

(3) 按装备试验性质分类,包括定型试验、鉴定试验、射表编拟试验和科研试验。

8.1.2 传统试验评估的内涵

8.1.2.1 传统的试验评估方法论

试验与评估方法在装备体系效能试验与效能评估过程中起着指导作用。雷达组网系统既有一般电子信息系统的特征,又具有自身的个性特点,对其试验评估问题进行研究,脱离不了电子信息装备的基本试验与评估方法。

装备系统的试验评估是系统工程中的一个重要内容,通常的试验评估都有一定的程序。文献[2-6]中对我国指挥控制系统、雷达、通信装备、电子对抗装备等多种不同类型装备的试验评估原理和过程分布进行了描述,综合起来,传统试验评估方法论的主要过程可以用图 8.1(a)表示,概括为六个步骤:

(1) 提出试验任务。通过提出试验任务确定必须回答的关键问题,并最终确立试验目标。在提出试验需求时,首先需要确定测试指标,包括性能、功能、效能三类指标。

(2) 制定试验计划。试验计划的主要内容包括确定试验战情想定、提出试验数据需求、提出试验环境与条件需求、提出试验数据处理和分析程序要求。

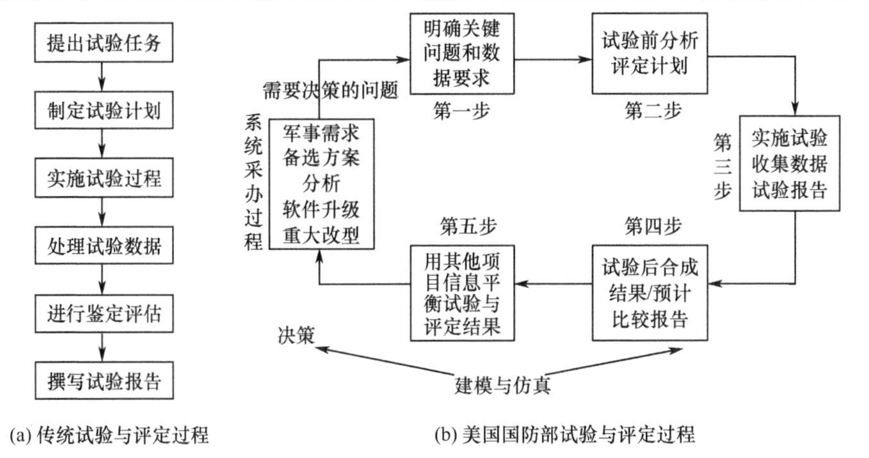

图 8.1　传统试验与评定过程

(3) 实施试验过程。试验评估的实施过程是进行一系列旨在确保为鉴定与评估工作采集更高质量数据的具体试验和工作。包括:明确各类试验人员的职责;提供对具体试验操作过程、工作模式、阵地布局、飞行航线的描述;保障试验过程中装备的正常运行以及试验后对测量设备的校准等。

(4) 处理试验数据。对所有测量和采集的原始数据进行数据的完整性、一致性等方面的检查。在确定数据完整且一致后,对数据进行相关的处理。

(5) 进行鉴定评估。鉴定与评估工作包括:分析装备系统性能;将试验结果与预测结构进行对比;用试验数据验证仿真数学模型;对处理后的试验数据进行归纳总结。通过上述工作,最终得出被试装备是否满足效能指标的结论。

(6) 撰写试验报告。根据试验目的、时间和结果,客观地编写试验报告,将试验结果与用户需求联系起来,对装备性能指标是否满足要求、效能指标能否完成任务给出明确结论,并提出相关建议。

文献[6 -9]中,美国国防部对装备试验与评估过程进行了详细描述,如图8.1(b)所示。第一步是明确决策者所需的试验与评定信息;第二步是对第一步得到的评定目标进行试验前分析,以确定所需数据的类型和数量,预计能从试验得到的结果以及进行试验与评定所需的工具;第三步,试验活动和数据管理;第四步,试验后综合和评定;第五步是决策者将试验与评定信息与其他项目进行权衡比较以确定做出正确的决策。

8.1.2.2 常用的试验评估方法

常用的试验评估方法是按照上述传统的试验评估方法论建立的。试验方法一般包括仿真试验法、实物试验法和实兵试验法;通常的评估方法及评估模型主要包括专家评定法、作战仿真评估法、指数法和解析法等几大类。

1) 试验方法

文献[1]中对常用试验方法进行了总结,基本可以归纳为以下三种:

(1) 仿真试验法。

仿真是用研究和建立模型的方法来考察实际对象或系统性能。仿真试验就是用研究和建立模型的方法来鉴定电子信息装备系统性能。由于计算机技术的飞速发展,加之仿真技术在应用上安全经济,仿真试验越来越在科学研究中被广泛应用。仿真试验除了安全经济外,还能对故障进行复现,大大方便了试验的组织实施。仿真试验的主要研究内容是:仿真建模、模型的验证、确认和仿真试验实践。仿真可分为以下几种方法:

比例模型仿真试验。建立的模型是物理模型或物理比例模型。这类比例模型仿真试验主要在装备的设计论证阶段得到广泛应用,比如风洞试验。

半实物模型试验。以实际部件或子系统替代部分计算机模型进行的仿真试验,在装备系统研制中得到比较好的应用。比如:装备系统中某些部件或分系统以计算机模型替代进行的试验,这类试验由于部件和分系统是实际实物,因此,试验值比较接近真值,可信度高。

全数字计算机仿真。用全数字计算机模拟部件、子系统或全系统的功能。它和部件、子系统或全系统一样,可运行同一程序并能获得相同结果。按计算机的分类,计算机仿真可分为模拟计算机仿真试验、模拟数字混合仿真试验、全数字计算机仿真试验三类。

(2) 实物试验法。

实物试验是装备研制中必须要进行的主要试验,也可称为靶场试验。这类试验是装备正式生产或装备部队之前必须要进行的试验。通常在国家靶场的设计定型试验中采用实物试验的方法。试验中,一般分为测试性试验法和实物射击试验法。

测试性试验法：是指在实物实际射击试验之前，对装备系统进行的性能参数和功能检测，以及软件系统的性能参数和功能检查等，是对被试品初始状态的测量、检测和调试，为实物射击试验提供初始条件和性能状态。没有准确测试性试验就无法得到正确有效的实物射击试验结果，也不可能对被试验装备系统得出正确的结论和建议。随着现代科学技术的发展，测试性试验法在装备试验与鉴定中的作用显得越来越明显。

实物射击试验法：装备研制阶段的作战使用性考核、系统鉴定和国家靶场定型试验大都采用实物射击试验法。如定型试验中的战术技术性能、作战使用性能、安全性、环境适应性、可靠性和寿命等，部队试验中的人机环境性、维护性和保障性等。其次，在装备研制过程中，也通常用实物射击试验法进行鉴定试验、模拟试验、交验试验等。实物射击试验法虽然消耗人力、物力、财力，但是，实物射击试验可以获得接近实战条件下的装备性能，提供可靠的试验结果，以便确定被试装备是否满足未来实战需求。

（3）实兵试验法。

实兵试验法是在战争条件下电子信息装备系统的对抗性演练和演习。主要考核电子信息装备的实际作战性能。实兵试验是在特定条件下的作战应用，是其他试验不能替代的试验。军事演练和演习是最好的实兵试验，既是实战条件下的考核，又不是过去试验的重复。实兵试验法不仅是可以在战争条件下检验装备的战术技术性能、作战使用性能和部队适应性的最好、最真实试验，同时也是对被试装备战场环境条件下人机环境的最真实、最实际的检验。

2）评估方法

常用的评估方法很多，目前对雷达组网系统进行效能评估的方法主要有层次分析法、德尔菲法、多层次灰色评估法、模糊综合评估法、灰色关联度评估法等。

（1）层次分析法。层次分析法（AHP）是美国匹兹堡大学教授 T. L. Saaty 于 20 世纪 70 年代中期提出的一种系统分析方法。AHP 是一种将定性和定量分析相结合的系统分析方法，是分析多目标、多准则的复杂大系统的有力工具。层次分析法的基本步骤包括：

① 建立描述系统功能或特征的内部独立的递阶层次结构；

② 构造判断矩阵；

③ 计算单一准则下元素的相对权重。

应用层次分析法可得到相对于总目标各决策方案的优先排序权重，并给出这一组合排序权重所依据的整个递阶层次结构所有判断的总的一致性指标，之后做出决策。

（2）多层次灰色评价法。一般步骤包括以下几点：

① 建立评价问题的层次评价指标体系;

② 制定评价指标 V_{ij} 的评分标准;

③ 确定评价指标 V_i 和 V_{ij} 的权重,可由此对比度矩阵法得到权重;

④ 组织评价者评分,并列出评价指标样本矩阵;

⑤ 确定评价灰类;

⑥ 计算灰色评价系数;

⑦ 计算灰色评价权向量及权矩阵;

⑧ 对 V_i 和 U 作综合评价;

⑨ 计算综合评价值并排序。

(3) 模糊综合评判法。模糊综合评判法一般步骤如下:

① 建立层次结构模型,确定因素集 U;

② 确定权重系数 A;

③ 确定评语集 V;

④ 确定隶属函数矩阵 $\boldsymbol{R}$;

⑤ 确定综合评判集 $\underset{\sim}{B}$;

⑥ 对 $\underset{\sim}{B}$ 进行归一化处理。

(4) 德尔菲法。德尔菲法[10]是 20 世纪 50 年代由美国兰德公司经过系统研究提出的一套处理问题的方法。它是一种专家调查方法,称专家征询法。本质是利用专家的经验和智慧来预测和解答问题。过程是将所要评估的问题和必要的背景材料用通信的形式向专家们提出,得到答复后,把各种意见经过综合、归纳和整理再反馈给专家,进一步征询意见,每次都经过综合、整理和反馈,如此反复多次直到评估的问题得到了较为满意的结果。由于德尔菲法是建立在专家们主观判断的基础上,因而它特别适用于解决客观偶然性较大而且缺少确切数据的评估问题。目前,德尔菲法已发展成为应用十分广泛的专家评估方法。在美国、日本军界十分流行,它对于解决那些不能通过解析法进行量化的问题十分有效。

8.1.2.3 传统试验评估方法论的局限性

随着信息技术的飞速发展,战争形态发生了根本性的变化,大量高、精、尖新式信息化装备不断出现,并逐步向数字化、智能化、网络化、自动化、一体化过渡。单件高新电子信息装备的组成越来越复杂,集成程度和造价越来越高,对性能指标的要求越来越严。与此同时,世界各国试验与评估界却面临着许多不足,包括可供试验的样品数量不足,可供试验配置的威胁数量不足,对己方兵力交互的表示不足以及有限的经费等问题。新的形势和存在的问题给试验与评估工作提出了更高的要求,也凸显了传统方法论中存在的一些问题。

(1) 传统被动确认型试验评估方法论需要向主动揭示型转变。

试验评估的根本目标在于促进装备技术的进步,通过技术进步改进设计和制造,以赢得未来战争的胜利。实现这个目标必须依靠认知方法的创新。在传统试验评估方法论中,以确认性试验为目标的试验依然是试验评估工作的核心,采取确认型的认知方式,强调对装备系统认识的精确性;即按照已知的关系、程序操作,完成认知的全过程,对揭示装备的故障机理、认识影响系统效能的因素重视程度不够,特别是这种被动的认知方式客观上导致了靶场试验技术原理与研制单位装备设计技术结构上的相似性,容易导致同构致盲。因此,对被试装备的认知方式必须由确认把关型向揭示分析型转变,将确认与揭示两种认知方式与网络技术、信息融合技术等相融合,使试验评估工作具备足够的深度和广度。

(2) 传统的依赖外场的试验模式使得试验评估活动呈现单向性。

传统的依赖外场的试验模式方法,也可以称为单向线性试验模式,从试验流程的开始到结束往往按顺序一次性完成,无中间的反馈回路,缺乏一种引导试验方案走向优化、引导评估结果趋于稳定的途径。而一个满意的试验方案常常需要经过反复的修改,一个合理的评估结论也常常需要进行反复的因子调整才能得到,这个过程应该是一个反复调整、反复权衡、逐步优化的回路。

(3) 单向线性试验模式向积木式试验模式转化也带来了一些弱点。

当前国际通用的、基于“仿真预测—试验—比较”思想的“模型—试验—模型”模式方法正逐步取代着单向线性试验模式。这是一种“积木式”、互相补充的试验模式方法,它可充分利用现有的各种基本试验设施(包括野外靶场、系统安装试验设施、硬件在回路试验设施、系统集成实验室、计算机 M&S 设施、测量设施等)的优点,尽量避免各种试验资源的弱点;它还可充分发挥 M&S 的优点,在试验前基于 M&S 进行试验优化设计、预测结果,试验后通过比较,对试验进行改进,对 M&S 进行校验,再将试验结果返回到 M&S 中,基于 M&S 外推试验结果,预测被试系统的整体作战效能,而经过试验校验过的 M&S 可在更多领域得到广泛应用。但是该过程也存在一些重要弱点,主要表现在:除计算机 M&S 外,任何单一设施都难以实现真实战场的威胁密度和多样性,但计算机 M&S 结果又存在可信性问题;难以关联解释在不同阶段、不同试验设施中试验获得的结果;难以跟踪被试系统不同阶段的性能和作战效能变化;难以同时利用众多试验设施各自优势的试验能力。

(4) 难以充分利用多种评估数据进行综合评估。

通常的电子信息装备作战效能评估方法主要依靠专家评估或仿真评估。专家评估数据容易获取但主观性强;仿真评估数据样本量大但可信度难以衡量。采用传统的评估方法将多种不同来源的数据进行简单加权忽略了对数据来源的考察,从而影响了最终评估结果的有效性。因此,应该尽可能地运用可定量指标来对体系效能进行衡量;在无法回避定性指标时,为了提高评估结论的可靠性和可信性,需要利用多种评估数据源的融合来达到目的。

(5) 对各个层次的试验信息和试验评估资源的利用不够充分。

试验评估活动涉及到装备研制工作的各个层面、各个部门和各个阶段,需要投入大量的试验资源。同时,试验与鉴定不可能是完全完备的。因此,传统试验评估方法中仅仅依靠某一种试验手段或者简单地将两种试验手段相结合的方式不能满足未来信息化装备要求,需要树立综合试验观念,在试验手段上,验前信息、现场试验和仿真试验三位一体,在试验内容上指标考核认证与作战试验并重。目前装备作战使用性能试验与评估进行得不够充分,有些问题没有作出明确的要求,但随着装备的发展,作战使用性能对于试验结果评定的发言权越来越大,应当加强这方面的研究,在试验鉴定的实施和对战术技术性能考核的全过程中,贯彻战技融合的原则,力求做到技术试验与作战试验并重,同时应加强对作战试验组织实施和评定方法的研究,确保经过基地试验的装备能够顺利地形成战斗力,经得起未来战争的考验。

8.1.3 体系试验评估的定义与特点

目前,基于信息系统的体系作战能力成为信息化条件下作战能力的基本形态,与之相适应的装备发展也逐步开始由过去的单型号向构建结构合理、功能完备的装备体系转型。而与此同时,由于体制、机制、试验模式、试验内容、试验方法、试验技术等多方面原因,试验基地与部队联合试验还存在着一定困难。这就要求我们面对装备体系发展的现实需求和联合试验的现实困难,采用体系工程的思想来开展装备体系试验理论的研究,从宏观和系统的角度对体系级装备的试验活动进行科学抽象和概括。

在这样的背景下,体系试验评估概念应运而生。装备体系试验[11]是指以作战使用流程为依托,综合运用多种试验手段,获取足够有价值的信息,并对这些信息进行综合分析与处理,对武器装备体系的整体性能、综合效能、作战效能、作战适应性等进行评估,验证武器装备体系的总体设计思想,为武器装备体系各单元的研制、生产、编配和调整提供决策依据的综合过程。

随着装备发展呈体系化趋势,集成程度越来越高,智能化和网络化的要求也越来越高,体系效能试验评估呈现出的难点主要体现在:

(1) 系统复杂且一般可借鉴同类系统少;

(2) 相应的评估指标体系复杂;

(3) 单一试验方法无法满足体系试验的需求;

(4) 仿真技术的使用带来的仿真测试环境和多种试验数据源问题;

(5) 现行试验信息管理模式存在弊端。

因此,结合体系试验评估的概念分析,体系试验评估应该具有以下特点:

(1) 试验指标体系具有开放性和探索性。体系的指标体系不是单个装备性能指标的简单相加或汇总,更多地体现出一种指标多、关系复杂、网状结构、立体结构等特征,因此,试验指标体系是尚不明确的,还有待深入研究,特别是在不同边界条件下,指标体系呈现出来的动态性特征值得关注。

(2) 试验环境构建复杂。试验环境是指装备试验过程中所处的地形、气候等硬环境以及模拟信息化战场和一体化火力打击等软环境的综合。体系级装备本身具有对抗性特征,涉及的不仅有系统还有单装,体系效能评估又要求试验环境尽可能接近实战,因此试验环境的构建更为复杂。

(3) 试验实施流程复杂。体系级装备涉及的设备多、规模大、人员多、持续时间长,必然会带来试验流程复杂、试验组织协调复杂、试验综合保障复杂等问题。

(4) 试验结果分析与评估复杂。试验过程中产生的数据数量大、类型多、关系复杂、动态变化;评估指标体系指标多、类型多、指标结构复杂、具有开放性和动态性特征、指标计算模型复杂等,这些因素导致体系试验结构分析与评估复杂。

总结起来,装备体系试验体现出来的这些复杂性需要通过综合的试验手段、综合的信息处理和综合的指标评估来进行体现,这也就是体系试验与传统试验评估最大区别所在。这三者之中,综合的试验手段又尤为重要,它决定了使用什么样的综合信息处理方法以及评估方法。

传统的试验评估方法在体系试验中仍然是有效的,但是需要在此基础上根据装备体系化的特征,进行相应的调整。一般来说,在仿真试验法、实装试验法和综合试验法的基础上,采用以综合试验法为基础,“物理与仿真相结合”“规模由小到大”的试验模式[12,13]。其中物理、仿真相结合的综合试验,是指在组织关系不变的情况下,以实装、模拟器和数字仿真系统相结合进行的试验。规模由大到小试验,指的是在武器装备体系基本确定后,按照基本作战单元、作战单元、体系的顺序进行试验。其中体系由作战单元组成,作战单元由基本作战单元组成,基本作战单元试验和作战单元试验是体系试验的基础,也是体系试验的组成部分。

8.2　雷达组网综合试验评估方案设计

试验方案通常包括试验依据、试验目的、试验项目、试验条件、测试内容、试验子样数量、参试品数量及要求、实施方法(如操作方法、安全界的确定、测试点位的布置、测试要求、现场组织、指挥程序确定等)、各种技术疑难问题处理方案的设想等。

试验方案的设计要遵循以下原则:应用的试验技术应体现科学性;使用的测试手段应体现先进性;试验方案应体现全局性和系统性;参试装备数量的确定应体现合理性;确定的试验条件应体现真实性;布站方案应体现可靠性;判别准则应体现唯一性。

雷达组网实验系统既包含了多部组网雷达,又包含了组网融控中心系统,是一个相对完整的体系级预警探测装备,同样具有体系级装备的上述特征,体系试验理论对雷达组网实验系统试验评估方案的设计具有很好的指导作用。因此,下面基于体系试验评估理论设计了雷达组网综合试验评估方案。

8.2.1 雷达组网体系试验评估面临的问题

雷达组网实验系统作为对空情报的优质信息来源,在预警探测能力、保障引导能力、电子防御能力、资源优化调控能力、信息处理能力、指挥控制能力等方面与传统雷达网相比都有了质的飞越。然而雷达组网实验系统作为一种新的体系级装备概念,体系效能的试验和评估不同于单部雷达的作战能力评估,还面临着一系列需要解决和改进的问题。

(1) 雷达组网系统复杂且可借鉴同类系统少。

雷达组网实验系统既不同于单部雷达,也不同于过去的雷达情报自动化系统,又与传统的雷达网概念有着质的区别。雷达组网实验系统是多部雷达的综合集成,在主要功能上相当于一部可灵活配置的区域性“大雷达”,主要对非合作特种目标进行连续探测;另一方面,它又具备早期雷达情报自动化系统的信息获取、传输、处理、显示和分发等功能;同时,在传统雷达网基础上引入了信息融合技术和资源控制理念。因此,雷达组网实验系统具有技术体制新颖、结构组成复杂和功能多样的特点。

从国内来看,我国单雷达研制已有 50 多年的历史,单雷达的试验评估理论和方法已有比较成熟的思路和可参考的有关国军标;雷达情报指挥自动化系统经过近 30 年的建设,也已有较成功的建设经验。但是由于雷达组网实验系统的独特性,直接利用国内单雷达研制与雷达情报指挥自动化系统建设的有关技术资料,难以支持雷达组网系统的具体试验和评估工作。从国外来看,美国、加拿大、俄罗斯、英国、法国等国家以雷达为主要传感器,以提高区域探测性能为主要目的的典型雷达组网系统都已装备应用。但由于这类系统是战术系统,描述它技术体制和试验评估方法的公开文献较少。总之,在雷达组网系统试验与评估过程中,可借鉴的同类系统少,现行有关军标也难以支持具体试验。

(2) 雷达组网系统评估指标体系复杂。

雷达组网实验系统从功能上说,既涵盖了单雷达的探测功能和保障引导功能，又兼具了雷达情报自动化系统的信息处理功能，此外点迹融合和对网内资源的控制又是区别于上述两者的重要特点。因此，雷达组网实验系统的性能从整体上体现出多样性的特点。从第 7 章的分析中得到，雷达组网实验系统的指标体系是动态的、多维的、立体的、复杂的，因此，评估起来比较复杂。

过去预警信息装备探测能力、保障引导能力以及信息处理能力的评估指标多采用定性的分析或者采用绝对值模型，对指标描述的信息量有限。同样，对雷达组网实验系统而言，复杂多样的评估指标亦不能全部量化。在兼具指标体系整体完备性的前提下，突出具体指标体系的定量化和专业性，需要提出新的指标模型，现行有关军标中没有新的指标评估相应的数据处理方法。

(3) 单一试验方法无法满足体系试验的需求。

从雷达组网实验系统本身来看，“体系作战”是其最大的特点。各组网雷达具有体制的多样性、工作频段的各异性、信号波形的复杂性、工作计划方式的非同一性、辐射功率的合成性，以及整体布站空间的分散性等，这些都是雷达组网实验系统性能发挥的有效资源。因此对雷达组网实验系统的试验和评估不能将系统融控中心孤立进行评估，需要考虑到组网雷达优化部署和资源管理等体现体系作战能力的因素。

从雷达组网作战环境来看，未来高技术局部战争条件下，雷达组网系统所面临的目标环境异常复杂，电子干扰的种类、体制、功能十分繁多，隐身目标的技术体制各不相同，各类导弹将成为作战的主角。因此对雷达组网系统的作战效能进行全面评估，必须尽力构建逼真的作战环境。

由于系统性能、集成程度和造价较之单部雷达和指挥自动化系统更高，要对其各类指标进行全面和彻底的检测评定，还要在各种应用环境下进行深入的考核，仅仅利用传统的实装试验进行大样本统计存在着投入大、组织难、风险大的问题，而仅仅使用仿真试验，其可信度还有待鉴定。因此，任何单一的试验方法都无法满足对体系能力进行试验的全部需求。这使得传统的试验模式受到了挑战，要求发展新的试验评估理论和方法，尽量能节省人力物力，以最优的方式组织实施靶场试验，以严密的理论指导装备的试验评估，达到缩短研制周期，合理定型的目的。

(4) 仿真技术的使用带来的仿真测试环境和多种试验数据源问题。

现代建模与仿真技术的发展，为信息系统测试技术提供了良好的手段和方法。利用建模仿真技术可以对电子信息装备性能进行多视角、多途径的试验和考核。我国试验基地已将仿真作为考核电子信息装备性能的一种重要手段，大量应用于低端武器系统的性能测试中。对雷达组网实验系统进行试验和效能评估，仿真试验手段也是必不可少的。在此前提下，首先必须针对雷达组网实验系统构建仿真试验环境，为系统测试提供逼近于实战的模拟数据源，提供雷达组网试验的仿真平台。此外,仿真试验结果的分析,如仿真模型的建模、验模、确认、仿真的可信度分析、仿真信息与试验鉴定一体化的研究,一直是当前仿真试验领域研究的热点。

与此同时,随着仿真试验方法在装备试验中越来越重要,使得试验得到的信息来源也多样化,既包含了实装试验的数据,也包含了仿真结果数据,还有的功能指标项采用专家打分的方法得到。这些来源不同的信息,由于情况各异,不能进行简单的相加或者加权处理。对于装备的单个性能指标而言,要充分利用验前信息、仿真数据和实测数据来得到较为可靠的验后估值,首先面临的问题是仿真试验得到的数据样本可能与实装试验的数据样本不属于同一个分布总体,基于经典统计论的数据处理方法不能完全使用。对于装备系统整体作战效能而言,底层指标的考核试验方式各有优缺点,专家评估数据容易获取但主观性强,仿真评估数据样本容量大但可信度难以衡量,实装数据相对可靠但样本数量有限。因而为了提高评估结论的可靠性和可信性,需要利用多种评估数据源的融合来达到目的。而如何进行多数据源融合评估是传统评估方法尚未解决的问题。

(5) 现行试验信息管理模式存在弊端。

雷达组网系统的试验评估是对体系作战能力的试验评估,应该立足于单个装备的评估,但高于单个装备的评估,应该考虑到预警装备试验评估理论研究的主动性、延续性和超前性,对试验评估过程中产生的设计方案、评估模型、想定方案、处理算法以及得到的各类数据、信息、文档、结论等进行科学统一的管理,为后续同类或相似预警装备的试验评估提供理论和技术参考,也为进一步加深对雷达组网装备的认识提供数据支撑。

然而在电子信息装备从机械化向信息化和智能化方向的转变过程中,试验与评价本身呈现出了试验对象更为广泛、试验环境更为复杂、试验目的不再单一、试验主题更加多样的特点,尤其是更强调贯穿装备全寿命全系统周期,强调研制与使用的结合,强调面向各军兵种联合作战[14,15]。这些新特点,使得装备试验信息也呈现出数据量明显增大、信息的获取和处理更为复杂、数据必须更加充分完整和贴近实战、数据载体多样导致处理方式也随之多样等变化。而现行装备试验信息管理模式却与信息化装备试验与评价不协调[16],包括:试验信息接口存在差异;试验信息缺乏可追溯性;试验过程及试验数据之间缺乏集成;试验信息缺乏一个整体的系统平台等。

上述弊端造成了信息管理质量不高,无法适应信息化条件下试验与评价的需求[17],在雷达组网系统试验评估中表现为试验信息停留在独立烟囱式的文档管理模式上,没有规范统一的表达方式,与其他相似预警装备试验评估信息难以共享。

从前面的分析可知,雷达组网系统试验与效能评估面临着以下几个主要问题:新型装备可借鉴系统少导致的指标体系构建和量化问题;体系作战能力评估需求导致的试验方案设计问题;仿真试验手段的应用导致的仿真测试环境问题和多种试验数据源融合评估问题;现行独立烟囱型信息管理导致的试验数据共享问题等。

8.2.2　雷达组网体系试验评估的需求

雷达组网系统区别于单部雷达以及雷达情报自动化系统的关键,可以概括为三个词:"预案""融合"和"控制"。雷达组网中的"体系"就是指通过网内多部雷达进行集成,集中多体制、不同频率、多种用途雷达探测优势,提高区域雷达网的集聚探测能力;体系中的协同探测、资源管控等都体现在"预案"中。"融合"的核心是多站雷达点迹融合技术;各组网雷达为组网融控中心尽可能提供了可融合的点迹信息,而融控中心将这些信息通过系统误差消除、点迹相关和滤波等环节处理,进行集中点迹融合,发现并提取有用目标信息,实现目标的连续跟踪,输出高质量的航迹情报。"控制"就是优化使用网内多种资源,以获得最佳的组网探测效能。例如通过控制雷达工作模式、点迹检测门限与点迹输出范围,控制点迹输出的数量和质量;通过控制无线数据通信的链路和数据率,最大限度满足点迹传递的要求;通过选择点迹融合的模型与算法,提高点迹融合的效果和速度。通过快速协调、灵活控制各雷达发射时机、发射信号参数和抗干扰措施,使干扰机难以侦察、识别和定位,降低干扰机对组网探测区的干扰效能,提高系统的抗复杂电子干扰能力等。

结合这些特点,对雷达组网系统试验提出了以下需求:

(1) 目标探测能力、保障引导能力以及抗干扰能力的试验是整个雷达组网系统试验的三个重点。

(2) 体系探测效能的试验要求结合多种不同的试验评估手段。一方面目标探测能力和保障引导能力重点采用现场实装试验的方法,定量的信息处理能力评估大多采用仿真方法;另一方面,要全面试验系统的探测性能,需要给定并改变组网雷达部署和性能、目标的 RCS 和高度等条件,仿真方法更易实现且更经济。

(3) 未来高技术局部战争条件下,雷达组网系统所面临的电磁环境异常复杂,电子干扰的种类、体制、功能十分繁多,需要对系统的电子对抗能力进行全面考核,采用对抗试验与仿真试验相结合的手段。

(4) 雷达组网系统相对单部组网雷达,结构更为庞大,关系复杂,且面临的对抗环境多变,试验方案的设计要充分考虑作战需求、技术水平和经济能力三个综合因素。

(5) 虽然系统对不同体制、不同功能和不同频段的雷达都能组网,但雷达组网系统的作战性能与组网配置密切相关,如雷达装备性能、数量、部署和通信网络结构等。所以,在试验时需要明确边界条件和有关定义。

8.2.3 综合试验评估方案设计

体系试验理论概括起来就是三个综合:综合的试验手段、综合的信息处理和综合的指标评估,即将各种试验方法相结合,有效地采集和利用各种信息资源,集成优化,对体系级装备进行综合评估,得到更为充分、客观的评价。它把试验人员对被试装备/系统的认知过程、科学试验的基本方法与计算机仿真手段等结合起来,针对被试装备/系统的性能/效能评估问题构成一个试验设计、规划、实施、评估的动态反馈分析试验过程。

基于体系试验评估理论进行雷达组网实验系统实验评估方案的设计就是要解决试验框架、试验具体方案和步骤等问题。这里,基于体系试验评估的三个综合思想,提出了综合试验评估 V 形框架,并对其具体内涵进行阐述。

8.2.2.1 综合试验评估方法 V 形框架

一般电子信息装备的试验评估可划分为"问题描述—试验设计—试验实施—评估分析"四个过程。根据这一通用过程,结合体系试验评估思想,可以建立综合试验方法总体框架视图,如图 8.2 所示。

整个综合试验评估过程划分为九个步骤:明确系统目标,分析系统要素;建立指标体系;明确试验要求;试验方案拟定;试验前准备;试验实施;试验数据收集;试验综合评估;决策与建议。该框架对传统试验评估过程进行了优化和拓展,借鉴软件测试过程的表现形式,九个步骤连贯起来呈现出"V 字形"的特点,可以形象地描述为"带反馈的 V 形框架"。V 形的左边是试验计划与评估计划的设计,由前四个步骤组成;V 形的右边是试验活动与评估活动的实现,由后四个步骤组成;V 形的顶点是过程的运行与管理;V 形的两个端点分别是问题的提出与反馈。

整个过程中九个步骤都是在试验数据的支撑下实现的,每个步骤都与数据库/数据仓库存在信息交互,并通过数据交互达到设计与实现的统一。例如,通过对系统的分析构建评估指标体系,产生的评估计划存储于数据库,并作为后期效能评估的依据;试验需求分析中列出的需求数据清单直接指导了试验数据的采集。试验过程中得到的试验数据是数据交互中心的重要组成内容。将多种试验方法与待评估指标对应起来,得到的综合试验方案计划是试验具体实施的依据。此外,试验过程中设计的各类模型、试验想定、试验所需参数以及评估结果都集中到数据交互中心中,进行统一管理。

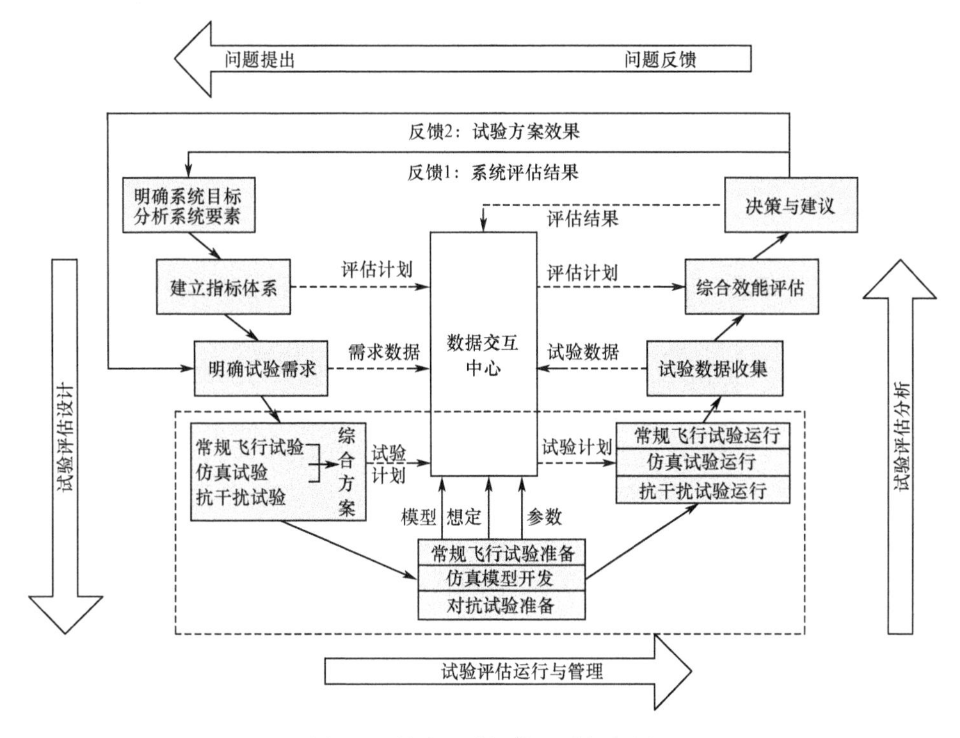

图 8.2　综合试验评估 V 形框架图

问题反馈的内容包括对被试装备的性能/效能评估以及对试验方案的评估两部分内容。从试验评估的设计、运行与管理、分析到最终的问题反馈，整个过程形成了一个动态的闭环。

该框架形象地体现了体系试验评估的运作思路，其中综合试验设计是主导，它综合利用各种试验手段，起到整个框架中的总体规划作用，是试验评估运行与管理以及试验评估结果的综合分析的依据；综合效能评估是核心，将各种试验手段得到的多种数据进行综合处理，为装备效能评估提供结果参考；数据库是支撑，在综合试验手段多样的背景下对试验数据进行一体化的管理，为试验评估全过程提供信息支撑的来源、数据存储的空间以及数据分析的工具。

图 8.2 中，综合方案以及综合试验运行不具体化为常规飞行试验、仿真试验和抗干扰试验时，该 V 形框架就不再具有雷达组网试验的特殊性，可以视为类似装备的综合试验评估的一般框架，具有普适性和通用性的特点。

8.2.2.2　V 形框架的一般体系结构

为了深入阐述综合试验评估的一般方法，借鉴美国国防部体系结构框架 DoDAF[13]（DoD Architecture Framework）体系结构框架，从运作体系结构、系统体系结构和技术体系结构三个方面进行探讨。其中,运作体系结构主要定义采用综合试验评估方法进行装备试验评估的运作过程和过程中的信息交换关系;系统体系结构描述综合试验评估指导下的试验评估系统内部各子系统结构及相互间的连接关系;技术体系结构定义了支撑综合试验评估方法的规范、标准、协议及关键技术。

1) 运作体系结构

综合试验评估的基本运作思路是:通过对被试装备系统进行分析,建立与评估指标体系相配套的试验计划,利用各类试验为评估指标计算提供尽量逼真的试验数据,支撑评估指标的评估活动。综合试验评估实现的步骤与一般电子信息装备的试验评估步骤大致相同,其运作体系结构就是V形框架图中的V形流程。将此流程一般化,综合试验评估具体包括以下步骤:

① 分析被试装备系统的工作原理和组成要素,明确试验评估对象;

② 定义评估指标,建立系统评估指标体系,从而形成评估计划;

③ 将评估需求与试验对应起来,明确试验目的和内容,定义评估所需试验数据;

④ 进行一体化试验方案设计,以指标体系为依据将试验内容进行分解和分析,从概念角度生成试验整体框架;

⑤ 进行试验前的准备,包括想定的设计、各类模型的开发、环境参数的收集等;

⑥ 在试验整体框架的指导下,对被试装备进行一体化试验,试验过程中对试验信息通过数据库/数据仓库进行管理;

⑦ 根据评估需求对所需试验数据进行采集,按照一定规则存入数据库/数据仓库中;

⑧ 遵循体系试验评估精神,对各类来源的数据进行有效的综合评估;

⑨ 通过对效能评估结果进行分析,为系统提供反馈信息,包括对试验方案进行调整的建议和提出装备改进的技术途径。

2) 系统体系结构

基于图8.2V形框架进行分析,采用综合试验评估对电子信息装备进行试验评估的应用系统可以一般化为两大回路和对应的两大系统。两大回路是试验回路(TL)和评估回路(EL);两大系统是试验系统(ST)和评估系统(SE)。其中,试验系统又由实装常规试验(例如,雷达组网试验中主要指常规飞行试验子系统SubFT)、仿真试验子系统(SubSM)、对抗试验子系统(SubRFT)和试验总控子系统SubCC四个子系统构成。两大回路通过试验总控子系统联系起来。图8.3给出了综合试验评估的系统体系结构图。

根据图8.3可以对综合试验评估进行形式化描述,得到 $IT\&E=(TL, EL,$

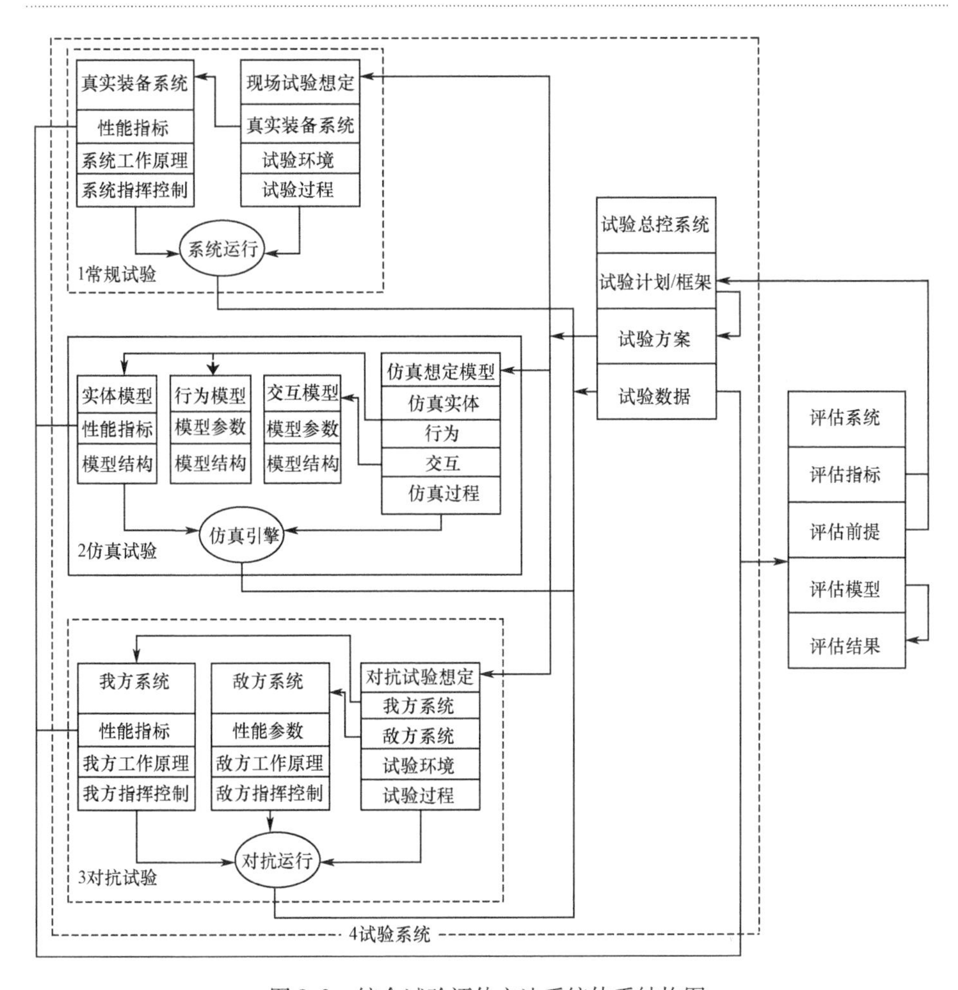

图 8.3　综合试验评估方法系统体系结构图

ΦL)。其中,ΦL 表示试验回路与评估回路之间的关系。采用形式化语言,对两大回路和两大系统内外部之间的关系进行具体分析。

首先分析试验回路:

① 试验回路的构成

$$TL = (SubFT, SubSM, SubRFT, SubCC, \Phi tl) \tag{8.1}$$

② 常规飞行试验的构成:常规试验 =(真实装备系统,现场试验想定,真实系统运行)

$$SubFT = (\mathrm{RealSys}, FTscenerio, \mathrm{Real}SysEn) \tag{8.2}$$

③ 仿真试验的构成:

仿真试验 =(实体模型,行为模型,交互模型,仿真试验想定,仿真引擎)

$$SubSM = (Mentity, Behavior, Interaction, Simscenerio, SimEngine) \tag{8.3}$$

④ 实兵对抗试验的构成：

对抗试验 =（我方系统，敌方系统，对抗试验想定，对抗运行引擎）

$$SubRFT = (MySys, EneSys, RFTscenerio, RFTSysEn) \tag{8.4}$$

⑤ 试验总控的构成：试验总控 =（试验框架，试验方案，试验数据）

$$SubCC = (TestF, TestP, TestD) \tag{8.5}$$

其中

$$\Phi tl = (\Phi 1, \Phi 2) \tag{8.6}$$

$$\begin{cases} \Phi 1 = SubCC.\ TestP \rightarrow SubFT.\ FTscenerio + SubSM.\ Mscenerio + SubRFT.\ RFTscenerio \\ \Phi 2 = SubFT.\ \mathrm{Real}SysEn + SubSM.\ SimEngine + SubRFT.\ RFTSysEn \rightarrow SubCC.\ TestD \end{cases} \tag{8.7}$$

也就是说，试验总控系统中的试验方案决定了各子试验分类中的想定；而各子试验分类的运行结果产生了试验系统的试验数据。

然后分析评估回路：

① 评估回路的构成 $EL = (SE, ST, \Phi el)$ 或者 $EL = (SE, SubCC, \Phi el)$

② 评估系统的构成 $SE = (MOE, COE, EM, ER)$

③ 试验总控的构成 $SubCC = (TestF, TestP, TestD)$，$TestF = (Input, Output)$

其中

$$\Phi el = (\Phi 3, \Phi 4, \Phi 5) \tag{8.8}$$

$$\Phi 3 = SE.\ COE \rightarrow ST.\ SubCC.\ EXF.\ Input \tag{8.9}$$

$$\Phi 4 = SE.\ MOE + SE.\ EM \rightarrow ST.\ SubCC.\ EXF.\ Output \tag{8.10}$$

$$\Phi 5 = ST.\ SubCC.\ EXD + SE.\ EM \rightarrow SE.\ ER \tag{8.11}$$

也就是说，评估系统包含了评估指标（MOE）、评估前提（COE）、评估模型（EM）和评估结果（ER）。评估前提决定了试验框架中的输入变量；评估指标和评估模型决定了试验框架中的输出变量；反过来，试验系统中的试验数据结合评估模型能得到评估结果。

两大回路的关系可以表示为

$$\Phi L = (\Phi te, \Phi et), \Phi te = SL.\ SubCC.\ EXD \rightarrow SE.\ ER,$$

$$\Phi et = EL \rightarrow ST.\ SubCC.\ EXF \tag{8.12}$$

也就是说，试验回路中产生的试验数据是评估系统进行评估分析的需求；而评估系统则决定了整个试验系统的试验计划或框架。

最后分析试验系统内部各子试验分类的关系：

将图 8.2 与图 8.3 对照，试验系统中各子试验分类（包括常规飞行试验、仿真试验和实兵对抗试验）不是简单的叠加关系。图 8.2 中虚线框内内容是活动的,即具体的指标验证模式与研究内容、研究方式和研究手段有关。按照指标体系与试验手段的关系将不同指标的验证模式归纳为三种模式:并联式、串联式和混合式,如图 8.4 所示。

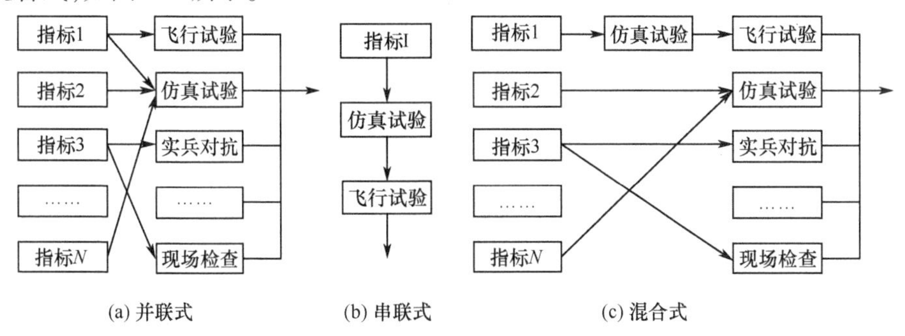

图 8.4　不同指标的验证模式

并联式即每个指标对应一种试验方式,最终试验评估结果由所有试验结果的总和构成。小子样试验评估结果经常用于串联式,通过仿真试验得到的小样本数据对实际飞行试验结果进行预测和估计。混合式结合了前面两种模式的优点,对系统重要指标进行串联式试验,对系统其他指标采用并联式试验,提高试验结果的可信度。无论采用哪种验证模式,综合试验评估都秉承"体系试验思想",以常规飞行试验和仿真试验为核心,强调综合考虑试验和训练设施的合理使用,有效利用建模仿真技术,尽可能合并某些试验,以达到节约经费和降低采办风险的目的。

此外,将试验方案中不同指标的验证模式划分为上述三种模式,与图 8.3 中试验总控系统中的试验方案与各试验子类想定之间的关系也是吻合的。评估指标和评估条件决定了试验框架,试验框架具体化为试验方案,其包含的内容就是各个子指标通过具体的某种试验方式来获得评估所需数据,即试验方案决定了试验子类的分配问题和具体想定问题。

3）技术体系结构

综合试验评估技术体系结构是支撑综合试验评估方法在装备试验评估领域进行应用的相关规范、标准、协议及支撑理论技术的集合,包括三个方面的内容,如图 8.5 所示:

(1) 标准规范。指国际或国内组织指定的适用于装备试验评估领域的标准规范,如产品数据交换标准、网络传输协议、数据库访问标准、面向对象建模协议等。

(2) 具体应用系统或者部门内部规范及标准。如各类数据的记录格式、各类文档的归档标准、各个模型的资源说明等。

(3) 支撑理论及技术。装备试验评估是一项复杂的系统工程,是众多理论

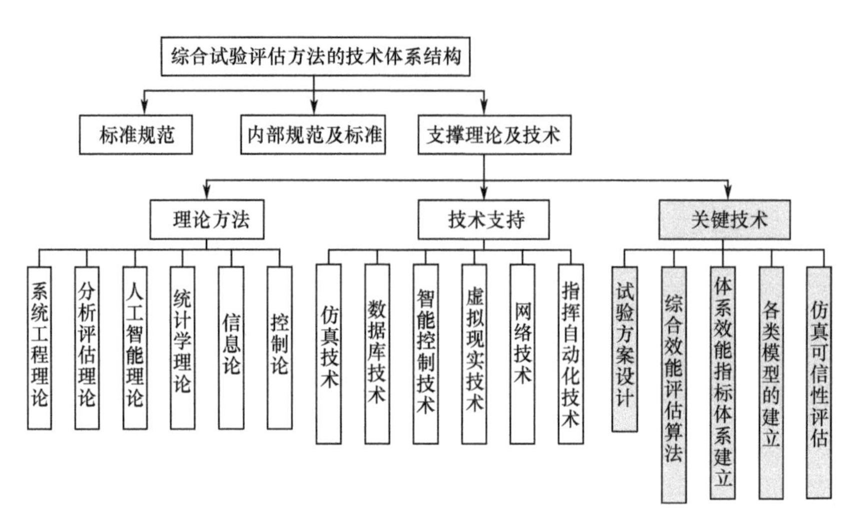

图 8.5　综合试验评估方法的技术体系结构图

与技术综合应用的过程。无论是了解和掌握被试品和战术技术指标要求，还是制定试验总体技术方案、试验大纲、试验实施计划以及试验组织实施、试验中出现技术问题的处理、试验结果评定，均需相应的理论和技术做支撑。综合试验评估的技术体系结构中最重要的一部分是关键技术，其目的是以相应的理论方法、技术支持和应用实例为基础，形成通用的解决方式，指导同类问题的解决，并扩展到更广阔的应用领域。

综合试验评估在理论方法上，将系统工程理论、分析评估理论、人工智能理论、统计学理论、信息论以及控制论结合在一起，既有其通用性，又有其特殊性。在技术支持方面，以综合试验评估为主线，贯穿仿真技术、数据库技术、智能控制技术、虚拟现实技术、网络互联和协议转换技术、指挥自动化技术及多平台网络通信技术等。突出体现综合试验评估体系化思想的关键技术包括：试验方案的设计，综合评估算法，各类模型的建立（包括想定模型、系统模型、环境模型、评估模型等），仿真可信性评估等。

8.2.2.3　综合试验评估方法的内涵

结合框架图以及体系结构分析，综合试验评估的核心就是体系试验思想中的“综合化”，体现在四个方面。

(1) 综合试验设计。任务是确定试验方案，内容包括问题域的设计和试验域的设计。试验评估设计的流程是从装备的系统化分析开始，确定研究分析的问题及其边界，找出问题的顶层目标，构建问题的指标体系；进行想定设计，在指标体系的牵引下制定试验评估计划。在这一过程中，对试验方案进行设计，不是简单地采用一种试验方法，例如飞行试验或仿真试验或对抗试验，而是根据对评估对象的指标体系结构和具体单指标的衡量途径的分析,确定采用并联式/串联式/混合式试验方案,将具体指标的度量分解到各子试验分类中。因此,从试验方案的设计上体现了“多种试验方法的综合”。

(2) 综合效能评估。充分考虑了评估对象的多视角、多信息来源的问题,根据试验方案设计的实际情况和评估对象指标体系的构成,将数据源划分为不同类别(实测试验数据,仿真模拟数据,专家评估数据等);针对评估数据源的特点,选择不同的指标量化方法和数据分析结果的综合评估方法,体现评估过程中的综合性。

(3) 综合试验信息管理。图 8.2 V 形框架的正中间是综合试验评估过程的枢纽,整个综合试验评估过程中产生的各类文档、数据以及模型等都存储在数据交互中心中,进行一体化的管理。目的是利用数据交互中心以及网络技术实现装备试验信息的共享和集成,为论证、采办、试验和作战使用等活动提供必要的信息服务和支持。这些数据数量庞大,且种类繁多,结构各异,采用数据交互中心对试验信息进行管理体现了“多类数据的综合集成”。

(4) 综合问题及反馈。综合试验评估不是单纯的为了试验而试验,或者为了评估而评估,而是通过运行过程中九个步骤得到的评估结果,利用数据挖掘、探索性分析等知识发现技术,从中寻找规律,达到对被试装备的改进或者试验方案的优化进行有效建议的目的。这样一个反馈的过程将综合试验评估构成一个回路,将系统最初状态下提出的问题通过试验评估得到解决或改善,形成被试装备系统的不断循环优化的过程。因此,整个综合试验评估过程构成了一个有机的整体,形成了一个优化闭环。

此外,广义的体系试验评估还体现在:作战、演练、试验一体化(靶场、演练场、战场三场合一);试验、研究、训练一体化;多军兵种一体化联合作战;多种信息网络/资源一体化运用等。也就是说,综合试验评估方法不仅可以应用于电子信息装备的设计定型阶段,对于全周期全寿命的其他阶段(如论证阶段、方案阶段、工程研制阶段、生产定型阶段)也同样适用。根据试验目的、场地、内容、试验组织者等条件的不同,调整试验方案的一体化分配;根据评估数据来源的不同,调整综合评估的算法或因子;根据试验可控资源的不同,调整试验信息一体化管理手段。

8.2.4 雷达组网综合试验评估步骤

针对上述问题,雷达组网体系效能试验评估灵活利用体系试验评估的有关思想,将仿真试验、常规飞行试验和抗干扰试验综合一体化考虑进行试验设计,发挥各自的优势,用最少的经济投入获得组网系统更全面、更系统、更充分的试验评估数据。

雷达组网实验系统综合试验评估工作流程如图8.6所示。

(1) 论证科学合理的试验方案,明确实施方案、组织技术方法和要求,制定试验数据处理细则。

(2) 构建以量化指标为主体的雷达组网实验系统指标体系框架,将主要指标划分为不同类;按照每项指标对数据的需求,确定以常规效能检飞试验为主,仿真试验为辅,实兵抗干扰试验为补充的试验方案。

(3) 通过常规效能检飞,重点突出对该系统探测能力相对提高量的考核,如特种目标(弱小目标、低空目标、机动目标和隐身目标)探测范围、情报质量、抗电子干扰、雷达协同控制等能力。

(4) 以半实物模拟测试为主对信息处理能力进行测试。测试内容包括点迹处理能力、航迹处理能力、系统时延、航迹起始时间、航迹起始正确概率、航迹正确相关概率等。

(5) 通过干扰机实际检飞、半实物模拟测试与功能检查相结合的方法,检验系统抗复杂电子干扰能力。在抗干扰实兵试验中进一步对组网融控中心的协同控制能力进行检验,挖掘系统的协同反侦查与抗干扰潜能。

在图8.6中评估指标体系中具体指标与综合试验方法的对应形成了一个综合试验矩阵,矩阵的横向表示某种试验方式下能够考核的具体指标有哪些,矩阵的纵向表示某个具体指标的考核需要用到哪几种试验方法。这种试验矩阵的方式清晰明了地列出了指标与试验之间的对应关系,同时一个指标的考核用到了多种试验方法、整个指标集的考核综合运用了多种试验方法,也突出体现了综合试验的特点。

在整个综合试验评估过程中,值得特别提出的是:

(1) 针对图6.13和图6.14中提出的评估指标集,在评估过程中会更加侧重于雷达组网体系的探测能力和探测效果,围绕探测能力、情报保障能力和抗干扰能力利用若干提高量指标来刻画体系探测效能,并尽可能地利用实兵试验模式(包括常规检飞和抗干扰试验两种手段)来实施;而对于体系效能中关于体系功能组成、体系灵活性、体系作战特性等方面的能力,则更多地采用现场检查和仿真试验的方式。

(2) 体系探测效能最显著的一个特点就是动态性,也就是说随着边界条件(包括作战任务、目标、环境、人员、装备共五个要素)的变化,体系探测效能也随之变化;甚至在同一个作战场景的不同时间阶段,体系探测效能也会表现出差异性。

鉴于体系探测效能的上述两个特点,在雷达组网综合试验评估步骤中的第(2)步和第(3)步实施时,会进一步明确试验的边界条件,选择指标集中的典型指标来开展试验。采用饼图的方式来描述体系探测效能指标体系,如图8.7所示。

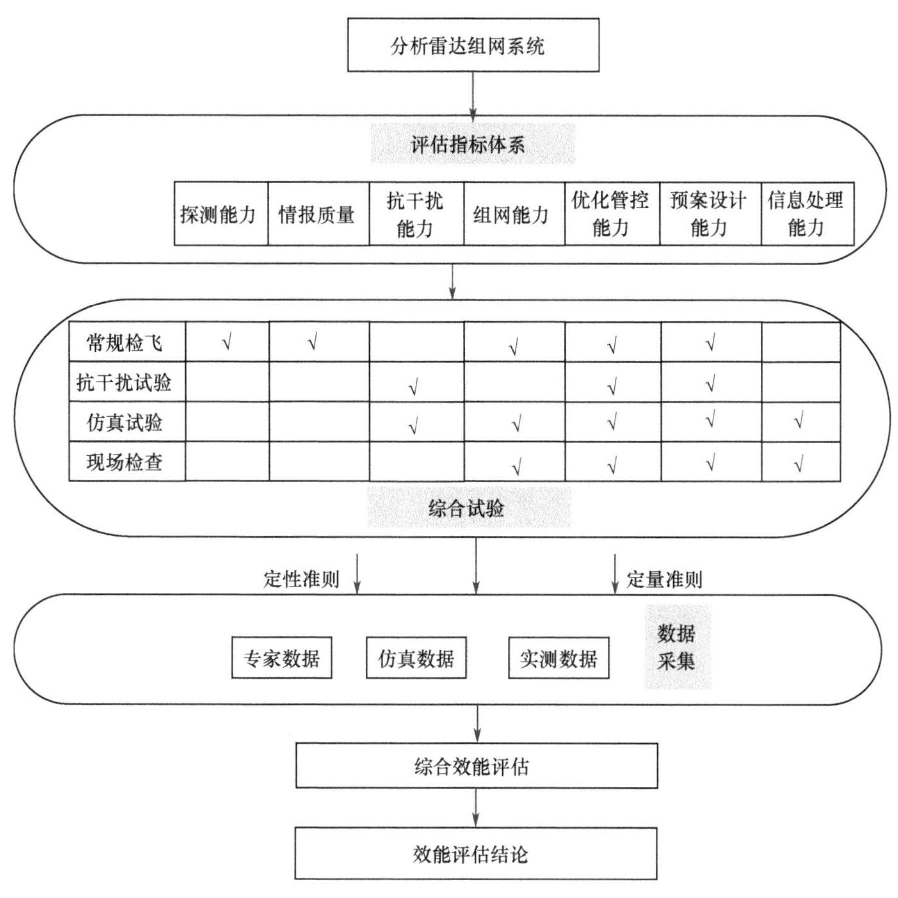

图 8.6　雷达组网系统综合试验评估工作流程

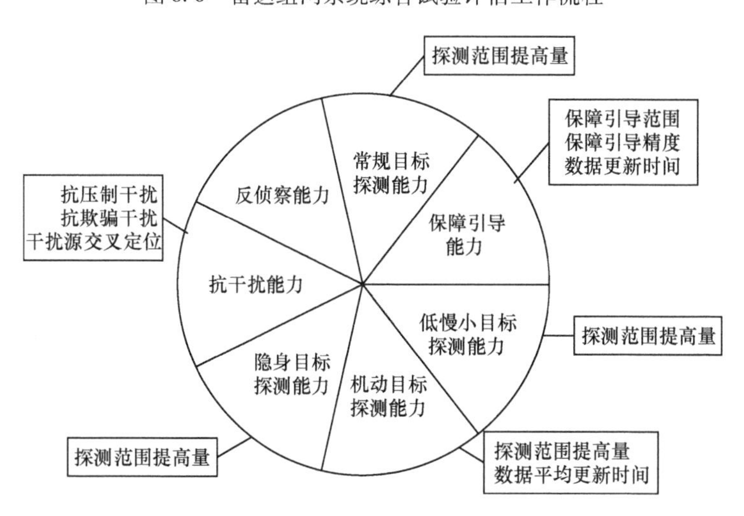

图 8.7　试验典型指标

饼图中各个扇区的大小取决于当前作战任务，例如当空中目标为低慢小直升机目标时，要求雷达组网实验系统体现出较强的低慢小目标探测能力，此时饼图中该扇区的权重会增大。每个扇区又是由一个或多个定量指标来衡量的，包括探测范围提高量、保障引导范围、保障引导精度、数据更新时间、干扰源交叉定位等。这些指标在 6.5.3 节中都有定义，其具体定量数学模型在 7.3 节中也进行了详细描述。因此，从另一种角度来说，雷达组网试验典型指标饼图是将立体多层体系效能指标体系中用来刻画探测能力的指标抽取出来而形成的。在不同的场合，不同的实验目的前提下，选择不同的评估指标体系是有必要的。

总而言之，雷达组网系统的试验与效能评估是一项综合性、理论性和实践性相结合的工作，不仅涉及众多的基本理论、应用理论、试验工程技术理论，而且涉及相关的知识和实践经验。既需要依赖对雷达组网装备性能、信息融合技术以及资源管理技术的熟悉理解，吃透战术技术指标，又需要对靶场试验条件的掌握，如试验总体技术方案设计、试验中发生问题的分析处理、试验理论方法的研究、试验所需设备、设施的建设以及试验中的指挥协调和管理决策等。

8.3 雷达组网体系探测效能综合试验主要内容

雷达组网综合试验设计，即将常规飞行试验、仿真试验和实战抗干扰试验综合一体化考虑进行试验设计，发挥各自的优势，用最少的飞行架次获得组网系统更全面、更系统、更充分的试验数据，为后期体系效能评估提供数据来源。

8.3.1 雷达组网综合试验中的要求

8.3.1.1 对阵地的要求

阵地与组网雷达选择和部署是实现雷达组网系统作战使用性能的重要条件。阵地选择的一般要求是：

(1) 组网融控中心阵地选择要满足光纤接入、通信、电磁兼容等部署要求；

(2) 组网雷达站阵地要综合考虑组网雷达展开、通信条件等情况；

(3) 组网雷达站阵地数量以 3 ~5 个为宜，并准备 2 ~3 个机动阵地，以保障优化部署与机动组网的实施。

(4) 要便于检飞试验的实施。

8.3.1.2 对组网雷达选择和部署的要求

雷达组网实验系统探测性能的发挥，一方面依靠系统内部的融合算法，另一方面也依赖于组网雷达的优化部署。因此,雷达组网实验系统检飞试验中阵地选择与一般雷达飞行试验不同,有两个考虑因素:一是组网雷达自身对阵地的要求;二是组网系统对网内雷达的整体部署要求。

1) 组网雷达自身对阵地的要求

雷达组网实验系统中的入网雷达主要是相参体制雷达,多为厘米波雷达和分米波雷达。因为这种雷达不是利用地面反射而是直接向空中辐射电磁波来探测目标,所以试验阵地主要考虑如何满足雷达探测距离试验的需要,影响因素包括雷达架设高度和阵地周围的遮蔽角。

组网雷达的视距可用式(7.33)计算,由公式可以看出,要根据探测距离试验的需要调整天线架设高度或者试验阵地高度。

阵地周围的遮蔽角越小越好。特别是在航线所在方向上的遮蔽角尽可能为极限俯角。如果达不到,至少要小于 0.2°[18]。

直射波雷达试验阵地要尽量选择高台阵地,这样才能满足天线架设高度和遮蔽角的要求。通常阵地高度在 400m 以上为条件进行选择。

2) 组网系统对网内雷达的整体部署要求

把多部不同频率、不同体制、不同功能的雷达组成探测系统,在保证覆盖连续性、严密性和重叠性的条件下,雷达配置遵循“四个一体化”(高、中、低与远、中、近距离探测一体化,警戒与保障引导一体化,频率与空间一体化,机动、隐蔽与防护一体化)的要求,不浪费雷达资源,实现综合探测性能最优。

① 连续性:在雷达网探测区域内,目标发现概率满足连续跟踪的要求;

② 严密性:要求探测空域完全覆盖,不存在探测盲区;

③ 重叠性:雷达网具备一定的重叠区域,实现雷达组网整体性能的倍增;

④ 不浪费雷达资源:略去对雷达资源简单重复使用,或对探测性能提升无实质性贡献的雷达。

其中,对探测空域的严密性和重叠性是整体阵地选择的重点影响因素,可以通过仿真试验来评估阵地部署方案。

8.3.1.3 对真值测量设备的要求

真值测量设备一般包括光测设备和电测设备,任务是提供比被试系统精度高 3 倍以上的标准值。因此,对真值测量设备的考量就是测量精度。

真值数据采集原理如图 8.8 所示,将基准 GPS 设备放在国家指定的大地测绘点上,得到基站 GPS 数据;把移动 GPS 设备放在目标机上,得到移动 GPS 数据。每个架次检飞结束后,将基站和移动数据利用专用 GPS 差分软件进行差分处理,得到目标机精确航迹的经纬度、海拔和时间数据。

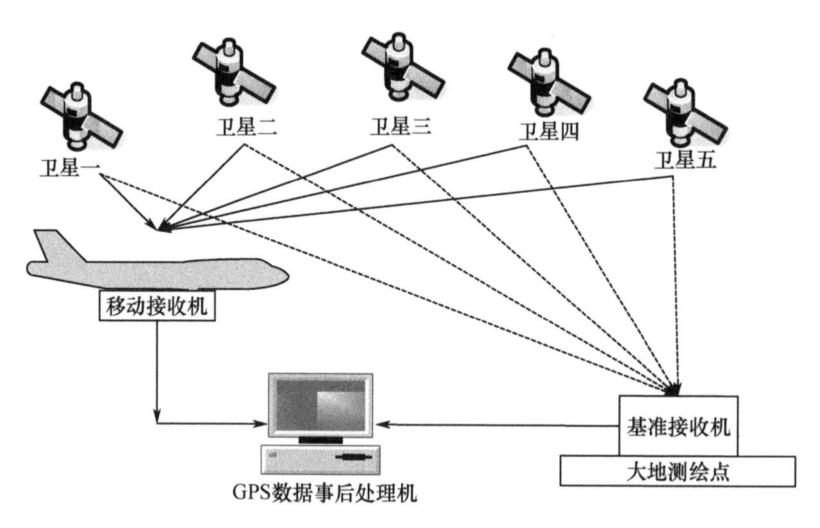

图 8.8　GPS 事后差分原理图

8.3.1.4　对组网雷达状态的要求

不同于单雷达的试验评估,雷达组网体系效能的发挥与单雷达的探测能力和精度有着密切的关系。因此,在综合试验过程中,需要对单雷达的状态进行监控和调整。通过监视入网雷达的误差变化情况,分析单雷达状态,适时进行雷达精度的调整。一般来说,若组网雷达系统误差绝对值在单雷达精度指标 2 倍以内,则不对该雷达进行校正;若组网雷达系统误差绝对值超过 2 倍精度指标,则有必要对该雷达进行校调,确保入网雷达处于一个良好的状态。

8.3.2　雷达组网综合试验原理及内容

根据图 8.6 中雷达组网实验系统体系效能综合试验评估步骤,综合试验的三大类别主要包括常规飞行试验、抗干扰飞行试验和仿真试验。不同的试验其原理不同,具体的试验内容也有所不同。

三类试验又是具有一定的关系的。常规飞行试验与抗干扰试验都属于实装试验。仿真试验是贯穿在综合试验全过程中的。在实装试验开始实施之前需要运用仿真试验进行试验方案的改善和确定,也可以用来进行效能的摸底;此时,实装试验就是来验证仿真试验结果的有效手段。在实装试验实施过程中,不是所有指标都能够用实装试验来完成的,有些指标不具备实装试验的条件,因此只能采用仿真试验来进行;此时,仿真试验就成为了实装试验的有益补充。由此可知,对一个体系级装备开展试验,仅仅用某一种试验方法是很难做到对所有指标进行全面试验评估的,从这个角度也反映了综合试验评估方法的必要性和重要性。

8.3.2.1　仿真试验原理及内容

1）仿真试验的一般原理

文献[19~23]中都指出：仿真技术是以相似原理、信息技术和系统技术及应用领域有关专门技术为基础，以计算机和专用设备为工具，利用系统模型对实际或设想的系统进行动态试验研究的一门多学科综合的技术性学科。以仿真技术为指导开展武器系统的试验评估研究，其理论根基有两个方面，一是相似性理论，二是建模论。

相似理论是研究事物之间相似规律及其应用的科学，是仿真科学的基本理论。仿真试验无论采用哪种方式和手段，都是通过研究模型来揭示原型（实际系统）的形态特征和本质，从而达到认识实际系统的目的[19]。

建模论是以各应用领域内的科学理论为基础，建立符合仿真应用要求的、通用的、各领域专用的各种模型的理论和方法。建模对象包括人、环境和实体等。建模是对所要模拟的系统特征进行抽象提取的过程，也就是利用模型来代替系统原型的抽象化的过程。这种抽象的过程需要经过一定程度的简化并依赖于部分假设。建立一个准确的系统模型是进行系统仿真的前提和必要条件。

因此，仿真试验的原理可以抽象为：通过分析和抽象真实世界中实际系统的结构、特点和规律，建立起真实系统的模型；利用相似原理，构建模拟真实系统的仿真系统或仿真平台，形成一个与真实世界相对应的仿真世界；观察和分析仿真世界中的现象和规律，并将其与真实世界的情况相比较，再根据相似理论探索真实世界中实际系统的规律性。从认识论角度，仿真试验包含了建模和仿真两个过程。

2）构建仿真系统实现仿真试验

仿真试验技术的应用是试验与鉴定领域的一项重大变革，在节省研制费用、提高研制进度，提高试验的科学性、时效性和经济性，提高试验与鉴定能力等方面，正在发挥着日益重要的作用。在雷达组网实验系统的综合试验过程中，试验预案的效果对比以及信息处理能力的定量评估要求建立雷达组网性能仿真系统，形成全新的仿真测试环境。由于目前国内对于雷达组网系统仿真测试研究的文章较少，也没有专门针对雷达组网系统开发的仿真平台，为此，设计实现雷达组网性能仿真系统，提供雷达组网仿真测试环境是十分必要的。

构建雷达组网系统仿真试验环境对系统性能指标进行仿真测试，其核心任务是设计和实现雷达组网性能仿真系统，利用作战环境仿真来驱动整个组网系统仿真，经过各组网雷达模拟、通信仿真模拟和被试组网系统，实现信息收集、信息处理、被试组网系统优化管控等仿真模拟，有针对性地对系统性能指标和功能进行测试和评估。因此，仿真试验环境包含剧情生成、情报仿真、通信仿真、记录

重演、测试评估等基本功能;同时具备规范性、开放性、交互性、实时性和仿真逼真性的特点;在设计上要满足:

(1) 能够提供各种满足不同层次测试需求的想定剧情;

(2) 提供良好的人机交互界面(如组网保障区域地图、目标信息的可视化、各类命令菜单及热键等);

(3) 各个子系统能够按照系统的要求输出良好可视化结果,例如雷达的模拟结果、融控中心空情态势的显示、测试评估结果的曲线图或航迹对比图等;

(4) 能够进行实时的交互,对仿真进程进行干预;

(5) 系统具有较好的通用性、可重用性、健壮性和可移植性。

仿真系统的开发是仿真试验的准备工作,而仿真试验实例则是具体仿真试验的运行,本书 7.4 节中构建了雷达组网性能仿真系统,是开展仿真试验的前提。

借助雷达组网性能仿真系统开展仿真试验主要内容包括两个方面:

(1) 在度量雷达组网信息时效性方面,因为在半实物仿真试验中比较容易测量雷达组网系统处理时延参数,而其他试验方法无法实时获取该参数,所以采用半实物仿真实验来评估雷达组网信息时效性。

(2) 信息处理能力以半实物仿真测试为主。通过设计符合实际情况的测试想定和边界条件,在仿真目标点迹数据中叠加采集到的真实雷达杂波和噪声点迹,使仿真测试数据更接近实际。

3) 雷达组网实验系统仿真试验原理

按照综合试验方案设计,雷达组网试验系统的仿真试验主要针对系统信息处理能力 6 个性能指标(包括点迹处理能力、航迹处理能力、输出批数、系统处理时延、航迹自动起始正确率、航迹自动起始平均时间)以及干扰源定位能力和反欺骗干扰能力;这些性能指标要求的数据量大,设备多,采用实装飞行试验不经济、难开展,过去大多采用半实物仿真试验来实现[19]。

雷达组网实验系统信息处理能力半实物仿真试验原理如 8.9 所示。图中虚线部分为 7.4 节中设计的仿真系统各子系统。采用雷达组网性能仿真系统,设计符合实际情况的测试想定,利用想定管理子系统模拟产生目标信息,模拟各组网雷达目标探测过程,按任务和格式要求分别产生点迹、航迹、噪声和杂波点,以及扇区报和正北报等报文,一路输入到组网实验系统融控中心,另一路备份到组网雷达模拟子系统的数据记录模块中。经过组网实验系统融合处理后的输出结果返回性能仿真系统进行数据记录和能力评估。

8.3.2.2 常规飞行试验原理及内容

雷达组网实验系统检飞试验包括常规飞行试验与抗干扰试验两部分。检飞

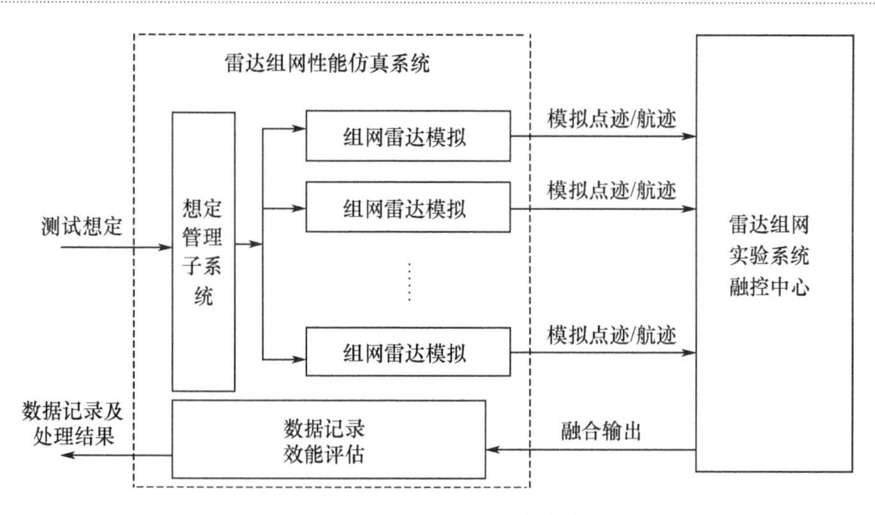

图 8.9　雷达组网实验系统性能仿真实验原理图

试验的内容主要取决于被试验对象的战术技术指标及试验任务的性质。不同性质的试验任务，其来源、要求及试验目的等不同，试验内容也有差异。

一般而言，雷达试验内容包括静态试验和动态试验两部分。静态试验主要有：静态技术参数测试、连续工作稳定性试验、环境试验和可靠性试验等。动态试验主要有：探测范围试验、探测精度试验、抗干扰性能试验等。检飞试验，顾名思义就是在外场进行的，在接近实战的条件下，用飞机运动目标，直接检验系统战术性能指标。对雷达组网系统而言，主要是指探测精度试验、探测范围试验和抗干扰试验。

探测精度试验的基本原理是比较法[4]。即被试系统和标准测量设备（如GPS），同步和连续地对目标飞机进行瞬时坐标测量和录取数据，并将各自测得的数据同时输入计算机，以标准设备测量的数据作真值、以被测系统测量的数据作测量值进行比较和计算。

探测范围试验[4]不需要用标准测量设备测量真值，是以被试系统实际测量的数据为准，按规定的统计方法和发现概率进行统计，从而获得系统探测范围试验的结果数据。

雷达组网系统探测精度试验与探测范围试验原理如图 8.10 所示：采用 GPS 作为标准测量设备，放在目标机上，得到标准真值。各组网雷达和融控中心按照一定规则部署。目标机在规划的航路飞行过程中，GPS 记录目标实时运动位置；各组网雷达同步探测跟踪目标，并将数据通过网络传输到组网融控中心，融控中心通过融合处理等手段得到目标位置信息。为了保证雷达源数据的真实性、可靠性，也为了防止因网络故障引起的严重丢包现象，在各级组网雷达终端进行了冗余备份设计，即组网雷达终端配备数据记录仪一台。

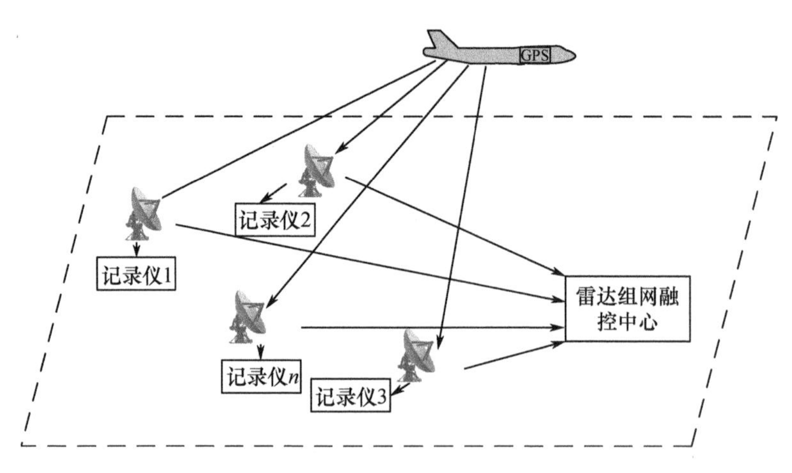

图 8.10　雷达组网系统探测精度试验与探测范围试验原理图

常规飞行试验的具体内容包括：

（1）探测能力：主要包括探测范围提高量，低空小目标发现概率，高速高机动目标/隐身目标航迹连续性。

（2）情报质量：主要包括情报精度提高量、引导范围提高量、情报数据率提高量。

8.3.2.3　抗干扰飞行试验原理及内容

雷达组网实验系统抗干扰试验是综合试验的一部分，是检验组网系统在特定的干扰条件下，采取相应的抗干扰措施后与未采取抗干扰措施时，在性能上提高和改善程度的试验。抗干扰试验多采用对抗试验的方式。雷达组网系统抗干扰试验原理如图 8.11 所示，与常规飞行试验的主要区别在于增加了干扰源。

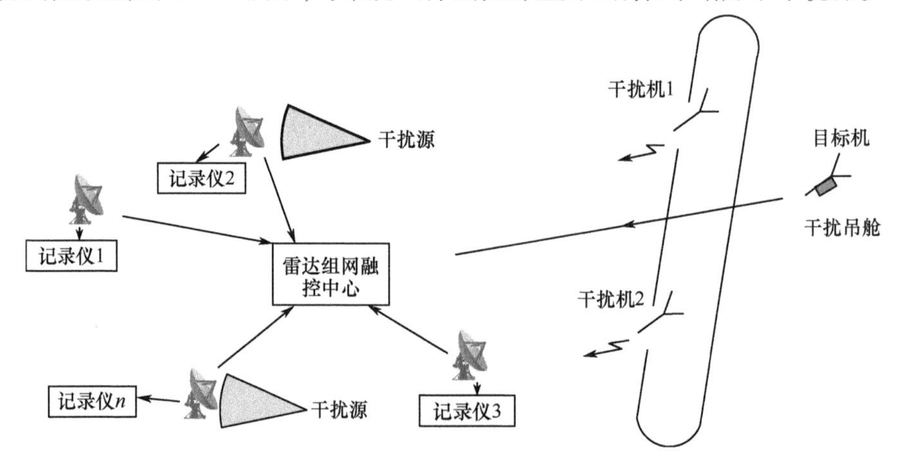

图 8.11　雷达组网系统抗干扰试验原理图

采用真实目标机和干扰设备，按雷达组网系统干扰的战术要求进行布局。雷达组网实验系统及组网雷达处在准实战状态下，实体干扰设备采用特定干扰样式对组网雷达实施干扰，组网雷达以及组网实验系统采取相应的抗干扰措施，数据录取设备记录组网雷达以及融控中心在干扰过程中的数据，经统计、计算得出组网系统抗干扰性能。干扰设备可以设在地面，是干扰信号模拟器或实体干扰机；也可以设在空中干扰飞机上，伴随目标飞机根据试验需求产生多种干扰样式的干扰源；还可以采用干扰吊舱的方式悬挂于目标机上。目标飞机和干扰飞机，可以是分开的，也可以是一体的。无论是采用地面模拟干扰样式还是干扰吊舱随队干扰样式，还是干扰机压制干扰样式，在具体的干扰实施过程中，这样三种方式可以各自单独使用，也可以相互之间组合使用，根据具体需求而定。

抗干扰试验数据处理的原理是比较法，采用的处理方法与探测精度试验和探测范围试验相同，区别在于将采取相应的抗干扰措施后与未采取抗干扰措施时两种情况下的威力范围和精度值进行比较和计算。

抗干扰飞行试验的目的包括：

（1）进一步验证雷达组网实验系统能提供高质量的雷达情报。在复杂电子干扰条件下雷达组网实验系统能连续探测目标机，而且输出航迹情报的连续性、数据率、精度都比单雷达有提高，则表明雷达组网实验系统在干扰条件下仍能提供连续、准确、实时的空中情报。

（2）验证雷达组网实验系统能提供体系对抗平台。雷达组网实验系统能依据作战任务，进一步在“频域、空域、时域”优化各雷达抗干扰的资源，迫使干扰机在“频域、空域、时域”资源紧张或不足，降低了干扰机的干扰效能。表明雷达组网实验系统具备较强的体系对抗能力，为雷达兵在复杂电子干扰条件下体系作战奠定了基础。

（3）验证雷达组网实验系统能较连续地探测和定位干扰机。通过多雷达点迹融合，一方面能实现对干扰机探测定位，定位精度较高；另一方面，通过交叉定位算法，依据组网雷达上报的干扰源指向，实现对干扰源的交叉定位，平均定位精度满足研制总要求。

实现雷达组网集群探测，组网融控中心可以灵活控制各组网雷达多种抗干扰方式的战术应用，以及快速控制组网雷达的工作频率、信号形式等参数，使系统具有较强的反侦察与抗干扰潜能，这种潜能可以进行功能检查，也可以在抗干扰专题试验或者实战演习中检验。

抗干扰飞行试验的主要内容包括：对干扰源的定位时间与精度、剔除航迹欺骗干扰能力与在压制性干扰条件下探测范围提高量 3 个指标，进行定量测试。

8.3.3 雷达组网实装试验主要技术参数的确定

8.3.3.1 探测范围试验距离取样间隔观测点数

发现概率曲线上的每一点的概率数值是对大量观测结果统计后确定的,观测点数的多少,直接关系到发现概率估计精度的高低。如果需要观测的点数不够,那么试验结论的可信度就不高;如果需要观测的点数过多,那么试验不但费用高而且费时。因此,研究距离取样间隔内观测点数的确定方法是非常必要的。

弄清雷达组网实验系统发现目标次数这一随机变量的概率分布,是研究和确定采样点数的基础。基于单雷达情况下采样点数的确定方法,可以采用二项分布来近似雷达组网实验系统发现目标次数这一随机变量的概率分布,进而得出发现概率置信区间与独立观测次数的关系曲线,再从需要和实际可能出发,分析检飞要求与经济效益,权衡利弊来确定参数的最佳取值。最后通过仿真试验证明了该方法是可行和有效的。

1）系统基本模型描述

系统对象为雷达组网实验系统,由多种体制组网雷达和融控中心组成。各组网雷达协同工作,融控中心通过网络收集各雷达的点迹信息并进行融合处理。为简化系统模型,作如下假设:

(1) 雷达组网实验系统由 M 部雷达组成,各组网雷达对目标的每次探测都是独立的;

(2) 各组网雷达在距离取样间隔内对目标飞机的发现概率为 $p_j(j=1,2,\cdots,M)$;

(3) 各组网雷达天线异步旋转且转速相同;

(4) 存在某一区域为 $N(2\leqslant N\leqslant M)$ 部组网雷达覆盖的重叠区,当 $N=1$ 时,该系统退化为单雷达;

(5) 单雷达每一次探测到目标就产生一个点迹数据;

(6) 雷达组网实验系统采用集中式串行合并数据融合模式。

2）系统发现目标次数概率 X 分布的近似方法

对于组网系统中的单部雷达 $R_j(j\leqslant N)$ 来说,每次独立观测只有两个可能,即要么发现目标,要么未发现。如假设(2)所述,则未发现目标的概率为

$$q_j=1-p_j \tag{8.13}$$

设 k_j 表示雷达 R_j 发现目标次数,那么在 N 次独立观测中,k_j 次发现目标的概率为

$$p_j(k_j)=\mathrm{C}_n^{k_j}p_j^{k_j}q_j^{n-k_j} \tag{8.14}$$

式中,C_n^k 是组合数,$k_j=0,1,\cdots,N$。公式(8.14)是发现目标次数这一随机变量

的概率分布的数学表达式。该概率分布为二项分布，它是一种常见的离散型分布。

设雷达组网实验系统发现目标次数为 X，那么在 N 重叠覆盖域内观测同一批目标，X 是 N 部雷达经过 n 次独立观测后发现目标次数之和。可见，X 的最大值为 N_n，最小值为 0。由各雷达探测目标的独立性，系统发现目标次数 X 的分布函数可表示为

$$\begin{aligned} F_n(x) &= P(X \leqslant x) \\ &= P(\{X \leqslant k_1 + k_2 + \cdots + k_N : k_1 + k_2 + \cdots + k_N = x\}) \\ &= \sum_{l=0}^{N} p(l) \end{aligned} \tag{8.15}$$

其中，$\{p(l)\}$ 为随机变量 X 的概率分布。

那么，可根据置信水平 $1-\alpha$，通过计算机仿真的方法近似 $F_n(x)$ 及置信下限 $\hat{k}_1$ 和置信上限 $\hat{k}_2$，使得 $P(\hat{k}_1 \leqslant x \leqslant \hat{k}_2) \approx 1-\alpha$。从文献[24]的发现概率置信区间与采样点数的关系曲线可以看出，置信区间越小、估计精度越高，需要观测点数就越多。即不同的置信水平及不同的置信区间都与观测点数 n 有关。

引入二项分布的特征函数。由离散型随机变量的特征函数的定义可得，单雷达 R_j 经过 n 次独立观测后发现目标次数的分布函数的特征函数为

$$f_j(t) = E\mathrm{e}^{\mathrm{i}tX} = \sum_{l=0}^{n} p_j(l)\mathrm{e}^{\mathrm{i}tl} = (1 - p_j + p_j\mathrm{e}^{\mathrm{i}t})^n \tag{8.16}$$

由特征函数的性质可得 $F_n(x)$ 的特征函数为

$$f(t) = f_1(t)f_2(t)\cdots f_N(t) = \prod_{j=1}^{N}(1 - p_j + p_j\mathrm{e}^{\mathrm{i}t})^n = \left(\prod_{j=1}^{N}(1 - p_j + p_j\mathrm{e}^{\mathrm{i}t})\right)^n \tag{8.17}$$

可见，$F_n(x)$ 的概率分布并不服从二项分布。注意到式(8.16)与式(8.17)在形式上具有的相似性，因此可以将式(8.17)拟合成二项分布的形式。

$$f(t) \approx (1 - p + p\mathrm{e}^{\mathrm{i}t})^{Nn} \tag{8.18}$$

即将 $F_n(x)$ 的概率分布拟合为参数为 N_n、p 的二项分布。

为求 p 值，将式(8.17)和式(8.18)在 $t=0$ 处分别作一阶泰勒级数展开并去除高阶无穷小量，得

$$f(t) \approx 1 + \mathrm{i}\sum_{j=1}^{N} p_j t \tag{8.19}$$

$$f(t) \approx 1 + \mathrm{i}Npt \tag{8.20}$$

令式(8.19)与式(8.20)相等，则可求得

$$p = \frac{1}{N}\sum_{j=1}^{N} p_j \tag{8.21}$$

3）拟合优良度检验

将 $F_n(x)$ 的概率分布拟合为参数为 N_n、p 的二项分布之后，还需要检验该概率分布与真实 $F_n(x)$ 的概率分布的吻合程度，即进行拟合优良度检验。可以采用柯尔莫哥洛夫－斯米尔洛夫(K－S)检验方法。设 $F_n(x)$ 的拟合概率分布为 $\widetilde{F}_n(x)$。K－S 检验是根据 $\widetilde{F}_n(x)$ 与 $F_n(x)$ 的接近程度来决定是否拒绝假设 $H0$：$\widetilde{F}_n(x)$ 与 $F_n(x)$ 是独立同分布的。评价接近程度的指标是采用 $\widetilde{F}_n(x)$ 与 $F_n(x)$ 之间的最大距离 D_n

$$D_n = \sup_k\{|\widetilde{F}_n(x) - F_n(x)|\} \tag{8.22}$$

若 D_n 超过规定的常数 $d_{n,1-\alpha}$（其中 α 是要求的显著性水平），则拒绝 H_0。对于不同的分布，$d_{n,1-\alpha}$ 的值是不同的。这里采用正态分布 $N(\hat{\mu},\hat{\sigma}^2)$。

设该分布的参数 $\hat{\mu}$、$\hat{\sigma}$ 用真实概率分布数据的按最大似然估计得到，即

$$\hat{\mu} = \bar{x}(Nn) = \frac{1}{Nn+1}\sum_{l=0}^{Nn} p(l) \tag{8.23}$$

$$\hat{\sigma}^2 = S^2(Nn) = \sum_{j=0}^{Nn}(x_i - \bar{x}(Nn))^2/Nn \tag{8.24}$$

则 K－S 检验的表达式为

$$\left(Nn - 0.01 + \frac{0.85}{Nn}\right)D_n > d_{1-\alpha} \tag{8.25}$$

若上式成立，则拒绝假设 H_0。取 α 为 0.05，那么 $d_{n,1-\alpha}$ 的值可以通过查表得到，等于 0.895。

4）仿真及结果分析

设雷达组网实验系统由 4 部雷达组成。3 部雷达在三重叠区距离取样间隔内的发现概率分别为 0.8、0.8 和 0.5，那么由式(8.21)可得 $p=0.7$。以雷达组网实验系统进行 100 次独立观测为例，将 $F_n(x)$ 的概率分布拟合成参数 $n=100$ 和 $p=0.7$ 的二项分布。将拟合概率分布与真实概率分布比对，可得 D_n 为 0.0026。将 $N=3$、$n=100$、$D_n=0.0026$ 代入式(8.25)，可知式(8.25)不成立，即接受假设 H_0。可以仿真出 $F_n(x)$ 的拟合概率分布及真实概率分布，如图 8.12 所示，其中真实概率分布采用全概率公式得到。可以得出，根据拟合概率分布，置信水平为 0.95 时置信下限 $\hat{k}_1$ 和置信上限 $\hat{k}_2$ 分别为 194 和 226，发现概率置信区间为[0.647,0.753]；置信水平为 0.9 时置信下限 $\hat{k}_1$ 和置信上限 $\hat{k}_2$ 分别为 196 和 224，发现概率置信区间为[0.655,0.745]。而根据真实概率分布，置信水平为 0.95 时置信下限 $\hat{k}_1$ 和置信上限 $\hat{k}_2$ 分别为 195 和 225，发现概率置信区间为[0.648,0.752]；置信水平为 0.9 时置信下限 $\hat{k}_1$ 和置信上限 $\hat{k}_2$ 分别为 197 和

223,发现概率置信区间为[0.657,0.743]。

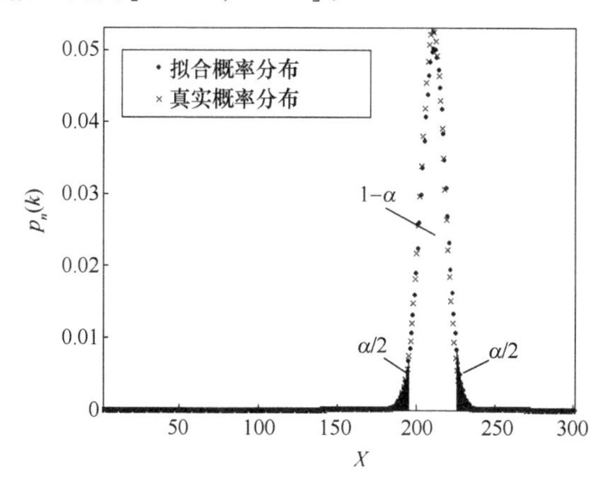

图8.12 $n=100$ 时雷达组网系统发现目标次数 X 的拟合概率分布和真实概率分布

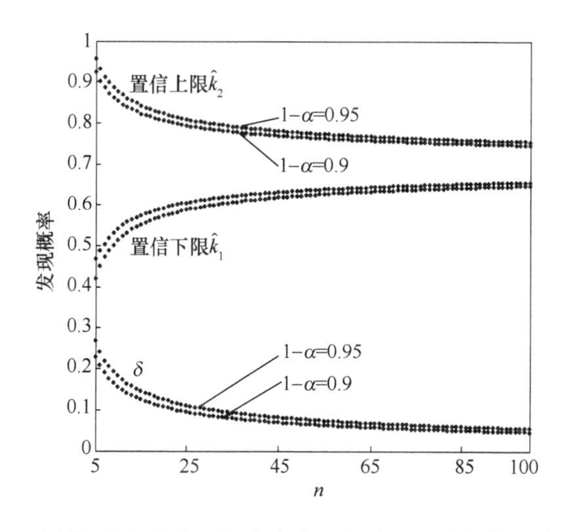

图8.13 置信区间、置信区间半宽度 δ 与独立观测次数 n 关系曲线

n 取区间[5,100]内的整数值,重复以上步骤,可得式(8.25)皆不成立,即 n 取区间[5,100]内的整数值时都可将真实概率分布拟合为二项分布。取置信水平分别取0.95和0.9,可以得到置信区间、置信区间半宽度 δ 与独立观测次数 n 关系曲线,如图8.13所示。可以看出,缩小置信区间半宽度 δ,所需的独立观测次数迅速增加,或者说,当独立观测次数增加到一定程度后,再增加独立观测次数,估计精度的提高是缓慢的。表8.1列出了根据真实概率分布和拟合概率分布,置信水平为0.95时不同置信区间半宽度时的独立观测次数。当 δ 由0.08减小到0.06时,独立观测次数由46增加到80,增幅约为74%,若达到这些独立观测次数,所需的有效航次数及飞行架次都将相应增加74%,从效益角度看是

不合适的。在该仿真条件下，δ 取 0.08，即距离区间内独立观测次数为 46 比较合适。

表 8-1　置信区间半宽度与独立观测次数的关系

δ	0.06	0.07	0.08	0.09	0.1	0.11
N(真实)	71	53	41	33	26	22
N(拟合)	80	59	46	37	30	25

8.3.3.2　探测范围试验距离取样间隔长度

距离取样间隔长度不同，则发现概率曲线的误差就不同。实际上，取样间隔越长则发现概率曲线的误差就越大，从曲线上按指标要求测定雷达组网实验系统发现距离的误差也就越大。因此，距离取样间隔长度的最大值受发现概率曲线的精确要求限制。另外，距离取样间隔长度不同，则试验有效航次数就不同。因为距离取样间隔内总的观测点数已经由发现目标次数的概率分布所确定，如果距离取样间隔过短，那么就必须增加有效航次数来满足点数的要求。如果有效航次数过多，不但试验周期过长，而且直接导致试验费用增加，这显然是不合适的。

所以在确定距离取样间隔长度时，往往是考虑试验周期、费用、精度等多种因素。既保证绘制雷达组网系统发现概率曲线的精度要求，又不至于使有效航次数过多。

8.3.3.3　航路参数设计与飞行架次

探测范围试验航路参数主要有：航路的高度、方向以及长度等。确定这些航路参数要综合考虑组网雷达发现距离的影响因素。组网雷达的发现距离与目标机的雷达散射截面积 RCS 密切相关的。而 RCS 随着目标机飞行姿态以及飞行高度的变化而变化。为了相对准确、合理地检测雷达组网系统的发现距离，必须要规定目标机的飞行姿态、飞行航向以及飞行高度。

一般情况下，目标机应该在四种以上的不同的高度飞行，其中包括最高检飞高度和最低检飞高度。在试验的过程中，当航路高度确定之后是不允许改变的。否则破坏了等同条件下进行试验的前提，这将直接影响检飞的结果与结论。

航路方向要根据试验要求和检飞区域的航空管制要求等条件来确定。对于单雷达来说，航路方向一般为径向的向站和背站方向。但是对于雷达组网实验系统来说，由于网内各组网雷达的地理分布分散，航路方向不可能相对所有组网雷达都是径向方向。因此，在选择航路方向时，主要考虑以下几个方面的因素：一是使目标机的 RCS 尽量最小；二是目标机 RCS 的变化起伏尽量最小；三是有利于统计发现概率。

航路长度根据组网雷达的探测范围来确定。一般航路的远端应当超过发现距离指标的 20%，近端可到组网雷达顶空。在试验中可根据具体情况调整近端点位置以缩短航路长度。

某一航路高度所需检飞架次可按下式计算：

$$M = \frac{F_M}{M_0} = \frac{nvT}{\Delta R} \cdot \frac{L + l}{D_{\max} - 2d} \tag{8.26}$$

式中：F_M 是试验所需的飞行航次数；M_0 是一个飞行架次最多可完成的飞行航次数；n 是距离取样间隔内总观测点数；v 是目标机的飞行速度；T 是观测周期；ΔR 是距离间隔的长度；L 是航路长度；l 是目标机作标准转变的长度；$D_{\max}$ 是飞行架次的最大航程；d 是机场至试验航路进入端的距离。如图 8.14 所示。

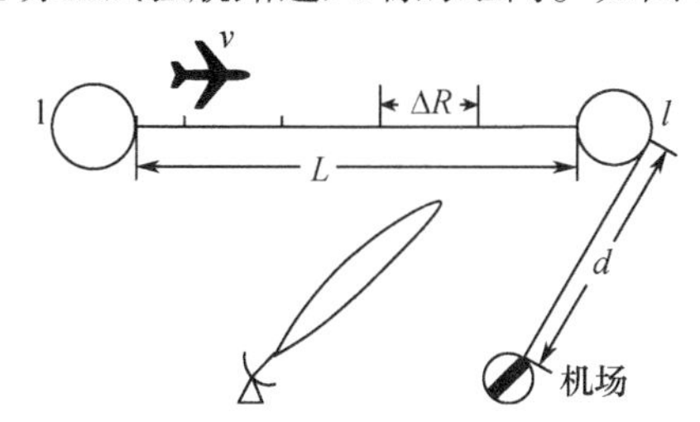

图 8.14　单雷达探测距离飞行试验示意图

实际当中，探测精度试验往往与探测范围试验同时进行，不再另外设置新的检飞航线。某一航路高度所需检飞架次可按式(8.26)计算。

以上航路参数设计的方法是依据单部雷达检飞试验中的传统方法来设计的，在实际雷达组网实装试验的航路参数设计过程中，只需要满足将航路中的低概率区经组网后变为高概率区这个基本原则就可以了，具体可以参考第 2 章图 2.11 所示实际航线设置。

8.3.3.4　探测精度试验测量点数和取样间隔

系统误差的估计精度主要取决于测量点数，即点数越多，试验的估计精度就越高。系统误差的估计值$\overline{\Delta x}$为

$$\overline{\Delta x} = \frac{1}{N}\sum_{i=1}^{N} \Delta x_i \tag{8.27}$$

式中：Δx_i 为测量的一次误差；N 为测量点数。式(8.27)是系统误差的最佳无偏估计，其估计精度为

$$\sigma_{\bar{x}} = \frac{\sigma}{\sqrt{N}} \tag{8.28}$$

式中：σ 为母体精度。

由式(8.28)可以看出，估计精度与测量点数的平方根成正比。如果 N 值过小，那么估计精度达不到要求。但是当 N 达到一定数量之后，估计精度的提高将变得缓慢。因此，测量点数的确定存在一个经济效益问题。实际当中，将参数估计精度与样本母体精度之比称为相对估计精度，通常要求平均误差的相对误差精度不低于10%，即

$$\frac{\sigma_{\bar{x}}}{\sigma}=\frac{1}{\sqrt{N}}\leqslant 0.1 \tag{8.29}$$

那么 $N\geqslant 100$。也就是说，为满足相对误差精度的要求，取样间隔内的测量点数不小于100点。

组网雷达的测量数据从全航路来看是非平稳随机函数，而经典统计处理方法又不能对非平稳随机函数进行处理。因此，探测精度试验的数据存在分组的问题。取样间隔大小的确定一般考虑两个因素，一个是测量数据非平稳的程度，另一个是满足测量估计精度的要求。如果取样间隔过大，估计精度提高了，但非平稳的程度增大了，这样非平稳引入的误差将增大；如果取样间隔过小，又不能满足估计精度的要求。实际当中，往往按照国军标规定的长度进行分组。

8.4 雷达组网体系探测效能典型指标试验评估

首次提出的探测范围提高量、情报精度提高量、情报数据率提高量等指标是雷达组网体系效能评估的典型的定量化增量型指标，是整个雷达组网综合试验的难点，也是体系效能评估的重点，其具体的实施步骤及方法还需要进一步细化和规范。

8.4.1 探测范围提高量试验评估

7.3节中提出采用区域相对量指标，其中之一就是目标探测能力用区域探测面积相对提高量来表达。具体实施步骤方法如下：

(1) 选定组网工作方式、组网雷达与目标飞机。

(2) 根据重叠区仿真结果与阵地环境，选择指定高度和航向的检飞航线。

(3) 根据国军标计算检飞架次。

(4) 获取检飞数据，主要包括目标机GPS真值数据、各组网雷达的实测的航迹与点迹数据、组网融控中心融合后目标航迹数据。

(5) 计算发现概率。把整个航线按距离取样间隔10km分段，相邻取样间隔重叠5km，按式(8.30)计算系统和各组网雷达各距离取样间隔的发现概率。

$$P=M/N \tag{8.30}$$

式中：P 为发现概率；N 为距离取样间隔内的观测点数；M 为距离取样间隔内的

发现点数。

统计观测点数和发现点数时,同一检飞航线的数据按向、背站分别统计。在距离取样间隔交点处的观察点只统计一次,并作为较近距离间隔内的观察点。

(6) 绘制发现概率曲线,获得系统和单雷达实际的低发现概率模型。指定远航线起点为距离 0km 原点(向站飞行),航线距离为横轴,发现概率为纵轴,分别绘制系统和各组网雷达的发现概率曲线。在各组网雷达发现概率曲线上标定 $D_{i0.8}(P_d=0.8, P_{fa}=10^{-6})$ 点。在系统发现概率曲线上标定 $HT_{0.8}(P_d=0.8, P_{fa}=10^{-6})$ 点。

(7) 推算组网前的探测范围。依据各组网雷达的 $D_{i0.8}(P_d=0.8, P_{fa}=10^{-6})$ 点,再根据组网雷达所在的位置确定组网雷达的探测距离 $R_{i0.8}$。以 $R_{i0.8}$ 为半径画出各组网雷达探测范围,最后推算组网前的探测范围(面积)S_q。

(8) 推算组网后的探测范围。依据各组网雷达的发现概率曲线与融合算法,画出组网后探测范围包络线,推算出组网后探测范围(面积)S_h,并确定探测范围包络线与检飞航线的交点,用 H 表示,得到 H 点的距离值。

(9) 组网后探测范围结果认定。如果距离 $HT_{0.8} \leqslant H$,接收推算出的组网后探测范围结果,否则拒收。

(10) 计算探测范围提高量。根据接收认定的推算结果,按式(8.31)计算探测范围提高量

$$\Delta_S = \frac{S_h - S_q}{S_q} \times 100\% \tag{8.31}$$

8.4.2 情报精度提高量试验评估

引导情报保障能力包括引导情报的质量和范围。引导情报质量包括系统输出情报的准确性、连续性、实时性、稳定性,以及区域情报态势完整性与共享能力。情报准确性用航迹的区域精度提高量来描述,情报连续性用航迹数据更新时间来描述,情报实时性用系统处理时延来描述,航线稳定性与区域情报态势整体性通过观测显示画面来描述,区域情报态势共享能力可通过现场检查进行。引导情报范围是指定精度条件下能引导区域面积,用区域相对提高量来描述。

组网重叠区精度提高量采用实际检飞的方法进行测试,实施步骤如下:

(1) 依据检飞科目,选定组网工作方式、组网雷达与检飞飞机。

(2) 根据重叠区仿真结果与阵地环境,选择指定高度和航向的检飞航线。

(3) 根据国军标计算所需的检飞架次。

(4) 获取检飞数据,主要包括目标机 GPS 真值数据、各组网雷达实测的航迹与点迹数据、雷达组网系统融合后上报的目标航迹数据。

(5) 按照 7.3 节规定的算法和记录的数据,分别计算如下精度:

① 计算组网雷达的水平、垂直圆精度，比较得出水平、垂直最高精度，即组网前雷达网的精度；

② 计算组网融合后的水平与垂直圆精度；

③ 计算指定区间水平与垂直圆精度的提高量；

④ 计算重叠区水平与垂直圆精度的平均提高量。

8.4.3 保障引导范围提高量试验评估

保障引导范围提高是保障引导精度提高的另一种表达形式，相当于相同精度条件下对应探测范围的提高。给定保障引导精度 D_q 要求，保障引导面积就是探测精度不大于 D_q 的点的集合。即：组网前保障引导面积 S_{bq} 就是组网前的探测精度不大于 D_q 的点的集合，组网后保障引导面积 S_{bh} 就是组网后的探测精度不大于 D_q 的点的集合。则组网后保障引导面积提高率为

$$\Delta_{bs} = \frac{S_{bh} - S_{bq}}{S_{bh}} \times 100\% \tag{8.32}$$

保障引导范围的检飞不单独安排航线，利用保障引导情报精度检飞的数据进行计算。具体实施步骤如下：

(1) 确定 $HDOP = 500\text{m}/VDOP = 500\text{m}$ 的距离取样间隔。

依据已经得到的组网雷达和组网系统融合后的水平、垂直圆精度分布曲线，分别在分布曲线上找到 $HDOP = 500\text{m}$ 和 $VDOP = 500\text{m}$ 的距离取样间隔，即各组网雷达水平圆精度 D_{h500} 点、垂直圆精度 D_{v500} 点，组网系统融合后水平圆精度 P_{h500} 点、垂直圆精度 P_{v500} 点。

(2) 确定组网前 $HDOP = 500\text{m}/VDOP = 500\text{m}$ 的保障引导范围。

依据各组网雷达的 D_{h500} 和 D_{v500} 点，再根据组网雷达所在的位置确定组网水平圆精度和垂直圆精度为 500m 的探测距离 R_{500}，以 R_{500} 为半径画出各组网雷达探测范围，得到重叠区组网前 $HDOP = 500\text{m}$ 和 $VDOP = 500\text{m}$ 的包络线，分别计算组网前水平引导面积 S_{hq} 与垂直引导面积 S_{vq}。

(3) 推算组网后 $HDOP = 500\text{m}/VDOP = 500\text{m}$ 的保障引导范围。

依据融合算法，以及已经得到的各组网雷达得到的水平、垂直圆精度分布曲线，推算组网后 $HDOP = 500\text{m}$ 和 $VDOP = 500\text{m}$ 的包络线，分别得到该检飞航线与水平、垂直包络线的交点 P_{h500}、P_{v500}，再计算组网后水平引导面积 S_{hh} 与垂直引导面积 S_{vh}。

(4) 确认推算结果。

如果 P_{h500} 与 P_{v500} 点都不在包络线的里边，接收推算的结果，否则拒收推算结果。用公式表示为

$$\text{若满足}\begin{cases} H_{h500} \leqslant P_{h500} \\ H_{v500} \leqslant P_{v500} \end{cases}, \text{则接收推算结果,否则拒收} \tag{8.33}$$

（5）计算保障引导范围提高量。

依据接收的结果,按式(8.34)计算组网后水平引导范围提高量 Δ_{hs}、垂直引导范围提高量 Δ_{vs}:

$$\begin{cases} \Delta_{hs} = \dfrac{\text{组网后面积} - \text{组网前面积}}{\text{组网前面积}} \times 100\% = \dfrac{S_{hh} - S_{hq}}{S_{hq}} \times 100\% \\ \Delta_{vs} = \dfrac{\text{组网后面积} - \text{组网前面积}}{\text{组网前面积}} \times 100\% = \dfrac{S_{vh} - S_{vq}}{S_{vq}} \times 100\% \end{cases} \tag{8.34}$$

则按式(8.35)计算组网后保障引导范围平均提高量:

$$\Delta_s = \frac{1}{2}(\Delta_{hs} + \Delta_{vs}) \tag{8.35}$$

8.4.4　情报数据率提高量试验评估

情报数据率提高量试验的目的是验证保障引导情报数据的平均更新时间。实施方法可以利用保障引导情报精度检飞的数据进行计算。

通过对重叠区保障引导精度检飞的融合后实际数据,计算保障引导情报数据的平均更新时间,按式(8.36)计算:

$$T_0 = \frac{1}{N}\sum_{j=1}^{N}\frac{T_j}{M_j} \tag{8.36}$$

式中:N 为检飞航次;T_j 为 j 次飞行在重叠区的时间;M_j 为第 j 次飞行中重叠区所有融合后的点数。

8.4.5　航迹连续性试验评估

通常在高速高机动目标飞行试验中进行航迹连续性分析,目的是检验对高速高机动目标组网系统的航迹连续程度。

通过统计两部三坐标组网雷达融合后实际航迹数,计算航迹数据平均更新时间 T_j,按式(8.37)计算:

$$T_j = \frac{1}{2}\left(\frac{T_h}{M_h} + \frac{T_v}{M_v}\right) \tag{8.37}$$

式中:T_h、T_v 分别为水平与垂直机动飞行在重叠区的时间;M_h、M_v 分别为重叠区所有融合后的航迹点数。

8.4.6 抗干扰试验典型内容评估

1）反航迹欺骗干扰能力试验

反航迹欺骗干扰可以采用实际干扰飞机检飞法与实物仿真数据测试法两种。按照典型战法，由飞机（或无人飞机）携带欺骗干扰源按进攻航线飞行，对单雷达释放航迹欺骗干扰，测试系统抑制欺骗干扰的能力。由于目前航迹欺骗干扰源不够稳定可靠，实际中选择了半实物仿真测试，由仿真器产生叠加了误差的组网雷达航迹欺骗干扰数据，测试系统对航迹的抑制能力。这种测试同样具有方法灵活，可以仿真多种航迹欺骗的数据。

2）模拟压制性干扰源条件下检飞试验

依据典型战法，掩护式电子干扰机对雷达组网实验系统的压制性干扰必须考虑频域与空域的全覆盖，若对整个组网系统实施宽带压制性干扰，其功率密度难以使网内所有组网雷达饱和，在这种情况下，通过多雷达点迹融合，可提高在干扰条件下组网区域的探测范围，数据处理方法见 8.4.1 节。

3）单干扰源定位能力检飞试验

可以采用两种方式进行测试干扰源定位。

（1）实际干扰飞机检飞法。设计某型干扰机实际飞行航线，该干扰机离组网雷达一定的距离，近似匀速直线运动，产生一定功率要求的压制性宽带支援干扰；组网雷达自动输出干扰源指向；组网融控中心对输入的干扰源指向数据进行交叉定位计算，测试干扰源定位精度与时间。这种方法真实可信，可以测试组网雷达对干扰源自动输出干扰方位的能力以及对实际数据定位处理能力，但不够灵活，而且实际释放干扰的时机受限，可操作性较差。

（2）实物仿真数据测试法。由仿真器模拟组网雷达，产生叠加了误差的干扰源指向数据，测试干扰源定位精度与时间。这种测试方法灵活，可以仿真多种情况的数据，但不能检验组网雷达对干扰源自动输出干扰方位的能力以及对实际数据定位处理能力。

8.4.7 系统处理时延测试评估

雷达组网实验系统处理时延是评估其时效性的关键指标。本文中半实物仿真系统的主要试验目的就是要测试系统处理时延。系统处理时延是指在输入系统中的一定量的信息，由进入系统开始，到出现在系统处理的末端所滞后的时间。如雷达点/航迹，由雷达录取设备报出目标的点/航迹开始，到雷达组网系统处理后上报（或显示）所滞后的时间，为该系统的处理时延。它包括信息获取时延、信息传输时延、信息处理时延等。

系统处理时延的测试原理如图 8.15 所示。模拟设备将模拟的组网雷达点/

航迹报文同时传输给参试设备和记录设备。记录设备在存储接收到的模拟点/航迹报文时,给每条报文加上以接收时刻为数值的时间戳 t_0。参试设备接收到模拟点/航迹报文后进行信息融合处理,然后将处理得到的系统航迹传输到记录设备。同样,记录设备在存储接收到的系统航迹报文时,给每条报文加上以接收时刻为数值的时间戳 t_1。那么,对应点/航迹报文的时间差 $t_1 - t_0$ 就是这条报文的系统处理时延。n 条报文的系统处理时延的平均值就是最终的系统处理时延测试结果,即

$$\Delta t = \frac{1}{n}\sum_{i=1}^{n}(t_{1,i} - t_{0,i}) \tag{8.38}$$

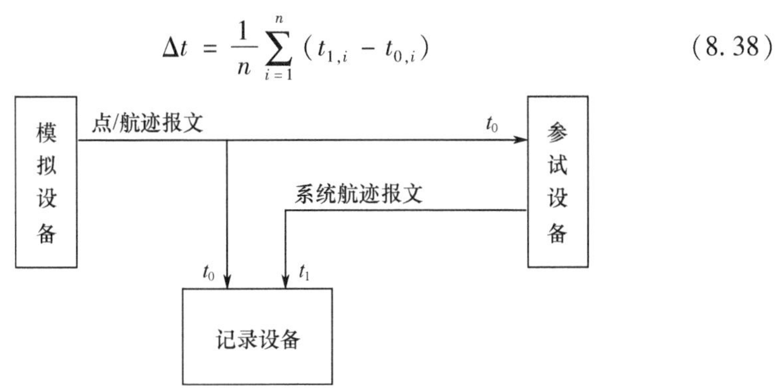

图 8.15　雷达组网系统处理时延测试原理图

除了测试系统处理延时之外,雷达组网系统半实物模拟仿真系统还能测试评估系统对模拟隐身目标的探测能力、系统的信息处理容量,并且可以利用采集的实际数据通过重演的方式反复测试雷达组网实验系统在不同想定条件下的作战能力。

8.5　试验数据的处理

从试验到效能评估的过渡是对试验过程中产生的数据进行采集和处理的过程。对装备效能进行全面客观评估的前提是充分的数据采集和有效的数据处理。因此,数据处理是装备试验过程中的重要内容,有效的数据处理算法对数据处理结果有着很大的影响。

8.5.1　真值获取

真值数据的获取可以采用北斗或者 GPS 设备,本试验采用的是 GPS 设备。飞机真实航迹数据记录采用精确差分 GPS 设备。每架次检飞时,把基准 GPS 设备放在国家指定的大地测绘点上,得到基站 GPS 数据;把移动 GPS 设备放在目标机上,得到移动 GPS 数据。每个架次检飞结束,将基站和移动数据利用专用

GPS 差分软件进行差分处理,得到目标机精确航迹的经纬度、海拔和时间数据,这是计算精度提高量的依据。

如果 GPS 数据没有丢失,差分得到的 GPS 数据直接作为精度计算的依据。如果 GPS 数据部分丢点,需要对 GPS 数据进行必要的补点:直线段采用线性插值的方法补点,拐弯处不补点。根据经验,直线段的 GPS 数据基本不会丢失,而且接收卫星数量较多,GPS 数据更为有效,质量较高,但机动段 GPS 数据存在部分丢失现象。

航迹点/点迹点和 GPS 真值的时间配准采用线性插值法,保证每个航迹点/点迹点与对应的 GPS 真值之间时间误差在 ±25ms 以内。

8.5.2 试验数据预处理

在对实验数据进行分析处理之前,要先对数据进行三步预处理,即真值数据匹配、目标机测量数据筛选和测量数据分组。

8.5.2.1 真值数据匹配

采用精确差分 GPS 设备可以获取数据率非常高的目标真值,一般可达到每 25ms 一个测量真值。可见,真值与测量值录取并不同步,所以需要对真值作插值以得到与测量值同步的数据,即真值数据匹配,这是必要的[25]。因为 GPS 设备的数据采样率非常高,并且探测范围试验与探测精度试验的航路为直线,所以可以采用线性插值法,利用已知的真值推算出在测量时刻的插值,以此作为测量数据的真值。又因为测量时刻是已知的,那么可以通过测量时刻来确定测量值的匹配真值。假设 t_i 为第 i 个测量值的测量时刻,t_j 为第 j 个真值的测量时刻,那么存在两个最接近 t_i 的真值数据的测量时刻,令其分别为 $t_{j,0}$和 $t_{j,1}$,即

$$t_i - t_{j,0} = \min(t_i - t_j),\ t_j < t_i,\ i,j \in N$$

$$t_{j,1} - t_i = \min(t_j - t_i),\ t_j \geqslant t_i,\ i,j \in N$$

令 t_i、$t_{j,0}$和 $t_{j,1}$时刻的真值数据分别为 $I_i = (\phi_i, J_i, h_i, t_i)$、$I_{j,0} = (\phi_{j,0}, J_{j,0}, h_{j,0}, t_{j,0})$和 $I_{j,1} = (\phi_{j,1}, J_{j,1}, h_{j,1}, t_{j,1})$,其中,$J$、$\phi$ 和 h 分别是雷达站址的经度、纬度和海拔值。那么

$$I_i = I_{j,1} - \frac{I_{j,1} - I_{j,0}}{t_{j,1} - t_{j,0}} \cdot (t_{j,1} - t_i) \tag{8.39}$$

8.5.2.2 目标机测量数据的筛选

在试验过程中,记录的测量数据中除了目标机的测量数据之外还有民航机和杂波等大量数据。如何从中筛选出目标机的测量数据至关重要。通常通过雷

达操作员上报的批号来提取航迹数据，但是这个方法受到操作员业务水平高低的影响，存在一定局限性。通常可以采用自动筛选和人工筛选来完成对测量数据的筛选。自动筛选速度快，但是不能保证完全正确；人工筛选速度慢，但是该方法灵活、准确率高。二者可以相互补充。

1）自动筛选

自动筛选的基本思路是判断测量数据与真值之间的测距、测角一次差是否在一定范围内，如果是在一定范围内则判其为是测量数据。自动筛选一般分三个步骤，即预筛选、精筛选和终判定。

实际试验数据中，非目标机数据远远多于目标机数据，所以在自动筛选之前要预筛选。可以通过删除三类数据来缩减数据量，即删除航路时间段以外数据、航路所在区域以外数据和一次差超限数据。

然后对预筛选得到的数据进行精筛选，即按照组网雷达的测量精度指标或者经验值来设定测距、测角的一次差范围，按照自动筛选的基本思路筛选出目标机数据。

最后进行终判定。实际当中，自动筛选会出现相邻两个正北报文之间有多个测量值。这主要是由于目标分裂和杂波造成的。而理论上雷达天线转一圈只有一个点迹或航迹数据，也就是说相邻两个正北报文之间至多一个测量值。因此需要按照一定准则判定其中一个作为测量值，一般按照最近距离准则选取。

2）人工筛选

人工筛选往往作为自动筛选的补充。这是因为数据筛选的工作量大，如果完全采用人工筛选的方法，不但速度慢而且容易出错。人工筛选主要是对自动筛选结果的查错和补漏。自动筛选的错误主要发生在检飞航路与其他目标的航线交叉的地方。此时，自动筛选容易丢弃目标机数据而保留其他目标数据。自动筛选的遗漏主要发生在组网雷达测量误差比较大的地方，例如最大跟踪距离区域附近。此时，由于测量误差较大，测量数据容易被丢弃。人工筛选比较简单，由操作人员在一个同时显示试验数据和真值数据的界面中人工进行选择匹配。

8.5.2.3　试验数据分组

无论是精度分析还是威力分析都要将捷径航路数据按照距离取样间隔划分为若干小组。这是因为雷达测量的数据从全航路看是非平稳随机函数，而数据处理方法不能对非平稳随机函数进行处理，但分段航路的数据比较平稳，可以分别在各分组中统计试验参数。

雷达组网系统试验要重复多次，而每次的数据都必须划分到正确的距离取样间隔，那么需要按照统一的标准划分数据。如果按照目标机飞行速度和量测时刻来估计测量值所在距离取样间隔，会出现较大偏差。其主要原因有两个：一是由于风速的影响，目标机的向站飞行速度与背站飞行速度存在一定差异，而且每次重复试验时的风速又不相同，因此，目标机的飞行速度是变化的；二是目标机飞行速度的估计偏差往往较大，因此以目标机飞行速度作为划分标准误差较大。

最直接的划分方法就是按照每个距离取样间隔的区间位置进行划分。判断测量值的真值处于哪个距离取样间隔，那么测量值就划归为该距离取样间隔。因为距离取样间隔是利用二维数据来描述的，在比较上很繁琐，所以在实际的处理过程中，可以将距离区间上的比较转化为测量时间的比较。

如图 8.16 所示，每次试验中测量点的位置(r_{ti}，θ_{ti})与测量时刻 t_i 是一一对应的，那么只要找出与距离取样间隔端点(r_{si}，θ_{si})对应的时刻 t_{si}，就能通过比较 t_i 与 t_{si}的大小关系对测量点进行划分距离取样间隔。真值数据误差小、数据率高，应当利用真值数据计算 t_{si}。每次重复试验的距离取样间隔是相同的，但是其对应的时刻 t_{si}不同，因此每次重复试验都必须重新计算 t_{si}。t_{si}的计算方法是经过坐标变换后采用线性插值法计算。

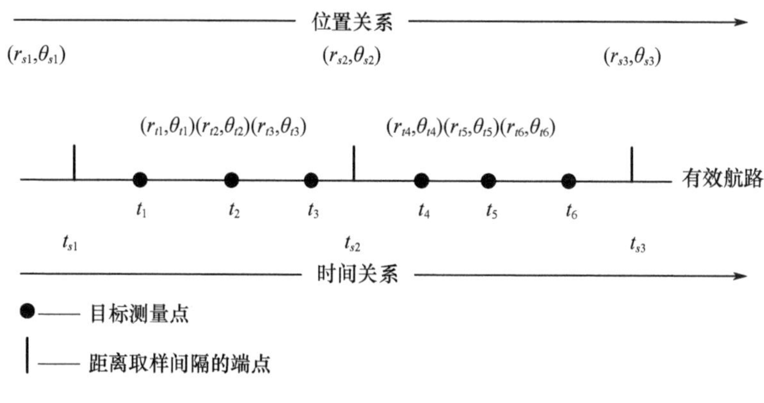

图 8.16　距离取样间隔的位置与测量时刻的关系示意图

8.5.3　试验数据处理

8.5.3.1　探测范围试验数据处理

雷达组网实验系统的威力范围是体系探测效能重要指标之一。在试验时，按预定的条件和方法，分别在目标机向站和背站两种情况下进行检验。通过统计雷达组网系统的发现概率来推算自由空间最大探测距离。数据处理中发现概率的统计方法是重点。

雷达组网实验系统的发现距离是按分组进行统计的,即将整个检飞航路按距离分成若干个等间隔的小区间,称为距离取样间隔。距离取样间隔内的所有观测点都被视为等概率,并以各间隔的中间距离数值作为本小组的距离代表。在各间隔内,通过多个飞行航次来保证有足够的观测点数,从而达到一定的置信水平。计算雷达组网系统各距离取样间隔的发现概率的公式为

$$P = \frac{M}{N} \tag{8.40}$$

式中:M 为距离取样间隔内发现目标的点数;N 为距离取样间隔内观测点数。"观测点数"是指在相应距离取样间隔内的实际发现和未发现目标的总次数;"发现点数"是指间隔内发现目标的次数。发现概率通常将所有航次综合在一起统计计算,也可以按每个航次统计计算,然后再将所有航次综合起来。

用公式(8.40)计算各个距离取样间隔的发现概率值,以各间隔的中间距离值为点的横坐标、与其对应的发现概率值为点的纵坐标在坐标系内绘制各间隔的发现概率点,并将各点连成曲线,就形成了发现概率曲线图。

探测范围试验中探测范围提高量的数据处理流程如图 8.17 所示。

8.5.3.2　探测精度试验数据处理

真值匹配和测量数据分组之后,就可以对各距离取样间隔的精度进行统计分析。精度分析是统计各距离取样间隔的测量误差的系统误差、随机误差和均方根误差。

(1) 计算一次差:一次差为各测量值与其对应的真值之差值,即

$$\Delta x_{ji} = x_{ji} - x_{ji0} \tag{8.41}$$

式中:x_{ji} 为第 j 个距离取样间隔的第 i 个测量值;x_{ji0} 为其真值。

(2) 计算系统误差:系统误差为一次差的平均值,即

$$\overline{\Delta x_j} = \frac{1}{N_j}\sum_{i=1}^{N_j} \Delta x_{ji} \tag{8.42}$$

(3) 计算随机误差:随机误差为一次差的标准差,即

$$S_j = \sqrt{\frac{1}{N_j - 1}\sum_{i=1}^{N_j} (\Delta x_{ji} - \overline{\Delta x_j})^2} \tag{8.43}$$

(4) 计算均方根误差

$$U_j = \sqrt{\frac{N_j - 1}{N_j} S_j^2 + \overline{\Delta x_j}^2} \tag{8.44}$$

除此之外,还需要对数据进行坐标转换。真值的大地测量坐标值和雷达测

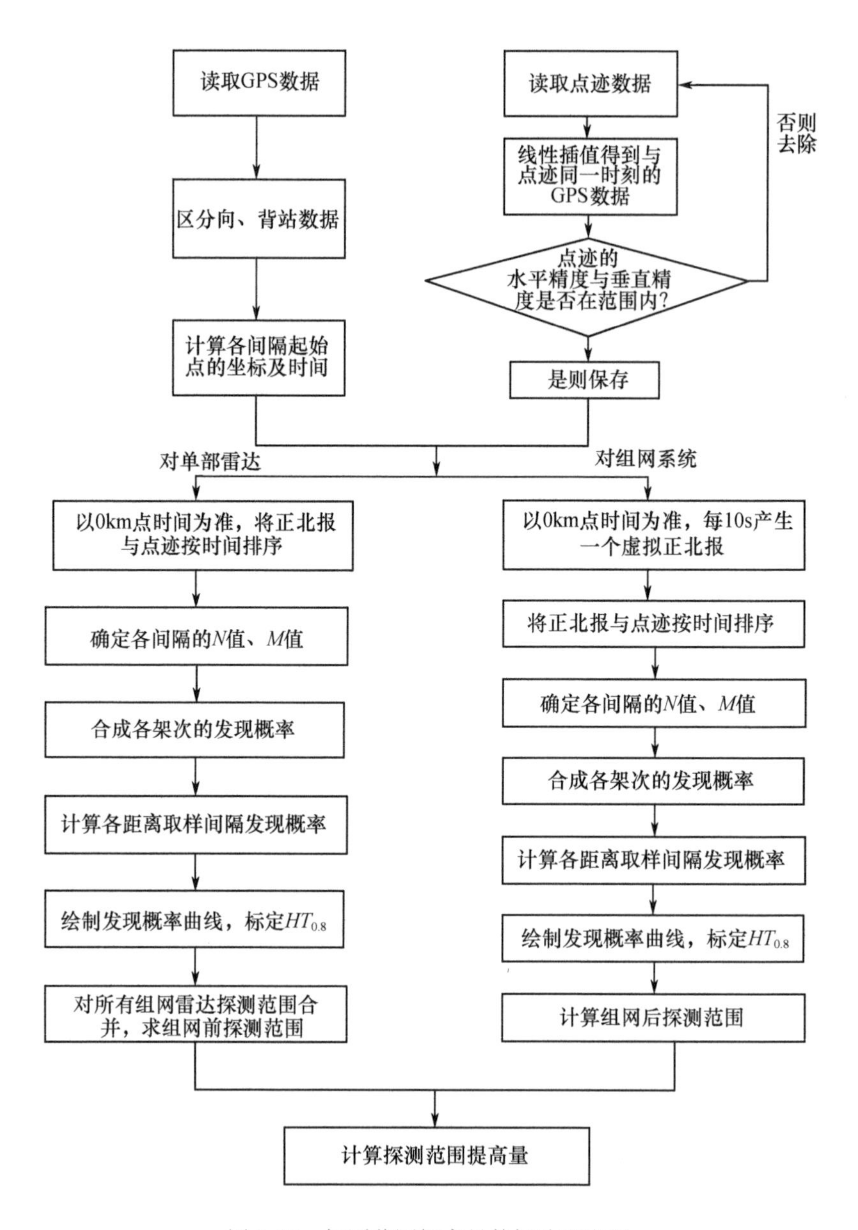

图 8.17　探测范围提高量数据处理流程

量的站心极坐标值都需要转换到雷达站心直角坐标系之后，才能进行数值运算。这一问题在很多专著中都有论述。但是因为这些专著中所建立的直角坐标系和极坐标系并非针对雷达装备（尤其是雷达站心极坐标系的定义），因而其坐标转换矩阵也不一定适用。大地测量坐标系、地心空间直角坐标系和雷达站心直角坐标系的示意图如图 8.18 所示。

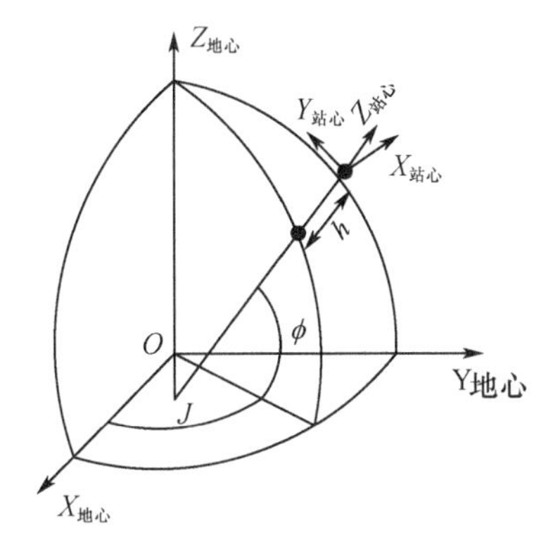

图 8.18　大地测量坐标系、地心空间直角坐标系和雷达站心直角坐标系示意图

地心空间直角坐标系到雷达站心直角坐标系的坐标转换矩阵为

$$\boldsymbol{H}=\begin{bmatrix}\sin\phi & 0 & -\cos\phi\\ 0 & 1 & 0\\ \cos\phi & 0 & \sin\phi\end{bmatrix}\begin{bmatrix}\cos J & \sin J & 0\\ -\sin J & \cos J & 0\\ 0 & 0 & 1\end{bmatrix}\begin{bmatrix}0 & 1 & 0\\ -1 & 0 & 0\\ 0 & 0 & 1\end{bmatrix}$$
$$=\begin{bmatrix}-\sin J & \cos J & 0\\ -\sin\phi\cos J & -\sin\phi\sin J & \cos\phi\\ \cos\phi\cos J & \cos\phi\sin J & \sin\phi\end{bmatrix}\tag{8.45}$$

其中,J、ϕ 和 h 分别是雷达站址的经度、纬度和海拔值。

雷达站心极坐标系与雷达站心直角坐标系的示意图如图 8.19 所示,坐标转换矩阵方程为

$$\begin{bmatrix}x_T\\ y_T\end{bmatrix}=r\begin{bmatrix}\cos(\pi/2-\theta)\\ \sin(\pi/2-\theta)\end{bmatrix}\tag{8.46}$$

其中,r 和 θ 分别是目标在雷达站心极坐标系下的斜距和方位角值。

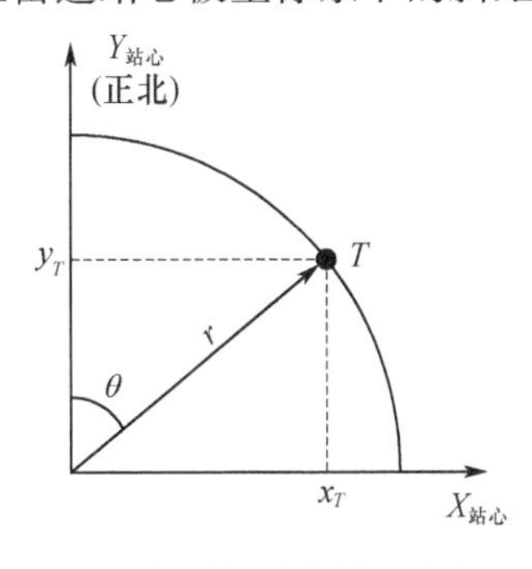

图 8.19　雷达极坐标系与雷达站心直角坐标系示意图

在数据处理中,还要注意:对于反常数据应该剔除。在未剔点之前先进行分组,并分别计算出各组的系统误差和随机误差,然后将试验数据的一次差以实测

的标准差为标准进行衡量和剔点。

探测精度试验中探测精度提高量的数据处理流程如图 8.20 所示。

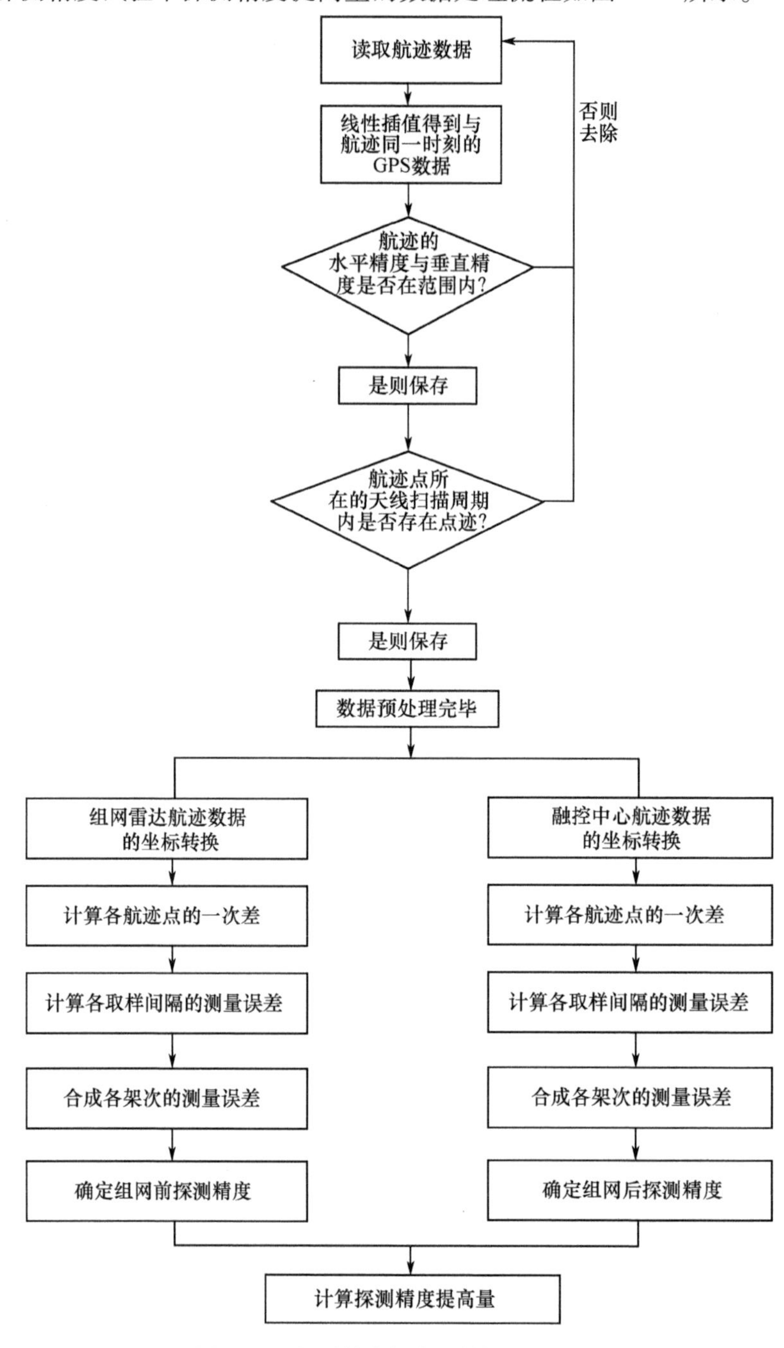

图 8.20　探测精度提高量数据处理流程

8.5.4 试验数据的记录

1）试验数据和现场情况记录

试验数据和现场情况记录是试验考核的重要环节。试验数据包括多部组网雷达输出的点迹、航迹数据和工作状态信息，输入的控制命令和下传融合情报；组网中心的输入的点航迹和状态信息，输出的航迹情报；GPS 真值数据；现场情况包括多部组网雷达和组网中心的操作记录、工作状态和故障情况。

2）组网系统输入输出数据记录

考虑到多部组网雷达异地部署，组网中心多输入和多输出，需要准备多个雷达组网系统网络数据记录仪，采用多级实时记录数据方式，对组网中心和多部组网雷达的网络传输数据进行自主记录和分析，确保检飞数据的完备性与准确性。此外，记录仪构成虚拟专用网络，能对所用的光纤网络进行性能测试和工作状态进行监视，对非法信息、字节和网络端口的情况进行实时记录。

3）雷达组网实验系统和雷达工作状态及操作记录

雷达组网实验系统和雷达工作状态记录采取操作员表格记录方式，分架次记录。内容包括：一是检飞的基本信息，如检飞时间、科目、航线序号、架次号、批号等；二是各组网雷达的工作参数和状态，如信号处理模式、录取方式、天线转速、航迹批号等；三是组网融控中心的工作状态、融合处理和输出模式；四是每个组网雷达的系统误差变化情况。

8.6 雷达组网体系探测效能评估实例

对试验数据处理结果进行分析的过程就是得出体系探测效能结论的过程。雷达组网体系效能评估指标集中采用了“提高量”这样的相对指标来描述雷达组网相对于单雷达的能力提高，相应地，在效能评估结论中也采用了对比的方式，将雷达组网相对于单雷达的具体指标值进行了量化数据对比和形象图形对比，以图、表等多种形式展示了试验评估的结论。下面以如下重点指标（引导精度范围提高量、探测范围提高量、优化控制、定位时间等）的试验评估作为实例进行具体阐述。

8.6.1 引导精度范围提高量试验评估实例

在雷达组网实验系统检飞试验中，采用了最大似然估计法（MLE），通过 GDOP 图仿真直观反映了组网前后任意精度的范围。以三部雷达组网方式，飞行航线为直线段为例，将 $HDOP = 500\mathrm{m}/VDOP = 500\mathrm{m}$ 作为衡量标准，探测精度推算分为两个部分：组网前的探测范围推算和组网后的探测范围推算。

整个推算过程及依据原理见图 8.21。其中,D_{500}点的标定原则:在航迹精度曲线上,假设第 $i-1$ 个取样间隔中点的精度大于 500m,第 i 到第 n 个取样间隔中点对应的精度值都稳定地小于或等于 500m,则将第 i 个取样间隔中点作为 D_{500}点。

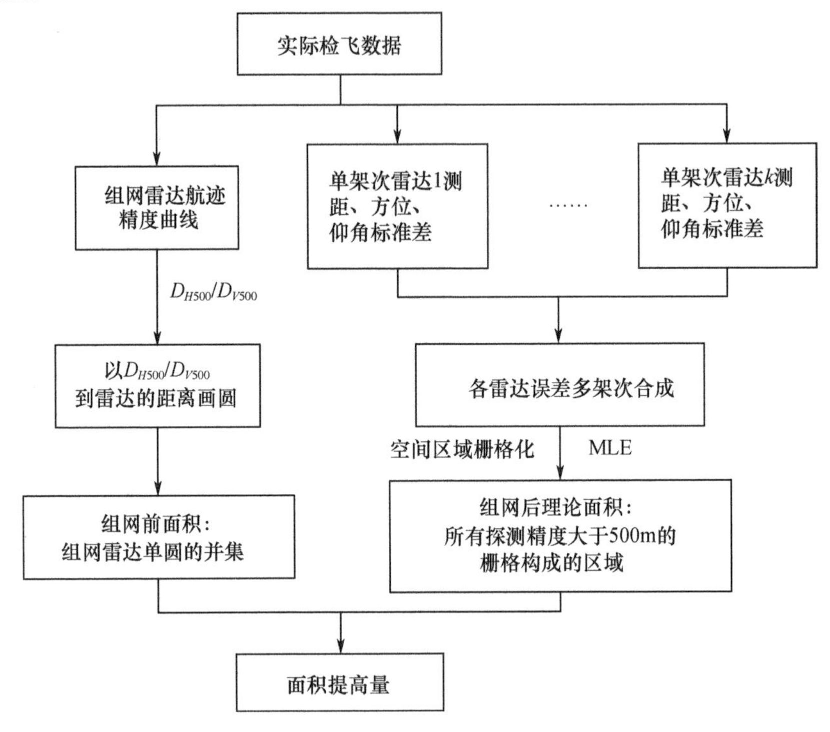

图 8.21　保障引导精度范围推算原理图

根据 MLE 方法,组网后空间某点 $HDOP$ 值和 $VDOP$ 值由各雷达的测距、方位和俯仰误差决定,与组网探测系统具体采用的融合方法无关,计算结果是在当前组网条件下可能达到的最大探测精度范围,组网实验系统的实际探测精度范围因为诸多因素只能小于或等于这一范围。采用 A/B/C 三型雷达进行组网,根据实际检飞数据仿真结果如下:

(1) 图 8.22(a)标注了三部雷达各自 $HDOP=500$m 的区域范围,其中斜线圆形区为雷达 A$HDOP=500$m 精度范围,灰色圆形区对应雷达 B。最外层虚线包络为采用 MLE 方法推算的三部雷达组网后水平圆精度 $HDOP=500$m 曲线。

(2) 图 8.22(b)标注了三部雷达各自 $VDOP=500$m 的区域范围,其中斜线圆形区为雷达 C$VDOP=500$m 精度范围,灰色圆形区对应雷达 A。最外层虚线包络为采用 MLE 方法推算的三部雷达组网后垂直圆精度 $VDOP=500$m 曲线。

由图中可见,组网后无论是水平圆精度还是垂直圆精度较之组网前都有了很大的提高。采用 MLE 方法对不同组网部署、不同入网雷达的组网方案进行探测精度评估都能得到同样的结论。最大似然估计探测精度评估法在雷达组网实验系统的检飞数据处理中的应用,证明该方法可行有效,取得了较好的评估效果。

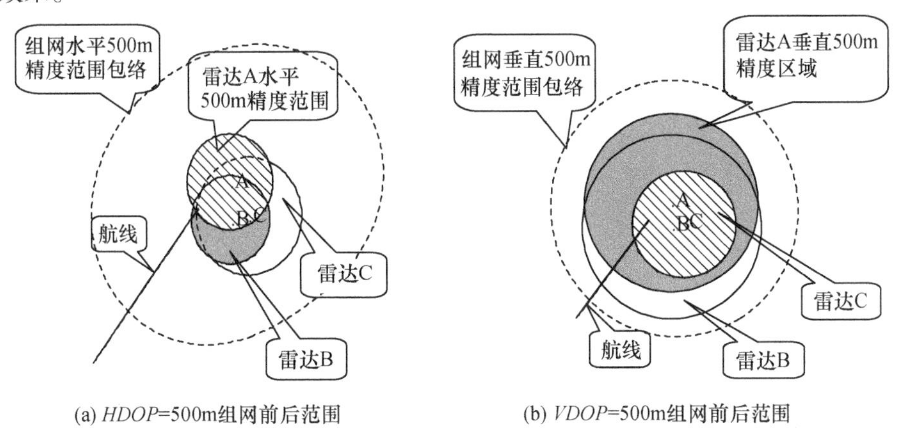

(a) *HDOP*=500m组网前后范围　　(b) *VDOP*=500m组网前后范围

图 8. 22　组网前后探测范围对比

8. 6. 2　探测范围提高量试验评估实例

依据根据 7. 3. 1 节和 7. 3. 2 节提出的模型和算法,威力飞行试验后对所得数据进行处理,以目标距组网融控中心的距离为横坐标,单位为 km,以发现概率为纵坐标,分别绘制三部组网雷达航迹数据和组网实验系统航迹数据在目标向站飞行时的发现概率曲线如图 8. 23 所示。从图中可以查出,在同一距离处,雷达组网实验系统对目标的发现概率要高于任何一部组网雷达的。

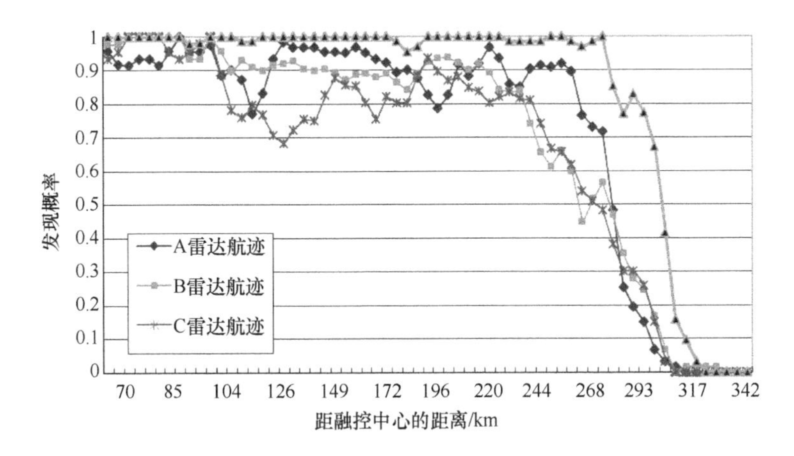

图 8. 23　雷达组网实验系统与单部组网雷达发现概率曲线对比示意图(见彩图)

依据公式(8.21)模型和以点推面原理算法,同图 8.22 中数据进行威力范围仿真,结果如图 8.24 所示,内部实线包络为各组网雷达发现概率大于 0.8 的探测区域,中间虚线包络内为组网前发现概率大于 0.8 的探测区域,面积为 29.7 万 km^2,外部实线包络内为组网后探测区域,面积为 35.2 万 km^2。组网后面积提高 18% 。

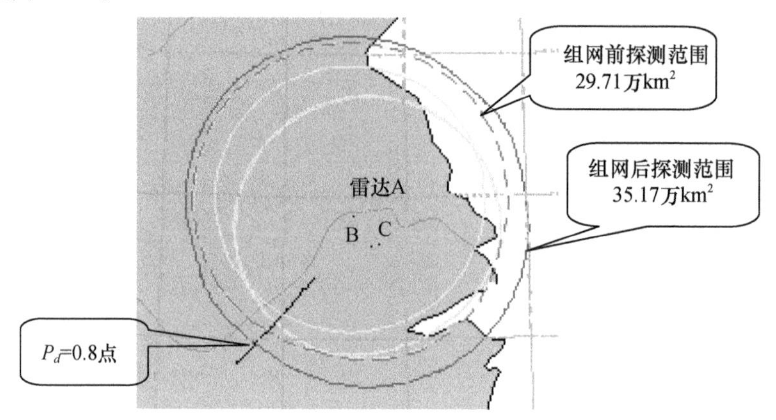

图 8.24　雷达组网系统与单组网雷达探测范围对比示意图(见彩图)

8.6.3　雷达优化控制试验评估实例

组网融控中心实时控制各组网雷达的发射时间,使各雷达以一定的时间顺序闪烁发射。这样单部雷达难以形成连续的航迹,而组网实验系统通过融合被控制雷达的点迹,可以形成连续的系统航迹。根据 8.3 节中的试验设计要求,采用两种不同的航线进行雷达优化控制试验的实例。第一条航线如图 8.26(a)所示,也就是结合 2.3 节中图 2.11(a)中航线设置思路设计的一条实际航线,简称“设计航线”;第二条航线是直接采用某架常规飞机随机机动训练过程中的一段航线,简称“随机机动航线”。

(1)对设计航线闪烁探测。利用干扰航线,信息处理方舱实时控制四部不同频段、体制和功能的雷达闪烁开机,均工作在 10s 开发射、30s 关发射的工作模式下(控制时序见图 8.25(a)),并协调错开各雷达的发射时间。四部单雷达均不能形成航迹,而组网系统采用点迹融合方式,能够形成连续稳定的航迹,系统输出航迹如图 8.26(a)所示。

(2) 对随机机动航线闪烁探测。对随机机动航线,组网融控中心实时控制四部不同频段、体制和功能的雷达闪烁开机,均工作在 10s 开发射、20s 关发射的工作模式下(见图 8.25(b)),并协调错开各雷达的发射时间。除一部雷达有航迹外,其余三部雷达均不能形成航迹,而组网系统采用点迹融合方式,能够形成

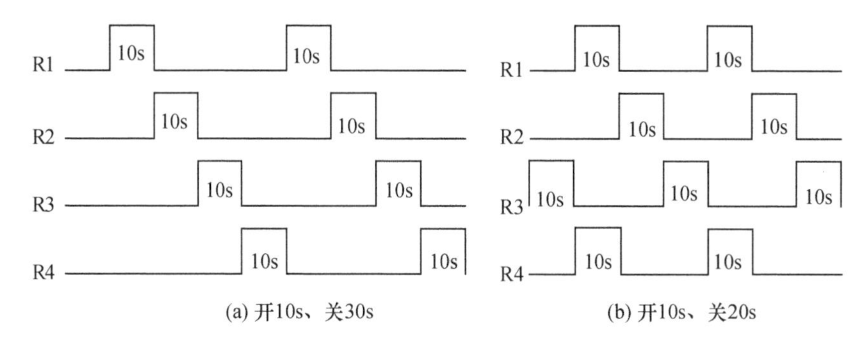

(a) 开10s、关30s　　(b) 开10s、关20s

图 8.25　闪烁条件时序控制示意图

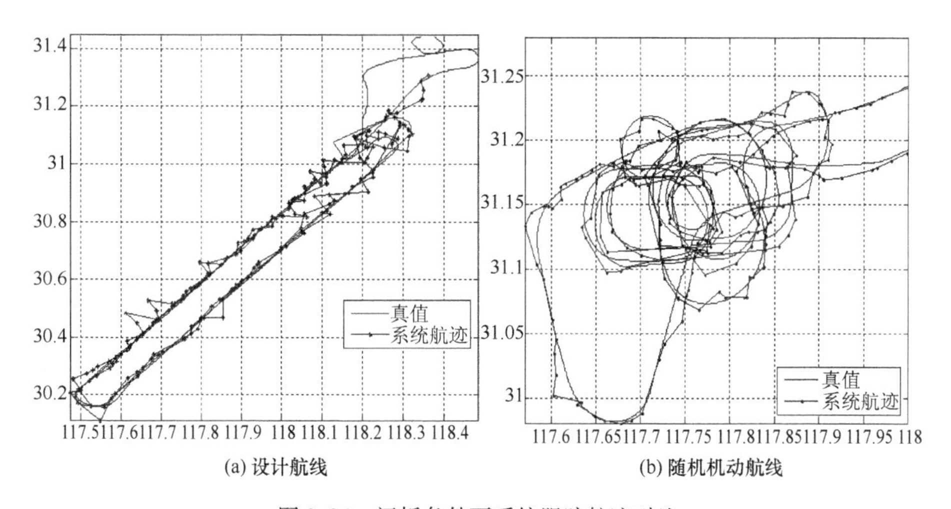

(a) 设计航线　　(b) 随机机动航线

图 8.26　闪烁条件下系统跟踪航迹对比

连续稳定的航迹,如图 8.26(b)所示。

这种闪烁开关机的探测方式,为雷达组网系统提高体系电子防御能力奠定了基础。组网系统可以协同反侦察、抗干扰。通过实时控制各组网雷达的工作频率、信号形式、工作模式等措施,组合单雷达各种抗干扰的优势,大大降低了雷达组网探测系统被侦察、被定位、被干扰的概率。提高抗侦察能力,增强干扰条件下探测能力。通过实施快速开关雷达发射机辐射,并快速改变雷达工作参数等战术措施,既能不中断对重要目标的连续探测,又使系统具有一定的抗 ARM 能力。

8.6.4　单干扰源定位测量精度与定位时间试验评估实例

试验想定:在组网雷达中心区域,采用单批航线制作方式制作多批目标,航线为直线,目标平飞速度 960km/h,高度 8km,设为干扰目标。按开机的组网雷达数量,不考虑雷达系统误差,可有选择地叠加雷达测量随机误差,包括方位误差和距离误差,均服从均值为0的正态分布,方差值来自雷达手册提供的测量精度。采用单批航迹制作方式产生目标,以干扰报文形式向被测系统发送干扰情报。

测试方法:以想定管理子系统模拟产生的干扰机无误差距离、方位、高度数据作为目标机位置的标准数据,对仿真系统融合中心子系统数据记录模块记录的组网系统航迹数据进行相应数据处理。

数据处理方法:

(1) 计算目标机到交叉定位雷达的几何中心距离 $r_{oi}(i=1,n)$,n 为实际组网融合中心上报的定位航迹点数;

(2) 计算单次定位的水平测量误差:$\Delta p_i = \sqrt{(X_i - x_i)^2 + (Y_i - y_i)^2}$,其中,$(x_i, y_i)$ 是系统融合后在目标机的水平位置测量值,(X_i, Y_i) 为对应的目标机水平位置真值;

(3) 计算定位精度:定位误差 Δp_i 与距离 r_{oi} 的比,即 $\Delta \eta_i = \dfrac{\Delta p_i}{r_{oi}}$;

(4) 计算 n 次定位测量精度的均值:$\Delta \eta = \dfrac{1}{n}\sum_{i=1}^{n} \Delta \eta_i$。

定位时间从3部交叉定位雷达都把干扰源测量数据送到信息处理方舱算起,到干扰源定位点明确为止,对多次定位的时间进行平均。

测试结果:图8.27(a)用图形显示了单干扰源定位精度,其中直线代表干扰机真实飞行航线,是标准数据,点线是从雷达组网实验系统融控中心融合输出航迹中提取的干扰机航线数据。点线与直线基本吻合,但仍然存在误差,经计算得到定位精度均值为1.41%,定位时间均值为33352ms(表8.2)。

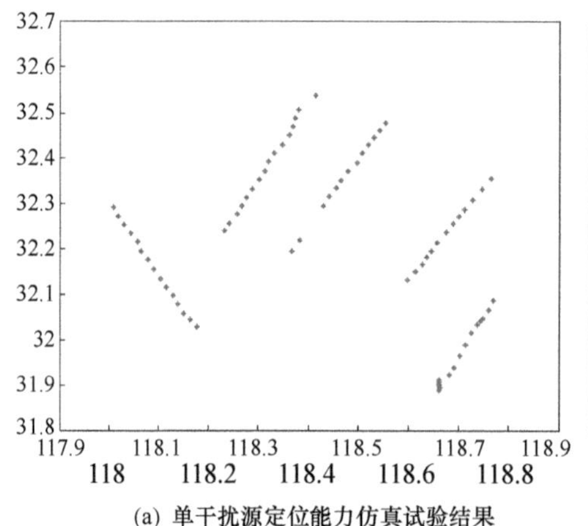

(a) 单干扰源定位能力仿真试验结果

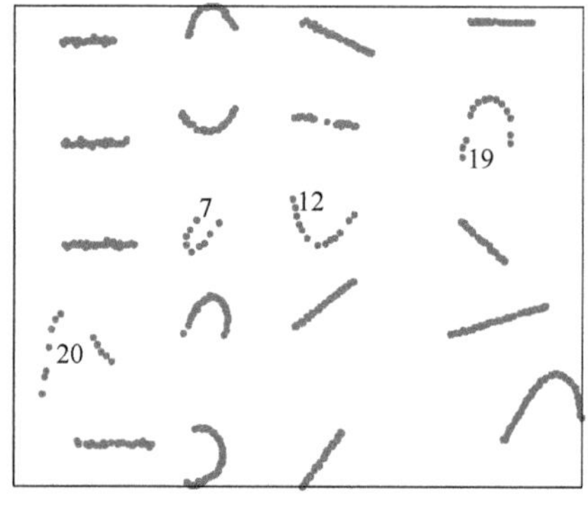

(b) 反欺骗干扰能力仿真试验

图8.27 仿真测试实例示意图

表8.2　组网系统单干扰源定位时间

目标号	定位信息首点时间/ms	系统首点时间/ms	定位时间/ms
1	5410	45410	40000
2	184070	215410	31340
3	360240	395410	35170
4	540520	565410	24890
5	720050	755410	35360
均值			33352

8.6.5　反欺骗干扰能力试验评估实例

试验想定:在组网雷达中心区域制作多条航线,航线不限,目标飞行速度960km/h,高度8km,设为干扰目标。采用4部雷达开机,欺骗其中一部雷达。

测试方法:同单干扰源定位能力仿真试验。

数据处理方法:

(1) 欺骗目标航线点平面坐标为(X_I,Y_I),$I=1\sim M$,M为欺骗目标航线的点数。实际雷达组网融合中心上报的航迹点平面坐标为(x_{ij},y_{ij}),$i=1\sim n$,$j=1\sim m_i$,n为上报航迹的数目,m_i为航迹i的点数。

(2) 判断航迹i与欺骗目标航线是否相关,C_i为航迹i点迹相关计数器。对于航迹i的每个点(x_{ij},y_{ij}),在欺骗目标航线的点集中寻找$|X_{IJ}-x_{ij}|$最小的点$(X_{IJ'},Y_{IJ'})$。

(3) 如果$|Y_{IJ'}-y_{ij}|\leqslant\Delta Y$,则表示航迹点$(x_{ij},y_{ij})$位于欺骗目标航线的相关区域内,相关计数器$C_i$加1。如果$C_i/m_i\geqslant80\%$,则表示航迹$i$与欺骗目标航线相关,否则不相关。

(4) 如果存在相关航迹,则表示欺骗干扰不能识别和剔除。

测试结果:图8.27(b)用图形显示了反欺骗干扰能力仿真试验测试的一次结果,其中直线代表所有真实飞行航线,是标准数据,点线是经组网实验系统融控中心相关判断后确认为欺骗干扰的航线批。本次测试中,采用4部雷达开机,欺骗其中一部雷达。判断第20、7、12、19批为欺骗干扰,均正确。

上述两个实例只是利用仿真系统对雷达组网实验系统进行仿真试验的一个侧面。利用雷达组网仿真系统为组网实验系统融控中心提供模拟雷达情报源,还可以对信息处理能力等多个指标进行仿真试验。此外,雷达组网仿真系统还能够对引导保障精度以及探测范围等指标进行仿真验证或者仿真预测,并且可以利用采集的实际数据通过重演的方式反复测试雷达组网系统在不同想定条件下的作战能力,为雷达组网系统装备的论证、试验验证及评估提供了新的手段。

8.7 体会和结论

作为鉴定装备性能、质量水平的主要途径，试验工作影响大、周期长，需要投入大量的人力与物力，而试验方案的设计与制定是整个试验工作的核心，也是各种资源需求的决定性因素。雷达组网试验评估实施阶段的核心就是试验评估方案的设计，也是本章的一个重点，所有的内容都是围绕这个重点展开讨论的。试验方案与本章其他内容相互之间的关系如图8.28所示。

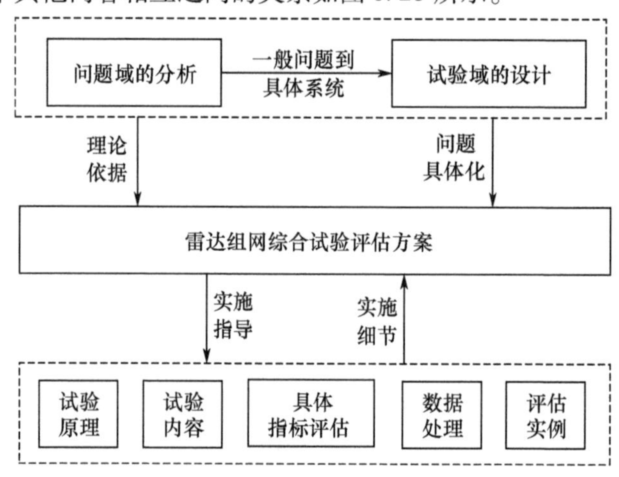

图8.28　雷达组网综合试验评估实施的具体内容

首先，从问题域和试验域两个角度进行深入剖析，提出了雷达组网综合试验评估方案。在问题域的分析过程中指出体系试验评估理论是适应新形势下基于信息系统体系作战能力试验评估需要的产物，是开展信息化武器装备试验评估的理论指导；在试验域的设计过程中将体系试验评估理论的一般问题落实到具体系统中，也就是雷达组网体系探测效能试验评估中，针对雷达组网试验评估中面临的问题和主要的需求，对试验方案进行了具体化，总结了“V形”框架的雷达组网综合试验评估方法以及具体实施流程。然后，以该方案为实施指导，围绕综合试验评估中的试验原理、试验内容、具体指标评估、数据处理等方面进行了详细的分析和讨论，最后通过典型评估实例展示了综合试验的过程和数据分析结果。

作者研究和实践体会如下：

（1）对于新型体系级装备，没有任何一种评估方法或手段能够满足试验的全部要求，只有综合采用多种试验方法，充分利用多种试验方法的优势，才能解决现实的困难。落实到试验过程中，哪种指标采用哪种方法，还得具体问题具体分析，根据各种指标所体现出来的特点合理选择试验方法。这不仅仅是试验方法的简单叠加，更是思想观念的革新，要从宏观和系统的角度去抽象体系级装备的试验活动，采用体系工程的思想来研究新的体系试验评估理论。

（2）由于雷达组网本身具有功能涌现性、过程时变性和边界多样性等特点，指标体系也呈现出立体结构，表现出交叉性和动态性的特征。因此，在试验过程中切不可以偏概全，需要构建不同的试验环境（包括典型的、最常见的、最极端的等）、变化多种条件设置，尽可能地全方位考察系统的体系效能，当然同时也要考虑试验结果的可靠性。

（3）试验结果的分析与评估远比想象中要复杂。对于仿真试验而言，试验可重复使得试验过程中出现的问题可以通过重演的方式回溯；试验实现相对容易使得可以通过大量的试验获取大量的数据，也可以设置各种极端条件和环境；试验步长可调整使得试验占据的时间大大缩短。因此，对于仿真试验结果的分析更侧重的应该是从大数据中发现问题、总结规律、反馈经验。对于检飞试验而言，受到各种因素的影响，数据处理过程并没有那么理想，会出现很多意想不到的情况，例如飞点如何剔除、真值数据与雷达数据时间不可能严格同步，等等，这些问题需要以可信、可靠、合理为原则进行适当处理。检飞试验由于开展不易，又与真实战场环境的接近度更高，数据的含金量也更高，值得好好珍惜，深入挖掘。

结论：体系探测效能试验评估中，没有放之四海而皆准的方法，只有具体问题具体分析。雷达组网体系试验评估过程中的每一个环节，特别是指标体系的建立、试验评估方案的设计、试验数据的处理等，都需要结合雷达组网体系效能的特点和内涵来考虑。只有有的放矢，才能够做到更准确的检验和评估。

参考文献

[1] 常显奇，程永生．常规武器装备试验学[M]．北京：国防工业出版社，2007.

[2] 张桓．电子装备试验概论[M]．北京：国防工业出版社，2005.

[3] 熊志昂．指挥控制系统试验[M]．北京：国防工业出版社，2004.

[4] 陈相麟．雷达试验[M]．北京：国防工业出版社，2004.

[5] 成斌．光电对抗装备试验[M]．北京：国防工业出版社，2005.

[6] 陈军．通信对抗装备试验[M]．北京：国防工业出版社，2005.

[7] 朱和平．电子战系统的国防试验与信息安全[R]．北京：空军第二研究所，2002.

[8] 美国国防采办大学试验与鉴定管理指南[M].5 版．总装备部科技信息研究中心．王文宝，等译．北京：总装备部司令部，2005.

[9] 党伟，陈云翔，王涛涛．美军武器装备试验评定对我军的启示[J]．空军工程大学学报（军事科学版）．2006，6(4)：94－96.

[10] 郭齐胜．装备效能评估概论[M]．北京：国防工业出版社，2005.

[11] 郭齐胜，姚志军，闫耀东．武器装备体系试验问题初探[J]．装备学院学报,2014,1(2).

[12] 康文兴．美俄武器装备试验的启示[J]．国防大学学报(军事装备研究)，2006,(208)：89－90.

[13] C^4ISR Architecture Working Group. C^4ISR Architecture Framewrok Version 2.0[R]. U.S：department of Defense，1997.

[14] Office of the Under Secretary of Defense for Acquisition Technology and Logistics (ADA434924 DODI－5000.2). Operation of the Defense Acquisition System[R]. Washington DC，2003.

[15] VA(ADA436591) Defense Acquisition University FT BELVOIR. Test and Evaluation Management Guide (5th edition)[R]. Washington DC，2005.

[16] 李睿,曾德贤．我军武器装备试验工作存在的问题及对策研究[J]．国防技术基础，2008，8：11－15.

[17] 胡晓枫,丁毅民,廖兴禾．关于试验靶场信息化建设的若干思考[J]．靶场试验与管理，2006，5：71.

[18] GJB 74A—98．军用地面雷达通用规范．国防科学技术工业委员会,1998.

[19] 康凤举,杨惠珍,高立娥．现代仿真技术与应用[M]．北京：国防工业出版社，2006.

[20] 张雪松,杨学良．军用电子信息系统分布式仿真体系结构研究[J]．计算机仿真，2002，19(4)：5－7.

[21] 黄柯棣．系统仿真技术[M]．长沙：国防科技大学出版社，1998.

[22] 孙世霞．复杂大系统建模与仿真的可信性评估研究[D]．长沙:国防科学技术大学,2005.

[23] 薛青,张伟,王立国．装备作战仿真[M]．北京：兵器工业出版社，2006.

[24] Robert G Sargent. Verification and validation of simulation models [C]. Proceedings of the 2003 Winter Simulation Conference，2003，37－48.

缩略语

AGC	Automatic Gain Control	自动增益控制
AHP	Analytic Hierarchy Process	层次分析法
AMTI	Automatic Moving Target Indicator	自动动目标显示
ARM	Anti – Radiation Missile	反辐射导弹
CA – CFAR	Cell Avarage Constant False Alarm Rate	单元平均恒虚警
CEC	Cooperative Engagement Capability	协同作战能力
CEP	Cooperative Engagement Processor	协同作战处理器
CFAR	Constant False Alarm Rate	恒定虚警率
C^4I	Command Control Communication Computer Intelligence	指挥、控制、通讯、电脑、情报
CRC	Control Report Center	控制报知中心
DAGC	Delayed Automatic Gain Control	延迟自动增益控制
DAGC	Delayed Automatic Gain Control	延迟自动增益控制
DARPA	Defense Adranced Research Projects Agency	美国国防部高级研究计划局
DDS	Data Distribution System	数据分发系统
DES	Design – Evaluation – Summarization	制作 – 评估 – 归纳
DIS	Distributed Interactive Simulation	分布式交互仿真
EDF	Earliest Deadline First	最早时限优先算法
EL	Evaluation Loop	评估回路
E – R	Entity – Relation	实体 – 关系
FJ	Following Jamming	跟随干扰
GDOP	Geometric Dilution Precision	整体圆精度
GPS	Global Position System	全球定位系统
HDOP	Horizontal Geometric Dilution Precision	水平圆精度
IAGC	Instantaneous Automatic Gain Control	瞬时自动增益控制

IDEF	Integrated Definition Method	集成定义方法
M&S	Modeling & Simulation	建模与仿真
MCRC	Mobile Control Report Center	机动式 CRC
MIMO	Multiple - input Multiple - output	多输入 - 多输出雷达
MLE	Maximum Likelihood Estimate	最大似然估计法
MTD	Moving Target Detector	动目标检测
MTI	Moving Target Indication	动目标显示
NCCT	Network Centric Cooperative Target	网络中心协同目标定位
NCW	Network Centric Warfare	网络中心战
NGJ	Next Generation Jammer	下一代干扰机
NRS	Netted Radar System	雷达组网系统
OODA	Observe - Orient - Decision - Act	观察 - 判断 - 决策 - 行动
RCS	Radar Cross Section	雷达截面积
RM	Rate Monotonic Method	单调速率算法
SE	Evaluation System	评估系统
SRx	Disruptor SRx	破坏者
ST	Test System	试验系统
STC	Sensitivity Time Control	灵敏度时间控制
SubCC	Sub Central Control	试验总控
SubFT	Sub Flight Test	飞行试验
SubRFT	Sub Real Force Counter	对抗试验
SubSM	Sub Simulation Test	仿真试验
TJ	Trailing Jamming	追踪干扰
TL	Test Loop	试验回路
UDP	User Datagram Protocol	用户数据报协议
UML	Unified Modeling Language	统一建模语言
VDOP	Vertical Geometric Dilution Precision	垂直圆精度
	Cyberspace	赛博空间
	Cybercom	美国网战司令部
	Project Suter	舒特
	Senior Scout	高级侦查员
	Cybercraft	网电飞行器
	System of Systems	体系

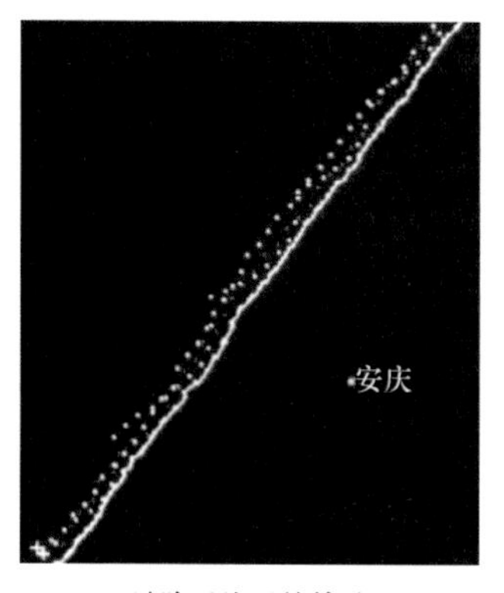

(a) 消除系统误差前对比

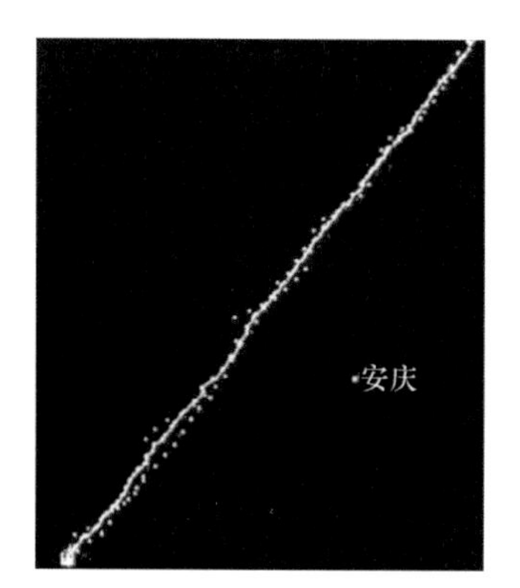

(b) 消除系统误差后对比

图 1.19　综合位置误差举例

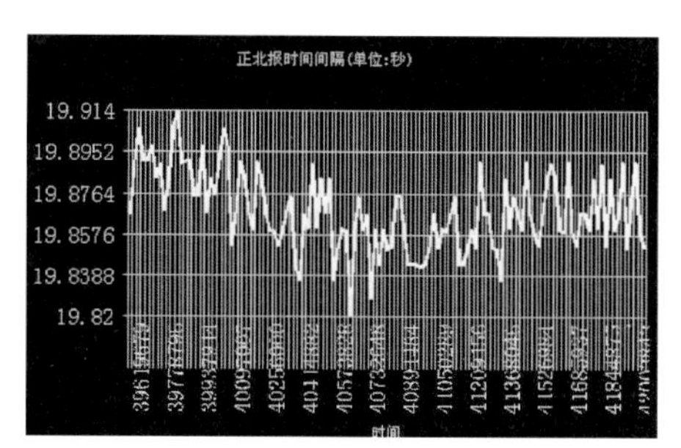

(a) 甲组网雷达综合时间误差

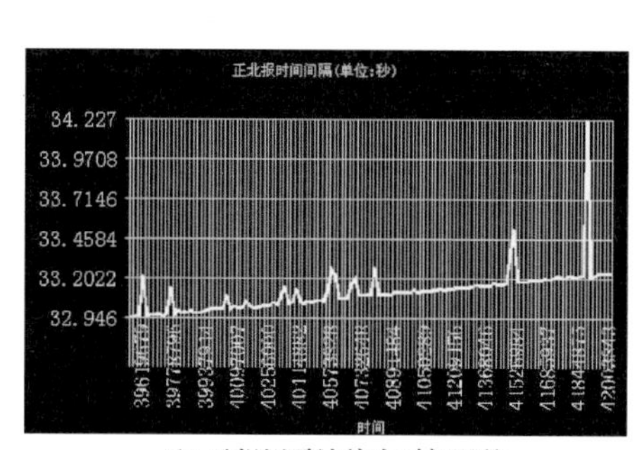

(b) 乙组网雷达综合时间误差

图 1.20　不同组网雷达综合时间误差举例

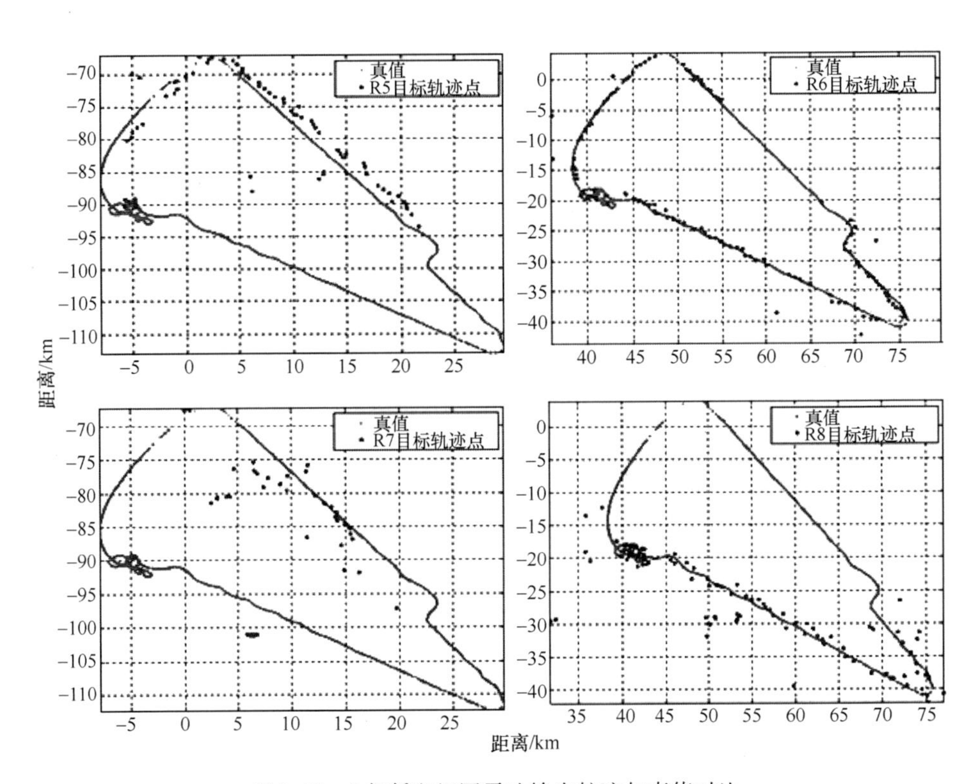

图 2.15　4 部低空组网雷达输出航迹与真值对比

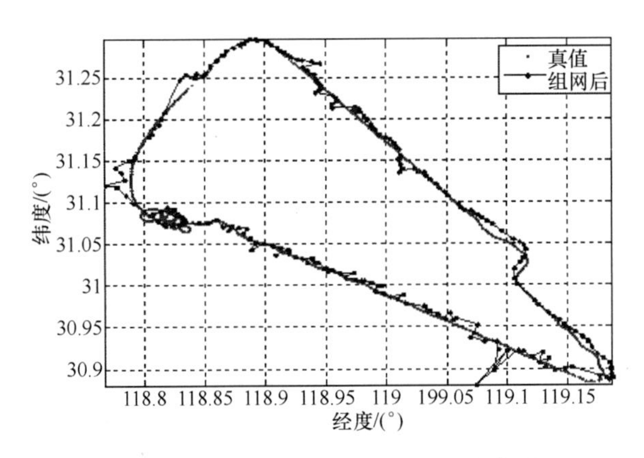

图 2.16　雷达组网系统输出航迹与真值对比

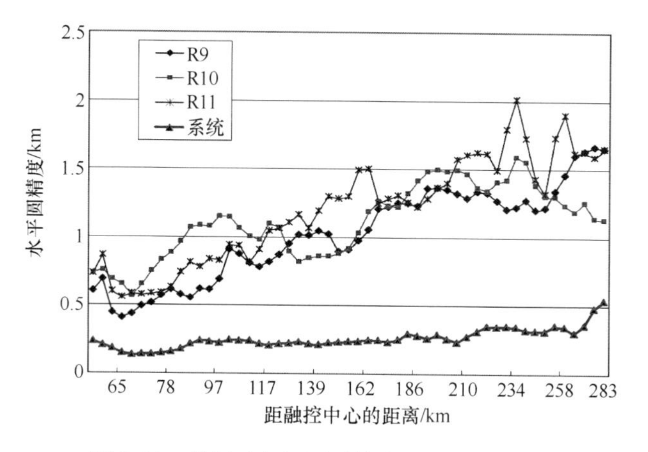

图 2.24 单雷达与组网系统水平圆精度对比

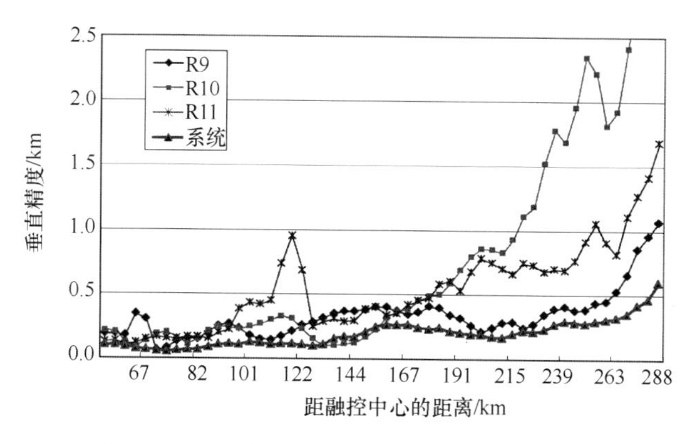

图 2.25 单雷达与组网系统垂直圆精度对比

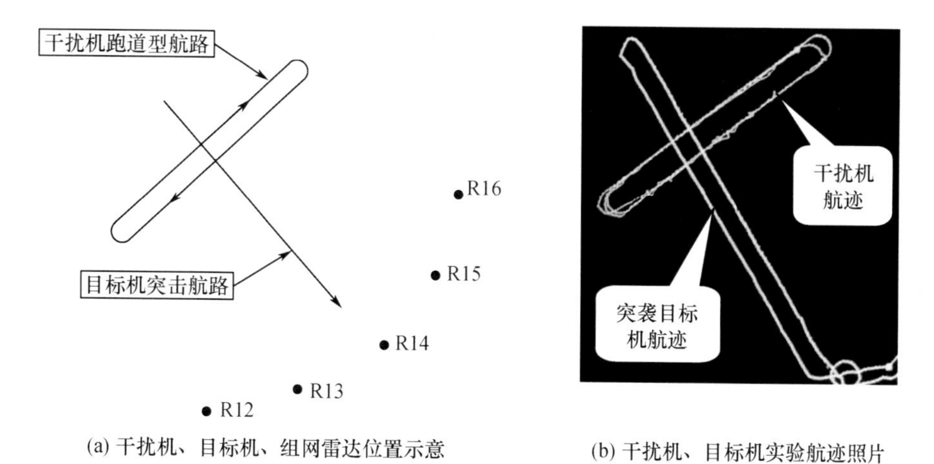

(a) 干扰机、目标机、组网雷达位置示意

(b) 干扰机、目标机实验航迹照片

图 2.29 抗复杂电子干扰实验场部署示意

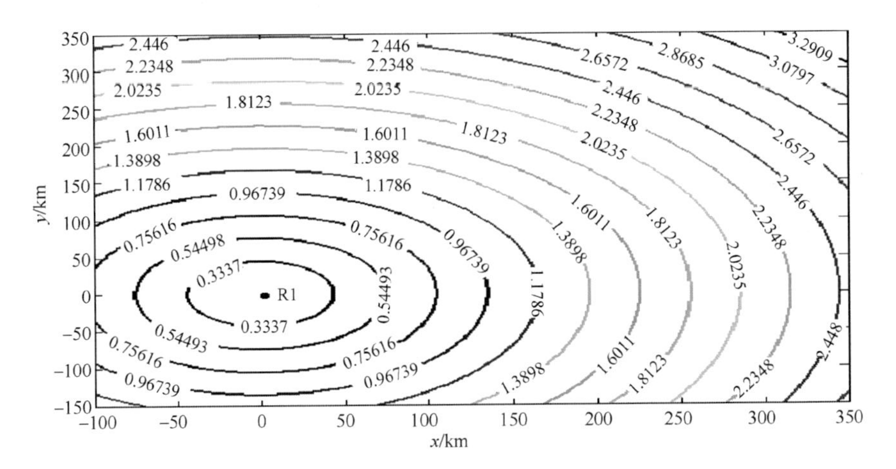

图 3.25　3D 雷达单站定位 GDOP 图(R1(0,0,0))

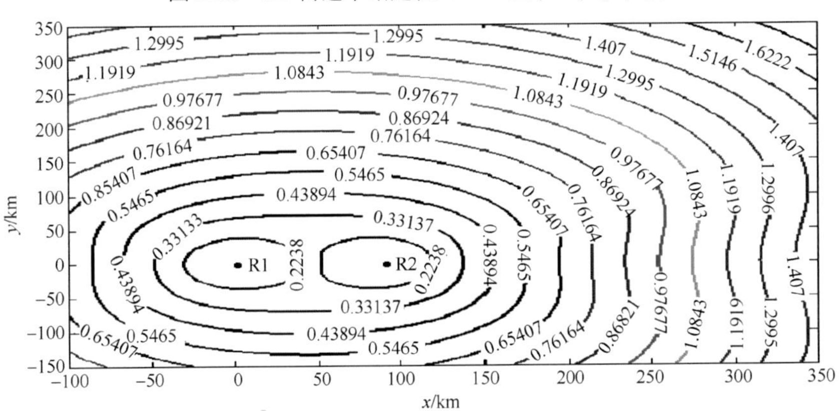

图 3.26　两部 3D 雷达融合定位 GDOP 图(R1(0,0,0),R2(90,0,0))

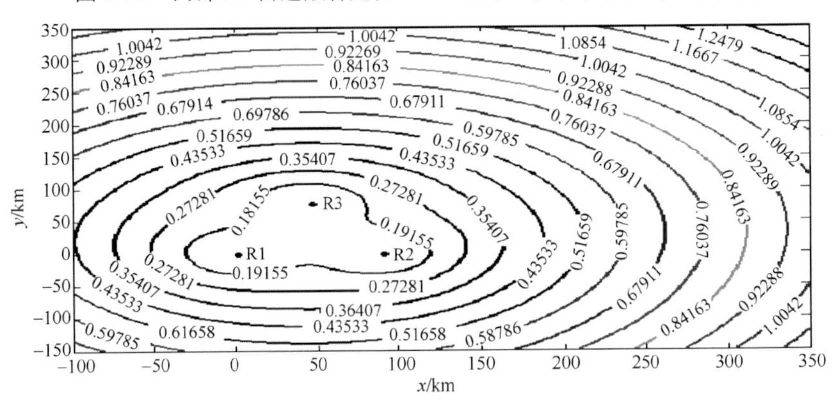

图 3.27　三部 3D 雷达融合定位 GDOP 图

(R1(0,0,0),R2(90,0,0),R3(45,77.94,0))

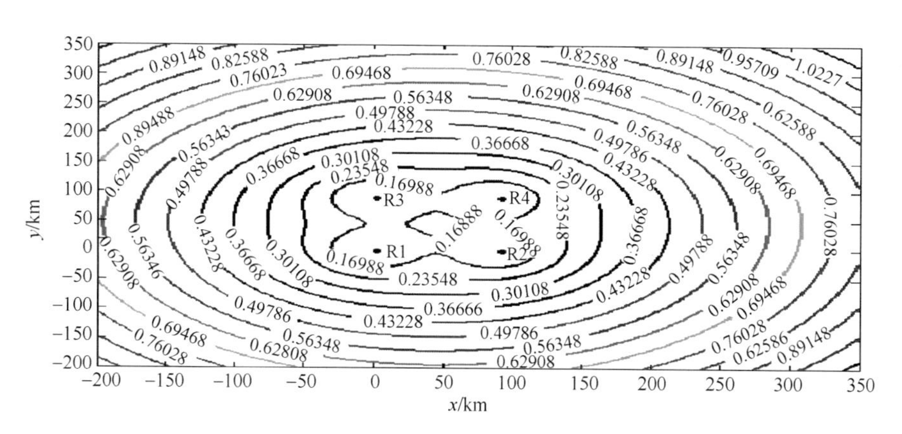

图 3.28　四部 3D 雷达融合定位 GDOP 图

(R1(0,0,0),R2(90,0,0),R3(0,90,0),R4(90,90,0))

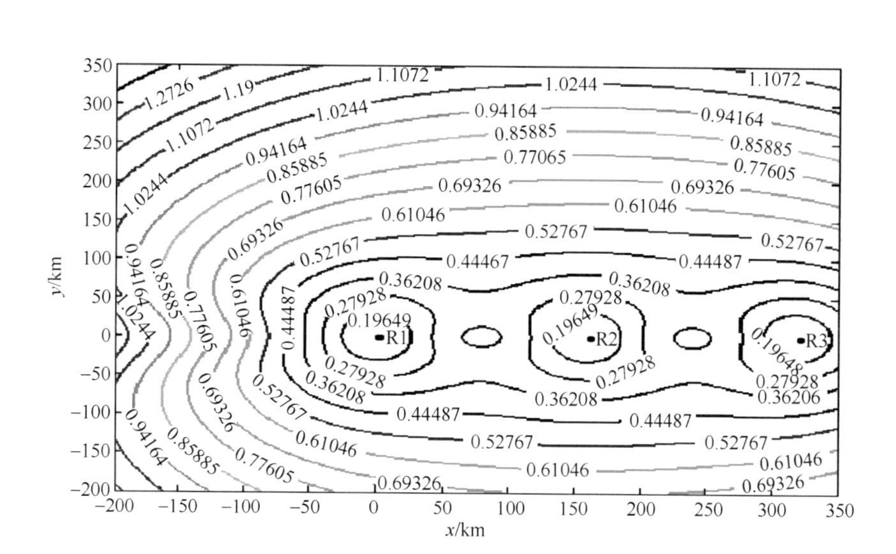

图 3.36　三部雷达成“一字”排列融合定位 GDOP 图

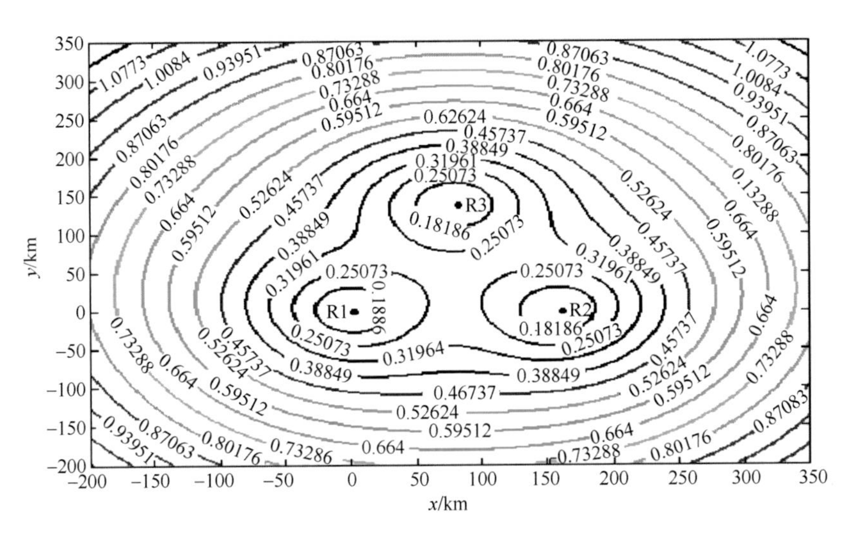

图 3. 37　三部雷达成“等边三角形”排列融合定位 GDOP 图

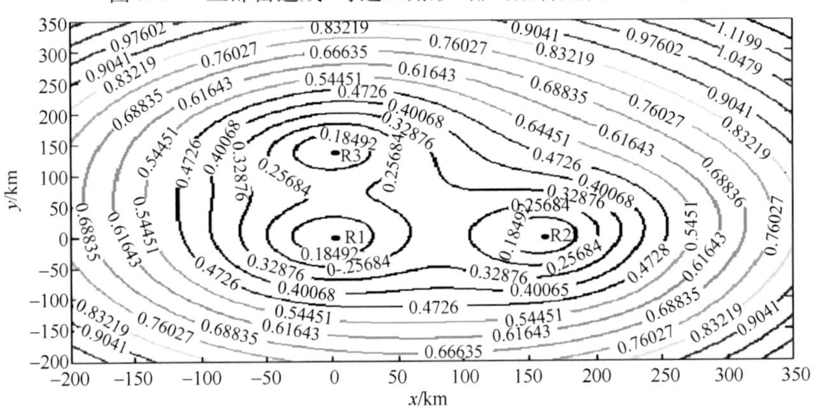

图 3. 38　三部雷达成“直角三角形”排列融合定位 GDOP 图

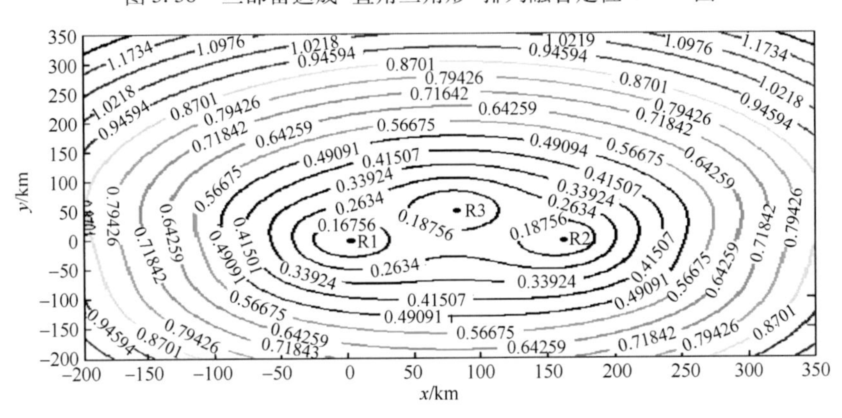

图 3. 39　三部雷达成“等腰三角形”排列融合定位 GDOP 图

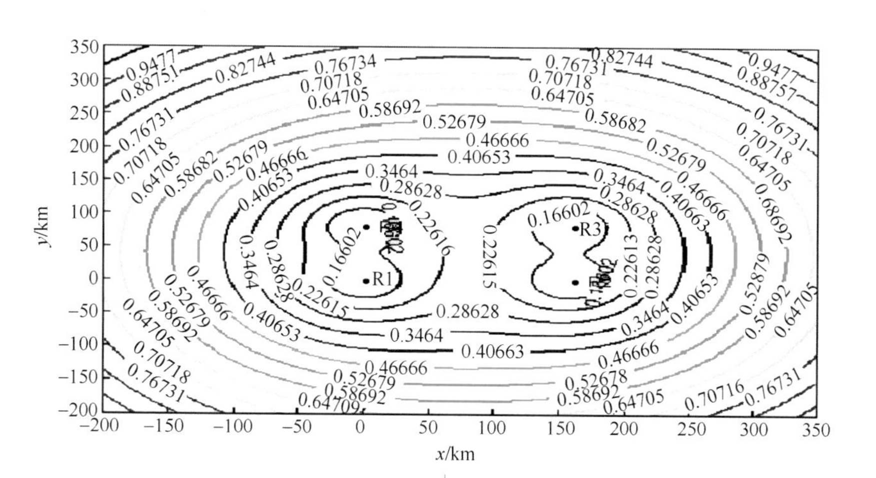

图 3.40　四部雷达成“矩形”排列融合定位 GDOP 图

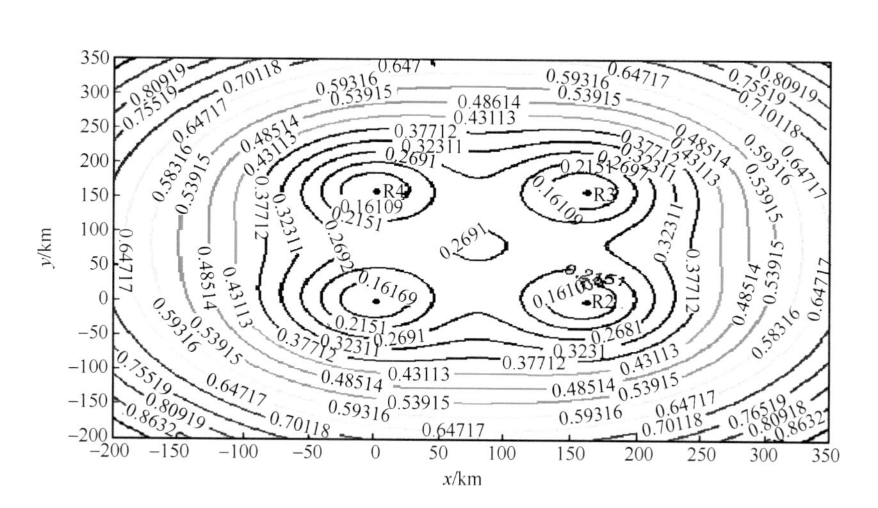

图 3.41　四部雷达成“正方形”排列融合定位 GDOP 图

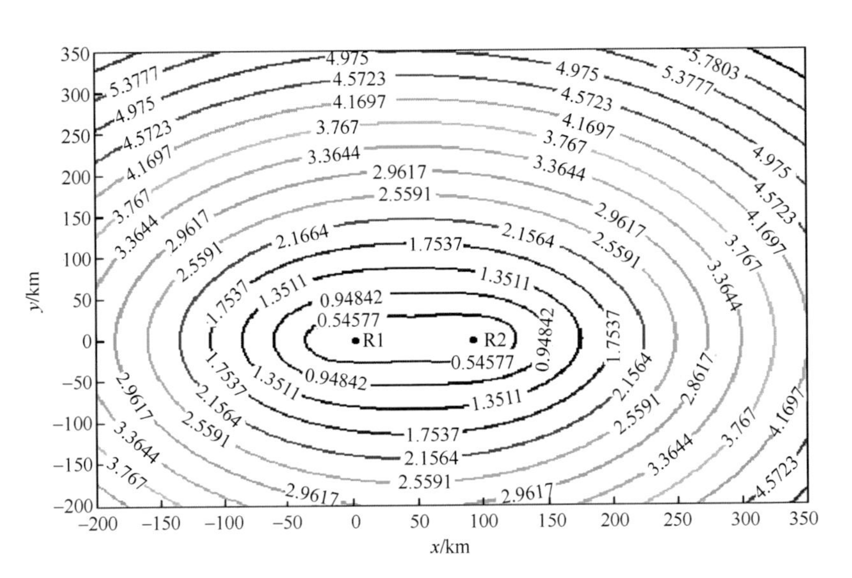

图 3.44 系统仰角标准差为 0.01rad

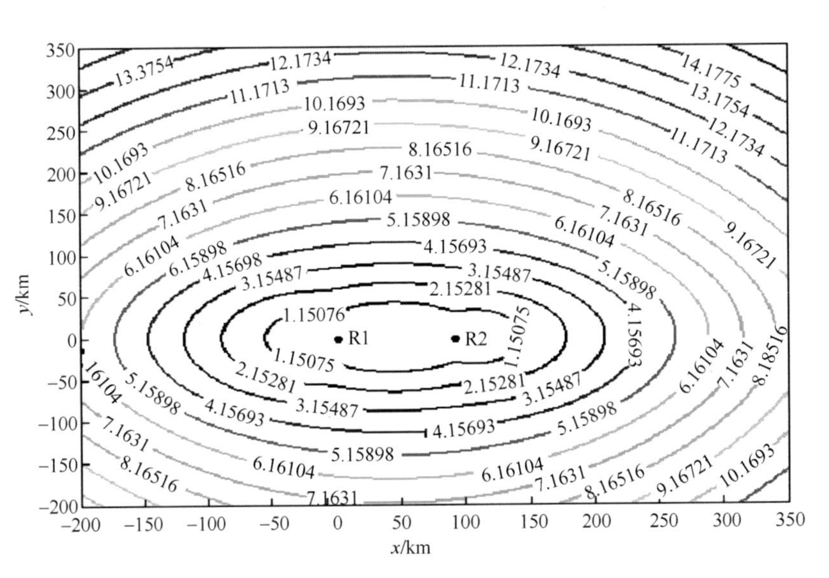

图 3.45 系统仰角标准差为 0.02rad

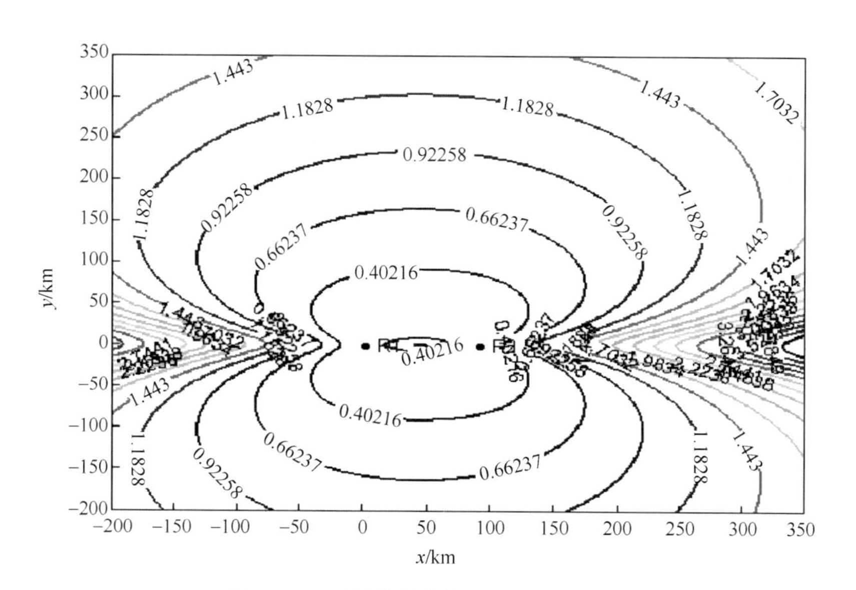

图 3.46　系统方位角标准差为 0.01rad

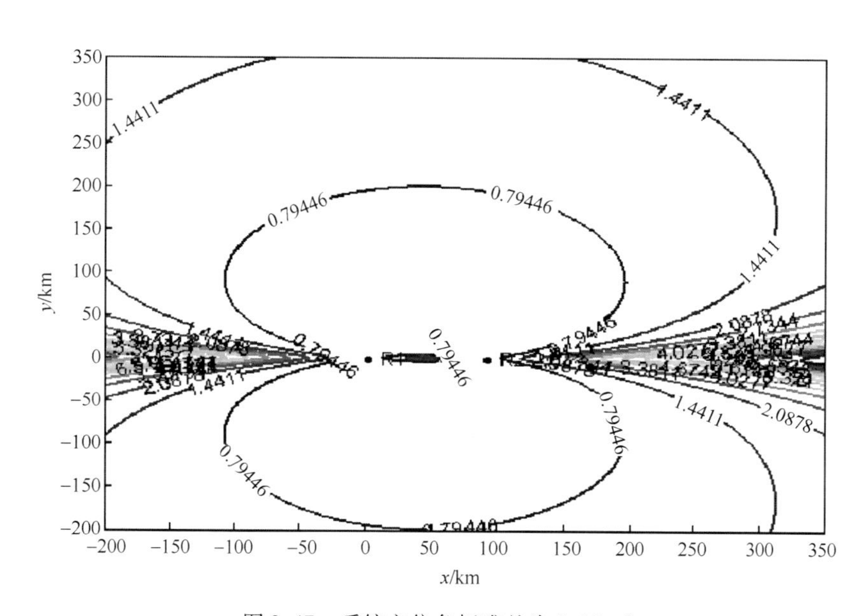

图 3.47　系统方位角标准差为 0.02rad

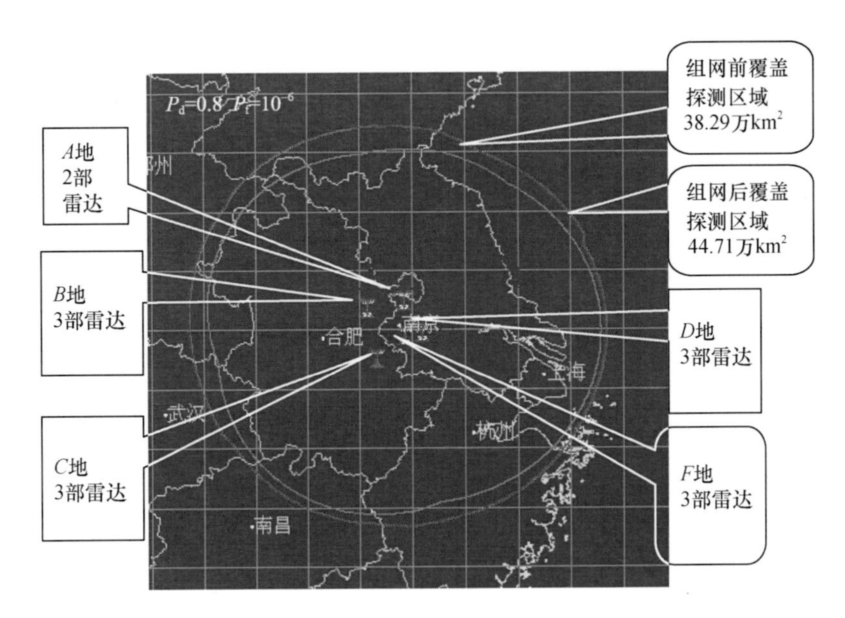

图 7.25　目标探测能力仿真结果一

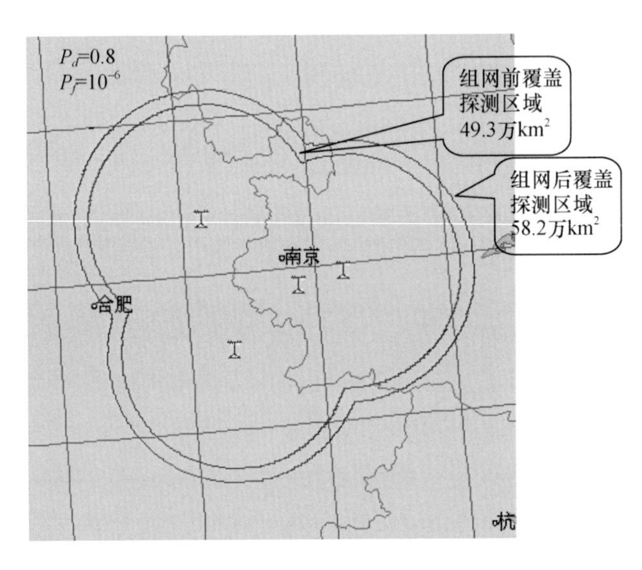

图 7.26　目标探测能力仿真结果二

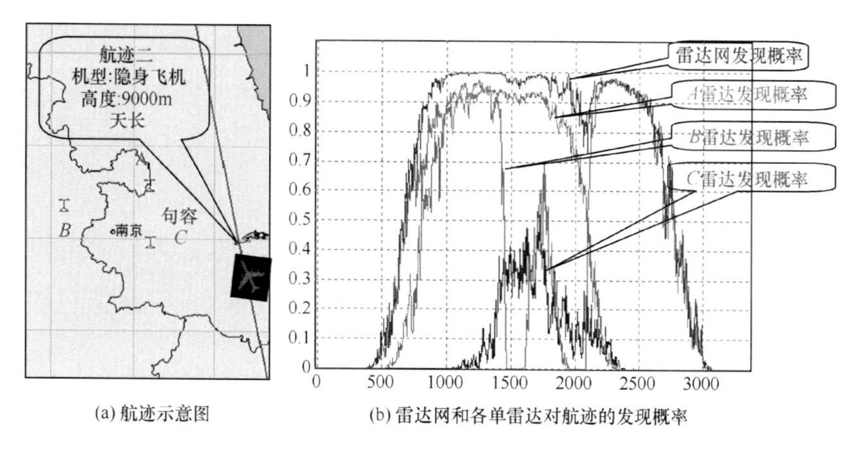

(a) 航迹示意图

(b) 雷达网和各单雷达对航迹的发现概率

图 7.27　隐身目标发现概率仿真结果

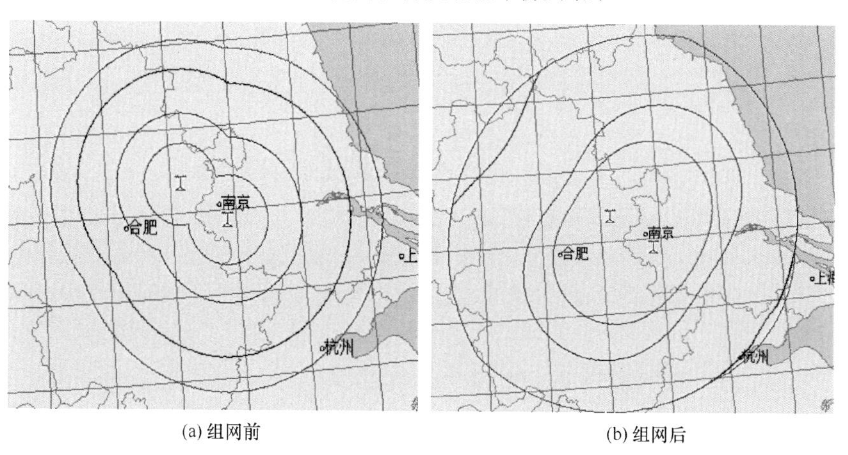

(a) 组网前

(b) 组网后

图 7.28　两部三坐标 *HDOP* 优于 300 - 500 - 800 - 1000m 的引导范围

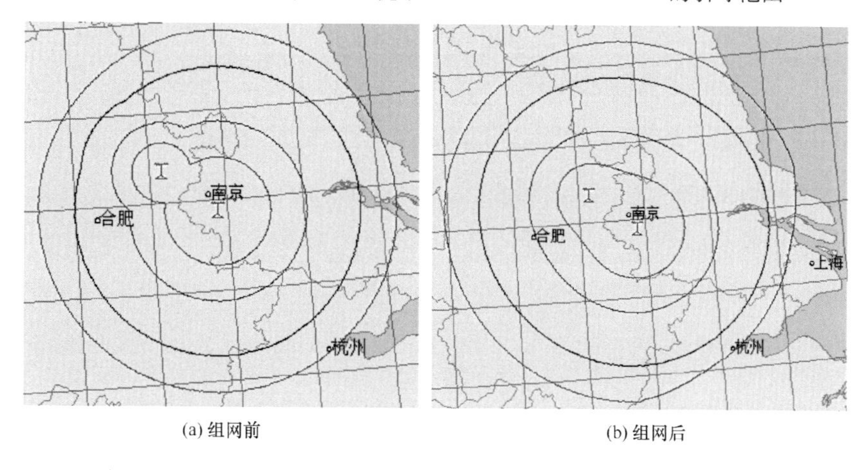

(a) 组网前

(b) 组网后

图 7.29　两部三坐标 *VDOP* 优于 300 - 500 - 800 - 1000m 的引导范围

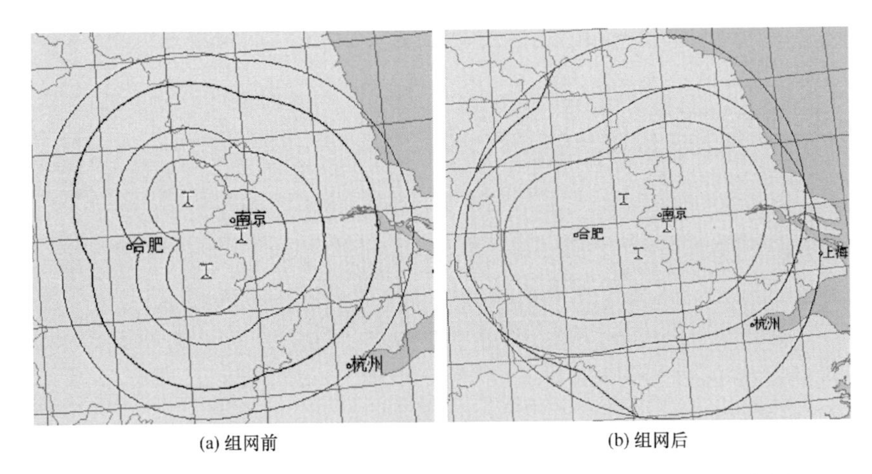

(a) 组网前　　(b) 组网后

图 7.30　三部三坐标 *HDOP* 优于 300 – 500 – 800 – 1000m 的引导范围

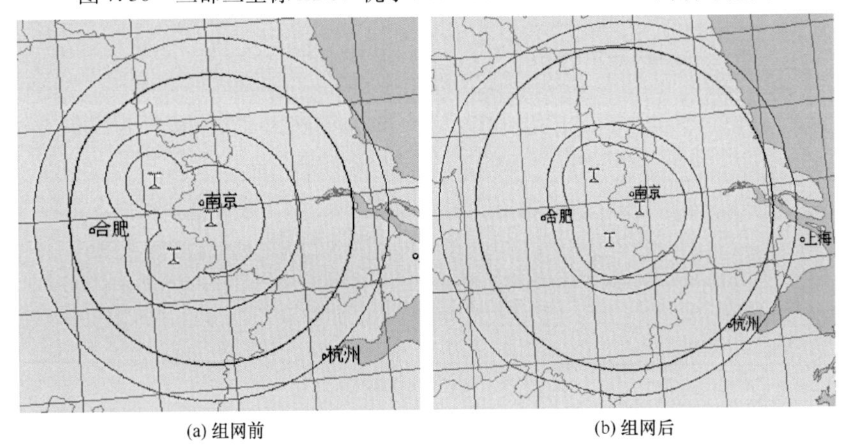

(a) 组网前　　(b) 组网后

图 7.31　三部三坐标 *VDOP* 优于 300 – 500 – 800 – 1000m 的引导范围

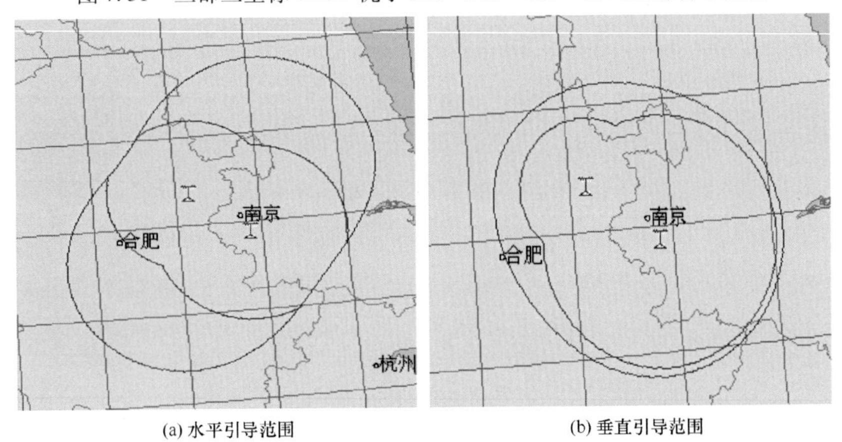

(a) 水平引导范围　　(b) 垂直引导范围

图 7.32　两部三坐标雷达引导范围

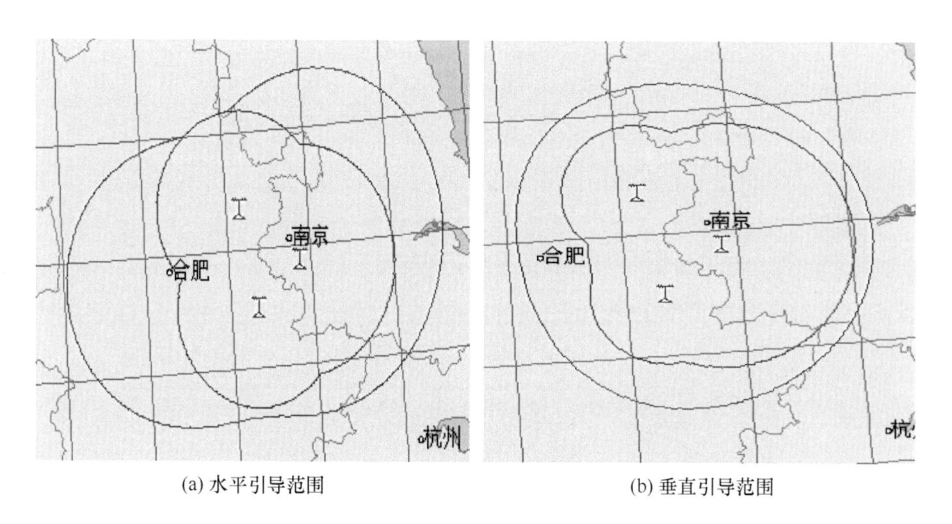

(a) 水平引导范围　　　　(b) 垂直引导范围

图 7.33　三部三坐标雷达引导范围

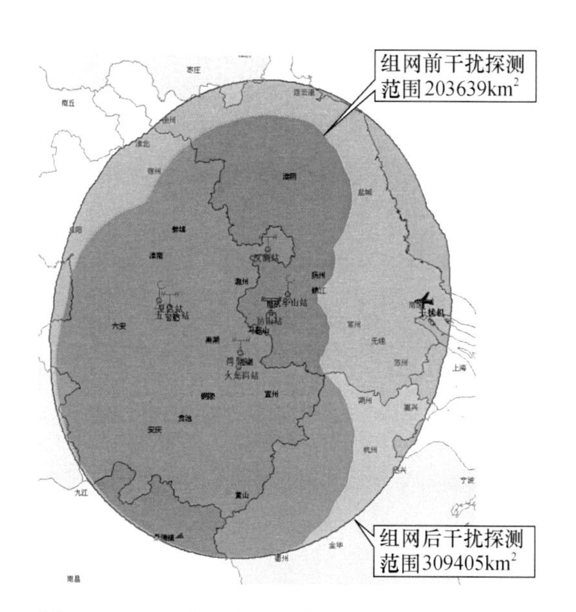

图 7.34　远距离压制干扰条件下雷达网探测性能

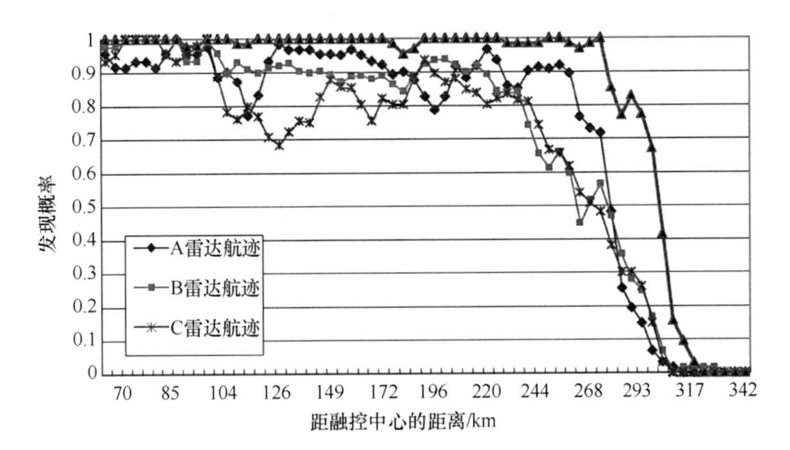

图 8.23　雷达组网实验系统与单部组网雷达发现概率曲线对比示意图

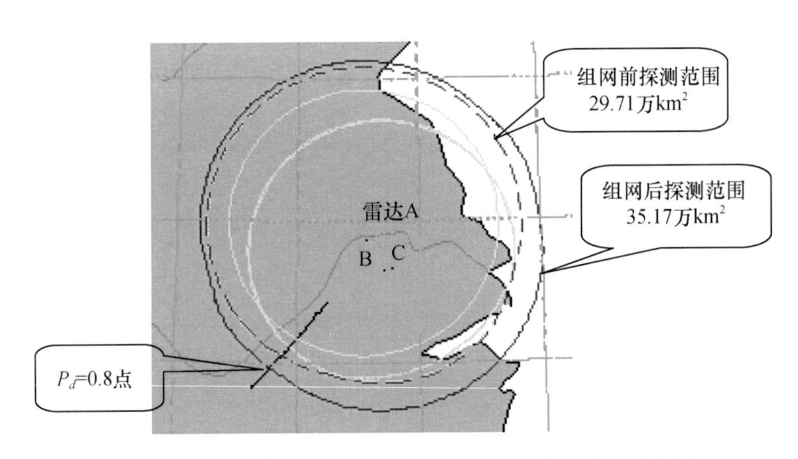

图 8.24　雷达组网系统与单组网雷达探测范围对比示意图